Bioanalytik für Einsteiger
Diabetes, Drogen und DNA

Reinhard und Carola Renneberg

Darja Süßbier (Illustrationen)

BIOANALYTIK FÜR EINSTEIGER

Diabetes, Drogen und DNA

2. Auflage

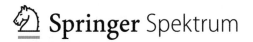

Autoren
Prof. Dr. Reinhard Renneberg,
The Hong Kong University
of Science and Technology.
E-Mail: chrenneb@ust.hk
Carola Renneberg

Grafik und Layout
Darja Süßbier, Berlin

ISBN 978-3-662-61633-8

Die Deutsche Nationalbibliothek verzeichnet diese Publikation in der Deutschen Nationalbibliografie; detaillierte bibliografische Daten sind im Internet über http://dnb.d-nb.de abrufbar.

Planung/Lektorat: Sarah Koch
Springer Spektrum ist ein Imprint der eingetragenen Gesellschaft Springer-Verlag GmbH, DE und ist ein Teil von Springer Nature.
Die Anschrift der Gesellschaft ist: Heidelberger Platz 3, 14197 Berlin, Germany

Das Ringen des Menschen nach Erkenntnis ist ein Prozess,
dessen Ziel im Unendlichen liegt,
die Philosophie aber ist der Versuch, dieses Ziel auf Anhieb,
durch einen Kurzschluss, zu erreichen, der uns
ein vollkommenes und
unerschütterliches Wissen verbürgt.

Die Wissenschaft unterdessen bewegt sich
in so winzigen Schrittchen vorwärts,
dass es manchmal wie ein Kriechen anmutet,
mitunter sogar ein Auf-der-Stelle-Treten,
doch sie dringt am Ende bis zu mancherlei endgültigen Schanzen vor,
die das philosophische Denken gegraben hat,
und geht weiter, ohne zu beachten,
dass ja dort die ultimative Grenze des Verstandes hatte
verlaufen sollen.

Stanislaw Lem

Die Philosophen haben die Welt nur verschieden interpretiert,
es kommt aber darauf an, sie zu verändern.

Karl Marx

Meiner Mutter in Liebe
und meinem Lehrer und Freund Frieder Scheller
in Verehrung gewidmet

MITARBEITER

Mit Textbeiträgen von

Aderjan, Rolf, Heidelberg
(Drogentests, Box 4.8)

Berg, Hermann, (†) Jena
(Bioelektrochemie, Box 7.6)

Bernhardt, Rita, Saarbrücken
(Cytochrome P450, Box 7.9)

Bier, Frank F., Potsdam
(DNA-Mikroarrys, Box 7.8)

Burkhardt-Holm, Patricia, Basel
(Bioindikatoren, Box 5.6)

Engels, Joachim W., (†) Frankfurt
(Proteinanalytik, Box 7.11 und
Bioanalytik, S. 239f)

Gründig, Bernd, Leipzig (Fitness,
Lactat und Lactatmessung mit
Biosensoren, Box 7.4)

Guttmacher, Alan E., Bethesda,
USA (Anbruch der genomische Ära,
Box 6.7)

Hildebrandt, Jan-Peter, Greifswald
(Ionenkanäle und Patch-Clamp-
Technik, Box 5.4)

Hölldobler, Bert, Tempe, USA
(Ameisen und Pheromone, Box 5.3)

Kalisz, Henryk, Wien, (Glucose-
Oxidase, Box 2.3)

Köppelle, Winfried, Merzhausen
(Vomeronasalorgan, Box 5.1)

Korsman, Stephen, Mthatha,
Südafrika (Der HIV-Test, Box 4.5)

Kreimer, Susanne Patricia, Berlin
(Tests für Coronaviren, Box 6.8)

Lehmann, Matthias, Berlin-Buch
(Protein-Arrays: Panel-Diagnose,
Box 7.10)

Lottspeich, Friedrich (Proteinanalytik, Box 7.11 und Bioanalytik,
S. 239f)

Müller-Esterl, Werner, Frankfurt
(DNA-Aufbau, Box 6.1)

Nordsieck, Robert, Wien
(Die Augen der Weichtiere, Box 5.5)

Preiser, Wolfgang, Stellenbosch,
Südafrika (Der HIV-Test, Box 4.5)

Scheller, Frieder W., Potsdam
(Biosensoren, Box 7.3)

Schmidbauer, Wolfgang, München
(Kulturelle Aspekte der Sucht,
Box 4.6)

Schomburg, Dietmar,
Braunschweig
(Glucose-Oxidase, Box 2.3)

Schöning, Michael J., Aachen
(Käfer/Chip-Sensor, Box 7.7)

Schütz, Stefan, Göttingen
(Käfer/Chip-Sensor, Box 7.7)

Whiteson, Katherine, Irvine, USA
(Insulin und Biosensoren, Box 7.1)

Wilson, Edward Osborne, USA
(Ameisen und Pheromone, Box 5.3)

Mitarbeit am gesamten Buch

Bennardo, Francesco, Castrolibero,
Cosenza (chemische Formeln)
Goodsell, David, La Jolla
(Molekülstrukturen)
Ming Fai, Chow, Hongkong
(Cartoons)

Mitarbeit an Einzelkapiteln

Aderjan, Rolf, Heidelberg

Aehle, Wolfgang, Leiden

Arber, Werner, Basel

Bernhardt, Rita, Saarbrücken

Braunbeck, Thomas, Heidelberg

Gründig, Bernd, Leipzig

Halpern, Georges, Davis

Hildebrandt, Jan-Peter, Greifswald

Holtzhauer, Martin, Berlin

Kalisz, Henryk, Wien

Korsman, Stephen, Mthatha,
Südafrika

Lehmann, Matthias, Berlin-Buch

Linke, Reinhold P., Martinsried

Mülhardt, Cornel, Basel

Müller-Esterl, Werner, Frankfurt

Preiser, Wolfgang, Stellenbosch,
Südafrika

Rauch, Peter, Weißenberg

Scheller, Frieder W., Potsdam

Schomburg, Dietmar, Braunschweig

Varma, Kalyan, Bangalore, Indien
(Natur- und Tierfotografie)

Der Autor mit der Nobelpreiskandidatin
Emmanuel Charpentier

INHALT

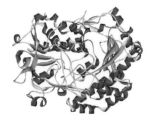

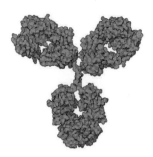
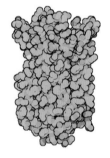
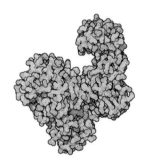

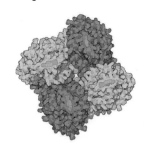

BOXEN

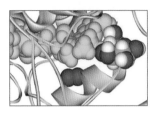

Liebe Leser!

Ein faszinierendes Buch aus einem Guss!
Ideal zum Schmökern, sehr unterhaltsam
und dabei bestes Wissen vermittelnd.
Ein typisches Werk, das nicht – wie
heute so häufig – filetiert werden kann.
Die richtige Antwort auf die digitalen
Herausforderungen.
Gratuliere!

Gnestuch Rohpuich

BALLYBUNG

ONE BUNGTOWN ROAD · COLD SPRING HARBOR · NEW YORK 11724

13 September 2019

for Reinhard Renneberg

Avoid Boring People

all the best

Jim Watson

Der MEISTER James Watson

XII

STATT EINES VORWORTS

Der Autor, **Reinhard Renneberg**, am Technion

Carola Renneberg

Darja Süßbier, Wissenschafts-grafikerin, mit Ridgeback-Hündin „Freya"

David Goodsell, Molekül-Grafiker, bekennender Yoga-Praktiker und Na-nobiotech-Visionär

Dr. Sarah Koch, motivierend als Lektorin und guter Geist

Zur 2. Auflage

... wie die Zeit vergeht: Elf turbulente Jahre sind vergangen seit der ersten Auflage...

Bin nun im „(Un)ruhestand" nach 25 Jahren Fernost; also mehr zu tun als je zuvor:

Vorlesungen in Hongkong und am MCI Innsbruck, zum Teil über ZOOM, Arbeit am (hoffentlich) weltersten Nanoru-Cartoonbuch zu CRISPR/cas9, vier wissbegierige Enkelchen...

Das kurz „Bioanna" genannte Buch wurde nun total überarbeitet, wieder mit der – meiner Meinung nach – besten „Bio-Grafikerin der Welt", **Darja Süßbier**. Wir sind oft schon wie ein altes Ehepaar...

Neu im und am Buch sind meine liebevolle Super-Impresaria und beste sachlich-kritisch-optimistische Ehefrau von allen, **Carola**, und die ideen-reiche und motivierende **Dr. Sarah Koch** als Lektorin und guter Geist. Seit Jahren vollendet Argus-Auge **Andreas (AAA) Held** unsere Bücher fehlerfrei.

Mein Hongkonger Cartoonist **Ming** lieferte wieder witzige Vignetten. **Gabi Bofinger** erlaubte uns, Cartoons unseres viel zu früh verstorbe-nen genialen Freundes Manfred Bofinger zu verwenden.

Den akademischen Ritterschlag bekam das Buch schließlich durch ein handschriftliches Geleitwort des von mir hochverehrten Bioanalytikers **Prof. Friedrich Lottspeich**.

Danke allen Freunden und viel Spaß beim Schmökern, Lernen und Aha-Effekten!

Merseburg, den 27. April 2020
Reinhard Renneberg, stets erreichbar unter
chrenneb@gmail.com.

Bis gleich!

Andreas (AAA) Held mit seinem Tibet-Terrier „Oskar", seit Jahren vollendet Argus-Auge unsere Bücher fehlerfrei.

Ming Fai Chow, Starcartoonist der South China Morning Post

Ihm ist dieses Buch gewidmet, Frieder W. Scheller,

einem Bioanalytiker par excellence

Frieder W. Scheller

Er hat es geschafft, dass die kleine **DDR** auf einem Gebiet Weltspitze war: bei den **Biosensoren**.

Frieder Scheller wurde 1942 mitten im Kriege geboren, und seine Eltern nannten ihn hoffnungsvoll Frieder. Er hat Elektrochemie an der TH Merseburg studiert, ging dann an die Humboldt-Uni in Berlin, danach an die Akademie der Wissenschaften (AdW) in Berlin-Buch.

Scheller war von der Idee besessen, dass **Biomoleküle elektrische Eigenschaften** haben. Könnte man sie mit Elektrochemie kombinieren?

Viele, auch am Zentralinstitut für Molekularbiologie der AdW, hielten das für eine ziemlich brotlose Spinnerei, weder akademisch noch praktisch relevant. Sie sollten sich doppelt irren.

In den USA und Japan hatten bereits einige Kollegen Enzyme, also Biomoleküle, erfolgreich mit Elektroden gekoppelt. Wenn man **Glucose-Oxidase** auf einer Elektrode befestigte, könnte man so Glucose in einem Blutstropfen bestimmen. Eine geniale Methode für die Diabetiker-Früherkennung und -Kontrolle!

Bisher waren zur **Glucosemessung** umständliche optische Tests nötig (siehe Kap. 3): Man trennte die roten Blutkörperchen ab, gewann Serum, fügte zwei Enzyme hinzu und maß dann eine Farbreaktion. Für jeden Test wurden jeweils Enzyme und Chemikalien neu verwendet; das war teuer und langsam. Marktführer beim Test war in Westdeutschland die Firma Boehringer Mannheim. Könnte man das ersetzen? Sozusagen „den Westen überholen ohne einzuholen?", wurde Scheller gefragt. Scheller

hatte alles im Labor ausprobiert, es funktionierte auf Anhieb, aber nun musste es „planmäßig" erforscht werden und vor allem, es musste zuverlässig, genau und vor allem unter DDR-Bedingungen auch tatsächlich praktikabel sein.

In Berlin-Buch, bei der Akademie der Wissenschaften (AdW), begann die „planmäßige Entwicklung einer **Enzymelektrode für Blutzucker**" mit der Einstellung der frischgebackenen Diplom-Biophysikerin **Dorothea Pfeiffer** im September 1975.

Schellers „grüne" Idee war die Wiederverwendbarkeit der Glucose-Oxidase. Wenn man sie so genial an der Elektrode fixierte (immobilisierte), dass sie danach noch aktiv war, könnte man sie Tausende Male wiederbenutzen. Das würde der armen DDR Kosten und Chemikalien sparen.

Wie könnte man das ausschließlich mit DDR-Chemikalien machen? Ausprobiert als Membranen wurden Dederonstrümpfe und Fallschirmseide der Nationalen Volksarmee. Not macht erfinderisch!

Nach langem Suchen bekam Scheller Fotogelatine aus der Farbfilmentwicklung (bekannt für West-Exporte) von ORWO Wolfen. Die wurde erwärmt und flüssig gemacht, dann rührte man GOD rein und das Ganze wurde zu einer

Der „Meister" mit seinem Meisterstück

Schicht ausgegossen. Nach Erkalten war die GOD in dieser Membran noch völlig aktiv. Erste „handgeschmiedete" Funktionsmuster der Biosensoren wurden im hauseigenen Gerätebau in Berlin-Buch entwickelt. Dort saßen pfiffige Bastler im Bastlerland DDR.

Nun musste die volkseigene Industrie überzeugt werden, diese Innovation auch tatsächlich zu bauen!

Ein mühsames Geschäft. Scheller zog alle Strippen, klopfte unermüdlich an hundert Türen. Wir wurden dafür FDJ-Jugendforscher-Kollektiv, stellten auf der „Messe der Meister von morgen" aus. Alles, um die völlig „durchgeplante" und lustlose Industrie zu einer Innovation zu locken. Tausende andere Innovationen sind sicherlich in der DDR schon in diesem Stadium auf der Strecke geblieben.

Manfred von Ardenne (1907–1997) am Weißen Hirsch in Dresden bestärkte Scheller übrigens. Er hatte als Erster in der DDR ein Patent auf einen Biosensor angemeldet. Von Ardenne nannte sein eigenes Erfolgsrezept „positives Verursacherprinzip": Der Erfinder muss bis zum bitteren Ende dranbleiben, sonst stirbt sein Technologie-Baby hundert Tode.

Hilfe kam tatsächlich aus Sachsen: Eine Messzelle mit dem Biosensor wurde in einen Wasserbadthermostat der Firma Prüfgerätewerke Medingen (PGW) eingebaut. **Glucoseanalysatoren** mit unseren Biosensoren wurden dann, neun Jahre nach dem Start, ab 1984 im Zentrum für wissenschaftlichen Gerätebau der

Die Biosensor-Gruppe mit dem GKM-01, der Autor ist der zweite von rechts.

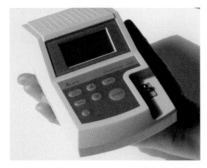

Ein Glucose-Biosensor 2007 aus der Scheller'schen Traditionslinie: heute wie damals Weltspitze!

AdW (ZWG) im Betriebsteil Liebenwalde serienmäßig produziert. Nach aufwendigen klinischen Erprobungen in Krankenhäusern und im Zentralinstitut für Diabetes in Karlsburg standardisierte das Institut für Arzneimittelforschung (IfAr Berlin-Weißensee) die Methode. Sie wurde in das Arzneimittelbuch (AB) der DDR aufgenommen.

Ein Wahnsinnsaufwand, der sich aber lohnte. Innerhalb von zwei Jahren kamen 400 Glucoseanalysatoren **Glucometer** (GKM-01) in die klinischen Labore.

Damit war die DDR Weltspitze... (Naja, ein wenig haben wir übertrieben: Biosensoren *pro Kopf* der Bevölkerung ... die Japaner hatten ja auch ein paar Hundert Biosensoren, aber eben 103 Millionen Einwohner mehr als die DDR.) Zumindest Westdeutschland war nun abgehängt: Null praktische Biosensoren jenseits der Elbe!

Wir vermuteten nach marxistischer Analyse (wohl nicht zu Unrecht), dass „gewisse große BRD-Firmen aus Profitgründen nicht an preiswerten, wiederverwendbaren Biosensor-Technologien interessiert sind". Wir konnten immerhin automatisiert Tausende Messungen

mit einer einzigen Enzymmembran machen, also alles wiederverwenden.

Der Zwang zum Sparen hatte zu einer wissenschaftlich-technischen Innovation geführt. Das war eine echt „grüne" Technologie, ihrer Zeit weit voraus. Solche Innovationen braucht die Welt auch heute mehr denn je...

Dann schlug einer der „vier Hauptfeinde des Sozialismus" zu (Ossi-Scherz; gemeint sind Frühling, Sommer, Herbst und Winter): Im heißen Sommer 1985 traten erhebliche Probleme auf. Die GOD-Gelatinemembran verflüssigte sich und löste sich schnell auf.

Offensichtlich fraßen gierige Mikroben die nahrhafte ORWO-Gelatine auf. Kleine Panik, dann verrührten wir die GOD mit DDR-**Polyurethankleber** aus der volkseigenen Schuhproduktion. Der war Synthesechemie und ungenießbar! Das Enzym aber tat wunderbarerweise seine Pflicht: Mit PU-Schuhkleber funktionierte die GOD sogar noch besser. Damit hatte Schellers Team den **schnellsten Glucosesensor der Welt** realisiert.

Um das Enzym besser kenntlich zu machen, gaben wir einen **roten Farbstoff** in die Klebermischung. Unsere japanischen Kollegen (und Konkurrenten) berichteten Jahre später, sie hätten monatelang versucht, das Geheimnis der stabilen „kommunistischen roten Membran" herauszufinden. Haha!

PGW Medingen brachte nun den Blutglucoseanalysator AM 3000 auf den Markt. Dieses Gerät schaffte 120 Vollblutproben pro Stunde. Die alte Methode der Glucosebestimmung war damit endgültig passé. Das nächste Gerät, der vollautomatische Analysator ECA 20, erhielt 1987 auf der Leipziger Herbstmesse eine Goldmedaille und zudem die Auszeichnung „Für gutes Design".

Das Entwicklerteam bekam den Nationalpreis. Scheller konnte sich endlich einen neuen Wartburg ohne Warteschlange kaufen; damals wie ein Hauptgewinn im Lotto.

Die Enzymmembran war so stabil, dass sie selbst nach einer monatelangen Rundreise zu **Fidel Castros** Insel immer noch funktionierte.

Nun wurde auch der Westen munter. Die Hamburger Firma **Eppendorf** nutzte die Leipziger Messe zur Kontaktaufnahme. Die DDR-Exportfirma Intermed vermittelte eine Kooperation. Das führte zur Westversion mit dem Namen ESAT 6660 und vor allem zu einem neuen Gerätegehäuse. Eppendorf betrachtete nämlich das prämierte Design der Leipziger Messe als „geschäftsschädigend". Das Ostgerät hatte ein schwarzes Gehäuse, das Westgerät „natürlich" ein weißes. Die Produktion des neu gestylten Geräts erfolgte bei PGW, und die Enzymmembranen wurden gegen „harte" Devisen von der AdW der DDR geliefert. Dafür durften wir Biochemikalien im Westen kaufen...

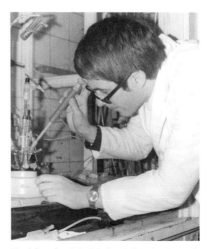

Bioelektrochemie in Schellers Labor: Der Autor als Doktorand mit einer Quecksilbertropfelektrode zur Cytochrom-P-450-Reduktion

Eine bezeichnende Anekdote aus dieser Zeit: Eines Tages bekam Scheller einen hoch vertraulichen Anruf aus dem **DDR-Regierungskrankenhaus in Berlin-Buch**, nur wenige Kilometer Luftlinie von unserem Institut entfernt. Die verzweifelten Genossen Professoren dort bekamen ein schickes, frisch importiertes Gerät zur Glucosemessung mit weißem Gehäuse nicht in den Griff...

Frieder Scheller ist international ein sehr gefragter Mann, Mitorganisator der Biosensor-Weltkongresse mit Briten, Amerikanern und Japanern. Im gesamten RGW war Scheller der führende Kopf bei den Biosensoren.

Er baute unermüdlich die kreativste und stärkste Biosensor-Gruppe in ganz Europa auf. Unter Hinweis auf seine religiösen und pazifistischen Überzeugungen hat er sich den Werbeversuchen der Staatspartei beharrlich verweigert. Die heraufziehende „Wende" sollte ihn also nicht schrecken, ganz im Gegenteil!

Kurz vor der Wiedervereinigung fand das erste gesamtdeutsche Biosensor-Meeting im Jugendzentrum Bogensee bei Berlin statt. Sehr zum Erstaunen des BMBF dominierte hier die Ost-Biosensorik. Biosensorik war „in". Auch Forschungsminister **Riesenhuber** war begeistert: „Eine nun endlich zusammengewachsene gesamtdeutsche Biosensorik wäre Weltspitze!"

Dann kam die Wende. Nach mehreren fehlgeschlagenen Versuchen durch interessierte Westfirmen wurde PGW zusammen mit zehn Firmen durch das Immobilien/Umwelttechnik-Unternehmen Preiss-Daimler von der Treuhand übernommen. Das Interesse an spottbilligen DDR-Immobilien war aber wohl stärker als an Innovationen...

Mit stark reduzierter Belegschaft lief die Produktion weiter. Die Produktion der **Super-Enzymmembranen** war dann die Basis für die Firma BST (BioSensor Technologie) GmbH in Berlin, gegründet durch Schellers Mitarbeiterin **Dorothea Pfeiffer** im November 1991.

Ein nagelneues gesamtdeutsches Institut für **Chemo- und Biosensorik (ICB)** wurde gegründet. Wo und wie? Keine Frage, dachten wir naiv: natürlich in Berlin-Buch, mit Frieder Scheller an der Spitze...

Mitnichten! Das Institut entstand ohne ihn (und seinen Rat) in Münster/Westfalen. Schellers ausländischen Kollegen waren entsetzt, wie ignorant Gesamtdeutschland seine Trümpfe verspielt. Dieses Institut in Münster stand unter einem schlechten Stern: Es ist heute geschlossen.

Die Berlin-Bucher Neueingeflogenen und der Wissenschaftsrat meinten, **Biosensoren passten nicht so recht zur molekularen Medizin.** Das war ein **fundamentaler Irrtum** übrigens, wie bereits 20 Jahre zuvor durch die DDR-Oberen! Schellers Gruppe musste aus dem Labor in Buch zunächst in den ehemaligen Kindergarten des Bucher Instituts umziehen. Zu dieser Zeit der Demütigung verließen auch andere Wissenschaftler wie **Tom Rapoport** und **Charles Coutelle** Berlin-Buch. Man findet sie heute in Spitzenpositionen in Harvard und London...

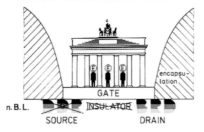

Die Biosensor-Gruppe im Labor vor der Wiedervereinigung (oben); das Brandenburger Tor kurz vor dem Mauerfall 1989 (Mitte); Schellers Darstellung des *Brain drains* nach der Vereinigung am Beispiel von Feldeffekttransitoren (siehe auch Kap. 3)

Schellers Biosensor-Gruppe musste aus der Nestwärme in die kalte weite Welt hinaus. Er hatte uns perfekt ausgebildet. Wir alle haben vom ihm gelernt, wie man schwierigste Situationen kreativ und optimistisch meistert, wie man akademisch forscht und dabei immer an den Nutzen für die Menschen denkt, Letzteres keine hohle Phrase für den Menschenfreund und Christen Frieder Scheller.

1993 zog die Universität Potsdam das große Los: eine Bioanalytik-Professur für Scheller an der neuen Uni. Buchstäblich auf der grünen Wiese in Golm baute Scheller erneut eine starke kreative Gruppe mit einigen Getreuen aus Berlin-Buch wie **Ulla Wollenberger** auf.

Er setzte wieder dort an, von wo er 40 Jahre zuvor gestartet war, bei den elektrischen Eigenschaften der Biomoleküle. Nun waren **Biochips** das Ziel und die Messung von allerkleinsten Mengen interessanter Substanzen. Bioelektronik miniaturisiert die unhandlichen Laborgeräte zu Chip-Größe.

Weltweit vielbeachtet maßen seine Leute direkt im Blutkreislauf aggressive freie Sauerstoffradikale.

Rastlos organisierte Scheller Innovationskollegs und den Forschungsverbund für Brandenburger Firmen „Biohybrid-Technologien" (BioHy-Tec). Seine Schüler etablierten Biosensoren am Fraunhofer-Institut in Potsdam. Scheller gewann im „InnoProfil"-Wettbewerb und schuf so Chancen für seine jungen Forscher. Er wurde Vizepräsident der Uni, und man wählte ihn zum Präsidenten der Gesellschaft für Biochemie und Molekularbiologie e. V. (GBM). Er ist ordentliches Mitglied der Berlin-Brandenburgischen Akademie der Wissenschaften.

Und überall sagt er seine Meinung, ist DFG-Gutachter und gibt allen seinen Rat, die ihn hören wollen. Er macht natürlich auch nach der Pensionierung weiter, als forschender Gast bei einem seiner Schüler am Fraunhofer-Institut in Potsdam.

Seine Biosensoren stehen heute in jedem deutschen diagnostischen Labor, ja in vielen Labors der Welt. Seine Bücher sind vielerorts, zum Beispiel bei mir in Hongkong, Pflichtlektüre.

Am 17. August 2020 wird Frieder Scheller 78 Jahre jung.

Danke für dein Vorbild, deine Hilfe, deine menschliche Wärme!

Happy Birthday und ein chinesisches Feuerwerk für den Vater der europäischen Biosensoren!

Reinhard Renneberg im Namen aller Biosensoriker

WIE ICH ZUM BIOANALYTIKER WURDE

Wenn die Berichte meiner Mutter stimmen, wurde ich schon als Kind von bioanalytischer Neugier angetrieben.

Der erste glaubwürdige Bericht handelt von meinen Untersuchungen an der **Stubenfliege** (*Musca domestica*). Diese Insekten gehören zu den Echten Fliegen (Muscidae) und besiedelten in Populationen von 100 bis 120 Individuen Haus und Hof meiner Großeltern **Anna** und **Alfred Renneberg** in der Nähe von Merseburg. Im Sommer waren die Stubenfliegen ein leicht zugängliches Studienobjekt.

Das Erste, was mich faszinierte, war ihre **Geschwindigkeit**. Wie schnell fliegen die Biester? Die Küche meiner Oma maß dreieinhalb Quadratmeter. Mein kleiner Bruder **Steffen** bekam die Aufgabe, die Fliegen an einem Ende zu einem Kickstart zu bringen, und ich maß mit meiner Ruhla-Armbanduhr (bzw. durch lautes Sekunden-Zählen) die Zeit bis zum Erreichen der gegenüberliegenden Wand. Nicht alle Fliegen flogen allerdings geradlinig zum Ziel, manche schlugen Saltos und verloren so Zeit. Die wurden nicht gezählt.

Die mittlere Geschwindigkeit betrug, ich erinnere mich ziemlich genau, 2 m/sec, das sind 7,2 km/h.

Das zweite Experiment war (wie ich jetzt weiß) blanke Biometrie, eine sonst ziemlich langweilige Wissenschaft.

Im Kopf hatte ich noch die Geschichten meines Mathelehrers **Waldemar Herrmann**: Im Alter von neun Jahren kommt der kleine **Carl Friedrich Gauß** (1777-1855) in die Schule. Dort stellt sein Lehrer **Büttner**, um Ruhe zu haben, seinen Schülern eine möglichst zeitraubende Aufgabe: die Zahlen von 1 bis 100 zu summieren. Die Schüler rechnen stumpfsinnig. Der kleine Gauß erscheint nach fünf Minuten beim Lehrer, dieser greift wegen dieser Frechheit zum Rohrstock... Gauß hat „5050" auf die Schiefertafel geschrieben. Richtig! Er hatte 50

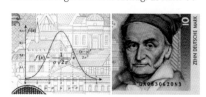

Paare mit der Summe 101 gebildet (1 + 100, 2 + 99, ... 50 + 51) und 5050 als Ergebnis erhalten. Der Lehrer ist verblüfft. Genial! Von Gauß stammte später die **Gauß'sche Glockenkurve** (Binomialkurve) der Statistik. Ich hätte nie gedacht, dass ich 30 Jahre später Gauß und seine Binomialkurve täglich in der (Brief)-Tasche haben würde (siehe Abb. unten links).

Ich fragte mich: **Wie groß sind männliche und weibliche Stubenfliegen?** Folgen sie statistisch der Gauß'schen Glockenkurve? Zunächst: Woher wusste ich, welche Fliegen weiblich sind? Ganz einfach: Am besten waren die Fliegen beim Liebesakt zu fangen – Klatsch!! – und man hatte gleich zwei.

Wie man zwei Fliegen gleichzeitig fängt und genau weiß, welche das Männchen ist...

Eigentlich ziemlich gemein, aber damals hatte ich nur verschwommene Vorstellungen von der Liebe... Heute hätte ich mehr Mitleid.

Klebrige Fliegen vom Fliegenfänger und welche, die meine Oma mit giftiger DDR-Chemie (Flibol vom VEB Fettchemie Karl-Marx-Stadt) erledigt hatte, kamen nicht in Frage, da deren Geschlecht ungewiss war.

Man konnte die Fliegen leider nur im leblosen („totgeklatschten") Zustand mit einem Stahllineal unter einer Lupe vermessen.

Bei den so erlegten Fliegen saßen zuvor die kleineren immer auf den größeren, im Durchschnitt zufrieden brummend für fünf bis zwölf Sekunden. Die Kleinen waren also die liebestollen Kerle. Sie flogen zwar schneller als die Damen, verloren aber Zeit durch angeberische Pirouetten und Loopings in der Luft.

Die, nennen wir sie mal „Angeber-Gruppe", landete überdurchschnittlich häufig am Fliegenfänger meiner Großmutter, was auf größeren Mut, aber geringere Intelligenz schließen ließ. Nachdem ich bei Professor **Bernhard Grzi-**

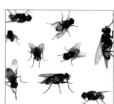

Flibol – tödliches Gift vom VEB Fettchemie Karl-Marx-Stadt

mek im Westfernsehen die Graugans-Geschichte von **Konrad Lorenz** gesehen hatte, überlegte ich ernsthaft, was man mit Fliegen tierpsychologisch machen könnte. Wer auch immer beim Schlüpfen aus dem Ei dabei war, wurde von den Graugans-Gösseln als Elter angenommen. Leider wären Fliegen zu unintelligent, mich als Vater anzuerkennen... Es blieb also nur Bioanalytik machbar.

Gesagt, getan! In meinen alten Schulunterlagen habe ich jetzt die vergilbten Werte gefunden, allerdings nur für 66 Fliegen-Damen: Ihr Mittelwert lag bei 8,1 mm, die berechnete Standardabweichung 1,05 mm. Laut Theorie lagen 68,3 % der Tierchen im Bereich von 8 ±1 mm, also 45 Damen. Die hatten ziemliche Normalgröße.

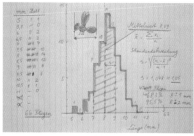

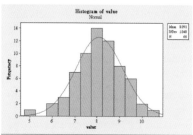

Wie ich heute weiß, ergaben meine Fliegen-Abmessereien (oben) recht gut eine Gauß'sche Glockenkurve (unten: computerberechnet).

Damals rechnete ich tagelang mit einem Stahlrechenschieber. Meine Studentin **Ling Wong** machte das vorige Woche per PC mit einer Excel-Tabelle. Es stimmte!! Allerdings konnte sie mir nicht erklären, *warum* man das alles eigentlich berechnet. Als ich ihr sagte: „Wieso? Na, um Fliegen-Weibchen-Größen statistisch zu erfassen", bekam ihr Langnasen-Boss einen langen seltsamen Blick aus Mandelaugen.

Der zweite Streich: Die **Populationsdynamik** ist ein Teilgebiet der Biologie, speziell der Ökologie und theoretischen Biologie, und beschreibt die Veränderungen der Größe einer Population von Lebewesen.

Mein drittes Projekt würde ich also heute, um DFG-Forschungsmittel zu bekommen, „Populationsdynamik von *Musca domestica* (L.) unter den realen Bedingungen eines durchschnittlichen vergenossenschaftlichten Zwei-Personen-Bauernhaushalts im ehemaligen Ostdeutschland ein Jahr nach dem Mauerbau" nennen. Es wäre hochinteressant, auch für Soziologen, diese Werte mit denen des damaligen Westdeutschland zu vergleichen!

Pikante Nebenfrage: Hatten Ost-Fliegenfrauen tatsächlich ein erfüllteres Liebesleben als ihre Westschwestern?

Wie die meisten Zweiflügler haben Stubenfliegen nur ein Flügelpaar, das hintere ist zu Schwingkölbchen reduziert, die zur Flugstabilität beitragen. Dadurch ist das Bruststück (der Thorax) der Fliegen ideal zum Nummerieren geeignet. Ich versuchte es zunächst an toten Exemplaren mit Füller und Kugelschreiber, das war allerdings kaum sichtbar und brachte lebende Fliegen augenblicklich zu Tode. Dann kam ich auf die (mit Verlaub geniale!) Idee, eine Nummer auf einen winzigen Zettel zu schreiben und diesen mit einem Tröpfchen Duosan auf dem Rücken zu fixieren.

Solcherart **nummerierte Fliegen waren noch flugfähig**, flogen aber im Schnitt etwas schwerfälliger und langsamer. Die nummerierten Männer hatten offenbar keine Probleme beim Fliegen-Sex, Frauen mit Nummern dagegen schon. Nie saßen z. B. zwei nummerierte Tiere aufeinander! Das lässt auf **sterische Behinderungen** durch die aufgeklebten Zettel schließen und verfälscht natürlich die Statistik.

Für zwei Wochen wurde ein Waffenstillstand ausgerufen, stellte meine verständnisvolle Großmutter alle Bekämpfungsmaßnahmen mit Flibol und Fliegenfängern ein. In Spitzenzeiten krabbelten und flogen etwa zehn bis 20 durchnummerierte *Musca domestica* in der Küche herum, etwa die Hälfte der Gesamtpopulation.

Die unnummerierte Hälfte blieb als Normalpopulation in der Küche. Die Hälfte der Nummerierten war am nächsten Wochenende verschwunden. Natürliches Ableben und offene Türen oder Fenster waren wohl die wichtigsten Ursachen der Verringerung der Population.

Ich schätzte die natürliche Lebensspanne auf eine bis zwei Wochen. Meine hochverehrte russische Kollegin Prof. **Nina Muchowna Mucha** gibt dagegen im *Russki Zhurnal Muchologii* 16 bis 24 Tage Lebenszeit an, aber russische Fliegen sind wohl im Schnitt tatsächlich größer und robuster als deutsche. Außerdem waren alle meine Fliegen mächtigen Rauchschwaden meines Vaters und meines Großvaters ausgesetzt, exakter gesagt, waren es die Zigarettenmarken *Juwel*, *F6* und *Duett* der Vereinigten Zigarettenfabriken Dresden.

Eine interessante Parallele zum Menschen fand ich auch: Fliegenfrauen lebten im Durchschnitt zwei bis drei Tage länger als die Männer. Alkoholmissbrauch der Männchen konnte hier ausgeschlossen werden, denn meine Oma versteckte ihren geliebten Eierlikör sicher im Schrank ihrer guten Stube. Da aber die kleineren Männchen gleichgroße Zettel und Klebstofftropfen wie die Weibchen tragen mussten, prozentual also eine größere Bürde, können die Messwerte verfälscht worden sein. Vielleicht lebten die nummerierten Weibchen ja auch länger, weil sie am Fliegen-Sex gehindert wurden, während sich die Männchen polygam pausenlos verschlissen.

Der kritische Leser bemerkt spätestens an dieser Stelle, dass leider **viele methodische Fragen noch völlig** offen sind. Es gab damals auch keine Ethik-Kommission. Heute könnte man die Fliegen z. B. mit winzigen Mikrochips nummerieren. Sie würden den zusätzlichen Ballast kaum spüren. Mein kleiner, sensibler Bruder Steffen fand das Experiment bald nicht mehr lustig und ekelte sich: „Oma, die Nummer 3 habe ich vorhin auf Kuhkacke im Hof gesehen. Nun sitzt sie auf meinem Brot! Iiee..."

Ja, ja, **nicht immer ist die reine Wahrheit, die wir Forscher herausfinden, der Gesellschaft willkommen !**

Auf Weisung meiner Großmutter musste ich das Experiment beenden, sie vernichtete die gesamte Fliegenpopulation mit Flibol, und ich musste auf auswärtige Forschungsobjekte umsteigen. Ich wechselte damit zu Objekten einer drei Größenordnungen höherer Masse.

Die boten sich flatternderweise am Küchenfenster an. Dort hatte ich als guter Ornithologe im Winter ein Futterhaus angebracht, das von Meisen, Amseln, einem Großen Buntspecht und Spatzen fast pausenlos besucht wurde. Meine Experimente zur Biostatistik und Geschwindigkeitsbestimmung waren schwer auf Vögel zu übertragen. Wie hätte ich z. B. zwei Spatzen beim Liebesakt fangen können? An Wochenenden war ich als begeistertes Mitglied der Fachgruppe Ornithologie bei den internationalen Wasservogelzählungen dabei, oder es wurden Vögel in Japannetzen gefangen, gewogen und beringt, um den Vogelzug zu erforschen.

Die Populationsdynamik war sogar in meinem Dorf machbar! Man müsste nur die **Piepmätze deutlich markieren, ohne ihre Flugfähigkeit zu beeinträchtigen.**

Ich verbesserte die Konstruktion des Futterhäuschens und brachte eine Klappe an. Die konnte über eine Schnur geschlossen werden, wenn ein hungriger Vogel darinnen saß. Am häufigsten waren **Haussperlinge** (*Passer domesticus*) vertreten. Der Spatz bekam einen Tropfen Duosan auf die Kopffedern getropft. Dann drückte ich ihm ein kegelförmiges Hütchen aus Buntpapier auf. Das schien aber zumindest die Spatzenmänner nicht zu stören:

Nach etwa fünf Minuten ließ ich den Spatz wieder frei. **Je nach Wochentag bekamen die Sperlinge verschiedenfarbige Hütchen aufgesetzt.**

Die Dorfsensation war perfekt. Die Bauern lächelten nicht mehr (wie sonst häufig) finster, und meine Großmutter bekam sofort Meldungen aus allen Teilen das Dorfes, auf sächsisch: „Änne, ich glaub's ja nich, bei mir sidzd ä Schbadz mit rodem Hud auf der Denne!" oder „Zwee mit blauen Hüden am Fenster, die sind bestimmd von deinem verrückden Enkel aus

där Stadt!" Ich selber spazierte stolz im Dorf herum und registrierte:„... drei Grüne mit einem Roten (Samstag und Sonntag) und zwei ohne Hut auf der Telegrafenleitung!"

Das Ganze hielt das Dorf eine Woche lang in toller Stimmung. **Welcher Forscher hat schon eine solche breite Publikumswirkung?**

Außerdem gab ich einen Bericht bei der Ornithologenversammlung und bekam Absolution: Die Spatzen waren nach Fachmeinung nicht gequält worden. Eine Woche zuvor lief im Westfernsehen **Alfred Hitchcocks** Horrorfilm *Die Vögel*, und die gesamte DDR hatte ihn natürlich gesehen. Vögel wurden plötzlich suspekt. Als generelle Methode, die Attraktivität der Ornithologie in der Bevölkerung zu erhöhen, fand sich jedoch keine Mehrheit für meine „Hütchenmarkierung". Schade!

Nach einer Woche waren wohl die Hütchen abgefallen. Ob die „behüteten" Spatzenmänner begehrter bei den Frauen waren, konnte ich nicht herausfinden. Es gibt in der Literatur kaum Angaben zum Liebesleben von *Passer domesticus* bei Frost.

„Vom Erfolg von Schwindel befallen", hieß es auf einer Broschüre von **Josef Stalin** im Bücherschrank meines Papas. Auch ich wurde durch den Erfolg wagemutig. **Größere Objekte** mussten nach den Kleinvögeln her.

Ich hypnotisierte fünf **Leghorn-Hühner** meiner Großmutter so, dass sie alle wie leblos in einer Reihe dalagen. Der stolze Hahn verweigerte sich allerdings dem Experiment.

Ich fand das Hypnotisieren sehr lehrreich, obschon mir dazu partout kein Forschungsthema zur Begründung einfiel. Katastrophal war aber, dass das schockierte Federvieh am nächsten Tag „Quick-Eier" legte, also Eier ohne Schale. „Was hätte der hypnotisierte Hahn wohl getan?", dachte ich gerade, als mein wissenschaftlicher Höhenflug jäh beendet wurde. Meine liebe Oma war sehr wütend auf mich und zeigte mir die Quick-Eier. Ihre Hühnerchen waren ihr Ein und Alles.

Damit waren meine frühjugendlichen Feldforschungen beendet, und ich beschloss, ein ernsthafter ordentlicher Wissenschaftler zu werden.

Sieben Jahre später, 1969: Gerade war das englische Taschenbuch *The Double Helix* von **James D. Watson** (siehe sein Gruß auf Seite XII) aus dem Westen hereingeschmuggelt worden. Mein Freund Hans-Joachim Bittrich hatte das Kultobjekt in Verwahrung, und ich durfte es immerhin eine (!) ganze Nacht lang lesen. Nach dieser schlaflosen Nacht wollte ich sofort

Ein Buch und seine Folgen...

... Jim Watson werden. Genforschung, das war's!

Ein **DNA-Modell** wäre dafür der richtige Einstieg, dachte ich. Mein Chemielehrer an der Harckel-Schule war ebenfalls begeistert, sagte aber, die Kalottenmodelle gäbe es nur an der TH in Merseburg und der Martin-Luther-Uni in Halle, und die wären wohl alle aus England importiert. Alle englischen Kalotten der ganzen DDR würden nicht ausreichen, um auch nur ein Stückchen der DNA zu modellieren.

Was tun? Not macht erfinderisch! Mein Blick fiel auf den Kinderwagen meines Schwesterleins **Beatrice**. Da waren Klappern mit einem Gummiband quer gespannt. Große Kugeln, unterbrochen von kleinen. Das wären die Zucker und Phosphatreste der Helix! Die Basenpaare A-T und C-G schnitt mir mein Bruder **Steffen**, ein begabter Bastler, aus einer Plasteplatte (Werbespruch: „Plaste und Elaste aus Schkopau!") aus.

Steffen ist heute Diplom-Mikroelektroniker.

Ich fühlte mich wie Watson und Crick zusammen. Aber die Kugeln reichten nicht aus! Ich überwandt meine Scham und ging zum einzigen Laden Merseburgs für Kinderwagen. Dort sagte mir die Verkäuferin, ZEKIWA-Kinderwagen aus Zeitz seien sehr begehrt.

Ich müsste also lange warten und sollte mal lieber meinen Papa vorbeischicken. Der war allerdings Lehrer und hatte keine Tauschäquivalente anzubieten wie andere Väter (Fleischer, Zahnärzte oder Buchhändler etc.)... „Ich wollte ja aber nur eine Klapper!" „Die gibt's nur mit Kinderwagen", beschied mich die Verkäuferin barsch. Zerknirscht berichtete ich abends vom Misserfolg. Zwei Tage später brachte meine gute Mama im Triumph ganze drei (!) Kinderwagenklappern mit nach Hause. Zwei weitere erbeutete ich in Halle, und eine erbettelte ich in Leipzig. Mindestens sechs DDR-Kinder sind also durch meine Schuld klapperlos durch die Gegend gefahren worden...

Und so kam es kurzzeitig zum „Kinderwagenklapper-Versorgungsproblem im **Raum Halle-Merseburg**". Und wer war schuld? Jim Watson!

Das experimentelle Gen lag offenbar in unserer Familie: Mein Bruder hatte auch Experimente gemacht; z. B. bekamen Besucher einen elektrischen Schlag beim Berühren der Türklinke.

Die DNA-Basenpaare bestanden aus hellblauem Polystyrol aus dem Bunawerk in Schkopau. Mein Forschungsassistent Steffen schnitt sie mit der Blechschere nach einer vorgegebenen Schablone, bis er Blasen an den Fingern hatte. Ein etwas labiles Plasterohr diente als Achse und steckte im Fuß eines Chemiestativs. Aber dadurch bekam die montierte Doppelspirale eine gewisse Elastizität und war ähnlich einer Unruhe immer etwas in Bewegung. Also wie in der Natur offenbar. Mit Nitrolack übrigens mussten die Steinchen in den Klappern verbleiben. Beim Tragen des Gesamtmodells gab es ein kräftiges Rasseln. Jedenfalls zog ich eine Woche später strahlend wie Jim Watson mit dem frisch lackierten DNA-Modell in die Schule.

Detail des historisch ersten ostdeutschen DNA-Modells: kleine Klapperkugeln mit Rillen und große glatte (Phosphate und Zucker)

Mein Chemielehrer gab mir gleich drei (!) Einsen und fragte dann fasziniert:

„Und warum *klappert* es die ganze Zeit?"

Heute weiß ich: Auch in der Wissenschaft gehört Klappern zum Handwerk!

„Call me Jim."

DAS NANORU

Die unglaubliche Geschichte seiner Isolierung,
Aufreinigung und Charakterisierung

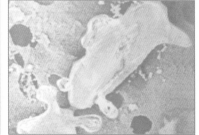

Kapitel **1**

■ 1.1 Der Fundort

Ende 2004 startete Professor **R. Renguru** von der Hong Kong University of Science and Technology mit seinem Sohn **Maxuru** und seiner Assistentin **Lou Lawguru** eine Expedition. Sie suchten nach **neuen bioaktiven Proteinen**.

Hier ist Rengurus Bericht:

Unser Ziel war Südafrika. Dort, wo die Wiege der Menschheit ist, wollten wir suchen. Südafrikas Pflanzenwelt ist eine der artenreichsten der Erde. Fast ein Zehntel aller bekannten Blütenpflanzen, etwa 24 000 Arten, sind im Land zu finden. Das sind mehr, als in ganz Europa vorkommen.

An der äußersten südwestlichen Spitze des Landes existiert mit der Kapflora sogar ein eigenes Florenreich mit einem selbständigem Vegetationscharakter und einer unabhängigen Entstehungsgeschichte. Allein am 60 Quadratkilometer großen Tafelberg bei Kapstadt existieren 1470 verschiedene Pflanzenarten.

Auch die Tierwelt Südafrikas ist von fantastischer Vielfalt. 250 Landsäugetierarten und 43 Arten von Meeressäugetieren können hier beobachtet werden: Dickhäuter wie Elefanten, Nashörner und Flusspferde, Großkatzen wie Löwen, Leoparden und Geparde, Huftiere wie Giraffen, Zebras und Antilopen. Auch Vogelwelt, Amphibien und Reptilien sowie Insekten sind artenreich. Ein Eldorado für Naturforscher!

Wenig untersucht sind die **Mikroorganismen**. Wir begannen mit dem Sammeln der Proben in Kapstadt am Tafelberg, dann entlang der Gartenroute über Knysna zum Shamwari-Reservat in der Nähe von George.

Im Reservat sollten wir eine neue Bakterienspezies finden. Deshalb wird hier nur dieses Reservat ausführlich geschildert.

Das **Shamwari Game Reserve** liegt zwischen dem Hafen Port Elizabeth und Grahamstown entlang des Bushman River. Es umfasst etwa 25 000 Hektar Buschland, das typisch ist für die östliche Kapprovinz. Die gesamte Gegend ist malariafrei.

In diesem Reservat, dem ersten seiner Art am Ostkap, hat ein Idealist seinen Traum realisiert, die hier vorhandenen fünf Ökosysteme mit ihren Pflanzen, Säugern und Vögeln zu schützen. Shamwari hat seit seiner Gründung viele internationale Artenschutzpreise gewonnen.

Seit dem Jahr 2000 ist im Reservat ein Gebiet von 3000 Hektar absoluter Wildnis reserviert nur für eine Pirsch zu Fuß. Dorthin transportierte uns Wildhüter Johann per Jeep. Wir bauten unser Lager auf, erkundeten mit ihm (vor Löwen und Nilpferden beschützt) die Gegend und sammelten vier Tage lang Bodenproben.

Die offenbar entscheidende Bodenprobe! (Pfeil: Werkzeug)

1.2 Aufzucht und Reinkultur

Insgesamt 188 **Bodenproben** ① wurden nach Hongkong verbracht und dort im Labor auf **Agarnährböden** in Petrischalen ② auf Bakteriennährmedien ausgestrichen. Cellulosezusatz förderte das Wachstum rotbrauner Kolonien. In **Schüttelkultur** (Erlenmeyer-Kolben) ③ konnten abgeimpfte Reinkulturen des unbekannten Bakteriums kultiviert werden.

Taxonomisch gehört das neue Bakterium zu den gramnegativen aeroben Stäbchen und erhielt nach seiner typischen **känguruförmigen Zellform** (siehe elektronenmikroskopische Aufnahme) den vorläufigen Namen *Bacillus macropii* (R.). *Macropus* ist der lateinische Name für Känguru.

Nach Anreicherung in cellulosehaltiger Schüttelkultur ③ wurden größere Mengen der Bakterien im **50-Liter-Rührtank-Bioreaktor** (nächste Seite ④) produziert.

Um eine möglichst breite Diversität von Mikroorganismen zu erfassen, wurden **Komplexmedien** verwendet. Diese enthielten Extrakte oder verdautes Protein aus biologischem Material (Hefeextrakt, Fleischextrakt, Milchpulver) tryptisch oder peptisch verdautes Fleischprotein (Trypton bzw. Pepton), Malzextrakt oder peptisch verdautes Sojabohnenprotein.

Diese Extrakte liefern Aminosäuren, Mineralsalze und Faktoren wie Biotin.

Als zusätzliche C-Quelle wurde noch **lösliche Cellulose** zugesetzt, um Cellulose verwertende Mikroorganismen zu finden.

Projektziel:

Suche, Isolierung und Charakterisierung neuer cellulolytischer Proteine für die vollständige Verwertung von cellulosehaltigen Abfällen in China

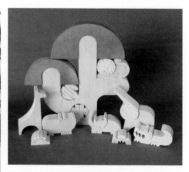

Der wunderbare Safaribaum aus Holz von ARBOR ART (Cape Town, Design: Werner Prisi) brachte uns auf eine Grafikidee: Der Baobabbaum mit den afrikanischen Tieren Elefant, Löwe, Nashorn, Giraffe, Schlange, Spinne, Igel, Eule und Nilpferd ist ein großartiges Symbol nicht nur für die Harmonie in der Savanne, sondern kann auch symbolisch die Proteine der Zelle darstellen.

Forschergruppen der Hong Kong University of Science and Technology (HKUST, oben) und der Hong Kong University (HKU, unten) begannen die experimentellen Arbeiten.

Boxen für mikrobiologische Sterilarbeiten

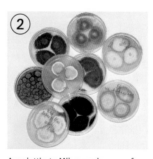

Ausplattierte Mikrorganismen auf Komplexmedien in Petrischalen

Mikrobielle Schüttelkulturen in Erlenmeyer-Kolben

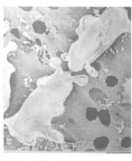

Rasterelektronenmikroskopisches Bild des neuen Mikroorganismus. Er wuchs hervorragend aerob auf Cellulose.

Fortsetzung nächste Seite ——————➤

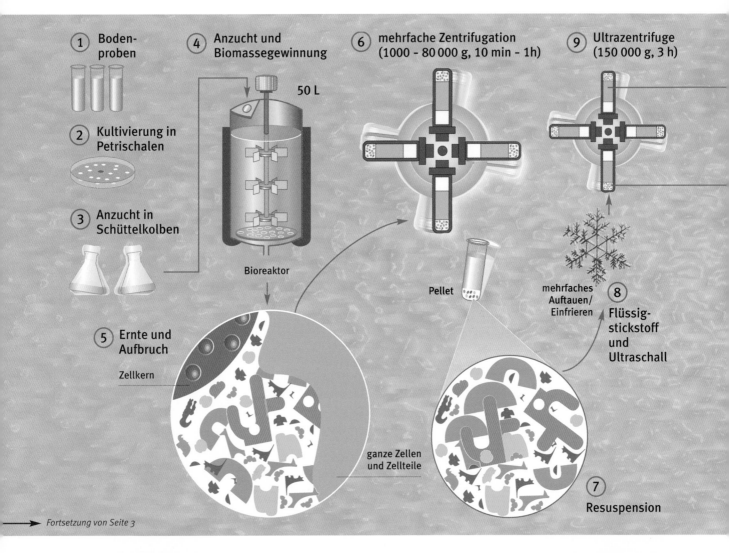

① Boden-
proben

② Kultivierung in
Petrischalen

③ Anzucht in
Schüttelkolben

④ Anzucht und
Biomassegewinnung

50 L

Bioreaktor

⑤ Ernte und
Aufbruch

Zellkern

ganze Zellen
und Zellteile

⑥ mehrfache Zentrifugation
(1000 – 80 000 g, 10 min – 1h)

Pellet

⑨ Ultrazentrifuge
(150 000 g, 3 h)

mehrfaches
Auftauen/
Einfrieren

⑧ Flüssig-
stickstoff
und
Ultraschall

⑦ Resuspension

→ Fortsetzung von Seite 3

1.3 Biomassegewinnung

④ In **Rührtank-Bioreaktoren** von **1 L** bis **50 L** Volumen wurden die Bakterien unter Sauerstoffüberschuss mit Cellulose als C-Quelle kultiviert und danach geerntet ⑤.

⑥ Durch **Zentrifugation** von 1000 bis 80 000 g wurden die Zellen stufenweise sedimentiert.

⑦ Die Zellen wurden jeweils resuspendiert und durch **Ultraschallbehandlung, Einfrieren** in Flüssigstickstoff ⑧ und **Auftauen** aufgebrochen. Nachfolgende Zentrifugationen fraktionierten die Zellbestandteile.

⑨ In der letzten Phase wurde für 3 h eine **Ultrazentrifuge** bei 150 000 g eingesetzt.

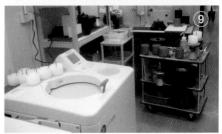

50-L-Bioreaktor (oben) und Labor-
zentrifugen (unten)

Kleinere Fermenter zur Probeanzucht (oben);
Ultrazentrifuge (unten)

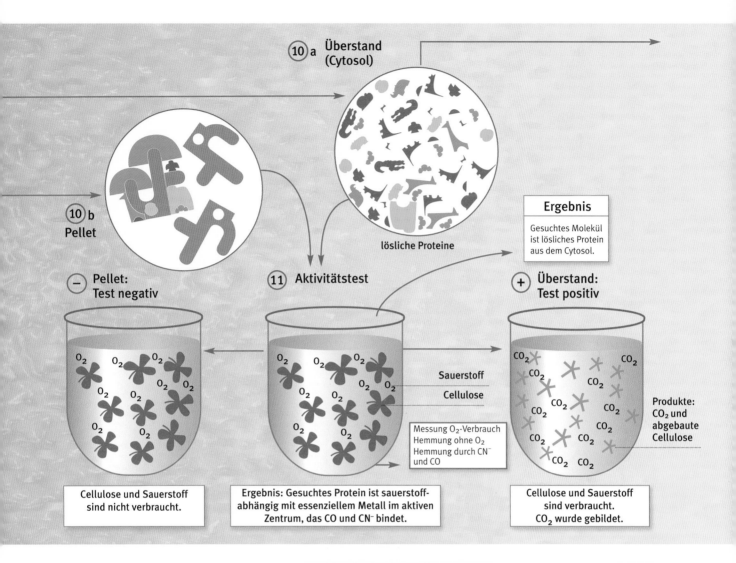

⑩a Überstand (Cytosol)

⑩b Pellet

lösliche Proteine

Ergebnis

Gesuchtes Molekül ist lösliches Protein aus dem Cytosol.

(−) Pellet: Test negativ

⑪ Aktivitätstest

(+) Überstand: Test positiv

O_2

Sauerstoff
Cellulose

CO_2

Messung O_2-Verbrauch
Hemmung ohne O_2
Hemmung durch CN^- und CO

Produkte: CO_2 und abgebaute Cellulose

Cellulose und Sauerstoff sind nicht verbraucht.

Ergebnis: Gesuchtes Protein ist sauerstoffabhängig mit essenziellem Metall im aktiven Zentrum, das CO und CN bindet.

Cellulose und Sauerstoff sind verbraucht.
CO_2 wurde gebildet.

■ 1.4 Aktivitätstest

Der **Zellüberstand** (Supernatant) ⑩a enthielt cytosolische lösliche Proteine. Das **Sediment** (Pellet) ⑩b enthielt dagegen Ribosomen, Mikrosomen und Mitochondrien.

Ein neu entwickelter **Aktivitätstest** ⑪ auf Cellulase benutzte eine elektrochemische Messzelle mit Clark-Sauerstoffelektrode mit einer Suspension löslicher Cellulose in sauerstoffgesättigtem Phosphatpuffer (pH 7,0) bei 37 °C. Das Sediment zeigte nur schwache Aktivität, der Überstand dagegen starke: Cellulose wurde unter Sauerstoffverbrauch umgesetzt. **Cyanid und CO hemmen** die Reaktion, ein Hinweis auf **Metalle im aktiven Zentrum**. Unter Sauerstoffabschluss fand keine Reaktion statt. Im Überstand befindet sich also ein Enzym, das Cellulose umsetzt! Zur Aufreinigung der cytosolischen Proteine wurden verschiedene Arten der **Chromatografie** eingesetzt.

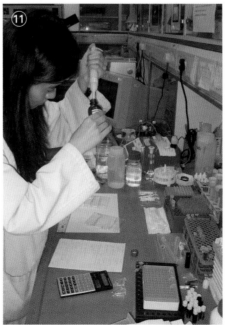

⑪

Elektrochemischer Aktivitätstest im Labor der HKUST: Proben werden in sauerstoffangereichertem Puffer in einer Messzelle mit löslicher Cellulose inkubiert. Der Sauerstoffverbrauch wird gemessen.

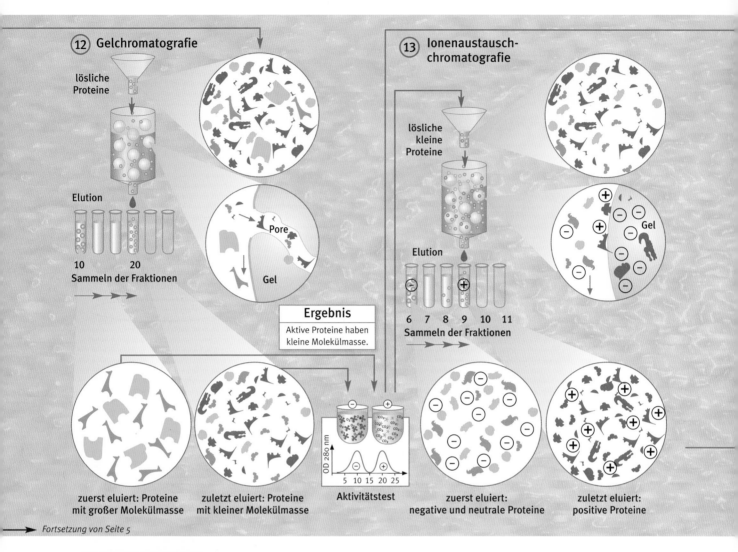

⑫ **Gelchromatografie**

lösliche
Proteine

Elution

10   20
Sammeln der Fraktionen

Pore

Gel

Ergebnis

Aktive Proteine haben
kleine Molekülmasse.

⑬ **Ionenaustausch-
chromatografie**

lösliche
kleine
Proteine

Elution

6   7   8   9   10   11
Sammeln der Fraktionen

Gel

zuerst eluiert: Proteine
mit großer Molekülmasse

zuletzt eluiert: Proteine
mit kleiner Molekülmasse

OD 280 nm

5 10 15 20 25

Aktivitätstest

zuerst eluiert:
negative und neutrale Proteine

zuletzt eluiert:
positive Proteine

Fortsetzung von Seite 5

Chromatografische Trennsäulen

1.5 Gel- und Ionen-austauschchromatografie

Gelchromatografie ⑫ trennt die Proteine nach der Größe auf, mithilfe von quervernetzten Gelkugeln, die Poren haben. Große Proteine dringen nicht in die Poren ein und werden früher eluiert als kleine Proteine, die in die Poren wandern. Ein Fraktionssammler fängt das Eluat auf. Ein optischer Sensor absorbiert Licht bei 280 nm (typisch für aromatische Aminogruppen der Proteine). Aktivitätstests zeigen später, in welchen Fraktionen sich das gesuchte Protein befindet. Das gesuchte Protein X wurde fünffach aufgereinigt, die Probe war aber danach um das Dreifache verdünnt.

Ionenaustauschchromatografie ⑬ sollte den Durchbruch bringen. Sie trennt die Proteine der gefundenen Fraktion (also etwa gleicher Größe) nach ihren **Ladungen**. Das Gel ist negativ geladen (Kationenaustauscher). Durch stufenweise Änderung der Ionenstärke (Salzgehalt!) wird das gesuchte Protein eluiert. In unserem Fall war es ein Fehlschlag: Im gesamten Eluat ließ sich keine Aktivität messen. Offenbar wurde die Aktivität des Proteins X von hohen Salzkonzentrationen zerstört, oder klebte es irreversibel an der Säule?

Präparative Gelchromatografiesäule zur Aufreinigung großer Proteinmengen

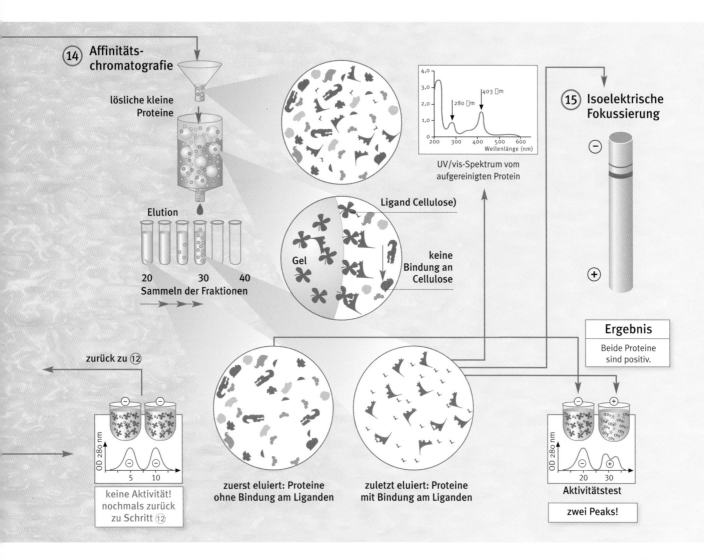

⑭ Affinitäts-
chromatografie

lösliche kleine
Proteine

Elution

20   30   40
Sammeln der Fraktionen

zurück zu ⑫

keine Aktivität!
nochmals zurück
zu Schritt ⑫

OD 280 nm

5   10

zuerst eluiert: Proteine
ohne Bindung am Liganden

zuletzt eluiert: Proteine
mit Bindung am Liganden

Ligand Cellulose)

Gel

keine
Bindung an
Cellulose

UV/vis-Spektrum vom
aufgereinigten Protein

280 nm   403 nm

Wellenlänge (nm)

⑮ Isoelektrische
Fokussierung

⊖

⊕

Ergebnis

Beide Proteine
sind positiv.

OD 280 nm

20   30

Aktivitätstest

zwei Peaks!

■ 1.6 Affinitätschromatografie

Wir versuchten es deshalb mit einer **Affinitätschromatografie (AC).**

Wenn man weiß, welchen Liganden das gesuchte
Protein spezifisch bindet, koppelt man diesen Liganden über lange Abstandhalter (Spacer) an gelartige Kugeln. Hier diente Cellulose definierter
Kettenlänge (20 Zuckereinheiten) als Ligand. Und,
oh Wunder, es funktionierte: Allein das Protein X
band an die mit Cellulose derivatisierten Kugeln,
alle anderen Proteine rauschten ungehindert vorbei.
Die AC erwies sich als hocheffektiv, das Protein
wurde **500-fach aufgereinigt**! Interessant war,
dass es einen großen und einen kleinen positiven
Peak mit der AC gab, die beide Aktivität zeigten.
Das Protein scheint aus zwei **aktiven Untereinheiten** zu bestehen. Es könnten aber auch zwei Isoenzyme sein. Ein Absorptionsspektrum (UV/vis)
zeigte einen Protein-Peak (bei 280 nm) und einen
Peak bei 403 nm, der auf Metalle hinweist.

■ 1.7 Isoelektrische Fokussierung

Mit einer **Isoelektrischen Fokussierung (IEF)**
⑮ wurde eine elektrophoretische Auftrennung
der gereinigten Proteine in einem Gel aufgrund
ihres relativen Gehalts an sauren und basischen
Aminosäureresten versucht.

Am **isoelektrischen Punkt (pI)** eines Proteins
beträgt seine Nettoladung, also die Summe aller
Ladungen der einzelnen Aminosäuren, null. Bei
diesem pH-Wert ist die elektrophoretische Be-
weglichkeit ebenfalls null. An das mit pH-Gradienten hergestellte Gel wurde eine Spannung
angelegt. Jedes Protein wanderte im elektrischen
Feld so weit, bis der umgebende pH-Wert seinem
pI entsprach. Das elektrische Feld konzentrierte
(fokussierte) also die einzelnen Proteine an ihrem
spezifischen pI. Es wurden nur zwei nahe beiei-
nanderliegende Banden im Bereich hohen pHs
gefunden, also müssen diese **beiden Proteine
positiv geladen sein.**

Prof. Aimin Xuguru (HK University)
bei der affinitätschromatografischen
Aufreinigung

Isoelektrische Fokussierung

von ⑭

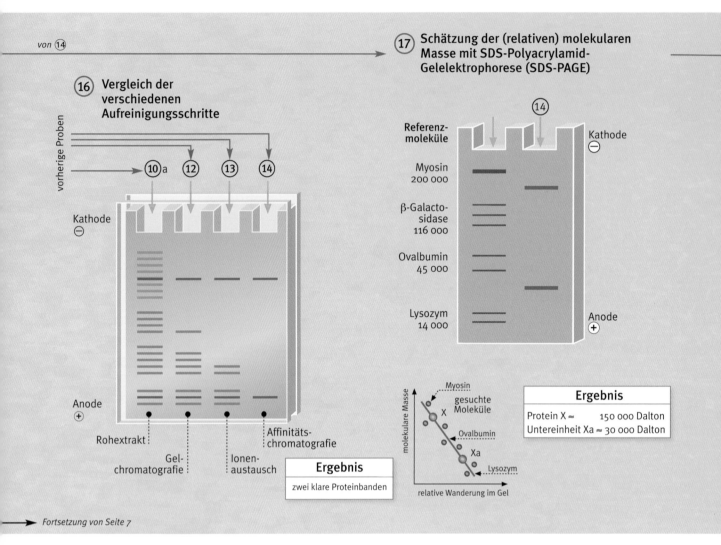

⑯ Vergleich der verschiedenen Aufreinigungsschritte

vorherige Proben

⑩a ⑫ ⑬ ⑭

Kathode ⊖

Anode ⊕

Rohextrakt

Gel-chromatografie

Ionen-austausch

Affinitäts-chromatografie

Ergebnis

zwei klare Proteinbanden

⑰ Schätzung der (relativen) molekularen Masse mit SDS-Polyacrylamid-Gelelektrophorese (SDS-PAGE)

Referenz-moleküle

⑭

Kathode ⊖

Myosin 200 000

β-Galacto-sidase 116 000

Ovalbumin 45 000

Lysozym 14 000

Anode ⊕

molekulare Masse

Myosin

gesuchte Moleküle

X

Ovalbumin

Xa

Lysozym

relative Wanderung im Gel

Ergebnis

Protein X ≈ 150 000 Dalton
Untereinheit Xa ≈ 30 000 Dalton

Fortsetzung von Seite 7

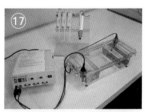

Geräte zur Durchführung der Gelelektrophorese

◼ 1.8 Gelelektrophorese

Die **Gelelektrophorese** ⑯ wird als analytische Methode benutzt, um die Reinheit des gesuchten Proteins bei verschiedenen Aufreinigungsstufen zu charakterisieren. Dabei wandert eine Probe aus zu trennenden Proteinen unter Einfluss eines elektrischen Feldes durch ein Gel, das eine ionische Pufferlösung enthält. Die Moleküle des Gels, beispielsweise Agarose oder Polyacrylamid, bilden ein engmaschiges Netz, das die zu trennenden Moleküle bei ihrer Wanderung im elektrischen Feld behindert. Je nach Größe und Ladung der Moleküle bewegen sich diese unterschiedlich schnell durch das als Molekularsieb wirkende Gel. Kleine, negativ geladene Moleküle (Anionen) wandern am schnellsten in Richtung der positiv geladenen Anode. Je nach Anwendung werden dem Gel verschiedene Zusatzstoffe zugesetzt. SDS zwingt allen Proteinen eine der molaren Masse proportionale negative Ladung

und eine einheitliche stäbchenförmige Struktur auf, bei der **SDS-Polyacrylamid-Gelelektrophorese (SDS-PAGE)** ⑰.

Zur Auswertung des Gels nach der Elektrophorese werden die zu trennenden Moleküle entweder vor der Elektrophorese radioaktiv markiert und anschließend mit Autoradiografie nachgewiesen oder nach der Elektrophorese mit verschiedenen Farbstoffen behandelt. Die (relative) molekulare Masse schätzten wir durch Vergleich mit Proteinen mit bekannter Molmasse für die zwei hochgereinigten Fraktionen des Proteins auf 150 kDa und 30 kDa.

Offenbar besitzt Protein X eine **Untereinheit Xa, die mit X einen Komplex bilden kann**. Dieser Komplex kann durch Gelpermeationschromatografie (GC) in Gegenwart bzw. Abwesenheit denaturierender Agenzien (wie z. B. Guanidiniumhydrochlorid) nachgewiesen werden.

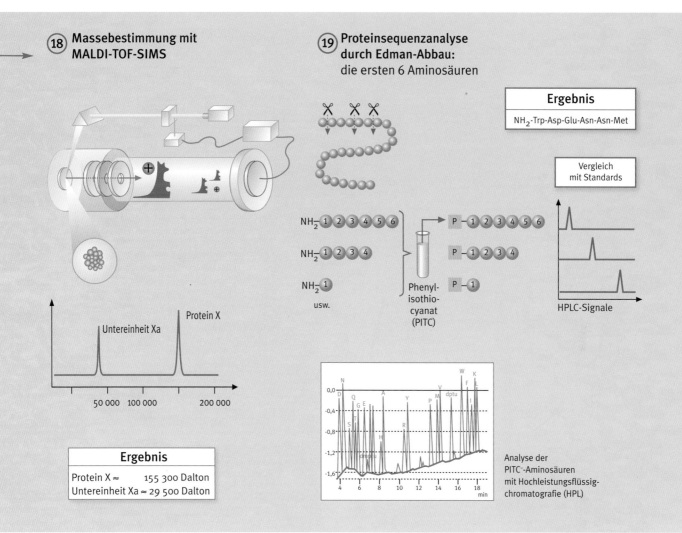

18 Massebestimmung mit
MALDI-TOF-SIMS

19 Proteinsequenzanalyse
durch Edman-Abbau:
die ersten 6 Aminosäuren

Ergebnis

NH₂-Trp-Asp-Glu-Asn-Asn-Met

Vergleich
mit Standards

HPLC-Signale

Untereinheit Xa

Protein X

50 000 100 000   200 000

Ergebnis

Protein X ≈   155 300 Dalton
Untereinheit Xa ≈ 29 500 Dalton

Phenyl-
isothio-
cyanat
(PITC)

usw.

Analyse der
PITC⁻-Aminosäuren
mit Hochleistungsflüssig-
chromatografie (HPL)

1.9 Massen- und Sequenzanalyse

Mit **Massenspektrometrie** ⑱ wurden dann die exakten Proteinmassen bestimmt. Matrixunterstützte Laserdesorption/Ionisierung gekoppelt mit einem Flugzeitanalysator (**MALDI-TOF**) bestimmte die molekularen Massen genau: **Protein X hat eine molekulare Masse von 155 300 Da, die Untereinheit von Protein Xa von 29 500 Da**.

Das bedeutet rund 300 Aminosäuren für die Xa und 1500 Aminosäuren für das fünfmal größere Protein X, das somit etwa die Größe von Immunglobulin G (IgG) besitzt.

Wie ist die **Primärstruktur von Protein X**? Mit **Edman-Sequenzierung** ⑲ konnte ein Teil von Protein X vom N-Terminus aus sequenziert werden. Beim Edman-Abbau wird jeweils Aminosäure für Aminosäure mit Säure vom Ende des

Proteins abgespalten, mit Phenylisothiocyanat (PITC⁻) ge-koppelt und dann chromatografisch analysiert. Durch Vergleich mit dem Satz bekannter PITC⁻-Aminosäuren können die Aminosäuren identifiziert werden.

Auf eine vollständige Proteinsequenzierung konnte jedoch verzichtet werden, weil wir nur eine **DNA-Sonde zum Fischen des Gens X** benötigten. Protein Xa wurde zunächst nicht sequenziert.

Bild unten links und oben im Detail: Gerät für matrixunterstützte Laserdesorption/Ionisierung gekoppelt mit Flugzeitanalysator (MALDI-TOF) zur Massebestimmung der Proteine X und der Untereinheit Xa

Protein-Sequenzierautomat, der den Edman-Abbau benutzt

9

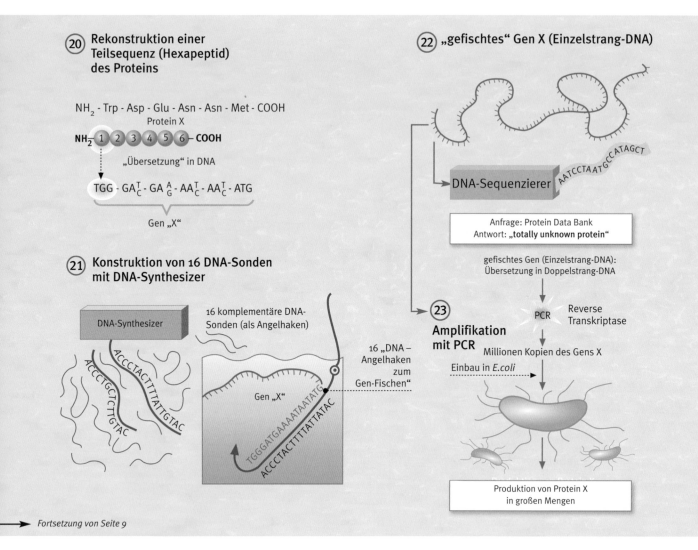

(20) Rekonstruktion einer Teilsequenz (Hexapeptid) des Proteins

NH₂ - Trp - Asp - Glu - Asn - Asn - Met - COOH
Protein X

NH₂ ①②③④⑤⑥ COOH

„Übersetzung" in DNA

TGG - GA^T_C - GA ^A_G - AA^T_C - AA^T_C - ATG

Gen „X"

(21) Konstruktion von 16 DNA-Sonden mit DNA-Synthesizer

DNA-Synthesizer

16 komplementäre DNA-Sonden (als Angelhaken)

ACCCTGCTCTGTAC
ACCCTACTTTATTGTAC

Gen „X"

TGGGATGAAATAATATG
ACCCTACTTTATTATAC

16 „DNA – Angelhaken zum Gen-Fischen"

(22) „gefischtes" Gen X (Einzelstrang-DNA)

DNA-Sequenzierer
AATCCTAATGCCATAGCT

Anfrage: Protein Data Bank
Antwort: „totally unknown protein"

gefischtes Gen (Einzelstrang-DNA):
Übersetzung in Doppelstrang-DNA

(23) Amplifikation mit PCR

PCR — Reverse Transkriptase

Millionen Kopien des Gens X

Einbau in E.coli

Produktion von Protein X in großen Mengen

Fortsetzung von Seite 9

DNA-Syntheseautomat

DNA-Sequenzierer

PCR-Zykler

■ 1.10 Wie das Gen „gefischt" wurde

Wir gewannen durch Edman-Abbau eine kurze **Teilsequenz von Aminosäuren** ⑲:

NH₂-Trp-Asp-Glu-Asn-Asn-Met-COOH

Nach dem genetischen Code wird dieses Hexapeptid von folgender DNA-Sequenz codiert:

TGG-GAT-GAA-AAT-AAT-ATG

Wegen der Mehrdeutigkeit des genetischen Codes gibt es aber **16 Oligonucleotide**, welche die Sequenz Trp-Asp-Glu-Asn-Asn-Met codieren. Sie wurden im DNA-Synthesizer ㉑ synthetisiert und im Gemisch als **Gensonden** zur Durchmusterung der cDNA von *Bacillus macropii* eingesetzt. Das gefischte Gen X wurde mit dem DNA-Sequenzautomaten **sequenziert** ㉒. Eine Anfrage bei der Proteindatenbank (PDB) ergab: „unbekanntes Protein!"

Das Gen X wurde danach mit PCR **amplifiziert** ㉓, in Plasmide eingebaut und in *E.coli* **exprimiert.** So konnte das Protein X im Milligramm-Maßstab gewonnen werden.

Hurra! Nach erneuerter Aufreinigung mit **Affinitätschromatografie (AC)** ⑭ lag es hochgereinigt vor.

Beim Fischen des Gens für Protein X

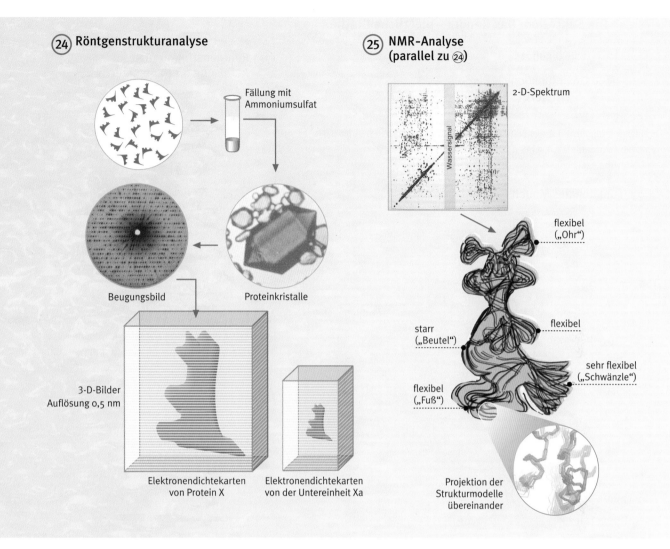

(24) Röntgenstrukturanalyse

Fällung mit
Ammoniumsulfat

Beugungsbild

Proteinkristalle

3-D-Bilder
Auflösung 0,5 nm

Elektronendichtekarten
von Protein X

Elektronendichtekarten
von der Untereinheit Xa

(25) NMR-Analyse
(parallel zu (24))

2-D-Spektrum

Wassersignal

flexibel
(„Ohr")

flexibel

starr
(„Beutel")

sehr flexibel
(„Schwänzle")

flexibel
(„Fuß")

Projektion der
Strukturmodelle
übereinander

■ 1.11 Röntgenstrukturanalyse und NMR

Durch Ammoniumsulfat wurden Protein X und Xa ausgefällt und kristallisiert (ausführlich siehe Kap. 2). In Zusammenarbeit mit **Dietmar Schomburguru** (TU Braunschweig) wurden mittels **Röntgenstrukturanalyse** dreidimensionale Elektronendichtekarten (24) erstellt und eine Auflösung von 0,5 nm erreicht.

Parallel dazu wurde mit der **Kernresonanzspektroskopie (NMR)** (25) die Raumstruktur aufgeklärt. Ihre Stärke ist, dass zeitabhängige Phänomene wie Konformationsänderungen (also bewegliche Teile) beobachtet werden können.

Die genmanipulierten *E.coli*-Bakterien wurden mit den seltenen nichtradioaktiven Isotopen ^{13}C und ^{15}N „gefüttert", damit die produzierten Proteine ^{13}C- oder ^{15}N-markiert vorlagen. Mehrere Strukturmodelle von Protein X wurden übereinander projiziert.

Starke Unterschiede im Proteinrückgrat deuten auf flexible Bereiche hin: Protein X besitzt demnach einen hochflexiblen großen Bereich (hier „Schwänzle" genannt) und vier kleine flexible Bereiche, die alle vom Grundkörper aus wie Flagellen rotieren.

Daneben ist in der „**Kopfregion**" ein hyperflexibler Bereich sichtbar, der das aktive Zentrum beinhalten könnte. Ein zweiter „**Pouch**"-**Bereich** scheint wie ein Beutel geformt zu sein.

Schließlich kam der entscheidende Schritt, der die Proteine X und Xa auf die Titelseiten von *Science* und *Nature* brachte, die sensationelle **Röntgenstrukturanalyse mit 0,1 Nanometer-Auflösung** (26) (nächste Seite).

Röntgenstrukturanalyse

Protein-NMR

11

■ 1.12 Die Sensation: Das Nanoru – plötzliche Klarheit

Resultat:
ein neues multifunktionelles Protein **„NANORU"**

Nachdem die Struktur des Nanorus und seiner Untereinheiten aufgeklärt waren, wurden plötzlich auch verschiedene Mechanismen klar:

(27) Funktionales Modell

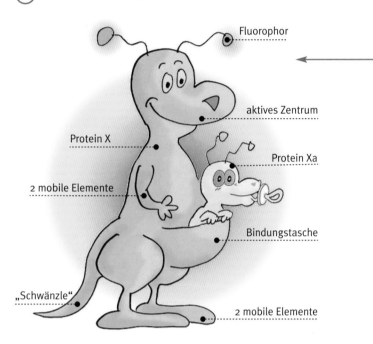

(28) Aktivitätstest

Beim **Aktivitätstest** bindet das Nanoru Cellulose im aktiven Zentrum und wandelt sie biokatalytisch mit Sauerstoff zu CO_2 und Wasser um. Der O_2-Verbrauch kann mit einer Clark-Elektrode gemessen werden.

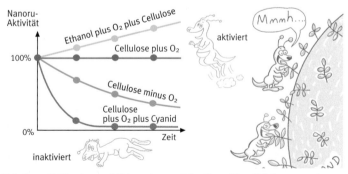

Rote Kurve: Bei Zugabe von Cellulose plus Sauerstoff bleibt die Aktivität der Nanorus gleich.
Gelbe Kurve: Ethanol erhöht die Aktivität kurzzeitig. **Merkwürdig ...**

Grüne Kurve: Wenn Cellulose zugegeben, aber Sauerstoff entzogen wird, verringert sich die Nanoru-Aktivität langsam.
Blaue Kurve: Cyanid inaktiviert Nanorus sofort **und irreversibel!**

(26) Röntgenstrukturanalyse: Auflösung 0,1 Nanometer

Die Molekularstruktur des Proteins X und der Untereinheit Xa wurde mit höchster Auflösung sichtbar gemacht. Deutlich sind eine Bindungstasche und das aktive Zentrum zu erkennen. Echt sensationell ist die Ähnlichkeit des etwa 15 nm großen Moleküls mit einem Känguru!

(29) Eine ökologische Nische: das Nanoru in Afrika

Das Nanoru gehört zu den **Neobiota** (griech. νέος [néos] = neu; βιοτόν [biotón] = Lebensform) in Südafrika, das heißt zu gebietsfremden Arten, die einen geografischen Raum infolge direkter oder indirekter menschlicher Mitwirkung besiedeln.

Offenbar wurde es als „Australier" von den lokalen Arten aufgrund seines freundlichen, aber „sprunghaften" vegetarischen Wesens akzeptiert.

■ 1.13 Wie geht es weiter mit dem Nanoru?

Nach der Entdeckung des Nanorus begannen in der ganzen Welt fieberhafte Arbeiten.

Die **Grundlagenforschung** ㉚ untersucht L- und D-Formen, die von der Ost- und der West-seite des Tafelbergs in Kapstadt isoliert wurden. Intensive molekulare Wechselwirkungen zwischen beiden Formen führen zur Bildung von Xa, die reversibel gebunden sind.

Neue Anwendungen ㉛ finden Nanorus in der **Immun- und Rezeptoranalytik**. Die cellulolytische Aktivität des Nanorus wird bei **Biosensoren** eingesetzt.

Durch gezielte Modifikation des Moleküls ist das Nanoru zum wichtigsten Objekt der **Bionanotechnologie** ㉝ geworden.

㉚ Nanoru – Grundlagenforschung

㉛ Neue Anwendungen

Immunoassays: Die fluoreszierenden Untereinheiten werden als Marker benutzt.

Biosensoren: Gekoppelt mit Sauerstoffsensoren kann der Substratverbrauch (Cellulose) innerhalb von Sekunden bestimmt werden.

㉜ Publikation der Sensation

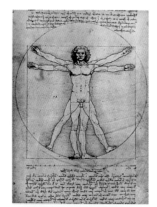

Leonarus Vision der Harmonie in der Nanowelt des Nanorus

DAS NANORU IN DER POESIE

Drüben am Walde kängt ein Guruh – Warte nur balde kängurst auch du.

Nanochim Ringelguru

㉝ Bionanotechnologie: gezielte Modifikationen des Nanorus

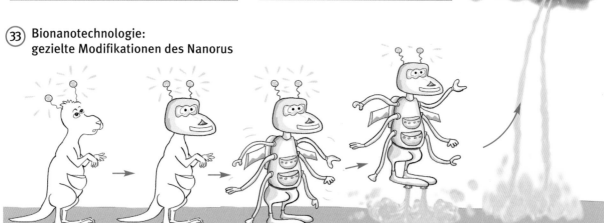

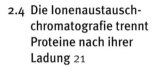

BIOMOLEKÜLE AUF DEM PRÜFSTAND

Instrumentelle Bioanalytik

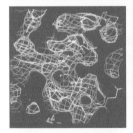

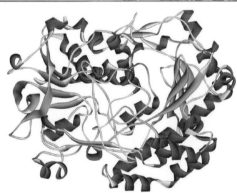
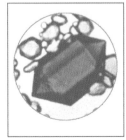
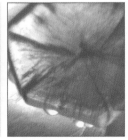

Kapitel 2

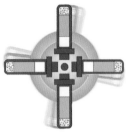

Überstand

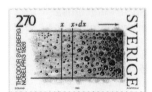

Sediment

Abb. 2.1 Zentrifugation

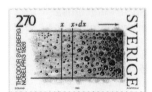

Abb. 2.2 Briefmarke zu Ehren des schwedischen Chemikers Theodor Svedberg (1884–1971), der 1926 den Nobelpreis für seine Arbeiten zu Kolloiden und die Erfindung der Ultrazentrifuge bekam

2.1. Immer größere Maschinen für immer kleinere Teilchen?

Mal ehrlich: Haben Sie die Geschichte des Nanorus in Kapitel 1 wirklich verstanden? Zugegeben, sie ist für Einsteiger schwierig. Sie hat aber hoffentlich Appetit auf mehr gemacht.

Hier kommen dafür die Grundlagen in größtmöglicher Kürze! Will man biologische Abläufe verstehen, muss man die beteiligten Biomoleküle identifizieren, sie isolieren und schließlich in ihrer Funktion und Raumstruktur analysieren. Dazu benutzt man mehr oder weniger große Maschinen und Instrumente. In seinem amüsanten Buch *Der Wiesbadener Kongress* über den modernen Wissenschaftsbetrieb schreibt dazu der Schweizer **Walter Vogt**:

»Forschen ist gar nicht einfach. Man kann Leute wie **Wilhelm Conrad Röntgen** und **Sigmund Freud** beneiden, die Ende des vorigen Jahrhunderts die nach ihnen benannten Strahlen beziehungsweise Psychoanalyse in aller Stille entdeckten.

Heute ist Forschen ein großes Unternehmen geworden. Je kleiner die Teilchen, die erforscht werden, desto größer die Anlagen, mit denen es geschieht. Vielleicht sind die erforschten Teilchen nur deswegen so klein, weil die Maschinen, mit denen sie erforscht werden, so groß sind, oder umgekehrt oder etwas allgemeiner gesagt: In der Forschung ist das Forschungsresultat Resultat der angewandten Methode. Wenn man Apparate anwendet, die elektronegative oder -positive Teilchen nachweisen, werden elektronegative oder -positive Teilchen nachgewiesen, bis man eines Tages einen Apparat aufstellt, der elektrisch neutrale Teilchen nachweist, dann werden elektrisch neutrale Teilchen nachgewiesen.

Das hat noch nie jemand gestört. Alle Elementarteilchen haben sich als nicht halb so elementar erwiesen. Die Teilchen sind teilbar geworden.

Und wenn es die Teilchen gar nicht gibt? Wenn sie einzig Resultat der angewandten Forschungsmethode wären?

Auch das würde niemand stören.

Aber was hält nun die Forschung in Gang: die Teilchen, die es nicht gibt, oder die Methode, die allerdings nur unter der Voraussetzung einen Sinn hat, dass die Teilchen nachweisbar sind – vorerst ohne Rücksicht darauf, ob es sie gibt oder nicht?«

Die **instrumentelle Bioanalytik** ist heute ein riesiges Gebiet. Es würde den Rahmen eines Einsteigerbuchs sprengen, sämtliche komplexe Methoden und Instrumente zu beschreiben. Beschreibungen sind außerdem recht langweilig: Wir betrachten in diesem vorliegenden Buch die Bioanalytik mehr von ihrer dynamischen Seite: Biomoleküle und Zellen selbst werden als *Werkzeuge* zum Messen und Erkennen anderer Biomoleküle verwendet. Für die instrumentelle Bioanalytik gibt es außerdem schon hervorragende Fachbücher: Zuallererst ist die „Bibel der Bioanalytik" zu nennen, der kiloschwere „**Lottspeich**". Es gibt **Martin Holtzhauers** *Methoden in der Proteinanalytik*, **Hubert Rehms** *Experimentator: Proteinchemie* sowie **Mark Helms** und **Stefan Wölfls** kurzgefasste *Instrumentelle Bioanalytik*.

Hier in Kapitel 2 habe ich, mit Erlaubnis von Autor und Verlag, das meiner Meinung nach didaktisch beste *und* kürzeste deutsche Biochemie-Lehrbuch von **Werner Müller-Esterl**, *Biochemie*, (zum Teil wörtlich) zitiert. Danke, Werner! Es geht einfach nicht besser und dabei kurz auszudrücken... **Der speziell Interessierte greife also zu den genannten Originalen!**

2.2 Proteintrennung? Wasser marsch!

Beginnen wir mit den **Proteinen**. Um ein einzelnes Protein zu charakterisieren, muss es zunächst von einer Vielzahl anderer Proteine abgetrennt werden. Dass dies prinzipiell möglich ist, verdanken wir der Einzigartigkeit jedes Proteins. Aufgrund dieser Individualität steht man aber für jedes Protein wieder vor einer mehr oder minder neuen Aufgabe. Der erfahrene Experimentator muss also die Methoden geschickt kombinieren und anpassen, um „sein" Protein letztlich aufzureinigen und zu charakterisieren. Im ersten Schritt einer **Aufreinigung** will man das interessierende Protein in Lösung bringen und das gesamte unlösliche Material oder größere Partikel abtrennen.

Für **extrazelluläre Proteine** – wie etwa Serumalbumin (*human serum albumin*, HSA), das im menschlichen Blutplasma gelöst ist – fällt dies leicht: Die zellulären Bestandteile des Bluts werden mittels **Zentrifugation** (Abb. 2.1) abgetrennt.

Die moderne **Ultrazentrifuge** wurde Mitte der 1920er Jahre von **Theodor Svedberg** (1884-1971, Nobelpreis für Chemie 1926, Abb. 2.2)

entwickelt. Mit ihr bestimmte er die Sedimentationsgeschwindigkeiten von Makromolekülen und damit ihre ungefähre Molekülmasse.

Sie ist eine für hohe Geschwindigkeiten optimierte Zentrifuge, die **Beschleunigungen von bis zu einer Million g erzeugen** kann. Ultrazentrifugen rotieren ihren Inhalt sehr schnell – bis zu 500 000 mal in der Minute. Der Rotor bewegt sich hierbei in einem künstlichen Vakuum, sodass keine Luftreibung auftritt. Bei der **präparativen Ultrazentrifugation** werden gelöste Makromoleküle anhand ihrer Sedimentationsgeschwindigkeit unter dem Einfluss starker Zentrifugalkräfte sortiert, um z. B. Proteine, Viren oder andere Makromoleküle zu isolieren. Das gewünschte **Protein bleibt bei der Zentrifugation im Überstand** (Abb. 2.1).

Trennen von Gemischen geht auch durch Filtration, z. B. in den sogenannten *separation pads* von diagnostischen Schnelltests (siehe Kap. 4). Cytoplasmatische Proteine müssen zunächst aus der Zelle „befreit" werden. Dazu ist ein **Aufschluss der Zellen nötig**, der das gewünschte Protein nach Möglichkeit intakt lässt. Ein Verfahren besteht darin, die Zellen zusammen mit feinen Glaskugeln in sogenannten **Zellmühlen** heftig zu schütteln. Auch durch osmotischen „Schock" mit hypotonen Lösungen, durch **rasche Druckänderungen mittels Ultraschall oder Einfrieren/Auftauen** können Zellen effizient aufgebrochen werden (siehe Kap.1).

Ist das Cytoplasma und damit das interessierende Protein freigesetzt, entfernt man die Zelltrümmer durch Zentrifugation.

Membranintegrierte Proteine (wie etwa Rezeptoren) sind auf dieser Stufe am schwierigsten zu handhaben. Wäscheschmutz löst man mit Seife aus dem Gewebe von Textilien, das Gleiche gilt für Proteine. Man bekommt sie nur mithilfe von **Detergenzien** (also „Seifen") in Lösung. Dies ist eine biochemische Gratwanderung: Einerseits muss das Detergens aggressiv genug sein, um das Protein aus der Lipid-Doppelschicht herauszulösen, andererseits soll es das Protein auch außerhalb seiner natürlichen Umgebung in einem intakten, nicht-denaturierten Zustand halten. Man sollte versuchen, schon auf dieser Stufe der Reinigung eine **Anreicherung des gewünschten Proteins** gegenüber anderen Proteinen zu erzielen. So können verschiedene **Zentrifugationsverfahren** nicht nur unerwünschtes Material beseitigen, sondern auch gezielt verschiedene Zellfraktionen (Zellkerne, Mitochondrien, endoplasmatisches Reticulum, Plasmamembran) grob voneinander trennen. Wenn man weiß, in welchem Zellkompartiment das betreffende Protein zu finden ist, kann man die Zahl der voneinander zu trennenden Proteine schon von vornherein drastisch reduzieren.

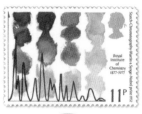

■ 2.3 Gelfiltrationschromatografie trennt Proteine nach ihrer Größe

Entscheidende Techniken bei der Auftrennung von Proteingemischen – und anderer Stoffklassen – sind chromatografische Verfahren. **Chromatografie** (von griechisch: *chroma*, Farbe; *graphein*, schreiben) ist ein Sammelbegriff für verschiedene physikalisch-chemische Trennmethoden.

Der Name rührt von einer der ersten Anwendungen her, nämlich grüne und gelbe Pflanzenpigmente voneinander zu trennen. Die Grundidee: Komponenten einer Molekülmischung verteilen sich aufgrund ihrer **unterschiedlichen Eigenschaften wie Löslichkeit, Größe, Ladung oder Funktion** ungleich zwischen zwei Phasen. Eine Phase ist stationär – etwa Papier oder ein Gel – und die andere mobil – eine Flüssigkeit oder ein Gas (Abb. 2.3). Schon Mitte des 19. Jahrhunderts hatte der deutsche Chemiker **Ferdinand Friedlieb Runge** (1794-1867) kreisförmige farbige Chromatogramme mit chemischen Substanzen erzeugt, sie aber eher für ästhetisch interessant gehalten. Er ahnte nicht, welche grundsätzliche Bedeutung dieses Trennverfahren haben sollte. 1903 stellte der Russe **Michael S. Tswet** (1872-1919) auf dem Kongress der Naturforscher in Warschau das Prinzip der Auftrennung durch Adsorption und Desorption an fester Phase am Beispiel der Blattfarbstoffe vor. Lustigerweise bedeutet der russische Name *Tswet* auf Deutsch Farbe.

Chromatografie kann man sofort **mit einfachen Mitteln zu Hause** demonstrieren. Man benötigt eine weiße Kaffeefiltertüte als „feste Phase", einige Buntstifte von wasservermalbarer Sorte sowie wasserfeste Filzstifte. In die Mitte des Kaffeefilters trägt man die Farben auf und tropft darauf Wasser, sodass sich das Papier langsam mit Wasser vollsaugt. Da die Farbe der Buntstifte wasserlöslich ist, transportiert das **Wasser, die „mobile Phase"**, nun die Farbe und separiert Gemische. Ein violetter Stift besteht nämlich im Grunde aus einem Gemisch unterschiedlicher Farben, die zusammen violett wirken.

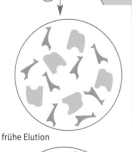

frühe Elution

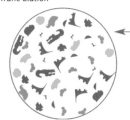

späte Elution

Abb. 2.3 Gelfiltrationschromatografie

Box 2.1 Bioanalytik-Technik:
Warum ist Gras grün und Rotwein rot?

Absorptionsspektroskopie und Lambert-Beer'sches Gesetz

Die Anfänge der **Photometrie** (Lichtmessung) und der **Spektrometrie** liegen im 18. Jahrhundert. Damals stellte man fest: Die Farbintensität gefärbter Lösungen nimmt mit steigender Konzentration des gelösten farbigen Stoffes zu.

Eine **Lösung hat deshalb eine bestimmte Farbe**, weil sie diese Farbe durchlässt (transmittiert), jedoch die zu dieser Farbe komplementäre Farbe absorbiert.

Rotwein erscheint unseren Augen deshalb als rot, weil diese Lösung das grüne Licht absorbiert und die komplementäre Farbe rot transmittiert. Rotwein absorbiert also grünes Licht. Grüne Pflanzen absorbieren dagegen das rote Licht langer Wellenlänge.

Farbe der Lösung	absorbiertes Licht	
	Farbe	Wellenlänge (nm)
gelbgrün	violett	390 – 435
gelb	blau	435 – 490
rot	grün	490 – 580
blau	gelb	580 – 595
grünblau	orange	595 – 650
grün (blaugrün)	rot	650 – 780

Eine rote Lösung muss demnach grünes Licht, das heißt Licht mit einer Wellenlänge zwischen 490 und 580 nm, besonders gut absorbieren.

Farbigkeit entsteht in der Regel durch Vorliegen **konjugierter Doppelbindungen** (z. B. beim Carotin), ausgedehnter aromatischer Molekülbestandteile (z. B. beim Rhodamin B, einem roten Farbstoff) oder von Komplexverbindungen (z. B. beim Chlorophyll).

Moleküle, die lediglich aus Einfachbindungen aufgebaut sind, absorbieren meist nur im ultravioletten Spektralbereich (UV) und sind demnach nicht farbig.

Zu beachten ist, dass praktisch alle Moleküle neben der komplementärfarbigen Absorption auch eine UV-Absorption aufweisen. Diese kann sowohl von vorhandenen Einfachbindungen als auch „höheren" elektronischen Übergängen stammen.

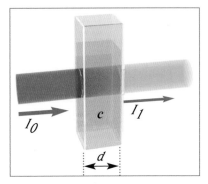

Küvette für den optischen Test

Außer dem **sichtbaren Licht** (*visible*, VIS abgekürzt) wird in der klinischen Chemie und der Bioanalytik auch das sehr energiereiche **UV-Licht** (195-380 nm) für absorptionsphotometrische Bestimmungen eingesetzt. Ein wichtiges Molekül der klinischen Diagnostik, das im UV-Bereich bei **340 nm** gemessen wird, ist das **reduzierte Coenzym NADH** (Nicotinamidadenindinucleotid).

Proteine absorbieren dagegen bei 280 nm. Das liegt an der Absorption durch die aromatischen Aminosäuren Tryptophan, Tyrosin und Phenylatanin.

Absorptionsmessungen erfolgen mittels **Absorptionsspektrometern**, auch **Photometer** genannt. Diese messen die Intensität des von einer Probe absorbierten Lichtes in Abhängigkeit von der Wellenlänge.

Ein Photometer besteht aus einer Lichtquelle, einer Vorrichtung zur Erzeugung von gebündeltem, monochromatischem (einfarbigen) Licht, einem Probenraum mit Küvettenhalter, einem Photodetektor mit Verstärker und einem Display.

Neben dem Bereich des sichtbaren Lichtes deckt die Spektroskopie heute einen großen

Teil des elektromagnetischen Spektrums ab, von der Röntgenstrahlung über UV, VIS, Infrarot (IR) bis hin zu den Radiowellen.

Über die Konzentrationsbestimmung hinaus erlaubt die unterschiedliche Absorption einzelner Spektralanteile Rückschlüsse auf die Art der Stoffe. Man erhält statt eines einzelnen Absorptionswertes **Absorptionsspektren**, deren Aussagekraft deutlich höher ist.

Aus dem gewonnenen Spektrum will man Rückschlüsse auf die Probe zu ziehen, zum Beispiel auf deren innere Struktur, die stoffliche Zusammensetzung, das Streuverhalten oder die Dynamik. Die analytische Spektroskopie erkennt Atome und, mit Einschränkungen, auch Moleküle an der charakteristischen Form ihrer Spektren. Im besten Fall kennt man vor der Messung bereits die infrage kommenden Molekülspezies, sodass man in derartigen Fällen sogar verschiedene Stoffe in der gleichen Probelösung nachweisen kann.

Das **Lambert-Beer'sche Gesetz** beschreibt die Absorption elektromagnetischer Strahlung mit einer vorgegebenen Energie (bzw. Wellenlänge) durch eine Probe gegebener Zusammensetzung, Konzentration und Schichtdicke.

Für Licht einer bestimmten Wellenlänge ergibt sich die Absorption A:

$$A = \log_{10} \frac{I_0}{I} = \varepsilon \cdot c \cdot d$$

I_0 = Intensität des einfallenden Lichtes

I = Intensität der aus der Messlösung austretenden Strahlung

c = Konzentration des absorbierenden Stoffes (in mol/L)

d = vom Messstrahl durchlaufene Schichtdicke der Lösung (in cm)

ε = der molare dekadische Extinktionskoeffizient (in $L \cdot mol^{-1} \cdot cm^{-1}$). ε ist hierbei stoffspezifisch, wird jedoch durch unterschiedliche Lösungsmittel, Puffer, durch Temperaturvariation sowie durch die Konformation des Chromophors modifiziert.

Das für den Menschen sichtbare Spektrum (Licht)

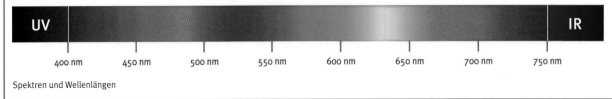

Spektren und Wellenlängen

Der Regenbogen zeigt die gesamte Palette des für den Menschen sichtbaren Lichtes.

Statt Absorption ist auch der Begriff **Extinktion** (**E**) gebräuchlich, besonders in englischsprachiger Literatur. Im Falle von d = 1 cm spricht man häufig auch von **optischer Dichte** (**OD**).

Absorbiert die Probe nur gering, wird gelegentlich statt der Absorption die **Transmission** (**T**) angegeben:

$$T = \frac{I}{I_0} = \varepsilon \cdot c \cdot d \quad \text{bzw.} \quad T\,[\%] = 100\,\frac{I}{I_0}$$

Wo liegt der „sinnvolle" Bereich einer Absorptionsmessung?

Bei einer Absorption von 1 hat man eine Transmission von 10 %. Eine Absorption von 2 entspricht nur noch 1 % und eine Absorption von 3 lediglich 0,1 % Transmission.

Hohe Absorptionen erfordern demnach immer höhere Anforderungen an die Sensitivität der Messung.

Die meisten Photometer gestatten Messungen bis zu Absorptionen um 3,0. Wer jedoch **genau messen** will, sollte seine Lösung auf eine **Absorption von etwa 0,3 – 0,8** einstellen, da in diesem Bereich praktisch alle Photometer eine hervorragende Linearität aufweisen.

Jede Substanz besitzt, abhängig von der Molekülstruktur und der Mikroumgebung, ein charakteristisches **Absorptionsspektrum**.

Absorption (Extinktion)

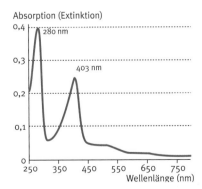

Absorptionsspektrum des Hämoproteins Meerrettich–Peroxidase

Das dargestellte Enzym Peroxidase absorbiert vor allem Licht bei 280 und 403 nm. Das Absorptionsspektrum wird zunächst verwendet, um zu entscheiden, mit welcher Wellenlänge gemessen werden soll. 280 nm korreliert mit der Proteinkonzentration, 403 nm (die sogenannte Soret-Bande) dagegen mit der Hämgruppenkonzentration. Aus dem Verhältnis 280/403 wird die Reinheitszahl (RZ) ermittelt. Hier liegt die RZ bei 0,55. Ein Spektralphotometer fährt automatisch die Wellenlängen ab und zeichnet die jeweiligen Extinktionen auf.

Grundsätzlich wird für Messungen zur Konzentrationsbestimmung einer bekannten Molekülspezies eine Wellenlänge mit möglichst hoher Absorption gewählt.

Ein weiteres Kriterium ist aber die Breite der Absorptionsbande. In der Abbildung ist das Spektrum einer Substanz aufgezeichnet, die bei zwei Wellenlängen eine gute Absorption zeigt. Man kann für die Messung der Proteinkonzentration die Wellenlänge 280 nm und für die Hämkonzentration bei 403 nm wählen.

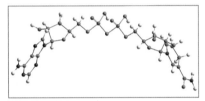

Struktur des NADH

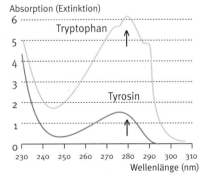

Die Lichtabsorption von Aminosäuren entsprechend der Wellenlänge

Otto Warburg (siehe Seite 50) maß die Lichtabsorption von NADH im Wellenlängenbereich von 300-400 nm und stellte fest, dass NADH bei einer Wellenlänge von **340 nm** am meisten Licht absorbiert. Der molare dekadische Extinktionskoeffizient beträgt 6300 L mol^{-1}· cm^{-1} bei dieser Wellenlänge, hingegen nur 3430 L mol^{-1}· cm^{-1} bei 365 nm.

Durch Umformung des Lambert-Beer'schen Gesetzes kann die Konzentration einer Substanz berechnet werden:

$$\Delta A = \varepsilon \cdot c \cdot d$$

$$c = \frac{\Delta A}{\varepsilon \cdot d}$$

Mit ΔA (sprich „Delta A") anstelle des einfachen A wird darauf hingewiesen, dass nur die durch die chemische Reaktion bedingte **Absorptionsänderung** in der Berechnung verwendet wird. Üblicherweise wird die Absorption in solchen Fällen vor und nach Ablauf einer chemischen Reaktion gemessen.

Bei der Messung der NADH-Konzentration misst man z.B. bei 340 nm eine Absorption von 1,36 in einer Küvette von 1 cm Kantenlänge. Der molare dekadische Extinktionskoeffizient von NADH beträgt 6300 L · mol^{-1} · cm^{-1}.
c = 1,26 / 6300 ×1
c = 0,20 mmol · L^{-1}

In der Praxis muss noch die **Verdünnung** der Probe berücksichtigt werden, die durch die Zugabe der Reagenzien bedingt ist:

$$\Delta A = \varepsilon \cdot c \cdot d \cdot \frac{V_p}{V_E}$$

$$c = \frac{\Delta A}{\varepsilon \cdot d} \cdot \frac{V_E}{V_p}$$

V_E = Endvolumen
V_p = Probevolumen vor Zugabe weiterer Reagenzien

Je mehr Reagenzien zugegeben werden, desto größer ist das Endvolumen in der Küvette (= Endvolumen im Ansatz) und desto stärker wird die Probe verdünnt.

Das Lambert-Beer'sche Gesetz gilt streng nur für **monochromatisches Licht** und nur für **verdünnte Lösungen**. Bei trüben Lösungen kommt es zusätzlich zu einer starken Streuung des Lichtes, sodass eine zu hohe „Absorption" vorgetäuscht wird.

Literatur

Wikipedia: Stichwort Lambert-Beer'sches Gesetz
Wollenberger U, Renneberg R, Bier FF, Scheller FW (2003) *Analytische Biochemie. Eine praktische Einführung in das Messen mit Biomolekülen.* Wiley-VCH, Weinheim
Lottspeich F, Engels JW (Hrsg.) (2012) 3. Aufl. *Bioanalytik.* Springer Spektrum, Berlin, Heidelberg

löshiche Proteine

Elution

frühe Elution

späte Elution

Abb 2.4 Ionenaustausch-chromatografie

Abb 2.5 Chromatogramm eines Kationenaustauschers.
Negativ und neutral geladene Proteine (grün und gelb) passieren die Säule. Positiv geladene Proteine (rot) werden von den CM-Gruppen zurückgehalten. Steigende Konzentrationen von Natriumchlorid im Elutionspuffer („Salzgradient") eluieren zuerst schwach bindende, dann fest bindende Proteine. Das von der Säule eluierte Protein wird über seine UV-Absorption bei 280 nm photometrisch verfolgt.

In unserem Experiment gehen die unterschiedlichen **Farbpigmente nun mit der festen Phase des Papiers eine unterschiedlich starke Wechselwirkung** ein und werden dadurch vom Wasser mehr oder weniger schnell transportiert. Daher kann man bald mehrere verschiedenfarbige Flecken erkennen: Die Buntstiftfarben werden chromatografisch getrennt. Um die Abhängigkeit der Trennung vom Lösungsmittel zu testen, kann man dieses Experiment noch einmal probieren: mit Wodka, Whisky oder Brennspiritus (oder was so zur Hand ist… Rotwein ergibt zwar recht gute Flecken auf dem Tischtuch, überdeckt aber andere Farben). Diese lösen auch die wasserunlöslichen Farben und bilden interessante farbige Chromatogramme. Missglückte Chromatografie hat mancher schon erlebt: Ein Fettfleck auf der Hose wurde mit Waschbenzin oder Fleckenwasser betupft. Fett, Schmutz und Stoff-Farbe bildeten dann hässliche Ringe um den früheren, nun verschwundenen Fleck. Wir wollen hier das Prinzip der Chromatografie genauer nur für die **Gelfiltrationschromatografie** (auch **Gelpermeationschromatografie** oder Ausschlusschromatografie genannt) betrachten.

Die **feste Phase** bilden biologische oder synthetische Polymere wie **Agarose, Dextran oder Polyacrylamid**, die mikroskopisch kleine Hohlräume (Poren) aufweisen. Die Polymere sind kleine Kügelchen mit einem Durchmesser von 10-250 μm. Sie werden mit einer wässrigen Pufferlösung aufgeschwemmt und in eine Säule – meist einen Glaszylinder – gegossen.

Die **mobile Phase ist ein Puffer**, also eine wässrige Lösung von Salzen, die den pH-Wert in einem bestimmten Bereich konstant hält. Im Puffer wird das Proteingemisch gelöst. .

Die Mischung enthält nun Proteine unterschiedlicher Größe. Trägt man nun das Proteingemisch am Säulenkopf auf und spült mit „reinem" Puffer nach, so wandern die Proteine im Flüssig-

keitsstrom durch das Gel. Dabei können kleine Proteine in die Poren der Polymere eindringen. Große voluminöse Proteine bleiben aber ausgeschlossen und halten sich nur in den Zwischenräumen der Gelkugeln auf (Abb. 2.3). Kleine Proteine erfahren somit eine **Retention** (Verzögerung): Sie verweilen eine Zeit in den Poren, während große Proteine diese „links liegen lassen". Die charakteristische Zeit, die ein Protein vom Auftrag auf bis zur **Elution** (von lateinisch *eluere*: auswaschen, ausschwemmen) von der Säule benötigt, nennt man **Retentionszeit**.

Proteine mittlerer Größe können ebenfalls in die Hohlräume eindringen. Sie passieren aber nur in einer günstigen Orientierung die Porenöffnungen. **Entsprechend erreichen große Proteine den Fuß der Säule zuerst, gefolgt von mittelgroßen Proteinen und schließlich von kleinen Proteinen**, die als Letzte eluiert (ausgespült) werden (Abb. 2.3). Wird der Elutionspuffer am Säulenende in Portionen aufgefangen (meist mit einem automatischen **Fraktionssammler**), so erhält man eine **Fraktionierung** der aufgetragenen Proteine entsprechend ihrer Größe. Die Retention, die Proteine erfahren, ist umgekehrt proportional zu ihrer Größe. Die Größe wiederum korreliert bei annähernd kugelförmigen Proteinen mit der Proteinmasse, sodass die **Gelfiltration auch eine Abschätzung der Molekülmassen erlaubt**. Die verfügbaren Porengrößen ermöglichen eine effektive Trennung von Molekülmassen zwischen 500 Dalton (0,5 kDa) und 5 000 000 Dalton (5 000 kDa).

Die hauptsächliche Anwendung der Gelfiltration besteht im **Sortieren von Proteinen nach ihrer Größe**. Das kann aus einem komplexen Gemisch passieren oder als letzter Schritt einer Aufreinigung. Gelfiltration dient auch häufig der **Abtrennung niedermolekularer Pufferkomponenten** (**Entsalzung**) oder dem **Wechsel des Puffers:** Die Pufferbestandteile sind nämlich

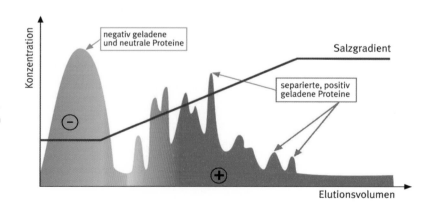

wesentlich kleiner als alle Proteine und eluieren daher auch zuallerletzt. **Entsalzen oder Umpuffern** kann für die Stabilität des Proteins, für nachfolgende Chromatografieschritte oder für die weitergehende Analytik nötig sein.

Wie merkt man, ob Proteine oder lediglich Puffersalze tatsächlich von der Säule eluieren?

Proteine sind meist farblos. Die aromatischen Aminosäuren Phenylalanin, Tyrosin und Tryptophan absorbieren aber ultraviolette (UV-)Strahlung (siehe auch Box 2.1). Daher können **Proteine bei einer Wellenlänge von 280 nm photometrisch detektiert** werden. Farbige Proteine wie die Hämproteine (sie haben eine Hämgruppe mit Fe^{3+} als prosthetischer Gruppe), Hämoglobin, Peroxidase oder Cytochrom c können bei „ihrer" Absorptionswellenlänge selektiv verfolgt werden (siehe Box 2.1). Die Hämingruppe hat eine charakteristische Absorption bei **403 nm (die sogenannte Soret-Bande)**. Nimmt man dazu noch die Absorption bei 280 nm für das Protein, kann man leicht feststellen, wie hoch das Hämprotein gereinigt ist.

Als Doktorand hab ich einst (mit tränenden Augen wegen des Allyl-Senföles im Meerrettich) im Arzneimittelwerk Dresden aus Meerettichwurzeln Peroxidase gewonnen und gereinigt. Die **„Reinheitszahl" (RZ)** bei der Meerrettich-Peroxidase ist der Quotient aus Extinktion bei 403 nm und 280 nm. Für die Kopplung von Peroxidase an Antikörper (siehe Kap. 4) sollte man höchste Reinheit und eine RZ von 3,0 anstreben. Mein erster Extrakt aus Merrettichsaft hatte eine RZ von 0,2. Ich musste also das Enzym noch etwa 15-mal höher aufreinigen und andere Proteine entfernen, um Reinheitszahl 3,0 zu erreichen.

Weitere Verfahren zur Selektion der Größe von Proteinen sind **Dialyse** und **Ultrafiltration**. Dabei werden poröse Membranen oder Filter verwendet, die nur von Molekülen bis zu einer bestimmten Molekülmasse – der sogenannten **Ausschlussgrenze** – durchdrungen werden können. Diese Ausschlussgrenze beträgt je nach Porengröße zwischen 3 kD und 100 kD. Dialyse und Ultrafiltration setzt man vor allem zum Konzentrieren und Entsalzen von Proteinlösungen ein. Es ist aber zu bedenken, dass die angegebenen Poren- oder Ausschlussgrößen nur immer Mittelwerte darstellen! Proteine sind sehr elastische Moleküle, die sich auch mal „schlank" machen können: Durch Gelfiltration, Dialyse und Ultrafiltration lassen sich daher nur Moleküle sehr unterschiedlicher Größe effektiv trennen.

■ 2.4 Die Ionenaustausch-chromatografie trennt Proteine nach ihrer Ladung

Der **„Trick" jeglicher Chromatografie** ist, den unterschiedlichen Zeitanteil, den die einzelnen Moleküle vom Typ A, B, C usw. im Mittel in der mobilen Phase verbringen, **in Geschwindigkeitsunterschiede bei der Elution zu verwandeln** und damit **für eine Trennung nutzbar** zu machen. Ansonsten wären diese oft recht kleinen Unterschiede kaum zu nutzen, weder für Trenn- und Reinigungsprozesse noch für Analysen.

Die **Ionenaustauschchromatografie** ähnelt vom apparativen Aufbau der Gelfiltration, trennt Proteine aber **nach elektrischer Ladung statt nach Größe**. Dazu werden die polymeren Träger der festen Phase mit ionisierbaren Substituenten modifiziert (Abb. 2.4).

Bei den **Anionenaustauschern** sind das positiv (+) geladene Diethylaminoethyl-(DEAE-) oder die noch stärker positiven quartären Aminoethyl-(QAE-)Gruppen.

Kationenaustauscher nutzen stark negative (−) Sulfopropyl-(SP)-Gruppen oder schwächer negative Carboxymethyl-(CM-)Gruppen. Die positiv geladenen DEAE-Gruppen können beim **Anionenaustauscher** aus dem durch fließenden Gemisch anionische negativ (−) geladenen Proteine gut binden (Abb. 2.4). Neutrale und kationische (positiv geladene) Proteine passieren dagegen das Trägermaterial und eluieren ungehindert.

Das gilt aber nur, wenn ein **Puffer** gewählt wurde, bei dessen pH-Wert ausreichend viele DEAE-Gruppen positiv geladen (protoniert) sind und die Biomoleküle ausreichend negative Ladungen tragen. Proteine enthalten fast immer sowohl basische (protonierbare) als auch saure Aminosäureseitenketten. Ob die Nettoladung eines Protein anionisch (sauer) oder kationisch (basisch) ist, hängt von der jeweiligen Anzahl der Gruppen, ihrer Lage im Molekül (auf der Oberfläche oder im Inneren) und der wässrigen Umgebung (pH-Wert des Puffers) ab. Durch **Veränderung des Puffer-pH-Wertes** kann man also in gewissen Grenzen das Bindungsverhalten von Proteinen an einen Ionenaustauscher steuern. Wie können später die **gebundenen anionischen Proteine von der positiven Säule abgelöst** werden? Dazu lässt man **Elutionspuffer** mit einer steigenden Natriumchloridkonzentration nachfließen (siehe Abb. 2.4).

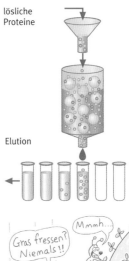

lösliche Proteine

Elution

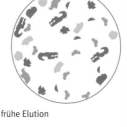

frühe Elution

späte Elution

Abb. 2.6 Affinitätschromatografie

Abb. 2.7 Rechts: Hochleistungs-Flüssigkeitschromatografie (HPLC)

UV 254 nm

a
b
c
d
e
f

0   60
Zeit (in Minuten)

Abb. 2.8 Einzelteile für die HPLC und reales Chromatogramm

Referenzmoleküle

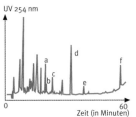

Probe   Kathode ⊖

Myosin
200 000

β-Galacto-
sidase
116 000

X

Ovalbumin
45 000

Xa

Lysozym
14 000

⊕
Anode

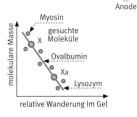

Myosin
gesuchte
X   Moleküle
Ovalbumin
Xa
Lysozym

molekulare Masse

relative Wanderung im Gel

Ergebnis	
Protein X ≈	150 000 Dalton
Untereinheit Xa ≈	30 000 Dalton

Abb.2.9 Schätzung der molaren Masse mit SDS-Polyacrylamid-Gelelektrophorese (SDS-PAGE)

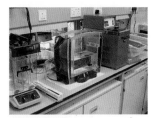

Abb.2.10 Geräte zur Gelelektrophorese

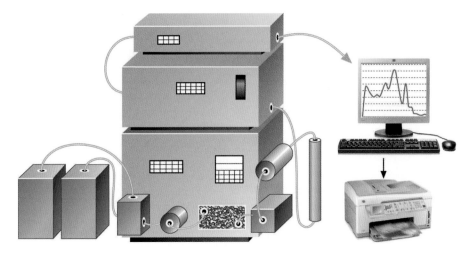

Die Chloridanionen (Cl⁻) konkurrieren dann mit den negativ geladenen Proteinen um ionische Bindungsplätze auf der festen Phase. Sie tauschen sozusagen ihre Sitzplätze. Bei einer charakteristischen Chloridionenkonzentration wird ein Protein bestimmter Ladung freigesetzt und von der Säule eluiert. Aber auch **durch eine kontinuierliche oder stufenweise pH-Änderung lässt sich gut eluieren.**

Kationenaustauscher tragen Carboxymethyl-(CM-)Gruppen, die bei neutralem pH negativ geladen sind und daher positiv geladene Proteine binden, während negative und neutrale Proteine ungebunden „durchlaufen". Hier eluiert man erneut mit steigenden Natriumchloridkonzentrationen. Nun konkurrieren aber die positiv geladenen Natriumionen des Puffersalzes mit den positiven Proteinen um die Plätze auf der Säule. Das Elutionsprofil eines Chromatografieschrittes wird als **Chromatogramm** bezeichnet (Abb. 2.5). Während man auf das Elutionsverhalten bei der Gelfiltration relativ wenig Einfluss hat, spielen bei der Ionenaustauschchromatografie die **Rahmenbedingungen** eine große Rolle. Die Proteinladung ist vom pH des Puffers abhängig; durch Variation von Ionenstärke und pH-Wert kann man erheblich unterschiedliche Auftrennungen erzielen. Damit ist die Ionenaustauschchromatografie ein **sehr leistungsstarkes Trennverfahren und häufig der erste Schritt eines aufwendigen Proteinreinigungsverfahrens.**

Vorteilhaft ist auch, dass bei der Ionenaustauschchromatografie die **eluierten Moleküle konzentriert** werden, auch wenn sie vor der Chromatografie nur in geringer Konzentration (Menge pro Volumeneinheit) vorlagen. Die Gelfiltration verdünnt dagegen immer die Probe.

■ 2.5 Molekulares Ying und Yang: Affinitätschromatografie

Die **Harmonie von Ying und Yang** ist nicht nur in Asien sehr gefragt, molekulare Erkennung ist eines der Grundprinzipien des Lebens: Enzym und Substrat, Antikörper und Antigen, Rezeptor und Ligand, Coenzym und Apoenzym, Inhibitor und Enzym, Adenin und Thymin, Cytosin und Guanin, Avidin und Biotin, Glykoproteine und Lectine – all diese reversiblen Partnerschaften beruhen auf der **Affinität komplementärer Partner.**

Die **Affinitätschromatografie** nutzt das spezifische, reversible Bindungsvermögen von komplementären Molekülen (Abb. 2.6). Betrachten wir das Beispiel eines **Proteins, das an definierte DNA-Sequenzen bindet.** Stellt man DNA-Moleküle mit dieser Zielsequenz synthetisch her und koppelt (immobilisiert) sie kovalent an den Träger der stationären Phase, so binden sich relevante Proteine aus einem Gemisch selektiv an diese „Affinitätsmatrix", während die übrigen Proteine mit dem Puffer ausgewaschen werden (Abb. 2.6). Setzt man nun das „freie" DNA-Molekül in hoher Konzentration dem Elutionspuffer zu, so werden die Proteine aus ihrer reversiblen Bindung an die Affinitätsmatrix verdrängt und als Komplex mit „ihrer" DNA eluiert.

Weitere typische Affinitätspaare sind **Enzym und Substrat.** So kann das Enzym Glutathion-S-Transferase (GST) an sein Agarosekugel-gebundenes Substrat Glutathion binden und über „freies" Glutathion wieder von der Säule eluiert werden. Damit ist eine spezifische Aufreinigung von GST möglich. In der heutigen Laborpraxis ist dieses Verfahren von großer Relevanz. Man ist dabei weniger an der Isolierung von GST an sich interessiert. Vielmehr wird mittels Gentechnik GST an ein Protein fusioniert, das man eigentlich aufreinigen möchte.

Ein weiteres wichtiges Paar sind **Antigen und Antikörper** in der **Immunaffinitätschromatografie** (siehe Kap. 4): Entweder wird ein spezifischer Antikörper immobilisiert, und man „fischt" das Antigen (auch die Immunpräzipiation funktioniert so), oder das Antigen wird gebunden, und der Antikörper wird „geangelt". Ein Beispiel ist die Isolierung von anti-(human IgG-)IgG aus dem Serum immunisierter Versuchstiere. Dabei wird humanes Immunglobulin G an einem Träger fixiert, und die im Antiserum enthaltenen, gegen human IgG gerichteten Antikörper werden daran gebunden und später eluiert.

Wie werden die gebundenen Substanzen eluiert? Entweder kompetitiv, indem man den Partnerliganden zusetzt (z.B. dem Nanoru Heuballen zuführt, es lässt dann sein Futter sausen). Man kann aber auch **Glycin-HCl-Puffer (pH 2,2)** zusetzen. Dabei lösen sich viele Affinitätsbindungen durch teilweise Denaturierung der Partner. Eine Sonderform der Affinitätschromatografie ist die **Metallchelatchromatografie** (MCC). Nebengruppenelemente wie z. B. Nickel sind in der Lage, mit geeigneten Liganden sogenannte Chelatbindungen einzugehen. Ein immobilisierbarer Ligand für die MCC ist die Nitrilotriessigsäure (NTA). Nickelionen binden auch gut Histidinreste von Proteinen. Eine NTA-Säule wird zuerst mit Ni^{2+}-Ionen gesättigt. Dann gibt man ein rekombinantes Protein dazu, dem gentechnisch mehrere (meist sechs) Histidylreste als Etiketten (*tags*) „angehängt" wurden (*His-tags*). Die *His-tags* binden stark am Nickel-Ion, das wiederum über NTA an die Säule gebunden ist).

Nachdem alle anderen Proteine von der Säule eluiert sind, eluiert man durch einen **Puffer mit einer hohen Histidinkonzentration** das „getaggte" rekombinante Protein gezielt schon in einem einzigen Chromatografieschritt.

■ 2.6 Hochleistungs-Flüssigkeitschromatografie (HPLC)

Für gute Ergebnisse bei der Chromatografie muss der **Stoffaustausch zwischen den beiden Phasen (mobile und feste Phase) sehr rasch** erfolgen. Das heißt, die einzelnen Probemoleküle sollen **möglichst sehr oft zwischen den beiden Phasen hin und her** wechseln. Die Wege, die die Moleküle von der stationären Phase zur mobilen Phase zurückzulegen haben,

müssen sehr kurz sein. Das wird erfüllt, wenn die stationäre Phase beispielsweise ein Pulver mit sehr geringer Korngröße (z. B. nur wenige Mikrometer) ist. Diese Pulverkörner sollten auch möglichst einheitlich geformt und einheitlich groß sein (enge Korngrößenverteilung). Um durch diese stationäre Phase ein Laufmittel zu drücken, braucht man großen Druck, sonst eluiert die Säule nichts.

„HPLC" war dieses Druckes wegen in der Vergangenheit zuerst die Kurzform für *high-pressure liquid chromatography*. In den letzten Jahren hat sich aber vernünftigerweise „*performance*" durchgesetzt, denn nicht der relativ hohe Druck, mit dem die mobile Phase durch die Säule getrieben wird, sondern die **hohe Leistung (Auflösung und kurzer Zeitbedarf)** charakterisiert diese technische Variante der Chromatografie am besten (Abb. 2.7).

Die **hohe Trennleistung** der HPLC beruht darauf, dass Säulenmaterialien mit **kleinem Partikeldurchmesser (2-10 µm)** verwendet werden. Dadurch erzielt man dichte Packungen mit einer hohen spezifischen Oberfläche, die einen intensiven Stoffaustausch während der Trennung ermöglichen. Die dichte Säulenpackung aber setzt dem durchfließenden Laufmittel einen hohen Strömungswiderstand entgegen.

Die **Säulen** für analytische und analytisch-präparative Zwecke haben 1-10 mm Innendurchmesser und sind 1-30 cm lang. **Wahre Winzlinge, aber Kraftpakete!** Das grundlegende Prinzip der HPLC ist in Abbildung 2.7 wiedergegeben. Bei der dargestellten Anlage handelt es sich um ein **Hochdrucksystem**, bei dem für jedes Lösungsmittel eine Pumpe unter Druck die beiden Lösungsmittel mischt. Die Pumpen arbeiten mit etwa 150-300 bar. Die Höhe des Druckes ist nicht unbedingt entscheidend für die Güte der Auftrennung, da sie von der Partikelgröße des Füllmaterials abhängig ist.

Vorteilhaft ist die HPLC für die Trennung von Proteinen vor allem, weil wegen höherer Detektionsempfindlichkeiten geringere Substanzmengen der Probe notwendig sind. Außerdem lassen sich höhere Auflösungen der Trennung erreichen, und wegen der kürzeren Trennzeiten ist mit weniger Nebeneffekten zu rechnen. Die „micro-bore-HPLC" ist noch kleiner dimensioniert. Hier werden Probenmengen von wenigen µL aufgetragen, die Fließgeschwindigkeiten liegen um 10 µL/min, und 0,5-5 pmol Peptid können problemlos detektiert werden.

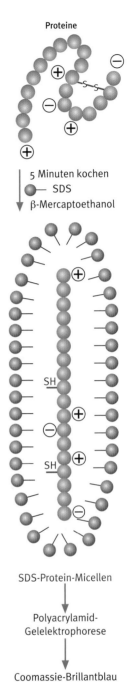

Proteine

5 Minuten kochen
SDS
β-Mercaptoethanol

SH

SH

SDS-Protein-Micellen

Polyacrylamid-Gelelektrophorese

Coomassie-Brillantblau

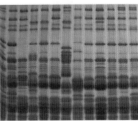

Abb. 2.11 Prinzip der SDS-PAGE. Oben: Denaturierung durch SDS und Mercaptoethanol

Unten: Gel nach Elektrophorese und Färbung

Box 2.2 Wichtige Biomoleküle und Strukturen

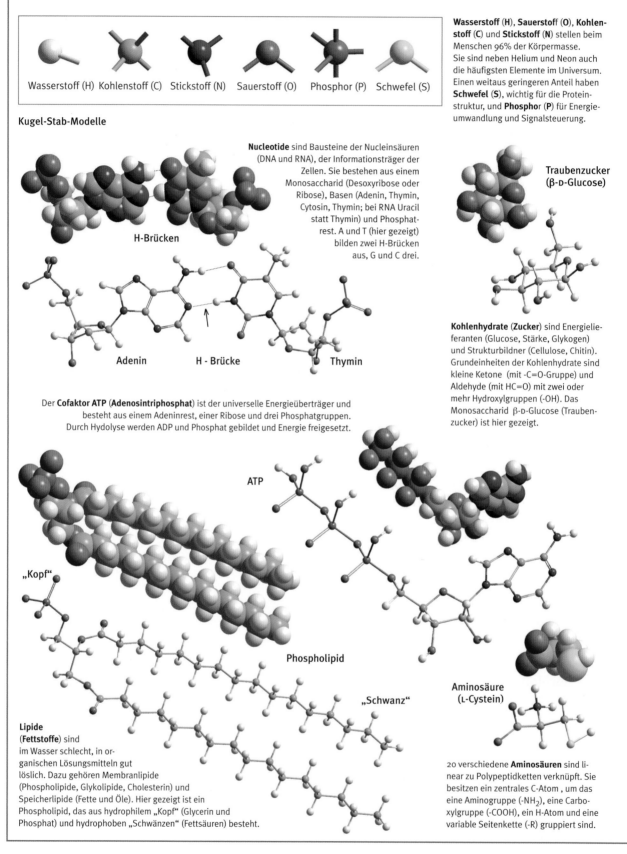

Wasserstoff (H) Kohlenstoff (C) Stickstoff (N) Sauerstoff (O) Phosphor (P) Schwefel (S)

Wasserstoff (H), **Sauerstoff (O)**, **Kohlenstoff (C)** und **Stickstoff (N)** stellen beim Menschen 96% der Körpermasse. Sie sind neben Helium und Neon auch die häufigsten Elemente im Universum. Einen weitaus geringeren Anteil haben **Schwefel (S)**, wichtig für die Proteinstruktur, und **Phosphor (P)** für Energieumwandlung und Signalsteuerung.

Kugel-Stab-Modelle

Nucleotide sind Bausteine der Nucleinsäuren (DNA und RNA), der Informationsträger der Zellen. Sie bestehen aus einem Monosaccharid (Desoxyribose oder Ribose), Basen (Adenin, Thymin, Cytosin, Thymin; bei RNA Uracil statt Thymin) und Phosphatrest. A und T (hier gezeigt) bilden zwei H-Brücken aus, G und C drei.

H-Brücken

Adenin   H - Brücke   Thymin

Der **Cofaktor ATP** (**Adenosintriphosphat**) ist der universelle Energieüberträger und besteht aus einem Adeninrest, einer Ribose und drei Phosphatgruppen. Durch Hydolyse werden ADP und Phosphat gebildet und Energie freigesetzt.

Traubenzucker (β-D-Glucose)

Kohlenhydrate (**Zucker**) sind Energielieferanten (Glucose, Stärke, Glykogen) und Strukturbildner (Cellulose, Chitin). Grundeinheiten der Kohlenhydrate sind kleine Ketone (mit -C=O-Gruppe) und Aldehyde (mit HC=O) mit zwei oder mehr Hydroxylgruppen (-OH). Das Monosaccharid β-D-Glucose (Traubenzucker) ist hier gezeigt.

ATP

„Kopf"

Phospholipid

„Schwanz"

Aminosäure (L-Cystein)

Lipide (**Fettstoffe**) sind im Wasser schlecht, in organischen Lösungsmitteln gut löslich. Dazu gehören Membranlipide (Phospholipide, Glykolipide, Cholesterin) und Speicherlipide (Fette und Öle). Hier gezeigt ist ein Phospholipid, das aus hydrophilem „Kopf" (Glycerin und Phosphat) und hydrophoben „Schwänzen" (Fettsäuren) besteht.

20 verschiedene **Aminosäuren** sind linear zu Polypeptidketten verknüpft. Sie besitzen ein zentrales C-Atom, um das eine Aminogruppe (-NH₂), eine Carboxylgruppe (-COOH), ein H-Atom und eine variable Seitenkette (-R) gruppiert sind.

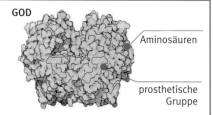

Wie kann man sich überhaupt von Molekülen ein Bild machen?

Der Realität am nächsten kommen **Kalottenmodelle**. Sie empfinden die räumliche Ausdehnung und Anordnung der Atome nach. Ihre van-der-Waals-Radien markieren ihre „Privatspäre". **Kugel-Stab-Modelle** stellen dagegen kleine gleich große Kugeln dar, die über Stäbe verbunden sind.

Strukturformeln zeigen Bindungen minimalistisch durch einen oder mehrere Striche zwischen den Elementsymbolen. „R" (Rest) steht oft für einen großen Molekülteil, der aus Gründen der Übersicht nicht ausgeführt wurde.

GOD

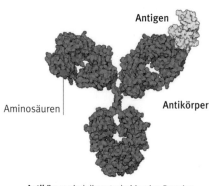

Aminosäuren

prosthetische Gruppe

Enzyme sind biokatalytische Proteine. Hier gezeigt ist die **Glucose-Oxidase** (**GOD**). Die GOD ist ein dimeres Molekül und besteht aus 2 x 256 Aminosäurebausteinen. Als prosthetische Gruppe dient FAD (Flavinadenindinucleotid) im aktiven Zentrum. (*Ausführlich siehe Kapitel 3*)

Stärke

Glucose

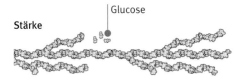

Stärke ist ein Polysaccharid aus Tausenden D-Glucose-Einheiten, die über glykosidische Bindungen miteinander verknüpft sind.

RNA-Polymerase

Nucleotide

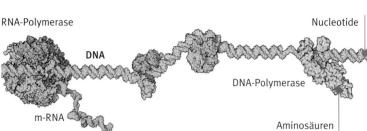

DNA

DNA-Polymerase

m-RNA

Aminosäuren

DNA , die Doppelhelix. Hier gezeigt ist, wie eine RNA-Polymerase die DNA aufwindet und mRNA bildet, sowie einige Transkriptionsproteine und die DNA-Polymerase. (*Ausführlich siehe Kapitel 6*)

Antigen

Aminosäuren

Antikörper

Antikörper sind die entscheidenden Proteine des Immunsystems. Hier gezeigt das Y-förmige Immunglobulin G. Es besteht aus zwei leichten (je 220 Aminosäuren) und zwei schweren Ketten (je 440 Aminosäuren) mit zwei „Armen" und den „Fingerspitzen", den Antigenbindungsstellen (Parotopen), und einem „Fuß".
(*Ausführlich siehe Kapitel 4*)

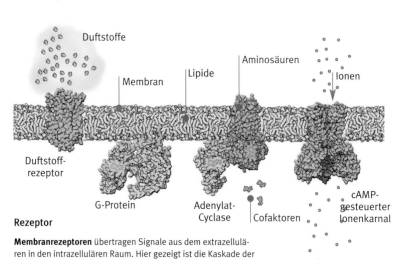

Duftstoffe

Membran

Lipide

Aminosäuren

Ionen

Duftstoffrezeptor

G-Protein

Adenylat-Cyclase

Cofaktoren

cAMP-gesteuerter Ionenkarnal

Rezeptor

Membranrezeptoren übertragen Signale aus dem extrazellulären in den intrazellulären Raum. Hier gezeigt ist die Kaskade der Geruchsrezeptoren, die mit G-Proteinen und Adenylat-Cyclase gekoppelt schließlich das Schließen oder Öffnen von Ionenkanälen bewirken. Es gibt daneben eine Vielzahl von intrazellulären Rezeptoren. (*Ausführlich siehe Kapitel 5*)

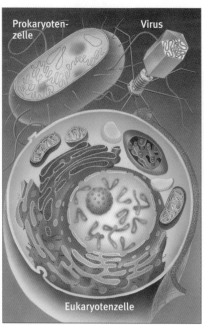

Prokaryotenzelle

Virus

Eukaryotenzelle

Zellen

Abb. 2.12 Als Erfinder der Elektrophorese wird der schwedische Forscher Arne Tiselius (1902–1971) angesehen (oben). Er hat die Technik als Erster analytisch-chemisch genutzt (1948 Nobelpreis für Chemie).
Bei der von Arne Tiselius eingeführten klassischen Elektrophorese verwendet man Gele oder Papierstreifen, die mit einer Elektrolytlösung getränkt sind.

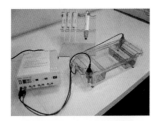

Abb. 2.13 Geräte zur Durchführung der Agarose-Gelelektrophorese

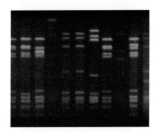

Abb. 2.14 Mit Ethidiumbromid im UV-Licht sichtbar gemachte DNA-Banden nach einer Agarose-Gelelektrophorese

Wegen ihres geringen Laufmitteldurchsatzes ist die micro-bore-Technik für eine **direkte Kopplung an Massenspektrometer (MS)** sehr geeignet (siehe weiter unten). Was ist noch wichtig zu wissen? Es werden zwei Methoden bei der HPLC unterschieden: **Normalphase (NP)** und **Umkehrphase** (englisch *reversed phase*, **RP**). Je nachdem, ob man polare oder unpolare Substanzen (mobile Phase) auftrennen will, wählt man die entgegengesetzte Variante für die stationäre Phase. 70 % aller analytischen HPLC-Trennungen und fast alle Proteintrennungen sind RP-Trennungen. Warum? Nun, Proteine sind polare Verbindungen. Hier wird eine **unpolare (hydrophobe) stationäre Phase** verwendet: Silicagel-Partikel, die mit einer unpolaren („fettigen") Schicht aus Alkanen überzogen sind, also die Polarität umgekehrt. Dafür wird meist eine C_{18}-Säule (also ein Octadecylsilan als Derivatisierungsreagens für das Silicagel) eingesetzt. Als mobile Phase werden meist Mischungen aus Wasser oder Puffer und Acetonitril oder Methanol verwendet. Die **Detektion der Proteine** erfolgt zumeist am Fuß der Säule mit einem UV- oder Fluoreszenzdetektor, an dem das Eluat vorbeifließt.

■ 2.7 Geht's voran mit der Aufreinigung? Die Elektrophorese analysiert Proteingemische qualitativ

„Haben die bisherigen Schritte der Proteinisolierung etwas gebracht?", fragt man sich. „Wie viele verschiedene Proteine befinden sich noch in meiner Probe?" Um den Fortschritt der Aufreinigung zu verfolgen, benötigt man analytische Verfahren. Zu den einfachsten und effektivsten Analyseverfahren für Proteine zählen verschiedene **Gelelektrophoresetechniken** (Abb. 2.9–2.14).

Elektrophorese ist die Wanderung geladener Teilchen – in unserem Fall von Proteinen oder von Nucleinsäuren – im elektrischen Feld. Die Biomoleküle werden proportional zu ihrem Ladungs-/Masse-Quotienten beschleunigt und durch Reibung, die von ihrer Größe und Form abhängt, in einer Gelmatrix gebremst. Anders als bei der durchweg negativ geladenen DNA und RNA sind die Ladungs-/Masse-Verhältnisse bei nativen Proteinen jedoch sehr unterschiedlich. Es gibt Proteine mit isoelektrischen Punkten im sauren Bereich (pI < 7) und vergleichbar viele Proteine mit isoelektrischen Punkten im

basischen Bereich (pI > 7). Proteinlösungen müssen bei der **nativen Gelelektrophorese** daher in der Mitte eines Gelbetts aufgetragen werden, denn saure Proteine wandern zur Anode hin, während sich basische Proteine zur Kathode bewegen. Die Trennleistung der nativen Gelelektrophorese ist nicht sehr hoch, und sie funktioniert nur mit wasserlöslichen Proteinen. Eine deutlich bessere Auftrennung erzielt man durch Verwendung von Natriumdodecylsulfat, kurz SDS (englisch *sodium dodecyl sulfate*) genannt, in der denaturierenden **SDS-PAGE** (englisch *polyacrylamide gel electrophoresis*; (Abb. 2.9; s. Abschnitt 1.8, S. 8). Natriumdodecylsulfat ist ein anionisches Detergens, also eine negativ geladene Seife. Es bindet mit großer Affinität an Proteine in einer Stöchiometrie von etwa einem SDS-Molekül pro zwei Aminosäurereste. Dabei zerstört es die physiologische Proteinfaltung: Die Proteine werden aufgefaltet (denaturiert) (Abb. 2.11). Kugeln werden so zu langen Stäbchen.

Die zahlreichen negativen Ladungen, die mit der Vielzahl gebundener SDS-Moleküle eingebracht werden, überdecken die relativ geringe Eigenladung der Proteine – das Ladungs-/Masse-Verhältnis aller Proteine wird dadurch nahezu gleich. Dies hat zur Folge, dass **große wie kleine Proteine im elektrischen Feld gleich stark in Richtung der positiven Anode beschleunigt** werden. Damit sind die Proteine künstlich in der gleichen „negativen Lage" wie die DNA. Erst die Gelmatrix, die große Moleküle stärker bremst als kleine, ermöglicht eine Trennung nach Massen. Man spricht hier vom **Molekularsiebeffekt** des Gels. Üblicherweise werden Acrylamidgele verwendet. Man gießt eine flüssige Mischung von monomerem Acrylamid und einem Quervernetzer (Bisacrylamid) zwischen zwei plane Platten und lässt diese Mischung zu einem dichten Polyacrylamidnetzwerk in Form eines flachen Gelblocks polymerisieren. Anders als bei der Gelfiltration gibt es hier keine porösen Kügelchen, in denen Proteine „verweilen" können, sondern ein **durchgängiges Maschenwerk**.

Bei der SDS-PAGE bewegen sich kleine Proteine schneller durch das engmaschige Netzwerk, während größere Moleküle aufgehalten werden und „Umwege" machen müssen, bis sie auf ausreichend weite Maschen treffen. Anders als bei der Gelchromatografie sind **hier die Kleinsten am schnellsten am Ziel!** Mit der SDS-PAGE kann man **Proteinmassen** sehr einfach abschätzen. Hierzu lässt man Referenzproteine (**Marker**) **bekannter Masse** parallel „mitlaufen".

Man wird allerdings die Proteine nicht in ihrer Quartärstruktur wiederfinden, also z. B. nicht die vier Untereinheiten des Hämoglobins: SDS zerlegt multimere Proteine in die einzelnen Untereinheiten, und die verbleibenden Disulfidbrücken können durch ein Reduktionsmittel wie **Mercaptoethanol** (**2-Thioethanol**) gespalten werden. Wirksamer als diese übel riechenden Reduktionsmittel noch ist „Clelands Reagens" (Dithiothreitol, DTT). Es wird auch bei DNA-Tests (Kap. 6) verwendet. Proteinbanden im Gel sind zunächst nicht mit bloßem Auge zu sehen. Für ihre Detektion stehen verschiedene **Färbemethoden** mit proteinbindenden Farbstoffen (z. B. Coomassie- Brillantblau) oder immunologische Verfahren zur Verfügung (siehe weiter unten).

Die **SDS-PAGE ist die Methode der Wahl bei der Analyse von komplexen Proteingemischen** und zur **Abschätzung der Molekülmassen unbekannter Proteine:** Sie ist rasch durchführbar, sensitiv und löst hoch auf.

■ 2.8 Die isoelektrische Fokussierung trennt Proteine nach Neutralpunkten

Die Nettoladung von Proteinen ist pH-abhängig. Am Neutralpunkt (**isoelektrischer Punkt, pI**) halten sich die Summen der Ladungen saurer und basischer Proteinseitenketten die Waage: Das Protein wandert nicht mehr im elektrischen Feld. Die **isoelektrische Fokussierung** macht sich diesen Effekt zunutze, indem sie Proteine im elektrischen Feld nach ihren Neutralpunkten auftrennt. Dazu muss im Elektrophoresegel ein **stabiler pH-Gradient** erzeugt werden. Für diesen Zweck werden **synthetische Polyelektrolyte** (**Ampholyte**) verwendet. Sie tragen eine große Zahl von negativ und positiv geladenen Gruppen und stellen so den pH-Wert ein. Ampholyte werden in zwei Varianten eingesetzt: **Klassisch** wird ein heterogenes Gemisch mobiler Ampholyte gleichmäßig im Gel verteilt. Der pH-Gradient entwickelt sich erst nach Anlegen einer hohen Spannung infolge der Wanderung der Ampholyte.

Bei der „**Immobilintechnik**" hingegen werden zunächst einzelne Ampholyte chemisch an Acrylamid gekoppelt; dadurch entsteht ein Sortiment von Immobilinen (immobilisierten Ampholyten), die sich in ihren sauren und basischen Gruppen

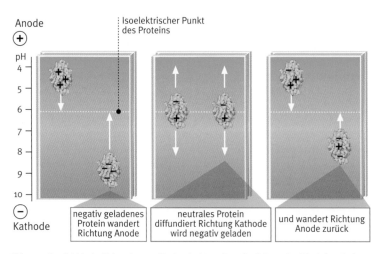

Abb. 2.15 Isoelektrische Fokussierung: Ein Ampholytgradient (im Polyacrylamidgel chemisch fest verankert) erzeugt einen linearen pH-Gradienten von Anode zu Kathode. Ein Protein wandert, von Anode oder Kathode kommend, zu dem pH, der seinem isoelektrischen Punkt (pI) entspricht. Es entstehen gestochen scharfe Proteinbanden, weil jede Diffusionsbewegung durch Refokussierung auf den pI wieder kompensiert wird.

unterscheiden. Beim Gießen des Gels wird durch stetes Ändern des Mischungsverhältnisses von basischen und sauren Immobilinen ein pH-Gradient über das ganze Gel erzeugt, der nach Polymerisation fixiert ist und sich im elektrischen Feld nicht mehr bewegen kann (Abb. 2.15, 2.16). Trägt man nun ein Proteingemisch auf das Gel auf, so wandern die einzelnen Proteine entlang des pH-Gradienten bis an ihren jeweiligen Neutralpunkt (pH = pI). An dieser Stelle stoppt die Wanderung des Proteins, weil es nun netto ungeladen ist. Diffundiert das Protein in Richtung Kathode (−), also in eine basischere Umgebung, wird es negativ aufgeladen und wandert als Anion in umgekehrter Richtung zurück, bis es wieder am Neutralpunkt ankommt. Entsprechendes gilt für die Diffusion in Richtung Anode (+). Diese „Fokussierung" sorgt für eine **hohe Trennschärfe** und macht diese Methode für die Analyse komplexer Proteingemische sowie für die Bestimmung isoelektrischer Punkte gereinigter Proteine bestens geeignet. Die unterschiedlichen Trennkriterien von isoelektrischer Fokussierung und SDS-PAGE werden in der **zweidimensionalen Gelelektrophorese** zu höchstem Auflösungsvermögen vereint (siehe Kap. 4).

Abb. 2.16 Isoelektrische Fokussierung

Abb. 2.17 Die historisch erste zweidimensonale Gelelektrophorese

■ 2.9 Die Kapillarelektrophorese kombiniert hohe Trennschärfe mit kurzen Trennzeiten

Elektrophoresegele müssen gegossen werden, eine **Auftrennung kann mitunter Stunden dauern,** und danach müssen die Gele gefärbt werden.

Abb. 2.18 Kapillarelektrophorese

Box 2.3 Expertenmeinung:
Wie Struktur und Mechanismus der Glucose-Oxidase entschlüsselt wurden

Die **Glucose-Oxidase** (**GOD**) ist unbestritten das Enzym mit der größten Bedeutung für die Diagnostik. Millionen von Diabetikern verdanken der GOD ein relativ normales Leben.

Wie funktioniert dieses Enzym, wie kann es besser genutzt, stabilisiert oder leistungsfähiger gemacht werden? Um diese Fragen zu beantworten, brauchte man eine Vorstellung der GOD-Struktur.

Mehrere Gruppen, wie die von **Vincent Massey**, dem „Papst der Oxidasen" in den USA, wetteiferten in den 1990er Jahren um die schnellste Lösung. Sie gaben alle auf, nachdem sie von den Fortschritten an der Gesellschaft für Biotechnologische Forschung (GBF) in Braunschweig gehört hatten.

1988 begannen an der GBF Braunschweig die Bereiche Molekulare Strukturforschung von **Dietmar Schomburg** und Enzymtechnologie von **Rolf Dieter Schmid** mit der Strukturaufklärung der GOD durch Röntgenkristallografie. Voraussetzung für die Röntgenkristallografie ist die Kristallisierung des gewünschten Proteins.

Primärstruktur der GOD

Zuvor hatten schon verschiedene Gruppen die **Primärstruktur** (Aminosäuresequenz) der GOD aufgeklärt: 583 Aminosäuren bilden ein Monomer. Später wurde dann herausgefunden: Die GOD besitzt **zwei identische Monomere**, jedes mit einer FAD-Gruppe im aktiven Zentrum.

Deglykosylierung und Kristallisation

Henryk Kalisz war damals wissenschaftlicher Mitarbeiter bei Rolf Schmid an der GBF.

Er begann die Kristallisation mit einer **Aufreinigung**. Die GOD ist ein Glykoprotein und kann deshab nur schwer kristallisiert werden. Man musste die Zucker zumindest partiell entfernen. Es dauerte ein Jahr, bevor die ersten Kristalle vorlagen. Entscheidend für Kalisz' Erfolg war die **Deglykosylierung** des Enzyms. Ohne diesen Schritt waren alle andere Versuche zur Kristallisation fehlgeschlagen. Zur Deglykosylierung wurde kommerzielle GOD aus *Aspergillus niger* durch hydrophobe und Ionenaustauschchromatografie aufgereinigt. Etwa 95 % der Kohlenhydratreste wurden durch Endoglykosidase H and α-Mannosidase abgespal-

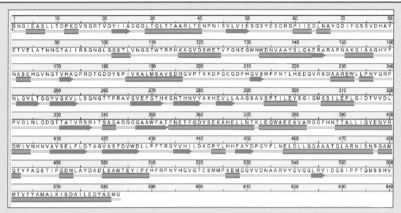

Die Aminosäuresequenz der GOD: 583 Aminosäuren, α-Helices rot, β-Faltblätter blau

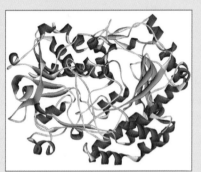

Das GOD-Monomer ist ein kompaktes Sphäroid mit den Dimensionen 6 x 5,2 x 3,7 nm. Das ganze GOD-Dimer hat die Maße 6 x 5,2 x 7,7 nm.

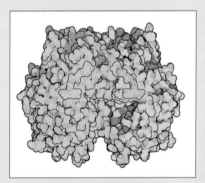

Dimer der GOD mit der prosthetischen Gruppe FAD in rosa

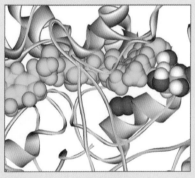

Das aktive Zentrum: FAD in gelb

ten. Das führte zwar zu einer 24-30 % geringeren Molekülmasse, andere Eigenschaften waren jedoch unverändert, z. B. die Thermostabilität, das Temperatur- und pH-Optimum sowie die Substratspezifität.

Offenbar spielten also die Zucker keine wesentliche Rolle für Struktur, Stabilität und Aktivität der GOD. Endlich war es so weit: Die Enzymologen hatten dunkelgelbe hexagonale Kristalle erhalten!

Sie wurden aus dem Kristallisationstropfen in Lagerungslösung überführt (2,5 mol L^{-1} Ammoniumsulfat in Acetatpuffer).

Das gezeigte Bild eines „Riesenkristalls" stammt aus der Endzeit des Projekts (S. 30).

Röntgenstrukturanalyse

Nach der Kristallisation und der Aufnahme des Röntgenbeugungsbildes des Proteins nahmen in der Schomburg-Gruppe Schwermetallmessungen und Rechnungen zur Phasenbestimmung durch **Hans-Jürgen Hecht** weitere eineinhalb bis zwei Jahre ein.

Um die **Elektronendichte des Enzyms** zu bekommen braucht man aber nicht nur die Intensität der Röntgenreflexe, sondern auch deren „Phase". Diese Phaseninformation bekommt man durch Analyse der Unterschiede zwischen dem Röntgenbeugungsbild des Proteins mit dem von seinen Schwermetallderivaten. Das Platinderivat der GOD war als Erstes recht schnell gefunden, reichte aber damals nicht zur Phasenbestimmung. Die Suche nach weiteren Derivaten zog sich in die Länge, entweder weil die Kristalle nicht hinreichend isomorph waren, d. h. nicht in exakt der gleichen Kristallpackung kristallisieren oder die Metallsalze nicht gebunden hatten. Bei der Proteinkristallografie wird die Struktur ermittelt, indem die Aminosäuresequenz in die Elektronenverteilung (weißes Gitter) eingepasst und modifiziert oder verschoben wird, bis plausibel ist, dass die gewählte Struktur die ermittelte Elektronenverteilung erzeugen kann. Es wird die Verteilung der Elektronen in einer sogenannten Elementarzelle bestimmt, da diese mit der Strahlung in Wechselwirkung treten. Man erhält also eigentlich eine **Elektronendichtekarte**. Idealerweise wird die Beugung an einem **Einkristall** durchgeführt. Solche Einkristalle hatten wir für die GOD erhalten.

In der Röntgenstrukturapparatur gaben die GOD-Kristalle nun Diffraktionsbilder mit einer Auflösung von 2,3 Angström (0,23 nm). Eine erste Elektronendichtekarte konnte so erstellt werden.

Diese ergab erstmalig die **Raumstruktur** der GOD aus *Aspergillus niger*. Sie wurde danach noch „genauer" mit 1,9 Angström aufgelöst. Die GOD aus *Penicillium amagasakiense* ist zu 65 % in der Sequenz identisch und wurde später von **Jörg Hendle**, ebenfalls in der Schomburg-Arbeitsgruppe, mit 1,8 Angström aufgelöst.

Am Raumbild der Glucose-Oxidase konnte nun ausgezeichnet studiert werden, welche Gruppen und Kräfte **wirksam sind, um diese Raumstruktur zu bilden:**

Wegen der großen Zahl von Sekundärstrukturelementen eines Proteins, deren Anordnung komplex und in dreidimensionaler Darstellung mit allen atomaren Details wenig übersichtlich ist, sind **vereinfachte Darstellungsformen** von Proteinkonformationen entwickelt worden, die als **Bändermodelle** bezeichnet werden. Hier wird nur der Verlauf der Hauptkette unter Weglassen der Seitenketten als kontinuierliches Band präsentiert.

Eindeutige Symbole, Spiralenbänder für α-Helices und breite Bänder oder Pfeile für β-Faltblätter werden verwendet. Die restliche Polypeptidkette wird als „Kabel" dargestellt. Auf diese Weise gewinnt man ein einprägsames und überschaubares, wenn auch reduziertes Bild von der Raumstruktur eines Proteins. Hier das Monomer der GOD:

Das GOD-Monomer ist ein kompaktes Sphäroid mit den Dimensionen 6 x 5,2 x 3,7 nm. Das ganze GOD-Dimer hat die Maße 6 x 5,2 x 7,7 nm.

Deutlich zu sehen im Bild des Bändermodells sind zwei separate Strukturdomänen (links „oben" und rechts „unten" im Bild). Die erste Domäne hat ein **fünfsträngiges Faltblatt**, das zwischen einem **dreisträngigen Faltblatt** und **drei deutlichen α-Helices** gelegen ist.

Typische α-Helix-Struktur aus dem GOD-Molekül herausgegriffen;
links: vereinfacht, rechts: mit allen Atomen als Kugel-Stab-Modell

Typische β-Faltblatt-Struktur im GOD-Molekül;
links vereinfacht, rechts als Kugel-Stab-Modell

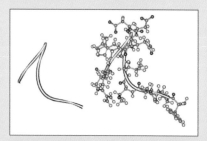

Typische β-Haarnadelschleife aus der GOD-Struktur

Diese Domäne bindet das FAD. Die zweite Domäne besitz ein **sechssträngiges antiparalleles Faltblatt, das von sechs Helices unterstützt wird.**

α-Helices: stabilisierende Wendeltreppen

Während der Faltung eines Proteins in der Zelle kommt es spontan zur „Kontaktaufnahme" zwischen räumlich benachbarten Aminosäureresten. **Wasserstoffbrücken** verbinden CO- und NH-Gruppen unterschiedli

cher Peptidbindungen miteinander. Dabei entstehen die drei maßgeblichen **Sekundärstrukturelemente** von Proteinen, die **α-Helix, das β-Faltblatt und die β-Schleife.**

Die **α-Helix ist eine wendelförmige Struktur, die durch gleichmäßige Verdrillung der Polypeptidkette entsteht.** Diese Helix ist rechtsgängig und steigt im Uhrzeigersinn an, wenn man entlang der Helixachse schaut. Wasserstoffbrücken zwischen Paaren von Peptidbindungen, die durch drei Reste voneinander getrennt liegen, also beispielsweise zwischen der zweiten und der sechsten Peptidbindung, stabilisieren diese Struktur. Diese Wechselwirkungen wiederholen sich periodisch und beziehen alle Peptidbindungen der Helix ein: Die Helixstruktur erfüllt nicht nur die an die Winkelgeometrie gestellten Anforderungen, sondern wird auch durch eine maximale Zahl nichtkovalenter Bindungen stabilisiert.

Hier gezeigt ist ein Ausschnitt aus der GOD-Struktur (siehe oben).

Die helicale Struktur begünstigt die Ausbildung von „optimalen" Wasserstoffbrücken, die weitgehend parallel zur Helixachse liegen: Donor und Akzeptor der Wasserstoffbrücke weisen direkt aufeinander zu. Eine solche Brücke überspannt dabei eine Schleife mit insgesamt 13 Atomen der Hauptkette. Den Kern einer α-Helix bildet immer die Hauptkette, während die sperrigen Seitenketten wie Stacheln nach außen weisen.

Die Länge von α-Helices in Proteinen fällt sehr unterschiedlich aus: Im Mittel umfasst sie etwa zehn Reste, was einer Länge von 1,5 nm entspricht. Die meisten Aminosäuren können ihre Seitenkette problemlos in einer helicalen Struktur unterbringen.

β-Faltblätter und β-Schleifen: Ziehharmonika und Haarnadelkurve

Ein zweites wichtiges Sekundärstrukturelement der GOD ist das **β-Faltblatt, das aus mehreren β-Strängen gebildet** wird. Anders als bei der α-Helix interagieren hier nicht kontinuierliche Segmente einer einzelnen Polypeptidkette, sondern Kombinationen unterschiedlicher, nicht unbedingt aufeinander folgender Abschnitte einer oder auch mehrerer Polypeptidkette(n).

Die beteiligten β-Stränge sind so nebeneinander angeordnet, dass sich **Wasserstoffbrücken** zwischen den CO- und NH-Gruppen benachbarter Stränge ausbilden können.

Fortsetzung auf Seite 30

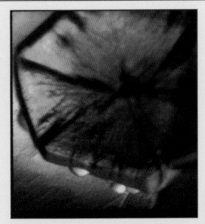

Die weltweit ersten riesigen GOD-Kristalle

Vierkreisdiffraktometer, das für die letzten Messungen benutzt wurde. Von dem damals hauptsächlich benutzten Dreikreisdiffraktometer existiert leider kein Bild mehr.

Die beiden interagierenden Stränge können dabei parallel (gleichgerichtet) oder antiparallel (gegenläufig) sein.

Die beteiligten Stränge falten sich ziehharmonikaartig – daher auch der Name „Faltblatt" –, wobei die Seitenketten abwechselnd ober- und unterhalb der Blattebene zu liegen kommen.

β-Faltblätter umfassen im Mittel sechs Stränge, sind damit etwa 2,5 nm breit und bilden oft den „Kern" globulärer Proteine, um den sich Helices und andere Sekundärstrukturelemente gruppieren.

Bildet eine kontinuierliche Polypeptidkette ein antiparalleles β-Faltblatt, so muss sie scharfe Biegungen machen. Das dritte „klassische" Sekundärstrukturelement – die β-Schleife – verbindet typischerweise zwei Strangsegmente über eine Haarnadelkurve.

Meist sind β-Schleifen auf der Oberfläche von Proteinen vertreten, wo sie eine abrupte Umkehr der Polypeptidkette ermöglichen. In ihrer exponierten Position sind die Schleifen häufig Ziel kovalenter Proteinmodifikation wie Phosphorylierung und Glykosylierung.

„... zu erkennen, was die Welt im Innersten zusammenhält ..."

Wie fügen sich nun die Sekundärstrukturelemente zur Tertiärstruktur eines Proteins zusammen? In erster Linie sind es nichtkovalente Wechselwirkungen: ionische Bindun-

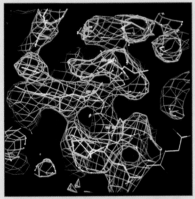

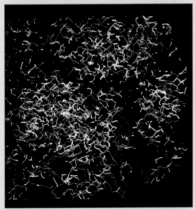

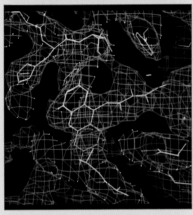

Übersicht der skeletonisierten Elektronendichte: Sie zeigt die Abgrenzung in Protein- und Lösungsmittelbereiche und Bilder der ersten Elektronendichte mit eingepassten Koordinaten.

gen (Salzbrücken), van-der-Waals-Kräfte (anziehende Dipolkräfte zwischen ungeladenen Atomen) und Wasserstoffbrücken.

Jede einzelne Bindung liefert nur einen geringen Beitrag, da sie um mindestens eine Größenordnung schwächer ist als eine kovalente Bindung, deren Energie etwa 200-500 kJ/mol beträgt.

Erst das Zusammenwirken einer großen Zahl nichtkovalenter Kontakte sorgt für den Zusammenhalt der Proteinstruktur.

Ein weiterer wichtiger Aspekt für die Ausbildung der Proteinstruktur ist der hydrophobe Effekt. Dieser Begriff bezieht sich auf die Beobachtung, dass unpolare Substanzen wie z. B. Öl den Kontakt mit Wasser meiden und die Kontaktoberfläche minimieren.

Man nimmt an, dass das Wasser einen „Käfig" um diese Moleküle bildet, da es sie nicht in sein Netzwerk von Wasserstoffbrücken einbinden kann. Dadurch wird die Ordnung des Wassers erhöht, seine Entropie verringert sich. Die Aggregation unpolarer, also hydrophober Gruppen minimiert diesen Entropieverlust des Wassers. Das erklärt, warum der Innenraum eines Proteins, in dem die hydrophoben Seitenketten dicht gepackt sind, praktisch wasserfrei ist und sich umgekehrt polare und geladene Seitenketten überwiegend auf der Oberfläche befinden.

Der hydrophobe Effekt trägt oftmals mehr zur Stabilität einer Proteinstruktur bei als die Summe der übrigen nichtkovalenten Interaktionen. Proteine besitzen im Allgemeinen eine einzige, kompakte Konformation, die ihnen Funktion verleiht.

GOD im Korsett

Man muss sich vergegenwärtigen, dass ein GOD-Monomer mit 583 Resten in der vollkommen ausgestreckten Form über 200 nm lang ist. Nach Faltung hat es dagegen oft eine globuläre (kugelartige) Form, deren Durchmesser lediglich um die 6-7 nm beträgt.

Wie zwängen sich nun Polypeptide in dieses „Korsett"? Betrachten wir die GOD. Sie ist ein äußerst kompakt gefaltetes Molekül.

Die GOD ist ein typisches α/β-Protein, d. h. die Kombination von Helices und Faltblättern ist das Entscheidende. Dabei wird das Innere des Proteins fast ausschließlich von Resten mit hydrophoben Seitenketten gebildet, während die Oberfläche reich an polaren und geladenen Aminosäuren ist.

Wie die GOD funktioniert

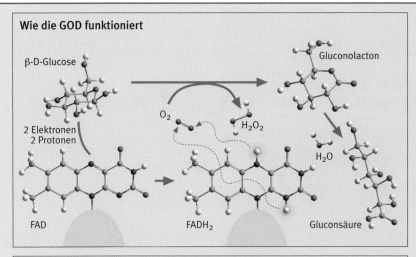

β-D-Glucose

2 Elektronen
2 Protonen

FAD

O_2

H_2O_2

FADH$_2$

Gluconolacton

H_2O

Gluconsäure

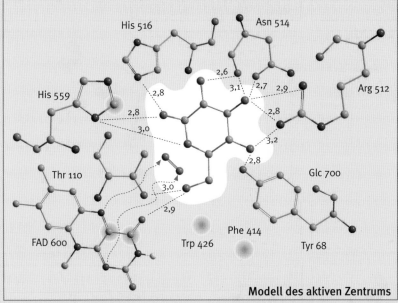

His 516   Asn 514

His 559

Arg 512

2,6
3,1   2,7   2,9
2,8
2,8
3,0
2,8
3,2
2,8

Thr 110

Glc 700

3,0
2,9

FAD 600   Trp 426   Phe 414   Tyr 68

Modell des aktiven Zentrums

Der fein abgestufte Größensatz hydrophober Seitenketten erlaubt eine lückenlose Füllung des Binnenraums. Der Beitrag des hydrophoben Effekts zur Stabilität von Proteinen wird auf diese Weise optimal ausgenutzt.

Und wie funktioniert nun die GOD?

Die GOD ist eine Oxidoreduktase und oxidiert mit molekularem Sauerstoff β-D-Glucose hochspezifisch zu Gluconolacton. Dabei reduziert sie den Sauerstoff zu H_2O_2. Hierbei werden zwei Elektronen und zwei Protonen über die prosthetische Gruppe FAD von der Glucose auf den molekularen Sauerstoff übertragen.

Ein Modell des aktiven Zentrums der GOD wurde mit **ortsgerichteter Mutagenese** geschaffen. Die Abbildung (oben) zeigt die β-D-Glucose im aktiven Zentrum, die durch

zwölf H-Brücken und hydrophobe Kontakte zu drei benachbarte aromatische Aminosäuren stabilisiert wird. Andere Hexosen wie α-D-Glucose, Mannose and Galactose, sind schlechte Substrate, wie auch die 2-Desoxy-D-Glucose.

Sie bilden im Modell sowohl weniger H-Brücken, als auch weniger vorteilhafte Kontakte mit den aromatischen Ringsystemen aus.

Heute ist die GOD das wichtigste Enzym der Bioanalytik: Millionen Diabetiker benutzen es täglich zur Bestimmung der Blutglucose.

Wir widmen diesen Beitrag unserem Kollegen und Freund Hans-Jürgen Hecht, der entscheidenden Anteil an der Entschlüsselung der GOD-Struktur hatte.
Dietmar Schomburg, Henryk Kalisz

Dietmar Schomburg war Universitätsprofessor für Biochemie und Bioinformatik an der Technischen Universität Braunschweig. Nach seinem Chemiestudium und der Promotion auf dem Gebiet der Strukturchemie verbrachte er seine Postdoc-Zeit an der Harvard University in den USA und an der TU Braunschweig, wurde dann Leiter der Abteilung für Molekulare Strukturforschung der GBF Braunschweig und folgte 1996 einem Ruf auf einen Lehrstuhl für Biochemie an der Universität zu Köln. Im Jahre 2007 wechselte er zur TU Braunschweig. Neben ca. 400 Primärpublikationen und mehr als 50 Buchbänden wird in seiner Gruppe vor allem das Enzym-Informationssystem BRENDA entwickelt. Er ist Vorsitzender der von IUBMB und IUPAC gebildeten Enzyme Commission, die die Enzyme nach dem EC-System klassifiziert.

Henryk Kalisz ist Chief Scientific Officer bei EUCODIS Bioscience GmbH, Wien. Nach seinem Biologiestudium und der Promotion in Biochemie an der Universität Manchester verbrachte er seine Postdoc-Zeit an der Universität Freiburg, bevor er 1987 als wissenschaftlicher Mitarbeiter zur GBF Braunschweig kam. 2001 wurde er Leiter der Biochemie bei Pharmacia, Nerviano (Italien), bevor er 2007 zur EUCODIS Bioscience wechselte. Er hat über 50 Original-Papers und mehrere Reviews veröffentlicht.

Literatur

Witt S, Wohlfahrt G, Schomburg D, Hecht HJ, Kalisz HM (2000) Conserved arginine 516 of *Penicillium amagasakiense* glucose oxidase is essential for the efficient binding of β-D-glucose. *Biochemical Journal* 347, 553–559
Wohlfahrt G, Witt S, Hendle J, Schomburg D, Kalisz HM, Hecht HJ (1999) 1.8 and 1.9 Å resolution structures of the *Penicillium amagasakiense* and *Aspergillus niger* glucose oxidases as a basis for modelling substrate complexes. *Acta Cryst.* D 55, 969–977

Die Autoren danken Prof. Werner Müller-Esterl und dem Verlag SAV für die Genehmigung, aus Kap. 5 des Buches „Biochemie" (Spektrum Akademischer Verlag, Heidelberg 2004) zitieren zu dürfen.

Modell der Glucose-Oxidase zum Selberbauen!

Modell auf beiden Seiten zusammenkleben oder tackern

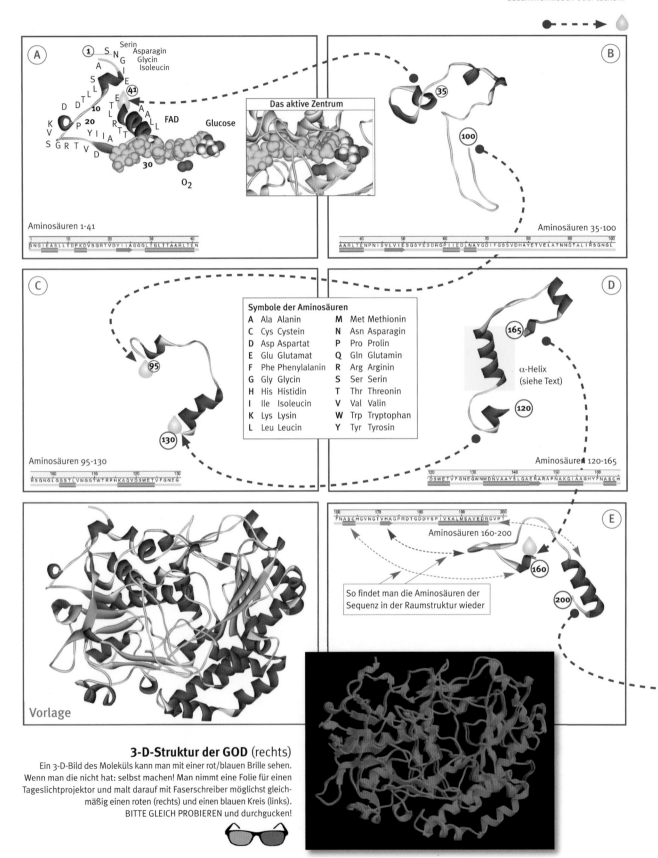

A Aminosäuren 1-41

Serin
Asparagin
Glycin
Isoleucin

Das aktive Zentrum

FAD Glucose

O_2

B Aminosäuren 35-100

Symbole der Aminosäuren

A	Ala Alanin	M	Met Methionin
C	Cys Cystein	N	Asn Asparagin
D	Asp Aspartat	P	Pro Prolin
E	Glu Glutamat	Q	Gln Glutamin
F	Phe Phenylalanin	R	Arg Arginin
G	Gly Glycin	S	Ser Serin
H	His Histidin	T	Thr Threonin
I	Ile Isoleucin	V	Val Valin
K	Lys Lysin	W	Trp Tryptophan
L	Leu Leucin	Y	Tyr Tyrosin

C Aminosäuren 95-130

D Aminosäuren 120-165

α-Helix (siehe Text)

E Aminosäuren 160-200

So findet man die Aminosäuren der Sequenz in der Raumstruktur wieder

Vorlage

3-D-Struktur der GOD (rechts)

Ein 3-D-Bild des Moleküls kann man mit einer rot/blauen Brille sehen. Wenn man die nicht hat: selbst machen! Man nimmt eine Folie für einen Tageslichtprojektor und malt darauf mit Faserschreiber möglichst gleichmäßig einen roten (rechts) und einen blauen Kreis (links). BITTE GLEICH PROBIEREN und durchgucken!

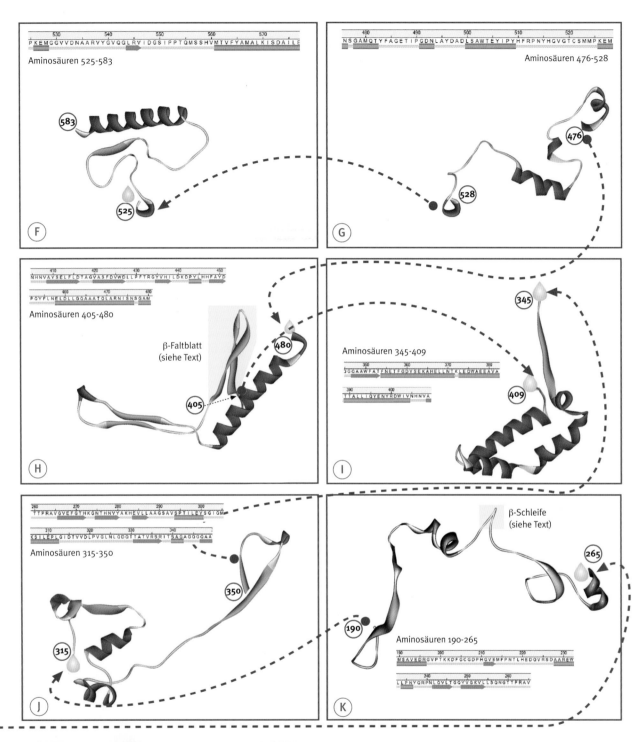

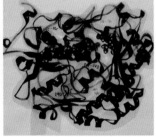

Oben: verzweifelter Konstrukteur RR.
Rechts: fertiges Modell

Schritte zum Bau eines GOD-Modells

1. Man braucht zunächst kopierbare Transparenzfolien und ein Kopiergerät. Kaum jemand will ja das gute Buch zerschneiden, und die Struktur des Enzyms bekommt nur so Elastizität. Machen Sie eine Farbkopie auf Transparenzfolie!
2. Man kopiert zuerst (am besten vergrößert) die gesamte Anleitung.
3. Strukturen ausschneiden. Das kann sehr großzügig geschehen, denn die Teile sind ja transparent. 4. Die mitvergrößerte Übersichtsbox als Vorlage für korrekte Ausrichtung der Teile nehmen. 5. Jeweils Einzelteile mit Klebstoff bestreichen und exakt in der Reihenfolge zusammenbauen. Statt Klebstoff geht auch ein Tacker. 6. Die Teile immer korrekt auf der Unterlage ausrichten. 7. Das fertige Modell ist elastisch, man kann es vertikal auf Kugelform auseinanderziehen und aufhängen. Viel Spaß!

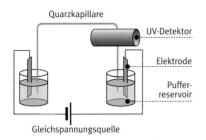

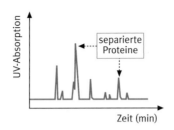

Zeit (min)

UV-Absorption

separierte
Proteine

Abb. 2.19 Prinzip der Kapillarelektrophorese

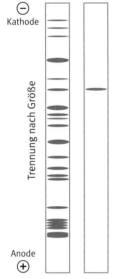

Kathode ⊖

Trennung nach Größe

Anode ⊕

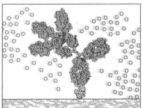

Abb. 2.20 Oben: Eine Proteinmischung in SDS-Polyacrylamidgel nach der Größe aufgetrennt. Dann werden sie mit Coomassie-Blau angefärbt.

Untens: Die gesamten aufgetrennten Proteine werden aus dem Gel auf eine Nitrocellulosemembran übertragen (Western Blotting). Dann wird ein peroxidasemarkierter Antikörper gegen ein spezielles Protein zugegeben. Er bindet nur an dieses Protein. Nach Zugabe von farblosen Substraten bildet die Peroxidase farbige Produkte exakt an der Stelle, wo sich das Protein befindet (Immunodetektion).

Die konventionelle Gelelektrophorese ist damit zeit- und arbeitsaufwendig. Die **Kapillarelektrophorese** erspart das Gelgießen, benötigt für die **Auftrennung eines Proteingemischs nur wenige Minuten** und erlaubt unmittelbar durch Messen der UV-Absorption den Nachweis (Abb. 2.18 und 2.19).

Mein heiß gelaufener Computer zeigt mir gerade: **Beim Anlegen von Spannungen entsteht durch den elektrischen Widerstand Wärme.** Generell wirkt Wärme aber der Trennleistung einer elektrophoretischen Methode entgegen. Durch die Verwendung von feinsten Kapillaren mit extrem engem Lumen – typischerweise 50 μm Innendurchmesser – ist nun die Wärmeabfuhr wegen der großen Oberfläche optimal. Dies erlaubt es, **höhere Spannungen anzulegen** und bei kurzen Trennzeiten (zwei bis zehn Minuten) eine **hohe Trennschärfe** zu erzielen. Die Kapillaren sind mit flüssigen Medien, Polyacrylamidgelen oder Immobilingelen vorgefüllt. Ein weiterer Vorteil der Kapillarelektrophorese ist der **minimale Probenbedarf.** Ein Nachteil: Die **Kapillarelektrophorese ist eine rein analytische Methode**, während die Gelelektrophorese und die diversen chromatografischen Methoden sowohl analytisch als auch präparativ verwendet werden können. Die **Kapillarelektrophorese ist eine „Durchwanderungselektrophorese"**, ganz im Gegensatz zur isoelektrischen Fokussierung, bei der ein Gleichgewicht angestrebt wird, und auch im Gegensatz zu der SDS-PAGE. Bei der SDS-PAGE bricht man nach einer definierten Zeit die Trennung ab, sie wird „eingefroren". Deshalb kann die Kapillarelektrophorese auch **gut als Trennstufe vor die Massenspektrometrie (MS) geschaltet werden** (CE-MS-Kopplung).

■ 2.10 Antikörpersonden identifizieren Proteine

Die „dritte Dimension" der Proteinanalytik ist der sogenannte **Western Blot.** Er ist ausführlich in Kapitel 4 beschrieben. Er entstand aus dem von **Edwin Southern** entwickelten Southern

Blot für DNA (siehe Kap. 6). Einzelkomponenten eines komplexen Proteingemischs können durch Antikörper (Kap. 4) spezifisch und hochempfindlich nachgewiesen werden. Die Trennung der Proteine erfolgt dabei zuvor durch SDS-PAGE.

Solange allerdings die Proteine in der Gelmatrix sind, sind sie für die großen Antikörpermoleküle schwer zugänglich. Daher müssen die **Proteine aus dem Gel herausgeholt und auf eine dünne Folie (Membran) aus Nitrocellulose (NC) oder Polyvinylidenfluorid (PVDF) übertragen** werden. Das kann durch Elektroblotting erreicht werden (siehe Kap. 4). Dazu wird das SDS-Gel auf der Membran platziert, und man legt senkrecht zur Gelebene eine Spannung an. Die negativen SDS-Protein-Micellen werden elektrophoretisch in Richtung der positiven Anode aus dem Gel auf die Matrix transferiert: Es entsteht ein **getreuer Abdruck (englisch *blot*: Klecks) des Proteinmusters auf der Nitrocellulosemembran.** Diese bindet die übertragenen Proteine fest und unspezifisch. Verbleibende Bindungsstellen der Matrix werden nach dem Transfer mit Proteinen abgesättigt – z. B. aus Milchpulver (das Casein enthält). Danach gibt man den **primären Antikörper** zu, der exakt an dieses Protein bindet. Die Antikörperbindung ist zunächst einmal kein sichtbares Ereignis. Erst die Zugabe eines gegen den primären Antikörper gerichteten sekundären Antikörpers zeigt die Proteinbande an: An den **sekundären Antikörper** ist nämlich ein **Enzym** (z. B. Peroxidase) geknüpft. Das Enzym katalysiert eine Farbreaktion aus einem farblosen Substrat. Da ein einziges Enzymmolekül mit jedem Katalyseschritt Tausende neue Farbmoleküle generiert, entsteht ein **amplifiziertes sichtbares Signal** (Abb. 2.20).

Elektrophoresen und Western Blots liefern qualitative oder bestenfalls semiquantitative Ergebnisse. Quantitative Ergebnisse liefern dagegen die **Immuntests.** Mit ihnen steht eine **schnelle, automatisierbare Methode** zur Verfügung, mit der selbst geringste Konzentrationen eines Proteins in komplexen Mischungen spezifisch nachgewiesen und quantifiziert werden können. Die häufigste Variante ist der **ELISA** (*enzyme-linked immunosorbent assay*), der wiederum in verschiedenen Spielarten existiert. Alle gängigen Immuntests werden ausführlich in Kapitel 3 beschrieben und erklärt. Wir haben nun einige grundlegende Methoden kennengelernt, um Proteine zu isolieren, zu identifizieren und zu quantifizieren. Diese Verfahren sind unabdingbar, wenn wir Struktur und Funktion von Proteinen näher ergründen wollen. Ergänzt werden diese proteinchemischen Methoden durch molekularbiologische Techniken, welche die Reinigung von bekannten Proteinen erleichtern oder die Identifizierung neuer Proteine beschleunigen.

■ 2.11 Die instrumentelle Erforschung der Proteinstruktur

Noch in den 1940er Jahren war es keineswegs klar, ob Proteine überhaupt eine definierte Abfolge von Aminosäuren, also eine Primärstruktur, aufweisen. Diese fundamentale Frage wurde von **Fred Sanger** und Mitarbeitern 1953 mit der Aufklärung der Sequenz des menschlichen Insulins schlüssig beantwortet (Abb. 2.21). Damit war auch der Weg zur Lösung einer zweiten grundlegenden Frage geebnet: **Wie sieht die dreidimensionale Struktur von Proteinen aus?**

John Kendrew und **Max Perutz** gelang es Ende der 1950er Jahre mit der Röntgenstrukturanalyse (Röntgenkristallografie) von Myoglobin- und Hämoglobinkristallen erstmals, Einblicke in die Sekundär-, Tertiär- und Quartärstruktur von Proteinen zu gewinnen.

Die **Primärstruktur** ist eine doppelte Eintrittskarte zur Welt der dreidimensionalen Struktur von Proteinen: Zum einen bestimmt sie die Raumstruktur, die ein Protein nach Faltung seiner Polypeptidkette(n) einnehmen wird, und damit letztlich auch die Funktion des Proteins. Die Prinzipien, die bei der Proteinfaltung walten, sind jedoch noch lange nicht so gut verstanden, dass eine rein theoretische Vorhersage der Raumstruktur auf Grundlage einer bekannten Primärstruktur möglich wäre.

Zum anderen sind auch die experimentellen Methoden der Raumstrukturanalyse auf die Kenntnis der Proteinsequenz angewiesen. Daher wenden wir uns erst einmal der Aufklärung der Primärstruktur zu.

■ 2.12 Die Edman-Sequenzierung entziffert die Primärstruktur eines Proteins

Die **Sequenzbestimmung von Insulin** stellte ein mühseliges Puzzle dar, dessen Lösung zehn Jahre dauerte und nahezu 100 g reines Insulin erforderte. Heute ist die Proteinsequenzierung ein automatisierbares Verfahren, das mit wenigen Picomol (< 100 ng) eines Proteins auskommt, um eine Abfolge von 20 bis 40 Aminosäuren zu ermitteln. Grundlage ist eine von dem Schweden **Pehr Edman** (1916–1977, Abb. 2.26) entwickelte zyklische Reaktionsabfolge, der sogenannte **Edman-Abbau** (Abb. 2.25). **Vom N-Terminus eines Polypeptids wird schrittweise Aminosäure für Aminosäure abgespalten und identifiziert.** Das aufgereinigte, zu sequenzierende Protein wird dafür zunächst auf eine Glasfritte aufgebracht. Alternativ kann das Zielprotein auch elektrophoretisch von anderen Proteinen abgetrennt und auf eine PVDF-Membran übertragen werden, die man dann in die Reaktionskammer legt. Die verwendete **katalytische Säure und die gasförmige Base** werden mit einem inerten Stickstoff- oder Argon-Gasstrom zum Protein geleitet. Die zunächst flüssige Säure geht im Probenraum bei erhöhter Temperatur ebenfalls in die Gasphase über: Man spricht daher von einem „**Gasphasensequenator**" (Abb. 2.25). Damit vermeidet man, dass Protein, das in der Säure gut löslich ist, von der Fritte weggespült wird. Dagegen können organische Lösungsmittel direkt über die Probe geleitet werden, da das Protein sich darin nicht löst. Die drei Reaktionsschritte beim Edman-Abbau eines Polypeptids sind Kupplung, Spaltung und Konvertierung.

In der Kupplungsreaktion wird als reaktive Verbindung **Phenylisothiocyanat** (**PITC**) verwendet, das unter alkalischen Bedingungen mit der Aminogruppe des aminoterminalen Restes ($-NH_2$) reagiert (Abb. 2.25). Im sauren Puffer der Spaltungsreaktion greift das Schwefelatom von Phenylisothiocyanat die Carbonylgruppe der ersten Peptidbindung an:

Dabei wird ein zyklisches ATZ-Derivat (Anilinothiazolinon) der aminoterminalen Aminosäure selektiv abgespalten. Zurück bleibt das um einen Rest verkürzte Polypeptid. Die hydrophobe ATZ-Verbindung kann nun mit organischem Lösungsmittel extrahiert werden. Da die **instabile ATZ-Aminosäure** leicht zerfällt, muss sie in einer Konvertierungsreaktion zu einer **stabilen PTH-Aminosäure** (Phenylthiohydantoin) umgesetzt werden. Die dabei gewonnene stabile PTH-Aminosäure wird dann chromatografisch durch Vergleich mit dem Satz bekannter PTH-Aminosäuren anhand ihrer spezifischen Retentionszeit identifiziert. Dabei kann die Detektion photometrisch erfolgen, da die PTH-Aminosäuren durch eine charakteristische UV-Absorption gekennzeichnet sind. Der erste Zyklus des Edman-Abbaus identifiziert also den aminoter-

Abb. 2.21 Fred Sanger (1918–2013) klärte die Insulinstruktur von 1945 bis 1955 in Cambridge auf und bekam dafür seinen ersten Nobelpreis.

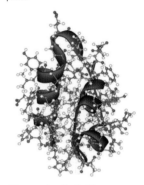

Abb. 2.22 Insulinstruktur

Abb. 2.23 Kristallgitterstruktur: britische Briefmarke zu Ehren des Nobelpreises in Physik 1915 von Vater William Henry (1862–1942) und Sohn William Lawrence Bragg (1890–1971). Nach ersten Untersuchungen zu Beugungserscheinungen schufen Vater und Sohn die Grundlagen für die röntgenografische Analyse von Stoffen.

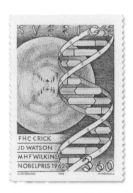

Abb. 2.24 Beugungsbild eines DNA-Kristalls auf einer schwedischen Briefmarke zu Ehren des Nobelpreises für Watson, Crick und Wilkins

35

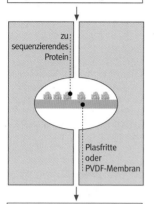

Säure/Base über Gasstrom
organisches Lösungsmittel

zu
sequenzierendes
Protein

Plasfritte
oder
PVDF-Membran

freigesetzte Aminosäuren
im Lösungsmittel

Abb. 2.25 Oben: Reaktionskammer eines Gassequenators. In einem Inertgasstrom werden katalytische Säure und Base zur Probe geleitet. Organisches Lösungsmittel extrahiert dann die freigesetzten Aminosäuren.

Rechts: Edman-Sequenzierung von Proteinen.
Schrittweiser (sequenzieller) Abbau eines Proteins. Das NH_2-Ende (aminoterminaler Rest) wird in ein labiles PTC-Derivat umgewandelt, dann als ATZ-Aminosäure abgespalten und am Ende in eine stabile PTH-Aminosäure umgewandelt. Diese PTH-Aminosäure wird dann identifiziert.
Der „neue" NH_2-Rest kann nun den nächsten Zyklus durchlaufen.

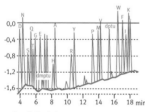

reales Beispiel

Abb. 2.26 Pehr Victor Edman (1916-1977), Fellow der Royal Society 1974

minalen Rest eines Polypeptids. In einem zweiten Zyklus wird die um einen Rest verkürzte Polypeptidkette mit neuem Aminoterminus wiederum mit Phenylisothiocyanat (PITC) umgesetzt und gespalten. Das Derivat der terminalen Aminosäure wird konvertiert, identifiziert usw.

Diesem repetitiven Abbau ist eine praktische Obergrenze gesetzt. Grund dafür ist die unvollständige Ausbeute pro Einzelreaktion (95 – 98 %): Bei einer Ausbeute von 98 % beträgt der Anteil der richtigen und vollständigen Sequenz nach 20 Schritten 67 %, nach 60 Schritten jedoch nur noch 30 %. Nach vielen Zyklen ist daher keine eindeutige Identifizierung der

korrekten Sequenz mehr möglich. In der Laborpraxis werden höchstens 20 bis 40 Zyklen für ein Polypeptid durchgeführt. Eine vollständige Proteinsequenzierung ist oft jedoch gar nicht nötig (siehe Kap. 1).

Man will in der Regel nur eine kurze Teilsequenz gewinnen, deren Kenntnis es ermöglicht, über synthetische DNA-Oligonucleotidsonden das zugehörige Gen zu „fischen" und damit die komplette Proteinsequenz indirekt zu bestimmen. Dieses gängige Vorgehen hat jedoch einen **gravierenden Nachteil**: Modifikationen des Proteins nach seiner Synthese – etwa Glykosylierung oder Phosphorylierung – bleiben bei

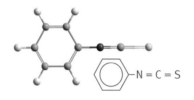

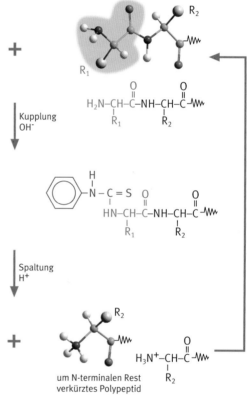

36

diesem indirekten Ansatz unerkannt. Hier sind Edman-Abbau und Massenspektrometrie weiterhin unerlässlich.

■ 2.13 Die Massenspektrometrie bestimmt exakt Protein- und Peptidmassen

Massenspektrometer wurden ursprünglich entwickelt, **um hochsensitiv ionisierte Atome nachzuweisen.** Auch für die Analyse kleiner anorganischer und organischer Moleküle werden sie seit langer Zeit eingesetzt. Die massenspektrometrische Analyse von großen Biomolekülen wie Proteine und DNA ist aber erst in jüngerer Zeit gelungen, müssen sie doch dazu aus ihrer wässrigen Umgebung einzeln herausgelöst, in das Vakuum des Massenspektrometers überführt und mit einer Ladung versehen werden, ohne dabei in Fragmente zu zerfallen. Das ist etwa so, als würde man einen **Astronauten ohne Schutzanzug ins Weltall entlassen.** Ohne Tricks sind so große und geladene Moleküle nicht flüchtig! Einer der beiden heutige gängigen Tricks heißt **matrixunterstützte Laserdesorption/Ionisation (MALDI;** *matrix-assisted laser-desorption/ionization*) und wurde Ende der 1980er Jahre von **Franz Hillenkamp** (1936–2014, Abb. 2.28) und Mitarbeitern an der Universität Münster entwickelt. Als zweite Methode der Ionisierung von Peptiden und Proteinen steht die **Elektrosprayionisation (ESI)** zur Verfügung. MALDI ist hervorragend für Moleküle bis eine Million Dalton geeignet, also für fast alle Proteine, aber keine kontinuierliche Methode. Das ist schlecht, wenn man andere Methoden (wie HPLC oder Kapillarelektrophose) damit koppeln will (Abb. 2.27).

Die **Elektrosprayionisation (ESI) ist dagegen kontinierlich** und eignet sich daher besonders zur Kopplung mit der Flüssigkeitschromatografie. ESI schont den Analyten und ist zur Analyse von Molekülen mit mehreren Zehntausend Dalton geeignet. Dabei wird der Analyt in einer Flüssigkeit gelöst, die durch eine Düse ins Vakuum befördert und dabei fein zerstäubt wird. Beim Durchtritt durch die Düse unter Hochspannung erhalten die Tröpfchen elektrische Ladungen, die auf dem Analyten verbleiben, wenn das Lösungsmittel verdampft. Bei der MALDI werden die Proteine in Kristalle von UV-absorbierenden Molekülen eingebaut (oft eine kristalline Matrix organischer Moleküle wie Dihydroxybenzoesäure). Dies geschieht meist, indem

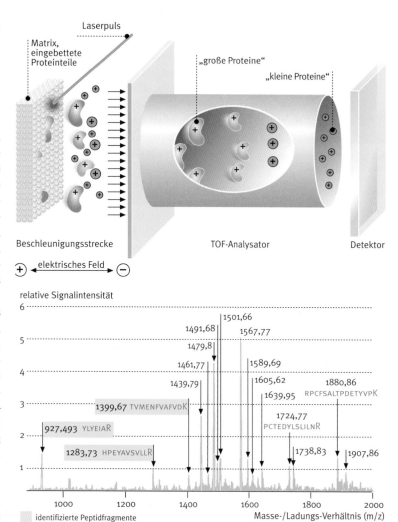

Abb. 2.27 MALDI-TOF-Massenspektrometrie.

Oben: Schematischer Aufbau eines MS mit Ionenquelle, Beschleuniger, TOF-Analysator und Detektor.

Unten: MALDI-TOF-Spektrum von Rinder-Serumalbumin (BSA), das mit Trypsin enzymatisch gespalten wurde. Rot: durch Vergleich mit theoretischen Sequenzmustern identifizierte Peptidfragmente. Die Aminosäuren sind nach dem Einbuchstaben-Code benannt.

man die Lösungen der Matrix und Proteinmoleküle auf einem Metallträger mischt und wartet, bis sich das Lösungsmittel verflüchtigt hat. Den Träger mit den proteindotierten Kristallen schiebt man dann ins Hochvakuum und bestrahlt die Probe mit einem sehr kurzen und intensiven UV-Laserimpuls. Explosionsartig werden dadurch die UV-absorbierenden Matrixmoleküle und mit ihnen auch die Proteine ins Vakuum freigesetzt. Bei diesem Prozess wird auf einige Proteine noch eine positive oder negative Ladung übertragen. Durch MALDI erzeugte Ionen werden meistens mit einem **Flugzeit-Massenspektrometer** analysiert (TOF, *time-of-flight*). Dabei fliegen die Ionen durch ein etwa 1 m langes, evakuiertes Rohr, und ihre **Flugzeit wird gemessen** (im typischen etwa eine Millionstel Sekunde). Vorher werden die Proteinionen noch durch ein elektrisches Feld beschleunigt. **Proteine mit gleicher Ladung, aber unterschiedlicher Masse, fliegen unterschiedlich schnell.**

Abb. 2.28 Mein lieber Kollege Prof. Franz Hillenkamp von der Universität Münster baute das erste MALDI-Gerät.

Abb. 2.29 Ein Hochleistungs-massenspektrometer

Tales zu Proteus:

Zu raschem Wirken sei bereit!
Da regest du dich nach ewigen
Normen
Durch tausend, abertausend
Formen,
Und bis zum Menschen hast du
Zeit.

*J.W. Goethe: Faust, der Tragödie
zweiter Teil*

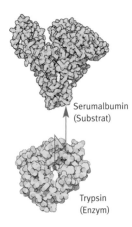

Serumalbumin
(Substrat)

Trypsin
(Enzym)

Abb. 2.30 Trypsin ist ein Verdau-ungsenzym und gehört zu den Endo-peptidasen. Es spaltet selektiv Peptidbindungen nach den Amino-säuren Lysin, Arginin und auch nach modifiziertem Cystein. Anders als bei den meisten Enzymen sind Pro-teinasen nicht auf bestimmte Ei-weiße spezialisiert, sondern auf bestimmte Strukturmerkmale von Proteinen. Das ist insbesondere für den Verdauungsvorgang wichtig, da der Dünndarm sonst für jede Art von Eiweiß ein eigenes Verdauungsen-zym benötigen würde. Endopeptida-sen sind ein wichtiges Hilfsmittel bei der chemisch analytischen Sequen-zierung von Proteinen. Hier gezeigt ist als Substrat Serumalbumin. Das MALDI-TOF-Spektrum dazu ist auf der Vorseite (Abb. 2.27) gezeigt.

Abb. 2.31 Ein Kristall kann man sich als dreidimensionales Gitter denken. Seine wiederkehrende Grundeinheit (farbig) wird Einheitszelle genannt.

Ein Protein-Ion kleiner Masse fliegt schneller als eines mit höherer Masse und ein Protein-Ion mit zwei Ladungen doppelt so schnell wie das glei-che Protein mit nur einer Ladung. Die Flugzei-ten korrelieren also mit dem Masse-/La-dungs-Verhältnis (m/z) der Proteine, und **diese Flugzeiten misst der Flugzeitanalysator.** Es wird elektronisch die Zeit gemessen, die die Mo-leküle von der Ionenquelle bis zum Detektor benö-tigen. Der Detektor ist ein Sekundärelektro-nenvervielfacher, in dem die auftreffenden gela-denen Teilchen eine Kaskade von Elektronen loslösen. Durch Vergleich mit Referenzmolekülen bekannter Masse lässt sich aus der Flugzeit sehr genau die Masse eines Teilchens bestimmen.

Ein gutes **TOF-MALDI-Massenspektrometer** bestimmt die Masse eines Proteins **mit einer Genauigkeit von bis zu 0,1 Promille.** Ein Flugzeit-Massenspektrometer arbeitet also **wie eine sehr schnelle und genaue SDS-Gel-elektrophorese:** In beiden Fällen bestimmt man Laufstrecken oder -zeiten von geladenen Molekülen. Massenspektrometer sind eine ideale Ergänzung zur isoelektrischen Fokussie-rung; allerdings sind die Geräte teuer. Auf diese Weise kann die reale Masse eines kompletten Proteins wie z.B. **Serumalbumin** (Abb. 2.30) oder der zugehörigen Peptidfragmente mit der theoretischen, aus der Aminosäuresequenz be-rechneten Masse verglichen werden. So lässt sich bestimmen, ob und wo Modifikationen nach der Biosynthese (z. B. Glykosylierung) vor-liegen. Prinzipiell kann damit **gentechnisch her-gestelltes und zu therapeutischen oder Dopingzwecken verwendetes Erythropoetin** trotz identischer Primärstruktur anhand des un-terschiedlichen Glykosylierungsmusters von dem körpereigenen Protein unterschieden werden. Eine weitere wichtige Anwendung ist die mas-senspektrometrische **Identifizierung von un-bekannten Peptiden und Proteinen.**

Voraussetzung ist die Kenntnis der den Protein-sequenzen zugrunde liegenden DNA-Sequen-zen, etwa aus dem Humangenomprojekt. Mit **Proteasen** (proteinspaltenden Enzymen) wie Trypsin aus der Bauchspeicheldrüse oder auf chemischem Wege wird das zu identifizierende Protein zunächst **fragmentiert ("verdaut").** Da Trypsin nur an spezifischen Amino- säuresequen-zen (Arg-XXX, Lys-XXX, wobei XXX für eine be-liebige Aminosäure steht) das Protein erkennt und spaltet, ergibt sich ein **eindeutiges, repro-duzierbares Spaltungsmuster,** das sich auf Grundlage der Sequenz auch vorhersagen lässt. Durch den Vergleich von theoretischen – aus den codierenden DNA-Sequenzen ermittelten – und tatsächlichen Fragmentmustern, dem soge-nannten *mass fingerprint,* kann ein Protein meist rasch identifiziert werden (Abb. 2.27). **Im Zusammenspiel mit der zweidimensiona-len Gelelektrophorese bildet die Massen-spektrometrie eine Hauptmethode bei der Proteomik – der Analyse von Proteomen.**

Bei modernen proteinanalytischen Massenspek-trometern werden verschiedene Techniken kombiniert: Das Protein- oder Peptidgemisch wird zuerst mittels HPLC aufgetrennt, und die einzelnen Fraktionen gelangen direkt in die Io-nisationskammer des Massenspektrometers (HPLC-MS-Kopplung). Im Massenspektrometer erfolgt eine m/z-Auftrennung. Wird dann noch ein weiteres Massenspektrometer direkt ange-koppelt (MS-MS-Kopplung), kann hier mit einer das Peptidmolekül zerstörenden Ionisationsme-thode (Fragmentierung) aus dem Fragmentio-nenmuster der zweiten MS direkt die Sequenz ermittelt werden.

■ 2.14 Die Röntgenstrukturanalyse entschlüsselt Proteinkonformationen

Obwohl es erklärtes Ziel der Biochemie ist, die Lebensvorgänge auf molekularer Ebene zu be-schreiben, bekommen die Experimentatoren das Objekt ihrer Forschung meist nicht unmittelbar zu Gesicht. **Proteine "zeigen sich" meist nur in sehr großer Zahl und indirekt als Gel-Bande, als Peak in einem Chromatogramm oder über ihre katalytische Reaktion.**

Zwei entscheidenden Methoden werden hier kurz erläutert: **Röntgenkristallografie und Kernmagnetische Resonanz (NMR)** haben die Raumstruktur von mehreren Tausend Protei-nen auf atomarer Ebene gelöst und damit ent-

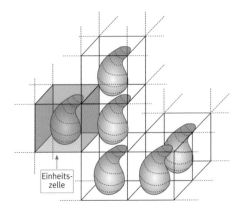

Einheits-zelle

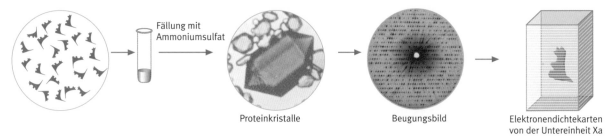

Fällung mit
Ammoniumsulfat

Proteinkristalle

Beugungsbild

Elektronendichtekarten
von der Untereinheit Xa

scheidend unser Bild von der Konformation und Dynamik molekularer Maschinen geprägt.

Mit der **Röntgenkristallografie** kann man Moleküle tatsächlich abbilden. Man benötigt Röntgenstrahlung, da nach den Gesetzen der Optik die Auflösung – die prinzipielle Möglichkeit, zwei benachbarte Punkte getrennt abzubilden – im Bereich der Wellenlänge der verwendeten elektromagnetischen Strahlung liegt. Sichtbares Licht endet bei einer Wellenlänge von etwa 400 nm, der Abstand zweier Atome in einer kovalenten Bindung beträgt aber nur wenig mehr als 0,1 nm. **Leider gibt es keine Linsen für Röntgenstrahlung.** Man erhält daher kein „reales" Bild, sondern nur ein **Beugungsbild**, das dem virtuellen Bild bei der Lichtmikroskopie entspricht (Abb. 2.32). Dieses muss mittels eines mathematischen Verfahrens in ein tatsächliches Bild „übersetzt" werden. Voraussetzung für eine Röntgenkristallografie ist die **Kristallisierung des gewünschten Proteins** – ein schwieriges Unterfangen, das hohe Proteinreinheit, viel Geduld und einige Experimentierkunst verlangt. Proteinkristalle können sich bilden, wenn die Proteine durch Zugabe eines Fällungsmittels (z. B. Ammoniumsulfat) aus der wässrigen Lösung in die feste Phase verdrängt werden. Die Konzentration des Fällungsmittels wird langsam erhöht, etwa durch Dampfdiffusion zwischen einem Proteintropfen (*hanging drop*) und einer konzentrierten Ammoniumsulfatlösung. Im Kristall liegt eine symmetrische, sich ständig wiederholende An- ordnung der Proteinmoleküle vor. Man kann sich ein virtuelles dreidimensionales Gitter vorstellen, dessen Zellen im Kristall auf immer gleiche Weise wiederkehren: Wir sprechen von der **Einheitszelle des Kristalls** (Abb 2.31).

Trifft ein Röntgenstrahl auf ein bestimmtes Atom einer Einheitszelle, so regt die Strahlung die Hüllelektronen des Atoms zu Schwingungen an; die Energie der Oszillatoren wird als Strahlung in verschiedene Richtungen abgegeben. Dabei kommt es durch sogenannte negative Interferenz fast immer zur Auslöschung des Strahls.

Nur unter ganz bestimmten geometrischen Bedingungen verstärkt sich der Strahl mit den an entsprechenden Positionen anderer Einheitszellen abgegebenen Strahlen in einer konstruktiven Interferenz. **Durch Bestrahlung des Kristalls unter verschiedenen Einfallswinkeln erhält man die komplette Beugungsinformation.** Das Beugungsbild wird über einen Flächendetektor oder im einfachsten Fall auf Röntgenfilmen aufgezeichnet.

Da die Beugung an Elektronenhüllen erfolgt, enthält das Beugungsbild keine Information über die exakten Atomkoordinaten in der Einheitszelle, sondern spiegelt **Elektronendichten** (Abb. 2.32) wider. Vereinfacht gesagt, steckt die Information über die Elektronendichte in der unterschiedlichen Intensität der Beugungsreflexe, die auf dem Röntgenfilm als unterschiedlich geschwärzte Punkte zu sehen sind und mittels einer mathematischen Transformation in Elektronendichten umgerechnet werden können. Letztlich gewinnt man eine dreidimensionale Karte der Elektronendichte eines Proteins.

Die Aufgabe des Kristallografen besteht jetzt darin, in diese Karte die Polypeptidkette hineinzumodellieren. Bei einer Auflösung von etwa 0,3 nm kann der Verlauf des Polypeptidrückgrats verfolgt werden, aber erst unterhalb von 0,1 nm Auflösung sind Atome tatsächlich als von Elektronen umhüllte Kugeln sichtbar – eine Auflösung, die für Proteine nur selten erreicht wird. **Die Kenntnis der Proteinsequenz** ist daher für die Interpretation der Elektronendichtekarte fast immer unerlässlich.

Im Allgemeinen kann man davon ausgehen, dass die Struktur des Proteins im Kristall der Gestalt entspricht, die das Protein in seiner natürlichen – nämlich wässrigen – Umgebung annimmt. Dennoch handelt es sich bei der Röntgenkristallografie um **„Momentaufnahmen"** unter für Proteine meist ungewöhnlichen, nämlich kristallinen Bedingungen. Es wäre aber wichtig, ein Protein auch direkt in Lösung „sehen" zu können, beispielsweise um etwas über die **Dynamik und Flexibilität** seiner Struktur zu

Abb. 2.32 Röntgenstrukturanalyse (siehe Seite 11)

Abb. 2.33 Wilhelm Conrad Röntgen (1845–1923) entdeckte am 8. November 1895 im Physikalischen Institut der Universität Würzburg die nach ihm benannten Röntgenstrahlen und erhielt im Jahre 1901 als Erster den Nobelpreis für Physik. Seine Entdeckung revolutionierte u. a. die medizinische Diagnostik und führte zur Entdeckung und Erforschung der Radioaktivität.

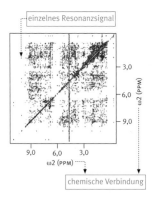

Abb. 2.34 NMR-Spektrum eines Fettsäurebindungsproteins. Die chemischen Verschiebungen (x-und y-Achse) sind in ppm relativ zu einem Referenzsignal angegeben.

39

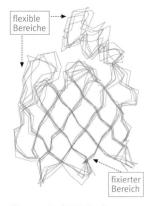

flexible Bereiche

fixierter Bereich

Abb. 2.35 Fünf NMR-Strukturmodelle des Fettsäurebindungsproteins (FABP) (Spektrum in Abb. 2.34) überlagert. Gezeigt ist nur das Proteinrückgrat. Die starken Unterschiede im oberen Teil weisen auf Flexibilität der Region hin.

magnetischer Dipol eines Atomkerns

äußeres Magnetfeld

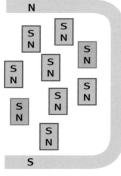

Abb. 2.36 Orientierung magnetischer Dipole.

Oben: ohne Magnetfeld beliebige Orientierung.

Unten: Ein starkes äußeres Magnetfeld orientiert die magnetischen Dipole. Die „blaue" Ausrichtung am Feld hat einen etwas energieärmeren Zustand als die „rote" entgegen dem Feld. Stabmagnete würden im Gegensatz zu „atomaren" Magneten nie die „rote" Ausrichtung im Feld eines Hufeisenmagnets einnehmen. Kernspins sind molekulare Quantenzustände, insofern nur schwer mit makroskopischen Magneten zu vergleichen.

erfahren, die für seinen Wirkmechanismus von großer Bedeutung sein können. Für diesen Ansatz steht mit der Kernresonanzspektroskopie ein weiteres Verfahren der Strukturbestimmung von Proteinen zur Verfügung.

■ 2.15 Die Kernresonanzspektroskopie (NMR) untersucht Proteine in Lösung

Die **Kernresonanzspektroskopie** oder **NMR-Spektroskopie** (*nuclear magnetic resonance*) ist ein weiteres Verfahren, um Raumstrukturen von Proteinen auf atomarer Ebene aufzuklären. Ihre Stärke liegt darin, dass hier **zeitabhängige Phänomene** wie etwa das „Andocken" eines Liganden an ein Protein, allosterisch induzierte Konformationsänderungen oder die Faltung einer Polypeptidkette beobachtet werden können – und das unter Bedingungen (nämlich in Lösung oder im Gel), die der natürlichen Umgebung ähnlicher sind. Physikalische Grundlage der Methode ist, dass einige Atomkerne (^{1}H, ^{13}C, ^{15}N u. a.) einen **Eigendrehimpuls** oder **Spin** haben. In einer anschaulichen – wenn auch nicht unbedingt richtigen – klassisch-elektromechanischen Vorstellung handelt es sich um geladene Teilchen, die um ihre eigene Achse rotieren und dadurch einem winzigen Elektromagneten entsprechen. Legt man ein äußeres Magnetfeld an, ist es energetisch nicht mehr gleichgültig, wie „Nord-" und „Südpol" dieser Miniaturmagneten orientiert sind. Die **Ausrichtung der Einzelmagneten am äußeren Feld** – sodass die Südpole in Richtung Nordpol des äußeren Feldes weisen – ist energieärmer als die Orientierung entgegen des Feldes (Nordpol zu Nordpol) (Abb. 2.36)

Durch Einstrahlung hochfrequenter Radiowellen werden Übergänge zwischen diesen beiden Zuständen induziert, wenn die Frequenz der Strahlung dem Energieunterschied der Zustände entspricht. Dieses Phänomen wird als **Resonanz** bezeichnet. Die Probe nimmt exakt die für den Übergang nötige Energie auf, was sich spektroskopisch als Energieabsorption bei einer bestimmten Frequenz beobachten lässt. Trägt man nun die Absorption gegen die Frequenz der eingestrahlten Radiowellen auf, so erhält man ein NMR-Spektrum. Gleiche Atomkerne können sich abhängig von ihrer elektronischen Umgebung subtil in ihren Resonanzfrequenzen unterscheiden. Diese elektronische Umgebung ist durch bestimmte chemische Gruppen (z. B. OH-

Gruppen) geprägt: Wir sprechen daher auch von **chemischen Verschiebungen**. Diese charakteristischen Resonanzunterschiede erlauben damit eine Zuordnung der Signale zu bestimmten Positionen im Molekül.

Neben der elektronischen Umgebung eines Atomkerns spielt auch die magnetische Umgebung eine große Rolle in der NMR-Spektroskopie. Die Kerne erzeugen selbst ein lokales Magnetfeld und beeinflussen damit die Orientierung benachbarter Kerne im äußeren Magnetfeld und somit deren Resonanzsignal: Wir sprechen von einer **Spin-Spin-Kopplung**. In dieser Wechselwirkung liegt prinzipiell auch die Information über Abstände von Kernen im Molekül und damit letztlich über seine Raumstruktur. Der Informationsgehalt des NMR-Spektrums eines Proteins ist außerordentlich komplex. Nur durch Einsatz extrem starker supraleitender Elektromagneten können spektrale Auflösungen erzielt werden, welche die Aufklärung der Raumstruktur von Proteinen bis zu einer Größe von etwa 30 kD erlauben. Dabei werden vor allem **mehrdimensionale Spektren** aufgenommen, deren Erläuterung an dieser Stelle den Rahmen sprengen würde.

Protonen sind natürlicherweise die einzigen magnetisch aktiven Kerne in Proteinen: ^{13}C und ^{15}N sind seltene (übrigens nicht-radioaktive!) Isotope. Sie werden künstlich angereichert und an Bakterien „verfüttert", damit deren Proteine dann ^{13}C- und/oder ^{15}N-markiert vorliegen. Nur mit einem markierten Protein kann die Kernresonanzspektroskopie die maximale Information zur Raumstruktur liefern: Die Protonensignale alleine sind nicht ausreichend für die Untersuchung größerer Proteine. Die Proteinstruktur wird computergestützt ermittelt. Eine Software liefert ein Strukturmodell, das mit den aus NMR-Spektren gewonnenen Informationen über Abstände und Winkel zwischen Atomkernen übereinstimmt.

Das Programm gibt meist mehrere Lösungsvorschläge, und die plausibelsten werden ausgewählt. Zeigen sich in einem Teil des Proteins starke Unterschiede zwischen den einzelnen Modellen, ist dies ein **Hinweis auf mögliche Flexibilität dieser Region: Die Struktur ist hier nicht statisch, sondern dynamisch** (Abb. 2.35).

Die dynamischsten Proteine sind für mich die **Enzyme, wundervolle Nano-Maschinen.** Mit ihnen beginnen wir im nächsten Kapitel die Reise durch die dynamische Bioanalytik!

Verwendete und weiterführende Literatur

- Kurz gefasstes Kompendium, für Anfänger nicht ganz so leicht zu verstehen:
Helm M, Wölfl S (2013) *Instrumentelle Bioanalytik, eine Einführung für Biologen, Biochemiker, Biotechnologen und Pharmazeuten.*
Wiley-VCH, Weinheim

- Leicht lesbare Paperbackausgabe auf Englisch:
Manz A, Pamme N, Iossifidis D (2004) *Bioanalytical Chemistry.*
Imperial College Press, London

- Fundgruben für Fortgeschrittene und Praktiker:
Holtzhauer M (Hrsg.) (1996) *Methoden in der Proteinanalytik.*
Springer Verlag, Heidelberg
Holtzhauer M (2006) *Basic Methods for the Biochemical Lab.*
Springer Verlag, Berlin

- Fantastische Darstellungen von Biomolekülen
Goodsell D (2016) *Atomic Evidence.* Springer International Publishing

Weblinks

- BRENDA, die Enzymdatenbank der Uni Braunschweig: alle Enzyme mit Eigenschaften und Literaturzitaten:
www.brenda-enzymes.info

- Die Proteindatenbank (PDB) liefert alle bekannten Strukturen von Proteinen. David Goodsell (Scripps, La Jolla) schreibt eine sehr lesenswerte Rubrik „Molecule of the Month":
www.rcsb.org/pdb/
https://pdb101.rcsb.org

Das Nanoru in NMR

Projektion der Strukturmodelle übereinander

> Auf zur Abenteuerreise durch die Bioanalytik!

Acht Fragen zur Selbstkontrolle

1. Proteine sind meist in polaren Lösungsmitteln löslich. Davon abgeleitet: Ist für eine Proteinaufreinigung eine Normalphasenchromatografie besser geeignet oder die Umkehrphasenchromatografie?

2. Bei welcher Wellenlänge lassen sich Proteine gut photometrisch detektieren? Welche Aminosäuren sind dafür verantwortlich?

3. Zwei Proteine, ein im physiologischen pH-Bereich positiv geladenes A mit 16 kDa und ein negatives B mit 32 kDa molekularer Masse werden mit SDS behandelt und mit SDS-Polyacrylamid-Gelelektrophorese (SDS-PAGE) aufgetrennt.

   Welches Protein wandert im elektrischen Feld am schnellsten zur Anode?

4. Die gleichen Proteine A und B (wie in Frage 3) werden einmal mit Gelfiltrationschromatografie und ein anderes Mal auf einer Kationenaustauschersäule aufgetrennt. Welches Protein wird jeweils zuerst eluiert?

5. Was bedeutet „HPLC", und wie wird deren extrem gute Auftrennung von Substanzen in kleinen Volumina erreicht?

6. Nach den Gesetzen der Optik liegt die Auflösung (zwei benachbarte Punkte können getrennt abgebildet werden) im Bereich der Wellenlänge der jeweils verwendeten elektromagnetischen Strahlung.

   Warum kann man mit sichtbarem Licht nicht zwei benachbarte Atome abbilden? Welche Strahlung muss man verwenden?

7. Mit welcher Methode kann man Proteine in ihrer natürlichen Umgebung messen – im Gegensatz zur Röntgenstrukturanalyse?

8. Wie kann man rekombinante Proteine gentechnisch so modifizieren, dass sie leicht aus einem Expressionsgemisch isoliert werden können?

Ein Enzym, verkleidet als Kleiner Muck

BIOKATALYSE:
Enzyme und Enzymtests

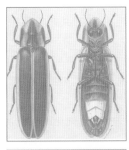

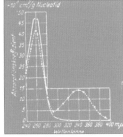

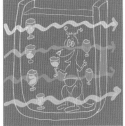

Kapitel 3

Abb. 3.1 Otto Warburg, der Vater der modernen Enzymologie

Abb. 3.2 Thomas R. Cech mit einem RNA-Modell

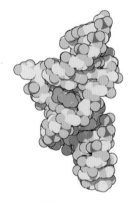

Abb. 3.3 Ribozym

Abb. 3.4 Biokatalytisch aktives Nanoru

3.1 Enzyme – hochspezifische und effiziente molekulare Maschinen

Enzyme sind die Elixiere des Lebens. Sie verändern, steuern und regeln fast sämtliche chemischen Reaktionen in den lebenden Zellen.

Bisher sind über 3 000 verschiedene Enzyme detailliert beschrieben worden. Man vermutet bis zu 10 000 verschiedene Enzyme in der Natur. Von manchen Enzymarten sind nur wenige Moleküle in einer Zelle vorhanden, von anderen dagegen 1000 bis 100 000. Alle Enzyme wirken als **biologische Katalysatoren**: Sie wandeln Stoffe oft in Bruchteilen einer Sekunde in andere Produkte um, ohne sich selbst dabei zu verändern.

Enzyme beschleunigen die Einstellung des Gleichgewichts chemischer Reaktionen um einen Faktor von einigen Millionen bis zu einer Billion. Sie ermöglichen dadurch erst die Lebensprozesse. Ohne Enzyme kein Leben!

Die Umwandlung von Glucose und Sauerstoff zu Gluconolacton und Wasserstoffperoxid – die von der Glucose-Oxidase (GOD) 900-mal in der Sekunde ausgeführt wird (s. Abb. 3.9) – würde ohne Enzyme Hunderte von Jahren dauern, wäre also praktisch unmöglich. Enzyme sind hocheffektive, leistungsstarke und meist hochspezifische Biokatalysatoren.

Enzyme wirken selektiv und meist spezifisch: In allen Zellen von rund einem zehntel Millimeter bis zu einem tausendstel Millimeter Durchmesser laufen in jeder Sekunde Tausende von enzymatischen Reaktionen geordnet ab. Das funktioniert nur dann, wenn jeder der beteiligten molekularen Katalysatoren unter Tausenden verschiedenen Substanzen in der Zelle „sein" Substrat erkennt. Das Enzym erkennt also „seinen" Stoff spezifisch, den er zu „seinem" Produkt umsetzt (Box 3.1).

Die Biokatalyse findet im **aktiven Zentrum** (*active site*) des Enzyms statt (Abb. 3.4). Die meisten bekannten Kontrollmechanismen der Zelle setzen direkt an Enzymen an. Die **Enzymaktivität** ist daher eine entscheidende Größe für die Bioanalytik.

3.2 Huhn oder Ei? Ribozyme sind ebenfalls Biokatalysatoren

Was war eher da: das Huhn oder das Ei? Wenn es ohne die komplizierten Enzyme kein Leben gibt, wie konnte dann vor 3,5 Milliarden Jahren ohne Enzyme das Leben entstehen?

Jahrzehntelang galt: Alle biologischen Katalysatoren sind Proteine. Sensationell war deshalb, dass auch RNA (Ribonucleinsäure) biokatalytisch agieren kann (siehe Kap. 5). Für diese Entdeckung der **Ribozyme** (Abb. 3.3) wurden **Sidney Altman** (geb. 1939) und **Thomas R. Cech** (geb. 1947, Abb. 3.2) 1989 mit dem Nobelpreis für Chemie ausgezeichnet.

Man nimmt heute eine „**RNA-Welt**" am Beginn des Lebens an. In dieser Welt müssen Ribonucleinsäuren irgendwann einmal damit begonnen haben, katalytisch Peptide oder Proteine zu synthetisieren. Diese Rolle hat die RNA bis heute behalten.

Viele **Coenzyme** von Enzymen wie NAD^+ und Coenzym A (siehe weiter unten im Kapitel) sind **modifizierte RNA-Bausteine** – offenbar Relikte aus der Urzeit.

Schließlich haben sich aber die **Proteine** als Biokatalysatoren durchgesetzt: Sie waren erheblich vielseitiger und katalytisch effizienter als die Ribozyme. Auch kann die Enzymaktivität in der Zelle und im jeweiligen Lebewesen äußerst präzise geregelt werden.

Ribozyme sind aber auch keine Seltenheit: Jede Zelle enthält etliche Tausend davon. So katalysiert beispielsweise die 23 S-RNA der Ribosomen die Knüpfung der Peptidbindung bei der Translation. Daneben gibt es auch Ribozyme, die völlig ohne Proteine auskommen, wie z. B. das Hammerkopf-Ribozym. Einige Viren nutzen es, um ihre RNA auf die „richtige Länge" zu schneiden. Das selbstspleißende Intron aus dem Einzeller *Tetrahymena thermophila*, für dessen Entdeckung der oben erwähnte Nobelpreis verliehen wurde, schneidet aus der unreifen Form einer ribosomalen RNA (rRNA) autokatalytisch ein Segment heraus. Danach fügt es die flankierenden Enden wieder zusammen. So entsteht die reife rRNA-Form.

Im Reagenzglas wurde weiterhin eine ganze Reihe von Ribozymen entwickelt, die diverse Reaktionen katalysierenden **Aptamere**.

Besonders interessant ist momentan die Katalyse einer Diels-Alder-Reaktion. Sie könnte in der sehr frühen Phase der Evolution prinzipiell dazu gedient haben, weitere Bausteine für RNAs zu schaffen. Das wäre also ein großer Schritt zu einer RNA, die ihre eigenen Bausteine synthetisiert und sich selbst repliziert – ein möglicher Ursprung des Lebens, der Übergang von einer chemischen in eine biotische Evolution.

■ 3.3 Wie Enzyme Substrate erkennen

Bereits 1894 postulierte der deutsche Chemiker und spätere Nobelpreisträger **Emil Fischer** (1852–1919) (Abb. 3.5), dass Enzyme ihre Substrate durch „Probieren" nach dem Prinzip von **Schlüssel und Schloss** (*lock and key*) erkennen (Abb. 3.6 und 3.7).

Das Schloss, eine Vertiefung (Spalte, Höhle) auf der Oberfläche, das aktive Zentrum des Enzyms, muss dabei so geformt sein, dass die Substratmoleküle exakt räumlich hineinpassen wie ein Schlüssel in das dazugehörige Schloss. Schon geringfügig veränderte Moleküle treten dann nicht mehr mit dem Enzym in Wechselwirkung.

Das Schlüssel-Schloss-Prinzip erklärt fürs Erste recht gut das hohe Auswahlvermögen, die **Substratspezifität** der Enzyme. Es erklärt auch gut, warum **kompetitive Inhibitoren** (Enzymhemmstoffe, z. B. Penicillin oder phosphorganische Pestizide) dem Substrat räumlich ähneln. Sie blockieren das aktive Zentrum entsprechender Enzyme (kompetitive Inhibition) wie ein „Dietrich" oder ein Schlüssel, der fatalerweise im Schloss stecken bleibt. Ein einfaches biochemisches Experiment macht die Spezifität von Enzymen klar (Box. 3.1). Es ist einzusehen, dass Enzyme wie die **Glucose-Oxidase für die fein abgestimmten Mechanismen in der Zelle eine hohe Substrat- spezifität** besitzen müssen (Sicherheitsschlössern vergleichbar). Solche Enzyme wirken zumeist **hochspezifisch**.

Extrazelluläre Enzyme, wie Eiweiß spaltende Enzyme (Proteasen) oder Stärke spaltende Enzyme (Amylasen), sind dagegen **wenig spezifisch**. Sie wirken außerhalb der Zelle, und es wäre unökonomisch, für jedes spezielle abzubauende Protein oder Polysaccharid ein spezielles Enzym zu bilden.

Die **Wirkungsspezifität** diente als Grundlage für eine einheitliche Klassifizierung und Benennung der Enzyme, die **Enzymnomenklatur (EC)** der IUPAC (siehe Box 3.4).

■ 3.4 Wie Enzyme benannt und klassifiziert werden

Émile Duclaux (1840–1904), ein Schüler und Nachfolger **Louis Pasteurs**, hatte 1883 vorgeschlagen, an den Namen des Substrats die **Endung „-ase"** anzuhängen, um ein Enzym zu charakterisieren. Also wurden zum Beispiel Ester abbauende Enzyme als Esterasen, Cellulose spaltende als Cellulasen, Eiweiß (Protein) spaltende als Proteasen bezeichnet. Da aber viele Substanzen mehreren Enzymen als Substrate dienen können, wurde bald auch noch der Reaktionstyp mit in den Namen eingeschlossen, also zum Beispiel Glucose-Oxidase, Glucose-Isomerase, Glucose-Dehydrogenase.

Daneben existierten noch alle möglichen **Trivialnamen**, wie Pepsin, Trypsin, Atmungsferment, pH-5-Enzym, Altes Gelbes Ferment, Hexokinase, Invertin. Das ergab viele Missverständnisse; zudem wuchs die Zahl der bekannten Enzyme unaufhörlich: 1964 waren bereits 900, 1968 1300 und heute sind über 3000 Enzyme detailliert beschrieben.

Auf Vorschlag der International Union of Biochemistry (IUB) wurden deshalb alle Enzyme nach ihrer Wirkungsspezifität in **sechs Hauptklassen** eingeteilt (siehe Box 3.4). Es ist immerhin erstaunlich, dass die ganze Vielfalt der Reaktionen in allen Lebewesen nach nur sechs Wirkprinzipien geordnet werden kann!

Jedes Enzym erhält nach der IUB-Klassifikation außerdem eine **Codenummer**, die aus vier durch Punkte voneinander getrennten Zahlen besteht (Klasse, Gruppe, Untergruppe, Seriennummer). Der exakte Name des Enzyms wird aus den an der Enzymreaktion beteiligten Substanzen und dem Namen der Enzymhauptklasse gebildet.

Glucose-Oxidase heißt somit offiziell: β-**D-Glucose: O$_2$-Oxidoreduktase**. Sie hat die Codenummer EC 1.1.3.4.

Da viele exakte Enzymnamen aber umständlich und zungenbrecherisch sind, werden die meisten Enzyme weiterhin mit ihren „Rufnamen" benannt, also Glucose-Oxidase, Pepsin usw. In wissenschaftlichen Publikationen müssen dann aber zusätzlich die Klassifikationsnummer und der amtliche Name angegeben werden.

■ 3.5 Schlüssel-Schloss oder Hand-Handschuh?

60 Jahre nach Emil Fischers Schlüssel-Schloss-Postulat gab es erste Raummodelle von Enzymen. Es wurde klar, dass Enzyme **nicht starre Gebilde, sondern äußerst flexible Strukturen** sind. Das „Schloss" wäre also nicht aus Metall, sondern aus „Wackelpudding" gefertigt. Und auch der Schlüssel wäre eher ein Gummibärchen als ein Edelstahlkonstrukt.

Abb. 3.5 Emil Fischer postulierte Schlüssel und Schloss für Substrat und Enzym.

Abb. 3.6 Schlüssel-und-Schloss-Probleme im Hause des Verfassers (oben) und in der Geschichte der Friedensbewegung (unten)

Abb. 3.7 Schlüssel-Schloss-Prinzip, demonstriert am Nanoru und seinem Substrat

Box 3.1 Wie GOD Zucker hochspezifisch erkennt und umwandelt

In einem Reagenzglas befindet sich ein Gemisch von **Kohlenhydraten:** Glucose (Traubenzucker), Fructose (Fruchtzucker), Saccharose (Rüben- oder Rohrzucker), Maltose (Malzzucker) und Stärke.

Nun fügen wir dem Gemisch das Enzym **Glucose-Oxidase (GOD)** hinzu und analysieren die Lösung nach einiger Zeit chemisch: Die Glucose ist fast völlig verschwunden! An ihrer Stelle ist ein neuer Stoff aufgetaucht: **Gluconolacton**, ein Oxidationsprodukt der Glucose.

Alle anderen Kohlenhydrate sind unverändert geblieben. Die Glucose wurde offensichtlich durch die Glucose-Oxidase zu Gluconolacton umgesetzt. Glucose ist also das Substrat der Glucose-Oxidase und Gluconolacton das Oxidationsprodukt der Enzymreaktion. Von fünf verschiedenen Kohlenhydraten wurde lediglich Glucose von der Glucose-Oxidase als Substrat ausgewählt und umgewandelt. Neben der Glucose wird auch Sauerstoff als zweites Substrat umgesetzt (reduziert) und

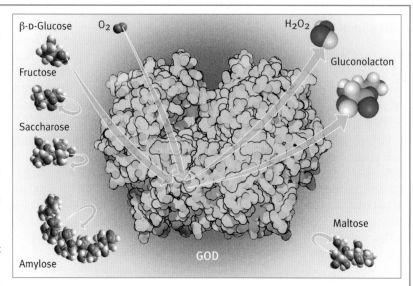

dabei entsteht Wasserstoffperoxid H_2O_2. Maltose, Saccharose und erst recht Stärke sind für Glucose-Oxidase einfach „zu große Schlüssel". Fructose würde zwar in das „Enzymschloss" hineinpassen, aber mangels exakter Passform nicht schließen, sie wird deshalb vom Enzym nicht umgewandelt. Allein β-D-Glucose passt.

Wie Glucose-Oxidase (GOD) in einem Zuckergemisch nur β-D-Glucose erkennt und umwandelt.

Das dimere Enzymmolekül der GOD benutzt Flavinadenindinucleotid (FAD) (hier rötlich gezeigt) in den zwei aktiven Zentren als prosthetische Gruppe.

Abb. 3.8 Der zweifache Nobelpreisträger Linus Pauling (1901-1994)

1958 stellte **Daniel E. Koshland** (1920–2007), eine Hypothese auf. Sie fand inzwischen eine glänzende Bestätigung.

Seine Theorie der „**induzierten Passform**" (*induced fit*) besagt, dass Substrat und Enzym besser als mit dem starren Modell von Schlüssel und Schloss mit einer beweglichen Hand und einem zerknautschten Handschuh verglichen werden sollten, wobei **Hand (Substrat) und Handschuh (Enzym)** wechselwirken (Abb. 3.11).

Ein Handschuh ist kein genaues räumliches Negativ der Hand, er kann zudem in den verschiedenen Formen als Faust- oder Fingerhandschuh existieren. Erst wenn die Hand flexibel hineingeschlüpft ist, wird seine genaue räumliche Passform verwirklicht.

Nach ihrer aktiven Wechselwirkung und nach Bildung eines **Übergangszustands** passen nun Enzym und Substrat exakt zusammen.

Enzyme binden in ihrem aktiven Zentrum an das Substrat und werden über den Übergangszustand in das Produkt umgewandelt.

Die **Ursachen für die hohe katalytische Leistungsfähigkeit** der Enzyme sind sehr komplex. Abb. 3.14 fasst sie zusammen:

1. Der „**Nachbarschaftseffek**t" (*proximity effect*) und „**Orientierungseffekt**": Der wichtigste „Trick" der Enzyme besteht offenbar darin, dass sie aufgrund ihrer Proteinstruktur die umzuwandelnden Substrate kurzzeitig in einer Höhle oder Spalte im Enzymmolekül binden. Im **aktiven Zentrum** befinden sich, auf kleinstem Raum konzentriert, **hochreaktive chemische Gruppen**.

Oft ist das aktive Zentrum mit hydrophoben Aminosäureseitenketten ausgefüllt, sozusagen mit organischem unpolarem Lösungsmittel. Da das aktive Zentrum hauptsächlich aus unpolaren Gruppen gebildet wird, ist dieses Areal des Enzyms mit einem organischen (unpolaren) Lösungsmittel vergleichbar. Organische Reaktionen laufen in organischen unpolaren Lösungsmitteln meist wesentlich schneller ab als im polaren Wasser. In der organischen Umgebung des aktiven Zentrums werden deshalb die wenigen geladenen polaren Seitengruppen der Aminosäuren „**superreaktiv**" im Vergleich zu ihrem Verhalten in wässriger Lösung. Dadurch werden manche polare Reaktionen „superreaktiv" (Abb. 3.14).

Ein großer Energiebetrag für die Reaktion wird wahrscheinlich außerdem schon bei der

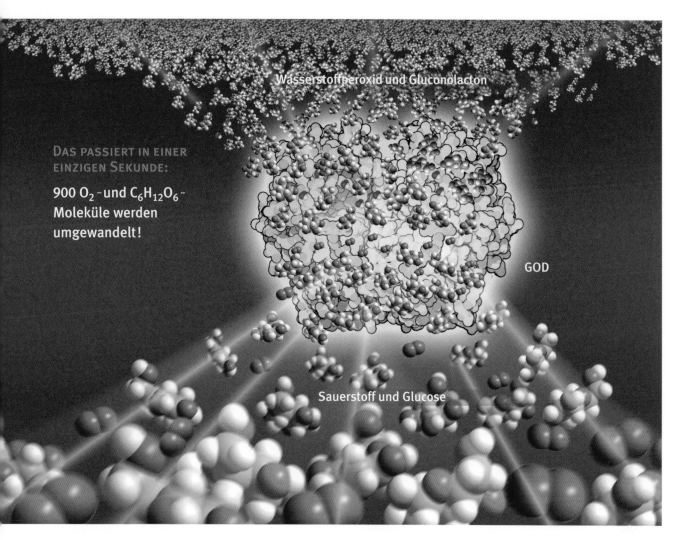

Wasserstoffperoxid und Gluconolacton

Das passiert in einer einzigen Sekunde:

900 O_2 - und $C_6H_{12}O_6$ - Moleküle werden umgewandelt!

GOD

Sauerstoff und Glucose

Bindung der Substrate im aktiven Zentrum gewonnen. Stoffe, die in einer Lösung erst zufällig zusammentreffen müssen, werden vom Enzym im aktiven Zentrum gezielt in enge Nachbarschaft geführt. Ihre Chance, miteinander zu reagieren, ist demnach viel größer. Meine Studenten nennen das **„Disco-Effekt".**

2. Der **„Circe-Effekt"**: Das Enzym nutzt **Anziehungskräfte**: Das Substrat wird regelrecht durch Ladungen in das Zentrum hineingezogen – etwas poetisch vom Enzymologen **William P. Jencks** (1927–2007) (Abb. 3.10) „Circe-Effekt" genannt – und in Bruchteilen von Sekunden chemisch umgewandelt. Circe, eine Göttin der griechischen Mythologie, lockte die seefahrenden Mannen von Odysseus in ihr Haus und verwandelte sie zur Strafe in Schweine Abb. 3.12).

Das Enzym selbst gelangt danach wieder in den Ausgangszustand, kann also nach Absto-

ßen des Produkts ein weiteres Substratmolekül „becircen". Durch die kompakte räumliche Anordnung, die spezielle Umgebung und konzertierte Aktion der reaktiven Gruppen im aktiven Zentrum des Enzymmoleküls kann die Aktivierungsenergie die benötigt wird, um eine chemische Reaktion auszulösen (freie Aktivierungsenthalpie) im Vergleich zu Reaktionen ohne Enzym dramatisch erniedrigt werden.

3. Der offenbar größte Faktor der Katalyse ist aber wohl: Enzyme binden den **Übergangszustand** einer Reaktion mit **größerer Affinität** als das Substrat oder das Produkt. Enzyme sind nicht wirklich komplementär zu ihrem Substrat (Schlüssel-Schloss), sondern meist **komplementär zum Übergangszustand** zwischen Substrat und Produkt!

Das wird praktisch genutzt, um **katalytische Antikörper** zu kreieren. Durch die Erleichterung der Bildung von Übergangszuständen

Abb. 3.9 Enzyme sind hocheffiziente molekulare Maschinen.

Abb. 3.10 William P. Jencks

aktives Zentrum

Abb. 3.11 *Induced fit* beim Nanoru

Abb. 3.12 Die Sage: Circe „becirct" zuerst und verwandelt dann Odysseus' Mannen in Schweine.

Abb. 3.13 Auch Polypeptide zwängen sich in ein Korsett!

Abb. 3.14 Was sich im aktiven Zentrum eines Enzyms in Sekundenbruchteilen abspielt. (unten)

beschleunigen Enzyme die Einstellung des Gleichgewichts von chemischen Reaktionen drastisch. Am Raumbild der Glucose-Oxidase (GOD) kann ausgezeichnet studiert werden, welche Gruppen und Kräfte wirksam sind, um die Raumstruktur (Tertiärstruktur) eines aktiven Zentrums zu bilden (ausführlich siehe Box 2.3 und „GOD-Bastelbogen" auf Seiten 32/33).

Die **Stabilisierung** des GOD-Moleküls erfolgt durch die verschiedenen Seitengruppen (Reste) der 20 Aminosäuregrundbausteine. Es sind ausschließlich L-Aminosäuren. Sie sind in der linearen Peptidkette (Primärstruktur) über Peptidbindungen (die ein Rückgrat bilden) so angeordnet, dass sie wie die Borsten einer Flaschenbürste nach allen Seiten abstehen. Bei einer Verknäuelung der Kette können sie deshalb leicht in Wechselwirkung treten. Erst durch die **Faltung zur exakten Raumstruktur** wird das Protein funktionell.

Man stelle sich vor: Ein Protein mit 150 Aminosäureresten ist in der vollkommen ausgestreckten Form 50 nm lang. Nach Faltung in eine Kugel hat es dagegen nur einen Durchmesser von nur 4 nm.

Es zwängt sich selbst in ein „Korsett" (Abb. 3.13) und wird dadurch erst aktiv! Die treibende Kraft bei der Faltung ist (wie bei allen Naturprozessen) die **Abnahme der freien Gibbs-Energie** des Systems. Festigkeit erhält der Proteinkörper durch **Wasserstoffbrücken** (zwischen CO- und NH-Gruppen unterschiedlicher Aminosäurebausteine). Sie formen wendelförmige α-**Helices** (Singular: Helix), treppenförmige β-**Faltblätter** und haarnadelförmige β-**Schleifen**.

Daneben wirken andere **nichtkovalente Wechselwirkungen**, also schwache Kräfte, um die Tertiärstruktur zu formen: Die kugelartige Raumstruktur der GOD wird im wässrigen Medium durch polare und unpolare Seitengruppen der Aminosäuren stabilisiert.

Die **polaren Gruppen sind hydrophil** (Wasser liebend) und deshalb nach außen ins Wasser gerichtet. Die **unpolaren Seitengruppen sind dagegen hydrophob** (Wasser abstoßend). Sie versuchen sich aus dem wässrigen Milieu abzusondern. Das können sie nur, indem sie sich im Innern der Enzymmoleküle zusammenlagern und das Molekül dadurch zusammenhalten, genauso wie sich **Öltropfen im Wasser** stabilisieren.

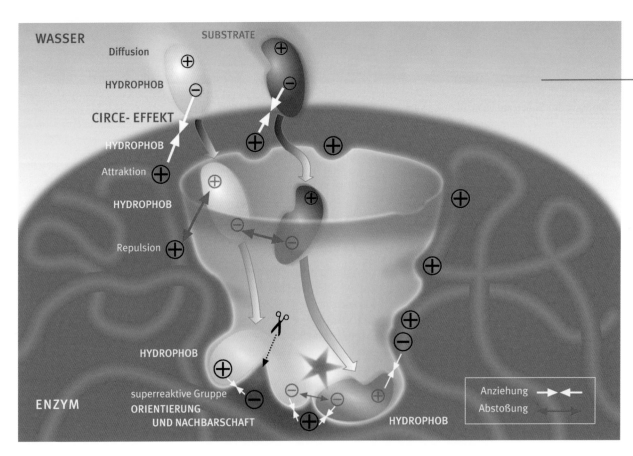

Stabile **kovalente chemische Bindungen** bilden sich dagegen zwischen zusammengelagerten schwefelhaltigen Seitengruppen (S-H) jeweils zweier Aminosäurebausteine Cystein.

Diese **Disulfidbrücken** (-S-S-) sind eine entscheidende Stütze für die Raumstruktur der GOD.

Schwermetallionen (wie Quecksilber und Cadmium) attackieren übrigens die Disulfidbrücken von Cysteinen, ein Grund für ihre Toxizität. Enzyme werden durch Schwermetalle „nichtkompetitiv" gehemmt (siehe weiter unten im Text).

Woher also die **Überlegenheit der Enzymreaktionen** gegenüber „normalen" unkatalysierten chemischen Reaktionen und auch solchen mit technischen Katalysatoren stammt, wird aus den genannten Faktoren klar. Daraus resultiert: Enzyme müssen **riesige Kettenmoleküle** sein!

Nur so können sie durch räumliche Faltung die benötigten reaktiven Gruppen an einem Ort so konzentrieren, dass diese **zur richtigen Zeit am richtigen Platz wirksam** werden.

Dabei ist das Enzymmolekül kein starres Gebilde, sondern flexibel und elastisch verformbar.

■ 3.6 Coenzyme werden wie Substrate umgewandelt

Warum brauchen wir **Vitamine,** und wie hängt das mit den Enzymen zusammen?

In der Box 3.2 wird der Fall der **Pellagra** und des **Nicotinats** geschildert. Nicht alle Enzyme sind reine Proteinmoleküle, sondern sie verwenden „Handwerkszeuge", zusätzliche chemische Komponenten, die man zusammenfassend **Cofaktoren** nennt. Solche „qualifizierten" Enzyme haben meist auch einen komplizierteren Reaktionsmechanismus.

Bei Cofaktoren kann es sich um ein oder mehrere **anorganische Ionen** (wie Fe^{2+}, Mg^{2+}, Mn^{2+} oder Zn^{2+}) handeln oder um komplexe **organische Moleküle**, Coenzyme wie ATP und NAD^+ (Abb. 3.15 und 3.16). Manche Enzyme brauchen gleichzeitig beide Arten von Cofaktoren. **Coenzyme** sind organische Verbindungen, die im aktiven Zentrum der Enzyme (oder in seiner Nähe) binden. Sie verändern die Struktur des Substrats oder transportieren Elektronen, Protonen und chemische Gruppen zwischen Enzym und Substrat oft über große Entfernungen innerhalb des riesigen Enzymmoleküls.

Abb. 3.15 Struktur des Coenzyms Adenosintriphosphat (ATP)

Abb. 3.16 Struktur des Nicotinamidadenindinucleotids (NAD^+). Der Pfeil zeigt die Position an, wo das Molekül zu $NADH^+$ und H^+ reduziert wird.

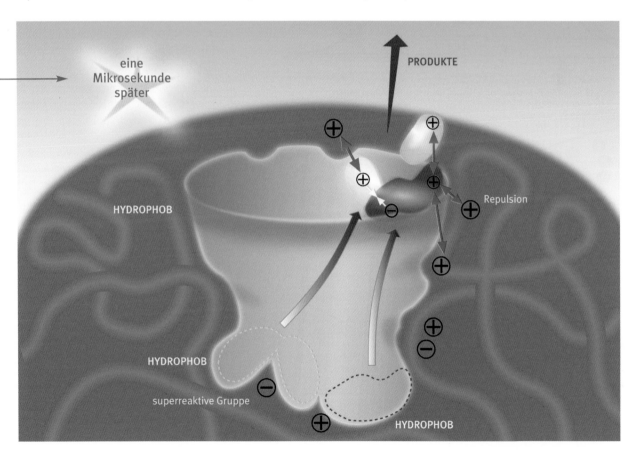

49

Box 3.2 Bioanalytik-Historie: Pellagra, Niacin und NAD⁺

Christopher Kolumbus entdeckte den Mais (*Zea mays*) 1492 in der Neuen Welt und brachte ihn mit zurück nach Spanien.

Da Mais billig war, wurde er das vorherrschende Lebensmittel und Hauptquelle von Kalorien und Proteinen für die Armen. Dem Mais, wohin er sich auch ausbreitete, folgte allerdings eine Krankheit auf dem Fuße. Als es zu einer endemischen Krankheit in Norditalien kam, nannte **Francisco Frapoli** (1738-1773) aus Mailand sie „pelle agra" (ital. *pelle*, Haut; *agra*, sauer). Klinisch ist die Krankheit durch die „drei D's" gekennzeichnet – Dermatitis, Diarrhö, Depression. Unbehandelt führt Pellagra meist nach vier bis fünf Jahren zum vierten D: *death*!

Jahrelang kam es zu großen Pellagra-Epidemien in Europa und den Vereinigten Staaten.

Dagegen kam Pellagra in der Maisheimat Mexiko trotz der weit verbreiteten Nutzung von Mais nur selten vor. Die Azteken und Mayas weichten das Korn in einer alkalischen Lösung – Kalkwasser – auf, um es genießbar zu machen. Dieser Prozess setzte, wie man heute weiß, das gebundene Nicotinat (Niacin) und die wichtige Aminosäure Tryptophan frei, aus der Nicotinat gebildet werden kann, und machte so beide Stoffe der Verdauung zugänglich.Die gute alte Zubereitungsart, Maismehl über Nacht in Kalkwasser einzuweichen, bevor Tortillas daraus gemacht werden, wurde aber nicht mit in die Länder der Alten Welt gebracht. Dies führte beinahe ausnahmslos zu der Nicotinat (Niacin)-Mangelerkrankung Pellagra.

Einen großen Anteil an der Erkenntnis, dass Pellagra eine Mangelerkrankung ist, hatten vor allem **Joseph Goldberger** (1874-1929) und seinen Kollegen. Zwischen 1913 und 1930 bewiesen sie, dass sowohl die Krankheit bei Menschen als auch die Schwarze-Zunge-Krankheit bei Hunden (eine Niacin-Mangelerkrankung) durch die Pellagra vorbeugenden Faktoren Nicotinsäure und Niacin geheilt werden können. Das Niacin wurde 1937 von **Conrad Elvehjem** (1901-1962) chemisch isoliert und charakterisiert.

Nicotinat ist die Vorstufe zum Coenzym Nicotinamidadenindinucleotid (NAD⁺).

Auffällig bei der Pellagra ist eine ringförmig um den Hals verlaufende, braunrote Hautverfärbung.

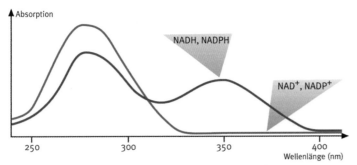

Abb. 3.17 Absorptionsspektrum von NAD⁺ und NADH bzw. NADP⁺ und NADPH

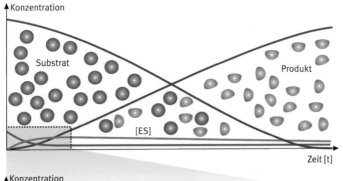

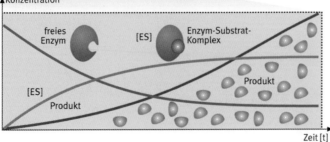

Abb. 3.18 Wie Enzym und Substrate Komplexe und Produkte bilden.

Schließlich lösen sie sich verbraucht wieder vom Enzym und werden von der Zelle regeneriert.

Viele Coenzyme werden bei höheren Tieren aus **Vitaminvorstufen** gebildet. Deshalb benötigen wir eine zwar geringe, aber ständige Zufuhr bestimmter Vitamine. Eines der wichtigsten Coenzyme, das **NAD⁺** (**Nicotinamidadenindinucleotid**), wird aus dem Vitamin B_6 (Nicotinat) aus der Nahrung gewonnen (Box 3.2).

Die meisten wasserlöslichen Vitamine der B-Gruppe wirken ähnlich wie Nicotinat als **Coenzymvorstufen**. Mangel an Thiamin (B_1), es bildet das Coenzym Thiaminpyrophosphat, führt zu Beriberi. Folsäuremangel (Coenzym Tetrahydrofolat) und B_{12}-Defizienz (Coenzym 5'-Desoxyadenosylcobalamin) führen zu Anämie.

Otto Heinrich Warburg (1883–1970, Abb. 3.1) entdeckte das Atmungsenzym Cytochrom-Oxidase und das Nicotinamidadenindinucleotid (NAD). Für das „Atmungsferment" gab es den Nobelpreis. Die Entdeckung und die nachfolgende Strukturaufklärung des NAD 1935 durch Warburg und **Walter Christian** (1907-1955) war eine Sternstunde der modernen Biochemie.

Warburg führte dabei den **Optischen Warburg-Test** ein, bei dem das reduzierte NADH bei 340 nm Wellenlänge quantifiziert werden kann. Das oxidierte NAD⁺ absorbiert Licht der Wellenlänge 340 nm dagegen nicht (Abb. 3.18). Dadurch wurden **wichtige Enzymreaktionen messbar**, wie z. B. der heute noch gebräuchli-

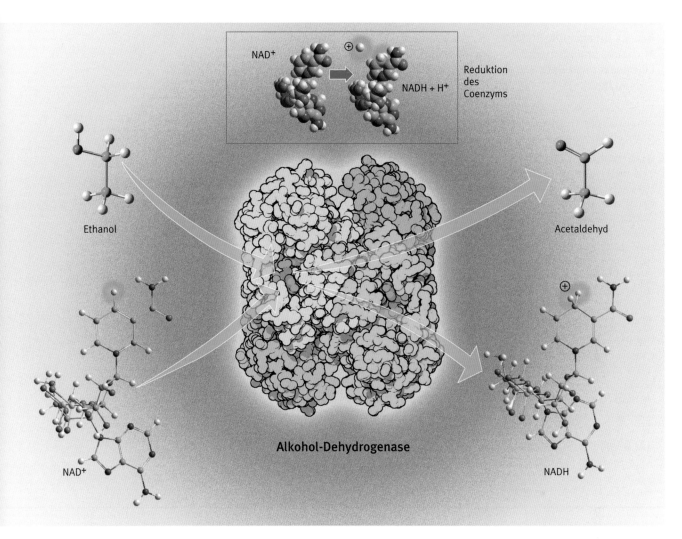

NAD⁺ → NADH + H⁺ ⊕ Reduktion des Coenzyms

Ethanol

Acetaldehyd

Alkohol-Dehydrogenase

NAD⁺

NADH

che Glucosenachweis mit Glucose-Dehydrogenase (Box 3.5). **Völlig unbekannte Enzyme zu entdecken,** war für Warburg und seine Gruppe nun ein „Heimspiel". Wenn man Zellextrakten zum Beispiel Lactat und NAD⁺ zusetzte und sich dann NADH bildete, musste es eine „Lactat-Dehydrogenase" (LDH) sein.

Man konnte nun Extrakte so lange aufreinigen, bis der Anteil der LDH fast 100-prozentig war. **Coenzyme** werden wie Substrate **„lose" gebunden und umgewandelt,** also auch verbraucht. Im Gegensatz zu Substraten werden sie jedoch von einer Vielzahl von Enzymen verwendet (z. B. NADH und NADPH von fast allen Dehydrogenasen), in der Zelle regeneriert und wiederverwendet. Enzyme, die das gleiche Coenzym verwenden, sind sich in der Regel mechanistisch ähnlich.

Prosthetische Gruppen sind dagegen **fest gebundene Cofaktoren.** Die prosthetische Gruppe von Glucose-Oxidase ist das **Flavinade-** **nindinucleotid (FAD)** (Abb. 3.20). Peroxidase und Cytochrom P 450 haben eine **Hämgruppe,** wie sie im Myoglobin und Hämoglobin vorkommen. Die Hämgruppe ihrerseits besteht aus einem Porphyrinring, in dessen Zentrum ein Eisenion gebunden ist (Abb. 3.20 oben).

Zusammengefasst: **Cofaktoren sind die „Handwerkszeuge"** vieler Enzyme. Der **Proteinanteil** der Enzyme verkörpert dagegen die **„Handwerksmeister",** von denen abhängt, wie effektiv mit den Werkzeugen gearbeitet wird.

Ohne sein Handwerkszeug ist natürlich auch der beste Meister hilflos, ohne Meister aber das schönste Werkzeug nutzlos …

■ 3.7 Enzymkinetik: Wie Enzymreaktionen zeitlich ablaufen

Wie läuft eine Enzymreaktion zeitlich ab? Was ist ihre **Kinetik** (griech. *kinein* = bewegen)?

Abb. 3.19 Die Alkohol-Dehydrogenase (ADH) oxidiert hochspezifisch Ethanol zu Acetaldehyd.

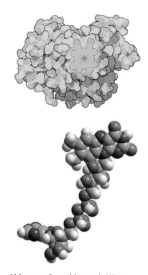

Abb. 3.20 Peroxidase mit Häm (oben); FAD (unten)

51

Box 3.3 Bioanalytik-Historie: Michaelis und Menten, Lineweaver und Burk und die Enzymkinetik

Anfangs des 20. Jahrhunderts begannen die Grundarbeiten zum Mechanismus und zur Kinetik von Enzymreaktionen.

Leonor Michaelis (1875-1949) studierte in Berlin und Freiburg im Breisgau. Nach der Promotion wurde er Privatassistent des großen **Paul Ehrlich** (1854-1915) in Berlin. Von 1906 bis 1922 war Michaelis Chef der Bakteriologischen Abteilung am Urban-Krankenhaus (das heute noch existiert) in Berlin und seit 1908 außerordentlicher Professor. Michaelis schrieb 1914 in Berlin das Buch *Die Wasserstoffionenkonzentration* und beschrieb darin erstmals Standards für Puffer und den pH-Wert von Enzymreaktionen.

Die Arbeit ein Jahr davor machte ihn jedoch unsterblich: Er veröffentlichte mit seiner Mitarbeiterin eine Gleichung, die das zeitliche Verhalten von Enzymreaktionen und deren Abhängigkeit von der Substratkonzentration beschrieb.

Michaelis' Mitarbeiterin war **Maud Leonora Menten** (1879-1960), eine Kanadierin, die nur ein Jahr bei Michaelis in Berlin verbrachte. Die epochale Arbeit hieß „Die Kinetik der Invertinwirkung von L. Michaelis und Miss Maud L. Menten" und erschien in der *Biochemischen Zeitschrift* Band 49 im Jahre 1913.

Die Autoren benutzten das Enzym Invertase, das Saccharose zu Fructose und Glucose hydrolysiert, und damals noch Invertin genannt wurde.

Leonor Michaelis und Maud Leonora Menten

Die **Michaelis-Menten-Beziehung** (siehe Haupttext) ist eine der Grundsäulen der modernen Enzymologie.

Maud Menten war eine der erfindungsreichsten Forscherinnen Anfang des 20. Jahrhunderts. Sie studierte an der Universität Toronto. Menten bekam ihren Doktorhut 1916 von der University of Chicago in Biochemie, ging dann nach Pittsburgh und arbeitete am Kinderkrankenhaus als sehr erfolgreiche Pathologin.

1944 fand sie eine Methode zum Färben von alkalischer Phosphatase in Gewebeschnitten mit Azofarbstoffen und nutzte die elektrophoretische Mobilität von Proteinen beim Studium von Hämoglobinen. Erst 1949 wurde sie Full Professor, mit 70!

Sie war eine der ersten promovierten Kanadierinnen überhaupt. Allerdings gab es damals im konservativen Kanada keine Chance für Frauen in der Forschung, und so ging sie nach Berlin. Genau das war ihr Glück!

Michaelis ging dagegen von 1922 bis 1926 als Biochemie-Professor nach Nagoya (Japan), von 1926 bis 1929 an die Johns Hopkins University in Baltimore und von 1929 bis 1940 an das Rockefeller Institute of Medical Research in New York. Das rettete dem deutschen Juden Michaelis wahrscheinlich das Leben.

Leonor Michaelis fand übrigens auch heraus, dass sich Keratin in Mercaptoessigsäure löst. Die Disulfidbrücken des Keratins werden dabei zuerst reduziert und aufgebrochen und dann in neuer Form geknüpft. Das war die Grundlage der **Erfindung der kalten Dauerwelle** für die Damenwelt!

Michaelis starb 1949 in New York.

Den K_m-Wert kann man aus der Hyperbel ermitteln, indem man V_{max} bestimmt (nicht so einfach und ungenau), dann ½ V_{max} auf der Kurve findet und auf [S] extrapoliert (Abb. 3.29).

Die „krumme" Kurve ist aber recht unbequem. Kann man sie **linearisieren**?

Wechselzahlen (*turnover numbers*) einiger Enzyme

Katalase	40 000 000 /sec
Carboanhydrase	600 000/sec
Acetylcholinesterase	25 000/sec
Glucose-Oxidase	900/sec
DNA-Polymerase I	15/sec
Lysozym	0,5/sec

Abb. 3.21 Substrate und Enzym (Auto) vor der Interaktion

Ein bildhafter Vergleich: Meine Bioanalytik-Arbeitsgruppe in Hongkong fährt zum Baden zur herrlichen Clear Water Bay (Abb. 3.21). Neun meiner Undergraduate-Studenten besteigen den leeren Minibus, der vor der Uni losfährt, ich befördere dagegen meine vier Postdocs mit meinem kleinen Honda Jazz zum Strand. Bus und Flitzer brauchen jeweils eine Stunde, weil die Straßen verstopft sind im Wochenendverkehr.

Wie ist die **zeitliche Reaktion, die Kinetik** des Transports?

Mein Honda bringt fünf Leute pro Stunde zum Strand, der Bus dagegen neun. Wenn ich nur allein fahre, habe ich einen Passagier pro Stunde transportiert. Die Auto-Maximalgeschwindigkeit (V_{max}) beträgt aber fünf Personen pro Stunde. Der Minibus hat dagegen 16 Sitze, also eine Maximalgeschwindigkeit der Studentenbeförderung von 16 pro Stunde. Seine Sättigung ist mit neun lange nicht erreicht. Wenn 100 Studenten mitfahren wollten, könnte er aber auch nur 16 Studenten pro Stunde zum Strand bringen.

Das Enzym E (Auto oder Bus) bildet mit dem Substrat S (Studenten) in einer Reaktion den kurzlebigen **Enzym-Substrat-Komplex** (**ES**), eine lustige Fahrgemeinschaft (Abb. 3.22). Das ist ein **Fließgleichgewicht** (*steady state*) (Abb. 3.26). Die Reaktion ist **reversibel**: ein Student steigt in Panik wieder aus dem Bus aus, weil er seine Badehose vergessen hat, und versucht dann, sich in mein Auto zu quetschen. Es geht aber nicht: zu klein! Die „Sättigung" des kleinen Autos war nämlich bei fünf Leuten pro Stunde erreicht. Kann man das **mathematisch beschreiben**?

Die Abhängigkeit der Anfangsreaktionsgeschwindigkeit v_0 von der Substratkonzentration [S] wird im einfachsten Fall durch die erstmals 1913 von **Leonor Michaelis** und **Maud Menten** gefundene **Michaelis-Menten-Gleichung** beschrieben. Diese hyperbolische Beziehung ist in Abbildung 3.29 grafisch dargestellt (Box 3.3).

Diejenige Substratkonzentration, bei der eine **Reaktionsgeschwindigkeit halb so groß ist**

Die ziemlich geniale Idee hatten 20 Jahre nach Michaelis und Menten **Hans Lineweaver** (1907–1988) und **Dean Burk** (1904–1988). Ihre Arbeit ist die meistzitierte in JACS. Bis heute ist sie 12 834-mal zitiert worden!

Sechs Reviewer lehnten 1934 das später meistzitierte Paper im *Journal of the American Chemical Society* in zwei Runden ab. Der Artikel hieß „*The Determination of Enzyme Dissociation Constants*". *By Hans Lineweaver und Dean Burk, Department of Agriculture Laboratory in Washington, D.C.* Er erschien den Reviewern zu trivial.

Der Herausgeber von JACS setzte ihn schließlich durch. Lineweaver war 1934 ein 26 Jahre alter Student und Dr. Burk sein Chef, erst 30. Lineaweaver erzählte später, dass er schon immer mathematisch interessiert war und die Enzymkinetik einfacher auftragen wollte.

Normalerweise trägt man die Anfangsgeschwindigkeit gegen die Substratkonzentration auf und kommt zur Hyperbel. Lineweaver invertierte (Kehrwertbildung) zunächst beide Seiten der Gleichung ($1/v_0$) und $K_m + [S] / V_{max} [S]$, trennte dann die Bestandteile des Zählers voneinander und vereinfachte alles zur heute berühmten **Lineweaver-Burk-Gleichung**:

$$\frac{1}{v_0} = \frac{K_m}{V_{max} [S]} + \frac{1}{V_{max}}$$

Die meistzitierte Arbeit in JACS, zunächst abgelehnt...

In der doppeltreziproken Auftragung $1/v_0$ versus $1/[S]$ (Lineweaver-Burk-Diagramm) erhält man eine Gerade.

Vorher waren K_m und V_{max} nur angenähert bestimmbar.

Aus dem $1/v_0$-Achsenabschnitt erhält man exakt $1/V_{max}$. Der Achsenabschnitt der $1/[S]$-Achse entspricht $1/K_m$.

Lineweaver zeigte seinem Chef Burk die neue Auftragung und der erkannte sofort deren Wert. Doch die gestrengen Richter von JACS meinten: »*just a mathematical exercise and not really chemistry at all*«.

Der berühmte **Joseph S. Fruton** (1912–2007), heute Professor emeritus der Yale University, erhielt 1934 seinen Doktorhut. Er sagt heute: »*It was useful, but not earthshaking*«,

In einem Kommentar 1985 war Lineweaver charakteristisch bescheiden:

»Warum so viele Zitate? Der Artikel enthielt keine fundamentalen Konzepte oder profunde Resultate. Er beschrieb aber, mit Beispielen, eine einfache Art, kinetische Enzymdaten in lineare Plots zu bringen, wenn sie einem postulierten Mechanismus entsprachen und diese konnten leicht in charakteristische Konstanten dieser Enzyme extrapoliert werden.«

Der Artikel traf außerdem den Nerv der Zeit: **John H. Northrop**, **Wendell M. Stanley** und **James B. Sumner** hatten gerade den Nobelpreis dafür bekommen, dass sie herausgefunden hatten, dass Enzyme Proteine und keine Phantomsubstanz sind.

Lineweaver bekam seinen Ph.D. 1936 von der Johns Hopkins University und arbeitete bis zur Pensionierung für das USDA.

Burk wurde später eine Autorität zur Photosynthese, arbeitete von 1950 bis 1969 mit **Otto Warburg** zusammen und 30 Jahre am National Cancer Institute. Er starb 1988 im Alter von 84 Jahren.

Man findet heute kaum eine enzymologische Arbeit mit kinetischen Daten, die nicht den **doppeltreziproken Lineweaver-Burk-Plot** benutzt.

---

wie ihr theoretischer Maximalwert (V_{max}) bei Substratsättigung, wird als **Michaelis-Konstante K_m** bezeichnet. Sie ist auch ein wichtiges Maß für die Affinität eines Enzyms zu seinem Substrat.

Mein Honda Jazz hätte eine K_m von 2,5 „Studentenkonzentrationen" [S], der Bus dagegen von 8 [S]. Je höher die K_m ist, desto höher muss die Substratkonzentration sein, damit die Reaktion (bei gegebener Enzymkonzentration) mit halbmaximaler Geschwindigkeit abläuft.

Und: Desto geringer ist die **Substrataffinität** des Enzyms. Aha! Meine Studenten haben also eine **höhere Affinität zu meinem Auto** als zum Bus. Naja, kein Wunder: Im Bus müssen die armen Studenten 7 Hongkong-Dollar bezahlen!

Der Auto/Bus-Vergleich „hinkt" natürlich „auf allen 2·4 Rädern": Man müsste für eine gute Statistik (und hyperbolische Abhängigkeit) Tausende Busse und Kleinautos mit Zehntausenden Studenten beladen…

Wissenschaftlich exakter: Wir verfolgen die **Umwandlung eines Substrats** in ein blaues Produkt mit einem Photometer (Abb. 3.27) bei 590 nm Wellenlänge. Wir nehmen immer die gleiche Enzymmenge (Aktivität) in die Glasküvette und starten durch Zugabe von Substrat. Das Photometer zeichnet den Verlauf der Absorptionsänderung auf.

Beginnen wir mit 5 mmol/L (Abb. 3.28, Kurve 1). Ein kleiner Anstieg ist zu sehen, wir stoppen nach etwa zwei Minuten die Reaktion. Die Produktmenge, die nach einer Minute gebildet wurde, nennen wir die **Anfangsgeschwindigkeit** (v_0).

Dann verdoppeln wir die Substratkonzentration. Wie erwartet, verdoppelt sich die Reaktionsgeschwindigkeit! Wir vervierfachen, verzehnfachen, verzwanzigfachen und nehmen schließlich die 200-fache Substratkonzentration (Kurve 6).

Bei den beiden hohen Konzentrationen (100 mmol/L und 1000 mmol/L) (Kurve 5 und 6) merken wir schon, dass die Anfangsgeschwin-

Abb. 3.22 Mein Honda Jazz hat eine K_m von 2,5 „Studentenkonzentrationen" [S].

Abb. 3.23 Ein Minibus hat dagegen eine K_m von 8 [S].

Box 3.4 Die sechs Enzymklassen*

Enzymklasse und Prinzip	Reaktion	Beispiele aus der Bioanalytik	Molekulare Struktur

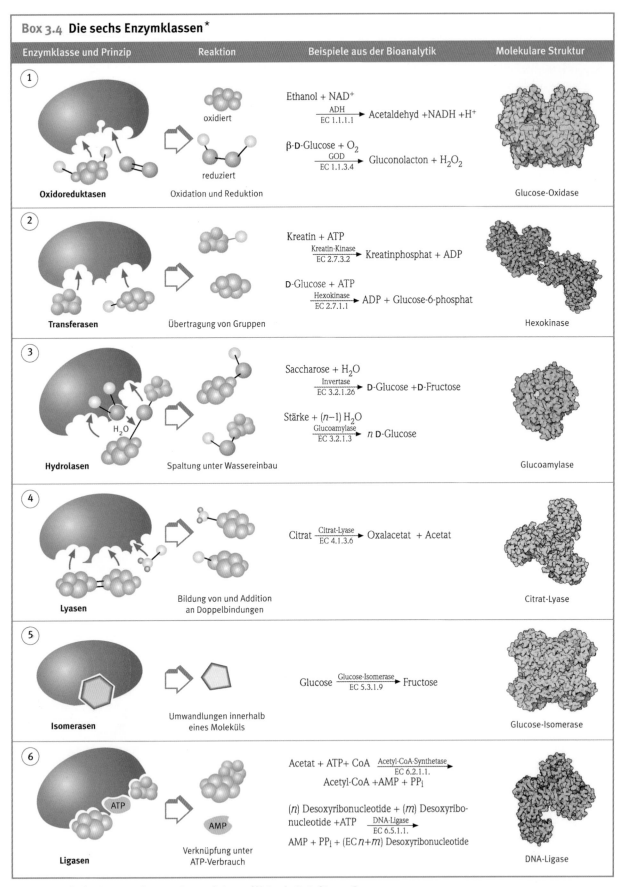

1 Oxidoreduktasen — Oxidation und Reduktion — oxidiert / reduziert

$$\text{Ethanol} + \text{NAD}^+ \xrightarrow[\text{EC 1.1.1.1}]{\text{ADH}} \text{Acetaldehyd} + \text{NADH} + \text{H}^+$$

$$\beta\text{-D-Glucose} + \text{O}_2 \xrightarrow[\text{EC 1.1.3.4}]{\text{GOD}} \text{Gluconolacton} + \text{H}_2\text{O}_2$$

Glucose-Oxidase

2 Transferasen — Übertragung von Gruppen

$$\text{Kreatin} + \text{ATP} \xrightarrow[\text{EC 2.7.3.2}]{\text{Kreatin-Kinase}} \text{Kreatinphosphat} + \text{ADP}$$

$$\text{D-Glucose} + \text{ATP} \xrightarrow[\text{EC 2.7.1.1}]{\text{Hexokinase}} \text{ADP} + \text{Glucose-6-phosphat}$$

Hexokinase

3 Hydrolasen — Spaltung unter Wassereinbau

$$\text{Saccharose} + \text{H}_2\text{O} \xrightarrow[\text{EC 3.2.1.26}]{\text{Invertase}} \text{D-Glucose} + \text{D-Fructose}$$

$$\text{Stärke} + (n{-}1)\,\text{H}_2\text{O} \xrightarrow[\text{EC 3.2.1.3}]{\text{Glucoamylase}} n\,\text{D-Glucose}$$

Glucoamylase

4 Lyasen — Bildung von und Addition an Doppelbindungen

$$\text{Citrat} \xrightarrow[\text{EC 4.1.3.6}]{\text{Citrat-Lyase}} \text{Oxalacetat} + \text{Acetat}$$

Citrat-Lyase

5 Isomerasen — Umwandlungen innerhalb eines Moleküls

$$\text{Glucose} \xrightarrow[\text{EC 5.3.1.9}]{\text{Glucose-Isomerase}} \text{Fructose}$$

Glucose-Isomerase

6 Ligasen — Verknüpfung unter ATP-Verbrauch

$$\text{Acetat} + \text{ATP} + \text{CoA} \xrightarrow[\text{EC 6.2.1.1.}]{\text{Acetyl-CoA-Synthetase}} \text{Acetyl-CoA} + \text{AMP} + \text{PP}_i$$

$$(n)\ \text{Desoxyribonucleotide} + (m)\ \text{Desoxyribo-nucleotide} + \text{ATP} \xrightarrow[\text{EC 6.5.1.1.}]{\text{DNA-Ligase}}$$
$$\text{AMP} + \text{PP}_i + (\text{EC}\,n{+}m)\ \text{Desoxyribonucleotide}$$

DNA-Ligase

*Eselsbrücke für Studenten im Examens-Stress „Ochse traf Hyäne Lydia in Lignano"

digkeit annähernd gleich bleibt. Offenbar haben wir die **Maximalgeschwindigkeit** (**V**$_{max}$) erreicht!

Leonor Michaelis und **Maud Menten** (siehe Box 3.3) gingen in ihrem Modell einer Enzymreaktion von einem **schnellen ersten reversiblen Schritt** aus, der Bildung eines **Übergangskomplexes** aus Enzym und Substrat [ES]:

$$E + S \underset{k_{-1}}{\overset{k_{+1}}{\leftrightarrows}} [ES]$$

Also: Studenten schnell rein in den Bus! Die lustige Fahrgemeinschaft, der Enzymkomplex [ES], zerfällt dann in einem **langsameren Schritt** in das freie Enzym (den Minibus) und das Reaktionsprodukt P (die am Strand angekommenen Studis steigen gemächlich aus):

$$[ES] \overset{k_{+2}}{\rightarrow} E + P$$

Da die zweite Reaktion (k$_{+2}$) in diesem Modell langsamer verläuft, bestimmt sie die Gesamtgeschwindigkeit der Reaktion. Sie ist der **geschwindigkeitsbestimmende Schritt**. Also muss die Gesamtgeschwindigkeit zur Konzentration des Enzym-Substrat-Komplexes [ES] proportional sein! Die Reaktion läuft weitgehend in eine Richtung (zum Strand), keiner meiner Leute will nun schnell in den Bus und in die Uni zurück.

$$v_0 = k_{+2} [ES]$$

Das Verhältnis der Summe der beiden Geschwindigkeitskonstanten, die [ES] verringern (k$_{-1}$ + k$_{+2}$), zur Konstanten (k$_{+1}$), die [ES] aufbaut, ist heute als **Michaelis-Konstante** (**K**$_m$) definiert.

$$\frac{(k_{-1} + k_{+2})}{k_{+1}} = K_m$$

Zwei extreme Fälle treten nun auf:

1. Die Substratkonzentration ist **niedrig**: Der größte Teil des Enzym liegt dann in der ungebundenen Form E vor. Bus und Auto sind in diesem Falle fast leer. Die Geschwindigkeit ist proportional zu [S], weil sich das Gleichgewicht bei Erhöhung von S zugunsten von [ES] verschiebt. Man nennt das auch eine **Reaktion erster Ordnung**. Genau das sehen wir bei den ersten beiden Substratkonzentrationen in Abbildung 3.28 (Kurven 1 und 2).

3. Wenn dagegen alle Enzymmoleküle mit Substrat **abgesättigt** sind (Abb. 3.28, Kurve 6), erreicht die Reaktion ihre **Maximalgeschwindigkeit** (**V**$_{max}$). Weitere Erhöhungen von S haben keinen Einfluss auf mehr auf die Ge-

schwindigkeit. Das Enzym liegt vollständig als [ES] vor. In der Grafik ist das als Plateau zu erkennen. Die **Reaktion nullter Ordnung** hängt nun nur noch von der Enzymaktivität ab (also der verfügbaren Automenge)!

Man misst normalerweise die Anfangsgeschwindigkeit v_0 des Enzyms kurz nach Mischen mit dem Substrat (Abb. 3.27) Die Reaktion erreicht dabei ein **Fließgleichgewicht** (*steady state*). In unserem Beispiel messen wir nach einer Minute Inkubation und extrapolieren die Anfangsgeschwindigkeit im Fall, dass die Messkurve (wie bei Kurven 5 und 6) bereits abgeknickt ist. Die gegen die Substratkonzentration aufgetragene Kurve (Abb. 3.29) ist eine rechtwinklige **Hyperbel**. Man kennt die Hyperbel-Form von der Flugbahn eines waagerecht geworfenen Balles. Deutlich wird, dass man eine Maximalgeschwindigkeit (V$_{max}$) erreicht.

Für Beobachter am Straßenrand ist die Zahl der Studenten im Minibus nur schwer abzuschätzen. Auch die Konzentration von [ES] ist nur schwer zu messen (Abb. 3.25). Michaelis und Menten suchten deshalb nach leicht messbaren Parametern und leiteten die folgende Gleichung ab. Man kann die genaue Ableitung in jedem Enzymologiebuch nachlesen:

$$v_0 = \frac{V_{max} [S]}{K_m + [S]}$$

Stimmt die Gleichung? Machen wir grob die einfache Probe aufs Exempel. Setzt man **[S] = 0** ein, erhält man eine Geschwindigkeit von null. Nichts läuft hier also ohne Substrat! Es kommt kein Student am Strand an, da keiner losgefahren ist.

Setzt man dagegen eine sehr **hohe Substratkonzentration** ein, kann man K$_m$ vernachlässigen, und man kürzt [S] beim Zähler und Nenner heraus.

$$v_0 = V_{max}$$

Nun ein Spezialfall: Wenn v_0 genau die Hälfte der Maximalgeschwindigkeit beträgt, erhält man (bitte selbst probieren!)...

$$K_m = [S], \text{ wenn } v_0 = \tfrac{1}{2} V_{max}$$

K$_m$ entspricht also der **Substratkonzentration, bei der die Anfangsgeschwindigkeit die Hälfte ihres Maximalwertes erreicht**. Das ist eine sinnvolle Definition von K$_m$!

Die M-M-Gleichung gilt für alle Enzyme außer den regulatorischen Enzymen und auch für

Abb. 3.24 Ein leerer Honda Jazz symbolisiert [S] = 0.

Abb. 3.25 Die Zahl der Personen im Bus ist vom Straßenrand kaum zu ermitteln, das Gleiche gilt für die Konzentration des Enzym-Substrat-Komplexes [ES] im Experiment.

Renaissance der Enzymkinetik?

»Die Enzymkinetik ist ein in allgemeingültigen Gesetzmäßigkeiten, Begriffen und Theorie abgeschlossener Teil der Biochemie; Fortschritte sind daher in diesem klassischen Haus nicht zu erwarten, nur Ausbauten. So haben die Methoden der Auswertung und Datenverarbeitung durch elektronische Schnellrechner Routine gewonnen. Statistik ist keine Mühsal mehr, sondern nur einen Knopfdruck weit entfernt.
Man sieht doch, dass die Enzymkinetik ihren Höhepunkt in der vorigen Generation hatte – jetzt bewährt sie sich in der Praxis und hat dadurch eine hoffnungsvolle Renaissance.«
Lothar Jänicke (1994)

Abb. 3.26 Der ES-Komplex befindet sich in einem Fließgleichgewicht (*steady state*), wie beim gezeigten Detian-Wasserfall in der chinesischen Guanxi-Provinz das Wasserbecken in mittlerer Höhe: Substrat (Wasser) strömt ständig ein, Produkt (auch Wasser) strömt aus. Der Wasserspiegel bleibt etwa konstant.

Box 3.5 Bioanalytik-Historie: Warburg und der optische Test

Sein ganzes Leben lang wollte **Otto Warburg** ein Heilmittel gegen Krebs finden. Das gelang ihm bekanntlich nicht. Stattdessen entschlüsselte er aber 1926 mit seiner Entdeckung der **Cytochrom-Oxidase** („Warburg-Ferment") den Mechanismus der Zellatmung, wofür er 1931 den Nobelpreis für Medizin oder Physiologie erhielt.

Warburg entstammt einer berühmten jüdischen Familie, die Gelehrte und Philosophen, Geschäftsleute und Bankiers hervorgebracht hat. Sein Vater **Emil Gabriel Warburg** (1846–1931) war ein führender Physiker seiner Zeit.

Otto Heinrich Warburg wurde 1883 in Freiburg i. Br. geboren. 1895 kam er nach Berlin, wo sein Vater Direktor des Physikalischen Instituts der Friedrich-Wilhelms-Universität war, später 1905 sogar Präsident der Physikalisch-Technischen Reichsanstalt Charlottenburg.

Nach dem Abitur am Friedrichswerderschen Gymnasium nahm er 1901 ein Chemiestudium in Freiburg und ab 1903 bei Nobelpreisträger **Emil Fischer** (Abb. 3.5) in Berlin auf. Warburg hatte nämlich erfahren, dass sich Fischer intensiver den Eiweißen zuwenden wollte. Emil Fischer entwickelte u. a. die „Schlüssel-Schloss-Theorie" der Enzymwirkung (siehe Haupttext).

1906 erfolgte seine Promotion zum Dr. phil. in Berlin. Danach setzte er seine wissenschaftliche Ausbildung mit einem Medizinstudium in Heidelberg fort. Ab 1908 hielt er sich mehrfach an der Zoologischen Station Neapel auf. Eine Veröffentlichung über den **Sauerstoffverbrauch im befruchteten Seeigelei** erregte internationales Aufsehen.

Sie befasste sich mit der Energetik des Wachstums. Ausgehend von Beobachtungen am Ei des Seeigels und an roten Blutkörperchen erkannte Warburg Eisen als entscheidenden Bestandteil des Atmungsferments.

1914 wurde Warburg Mitglied der Kaiser-Wilhelm-Gesellschaft zur Förderung der Wissenschaften (KWG) und Leiter der Abteilung für Physiologie des Kaiser-Wilhelm-Instituts (KWI) für Biologie.

Im Ersten Weltkrieg diente er fast vier Jahre lang als Freiwilliger. Seine besorgte Mutter wandte sich an einen guten Freund ihres Mannes Emil, auf ihren Sohn einzuwirken, sich vom Krieg freistellen zu lassen. Dieser schrieb eindringlich an Warburg: »Ist es nicht wichtiger als die ganze große Keilerei da draußen, dass uns wertvolle Menschen erhalten bleiben?« Der Briefeschreiber war kein geringerer als **Albert Einstein**.

Schließlich befürwortete selbst das Kriegsamt Warburgs „Zurückstellung vom Waffendienst bis 31.13.1918". Warburg verdankte dem Pazifisten Einstein wahrscheinlich das Leben.

Bereits 1917 war er zum Professor an der Friedrich-Wilhelms-Universität Berlin berufen worden. Warburg witzelte später, er habe wohl den Professorentitel für einen halben Hammel bekommen, den er während der Hungerjahre von der Front an seinen Lehrer Emil Fischer schickte.

Das Kaiser-Wilhelm-Institut für Zellphysiologie in Berlin-Dahlem

Warburg hat nie an bereits Bekanntem geforscht und es einfach weiterentwickelt, sondern sich mit seinen Arbeiten stets in noch unentdecktes Neuland gewagt.

Dies erforderte, dass er die notwendigen Apparate selbst entwickeln und experimentelle Methoden ständig vervollkommnen musste. Er hatte hervorragende Techniker wie **Erwin Nägelein**, die später selbst Wissenschaftler wurden. Das machte ihn autark gegenüber den herkömmlichen Verfahren.

Er entwickelte Methoden und Geräte zur Messung des Sauerstoffverbrauchs von Organismen (den Warburg-Apparat), veröffentlichte Arbeiten zum Quantenbedarf der Photosynthese, entdeckte die »Eisenkatalyse an Oberflächen« und den »Gärungsstoffwechsel der Tumoren«.

1924 fuhr Warburg zu einem Studienaufenthalt an das Rockefeller-Institut für medizinische Forschung in New York.

Bei einer Vortragsreise in den USA 1929 sicherte ihm die Rockefeller Foundation finanzielle Unterstützung bei der Errichtung eines eigenen Instituts zu. So erhielt er 1930 die damals riesige Summe von 2,7 Millionen Reichsmark für den Bau eines Institus für Zellphysiologie sowie eines Instituts für Physik.

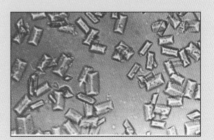

Kristallisiertes NADH

Um 1918 begann er mit seinen Forschungen über den **Stoffwechsel von Krebszellen** und befasste sich dabei mit Grundfragen der Zellatmung. In diesem Zusammenhang erforschte er die Rolle der Spurenelemente Eisen und Kupfer sowie die Vitamine als Bestandteil von Enzymen und Coenzymen.

Ab 1929 arbeitete er an den Wirkmechanismen Wasserstoff übertragender Enzyme, die wir heute **Dehydrogenasen** nennen.

Seit 1923 wiederholt für den Nobelpreis vorgeschlagen, erhielt ihn Warburg 1931 für die Entdeckung des Atmungsferments und die Aufklärung seiner Konstitution und Funktion bei der Zellatmung.

Warburg selbst bezeichnete dagegen die Entdeckung der Coenzyme als seine wichtigste Leistung. Er habe in der Zeit nach dem Nobelpreis (im Gegensatz zu den meisten Laureaten) die bedeutenderen Entdeckungen gemacht.

Arthur Harden und **W. J. Young** hatten 1904 das Coferment der Gärung entdeckt. Harden bekam dafür 1929 den Nobelpreis. Das Coferment ließ sich durch Dialyse vom Enzym abtrennen, musste also niedermolekular sein.

Warburg fand 1934 heraus, dass »im Coferment 1 Molekül Adenin, 1 Molekül Nicotinsäureamid, 3 Moleküle Phosphorsäure und 2 Moleküle Pentose unter Austritt von 6 Molekülen Wasser vereinigt sind«.

1934 sagte Warburg voraus, dass Nicotinsäureamid sich als Vitamin herausstellen würde. Tatsächlich bestätigte das **Conrad A. Elvehjem** 1937 (siehe Box 3.2)!

Warburg benannte das Coferment Triphosphopyridinnucleotid (TPN), wir nennen es heute NADPH. Warburg vermutete richtig, dass Pyridinnucleotide wie NADH und NADPH als Wasserstoffüberträger von Enzymen wirken, und zwar durch eine reversible Hydrogenierung einer der Doppelbindungen des Pyridinringes.

Der optische Test nach Warburg ist nach wie vor einer der entscheidenden bioanalytischen Test.

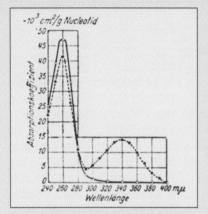

Die Absorptionsmessung von NADH bei 340 nm. NAD⁺ absorbiert nicht, Grundlage des optischen Warburg-Tests.

Warburg schrieb: »Da bei der Oxydationsreaktion und bei der Reduktionsreaktion der Gärung Dihydropyridinnucleotid entsteht und verschwindet und da Dihydropyridinnucleotid im Ultraviolett um 340 nm eine starke Bande hat, so kann man die beiden Gärungsreaktionen mit optischen Methoden nachweisen und messen.«

Er hatte mit seiner Methode eine **biochemische Goldgrube** gefunden! Der Verlauf von NADH- oder NADPH-abhängigen Enzymreaktionen konnte nun **einfach bei 340 nm Wellenlänge** verfolgt werden.

Triumphierend stellte Warburg fest: »Mit einem optischen Test ist noch kein Gärungsferment seiner Isolierung entgangen.«

Mithilfe seiner Mitarbeiter konnte Warburg neun der an der Gärung beteiligten Enzyme isolieren. Das waren zuvor gänzlich unbekannte Enzyme!

Mehr noch: Er konnte sie auch kristallisieren. Darunter waren (nach moderner Nomenklatur) Lactat-Dehydrogenase, Enolase, Aldolase, Glycerinaldehyd-3-phosphat-Dehydrogenase, Pyruvat-Kinase und Triosephosphat-Isomerase. Die Glucose-6-phosphat-Dehydrogenase wurde hochgereinigt.

Warburg wies als erster Glykolyseenzyme (wie Aldolase) im Plasma tumortragender Ratten nach und entdeckte so die Beziehung zwischen Enzymaktivität und Krankheitszuständen. Enzymaktivitätstests sind heute Routinemethoden im klinischen Labor (siehe 3.14).

Die Kristallisation der Gärungsenzyme, die Gewinnung reiner Coenzyme und die spektroskopische Methode waren eine Voraussetzung für die Entwicklung der Bioindustrie nach dem Zweiten Weltkrieg. Die Firma Boehringer in Mannheim entwickelte gezielt Enzymtests, die auf dem Warburg-Test aufbauten. Reaktionen, an denen NADH oder NADPH nicht direkt beteiligt sind, konnten pfiffig mit coenzymabhängigen Reaktionen gekoppelt werden und wurden somit der Messung zugänglich.

In den ersten Jahren nach dem Machtantritt Hitlers wagten es die Nazis zunächst noch nicht, den „rassisch" verfemten Warburg zu entlassen. Als er 1941 sein Amt zur Verfügung stellen sollte, wurde einem Antrag auf „Gleichstellung mit Deutschblütigen" stattgegeben. 1944 sollte Warburg für seine Forschungen erneut den Nobelpreis erhalten. Hitlers generelles Verbot für Deutsche, diese Ehrung anzunehmen, verhinderte das.

Gegenüber **Manfred von Ardenne** äußerte Warburg, dass ihn wahrscheinlich die Krebsangst **Adolf Hitlers** gerettet habe.

Warburgs Strukturformel des NADH

Die „Warburg-Hypothese" des Krebses, die Umwandlung der Energiegewinnung von der Atmung zur Gärung, wurde zu einem Mittelpunkt seiner Forschungen, die stets um den Sauerstoffverbrauch kreisten.

Warburg sah im Aufhören der Atmung der Krebszellen und der Energiegewinnung durch Gärung einen phylogenetischen Rückschritt, der zwangsläufig zu einer Stagnation in der

Differenzierung der Gewebe führen müsse; allerdings stieß er damit bei Fachkollegen auf wenig Zustimmung.

Im Rückblick auf seine Krebsforschungen und den anaeroben Stoffwechsel (ohne Sauerstoffverbrauch) schrieb Warburg 1967 unter anderem: »In wenigen Worten zusammengefasst ist die letzte Ursache des Krebses der Ersatz der Sauerstoffatmung der Körperzellen durch eine Gärung. Alle normalen Körperzellen decken ihren Energiebedarf aus der Sauerstoffatmung, die Krebszellen alleine können ihren Energiebedarf aus einer Gärung decken«. Warburg traf noch vor dem Krieg **Manfred von Ardenne**, den er zu dessen (zwar umstrittenen, aber heute praktizierten) KrebsMehrschritt-Therapie inspirierte.

Otto Warburg experimentierte im Krieg in seinem Privathaus und erarbeitete die Monografie *Schwermetalle als Wirkungsgruppe von Fermenten*, die nach Kriegsende erschien.

1948 erhielt Warburg die Möglichkeit zur Arbeit in den USA, wo er sich mit der Untersuchung der Photosynthese befasste. 1949 kehrte er nach Berlin zurück und übernahm 1950 die Leitung seines wiedereröffneten Instituts für Zellphysiologie, das 1953 in die Max-Planck-Gesellschaft übernommen wurde. Zwischen 1953 und 1968 veröffentlichte Warburg 240 wissenschaftliche Arbeiten, darunter Forschungsergebnisse über den Stoffwechsel der Krebszelle.

Warburg starb 1970 in Berlin. Wenige Jahre zuvor hatte er geschrieben:

»Zu meinen Gunsten kann ich nur die Definition des Genies anführen: Ein Mann, der in seinen Vermutungen weniger oft fehlgeht, als der Durchschnitt.«

Otto Warburg und der Entdecker des ATP, Karl Lohmann, im Hörsaal Berlin-Buch

Zitierte Literatur:

Werner P, Renneberg R (1991) *Ein Genie irrt seltener... Otto Heinrich Warburg. Ein Lebensbild in Dokumenten.* Akademie-Verlag, Berlin
Onmeda – das Gesundheitsportal *http://www.onmeda.de/lexika/ persoenlichkeiten/warburg.html*

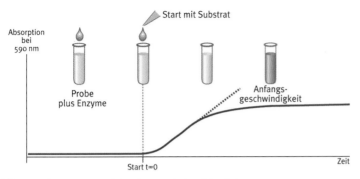

Abb. 3.27 Wie eine Enzymreaktion photometrisch verfolgt wird.

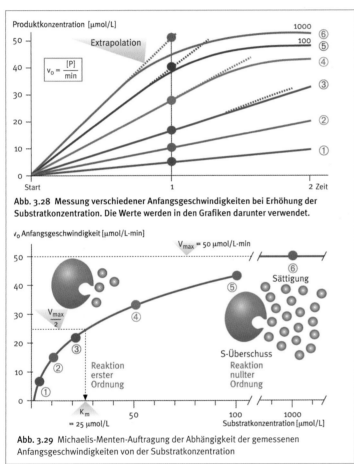

Abb. 3.28 Messung verschiedener Anfangsgeschwindigkeiten bei Erhöhung der Substratkonzentration. Die Werte werden in den Grafiken darunter verwendet.

Abb. 3.29 Michaelis-Menten-Auftragung der Abhängigkeit der gemessenen Anfangsgeschwindigkeiten von der Substratkonzentration

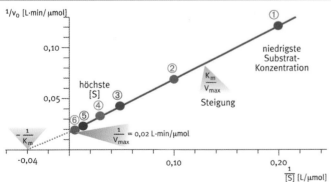

Abb. 3.30 Reziproke Lineweaver-Burk-Auftragung, aus der leicht K_m und V_{max} ermittelt werden können.

Enzyme mit mehr als einem Substrat. Den K_m-Wert kann man grafisch aus der Hyperbel ermitteln, indem man V_{max} bestimmt (das ist nicht einfach und ziemlich ungenau), dann $^1/_2$ V_{max} nimmt und auf der Kurve in Abb 3.29 auf [S] extrapoliert. In Abbildung 3.29 finden wir V_{max} = 50 µmol/L·min und K_m= 25 µmol/L. Die „krumme" hyperbolische Kurve ist aber recht unbequem.

Linealisieren lässt sich diese Kurve mit der heute berühmten **Lineweaver-Burk-Gleichung** (siehe Box 3.3):

$$\frac{1}{v_0} = \frac{K_m}{V_{max}[S]} + \frac{1}{V_{max}}$$

Aus dem $1/v_0$-Achsenabschnitt erhält man weitgehend exakt $1/V_{max}$, also $1/0{,}02$ = 50 µmol/L·min. Der Achsenabschnitt der 1/S-Achse entspricht $-1/K_m$ = $-1/0{,}04$ = 25 µmol/L·min. Die Daten in der Abbildung 3.30 sind idealisiert und sind deshalb so schön „gerade". In der Realität muss man sich echt mehr plagen. Aber klar ist, dass die L-B-Auftragung genial schnell zu K_m und V_{max} führt! Noch einfacher ist es natürlich, die entsprechende Software zu installieren und sich vom Computer die Werte ausrechnen zu lassen.

Eitel Freude? Problematisch bei der Auftragung nach L-B ist vor allem, dass niedrige Substratwerte relativ ungenaue v_0-Werte, aber hohe reziproke $1/v_0$-Werte liefern und die Steigung der Geraden somit sehr stark beeinflussen.

Außerdem muss man berücksichtigen, dass die Michaelis-Menten-Gleichung für in der Praxis selten vorkommende **Ein-Substrat-Reaktionen** abgeleitet wurde. Das war die Hydrolyse von Saccharose durch Invertase. Sie kann jedoch in der Regel auch für die häufigeren **Zwei-Substrat-Reaktionen** angewendet werden. Die Konzentration eines der Substrate muss dann aber im Sättigungsbereich liegen. Unter der Voraussetzung, dass keine direkten, zusätzlichen Wechselwirkungen beider Substrate den Reaktionsablauf komplizieren, kann dann der K_m-Wert des anderen Substrats so bestimmt werden, als wäre es eine Ein-Substrat-Reaktion.

Ist es jedoch erforderlich, die Konzentration des anderen Substrats zwar konstant, jedoch unterhalb des Sättigungswertes zu halten, ermittelt man damit keine echten, sondern davon „apparente" (**scheinbare**) K_m-**Werte**, die von der Konzentration des jeweils anderen Substrats abhängig sind.

Box 3.6 Der Trick der Enzyme

Enzyme beschleunigen chemische Reaktionen um einen Faktor von 100 Millionen bis zu einer Billion ($10^8 - 10^{12}$). Nehmen wir an, eine enzymkatalysierte Reaktion würde in einer Sekunde vollständig ablaufen, so würde die gleiche Reaktion ohne Enzym bei einem Faktor von 10^{10} theoretisch 317 Jahre im Schneckentempo zu ihrem Ablauf benötigen! Ihre Geschwindigkeit wäre kaum messbar.

Die Mehrzahl der Stoffwechselreaktionen im Organismus wäre ohne Enzyme so langsam, dass sie keinerlei Nutzen hätten. **Enzyme machen also Leben überhaupt erst möglich.**

Damit Stoffe miteinander reagieren können, müssen sie aktiviert, das heißt in einen reaktionsfähigen Zustand gebracht werden. Die Energie, die dafür aufgebracht werden muss, wird **Aktivierungsenergie** genannt.

Man kann den energetischen Verlauf einer chemischen Reaktion mit einer Berglandschaft veranschaulichen (siehe Abb. unten).

Die **Ausgangsstoffe** sind dabei Steinen vergleichbar, die in einer Rinne an der talabgewandten Seite eines Berges liegen und nur in das Tal rollen (d. h. zu **Produkten** umgewandelt werden können), wenn die entsprechende Aktivierungsenergie aufgebracht wird, um sie über den Berggipfel zu schieben.

Bei chemischen Reaktionen kann diese Energie den Stoffen zum Beispiel durch **Temperatur- oder Druckerhöhungen** zugeführt werden. Das wäre für eine lebende Zelle natürlich **tödlich!**

Generell erniedrigen alle **Katalysatoren** die Aktivierungsenergie (freie oder Gibbs'sche Aktivierungsenthalpie). Sie tragen also, bildlich gesprochen, den Berggipfel so weit ab, dass es einer nur geringen Energie bedarf, ihn zu überwinden. Diese nun benötigte wesentlich kleinere Energie kann sehr leicht und oft aufgebracht werden.

Man könnte Katalysatoren auch mit einem **Bergführer** vergleichen der, statt über den Gipfel, mit möglichst wenig Aufwand über mehrere **Gebirgspässe** führt, die erheblich niedriger sind. Die Zustände des Gleichgewichts der Reaktion werden durch die Rinne (Ausgangszustand) und das Tal (Endzustand) symbolisiert; auf dem Gipfel liegt ein labiler **Übergangszustand** des aktivierten Komplexes vor.

Enzyme ändern die Gleichgewichtslage der Reaktion nicht (das würde bedeuten, die Tiefe der Rinne oder des Tales zu verändern), sondern ermöglichen lediglich eine erheblich **schnellere Einstellung** dieses **Gleichgewichts.** Sie beschleunigen damit einen Vorgang, der auch ohne sie, nur wesentlich langsamer (in vielen Fällen unmessbar langsam), abgelaufen wäre.

Bindung des Substrats (rot) im aktiven Zentrum des Lysozyms (blau)

Wie das allerdings geschieht, ist unter den Enzymologen umstritten. Es gibt offensichtlich auch kein allgemein gültiges Schema für alle Enzyme.

Beim **Lysozym** wird das Substrat durch das Enzym deformiert, in eine angespannte Lage (Übergangszustand) gebracht, aus der es nur durch die Bildung des Produkts entweichen kann. Ein großer Energiebetrag für die Reaktion wird wahrscheinlich außerdem schon bei der Bindung der Substrate im aktiven Zentrum gewonnen. Stoffe, die in einer Lösung erst zufällig zusammentreffen müssen, werden vom Enzym im aktiven Zentrum gezielt in **enge Nachbarschaft** geführt. Ihre Chance, miteinander zu reagieren, ist demnach viel größer.

Im aktiven Zentrum sind **auf kleinstem Raum hochreaktive chemische Gruppen des Enzyms konzentriert** und räumlich so angeordnet, dass sie direkten Kontakt zu den umzuwandelnden Bindungen der Substrate haben. Diese geraten dadurch unter gezielten und koordinierten massiven „Beschuss". Da das aktive Zentrum hauptsächlich aus unpolaren Gruppen gebildet wird, ist dieses Areal des Enzyms **mit einem organischen (unpolaren) Lösungsmittel vergleichbar.**

Organische Reaktionen laufen in organischen unpolaren Lösungsmitteln meist wesentlich schneller ab als im polaren Wasser. In der organischen Umgebung des aktiven Zentrums werden deshalb **die wenigen geladenen polaren Seitengruppen der Aminosäuren „superreaktiv"** im Vergleich zu ihrem Verhalten in wässriger Lösung.

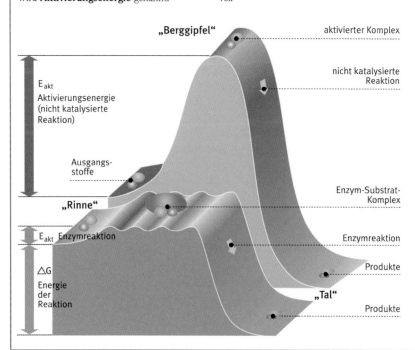

„Berggipfel" — aktivierter Komplex

E_{akt} Aktivierungsenergie (nicht katalysierte Reaktion)

nicht katalysierte Reaktion

Ausgangsstoffe

„Rinne"

Enzym-Substrat-Komplex

E_{akt} Enzymreaktion

Enzymreaktion

$\triangle G$ Energie der Reaktion

Produkte

„Tal"

Produkte

Energieverhältnisse bei einer nicht katalysierten chemischen Reaktion (hinten) und einer Enzymkatalyse (vorn). Die Aktivierungsenergie für beide Reaktionen unterscheidet sich erheblich.

Abb. 3.31 Historisches Polarimeter zur Bestimmung der Zuckerkonzentration

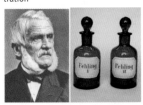

Abb. 3.32 Wilhelm von Fehling entwickelte den Nachweis von reduzierenden Zuckern mit der Fehling'schen Lösung.

Abb. 3.33 Zuckerbestimmung nach Fehling um 1930

Liebe Studenten! Das Ansaugen von Flüssigkeiten mit dem Mund ist heute im Labor strengstens untersagt!

Wie man Enzymaktivitäten beschreibt

1 Unit = Umsatz von 1 μmol Substrat pro Minute

1 Katal = Umsatz von 1 mol Substrat pro Sekunde

1 Unit = 16,67 nkat

Die Geschwindigkeit V_{max} geteilt durch die Enzymkonzentration wird **Wechselzahl** genannt. Sie liegt für viele Enzyme zwischen 1 und 10 000 Substratmolekülen pro Sekunde.

Abb. 3.34 Richtfest Laborgebäude meines Institutes ZIM in Berlin-Buch

3.8 Unit und Katal sind die Maßeinheiten der Enzymaktivität

Betrachten wir eine Baustelle (Abb. 3.34). Wenn man die Leistungsstärke eines Teams messen wollte, reicht dann „eine Konzentration von zehn Bauarbeitern pro Baustelle aus"? Die könnten ja alle Bier trinken und ständig pausieren… Die **Konzentration** der Enzyme anzugeben, ist also recht sinnlos. Nein, man muss schon deren **Aktivität** angeben!

Die Einheiten für die Enzymaktivität wurden früher häufig willkürlich gewählt. Seit 1961 gibt es auf Vorschlag der Enzymkommission der IUB (International Union of Biochemistry) folgende Definition der Enzymaktivitätseinheit:

Eine **Einheit** (**Unit, U**) entspricht derjenigen Enzymmenge, welche die Umsetzung von einem Mikromol Substrat pro Minute unter genau festgelegten Versuchsbedingungen katalysiert.

Seit 1972 wird als SI-Einheit (Internationale Einheit) anstelle der Unit das **Katal** (**kat**) empfohlen: 1 Katal ist diejenige Enzymmenge, die 1 mol Substrat pro Sekunde umsetzt.

Leider ist diese Einheit sehr groß (1 Katal = 6 · 10^7. 1 U entspricht also 16,67 nkat) und dadurch **recht unhandlich** und hat sich in der Praxis kaum durchsetzen können. Die Mehrzahl der Wissenschaftler benutzt daher weiterhin **Unit als Maßeinheit der Enzymaktivität.**

Die Messung der enzymatischen Aktivität muss unter **genau festgelegten Bedingungen** erfolgen: Temperatur, pH-Wert und Puffersystem, Konzentrationen von Substraten und Cofaktoren sowie Messtechnik.

Als Standardmesstemperatur wurde 1961 von der Enzymkommission 25 °C, 1964 aber 30 °C vorgeschlagen. Es hieß, dass in tropischen Ländern 25 °C nur schwer im Labor zu erreichen seien.

In der Praxis werden auch andere Temperaturen verwendet, die deshalb stets angegeben werden müssen, so etwa in der klinischen Chemie häufig 37° C, was unserer Körpertemperatur entspricht.

3.9 Es geht los: optische Enzymtests

Testen wir ein Enzym und messen wir „einfach mal" Glucose!

Optische Messtechniken haben einen relativ geringen apparativen Aufwand und liefern schnell genaue und reproduzierbare Resultate auch bei großen Probenzahlen (siehe Box 3.5).

Neben Änderungen der Fluoreszenz, der Trübung (Turbidimetrie) sowie Lumineszenzemissionen, die während der Enzymreaktion auftreten, werden vor allem Änderungen der Lichtabsorption im sichtbaren (VIS) oder im UV-Bereich zur Quantifizierung der Substratumsetzung genutzt.

Die Abhängigkeit der Lichtabsorption von der Konzentration der absorbierenden Substanz wird in verdünnten Lösungen durch das **Lambert-Beer'sche Gesetz** (siehe Box 2.1) beschrieben:

$$A = \log_{10} \frac{I_0}{I} = \varepsilon \cdot c \cdot d$$

Dabei ist A die im Photometer gemessene Absorption (Extinktion), I_0 die Intensität des eintretenden, I die des nach Durchlaufen der Probelösung austretenden Lichtstromes, c die molare Konzentration der absorbierenden Substanz (mol/l) und d die Schichtdicke (gemessen in cm). ε wird als molarer Absorptionskoeffizient bezeichnet.

Glucose (Traubenzucker) war seit jeher ein interessanter Parameter, auch als Diabetes noch keine epidemieartige Massenerkrankung wie heutzutage war. Mit sogenannter **Fehling'scher Lösung** (Abb. 3.32 und 3.33) konnte man chemisch Glucose nachweisen, allerdings auch unspezifisch Fructose und andere reduzierende Kohlenhydrate. Durch die Entdeckung der **Enzyme** änderte sich das dramatisch: Nun konnten Substanzen hochempfindlich und spezifisch selbst in Gemischen mit Tausenden anderen Substanzen (z. B. in Blut) bestimmt werden. Wie geht man bei der **Testentwicklung** systematisch vor? Man muss zuerst herausfinden, wie man Glucose enzymatisch mit einem **Indikatorenzym** umsetzt und auch wie man dies messbar macht: das „Verschwinden" der Substrate oder das Erscheinen von Produkten. Und wenn beide nicht leicht direkt messbar sind, dann muss man die Reaktion mit anderen koppeln, z. B. einer farbgebenden Reaktion.

Zunächst kommen verschiedene Enzyme infrage, die Glucose umsetzen. Kandidaten sind (Abb. 3.36):

- Glucose-Dehydrogenase (GDH)
- Hexokinase (HK)
- Glucose-Oxidase (GOD)

Dehydrogenasen sind die am häufigsten verwendeten Indikatorenzyme. Sie benutzen als Coenzyme NADH oder NADPH:

red. $S + NAD(P)^+ \leftrightarrows$ ox. $S + NAD(P)H + H^+$

Dabei setzt man natürlich den **optischen Test nach Otto Warburg** ein, d. h. Absorptionsmessungen des reduzierten Coenzyms (NADH oder NADPH) bei 340 nm. Das Tolle des Warburg-Tests: Es existieren kaum Interferenzen bei 340 nm durch andere biologische Substanzen!

Also mischt man NAD^+ mit der glucosehaltigen Probe, stellt die Küvette ins Photometer, stellt dieses fest auf 340 nm ein und startet durch Zugabe von GDH.

Nach dem Lambert-Beer'schen Gesetz unter Verwendung des molaren Absorptionskoeffizienten $\varepsilon = 6180\,L \cdot mol^{-1} \cdot cm^{-1}$ für NADH erhält man die Konzentration der reduzierten Coenzyme. Zweckmäßigerweise **kalibriert man den Test mit Proben bekannter Konzentration** und probiert auch, ob man in einer Realprobe die korrekte Glucosekonzentration wiederfindet, die man zuvor zugegeben („gespiked") hat.

Dieser Glucosenachweis ist sehr akkurat. Sein Nachteil? Coenzyme sind teuer, und man braucht ein Photometer.

Kandidat Nummer zwei, **Hexokinase**:

Glucose $+ ATP \leftrightarrows$ Glucose-6-phosphat $+ ADP$

Was könnte man hier messen? Glucose und Glucose-6-phosphat haben kein Absorptionsmaximum. Und ATP? Das geht am besten mit dem Glühwürmchen-Enzym **Luciferase** (Abb. 3.37): Luciferin wird mit Sauerstoff und ATP umgesetzt und emittiert Licht zwischen 540 und 600 nm Wellenlänge:

Luciferin $+ O_2 + ATP \leftrightarrows$ Oxyluciferin $+ AMP + PPi$ $+ CO_2 +$ Licht

Die Messung des verschwindenden ATPs ist superempfindlich! Erneut braucht man aber ein Photometer, und ATP plus Luciferase sind teuer.

Es gibt aber eine Dehydrogenase, die preiswerter ist. Sie wandelt das G6P mit dem Coenzym $NADP^+$ um:

$G6P + NADP^+ \leftrightarrows$ 6-Phosphogluconat $+ NADPH + H^+$

Otto Warburg lässt grüßen! Bei 340 nm ist das NADPH leicht messbar. Allerdings werden nun schon zwei Enzyme plus ATP und $NADP^+$ verbraucht.

„Oh, my God!" Geht's nicht doch einfacher? Jawohl, das Stoßgebet ist erhört worden!

Die hochspezifische **Glucose-Oxidase** (EC 1.1.3.4) kann es richten... **Ihr Kurzname ist GOD ...**

β-D-Glucose $+ O_2 \leftrightarrows$ Gluconolacton $+ H_2O_2$

Aber wie messen? Alle Substanzen in dieser Reaktion sind leider „farblos". Ergo ist ein Nachweis per optischem Test etwas schwierig!

Man kann aber sowohl Sauerstoff (er ist leicht reduzierbar) als auch Wasserstoffperoxid (oxidierend!) hervorragend mit **elektrochemischen Sensoren** messen. Die kommerziellen Glucose-Biosensoren funktionieren so. Ihnen ist fast das ganze nächste Buchkapitel gewidmet.

Wenn man aber partout einen optischen Test mit GOD haben will, koppelt man zwei Enzymreaktionen. In unserem Fall sucht man ein H_2O_2-abhängiges Enzym. Das weitaus beliebteste ist Peroxidase (POD) (Abb. 3.38 oben).

Peroxidasen oxidieren farblose Substrate mithilfe von Wasserstoffperoxid, oft in einer Reaktion mit freien Radikalen. Diese lagern sich zu farbigen Komplexen zusammen:

$2\,SH_2$ (farblos) $+ H_2O_2 \rightarrow 2\,S$ (gefärbt) $+ 2\,H_2O$

Abb. 3.35 Wie man die Rotweinkonzentration photometrisch mithilfe eines biokatalytischen Nanorus messen kann.

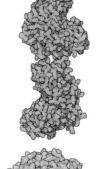

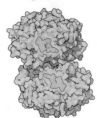

Abb. 3.36 Glucose-Dehydrogenase (GDH, oben), Glucose-Oxidase (GOD, Mitte) und Hexokinase (unten) können für den Glucosenachweis verwendet werden.

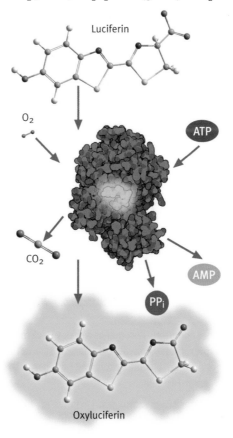

Luciferin

O_2

ATP

CO_2

AMP

PPi

Oxyluciferin

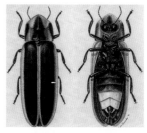

Abb. 3.37 Links: Luciferase-Reaktion zur ATP-Bestimmung. Oben: Glühwürmchen bilden das Enzym.

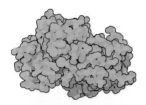

Abb. 3.38 Oben: Meerrettich-Peroxidase (POD)
Mitte: Wasabi wird aus Japanischem Meerrettich hergestellt.
Unten: Meerrettich enthält POD vor allem in den Wurzeln.

Abb. 3.39 Glucose-Teststreifen für die Messung im Urin enthalten GOD und Peroxidase und meist als POD-Substrat farbloses o-Dianisidin, das zu grünem oder blauem Produkt umgewandelt wird.
Ein Farbkomparator (Hintergrund) erlaubt eine Abschätzung. Diese Enzymtests sind sehr preiswert, etwa 2 Euro für 50 Tests in der Drogerie.

Die Meerrettich-Peroxidase (*horse-radish per-oxidase*, HRP, EC 1.11.1.7) ist uns allen als Bestandteil von *Wasabi* bekannt aus japanischen Restaurants (Abb. 3.38).

POD katalysiert beispielsweise die Oxidation des farblosen Tetramethylbenzidins (TMB, Box 3.7) zu einem blauen Produkt, das leicht bei 540 nm Wellenlänge bestimmt werden kann.

Die **gekoppelte Glucosebestimmung** läuft nun so ab:

Alle Komponenten (bis auf den Analyten natürlich!) werden in optimaler Konzentration in eine Messküvette gegeben: GOD, POD, TMB. Sauerstoff ist bereits im Puffer gelöst. Man stellt die Küvette in das Photometer und bestimmt die Extinktion bei 540 nm. Dann startet man die Reaktion mit der glucosehaltigen Probe. Durch vorherige **Kalibration** mit Lösungen bekannter Glucosekonzentration bekommt man ... exakte quantitative Glucosemesswerte.

Für ein **Diabetes-Screening** bieten sich dagegen simple Teststreifen an. Sie liefern halbquantitative Messwerte.

■ 3.10 Trockenchemie: vom Lackmuspapier zum Glucose-Teststreifen

Seit etwa 50 Jahren gibt es **Teststreifen** für den qualitativen oder halbquantitativen Nachweis bestimmter Substanzen in Urin und Blut.

Zunächst sprach man von Teststreifen (*dipsticks*). Seit etwa 20 Jahren wird das Wort **Trockenchemie** als Oberbegriff verwendet, zur Unterscheidung von konventionellen Verfahren, die in Analogie als „Nasschemie" bezeichnet werden.

Allerdings ist der Begriff Trockenchemie irreführend, denn biochemische Reaktionen, wie sie z. B. auf dem Teststreifen stattfinden, können nicht im absolut Trockenen ablaufen.

Erst das aus der Probe (Blut, Plasma, Serum oder Urin) stammende **Wasser** löst die auf dem Träger in trockener Form gebundenen Reagenzien, um eine Reaktion mit dem Analyten zu ermöglichen.

Einer der ersten Teststreifen war das **Lackmuspapier** (siehe Box 3.8). Lackmus ist ein aus bestimmten Flechtenarten gewonnener blau-violetter Farbstoff.

In saurer Lösung färbt sich Lackmus rot (unter einem pH-Wert von ca. 4,5), in alkalischer Lösung färbt er sich blau (pH-Wert über ca. 8). Man verwendet Lackmus vorwiegend als Bestandteil von Lackmusstreifen, mit denen man den **pH-Wert** einer Flüssigkeit messen kann. Dieses sogenannte Lackmuspapier gibt es in zwei Varianten, als **rote und blaue Papierstreifen**, Ersteres zum Nachweis von alkalischen Reagenzien unter Blaufärbung, Letzteres für den Nachweis saurer Lösungen unter Rotfärbung. Der chemische Aufbau von Lackmus ist äußerst komplex, es enthält Orcin (Box 3.8). Neben blauen und roten Streifen gibt es auch gelbe, die zur Bestimmung des pH-Wertes von Urin verwendet werden (5,6 = gelb/gelborange bis 8,0 = blau/blaugrün).

Seit Anfang der 1960er Jahre werden Teststreifen für diagnostische Zwecke verwendet. Eine der wichtigsten medizinischen Indikationen war und ist die Diagnose und Überwachung von **Diabetes mellitus**. Als Probenmaterial wurde zuerst Urin verwendet, später kam Blut zum Einsatz. Verglichen wurde der Farbwert mit einer Farbskala, einem **Komparator**.

Teststreifen für **pH-Wert** (1964), **Glucose** (1964), **Protein** (1964), **Nitrit** (1967), **Urobilinogen** (1972), **Ketone** (1973), **Bilirubin** (1974), **Erythrocyten** (1974) und **Leukocyten** (1982) im Urin im halbquantitativen bzw. qualitativen Maßstab (ja/nein) folgten.

Nach der erfolgreichen Einführung der **Urin-Teststreifen** wurden ähnliche Teststreifen auch für die Analytik von Blut, Plasma und Serum entwickelt.

Es begann mit dem Glucosenachweis. Dadurch konnte der Diabetiker „seinen" Blutglucosewert selbst ermitteln (siehe Box 3.7). Da aber wie bei den Urin-Teststreifen das Farbempfinden der Anwender zu unterschiedlich ist, und falsche Medikamentendosierung somit nicht auszuschließen war, mussten **optische Messgeräte** (*Reader*) entwickelt werden.

Die ersten „Reflektometer" benötigten allerdings einen hohen Zeitaufwand für Kalibration und Probenvorbereitung.

Etwa Ende der 1970er Jahre verstärkte sich der Bedarf nach weiteren Messgrößen, beispielsweise für **Transaminase-Aktivität**. Transaminasen sind Leberenzyme. Dafür mussten neue Probleme gelöst werden: das Mischen von verschiedenen Substanzen, die Verträglichkeit dieser Substanzen untereinander und Separationstechnik sowie die Lagerungsfähigkeit.

Box 3.7 Bioanalytik-Technik:
Wie funktioniert ein Teststreifen?

Mehrschicht-Teststreifen setzen sich aus Verteiler-, Reagenz- und Trägerschicht zusammen.

Die oberste **Verteilerschicht** übernimmt die Aufnahme der Proben sowie deren gleichmäßige Verteilung über die Fläche. Gleichzeitig werden hochmolekulare Substanzen zurückgehalten. Die Verteilerschicht besteht aus einer Celluloseacetatmatrix, in die für die Lichtreflexion verantwortliche Titanoxid- oder Bariumsulfatpigmente eingebracht sind. Sie befindet sich über der Reagenzschicht und bildet somit eine Trennwand zur gelartigen Schicht, in der sich Reagenzien befinden.

Imprägnierte Fasern werden als einfache Reagenzträger genutzt. Ausgangsmaterial ist eine Cellulosematrix, die sowohl porös als auch semipermeabel ist. Die unbehandelte Cellulosematrix wird durch verschiedene Prozessstationen befördert, in denen verschiedene Reagenzien in voneinander getrennten Schichten auf die Matrix aufgetragen werden, ohne dass sich diese Reagenzien untereinander beeinflussen.

Jede Reagenzschicht bildet ein eigenständiges Kompartiment.

Wird eine Messprobe auf das Cellulosefeld eines Teststreifens gebracht, so dringt die **Probenlösung** sehr schnell in die Matrix ein. Bei simultaner Diffusion von Analyt und Reaktant kommt es zu Reaktionen. Sie führen zu dem gewünschten Farbstoff, der reflektometrisch vermessen werden kann.

Die **Poren** der Verteilerschicht variieren von 1,5 - 30 μm. Während der Messung bewegt sich der größte Anteil der Probe in die Kapillarporen der Verteilerschicht. Die Verteilung und das Eindringen der Probe in die Reagenzschicht hängen von der Viskosität ab. Farbstoffe und Trübungen der Probe werden zurückgehalten. Eine Interferenz wird durch solche Größen weitgehend unterbunden. Bei der Bestimmung niedermolekularer Analyte ist das durch die Verteilerschicht gewanderte Material ein proteinfreies Filtrat. Dagegen wird bei der Bestimmung von Proteinen mit einer modifizierten Verteilerschicht gearbeitet, die Proteine nicht zurückhält.

Die Reagenzien befinden sich in einer Matrix aus hydrophilen Polymeren (z. B. Gelatine oder Agarose) – sie bilden die **Reagenzschicht**. Für jeden Analyten ist eine andere Reagenzzusammensetzung notwendig. Häufig können mehrere Reagenzschichten

übereinander liegen und durch Zwischenschichten werden Mikrofiltration, Gaspermeation oder Dialyse vorgenommen. Weitere Schritte zur Verminderung der Interferenzen sind Ionenaustausch, kompetitive Binder oder eliminierende Enzyme.

Die unterste Schicht ist die **Trägerschicht**, die aus einem transparenten Polyester-Kunststoff (z. B. Polyethylenterephthalat) hergestellt wird. Von dieser Seite erfolgen die **reflektometrischen Messungen**.

Teststreifen für die Enzymbestimmungen, deren Farbstoffbildung kinetisch mithilfe eines Reflektometers gemessen werden soll, erfordern einen separaten Analysengang.

Für den direkten Einsatz von Vollblut, neben Serum und Plasma, muss eine Trennung der

korpuskulären Blutbestandteile ohne Zentrifuge realisiert werden. Als Lösung boten sich Glasfasern an. Wird ein Blutstropfen auf die Glasfasermatrix gebracht, verbleiben die Erythrocyten auf der Auftropfstelle. Das Serum wird durch die Wirkung der Kapillarkräfte abgetrennt.

Das in der Probe vorhandene Wasser löst die Reagenzien, und es wird die gewünschte Reaktion gestartet.

Der gebildete Farbstoff wird schließlich mit dem Reflektometer oder visuell gemessen.

Literatur

Wollenberger U, Renneberg R, Bier FF, Scheller FW (2012) *Analytische Biochemie. Eine praktische Einführung in das Messen mit Biomolekülen.* Wiley-VCH, Weinheim

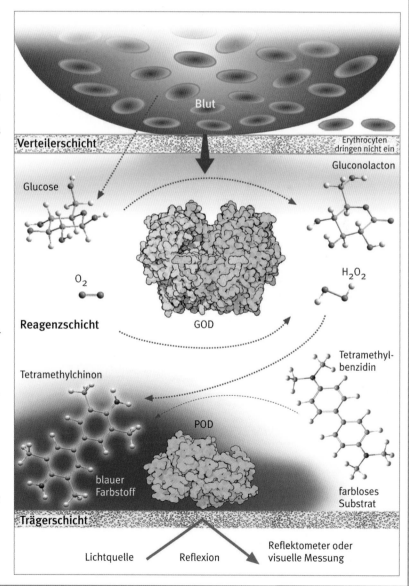

Box 3.8 Bioanalytik-Historie: Lackmus

»Der Lackmustest hierbei, meine Damen und Herren Abgeordnete, und ich betone es, ist doch... äh... wie das Problem... äh... bla bla bla...«

Wie oft haben wir das schon von Politikern gehört? Der **Lackmustest** gehört als einziger chemischer Test zur Allgemeinbildung, also auch zum Vokabular der Redenschreiber für Abgeordnete. Aber weiß jemand, was das eigentlich für ein Test ist und dass er auf der **innigen Symbiose von Algen und Pilzen** beruht?

Ich frage aus Spaß meine Chemikerkollegen nach der Lackmusformel. Alle schütteln den Kopf. Einer sagt zumindest: »Komplexes Gemisch, funktioniert aber trotzdem...«

Der Name **Lackmus** (oder im Englischen *litmus*) soll aus dem nordischen Sprachraum stammen und von „färben" herrühren.

Der Ire **Robert Boyle** (1627-1691), einer der Väter der modernen Chemie, der auch den Begriff „Analyse" schuf, war wohl der erste Nutzer.

Robert Boyle schuf den Begriff „Analyse" und testete Lackmuspapier.

1660 verwendete er Lackmus zur **Messung des Säuregehalts**, heute nennen wir das pH-Wert. Damit konnte er exakt Säuren von seifigen Basen (Laugen) unterscheiden. Zu dieser Zeit erklärte man das Prickeln und den sauren Geschmack von schwachen Säuren auf der Zunge noch mit kleinen spitzen Partikeln in der Lösung. Diese sauren Spitzen kratzten auch an der Oberfläche von Metallen.

Bekanntlich lösen Säuren Metalle auf. Neutralisiert wurde demnach eine Mischung aus Säuren und Laugen, wenn die winzigen Spitzen der Säure sich in die winzigen Poren von Laugen bohrten... Robert Boyle konnte dagegen mit Lackmuspapier Säuren präzise charakterisieren. Es färbt sich rot bei Säuren, blau bei Basen. Er verwendete offenbar Material aus Flechten.

Genaueres ist nicht hinterlassen. Die Franzosen reklamieren allerdings für sich, dass das Lackmuspapier von **J. L. Gay-Lussac** (1778–1850) Anfang des 19. Jahrhunderts in Paris entwickelt wurde.

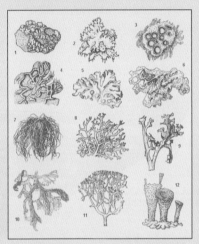

Flechten sind Symbiosen von Algen und Pilzen.

Bekannt ist dagegen, dass während des 16. Jahrhunderts in Holland die Flechten *Ochrolechia* und *Lecanora* gesammelt und zermahlen, dann mit Urin, Kalk und Pottasche gemischt wurden. Nach mehreren Wochen Fermentation änderte sich die Farbe langsam von Rot über Purpur zu Blau.

Dann extrahierte man das wertvolle Pigment. Man verwendete es hauptsächlich zur Färbung von Wolle und Seide königlicher Gewänder. Die satten feurigen Farben waren aber leider nicht sonderlich farbstabil.

Vielleicht bekleckerte sich der König mit Essig und hatte plötzlich rote Flecken auf dem Purpur? Sein Medicus hatte das mit scharfem Blick registriert... ein Aha-Erlebnis!

Papier (also Cellulose) wurde für den Lackmustest in eine starke kochende Lackmusbrühe getaucht, getrocknet und lichtgeschützt in dunklen Gefäßen aufbewahrt.

Und was haben die **Flechten** davon? Diese Symbiose aus nichtverwandten Algen und Pilzen ist auf der Erde mit etwa 15 000 Arten vertreten, mit eigenen Namen, obwohl immer mindestens zwei dazugehören. Die Algen sorgen für die Photosynthese, die Pilze sind darauf angewiesen und gedeihen auf Organischem. Die Flechtenpilze produzieren dafür eine ganze Reihe von Substanzen, etwa die Flechtensäuren. Flechtensäuren wie das Orcin mit braunen, blauen und roten Farbstoffen werden aus *Ochrolechia* und *Rocella* gewonnen. Es wird von den Flechtenkundlern viel spekuliert, wozu die Säuren gut sind: Sie sind bitter und wirken antibakteriell und gegen fremde Pilze.

Man findet Flechten überall auf Borke, Steinen und Mauern. Sie sind ein **empfindlicher Umweltindikator**. Schlechte Luft in Städten lässt Flechten nicht gedeihen.

Die besten Lackmusproduzenten sind *Rocella tinctoria* im Mittelmeerraum und *Ochrolechia tartarea* in den Niederlanden.

Flechten sind auch gute Umweltindikatoren.

Der gute alte Lackmustest

Außerdem sollte die **Einzelanalyse in zwei bis drei Minuten** ohne Einbußen an Präzision und Richtigkeit abgeschlossen sein. Technologien, vor allem aus dem Bereich der **Herstellung von Farbfilmen**, brachten dabei die Trockenchemie voran.

Eine Sofortbildkamera muss ähnliche Anforderungen erfüllen, da in dem fotografischen Papier bereits alle zur Entwicklung des Bildes notwendigen Chemikalien eingearbeitet sind. Das Aufbringen der Reagenzien in das Papier oder die Folie ohne Beeinflussung der entsprechenden Reagenzien untereinander stellt hohe Anforderungen an die Technologie.

Wichtige Werkstoffeigenschaften wie Schichtdicke, Faserstärke und Adsorptionscharakter müssen während der Produktion großer Serien ständig kontrolliert werden, um ihre **gleichbleibende Qualität** zu gewährleisten.

Die verwendeten Methoden sind in vielen Fällen **bekannte Verfahren aus der „Nasschemie"**. Die im Probenwasser befindlichen Analyten reagieren mit den Reaktionspartnern im Teststreifen, wobei es zum Messsignal, also zur Farbstoffbildung, kommt. Da die **Ergebnisse innerhalb von zwei bis drei Minuten** vorliegen, findet die Teststreifentechnologie im dezentralen Bereich breite Anwendung.

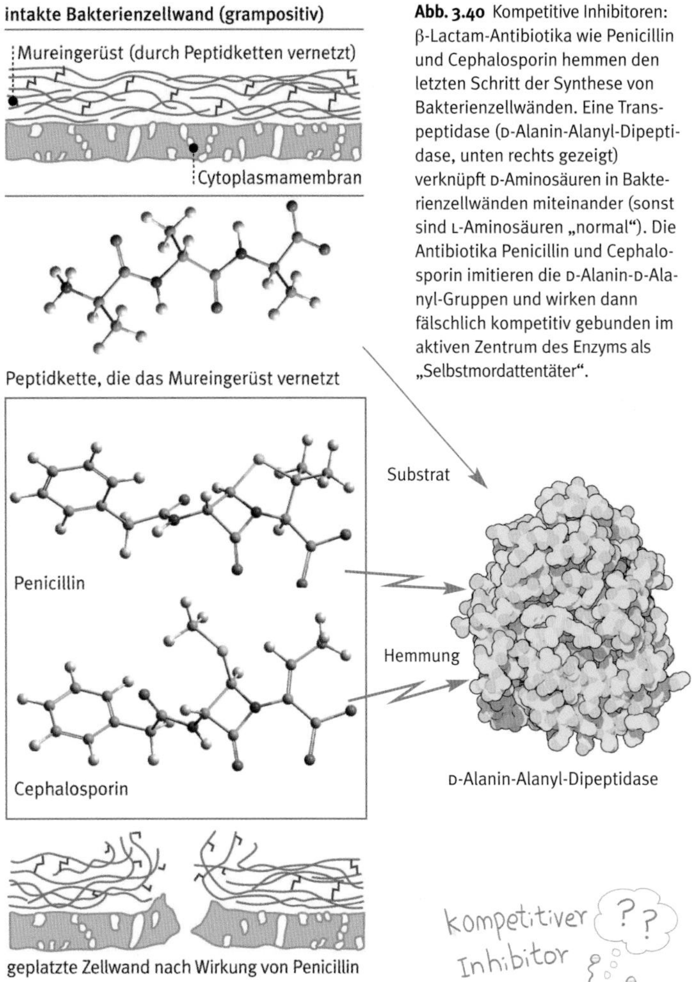

■ 3.11 Hemmung von Enzymreaktionen

Aktivität um jeden Preis ist nicht immer sinnvoll. Der Trend der Gesundheitsbewussten heißt: **„Entschleunigen"** (engl. *deceleration*). Das gilt oft auch für Enzyme. Eine unkontrollierte Aktivität von Gerinnungs-enzymen wäre beispielsweise katastrophal. Wir würden bei kleinsten Verletzungen verbluten! Zahlreiche Heilmittel, Gifte, Pflanzenschutzmittel und Insektizide entfalten ihre Wirkung durch die **Hemmung bestimmter Enzyme:**

- **Schmerzmittel** wie Acetylsalicylsäure und Ibuprofen inhibieren die Cyclooxygenase (COX).
- **Penicillin** hemmt ein Enzym der Zellwandsynthese von Bakterien, die Alanin-Alanyl-Dipeptidase (Abb. 3.40).
- **Phosphororganische Insektizide** wie Malathion hemmen die Acetylcholin-Esterase (AChE) und damit die Übertragung von Nervenimpulsen. AChE-Hemmer werden aber auch bei Alzheimer-Erkrankungen erfolgreich eingesetzt.

intakte Bakterienzellwand (grampositiv)

Mureingerüst (durch Peptidketten vernetzt)

Cytoplasmamembran

Peptidkette, die das Mureingerüst vernetzt

Penicillin

Cephalosporin

geplatzte Zellwand nach Wirkung von Penicillin

Substrat

Hemmung

D-Alanin-Alanyl-Dipeptidase

Abb. 3.40 Kompetitive Inhibitoren: β-Lactam-Antibiotika wie Penicillin und Cephalosporin hemmen den letzten Schritt der Synthese von Bakterienzellwänden. Eine Transpeptidase (D-Alanin-Alanyl-Dipeptidase, unten rechts gezeigt) verknüpft D-Aminosäuren in Bakterienzellwänden miteinander (sonst sind L-Aminosäuren „normal"). Die Antibiotika Penicillin und Cephalosporin imitieren die D-Alanin-D-Alanyl-Gruppen und wirken dann fälschlich kompetitiv gebunden im aktiven Zentrum des Enzyms als „Selbstmordattentäter".

Da Enzyme praktisch alle biologisch wichtigen Reaktionen katalysieren, haben natürliche und synthetische Inhibitoren eine herausragende Bedeutung für eine medizinische Anwendung.

Enzyminhibitoren (Abb. 3.41) kontrollieren die Aktivität von Enzymen, drosseln sie reversibel oder schalten sie sogar permanent aus. Bei der Erforschung von Mechanismen der Enzymwirkung sind Inhibitoren wertvolle Werkzeuge.

Man unterscheidet zwei praktisch wichtige Hemmtypen (Abb. 3.42): kompetitive und nichtkompetitive. Bei der **kompetitiven Hemmung konkurrieren** Inhibitor und Substrat miteinander um dieselbe Bindungsstelle **im aktiven Zentrum** des freien Enzyms.

Kompetitive Inhibitoren **imitieren natürliche Substratmoleküle in ihrer Raumstruktur.** Das aktive Zentrum erkennt sie als „Pseudosubstrate", kann sie aber nicht umsetzen. Das wäre so, als wenn ein Nachschlüssel mit Gewalt in ein Schloss gezwängt wird und fatalerweise dort

Abb. 3.41 Nanoru, durch Hemmstoffe kompetitiv oder nichtkompetitiv inhibiert

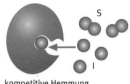

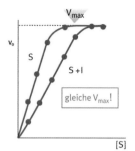

kompetitive Hemmung

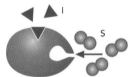

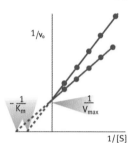

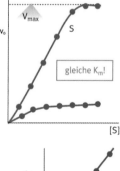

nichtkompetitive Hemmung

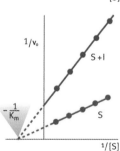

● Inhibitor mit Substrat
● Substrat (ungehemmte Reaktion)

Abb. 3.42 Wie man aus Hemm-
kinetiken den Typ der Hemmung
herausfindet.

stecken bleibt. Das Schloss ist dann blockiert für normale Schlüssel.

Bei der **nichtkompetitiven Hemmung** (Abb. 3.42 Mitte) bindet sich der Inhibitor sowohl an das freie Enzym als auch an den Enzym-Substrat-Komplex, allerdings **nicht im aktiven Zentrum** an der Substrat- oder Coenzymbindungsstelle.

Die Aktivität wird herabgesetzt, ohne dass die Bindungsverhältnisse zwischen Enzym und Substrat beeinflusst werden. Die relative Hemmung ist unabhängig von der Substratkonzentration. In der Regel **verändert sich die Raumstruktur** des Enzyms, das aktive Zentrum wird deformiert und in seiner Funktion behindert.

Schwermetalle sind solche nichtkompetitiven Inhibitoren. Sie zerstören die Disulfidgruppen der Protein-Tertiärstruktur.

Um bei der Schlüssel-Schloss-Analogie zu bleiben: Es ist so, als ob das Schloss hier mit einem Vorschlaghammer mit roher Gewalt deformiert würde.

Wie erkennt man nun die **Art der Hemmung**? Aus der **Enzymkinetik!**

Ein **kompetitiver Hemmstoff** verändert nicht V_{max}, erhöht aber den apparenten K_m-Wert (Abb. 3.42). In Gegenwart eines solchen Inhibitors ist eine größere Substratkonzentration erforderlich, um die gleiche Umsatzgeschwindigkeit zu erhalten wie in dessen Abwesenheit. Das relative Ausmaß der Hemmung hängt allein vom Konzentrationsverhältnis Inhibitor zu Substrat ab. Man sieht in der Abbildung eine Abflachung der Reaktionskurve.

Eine praktische Konsequenz: **Vergiftung mit Methanol**. Methanol wird durch Alkohol-Dehydrogenase zu giftigen Formaldehyd oxidiert (statt Ethanol zu Acetaldehyd), Formalaldehyd dann zu Ameisensäure (Formiat) durch Aldehyd-Dehydrogenase (statt Acetaldehyd zu Acetat). Eine klassische kompetitive Hemmung.

Wie hilft man bei **Methanolvergiftungen?** Man gibt den Methanolvergifteten das echte Substrat Ethanol der ADH in größeren Mengen … also: Schnaps!!

Bei der **ersten Hilfe** kann einem ansprechbaren Betroffenen z. B. ein Glas Cognac (100 ml, ungefähr 40 % Ethanol) gegeben werden. Im Krankenhaus wird dann ein Blutethanolspiegel von 1 Promille über mehrere Tage aufrechterhalten (zuzüglich der Kompensierung der Übersäuerung, der Acidose).

Ein **nichtkompetitiver Hemmstoff** (Schwermetalle zum Beispiel) lässt dagegen den K_m-Wert unverändert, verringert aber V_{max}. Das Substrat kann sich immer noch im aktiven Zentrum des Enzym-Inhibitor-Komplexes binden. Es ist aber, als würde das Enzym verdünnt, die Wechselzahl des Enzyms sinkt. **Schwermetallvergiftungen** kann man also nicht über höhere Substratgaben kurieren, sondern man muss häufig die Hemmstoffe durch **Chelatbindung** aus dem Körper entfernen.

■ 3.12 Vogel tot oder: die exakte Messung von Enzymhemmstoffen

Eben sang mein australischer Zebrafink in Hongkong noch. Dann pickte er begeistert an dem von mir mitgebrachten Unkraut, verdrehte den Kopf, sagte kurz „piep" und … fiel tot von der Stange.

Meine Uni hatte tags zuvor das Gelände mit Pestiziden gegen Dengue-übertragende Moskitos gespritzt … Ein klarer Fall von Enzymhemmung! **Enzyminhibitoren** verwandeln ein aktives Enzym in einen inaktiven Katalysator und einen lebendigen in einen toten Vogel …

Da Inhibitoren eine Veränderung der Reaktionsgeschwindigkeit bewirken, sind sie **mit der kinetischen Methode messbar.** Aus praktischen anschaulichen Gründen wertet man die prozentuale Inhibition gegenüber der Konzentration des Inhibitors aus.

$$\% \text{ Hemmung} = \frac{\text{ungehemmte} - \text{gehemmte}}{\text{ungehemmte Reaktion}} \times 100\%$$

Analytisch nutzbar ist nur der lineare Bereich bei bis zu etwa 80 % Hemmung. Die Inhibitorkonzentration, die eine 50-prozentige Hemmung der Enzymreaktion *in vitro* (im Reagenzglas) bewirkt, wird als I_{50}-**Wert** bezeichnet. Starke Hemmstoffe weisen I_{50}-Werte kleiner als 1 nmol/L auf. Der **LD$_{50}$-Wert** zeigt dagegen die letale Dosis an, also wie viel man brauchte, um z. B. meinen Finken umzubringen.

Im Falle des Zebrafinken vermutete ich sofort eine **Hemmung** (**Inhibition**) **der Acetylcholin-Esterase** (AChE, EC 3.1.1.7, Abb. 3.43) durch ein starkes Insektizid.

Dadurch würde der Neurotransmitter Acetylcholin akkumuliert und die Reizleitung der Finkennerven blockiert. Man müsste es testen! Wie? Neugierige lesen nun die (ansonsten etwas langweilige) Box 3.10!

Box 3.9 Nerven, Insektizide und Kampfstoffe: die Acetylcholin-Esterase und ihre Hemmer

Kalabarbohne

Das „Elixier der Kalabarbohne", von den westafrikanischen Eingeborenen bei Ritualen eingesetzt, war wohl der erste berichtete Einsatz von **Hemmstoffen der Acetylcholin-Esterase (AChE)**. **Jobst** und **Hesse** isolierten daraus als aktive Substanz das Physostigmin, **Vee** und **Leven** fanden die gleiche Substanz ein Jahr später und nannten sie Eserin.

Der erste **phosphororganische Inhibitor** war das Tetraethylpyrophosphat (TEPP). Ein russischer Schüler von **Charles Adolpe Wurtz** (1817-1884) synthetisierte es und **Philipp de Clermont** (1831-1921) schmeckte es nichtsahnend ab, ohne davon krank zu werden! Auch die nächsten Forscher ahnten nicht die Giftigkeit der von ihnen entwickelten Substanzen.

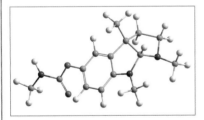

Physostigmin aus der Kalabarbohne, ein AChE-Hemmer

Der deutsche Chemiker **Karl Arnold Michaelis** (1847-1916) und der sowjetische Forscher **Alexander E. Arbusow** (1877-1968) waren die Begründer der klassischen **Fluor-Phosphor-Chemie**. Die Sowjets waren fassungslos, als sie nach dem Zweiten Weltkrieg erfuhren, dass ihre eigenen Leute sehr wohl auch die chemischen Kampfstoffe hätten herstellen können... Gott sei Dank!

Die biologische Wirkung der organischen Phosphorsäureester wurde jedenfalls erst Mitte der 1930er Jahre von **Gerhard Schrader** (1903-1990) erkannt, der bei der Bayer AG auf der Suche nach Akariziden (Mittel gegen Milben) und Insektiziden 1936 **Tabun** und 1939 **Sarin** synthetisierte. **Bladan** war dann 1942 das erste vollsynthetische Kontaktinsektizid und **Parathion** (**E 605**) ist bis heute ein sehr wirksames Pflanzenschutzmittel.

Schrader wurde von den Alliierten nach dem Krieg zwei Jahre lang in der Festung Kranzberg festgehalten, wo er seine Forschungsergebnisse für die Amerikaner über organische Phosphorsäureester vollständig niederschrieb.

Gerhard Schrader (rechts) mit einem Werkmeister

Das Ziel Gerhard Schraders war es eigentlich gewesen, Insektizide zu synthetisieren, die **für den menschlichen Organismus unschädlich** sein sollten. Die Untersuchungen lieferten jedoch Organophosphate, die hochgradig humantoxisch waren und von den Nazis als Nervenkampfstoffe für militärische Zwecke vorgesehen waren, aber von ihnen nie eingesetzt wurden.

Organische Phosphorsäurester haben gegenüber anderen Insektiziden (z. B. DDT) Vorteile: Sie sind leicht hydrolysierbar, damit leicht enzymatisch und abiotisch abbaubar, haben hohe kurzzeitige Toxizität und damit eine geringe Aufwandmenge. Sie verbleiben nicht lange in der Umwelt, sind also **nicht persistent** wie z.B. DDT.

Der Mechanismus der Phosphorsäureester beruht auf einer **Hemmung der Acetylcholin-Esterase**. Die Übertragung der Erregung von einer Nervenzelle zur anderen oder von der Nervenzelle zum Muskel erfolgt chemisch durch Freisetzung von **Neurotransmittern** (Acetylcholin und Noradrenalin). In den Synapsen wird **Acetylcholin** nach Eintreffen einer elektrischen Erregung in den synaptischen Spalt entlassen und „durchschwimmt" den Spalt. An der postsynapti-schen Membran trifft es auf den Acetylcholinrezeptor, der eine Spaltöffnung in der postsynaptischen Membran durch lokale Depolarisation auslöst. Die normalerweise Na^+-undurchlässige Membran wird für einen kurzen Moment durchlässig für Na^+ und löst ein entsprechendes Aktionspotenzial (z. B. Muskelkontraktion) aus. Wenn Acetylcholin den Rezeptor erreicht hat, muss es innerhalb kurzer Zeit durch das Enzym **Acetylcholin-Esterase (AChE)** wieder abgebaut werden.

Die Dauer der Spaltung eines Acetylcholin-moleküls beträgt 40 Mikrosekunden. Die **Wechselzahl von AChE ist unglaublich: 25 000 Moleküle werden pro Sekunde umgesetzt!**

Diese enorm hohe Wechselzahl ist notwendig, damit der Acetylcholinrezeptor wieder neu erregt werden kann. Die Synapsen können bis zu 1000 Impulse pro Sekunde übermitteln, dies ist jedoch **nur möglich, wenn die Regenerationszeit der Rezeptoren einen Bruchteil einer Millisekunde beträgt.**

Das Acetylcholin reagiert mit dem Serinrest im aktiven Zentrum des Enzyms. Bei der Reaktion entsteht eine Acylzwischenverbindung, die sehr schnell zu Säure und Alkohol hydrolysiert wird. Das anionische Zentrum, das den positiv geladenen Stickstoff des Acetylcholins bindet, ist die negativ geladene Carboxylgruppe der Aminosäure Glutamin bzw. Asparagin.

Bei Anwesenheit von Organophosphaten wird deren Acylgruppe abgespalten, und der Phophatrest geht eine feste (kovalente) Bindung mit der AChE ein. Damit ist das **Enzym nahezu irreversibel gehemmt.** Acetylcholin reichert sich an den Rezeptoren an und setzt die sensibel gesteuerte Nervenimpulsübertragung außer Kraft. Das entspricht einer **Dauererregung der post-synaptischen Membran**. Sämtliche organischen Funktionen, allen voran die Herzfunktion, werden außer Kraft gesetzt.

Soldaten proben, Nervengasattacken zu überleben.

Box 3.10 Bioanalytik-Technik:
Wie man Hemmstoffe optisch misst

Acetylcholin-Esterase (AChE) katalysiert die Hydrolyse von Acetylcholin:

Acetylcholin + H_2O → Cholin + Acetat

Alle beteiligten Substanzen sind jedoch optisch nicht „attraktiv". Da verfielen die Biochemiker auf einen Trick: Es wird statt des „echten" Substrates das Modellsubstrat **Butyrylthiocholin** verwendet.

Dessen Hydrolyse führt nicht zu Cholin, sondern zum Thiocholin, das in einer Folgereaktion mit 5,5'-Dithio-*bis*-(2-nitrobenzoesäure) (DTNB, Ellman-Reagenz) den gelben Farbstoff 2-Nitro-5-mercaptobenzoat bildet, der ein ausgeprägtes Absorptionsmaximum um 410 nm hat und ist deshalb **gut nachweisbar ist.**

So weit, so gut!

Wird AChE gehemmt, vermindert sich der Anteil des aktiven Enzyms, und es wird entsprechend weniger Thiocholiniodid und damit weniger gelber Farbstoff in einer definierten Reaktionszeit gebildet.

Die AChE-Aktivitätsmessung mit dem kinetischen Verfahren erfasst die in einer definierten Zeit gebildete Farbstoffmenge. Dabei muss die Substratkonzentration wenigstens dem zehnfachen K_m-Wert entsprechen. Hier sind die Umsatzraten maximal (V_{max}) und nur noch abhängig von der Enzymaktivität.

Ist der K_m-Wert nicht bekannt, muss man zunächst die Anfangsgeschwindigkeit in Abhängigkeit von der Substratkonzentration messen und im linearisierten Lineweaver-Burk-Plot darstellen. Aus den Schnittpunkten der Geraden mit der Abszisse und Ordinate sind V_{max} und K_m ablesbar (siehe Abb. 3.42).

Zur **quantitativen Bestimmung** der AChE-Aktivität werden dann unter **Substratsättigung** die Anfangsgeschwindigkeiten bei verschiedenen Enzymkonzentrationen bei konstanter Temperatur im günstigsten Temperaturbereich (25 - 37 °C) und bei optimalem pH-Wert gemessen.

Wie kann man den Typ der Hemmung ermitteln?

Die Enzymhemmung kann nach verschiedenen Mechanismen verlaufen. Je nach Hemm-typ sind die kinetischen Konstanten K_m und V_{max} der gehemmten Reaktion gegenüber der ungehemmten Reaktion beeinflusst.

Um den Mechanismus der Hemmung zu ermitteln, wird bei konstanter Enzymaktivität die Substratvariation in Gegenwart des Inhibitors wiederholt und wieder im Lineweaver-Burk-Plot aufgetragen (Abb. 3.42).

AChE wird durch eine Reihe von Substanzen gehemmt. Deshalb kann bei einer unbekannten Probe nur deren **relative Hemmwirkung** bestimmt und gegebenenfalls in Bezug auf die Wirkung eines ausgewählten Hemmstoffs angegeben werden. Mit einem solchen enzymatischen Hemmtest steht ein **wirkungsbezogener Test** zur Verfügung.

Zunächst werden die **kinetischen Daten der ungehemmten Reaktion** bestimmt: Dazu wird in einer Küvette das Reaktionsgemisch aus Buturylthiocholin (Substrat) zugesetzt und kurz vermischt. Vor dem Start der Reaktion durch Enzymzugabe wird der Leerwert gemessen. Nach Zugabe von Enzym verfolgt man über zwei Minuten durch Messung der Extinktionszunahme die Reaktion.

Für die kinetische Charakterisierung ist es erforderlich, Enzymaktivitätsmessungen bei verschiedenen Substratkonzentrationen vorzunehmen. Die Auswertung in linearisierten Darstellungen erfolgt nach Lineweaver und Burk (1/v_0 gegen 1/|S|). Aus der Auftragung der reziproken Absorptionsänderung pro Minute gegen die reziproke Substratkonzentration werden K_m und V_{max} ermittelt.

Dem Reaktionsgemisch werden nun die gleiche Aktivität von AchE und verschiedene Inhibitormengen zugesetzt (ohne Substrat Buturylthiocholin!). Nach fünf Minuten Inkubation (Temperierung!) startet man die Reaktion mit Buturylthiocholin und misst die Extinktionsänderung über zwei Minuten.

Für jede Lösung ermittelt man die relative Hemmung gegenüber der ungehemmten Reaktion und trägt diese gegen die Konzentration des Hemmstoffs auf. Über diese **Eichkurve** kann die Hemmwirkung einer Probenlösung abgelesen werden.

Wenn man die die Art der Inhibierung bestimmen will, variiert man die Substratkonzentration und trägt nach Lineweaver-Burk, (Abb. 3.30) auf.

Literatur

Wollenberger U, Renneberg R, Bier FF, Scheller FW (2012) *Analytische Biochemie. Eine praktische Einführung in das Messen mit Biomolekülen*. Wiley-VCH, Weinheim

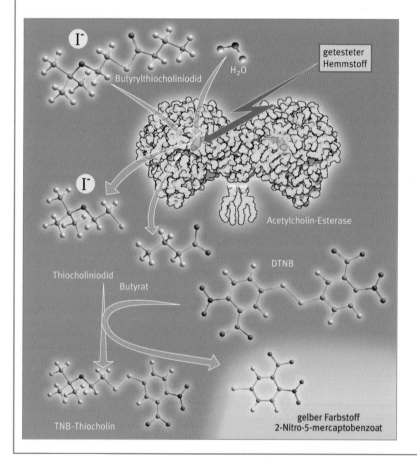

getesteter Hemmstoff

H_2O

Butyrylthiocholiniodid

Acetylcholin-Esterase

DTNB

Thiocholiniodid

Butyrat

TNB-Thiocholin

gelber Farbstoff 2-Nitro-5-mercaptobenzoat

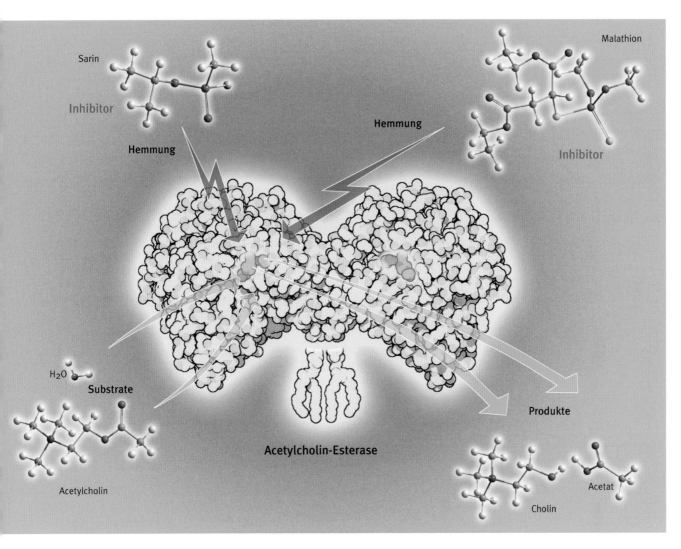

Sarin

Inhibitor

Hemmung

Malathion

Hemmung

Inhibitor

H_2O

Substrate

Produkte

Acetylcholin

Acetylcholin-Esterase

Acetat

Cholin

AChE kann aus verschiedenen Organismen isoliert werden. Das Enzym (Abb. 3.43) hydrolysiert bevorzugt Acetylcholin, aber auch andere Cholinester werden gespalten. Der K_m-Wert für das Substrat Acetylcholin liegt im Bereich von 10^{-5}-10^{-3} mol/L.

Wahnsinn: Das Enzym arbeitet sehr schnell und kann in einer Sekunde bis zu 25 000 Acetylcholinmoleküle hydrolysieren. AChE gehört damit zu den Enzymen mit der **höchsten Wechselzahl in der Natur**.

Die hohe Wechselzahl garantiert die Wiederherstellung der Polarisation der postsynaptischen Membran im Mikrosekundenbereich und erlaubt so eine hohe Reizfrequenz (Box 3.9).

Verschiedene Stoffe sind in der Lage, Cholin-Esterasen in ihrer Wirkung zu hemmen. Die bekanntesten Hemmstoffe sind **phosphororganische Verbindungen und Carbamate**.

Auf dieser **Enzymhemmung** basieren sowohl **Medikamente** mit therapeutischer Wirkung (z. B. Sedativa, Medikamente gegen die Alzheimer-Krankheit) als auch **Insektizide** in der Landwirtschaft (Malathion, Parathion) und **Nervengifte** für die chemische Kriegsführung (Sarin, Tabun, VX) (Box 3.9).

Phosphororganische Verbindungen sind weiter „im Aufwind", nachdem Organochlorverbindungen (wie DDT) wegen ihrer Langlebigkeit (Persistenz) in der Umwelt und der Bioakkumulation verboten wurden oder weniger eingesetzt werden.

Phosphororganika sind weitaus weniger persistent, dafür aber akut giftiger.

3.13 Isoenzyme

Viele Enzyme treten in mehr als einer molekularen Form auf. Sie sind Produkte unterschiedlicher Gene. Diese **Isoenzyme** katalysieren

Abb. 3.43 Wie Acetylcholin-Esterase (AChE) ihr natürliches Substrat umsetzt und wie sie kompetitiv gehemmt werden kann.

Abb. 3.44 Eben sang mein Zebrafink noch...

Abb. 3.45 So sieht eine nichtkompetitive Enzymhemmung aus, wenn man meinen Honda Jazz als Enzym betrachtet. Inhibitor: meine Uni!

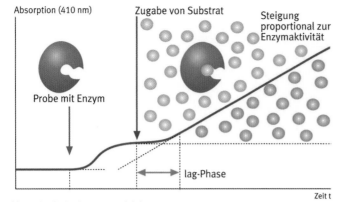

Abb. 3.46 Prinzip eines Enzymaktivitätstests

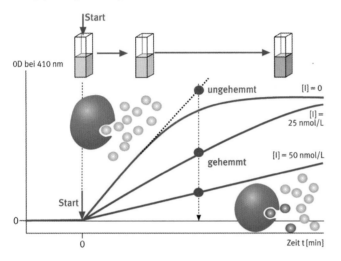

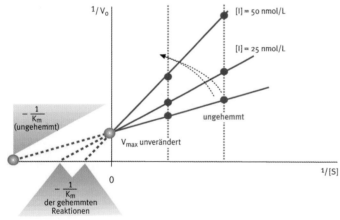

Abb. 3.47 Analyse von Enzymhemmungen. Oben: zeitlicher Verlauf. Unten: Lineweaver-Burk-Auftragung. Es handelt sich eindeutig um eine kompetitive Hemmung.

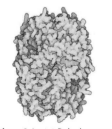

Abb. 3.48 Lactat-Dehydrogenase

alle die **gleiche Reaktion, haben aber unterschiedliche kinetische Eigenschaften** (K_m-bzw. V-Werte). Isoenzyme sind meist aus **mehreren Untereinheiten** zusammengesetzt.

Da man häufig **organspezifische** Isoenzyme findet, hat die Ermittlung des Isoenzymmusters besondere Bedeutung in der **klinischen Differenzial-Diagnostik** erlangt.

Es werden bevorzugt selektive Inhibitionstests, beispielsweise mit Inhibitoren oder hemmenden Antikörpern, durchgeführt.

Der Klassiker: Die **Lactat-Dehydrogenase** (**LDH**) ist aus vier Untereinheiten zusammengesetzt, also ein Tetramer (Abb. 3.48). Es ergeben sich rein mathematisch **fünf Kombinationsmöglichkeiten**. Von den fünf möglichen Isoenzymen sind zwei homologe Copolymere (identische Untereinheiten) und drei hybride Formen.

Entsprechend ihrem bevorzugten Vorkommen bezeichnet man die beiden Monomertypen der LDH als **Herztyp** (**= H**) und **Muskeltyp** (**= M**). Die LDH-Isoenzyme wurden vor allem zur Herzinfarkt-Diagnostik genutzt.

Die Zusammensetzung der fünf LDH-Isoenzyme ist demnach folgende:

LDH 1: HHHH   LDH 2: HHHM   LDH 3: HHMM

LDH 4: HMMM   LDH 5: MMMM

Die organspezifischen Isoformen der Untereinheiten sind Produkte zweier unterschiedlicher Gene. Die fünf verschiedenen Isoenzyme katalysieren die gleiche Reaktion, unterscheiden sich aber deutlich in ihren V_{max}- und K_m-Werten.

Isoenzym HHHH hat den **kleinsten K_m-Wert, also die höchste Bindungsstärke (Affinität)** zum Lactat, MMMM dagegen den größten K_m-Wert und die kleinste Affinität.

Im **Herzen** ist ausreichend Sauerstoff vorhanden: HHHH wandelt im aeroben Stoffwechsel des Herzens Lactat zu Pyruvat um und trägt damit zur Energieerzeugung im Citratzyklus bei.

$$Lactat + NAD^+ \longrightarrow Pyruvat + NADH + H^+$$

Unter **Sauerstoffmangel im Muskel** wandelt dagegen MMMM unter anaeroben Bedingungen Pyruvat zu Lactat (das ist die Rückreaktion!) um.

$$Pyruvat + NADH + H^+ \longrightarrow Lactat + NAD^+$$

Es wird in den Cori-Zyklus eingespeist und hält die **Glykolyse auch unter Sauerstoffmangel „auf Sparflamme"** in Gang.

Eine analoge Situation besteht bei dem Enzym **Kreatin-Kinase** (**CK**) (Abb. 3.51). Die Kreatin-Kinase ist ein Leitenzym für die Diagnose von Schädigungen der Herz- und Skelettmuskulatur. Dabei kann von der Höhe des CK-Anstiegs auf

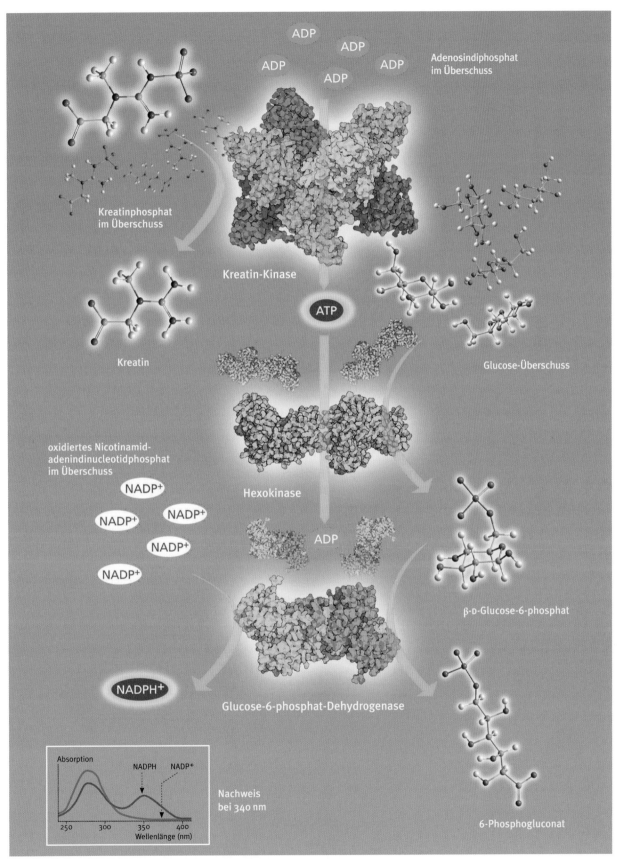

ADP

ADP

ADP

ADP

ADP

Adenosindiphosphat
im Überschuss

Kreatinphosphat
im Überschuss

Kreatin-Kinase

Kreatin

ATP

Glucose-Überschuss

oxidiertes Nicotinamid-
adenindinucleotidphosphat
im Überschuss

NADP⁺

NADP⁺

NADP⁺

NADP⁺

NADP⁺

Hexokinase

ADP

β-D-Glucose-6-phosphat

NADPH⁺

Glucose-6-phosphat-Dehydrogenase

Nachweis
bei 340 nm

6-Phosphogluconat

Absorption

NADPH   NADP⁺

250   300   350   400
Wellenlänge (nm)

Abb. 3.49 Wie die Aktivität von Kreatin-Kinase mit Warburgs optischem Test bestimmt werden kann.

Abb. 3.50 Gerhard Pfleiderer (1925–2008) führte immunologische Methoden in die klinische Diagnostik ein. Die Elektrophorese (siehe Kap. 6) war dafür entscheidend.
Hier testen seine Studenten mit Prof. Wolfgang Trommer (heute Universität Kaiserslautern) eine neue Hochspannungselektrophorese-Apparatur.
Pfleiderer nutzte als Erster die Bestimmung der LDH-Isoenzyme zur Erkennung des Herzinfarkts.

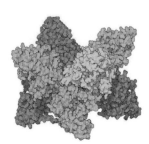

Abb. 3.51 Kreatin-Kinase

die Größe der Schädigung geschlossen werden. Die Gesamt-CK im Blutserum ist die Summe von drei Untertypen:

- CK-MB (Myokardtyp = Herzmuskeltyp)
- CK-MM (Skelettmuskeltyp)
- CK-BB (Hirntyp)

Entscheidend für die Diagnose eines Infarkts oder einer Herzmuskelentzündung bei einer Erhöhung der Gesamt-CK ist die Bestimmung des Untertyps **CK-MB**.

Das CK-MB war lange Jahre der Goldstandard der **Herzinfarkt-Diagnostik**.

Wichtig ist der Anteil des CK-MB an der erhöhten Gesamt-CK. Liegt beispielsweise der Anteil der CK-MB an der Gesamt-CK zwischen 6 und 20 %, spricht das für eine Enzymfreisetzung aus der Herzmuskulatur. Ein Anteil unter 6 % spricht für eine Enzymfreisetzung aus der Skelettmuskulatur.

Der CK-MB-Wert steigt bei einem Herzinfarkt nach etwa vier Stunden an und erreicht sein Maximum nach zwölf bis 18 Stunden. Er kann enzymatisch bestimmt werden.

Zusätzlich kann mittlerweile auch durch Immuntests die sogenannte „CK-MB-Masse" im Blut bestimmt werden. Im Regelfall werden diese Werte bei einem Verdacht auf Herzinfarkt oder bei einem tatsächlichen Herzinfarkt mehrfach im Verlauf gemessen.

Doch wie misst man Enzymaktivitäten praktisch?

▌ 3. 14 Enzymaktivitätstests

Die Gesamtaktivität der Kreatin-Kinase (CK) misst man einfach mit dem optischen Warburg-Test (ausführlich ist das in Abb. 3.49 gezeigt).

Man koppelt dazu drei Enzyme: Kreatin-Kinase, Hexokinase und Glucose-6-phosphat-Dehydrogenase:

$$Kreatinphosphat + ADP \xrightarrow{CK} Kreatin + ATP$$

$$ATP + Glucose \xrightarrow{HK} ADP + G\text{-}6\text{-}P$$

Dabei wird ADP gleichzeitig aus ATP regeneriert.

Die **Warburg-Reaktion** ist dann die sogenannte Indikatorreaktion:

$$G\text{-}6\text{-}P + NADP^+ \xrightarrow{G\text{-}6\text{-}PDH} 6\text{-}Phosphogluconat + NADPH + H^+$$

Wie startet man die Reaktion?

Man braucht V_{max}, um ein hohes Signal zu erreichen und unabhängig von den Substratkonzentrationen zu sein. Also muss man **höchste Substratkonzentrationen** einsetzen.

Verdünntes Serum (das CK enthält) wird vorinkubiert mit Glucose, Hexokinase, NADP$^+$ und G-6-PDH. Damit wird zuerst einmal vorab alles vorhandene Kreatinphosphat und ADP im Serum aufgebraucht: Man sieht einen geringen Anstieg der optischen Dichte bei 340 nm. Echt gestartet wird dann mit dem Enzymsubstrat **Kreatinphosphat und mit ADP im Überschuss**.

Der **Anstieg ist direkt proportional zur Enzymkonzentration der Kreatin-Kinase** (Abb. 3.51).

So wurden jahrzehntelang in Krankenhäusern relativ preiswert Herzinfarkte enzymatisch nachgewiesen, außerhalb der reichen Länder der Erde erfolgt dies vielerorts noch heute so.

Spezifischer sind jedoch moderne Immuntests. Sie verwenden Antikörper die „Zauberkugeln". Das folgende Kapitel ist ihnen gewidmet.

Verwendete und weiterführende Literatur

- Das geniale und verständliche deutsche Biochemie-Lehrbuch:
Müller-Esterl W (2018) *Biochemie. Eine Einführung für Mediziner und Naturwissenschaftler.* 3. Aufl. Springer Spektrum, Berlin, Heidelberg

- Eine sehr praktische Einführung mit Experimenten zur Enzymanalytik:
Wollenberger U, Renneberg R, Bier F, Scheller FW (2012)
Analytische Biochemie. Wiley-VCH, Weinheim

- Gutes Bioanalytik-Buch:
Mikkelsen SR, Corton E (2004) *Bioanalytical Chemistry.*
Wiley-Interscience, Hoboken, New Jersey

- Drei Kilogramm ausführliche und detaillierte Bioanalytik, „die Bioanalytik-Bibel", „der Lottspeich":
Lottspeich F, Engels JW (Hrsg.) (2021) *Bioanalytik.*
4. Aufl. Springer Spektrum, Berlin, Heidelberg

- Knappste und beste Übersicht zur Analytik insgesamt:
Schwedt G (2007) *Taschenatlas der Analytik.* 3. Aufl. Wiley-VCH, Weinheim

- Zwei Standardwerke zur Biokatalyse:
Buchholz K, Kasche V, Bornscheuer UT (2012) *Biocatalysts and Enzyme Technology.* 2. Aufl. Wiley-VCH, Weinheim
Aehle, W (Hrsg.) (2007) *Enzymes in Industry. Production and Applications.* 3. Aufl. Wiley-VCH, Weinheim

- Zwei Monografien zur Enzymkinetik und zu Enzymassays,
zu lesen ziemlich schwierig, aber nützlich:
Bisswanger H (2017) *Enzyme Kinetics. Principles and Methods.* 2nd edn.,
Wiley-VCH, Weinheim
Eisenthal R, Danson MJ (2002) *Enzyme Assays,* 2nd edn.,
Oxford University Press

  Manz A et al. (2015) *Bioanalytical Chemisty,* 2nd edn., ICP, London

Weblinks

- BRENDA, die Enzymdatenbank der Uni Köln: alle Enzyme mit Eigenschaften und Literaturzitaten:
www.brenda-enzymes.info/

- Die Proteindatenbank (PDB) liefert alle bekannten Strukturen von Enzymen:
http://mm.rcsb.org/

- David Goodsell (Scripps, La Jolla) schreibt eine sehr lesenswerte Rubrik „Molecule of the Month":
https://pdb101.rcsb.org

- Website zur Enzymkinetik von Dr. Jürgen Bode:
http://jbode.homepage.t-online.de/html/enzkin.html

Acht Fragen zur Selbstkontrolle

1. Warum ist ohne Enzyme Stoffwechsel in der Zelle faktisch undenkbar?

3. Sind alle Biokatalysatoren Proteine?

3. Durch welche drei „Tricks" und Effekte können Enzyme die Aktivierungsenergie von Reaktionen drastisch verringern?

4. Weshalb wurde die Schlüssel-Schloss-Theorie von Emil Fischer durch Daniel Koshlands Idee der „induzierten Passform" ersetzt?

5. Welche optische Eigenschaft eines Coenzyms ist die Grundlage des Warburg-Tests, z. B. bei der Blutalkoholbestimmung?

6. Unter welcher Bedingung erreicht eine Enzymreaktion ihre Maximalgeschwindigkeit?

7. Welche drei Enzyme bieten sich für eine Glucosebestimmung an?

8. Nach welcher Art der Enzymhemmung funktionieren phosphorganische Verbindungen; nach welcher Art Schwermetalle?

Otto Warburg
(1883–1970)

BIO-AFFINITÄT I

Antikörper und Immuntests

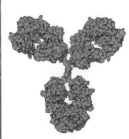

Kapitel **4**

Abb. 4.3 Oben: Das Nanoru als Modell-Antikörper: Ein spezifischer Fänger-Antikörper bindet nur das jeweilige Antigen stark. Kreuzreagierende Substanzen werden nur schwach gebunden.
Unten: Ein Nanoru-Baby (Modell für ein Antigen) besitzt viele Epitope.

▪ 4.1 War die Impfung erfolgreich? Der Ringtest

Sie, lieber Leser, sitzen unter anderem hier, weil Ihre Vorfahren ein gutes Immunsystem besaßen. Wenn auch nur einer Ihrer Vorfahren beim Marsch aus den Savannen Afrikas, als Bauern der Steinzeit, in den mittelalterlichen Städten, beim Ausbruch von Cholera, Pest oder Grippe den allgegenwärtigen Mikroben erlegen wäre, würden Sie das im Moment nicht lesen können. Glückwunsch! Sie sind ein Überlebenskünstler... Vor nicht allzu langer Zeit wurden Ihre Chancen, dies alles zu überleben, durch Antibiotika und Impfungen drastisch erhöht.

Dank **Edward Jenner** (Pocken) und später **Louis Pasteur, Robert Koch, Emil von Behring** und **Paul Ehrlich** erwiesen sich ab Ende des 19. Jahrhunderts Schutzimpfungen als überaus erfolgreich im Kampf gegen tödliche Krankheiten. Doch woher wusste man, ob der Patient tatsächlich immun geworden war?

1897 injizierte **Rudolf Kraus** (1868–1932) in Wien Ziegen und Kaninchen Extrakte verschiedener Bakterien. Später gewann er deren Serum. Wie wir heute wissen, enthielt das Serum Antikörper gegen die jeweiligen Bakterien. Wenn er nun die Bakterienextrakte mit den Sera überschichtete, bildeten sich im Reagenzglas sichtbare Niederschläge (Präzipitate). Kraus nannte die Reaktion „**Präzipitin-Reaktion**".

Im selben Jahr postulierte **Paul Ehrlich** (1854–1915, Nobelpreis für Physiologie oder Medizin 1908, Abb. 4.1), dass die Reaktion zwischen Antigenen und Antikörpern chemischer Natur sein müsse. **Svante Arrhenius** (1859–1927, Chemie-Nobelpreis 1903, Abb. 4.2) verwendete dafür als Erster den Begriff „**Immunchemie**". Er stritt allerdings mit Paul Ehrlich heftig über die Natur der Bindung: Ehrlich verfocht eine irreversible „physiologische" Bindung, während Arrhenius für eine physiko-chemisch begründete Gleichgewichtsreaktion plädierte. Arrhenius hatte übrigens Recht, wie sich später zeigte.

Die älteste Methode, um eine Immunreaktion sichtbar zu machen, ist der **Ringtest**.

Man überschichtet dabei im Reagenzglas vorsichtig das dichtere Serum des Patienten (zum Teil noch mit Zucker verdichtet) mit dem Impfstoff. An der Grenze bildet sich ein diskusförmiger Niederschlag, ein **Präzipitat**, der Komplex aus Antigenen und Antikörpern. Die Präzipitationsscheibe sinkt dann allerdings langsam durch

das Serum zu Boden und löst sich zum Teil wieder auf (Abb. 4.12).

Man kam deshalb auf die Idee, die Reaktion in einem polymeren Gel (z. B. 1 % Agarose) ablaufen zu lassen. Mit einer solchen **Immunodiffusion** bleibt der der diskusförmige Ring viel länger stabil. Er verschwand sonst leicht durch Schütteln oder temperaturbedingte Konvektion.

Wenn man Korpuskel (also zum Beispiel Bakterien, rote Blutzellen oder antigenbeladene Latexpartikel) mit einem entsprechenden Immunserum vermischt, verklumpen sie, die Suspension wird instabil und sedimentiert schließlich sichtbar, sie agglutiniert. Die **direkte Agglutination** basiert auf der Kreuzvernetzung von Antigenen auf der Oberfläche von Teilchen durch Antikörper. Dazu muss ein einziges Antikörpermolekül verschiedene Partikel überbrücken. Es ist einzusehen, dass für diese Überbrückung von zwei und mehr Partikeln wegen ihrer Größe und „Zehnarmigkeit" (Dekavalenz) vor allem **IgM-Antikörper** (zehn Antigen-Bindungsstellen!) (siehe auch Abb. 4.7) geeignet sind und weniger gut zweiarmige (bivalente) **IgG-Antikörper** (Box 4.1). Als allgemeines Werkzeug für die Immundiagnostik benutzt man allerdings das zweiarmige Immunglobulin G.

Die direkte Agglutination identifiziert **Zelloberflächenantigene**, etwa bei der Blutgruppenbestimmung (siehe weiter unten Abb. 4.10 und Abb. 4.11).

▪ 4.2 Wie Antigene und Haptene mit Antikörpern reagieren

Ein Fremdmolekül wird dann **Immunogen** genannt, wenn es die Bildung von Antikörpern anregt. **Antigene** sind Stoffe, an die sich Antikörper und bestimmte Lymphocyten-Rezeptoren spezifisch binden können. Die spezifische Bindung von Antikörpern und Antigen-Rezeptoren an Antigene ist ein wesentlicher Teil der adaptiven Immunität gegen Pathogene.

Antigene können also eine Immunantwort auslösen und damit **immunogen** wirken. Nicht jedes Antigen ist jedoch auch immunogen, z. B. wirken niedermolekulare sogenannte **Haptene** nicht immunogen (siehe weiter unten). Die Stelle des Antigens, die von dem entsprechenden Antikörper erkannt wird, heißt **Epitop** (Abb. 4.3 und Box 4.1).

Natürliche Immunogene sind in der Regel Makromoleküle mit einer Molekülmasse von mehr

Box 4.1 **Antikörper**

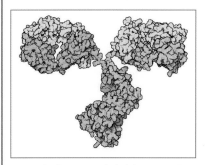

Die zwei leichten Ketten (ocker) formen mit den beiden schweren Ketten (dunkel und heller rot) eine variable Domäne (Fv), die das Antigen bindet, sozusagen zwei „Hände", die das Antigen greifen können. In der variablen Region sind 20 Aminosäuren hyper-variabel, sie erlauben Billionen Kombinationen zur Erkennung von Antigenen.

Antikörper sind Teile des Immunsystems der Wirbeltiere, das Eindringlinge abwehren und unschädlich machen soll. Sie haben die Aufgabe, Krankheitserreger spezifisch zu erkennen und zu binden und damit für das Immunsystem zu markieren sowie Toxine zu neutralisieren.

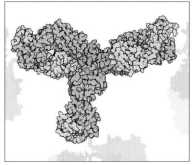

Wie sich gleich drei Antikörperfragmente (Fab) an den Epitopen eines Antigens (grün) binden. Hier ist das Enzym Lysozym gezeigt. Das zweite Fab und der „Fuß" der Antikörper sind schattiert ergänzt.

Antikörpermoleküle bestehen aus vier Proteinketten: zwei leichte (*light*) **L-Ketten** (Molekülmasse 25 kDa) und zwei schwere (*heavy*) **H-Ketten** (55 kDa). Sie werden durch **Disulfidbrücken** chemisch fest (kovalent) zusammengehalten.

Der „Fuß" der Antikörper wird auch **konstante Region** (**Fc**) genannt. Rezeptoren in der Zelle binden an diesem Fc-Teil. Der Fc-Teil ist der „Rufer" nach dem Rezeptor.

Wie kann der Organismus gegen praktisch jeden Fremdstoff einen spezifischen Antikörper bilden, wie möglichst alle „feindlichen"

Immunglobulin G (IgG)

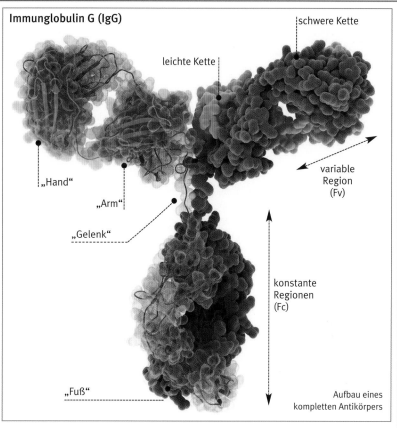

schwere Kette

leichte Kette

„Hand"

„Arm"

„Gelenk"

variable Region (Fv)

konstante Regionen (Fc)

„Fuß"

Aufbau eines kompletten Antikörpers

Antigene erkennen? Es wäre **viel zu aufwendig, für jeden der etwa 100 000 000 unterschiedlichen Antikörper ein eigenes Gen bereitzuhalten**. Deshalb nutzt der Organimus einen genialen Trick.

Die Immuntechnologen **Frank Breitling** und **Stefan Dübel** aus Heidelberg bzw. Braunschweig beschreiben das: »So, wie man mit wenigen genormten Bausteinen Millionen unterschiedlicher Häuser errichten kann, verknüpfen sie ‚genormte' Polypeptidbausteine zu einem modular aufgebauten Antikörper. Dadurch müssen im Genom nur ein paar Hundert dieser Polypeptidbausteine codiert werden. Einige wenige (große) Bausteine codieren für die konstanten Bereiche des Antikörpers. Die Antigen-Bindungsspezifität eines Antikörpers jedoch wird nur von einem kleinen Teil des Gesamtproteins vermittelt, den **variablen Regionen** (**Fv**). Auch diese bestehen wiederum aus drei bis vier unterschiedlichen Modulen, die während der Differenzierung der B-Lymphocyten in jeder Zelle anders zusammengesetzt werden.«

An den Schnittstellen dieser Module gibt es eine „genetisch nicht codierte Beliebigkeit", die die Variabilität weiter steigert. Diese Beliebigkeit wird auch bei jeder Immunisierung weiter verwendet zur Erhöhung der Passgenauigkeit und der Affinität (Affinitätsreifung).

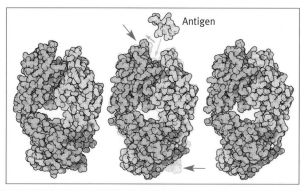

Antigen

Wie Antigene gebunden werden: Deutlich ist eine Konformationsänderung der „Hand" des Antikörpers nach der Bindung des Antigens als Schattierung im mittleren Bild sichtbar (siehe rote Pfeile).

Box 4.2 Bioanalytik-Historie: Monoklonale Antikörper

Georges Köhler (1946-1996) studierte in Freiburg. Nach Studium und Promotion am Institut für Immunologie in Basel ging er 1974 für einen zweijährigen Gastaufenthalt an das von **Cesar Milstein** (1927-2002) geleitete Labor nach Cambridge. Milstein war vor der Militärdiktatur in Argentinien dorthin geflohen.

Normale **Lymphocyten** konnte man in Zellkulturen leider nicht vermehren und daher auch nicht als Antikörperlieferanten halten. Doch in Milsteins Labor gelang es, **Myelomzellen** aus Mäusen in Kultur zu halten. Das sind entartete Abkömmlinge von Lymphocyten, die sich als Krebszellen unbeschränkt halten und vermehren lassen und dabei nach wie vor die Fähigkeit besitzen, Antikörper zu produzieren. Was passiert, wenn man beide mit List und Tücke „verheiratet"? Ließ sich eine solche Zellfusion auch mit einer Myelomzelle und einem normalen Lymphocyten bekannter Spezifität durchführen? Würde die Tochterzelle dann neben Myelomantikörpern unbekannter Spezifität auch Antikörper der bekannten Spezifität des Lymphocyten liefern? Zu diesem Experiment verwendete Köhler Schaf-Erythrocyten (rote Blutzellen) als Antigen und injizierte sie einer Maus. Nachdem im Tierkörper die dadurch ausgelöste Immunreaktion angelaufen war, entnahm er die Milz. In der Milz werden Lymphocyten gebildet. Sie liegen dort in großer Zahl vor. Das zerkleinerte Milzgewebe setzte er Kulturen von Myelomzellen zu, gemeinsam mit einer chemischen Substanz für die Zellfusion (Polyethylenglykol). Er hoffte, dass dabei Zellmischlinge mit der gewünschten Eigenschaft zustande kämen.

Tatsächlich trug dieser „zelluläre Heiratsmarkt" die erhofften sensationellen Früchte. Mithilfe von Schaf-Erythrocyten, die nun als Test-Antigen dienten, identifizierte Georges Köhler eine größere Anzahl von Hybridzellen. Sie produzierten Antikörper gegen die als fremd erkannten Erythrocyten. Solche Zellen ließen sich jeweils einzeln in Kultur züchten und vermehren. Sie hatten die Unsterblichkeit der Myelomzellen geerbt, und gleichzeitig lieferten sie Antikörper mit der bekannten Spezifität des Lymphocyten, ihrer anderen Elternzelle. Sie werden **Hybridomzellen** genannt.

In einem Interview wurde Georges Köhler nach der Nobelpreis-Verleihung gefragt, warum er und Milstein ihre Methode nicht patentieren ließen, sie könnten bei den Milliardenumsätzen mit **monoklonalen Antikörpern** längst Millionäre sein. Köhler: »Herr Milstein hat die zuständigen Leute beim Medical Research Council darüber informiert, dass wir etwas gefunden hatten, was man patentieren könne. Daraufhin kam aber keine Antwort. Da war es uns auch egal, und wir haben unsere Methode veröffentlicht. Wir sind Wissenschaftler und keine Geschäftsleute. Wissenschaftler sollten sich nichts patentieren lassen. Wir haben damals nicht lange hin und her überlegt, unsere Entscheidung kam spontan – sozusagen aus dem Herzen. Ich hätte mich mit Geld beschäftigen müssen, ich hätte mich mit Lizenzverhandlungen beschäftigen müssen. Ich wäre dadurch ein ganz anderer Mensch geworden. Das wäre für mich nicht gut gewesen.«

Georges Köhler

Cesar Milstein

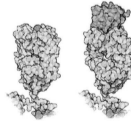

Abb. 4.4 Wie Antikörper Antigene binden: ein kleines Fulleren-Molekül (links) und ein großes Antigen, das Enzym Lysozym

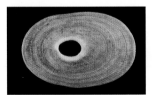

Abb. 4.5 Gehäuse einer Schlüsselloch-Napfschnecke (*Megathura crenulata, keyhole limpet*). Mit der Hämolymphe dieser kalifornischen Meeresschnecke stellt man immunogenes KHL-Protein her.

als 5000 Dalton. Besonders immunogen sind solche größer als 100 000 Da. Entscheidend ist die mit der Molekülgröße ansteigende Zahl als fremd erkannter Gruppen (**antigene Determinanten**). Sie tragen eine Vielzahl von Epitopen.

Kann man eigentlich **gegen Pestizide oder Drogen immun** werden, also Antikörper entwickeln? **Nein**, sie sind sogenannte Haptene und zu klein als Moleküle, um eine Immunantwort auszulösen.

Wie kann man dann aber Antikörper dagegen produzieren? Haptene sind zum Beispiel chlorierte Kohlenwasserstoffe (wie das Insektizid DDT und das Herbizid 2,4-D), ringförmige aromatische Verbindungen (wie Benzpyren), Steroide und Peptidhormone sowie Drogen wie Heroin. Sie können nach **Kopplung an ein Makromolekül als Träger** (*carrier*) „**immunogen gemacht**" werden. Dazu benutzt man meist Proteine wie Rinderserumalbumin (*bovine serum albumin*, BSA) oder das Hämocyanin von Schlüsselloch-Napfschnecken, das *key hole lymphet protein*, KHLP (Abb. 4.5), als Träger (*carrier*).

Wenn man diese **Träger-Hapten-Komplexe** in Tiere injiziert, reagieren diese (anders als gegen Haptene ohne Träger) mit Antikörperbildung. Die so erhaltenen Antikörper binden dann auch später im Test freie, nicht gebundene Haptene. Dies ist die Vorbedingung für die immunochemische Analytik kleiner Moleküle.

Die zwei „Hände", wissenschaftlich gesagt die **Antigen-Bindungsstellen** (**Paratope**) eines Antikörpers, reagieren nur mit einem Teilbereich des Antigens, der **antigenen Determinante** (Epitop) (Box 4.1).

In meiner Bioanalytik-Gruppe in Hongkong (Abb. 4.6) demonstrierte ich das so: Ein schläfriger Hongkonger Doktorand ist das „antigene Opfer". Zwei eifrige chinesische Studentinnen sind die „Antikörper". Der Kopf des (nun gar nicht mehr schläfrigen) Studenten dient als Modell für ein Antigen mit großer Molekülmasse.

Wie viele Epitope hat er? Normalerweise greifen sich die Studentinnen unter großem Gelächter die zwei Ohren. Alle beiden Paratope der Antikörper finden also Epitope zum Binden. Der Studentenkopf ist der Kern eines „Sandwichs".

Nun kommt ein niedermolekulares Hapten ins Spiel, eine Zehn-Dollar-Münze. Ich lege sie auf dem Tisch. Die flinkeste Studentin schnappt sich das Geld. Es ist sicher in ihrer Hand eingeschlossen. Die anderen zwei Antikörper können es nicht erreichen, also auch nicht binden. Keine Chance für ein Sandwich-Konstrukt!

Daraus kann man schon rein mechanistisch lernen, wie Immuntests gegen Antigene und Haptene aufgebaut sein müssen: Hochmolekulare Antigene binden leicht mehrere Antikörper und formen ein Sandwich (siehe Box 4.1).

Antigene Determinanten (also die „Hände") haben normalerweise die Größe von etwa fünf bis acht Aminosäuren (Box 4.1). Je größer die strukturelle Verwandtschaft zweier Substanzen ist, desto ausgeprägter ist die **Kreuzreaktion** des Immunsystems mit diesen Substanzen. Das heißt, ein Antikörper erkennt beispielsweise die modifizierte Aminosäure Homocystein (einen Herzrisikomarker) zu 100 %, bindet aber auch das verwandte natürliche Cystein zu 60 %. Homocystein besitzt eine einzige CH_2-Gruppe mehr als das Cystein. Man sagt dann, der anti-Homocystein-Antikörper „kreuzreagiert" (*cross reacts*) mit Homocystein.

Das **Bindungsverhalten von Antikörpern** ähnelt dem von Enzymen, allerdings wird kein Stoff umgesetzt. Es folgt nach der Bindung **keine Biokatalyse** wie bei den Enzymen. Die Bindung zwischen Antigen und Antikörper beruht auf elektrostatischen, polaren (Wasserstoffbrückenbindung), hydrophoben und van-der-Waals-Wechselwirkungen.

Die einzelnen Bindungswechselwirkungen sind zwar schwach, in der Gesamtheit jedoch verstärken sie sich gegenseitig. Die Spezifität eines Antikörpers ist abhängig von der Bindungsstärke einer einzelnen Haftstelle (Paratop) zu dem Epitop seines Antigens. Die **Affinität** ist also ein Maß für die monovalente Bindungsstärke zwischen einem einzelnen Paratop des Antikörpers und einem einzelnen Epitop des Antigens.

Als **chemisches Gleichgewicht** betrachtet, reagiert ein Antigen (Ag) mit dem Antikörper (Ak) zum **Immunkomplex** (Ag-Ak) mit der **Assoziationsgeschwindigkeit k_a**. Die Rückreaktion erfolgt mit der **Dissoziationsgeschwindigkeit k_d**.

$$Ag + Ak \overset{k_a}{\underset{k_d}{\rightleftharpoons}} AgAk$$

Ein paar Beispiele: Für kleine Moleküle (Haptene wie der Fluoreszenzmarker Fluorescein) kann die Assoziationsgeschwindigkeit k_a extrem hoch sein, z. B. 5×10^8 L/mol/s. Dieser Wert liegt nahe am theoretischen Grenzwert der Diffusion (10^9 L/mol/s) in Flüssigkeiten. Schneller geht es praktisch nicht! Für größere Moleküle (Proteine wie das Rinderserumalbumin, BSA) ist k_a dagegen tausendmal geringer, so etwa 3×10^5 L/mol/s.

Neben der Assoziationsgeschwindigkeit bestimmt natürlich die Geschwindigkeit des Zerfalls des Ak-Ag-Komplexes (k_d) die Affinität des Antikörpers. Zum Beispiel betragen die Dissoziationskonstanten für das Hapten und das Protein im obigen Beispiel von 5×10^{-3} L/mol/s (für Fluorescein) und 3×10^{-3} L/mol/s für BSA. Beide Antikörper halten ihre Partner also etwa gleich stark fest. Sehen wir unten weiter, was sich daraus ergibt.

Die Gleichgewichtskonstante dieser Reaktion, die Assoziations- oder **Affinitätskonstante K** (Einheit L/mol oder M^{-1}), lässt sich wie folgt darstellen:

$$k_a \, [Ag][Ab] = k_d \, [AgAb]$$

$$\text{Affinitätskonstante} \quad K = \frac{[AgAb]}{[Ag] \, [Ab]} = \frac{k_a}{k_d}$$

Die **Dissoziationskonstante K_D** stellt deren Kehrwert dar: $K_D = k_d/k_a$ (Einheit: mol/L oder M). Die Affinitätskonstante K für den Antifluorescein-Antikörper errechnet sich damit als 10^{11} L/mol, für BSA dagegen als 10^8 L/mol. Grob gesprochen bindet also das kleine Hapten tausendmal stärker als das Protein-Antigen an „seinen" entsprechenden Antikörper! Allgemein reichen die gemessenen Affinitätskonstanten für die Antikörper-Antigen-Bindung von 10^4 bis 10^{12} L/mol.

Kleine Kontrollfrage für aufmerksame Leser und Leserinnen: Wie groß sind die Dissoziationskonstanten K_D? 10^{-4} bis 10^{-12} mol/L. Den Rekord für die **stärkste reversible Bindung** zwischen zwei Substanzen hält übrigens **Avidin**. Es ist ein Protein mit vier Bindungsstellen für das vitaminartige Biotin: $K = 10^{15}$ L/mol.

Exakte Affinitäten lassen sich **nur für monoklonale Antikörper bestimmen, da diese homogen sind.**

Abb. 4.6 Ein Sandwich-Immunoassay, demonstriert in meinem Hongkonger Labor: Das frisch promovierte Antigen „Dr. Willis Sin" (Mitte) wird an zwei Epitopen (Ohren) von den Paratopen zweier charmanter Antikörper gebunden. Rechts der monoklonale Fänger-Antikörper „anti-Willis-linkes-Ohr" ist an einen Träger (Labortisch) gebunden. Links trägt der Detektor-Antikörper „anti-Willis-rechtes-Ohr" eine Markierung, eine schicke Hongkonger Damenuhr, als Label.

Abb. 4.7 IgM-Antikörper besitzen zehn Antigen-Bindungsstellen. Sie wirken gegenseitig exponentiell verstärkend auf die gesamte Bindungskraft (Avidität) des Moleküls.

Abb. 4.8 Einzelketten-Antikörper findet man erstaunlicherweise bei so wenig verwandten Tieren wie Kamelen und Haien.

Box 4.3 Wie man Antikörper gewinnt

Seit den Arbeiten von **Behring** und **Kitasato** um 1890 weiß man, dass spezifische Bindemoleküle aus dem Blut gewonnen werden können.

Abbildung obere Reihe: Die klassische Methode ist die **Immunisierung** von Versuchstieren mit einem Antigen. Nach wiederholter erfolgreicher Immunisierung kann man Antikörper aus dem Serum der Tiere gewinnen. Die im Fließtext gezeigte Ziege (Abb. 4.23) aus Shanghai wurde mit hoch gereinigtem Eiweiß aus menschlichem Herzmuskel (dem h-FABP, *heart fatty acid-binding protein*) immunisiert. Am Ende wurden aus ihrem Blut die **Antikörper gegen h-FABP** gewonnen. Diese sind ein Gemisch und binden an verschiedenen Stellen der Oberfläche des Antigens (**Epitopen**) mit verschiedener Stärke (Affinität). Da jeder Antikörper von bestimmter Spezifität immer von einem eigenen B-Lymphocyten-Klon im Blut gebildet wird und die Immunantwort auf der Vervielfältigung mehrere verschiedener Zellklone beruht, nennt man sie **polyklonale Antikörper**.

Mitte: Die von **Köhler** und **Milstein** entwickelte Methode nutzt die **Hybridom-Technik**. Zuerst wird ebenfalls ein Versuchstier (meist eine Maus) immunisiert. Die Maus bildet Antikörper gegen das Antigen in der Milz, die dann im Blut und in der Lymphe kursieren. Da es sich um eine Vielzahl von leicht variierten Antikörpern aus verschiedenen Zellen handelt, nennt man sie polyklonale Antikörper. Das Ziel ist aber, „einheitliche", homogene Antikörper in größeren Mengen zu bekommen.

Dafür werden die Antikörper nicht aus dem Blut gewonnen, sondern vielmehr entnimmt man die **Milz** der immunisierten Maus und isoliert die darin zahlreich vorhandenen **B-Lymphocyten**. Eigentlich entstehen B-Lymphocyten im Knochenmark aus Stammzellen. In der Milz oder den Lymphknoten werden vorhandene B-Lymphocyten antigenspezifisch klonal vermehrt bzw. zu Plasmazellen oder Gedächtniszellen differenziert. Jeder B-Lymphocyt produziert nur „seinen" Antikörper mit einer ganz eigenen Spezifität zum Antigen.

Man fusioniert nun im Reagenzglas B-Lymphocyten mit **Myelomzellen** (Tumorzellen, die gut in Zellkultur wachsen) und erhält **Hybridomzellen**. Die Abkömmlinge einer Zelle (eines Klons) produzieren dann alle uniforme Antikörper: **monoklonale Antikörper**.

Nach Selektion findet man Klone mit der Unsterblichkeit der Krebszellen und der Antikörperproduktion der B-Lymphocyten. Man kann sie in prinzipiell unbegrenzter Menge produzieren. Die Auswahl (Screening) ist jedoch aufwendig. Tausende von Klonen müssen unter sterilen Bedingungen getrennt kultiviert und getestet werden.

Unten: **Rekombinante Antikörper** sind ein dritter Weg. Dabei werden Antikörper nicht mehr in Versuchstieren (*in vivo*) produziert, sondern in Bakterien- oder Zellkulturen (*in vitro*).

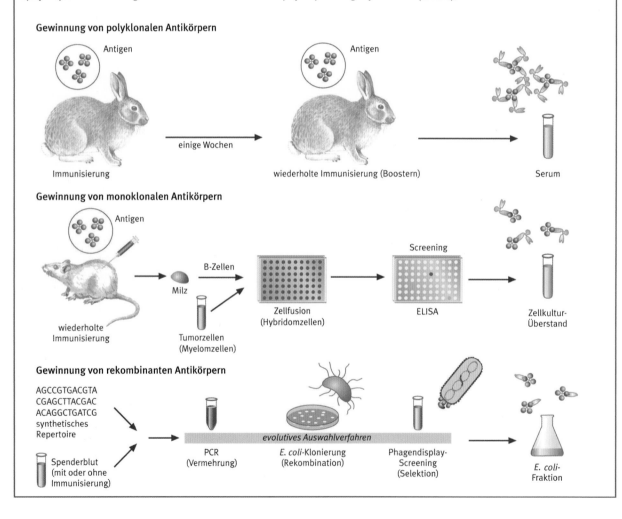

Gewinnung von polyklonalen Antikörpern

Antigen · Antigen

Immunisierung — einige Wochen → wiederholte Immunisierung (Boostern) — Serum

Gewinnung von monoklonalen Antikörpern

Antigen

wiederholte Immunisierung — Milz — B-Zellen — Tumorzellen (Myelomzellen) — Zellfusion (Hybridomzellen) — Screening — ELISA — Zellkultur-Überstand

Gewinnung von rekombinanten Antikörpern

AGCCGTGACGTA
CGAGCTTACGAC
ACAGGCTGATCG
synthetisches Repertoire

Spenderblut (mit oder ohne Immunisierung)

evolutives Auswahlverfahren

PCR (Vermehrung) — *E. coli*-Klonierung (Rekombination) — Phagendisplay-Screening (Selektion) — *E. coli*-Fraktion

Polyklonale Antikörper sind dagegen heterogen, ein Gemisch mit verschiedenen Spezifitäten und damit auch verschiedenen Affinitäten (Box 4.3). Früher bestimmte man Affinitäten mühsam mit Gleichgewichtsdialyse, heute dagegen elegant (und teuer!) mit der **Oberflächenplasmonresonanz** (SPR, siehe Kap. 7).

Die angestellten Betrachtungen zur Affinität beziehen sich auf die Bindung *einer* Antigen-Bindungstelle des Antikörpers mit *einem* Epitop des Antigens. **Einzelketten-Antikörper** (bestehend aus nur der schweren Kette des Immunglobulins) gibt es aber nur bei den Cameliden (Abb. 4.8 und 4.9 Kamelen und Lamas) und Elasmobranchiern (Haien und ihren Verwandten). Bei Menschen, Nagern, Ziegen und Schafen haben die Antikörper mindestens zwei Bindungsstellen. Das Immunglobulin M (IgM) hat sogar zehn Bindungs- stellen (Abb. 4.7).

Die Gesamtbindungsstärke oder **Avidität** nimmt dabei nicht additiv, sondern multiplikativ zu. IgMs können also „niederaffin" sein und dennoch „hochavid" binden. Die Avidität ist damit die Gleichgewichtskonstante für den gesamten Antikörper. Ein IgG mit zwei identischen Bindungsstellen mit gleichen Affinitäten hat theoretisch eine Avidität von

Avidität = $K \times K = K^2$

Für eine Anwendung ist die Spezifität der Antikörper von großer Bedeutung. Ein Maß für die Spezifität ist die **Kreuzreaktivität** der Antikörper. Wir erwähnten bereits das Beispiel von Homocystein und Cystein. Das passiert immer, wenn verschiedene Antigene gleiche oder ähnliche Epitope besitzen. Ein praktisches Beispiel sind auch die Blutgruppen-Antigene, die kreuzreagieren (siehe Abschnitt 4.3).

Rechnerisch bezieht sich die Kreuzreaktivität auf den **Testmittelpunkt eines Immunoassays** (**C_{50}-Wert**) (Abb. 4.20). Es wird ein Quotient zwischen dem Testmittelpunkt der Standardsubstanz und der zu vergleichenden Substanz gebildet und als Relativwert in Prozent in Bezug zur Standardsubstanz angegeben.

$$CR = \frac{C_{kreuz}}{C_{analyt}} \times 100\%$$

Dabei sind CR: Kreuzreaktivität (in %); C_{analyt}: Testmittelpunkt der Standardsubstanz; C_{kreuz}: Testmittelpunkt des Kreuzreaktanden.

Je niedriger dieser CR-Wert ist, umso höher ist die Spezifität des Antikörpers bzw. umso niedriger die Kreuzreaktivität.

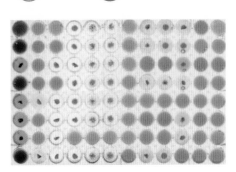

Testserien			Blutgruppe
anti-A	anti-B	anti-AB	
			A
			B
			AB
			0

Agglutination · keine Agglutination

Da, wie schon diskutiert, Antikörperreaktionen die Antigene nur binden und nicht katalytisch umwandeln, kann man nicht wie bei Enzymreaktionen (siehe Kap. 3) Reaktionsprodukte messen. Die **Antigen-Antikörper-Reaktion** ist deshalb in der Geschichte der Immunologie auf unterschiedliche Art und Weise **sichtbar** gemacht worden. Zuerst wurden die Immunreaktionen als **Agglutination** und **Präzipitation** sichtbar gemacht und schließlich als **Immunbindung**. Während man die ersten zwei durch Aggregation unmittelbar optisch sehen kann, lernte man später, die Immunbindung durch **amplifizierende Systeme** (Marker wie Radioisotope oder Enzyme) sichtbar zu machen.

In jüngster Zeit gibt es aber auch Techniken, die eine **Massezunahme bei Bindung des Antigens am Antikörper** messen können. Die Oberflächenplasmonresonanz und faseroptische Biosensoren sind in Kapitel 7 dargestellt, ebenso massensensitive Schwingquartze (piezoelektrische Sensoren).

Zurück zu einfachen Methoden: Erstmals praktisch angewendet wurde die Agglutination bei der **Blutgruppenbestimmung**.

Abb. 4.10 Das ABO-System wurde 1901 von dem Österreicher Karl Landsteiner (1868–1943) entdeckt. Die japanische Marke zeigt die Blutgruppen und wirbt für Blutspenden.

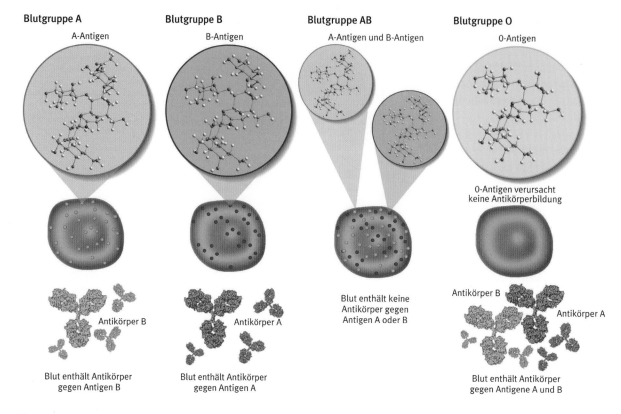

Blutgruppe A

A-Antigen

Blutgruppe B

B-Antigen

Blutgruppe AB

A-Antigen und B-Antigen

Blutgruppe 0

0-Antigen

0-Antigen verursacht
keine Antikörperbildung

Antikörper B

Blut enthält keine
Antikörper gegen
Antigen A oder B

Antikörper A

Antikörper B

Antikörper A

Blut enthält Antikörper
gegen Antigen B

Blut enthält Antikörper
gegen Antigen A

Blut enthält Antikörper
gegen Antigene A und B

Abb. 4.11 Blutgruppen und ihre Antigene auf Erythrocyten.

Im unteren Teil des Bildes gezeigt sind die Antikörper, die im jeweiligen Blut kreisen.

Als **Universalspender** gelten Blutspender mit der **Blutgruppe 0**.

Erythrocyten dieser Blutgruppe weisen nämlich keine Antigene A oder B auf. Als gemeinsames Merkmal aller Blutgruppen kommt N-Acetylglucosamin (NAcGlc) in der Glykokalix der Erythrocyten vor. Daran bindet Galactose (Gal). An der Galactose ist noch Fucose (Fuc) gebunden.

Diese bilden die (nicht-antigen wirkende) Blutgruppe 0. Zusätzlich kann an der Galactose noch N-Acetylgalactosamin (NAcGlc, Blutgruppe A) oder eine weitere Galactose binden (Gal, Blutgruppe B).

顆顆熱心救助人
點點熱血不損身

JOIN THE LIFE-SAVERS
紅十字會 捐血救人 捐得是福

■ 4.3 Blut ist ein ganz besonderer Saft: Blutgruppenbestimmung

Vor der Entdeckung der Blutgruppen waren Blutübertragungen nur zufällig erfolgreich und endeten oft tödlich. Das **AB0-System** wurde 1901 von dem Österreicher **Karl Landsteiner** (1868–1943, Abb. 4.10) entdeckt. Dafür bekam er 1930 den Nobelpreis für Physiologie oder Medizin.

Das AB0-System ist das wichtigste Blutgruppenmerkmal bei Bluttransfusionen. Es umfasst vier Hauptgruppen: **A, B, AB** und **0** und das **Rhesussystem**. Die Blutgruppe A ist in den deutschsprachigen Ländern der häufigste Typ, während 0 in den USA und Blutgruppe B in Asien die jeweils größte Gruppe darstellt.

Jede Blutgruppe ist durch die individuelle Zusammensetzung der Glykoproteine auf der Oberfläche der **roten Blutkörperchen (Erythrocyten)** des Menschen determiniert (Abb. 4.11). Deren Oberflächen unterscheiden sich also durch verschiedene Substanzen, die als Antigene wirken. Wird das Blut verschiedener Blutgruppen gemischt, kommt es zur Verklumpung (**Agglutination**) der Blutzellen durch die Wechselwirkung mit Antikörpern (Abb 4.9).

35 verschiedene Blutgruppensysteme sind bei der ISBT (Internationale Gesellschaft für Bluttransfusion) anerkannt und beschrieben. Blutgruppen sind erblich und daher auch ein Merkmal, um Verwandtschaftsverhältnisse belegen zu können.

Bei der **Blutgruppe A** (siehe Abb. 4.11) sitzen Antigene vom Typ A auf den roten Blutkörperchen, bei der **Blutgruppe B** Antigene vom Typ B. Menschen mit der **Blutgruppe AB** haben beide Arten von Antigenen auf den Erythrocyten, mit **Blutgruppe 0** dagegen keinerlei Antigene. Einen Kern von Zuckermolekülen haben 0, A und B gemeinsam. Ein einfacher Kern, der nicht immunogen wirkt, determiniert die Blutgruppe 0. Gegen die „nicht-antigene" Blutgruppe 0 werden keine Antikörper gebildet. Eine Modifikation dieses einfachen Kerns mit Acetylgalactosamin-Molekülen führt zur Blutgruppe A. Wenn der Kern dagegen mit Galactose-Molekülen modifiziert ist, liegt Blutgruppe B vor. Nun besitzt ein Träger der Blutgruppe A aber Antikörper, welche die Galactose in der Struktur der Glykoproteine (Blutgruppe B) erkennen und an diese binden. Bei Kontakt agglutinieren die Erythrocyten mithilfe der Antikörper. Das ist – vereinfacht gesagt – die Grundlage der Blutgruppenbestimmung im Labor (Abb. 4.11). Der **Blutgruppe 0 fehlen jedoch diese Antigene,** wodurch sie bei Kontakt mit der Blutgruppe A und B nicht zur Agglutination und somit nicht zum Tod führt. Dies macht Träger der Blutgruppe 0 mit Rhesusfaktor negativ, also zum Beispiel den Verfasser (RR), zu **Universalspendern**. Ihr Blut kann für Träger aller anderen Blutgruppen eingesetzt werden.

Blutgruppensubstanzen sind auch in Zellen anderer Organsysteme nachweisbar, etwa in Speichel, Schweiß und Urin. Man kann also als **Kriminalist** aus einer angeleckten Briefmarke die Blutgruppe eines Verdächtigen ermitteln.

Blutgruppen im **Labortest** werden mit Testseren nachgewiesen (bzw. mit entsprechenden monoklonalen Antikörpern): Der Laborant gibt dafür je einen Tropfen anti-A-, anti-B- und anti-AB-Testlösung auf eine spezielle Tüpfelplatte oder einen Objektträger. Nach Zugabe jeweils eines Tropfens der zu testenden Blutprobe wird das Ganze vorsichtig vermischt. Nach ein bis zwei Minuten sieht man eine eintretende (oder ausbleibende) Agglutination (Abb. 4.9).

Und der **Rhesusfaktor**? Sein Name kommt von den Versuchen mit Rhesusaffen, bei denen man im Jahr 1940 diesen Faktor zuerst entdeckt hatte. Dabei hatte **Karl Landsteiner** die gefundenen Antikörper nach A und B weitergeschrieben als C, D und E. Medizinisch besonders relevant ist unter diesen aber nur der (erblich dominante) Rhesusfaktor D. Antikörper gegen den **Rhesusfaktor D** werden bei Menschen ohne diesen Faktor nur gebildet, wenn sie mit ihm in Berührung kommen. Das kann bei Bluttransfusionen geschehen, bei Frauen auch während der **Schwangerschaft**, besonders bei der Geburt. Zum Problem wird der Rhesusfaktor, wenn eine Rhesus-negative Frau ein Rhesus-positives Kind bekommt. Sofern Antikörper vorhanden sind, etwa durch die Geburt des ersten Kindes, kann es bei der Geburt zu Blutverklumpung beim (zweiten, Rhesus-positiven) Kind und zu dessen Tod kommen. Durch **Blutaustausch** kann man dieser Folge entgegenwirken. Heutzutage wird jedoch in der Regel schon bei der ersten Schwangerschaft bei Rhesus-negativen Müttern zwischen der 28. und 30. Schwangerschaftswoche und kurz nach der Geburt eine **Anti-D-Prophylaxe** durchgeführt. Man injiziert dabei anti-D-Immunoglobuline, die die D-Antigene der Erythrocyten des Kindes neutralisieren. Das **Kell-System** ist das drittwichtigste System der aktuell 35 Blutgruppensysteme bei Bluttransfusionen. Bei Blutspendern in Deutschland und Österreich wird auf den Kell-Antikörper getestet.

Kennen Sie Ihre eigene Blutgruppe? Wie kann man die erfahren? Ganz einfach: Wie ich Blut spenden gehen, dann wird Ihre Blutgruppe kostenlos bestimmt, und gleichzeitig hat man etwas Gutes getan. Es besteht nämlich ganz akuter Mangel an Spenderblut!

■ 4.4 Löslich plus löslich gleich unlöslich: Immunpräzipitation

Auch wenn die **Immunagglutination** nur halbquantitative Daten liefert, ist sie doch sehr wertvoll. Sie hat eine hohe Empfindlichkeit, ist relativ einfach anwendbar und verursacht nur geringe Kosten für umfangreiche Untersuchungsreihen. Bei der Agglutination ist einer der Partner (z. B. Erythrocyt, Bakterienzelle) ein Korpuskel und deshalb unlöslich. Wenn *beide* Partner aber *löslich* sind, nennt man den Verlust der Löslichkeit durch eine Komplexbildung und Ausfällung **Präzipitation**.

Michael Heidelberger (1888–1991, er wurde tatsächlich 103 Jahre alt!) (Abb. 4.14) und **Forrest E. Kendall** (1920–2007) haben das 1937 quantitativ untersucht: Sie füllten in eine Serie von Röhrchen mit derselben konstanten Antikörpermenge von links nach rechts eine steigende Menge von Antigen (Abb. 4.12) und maßen nach einiger Zeit die Präzipitatmenge in jedem Röhrchen. Bei einem bestimmten Verhältnis von Antigen zu Antikörper in der Ausgangslösung bildete sich ein maximales Immunpräzipitat. Als sie nach Sedimentation des Präzipitats den Gehalt an löslichem Antigen (Ag) und aktiven Antikörper (Ak) im Überstand untersuchten, fanden sie im Röhrchen mit maximaler Präzipitation im Überstand weder Antigen noch Antikörper. Also waren Antikörper und Antigen kreuzvernetzt ausgefällt zu Boden gesunken (sedimentiert). Die Röhrchen links davon enthielten aktiven Antikörper (Zone des Ak-Überschusses) und rechts davon lösliches Antigen (Zone des Ag-Überschusses). Die Zone mit der maximalen Präzipitation wurde **Zone der Äquivalenz** genannt: Ak und Ag sind hier äquivalent. Es existierte also ein stöchiometrisches Verhältnis von Epitop und Paratop.

Aha! Wenn solch ein Verhältnis exakt messbar ist, sollte man mit diesem Prinzip auch einen **quantitativen Immunoassay** entwickeln können! Genau das haben die Immunologen getan. Man kann mit der **Heidelberger-Kurve** (Abb. 4.13) Immunreaktionen quantifizieren. Wir werden das in diesem Kapitel später sehen.

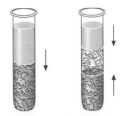

eindimensionale Diffusion

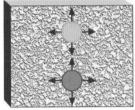

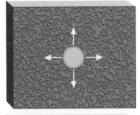

zweidimensionale Diffusion

Antigen □   1% Agarose
Antikörper ▨

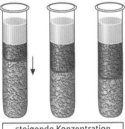

steigende Konzentration des Ag

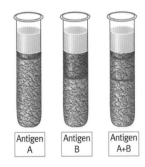

| Antigen A | Antigen B | Antigen A+B |

Abb. 4.12 Immunpräzipitierende Systeme. Oben links: eindimensionale einfache Immundiffusion nach Oudin; oben rechts: eindimensionale Doppeldiffusion; Mitte links: zweidimensionale Einfachdiffusion nach Mancini; Mitte rechts: zweidimensionale Doppeldiffusion nach Ouchterlony; unten: eindimensionale Immundiffusion nach Oudin in zwei Varianten

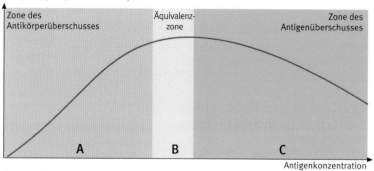

Menge des präzipitierten Antikörpers

Zone des
Antikörperüberschusses

Äquivalenz-
zone

Zone des
Antigenüberschusses

A   B   C

Antigenkonzentration

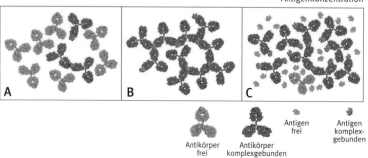

A   B   C

Antikörper
frei

Antikörper
komplexgebunden

Antigen
frei

Antigen
komplex-
gebunden

Abb. 4.13 Prinzip der Heidelberger-Kendall-Kurve

Abb. 4.14 Michael Heidelberger (1888–1991), der Vater der modernen quantitativen Immunanalytik

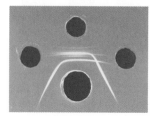

Abb. 4.15 Praktisches Beispiel einer Immundiffusion nach Ouchterlony. Die Stanzlöcher in der Agarose enthalten verdünntes normales humanes Serum (NHS, oben), humanes Albumin (links), humanes IgG aus Serum isoliert (rechts), Ziegenserum gerichtet gegen NHS.

Der einfachste Test war also der Ringtest (siehe oben). Bei ihm verschwand der Diskus nach kurzer Zeit wieder. Heute verwendet man **Immundiffusionstests**. Das sind Agar-Diffusionstests zum Nachweis von Antigen-Antikörper-Reaktionen. Dabei wird das von Meeresalgen gebildete gelartige Polysaccharid **Agar** als fester Träger verwendet.

Antigene und die Antikörper können sich im Agargel durch Diffusion ausbreiten. Sobald das Antigen auf einen passenden Antikörper trifft, reagiert es mit diesem und bildet ein mit bloßem Auge sichtbares Immunpräzipitat (Abb. 4.12). Diese Immunpräzipitation erlaubt eine *qualitative* (ja/nein) oder *quantitative* Analyse der Immunopartner. In der Praxis werden Einfach- und Doppeldiffusionen durchgeführt.

Bei der **Einfachdiffusion** diffundiert nur einer der Reaktionspartner. Zwei Varianten existieren: Die **Oudin-Immundiffusion** (oder **lineare Einfachdiffusion**) wurde 1946 von **Jacques Oudin** (1908–1985) entwickelt. Es war eine der ersten Methoden, um Antigene in komplexen Proben zu quantifizieren (Abb. 4.12). In ein Reagenzglas gießt man das Antikörper enthaltende Antiserum vermischt mit warmem flüssigen Gel (meist Agar). Nach dem Erstarren des Gels wird es mit der Antigen enthaltenden Lösung überschichtet. Wenn der Antikörper das Antigen erkennt und mit ihm reagiert, bilden sich ein oder mehrere ringförmige Präzipitat(e). Die Entfernung der Ringe vom Diffusionsstart-

punkt (Oberfläche des Agargels) kann gemessen werden. Mithilfe einer Eichgeraden kann man die **Konzentration des Antigens** abschätzen.

Die Italienerin **Giuliana Mancini** beschrieb 1965 dagegen die **radiale Immundiffusion** (**RID**): Das die Antikörper enthaltende Antiserum im Agargel gießt man auf einen festen Träger, meist eine Glasscheibe. Nach Erstarren des Agars werden mit einem Korkbohrer Vertiefungen in das Gel gestanzt. In diese Löcher füllt man Antigenlösung ein. Die Reaktion mit den Antikörpern resultiert in **ringförmigen Präzipitaten**. Durch Ausmessen der Ringdurchmesser kann man Antigene quantitativ bestimmen. Nachteilig für Ungeduldige (wie den Autor dieses Buches) ist, dass man Ergebnisse oft erst nach Tagen erhält. Es kann ein bis vier Tage dauern! Die Sensitivität liegt etwa im mg/mL-Bereich.

Bei der **Doppeldiffusion** diffundieren dagegen beide Reaktionspartner. Außerdem können je nach Fragestellung mehrere verschiedene Antikörper und Antigene eingesetzt werden. Der schwedische Immuloge **Örjan Ouchterlony** (1914–2004) erfand 1948 die heute wohl populärste rein qualitative Technik, die **Zweidimensionale Doppeldiffusion** (**Ouchterlony-Test**). Dieser Test erlaubt die gleichzeitige vergleichende qualitative Analyse mehrerer Antigen-Antikörper-Systeme: **„Ist ein gesuchtes Antigen da oder nicht?"**

Dabei beschichtet man einen festen Träger, meist eine Glasplatte oder eine Petrischale mit Agargel. In vorgestanzte Löcher pipettiert man Antigene und Antikörper. Diese diffundieren nun aufeinander zu. Gerade Präzipitationslinien bilden sich dort, wo Antigen und Antikörper in äquivalenter Konzentration aufeinandertreffen. Auf diese Weise kann man **grobe Aussagen über Größen und Konzentrationen** machen (Abb. 4.15).

Der Ouchterlony-Test ist eine Standardtechnik der gesamten Biowissenschaften. Wie kann man mit ihm Aussagen über die Molekülmassen der Partner erhalten? Die Präzipitationslinie ist zu dem jeweils größeren Reaktionspartner hin gebogen. Man kann dann zumindest sagen: Ist das Antigen größer oder kleiner als IgG (150 000 Da) bzw. IgM (900 000 Da)? Verdrängt wird die Immunodiffusion allerdings durch das **Western Blotting** (siehe Abschnitt 4.6). Dieses erlaubt zwar keinen Antigenvergleich, liefert aber exakte Molekülmassen der betreffenden Proteine und definitive Aussagen über deren Reinheit.

■ 4.5 Diffusion kombiniert mit Elektrophorese: Immunelektrophorese

Was passiert aber, wenn man nicht in „sauberen" Lösungen misst, sondern Immunreaktionen in Serum oder Plasma messen will?

Serum und **Plasma** sind sehr komplexe Systeme. Solche Mischungen aus so vielen Antigenen liefern in einer Immundiffusion ein Präzipitationsmuster mit einer riesigen Fülle unterschiedlicher Präzipitationslinien. Eine verwirrende Vielfalt!

Daher trennt man die Proteine zunächst **im elektrischen Feld nach ihrer Ladung** auf (Abb. 4.16) und wendet anschließend dann die Immundiffusion an. Dabei ist das Stanzloch für die Antikörperaufnahme zu einer Rinne erweitert (wie in Abbildung 4.16 gezeigt).

Diese **Immunelektrophorese** kann (je nach Antiserum) etwa 15 bis 30 Plasmaproteine identifizieren. Sie dient der Orientierung: Sind bestimmte Proteine da? Und wenn ja, in welchen Mengen? Mit ihrer Hilfe kann man auch in anderen komplexen Proteingemischen (Plasma, Cytosol, Bakterienlysat) einzelne Proteinkomponenten identifizieren und deren Aktivierung oder Fragmentierung untersuchen.

Ein Beispiel einer Immunelektrophorese ist in Abbildung 4.16 C dargestellt. Antigene werden zunächst in Agargel durch Anlegen einer elektrischen Ladung getrennt. Positiv geladene Proteine wandern zur Kathode (negativ) und negative zur positiven Anode. Zwischen die Vertiefungen wird eine Rinne eingeritzt und mit Antikörperlösung gefüllt. Danach lässt man die Platte stehen, damit die Substanzen diffundieren können.

Antigene und Antikörper bilden sogenannte **Präzipitatbögen.** Zur Beschleunigung der Immundiffusion kann man Antigene und Antikörper im elektrischen Feld **gegeneinander laufen lassen,** vorausgesetzt beide haben eine unterschiedliche Ladung. Diese **eindimensionale Elektroimmundiffusion** hat den weiteren Vorteil erhöhter Sensitivität, weil die gesamten Antigene im elektrischen Feld dann in eine Richtung laufen.

Im Gegensatz dazu diffundieren bei der zweidimensionalen Immundiffusion von Ouchterlony Antigen und Antikörper in zwei Dimensionen, wobei nur diejenigen Anteile von Antigen und Antikörper präzipitieren, die sich jeweils gegen-

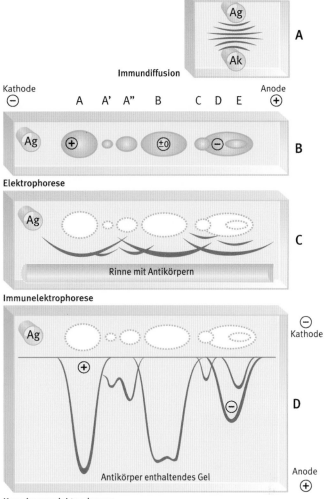

Abb. 4.16 Immun- und Kreuzimmunelektrophorese:

Da Serum und Plasma komplexe Systeme sind, trennt man die Proteine zunächst im elektrischen Feld nach ihrer Ladung auf. Anschließend folgt dann die Immundiffusion. Das Stanzloch ist für die Antikörperaufnahme zu einer Rinne erweitert.

A Immundiffusion mit vielen antigenen Systemen und polyklonalem Antiserum. Man erkennt viele Präzipitationslinien, die sich nur schwer auflösen lassen.

B Gelelektrophorese. Auftrennung einer Proteinmischung im elektrischen Feld. Die Proteine sind im Gel angefärbt. Es sind fünf bis sechs Proteinflecken (engl. *spots*) zu sehen. Das sind Proteine mit unterschiedlicher Ladung. Der Antigengehalt dieser Proteine ist in (C) und (D) analysiert.

C Immunelektrophorese. Auftrennung der Antigenmischung wie in (B) und anschließende Immundiffusion der aufgetrennten Proteine mithilfe des polyklonalen Antiserums.

Die gestrichelten Ovale entsprechen der Position der Proteine in B (mit Amidoschwarz angefärbt) unmittelbar bei Diffusionsbeginn. Nach ausreichender Diffusion sind sieben verschiedene Präzipitationslinien und deren antigene Beziehung zueinander zu erkennen: Nichtidentität (B/D, C/D, E/D, B/A'), Identität (A'/A") und partielle Identität (A/A', wobei A über A' spornt).

D Kreuzimmunelektrophorese (nach Clark und Freedman). Man trennt in der ersten Dimension Proteine auf, die dann in der zweiten Dimension in ein polyklonales Antiserum enthaltendes Gel elektrophoresiert werden. Die antigenen Systeme erscheinen als Präzipitationsgipfel (engl. *peaks*). Die Peaks gestatten eine (halb-) quantitative Quantifizierung der einzelnen Komponenten in hoher Auflösung. Der Antigenvergleich (identisch, nicht identisch und partiell identisch) ist analog dem der Immunelektrophorese, allerdings klarer sichtbar.

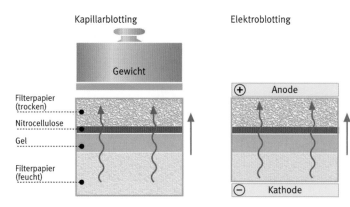

Kapillarblotting

Elektroblotting

Gewicht

Filterpapier (trocken)

Nitrocellulose

Gel

Filterpapier (feucht)

⊕ Anode

⊖ Kathode

Abb. 4.17 Western Blotting. Oben links: Der Proteintransfer durch Kapillarblotting benutzen einen mit Transferpuffer getränkten Filterpapierstapel. Er kann auch in einer Wanne mit Puffer liegen. Das Gel enthält die aufgetrennten Proteine, die auf den Träger (meist Nitrocellulose) durch den kapillaren Sog des Filterpapierstapels übertragen werden. Das Gewicht auf einer Glasplatte sorgt für gleichmäßigen Kontakt. Oben rechts: Das Elektroblotting verwendet eine Kathode und eine Anode mit in Transferpuffern getränkten Filterpapieren und verstärkt dadurch die Wanderung der Proteine zur Nitrocellulose.

Abb. 4.18 Edwin Southern (geb. 1938)

Abb. 4.19 Auswertung der Blots.
A: Western Blotting. Erstes Gel links: Eine Proteinmischung wurde in einem Polyacrylamid-Gel in SDS nach der Größe aufgetrennt und die Proteinbanden mit Coomassie-Blau angefärbt; Gel rechts: Enzymmarkierte Antikörper identifizieren nach Zugabe eines farblosen Substrats und blauer Produktbildung ein einzelnes spezielles Protein in der Proteinmischung: Nur das gesuchte Protein gibt ein Signal.
B: Zweidimensionale Auftrennung der Proteinmischung.
Horizontal: Auftrennung nach Ladung der Proteine mithilfe der isoelektrischen Fokussierung; Vertikal: Auftrennung nach Größe der Proteine. Als Referenz ist an der linken Kante die eindimensionale Auftrennung gezeigt.

über liegen. Die Immundiffusion kann auf wenige Stunden reduziert werden, wenn Antigene im elektrischen Feld in ein Antikörper enthaltendes Gel einwandern.

■ 4.6 Nützliche Proteinkleckse: Western Blotting

»...auf dem Blot ist das Protein nackt und hilflos dem Zugriff des Proteinchemikers ausgesetzt. Er kann es anfärben, ansequenzieren, mit Antikörpern reagieren lassen, mit Enzymen umsetzen, seine Derivatisierung bestimmen und auf die Bindung von Liganden und Ionen prüfen. Deshalb ist der Blot das vielseitigste und beliebteste Werkzeug des Proteinbiochemikers.«

Das schreibt **Hubert Rehm**, Biochemiker und ehemaliger Herausgeber des *Laborjournals*, in einem der besten deutschen Labor-Ratgeberbücher für Proteinchemie. Das gute alte Löschpapier ist zwar etwas aus der Mode gekommen, nicht jedoch das **Blotting**. Die Bezeichnung des Blot-Verfahrens stammt vom englischen *blot* für

Klecks oder Fleck und von *blotting paper* für Löschpapier, bei dem auch ein identischer geometrischer Abdruck des Originals entsteht.

Der Erfinder der Blotting-Technik war **Edwin Southern** (geb. 1938, Universität Oxford, Abb. 4.18). Er entwickelte 1975 eine dramatische Verbesserung der DNA-Gelelektrophorese. Bei der **DNA-Gelelektrophorese** (siehe Kapitel 6) wird zunächst DNA mit Restriktionsenzymen in **kleinere Fragmente** gespalten. Wenn man chromosomale DNA spaltet, ist allerdings die Zahl der Fragmente so groß, dass man sie nicht einfach auf dem Gel auflösen kann. Die Banden „verschmieren". Ed Southerns Idee war, auf das Gel mit der horizontal aufgetrennten DNA eine **Nitrocellulose (NC)-Membran** zu legen und diese mit saugfähigen Papiertüchern und einem Gewicht fest daraufzupressen. Dann packt man das Gel in eine Pufferlösung und saugt diese durch das Gel hindurch zur NC-Membran (Abb. 4.17). Die **Kapillarwirkung transportiert die DNA vertikal aus dem Gel auf die Membran.** Die DNA bindet sich und bildet so einen exakten geometrischen „Abdruck" der DNA-Fragmente im Gel. Das nennt man **Southern Blot**, nach Ed Southern eben. Leicht ironisch wurde in Analogie zu diesem Himmelsrichtungsnamen die entsprechende Auftrennung von Proteinen **„Western Blot"** genannt.

Neben kapillaren Kräften beim **Kapillartransfer** kann man zusätzlich einen elektrophoretischen Transfer (**Elektrotblotting**) verwenden (Abb. 4.17). Dabei liegt die Kathode unter dem Gel, die Anode über dem Filterpapier.

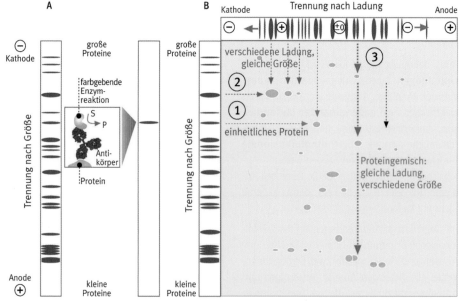

A

⊖ Kathode

große Proteine

Trennung nach Größe

Anode ⊕

kleine Proteine

farbgebende Enzymreaktion

S → P

Antikörper

Protein

B

große Proteine

Trennung nach Größe

kleine Proteine

Kathode Trennung nach Ladung Anode

verschiedene Ladung, gleiche Größe

② ③

①

einheitliches Protein

Proteingemisch: gleiche Ladung, verschiedene Größe

Kann man auch **Proteine blotten**? Die Protein-Blotting-Methode entwickelte **Harry Towbin** in Basel bei Ciba-Geigy 1979. Diese erhielt von **W. Neal Burnett** (geb. 1944) die Bezeichnung **Western Blot**. Wichtig ist, dass bei der Übertragung des Western Blots vom Gel auf die Membran die Proteine auf dem Träger in derselben geometrischen Anordnung erscheinen, wie sie nach Auftrennung im Gel vorlagen.

Wie in Abbildung 4.19 gezeigt, liegen dann die **Proteine nicht mehr im Gel vor, sondern „nackt" auf der Membran.** Sie können wie beim Dot-Immunoassay mithilfe eines Detektionssystems identifiziert werden. Zum Beispiel können Antikörper gegen die gesuchten Proteine aufgebracht werden, die mit Peroxidase markiert sind (siehe weiter unten beim ELISA). Bei Zugabe eines farblosen Substrats wandelt dann die antikörpergebundene Peroxidase das Substrat in ein blaues Produkt um und „verrät" dadurch das Protein. **Das ware völlig unmöglich, wenn die Proteine im Gel sitzen würden!**

In einer Reihe von biologischen Systemen kann die Fülle unterschiedlicher Proteine so groß sein, dass eine **eindimensionale Auftrennung** die einzelnen Konstituenten nicht mehr ausreichend trennt.

In diesem Fall kann man die Auflösung über den Einsatz der **zweidimensionalen Auftrennung** steigern, wobei die erste Dimension eine Auftrennung nach Ladung und die zweite Dimension eine Auftrennung nach Größe einschließt. Das Resultat sind Punktwolken mit einer Auflösung von bis zu 10 000 Proteinen pro Gelplatte (siehe Kap. 2).

Die hohe Auflösung wird vor allem auch eingesetzt, um zu zeigen, ob ein Protein der Ladung und Größe nach einheitlich ist. Abbildung 4.19 gibt ein Beispiel für ein homogenes Protein ①. Dagegen ist Protein ② der Größe, nicht aber der Ladung nach einheitlich: Bei der Auftrennung nach Ladung zerfällt es in drei Flecken (Ladungsvarianten). Auch Proteinbanden einheitlicher Ladung ③ können Flecken unterschiedlicher Größenklassen ergeben. Nach Transfer auf eine Nitrocellulosemembran erfolgt die Immunodetektion individueller Proteine.

■ 4.7 Nephelometrie: mit Erfolg im Trüben fischen

Immunkomplexe aus Antigen und Antikörper in Flüssigkeiten **streuen einfallendes Licht** stärker als Antigene und Antikörper allein. Wird

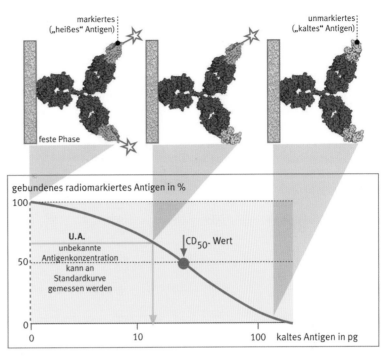

eine Suspension solch kleinster Partikel in einen Lichtstrahl verbracht, so wird ein Teil des eingetretenen Lichtes absorbiert. Bei der **Turbidimetrie** wird diese Absorption gemessen (ähnlich wie bei der Photometrie). Turbidimetrie wird heute noch routinemäßig für die Bestimmung der Lipase-Aktivität benutzt. Ein anderer Teil des Lichtes wird seitlich zum eintretenden Strahl gestreut (**Tyndall-Effekt**) (Abb. 4.22).

Dieses seitlich austretende Streulicht misst die **Nephelometrie**. Die Kinetik der Trübung folgt den Regeln der oben beschriebenen „Heidelberger-Kurve" (Abb. 4.13). Deshalb ist der Grad der Trübung nur auf dem aufsteigenden Schenkel der Kurve (das heißt im Antikörperüberschuss) der Menge des Antigens proportional.

Gemessen und später über Standardkurven umgerechnet werden (je nach Art des Antigens) die **Schnelligkeit der Trübung oder die maximale Trübung**. Es kann aber auch die Zeit bis zum Erreichen des Wendepunkts oder der halbmaximalen Trübung bestimmt werden. Da jede Antigen-Antikörper-Reaktion dem Massenwirkungsgesetz folgt, hängt die Schnelligkeit der Reaktion bei konstanter Antikörperkonzentration allein von der Konzentration des Antigens ab.

Die Messdauer von **nur etwa fünf bis zwölf Minuten und die Automatisierbarkeit** haben die Nephelometrie in der medizinischen Routinepraxis zur wichtigen Methode für die immunologische Quantifizierung von Proteinen in

Abb. 4.20 Kompetitives Radioimmunoassay. Dabei mischt man „heißes" radioaktiv markiertes Antigen mit unmarkiertem („kaltem") Antigen. Die „heiße", über seine Radioaktivität messbare Antigenmenge wird konstant gehalten. Unten: Die gegenseitige Verdrängung „heiß/kalt" kalibriert man mit bekannten Antigenmengen. So kann leicht eine unbekannte Antigenmenge ermittelt werden.

Abb. 4.21 Markierte und unmarkierte Nanoru-Babies konkurrieren um die Bindung. Sie demonstrieren ein kompetitives *Enzyme-linked Immunosorbent Assay* (ELISA).

Abb. 4.22 Streulicht beim Hongkonger Neujahrsfeuerwerk: Licht kann durch Partikel seitlich zum eintretenden Strahl gestreut werden (Tyndall-Effekt). Dieses seitlich austretende Streulicht misst die Nephelometrie.

Box 4.4 Bioanalytik-Historie:
Rosalyn Yalow und der Radioimmunoassay – oder: Konkurrenz belebt das Geschäft

„Wir Frauen müssen an uns selbst glauben, sonst wird es keiner tun."

Daran hat sich **Rosalyn Yalow** ihr Leben lang gehalten. Die Welt könne es sich nicht leisten, die Hälfte ihrer Talente zu verschwenden, meinte sie. Erfolg in der Wissenschaft zu haben, war für eine jüdische Frau im Amerika der 1930er Jahre alles andere als einfach. Diskriminierung war Alltag, auch im akademischen Umfeld.

Rosalyn kam 1921 als zweites Kind von **Simon Sussman** und seiner Frau **Clara** (geb. **Zipper**) im New Yorker Stadtteil Bronx zur Welt. Simon Sussman stammte aus der East Side von New York, dem Schmelztiegel für osteuropäische Einwanderer. Ihre Mutter war im Alter von vier Jahren aus Deutschland in die USA gekommen. Beide Eltern hatten keine höhere Schule besucht. Die kleine Rosalyn konnte aber bereits lesen, bevor sie in den Kindergarten kam. Weil die Familie keine Bücher besaß, holten sich Rosalyn und ihr älterer Bruder Alexander jede Woche in einer Volksbücherei neuen Lesestoff. In der Schule hatte sie dann beindruckende Lehrer in Mathematik und Chemie.

Während der Collegezeit von Rosalyn Sussman in den späten 1930er Jahren war Kernphysik eines der spannendsten wissenschaftlichen Arbeitsfelder. Als 16-jährige las sie von **Eve Curie** die Biografie ihrer Mutter, der zweifachen Nobelpreisträgerin **Marie Curie** (1867-1934). Als **Enrico Fermi** (1901-1954) im Januar 1939 an der Columbia University ein Kolloquium über die neuentdeckte Kernspaltung gab, hörte sie begeistert zu.

Schon damals plante Rosalyn Sussman eine wissenschaftliche Karriere in der Physik. Ihre praktisch orientierte Familie fand allerdings den Beruf einer Grundschullehrerin besser. Im Januar 1941 erwarb Rosalyn Sussman am Hunter College als erste Frau überhaupt einen akademischen Bachelor-Grad. Aber eine Uni-Karriere? Sorry! Von einem ihrer Physikprofessoren hörte sie, sie könne jedoch als Teilzeitsekretärin an der Uni arbeiten. Vorher müsse sie allerdings noch Stenografie lernen.

Die Wende kam durch den Krieg. Der Männerschwund an den Universitäten nach dem Kriegseintritt der USA 1941 ermöglichte ihr, an der Universität von Illinois in Urbana zu assis-

tieren. Im September 1941 wechselte Rosalyn Sussman nach Urbana. Sie arbeitete noch ein halbes Jahr als Sekretärin, besuchte im Sommer zwei kostenlose Physikkurse und warf dann ihre Stenobücher weg. An der Uni war sie beim ersten Treffen am College of Engineering die einzige Frau unter 400 Teilnehmern. Ein (männlicher) Teilnehmer bemerkte sarkastisch zu ihr: „Ah, Konkurrenz belebt das Geschäft!" Er ahnte nicht, dass er mit einer künftigen Nobelpreisträgerin sprach...

Bereits am ersten Tag begegnete sie dem Physikstudenten **Aaron Yalow**, den sie 1943 heiratete. 1945 promovierte Rosalyn. Danach kehrte sie nach New York zurück, wohin ihr Mann folgte. Von 1946 bis 1950 war Rosalyn Yalow Dozentin an „ihrem" New Yorker Hunter College. Ab 1950 wirkte sie am Isotopeninstitut des Veterans Administration Hospitals im New Yorker Stadtteil South Bronx.

Neben ihren Verpflichtungen als Mutter zweier Kinder forschte sie begeistert im Team mit dem Arzt **Solomon Aaron Berson** (1918–1972). Berson war Sohn russisch-jüdischer Einwanderer und Rosalin Yalow zufolge der genialste Mann, den sie jemals getroffen hatte. Ein brillianter Forscher, Schach- und Geigenspieler. Die beiden untersuchten, zumeist nur zu zweit im Labor, Therapiemöglichkeiten mit Radioisotopen.

Wie so oft war die Erfindung ein Nebenprodukt der Forschung. Ein Dr. **I. Arthur Mirsky** hatte behauptet, dass Diabetes durch einen enzymatischen Abbau des Insulins entstünde, durch eine „Insulinase". Das wollten Yalow und Ber-

son überprüfen. Mit radioaktivem Jod 131 markiertes Insulin wurde einem Diabetiker gespritzt. Er hatte zuvor mehrfach Insulin bekommen. Als Vergleich spritzte man das Insulin auch einer Normalperson. Zum Erstaunen der Forscher verschwand das radioaktive Insulin langsamer aus dem Plasma des diabetischen Patienten als aus dem der Normalperson, die nie vorher Insulin bekommen hatte.

Yalow und Berson vermuteten, dass sich im Blut **Antikörper gegen Insulin** gebildet hatten, die das radioaktive Insulin banden.

Die klassische Methode des Antikörpernachweises war zu dieser Zeit die **Präzipitation**. Wenn sich genügend Antikörper im Blut befinden, binden sie das Antigen, und es entsteht ein Netzwerk, das einen sichtbaren Niederschlag bildet. Das geschah nicht, die Antikörperkonzentrationen waren nicht groß genug. Also nutzte man die Elektrophorese. Dabei werden Proteine im Serum nach ihrer Wanderung im elektrischen Feld aufgetrennt. Tatschlich fanden Yalow und Berson: Das radioaktive Insulin wanderte, gebunden an γ-Globulinen, also an Antikörpern!

Mitte der 1950er Jahre wurde dieser Befund aber nicht akzeptiert von den Immunologen. Man nahm an, dass kleine Moleküle keine Antikörperreaktion hervorrufen können. Das *Journal of Clinical Investigation* akzeptierte die Publikation erst nach endlosem Gerangel, nachdem der Begriff „anti-Insulin-Antikörper" gestrichen war.

Der **Geistesblitz**: Wenn man im Reagenzglas eine konstante Menge Antikörper (gegen Insulin gerichtet) nimmt und eine konstante Menge radioaktiven Insulins zugibt, kann man herausfinden, wie viel nicht-radioaktives (natürliches) Insulin in der Lösung ist! Beide Insuline konkurrieren nämlich um die Bindung am Antikörper. Wenn kaum natürliches Insulin im Blut ist, bindet sich fast ausschließlich das radioaktive. Das kann man mit einem Messgerät bestimmen. Ist dagegen viel Insulin im Blut, bindet sich nur wenig radioaktives. „Konkurrenz belebt das Geschäft": Der **Radioimmunoassay (RIA)** war geboren!

Der RIA erlaubte erstmalig die Messung von Substanzen in milliardenfach geringerer Konzentration als die normalen Blutbestandteile. 10^{-10} bis 10^{-12} molare Konzentrationen von Peptidhormonen sind keine Seltenheit.

Apropos Geschäft: Yalow und Solomon Berson lehnten eine **Patentierung** für den RIA ab.

Sie wären Millionäre geworden, denn der RIA setzte sich in den 1960er Jahren erst langsam, dann stürmisch durch. 1975 benutzten ihn schon über 4000 Krankenhäuser allein in den USA. Die Zahl der Nutzer verdoppelte sich von nun ab jedes Jahr.

In Deutschland ist heute die Firma BRAHMS in Hennigsdorf bei Berlin der Marktführer. Vor allem Schilddrüsenhormone werden mit RIAs von BRAHMS bestimmt.

Rosalyn Yalow (1921–2011) erhielt 1977 als zweite Frau – nach der Amerikanerin **Gerty Cori** (1896–1957) – den Nobelpreis für Physiologie oder
Medizin für die Entwicklung des Radioimmunoassays (RIA) zur Bestimmung der Peptidhormone. Dazu gehört das lebenswichtige Insulin.

Eine Hälfte des Nobelpreises ging an sie, die andere Hälfte teilten sich **Roger Guillemin** (geb. 1924) vom Salk-Institut in San Diego und **Andrew Schally** (geb. 1926) vom Veteranenkrankenhaus in New Orleans für die Entdeckung von Peptidhormonen des Gehirns. Der Miterfinder Solomon Berson erlebte die Preisverleihung leider nicht mehr. Er starb 1972, aber nur lebende Forscher erhalten den Preis.

Ironie der Geschichte: Der Artikel „Immunoassay of endogenous plasma insulin in man" von Yalow and Berson ist heute der **meistzitierte Artikel** des *Journal of Clinical Investigation*. In ihrem Nobelvortrag projizierte Rosalyn Yalow unter großem Gelächter den bösen Ablehnungsbrief der Gutachter.

Serum, Urin und anderen Flüssigkeiten mit komplexen Proteingemischen werden lassen. Es gibt kommerzielle Automaten, die die Konzentration unterschiedlicher Serumproteine gleichzeitig in kurzer Zeit bestimmen. Die Sensivität der Nephelometrie liegt allerdings im mg/mL-Bereich und ist somit erheblich schlechter als die Empfindlichkeit des Radioimmunoassays (RIA) und auch wesentlich geringer als die des Enzymimmunoassays (ELISA, siehe Abschn. 4.10).

■ 4.8 Immunoassays: „Das Bessere ist der Feind des Guten"

Wie aktuell sind die klassischen Immunpräzipitationen heute noch? Sie verschwinden „heimlich still und leise" aus den Labors. Der Western Blot übernimmt einerseits Ouchterlony und die einfache Immunelektrophorese. Radiale Immundiffusion und Raketenimmunelektrophorese werden andererseits von sensitiveren und schnelleren Immunoassays (IAs) abgelöst wie RIA und ELISA.

Wenn **Analyten nur wenige bzw. keine Epitope haben,** wie niedermolekulare Hormone, versagen „die Klassiker" fast immer. Gerade die Hormone sind aber hochinteressant: Diabetes und Schildddrüsenerkrankungen nehmen zu!

Wie bestimmt man nun „kleine" Hormone wie Insulin oder TSH mit Immuntests im Blut quantativ? Die Insulinbestimmung führte letztlich **Rosalyn Yalow** (1921–2011) zum Nobelpreis (Box 4.4). Sie „erfand" mit **Solomon A. Berson** (1918–1972) die modernen Immunoassays.

Immunoassays sind die wichtigste Gruppe der **Bio-Affinitätstests** (**Ligand-Bindungsassays**). Ein Antikörper bindet das Analytmolekül nichtkovalent und wandelt es nicht (wie ein Enzym) zu Produkten um. Wie aber kann man das bloße Binden sichtbar machen? Über Präzipitate! Das haben wir gesehen. Aber geht es nicht etwas pfiffiger? Man muss die Antikörper sichtbar machen, sie labeln (markieren).

Zu den häufigsten **Markern** gehören Isotope (Radioimmunoassay, RIA), Enzyme (Enzymimmunoassay, ELISA) oder Fluoreszenzfarbstoffe (Fluoreszenzimmunoassay, FIA).

■ 4.9 Schilddrüsentests mit dem Radioimmunoassay

„Temperament ist ein vorzüglicher Diener, doch ein gefährlicher Herrscher", sagt ein Sprichwort.

Abb. 4.23 Oben: Polyklonale Antikörper gewinnt man mit Kaninchen und in größeren Mengen mit Ziegen (hier eine Ziege in Shanghai), die durch Injektion entsprechender Antigene zur Antikörperproduktion gebracht werden.

Abb. 4.24 „Himmelhoch jauchzendes – zu Tode betrübtes" Nanoru: gestörte Funktion der Schilddrüse?

Abb. 4.25 Nanoru-Sandwich-ELISA

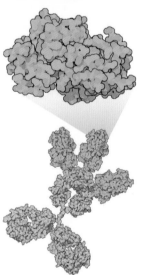

Abb. 4.26 Oben: Meerrettich enthält Peroxidase.
Mitte: Meerrettich-Peroxidase *(horse-radish peroxidase,* HRP) ist ein Hämprotein.
Unten: Drei HRP-Moleküle wurden mit dem „Fuß" eines Antikörpers konjugiert. Peroxidase ist somit das Markerenzym.

Temperament wird oft mit der Funktion der **Schilddrüse** verbunden (Abb. 4.24). Sie ist wohl die bekannteste endokrine Hormondrüse. Störungen ihrer Funktion sind recht häufig. Rund ein Drittel aller Deutschen hat Probleme mit der Schilddrüse, meist ohne es zu wissen. Ab dem 45. Lebensjahr ist jeder Zweite betroffen. Frauen sind in aller Regel stärker gefährdet als Männer.

Jodmangel und Erkrankungen der Schilddrüse können das Organ aus dem Takt bringen, sodass es nicht mehr die richtige Menge an Botenstoffen aussendet. Viele verschiedene Funktionen im Körper geraten dann aus dem Gleichgewicht: Indikatoren sind Konzentrationsschwäche, kühle Haut, Gewichtszunahme und Verstopfung ebenso wie Herzklopfen, innere Unruhe, Schwitzen oder Gewichtsabnahme.

Auch Deutschland ist infolge einer ungenügenden Jodzufuhr durch die Nahrung ein Jodmangelgebiet. 15 Millionen Menschen weisen eine als Kropf vergrößerte Schilddrüse auf. Jährlich werden hier immer noch **100 000 Schilddrüsenoperationen** durchgeführt, von denen allerdings viele vermeidbar wären.

Die Funktion der Schilddrüse wird durch **TSH** (**Thyreoidea-stimulierendes Hormon**) aus der Hirnanhangsdrüse (Hypophyse) gesteuert. In Abhängigkeit vom TSH-Spiegel werden Trijodthyronin und Thyroxin in das Blut abgegeben.

Thyroxin (T4) und **Trijodthyronin (T3)** sind die eigentlichen Schilddrüsenhormone. Diese lebenswichtigen Hormone wirken in fast allen Körperzellen und regen dort den Energiestoffwechsel an. Puls und Blutdruck erhöhen sich, und die Körpertemperatur steigt. Außerdem sind sie für Wachstum und Differenzierung notwendig. Im Labor werden der freie T3- und T4-Spiegel sowie der TSH- und Thyreoglobulin-Spiegel bestimmt.

Bei Schilddrüsenproblemen ist der **Radioimmunoassay** (**RIA**) immer noch Standard. Der RIA ist die sensitivste Methode, Antigenkonzentrationen zu messen. Man kann Antigenkonzentrationen von 0,5 Picogramm/mL bestimmen.

Da die Antigenmoleküle klein sind, „verschwinden" sie bei der Bindung förmlich in der Antikörper-Bindungsstelle („Hand"). Es ist unmöglich, sie mit einem zweiten Antikörper zu fassen und damit ein Sandwich zu formieren. Man muss also eine **Konkurrenz** (*competition*)-**Reaktion** konzipieren. (Abb. 4.21).

Beim **kompetitiven Radioimmunoassay** (Abb. 4.20) konkurrieren in Lösung nach Mischung „heißes" radioaktiv markiertes Antigen (markiert meist mit einem Jod-Isotop, ^{125}I) mit nicht-markiertem („kaltem") Antigen. Dabei wird die „heiße", über ihre Radioaktivität messbare Antigenmenge konstant gehalten. Die gegenseitige Verdrängung „heiß/kalt" kann durch bekannte Antigenmengen kalibriert werden.

Aus der resultierenden Standardkurve ermittelt man die unbekannte „kalte" Antigenmenge (Abb. 4.20).

Die exakte Messung der gebundenen Antigenmenge erfordert allerdings die Trennung vom nicht gebundenen Antigen, zum Beispiel durch **Fällung des Antikörpers.** Dabei muss das nicht gebundene Antigen in Lösung bleiben. Man kann einfach Antikörper (und alle anderen Proteine) beispielsweise in 35–50 % gesättigter Ammoniumsulfatlösung ausfällen oder durch Adsorption des Immunkomplexes an Aktivkohle.

Einfacher ist es jedoch, den **Antikörper an einen unlöslichen Träger zu koppeln,** z. B. an die Oberfläche eines Teströhrchens oder einer Mikrotiterplatte. Das am Antikörper gebundene Antigen entfernt man vom nichtgebundenen Antigen durch Waschen aus dem Testansatz. Diese Variante des RIAs, bei der ein Partner gebunden (immobilisiert) ist, wird auch **Festphasen-RIA** genannt.

Die **extrem hohe Sensitivität und Präzision des RIAs** nutzt man für die verschiedensten Anwendungen in allen Bereichen der Biowissenschaften und vor allem auch der Medizin.

RIA-Routinetests für die verschiedensten Plasmabestandteile mit niedrigen Konzentrationen existieren etwa für Hormone auf Proteinbasis (ACTH 2 pg/mL; Insulin 5 pg/mL; Calcitonin 10 pg/mL), Steroidhormone (Testosteron 50 pg/mL; Progesteron 20 pg/mL), Interleukine, Pharmaka (Digoxin 100 ng/mL) und Drogen (Morphin 100 pg/mL).

Trotz seiner Vielseitigkeit und seiner überaus präzisen Messgenauigkeit hat der RIA aber auch gravierende **Nachteile,** vor allem die ungeliebte **Radioaktivität.** Sie hat einen Rattenschwanz von Problemen: die fehlende Lagerfähigkeit (bedingt durch die Halbwertszeit der Radionuklide), der schwierige Transport, der Schutz des Personals, die hohen Kosten für den Bau und den Unterhalt des Kontrollbereichs, in dem radioaktiv gearbeitet werden darf, die kostspieligen Zählgeräte und die finanziellen Probleme bei der Beseitigung des radioaktiven Abfalls. Daher wurden **alternative Methoden** entwickelt. **Enzyme** boten sich an. Wie wir in Kapitel 3 gesehen haben, können sie farblose Substrate in farbige Produkte umwandeln. Sie verstärken blitzschnell biokatalytisch schwache Signale.

■ 4.10 Immunologie mit der Kraft der Enzyme: ELISA

Echte Alternativen zum RIA entwickelten in den 1970er Jahren mehrere Gruppen.

Die Antikörper mit Enzymen zu koppeln war die unabhängige Idee von **Stratis Avrameas** (Institut Pasteur) in Frankreich und von **G. Barry Pierce** (Universität Michigan) in den USA.

Vor allem Meerrettich-Peroxidase (Abb. 4.26) und Alkalische Phosphatase wurden als sogenannte **Markerenzyme** zur Markierung von Antikörpern benutzt. Außerdem musste man die Antikörper an einen „Immunosorbenten" binden. Der Schwede **Jerker Porath** (1921–2016) schlug das 1966 vor mit Sephadex-Trägermaterialien.

1971 publizierten dann **Peter Perlmann** (1919–2005) und **Eva Engvall** (geb. 1940) von der Universität Stockholm und **Anton Schuurs** und **Bauke van Weemen** in den Niederlanden entsprechende Artikel. Sie alle etablierten endgültig das sogenannte *Enzyme-linked Immunosorbent Assay* (**ELISA**) (Abb. 4.27).

Im ELISA verstärken Enzyme hoch effizient Signale und erzielen damit geringe Nachweisgrenzen des Tests. ELISAs sind einfach auszuführen, lange lagerfähig und (im Gegensatz zum RIA) kaum mit Gesundheitsrisiken verbunden.

Immunoassays können generell homogen oder heterogen sein. Ein **heterogener Immunoassay** braucht eine **Festphase als Träger** (**Immunosorbent**), um eine Abtrennung des freien vom gebundenen Reaktanden zu erreichen. Das für die Antigenbestimmung gebräuchliche **Sandwich-ELISA** (Abb. 4.27) verwendet zwei Antikörper (Ak), die beide spezifisch an das nachzuweisende Antigen binden. Beide Antikörper sollten an unterschiedlichen Stellen an das Antigen binden, da sie sich sonst gegenseitig behindern würden. Der Ablauf des ELISAs ist meist wie folgt (Abb. 4.27):

- Der erste Antikörper, der **Fänger-Ak** (*coating*-Antikörper oder *capture* Ak),

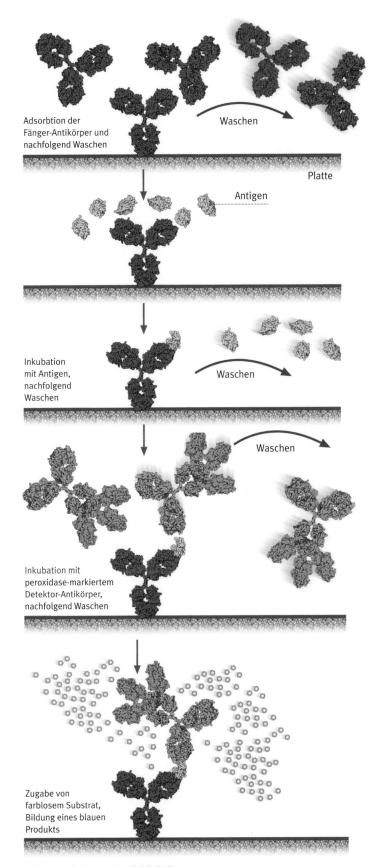

Adsorbtion der Fänger-Antikörper und nachfolgend Waschen

Waschen

Platte

Antigen

Inkubation mit Antigen, nachfolgend Waschen

Waschen

Waschen

Inkubation mit peroxidase-markiertem Detektor-Antikörper, nachfolgend Waschen

Zugabe von farblosem Substrat, Bildung eines blauen Produkts

Abb. 4.27 Prinzip eines Sandwich-ELISAs

Abb. 4.28 Oben: HIV-Tests in den Labors von Prof. Wolfgang Preiser Unten: Nelson Mandela hat 2005 bekannt gegeben, sein Sohn Makgatho sei der Immunschwächekrankheit zum Opfer gefallen.

»Schon seit Langem sage ich: Lasst uns Aids öffentlich machen und es nicht verstecken«, sagte Mandela bei der Bekanntgabe der Todesnachricht. Nur wenn offen mit HIV umgegangen werde, »werden die Leute aufhören, es als eine Krankheit anzusehen, die nur diejenigen trifft, die in die Hölle kommen.«

In Südafrika ist jeder vierte Erwachsene von der Krankheit betroffen. Dass Prominente einen Fall von Aids in der eigenen Familie öffentlich bekannt geben wie Mandela, hat in Südafrika Seltenheitswert.

wird an eine feste Phase gebunden, meist eine spezielle 96-*well*-Mikrotiterplatte. Die „wells" sind die Vertiefungen in einer Polystyrolplatte. Diese werden mit dem Fänger eine Zeit lang inkubiert und so beschichtet (*coating*).

- **Waschen:** Der ungebundene Fänger wird weggewaschen. Das passiert drei- bis fünfmal mit einem Waschgerät.

- Dann gibt man die Probe mit dem **Antigen** dazu. Sie wird meist mindestens eine halbe Stunde lang inkubiert. Während dieser **Inkubation** bindet der an die Platte gebundene Fänger-Antikörper das in der Probe vorhandene Antigen.

- **Waschen:** Nach Ablauf der Inkubationsphase wird die Platte erneut dreimal gewaschen. Die ungebundenen Bestandteile der Probe werden durch das Waschen entfernt, zurück bleibt nur das am Fänger-Antikörper gebundene Antigen.

- Im nächsten Schritt wird ein **Detektor-Ak** (*detector*) zugegeben. An ihm ist ein **Markerenzym** (meistens Meerrettich-Peroxidase, HRP, *horseradish peroxidase*, oder Alkalische Phosphatase, AP)gebunden. Dieser zweite Antikörper bindet ebenfalls an das Antigen, und es entsteht der Antikörper-Antigen-Antikörper-Komplex. Das Antigen ist zwischen die beiden Antikörper wie der Schinken in einem Sandwich gepackt, deshalb der Name Sandwich-ELISA.

- Durch erneutes **Waschen** der Platte wird der überschüssige zweite Antikörper ausgewaschen und dann ein farbloses Chromogen, ein Substrat des Enzyms, zugegeben. Das Markerenzym bildet daraus ein farbiges Produkt.

- Nach einem bestimmten Zeitraum wird die Enzymreaktion gestoppt, meist durch Zugabe von Schwefelsäure.

- Die Konzentration des farbigen Produkts kann in einem **Photometer** bestimmt werden. Die Intensität der Farbe ist dabei proportional zu der Konzentration des entstandenen Produkts und damit auch der Konzentration des zu bestimmenden Antigens in der Probe.

- Man lässt meist einen verdünnten **Standard des Antigens** auf der gleichen Platte mitlaufen, um eine **Kalibrationskurve** zu erstellen. Außerdem sollte man **Blindwerte** (*blanks*) bestimmen. Das sind Proben ohne Antigen.

Eine Analogie: Ein Bäcker braucht für ein normales Sandwich zwei Baguette-Hälften und etwas Leckeres zum „Dazwischenlegen". Sandwich-ELISAs benötigen logischerweise auch zwei Antikörper, die an mindestens zwei gleichzeitig zugänglichen Bindungsstellen (Epitopen) des Antigens andocken.

Die Sandwich-Struktur hat zwei Vorteile: Durch die Bindung des Antigens am Fänger-Antikörper erhöht sich zunächst die Konzentration des Antigens. Durch diese Konzentrationssteigerung aus oft hochverdünnten Lösungen kann der Sandwich-ELISA eine **hohe analytische Empfindlichkeit** erreichen.

Er ist außerdem **hoch spezifisch**, denn das Antigen wird gleich zweimal „begutachtet" und gebunden: zuerst vom Fänger-, dann vom Detektor-Antikörper. Sandwich-ELISAs sind nicht-kompetitive Immunoassays, ideal für hochmolekulare Antigene.

■ 4.11 Indirekter ELISA: Nachweis von Antikörpern gegen HIV und Dot-Test

Sandwich-Immunoassays haben zwei Untervarianten, je nachdem, ob das Antigen oder der Antikörper an der festen Phase gebunden ist: indirekte und direkte ELISAs. Die direkten ELISAs haben wir bereits kennengelernt.

Ein **indirektes Sandwich-ELISA** ist z. B. der HIV-Test: Ein an die Mikrotiterplatte gebundenes Antigen bindet einen Antikörper, der über die spätere Enzymreaktion nachgewiesen wird. Diese ELISA-Variante dient vor allem der Untersuchung von Antikörpern und deren **Titerbestimmung**. Der Titer ist in der Medizin und Biologie ein Maß für eine Konzentration.

Der **Analyt** ist ein Antikörper beim indirekten Sandwich. Wenn man z. B. herausfinden will, ob eine Hybridomzelllinie den Antikörper tatsächlich produziert, den man sucht, verwendet man einen indirekten Sandwich-ELISA.

Für die Medizin ist interessant, spezifische Antikörper zu detektieren, um herauszufinden, ob der Patient mit einem bestimmten Pathogen infiziert wurde. Dieses Pathogen provoziert in uns genauso eine Immunantwort wie in den Labormäusen.

Zu dieser ELISA-Form gehört auch eine Einfachvariante: der **Dot-Immunoassay**. Das ist ein hochempfindlicher einfacher Test zum Nachweis eines Proteins. Das Protein wird dazu auf eine Nitrocellulosemembran getropft, die Membran wird oft geblockt mit Rinderserumalbumin (BSA) gegen unspezifische Bindung des Detektor-Antikörpers. Die freien Bindungsstellen auf der Nitrocellulose sättigt man also mit nichtreaktivem Protein ab. Dann wird ein gegen das entsprechende Protein gerichteter Antikörper aufgegeben. Dieser ist z. B. mit Peroxidase als Markerenzym gekoppelt. Über die Umwandlung des farblosen Peroxidasesubstrats in ein gefärbtes Produkt wird die Anwesenheit des gesuchten Proteins nachgewiesen.

Selbst Proteinmengen unter 1 ng können so noch erkannt werden. Verwendet man eine Serie unterschiedlicher Proteinkonzentrationen, kann man über die Farbtiefe des Proteinfleckes eine Kalibrationskurve erstellen.

Der **Dot-Immunoassay ist gut für eine schnelle Orientierung**. Sehr nützlich ist er auch für die **Selektion von monoklonalen Antikörpern**.

Was aber, wenn man winzige Moleküle (Pestizide, Steroidhormone) messen will? Haptene!

Moleküle **unter einer Molekülmasse von 1000 Dalton** lösen, wie bereits diskutiert, in ein Säugetier injiziert **keine Immunreaktion** aus. Sie rufen nur dann Immunreaktionen hervor, wenn sie an ein Trägerprotein gebunden werden (Hapten-Carrier-Prinzip). Aufgrund ihrer Winzigkeit können sie nicht mit Sandwich-ELISAs detektiert werden. Hier greift der **kompetitive** oder **Konkurrenz-ELISA**.

Wie beim RIA für Schilddrüsenhormone konkurrieren beim kompetitiven ELISA die Antikörper um eine begrenzte Anzahl der Bindungsstellen der Antikörper. Stets katalysiert ein Markerenzym die Umwandlung eines Chromogens und dient als Amplifikator. Wie immer muss man mit Standardlösungen eine Kalibrationskurve erstellen, mit der Bestimmungen unbekannter Proben möglich sind (Abb. 4.20).

■ 4.12 Immuno-Schnelltests: Kommt ein Baby?

Das Porträt der Mutter des großen deutschen Künstlers **Albrecht Dürer** (1471–1528) ist auch heute noch anrührend (Abb. 4.31).

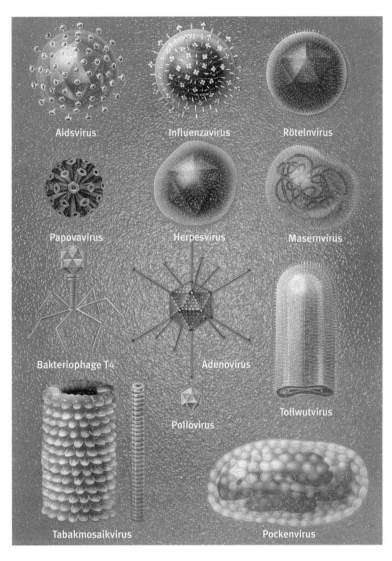

Aidsvirus
Influenzavirus
Rötelnvirus
Papovavirus
Herpesvirus
Masernvirus
Bakteriophage T4
Adenovirus
Tollwutvirus
Poliovirus
Tabakmosaikvirus
Pockenvirus

Abb. 4.29 DNA- und RNA-Viren(nicht maßstäblich). Von oben links nach unten rechts:

Aidsvirus (HIV), ein Retrovirus mit Hülle und Einzelstrang-RNA, lange Latenzzeit

Influenzavirus, ein Orthomyxovirus, mehrere RNA-Stränge, Hülle, es gibt A-, B- und C-Typen

Rötelnvirus (Rubella), klein und rot, Einzelstrang-RNA, Hülle, ein Togavirus

Papova-(Papilloma- und Polyoma-)viren Doppelstrang-DNA, nackt; Papillomaviren rufen zum Beispiel Warzenbildung hervor, einige Polyomaviren wie SV40 können bei Tieren Krebs auslösen

Herpesvirus, Doppelstrang-DNA, Hülle

Masernvirus, Einzelstrang-RNA, Familie der Paramyxoviren; befällt die Schleimhäute sowie Zellen des Immun- und Nervensystems

Bakteriophage T4, Doppelstrang-DNA; befällt Bakterien wie E. coli

Adenovirus, Doppelstrang-DNA, nackt; ruft Erkrankungen des Atmungssystems hervor

Tollwutvirus (Rabies), Einzelstrang-RNA, ein Rhabdovirus

Tabakmosaikvirus, TMV, Einzelstrang-RNA, stabförmig; ganze Kulturen von Chili und Paprika wurden durch TMV vernichtet, typische braune Flecken auf Blättern

Poliovirus, gehört zu den Picornaviren, Einzelstrang-RNA, nackt; ruft Poliomyelitis, eine schwere Erkrankung des Nervensystems, hervor

Pockenvirus (Variola), Doppelstrang-DNA, Hülle, sehr großes Virus

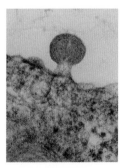

Abb. 4.30 Infektion einer Zelle durch HIV

Abb. 4.31 Das Porträt der Mutter des deutschen Malers Albrecht Dürer

Abb. 4.32 Heute gibt es in den Apotheken eine ganze Anzahl frei verkäuflicher Urin-Schwangerschaftstests, die leicht durchzuführen und zu etwa 90–98% verlässlich sind.

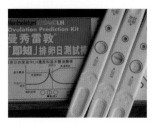

Abb. 4.33 Schnelltest zur Bestimmung der fruchtbarsten Tage. Mit den Teststreifen werden zwei Schlüsselhormone des Menstruationszyklus festgestellt.

Dürer notierte über seine Mutter, die er bei sich aufgenommen und gepflegt hatte, zutiefst besorgt: »Diese meine fromme Mutter hat 18 Kinder getragen und erzogen, hat oft die Pestilenz gehabt und viele andere schwere bemerkliche Krankheiten, hat große Armut erduldet, Verspottung, Verachtung, höhnische Worte, Schrecken und große Widerwärtigkeiten. Dennoch ist sie nie rachsüchtig gewesen.«

Es ist heute unvorstellbar, dass tatsächlich um das Jahr 1500 eine Frau durchschnittlich zwanzigmal in ihrem Leben schwanger wurde. Heute verfügen wir in den Industrieländern über Verhütungsmittel (etwa die „Pille" und Kondome) und auch über eine **schnelle Diagnostik**. Dass der Apotheker den Urin Schwangerer zu Testzwecken Fröschen oder Kröten einspritzte („Der Frosch hat positiv reagiert!") ist heute Medizingeschichte. Neben den enzymatischen Glucosetests sind **immunologische Schwangerschaftstests** heute weltweit die am meisten verkauften Biotests.

Was passiert „biochemisch"bei einer Schwangerschaft (Abb. 4.34). Das befruchtete Ei nistet sich sechs Tage nach erfolgreicher Befruchtung in die Uterusschleimhaut ein. Die Einnistung bewirkt eine **drastische Hormonausschüttung** bei der werdenden Mutter und beim Embryo. Eines der am schnellsten produzierten Hormone des Embryos ist das **humane Choriongonadotropin** (**hCG**). Das hCG „überrollt" den normalen Hormonzyklus, der sonst in der Menstruation kulminiert. In der Arztpraxis wird die Schwangerschaft in der Regel mittels einer Blutuntersuchung festgestellt. Ein Bluttest ist wesentlich empfindlicher als ein Urintest und zeigt daher schon im Frühstadium einer Schwangerschaft zuverlässige Ergebnisse.

Im Blut kann das Schwangerschaftshormon hCG als sicheres Anzeichen einer Schwangerschaft bereits **zehn Tage nach der Befruchtung** nachgewiesen werden. Es wird so viel hCG produziert, dass es in extrem hoher Konzentration im Blut vorliegt und über die Nieren auch in den Urin ausgeschieden wird.

Urin ist eine „in größeren Mengen freiwillig abgegebene Körperflüssigkeit" und deshalb leicht und (im Gegensatz zum Bluttest) schmerzlos zu bekommen, also gut für Selbsttests. Heutzutage gibt es in den Apotheken eine ganze Reihe frei verkäuflicher Urin-Schwangerschaftstests, die leicht durchzuführen und zu etwa 90-98% verlässlich sind (Abb. 4.32). Je früher der Test durchgeführt wird, um so unsicherer ist natürlich das Ergebnis. Getestet wird mit dem Morgenurin, mit dem sogenannten Mittelstrahlurin. Der Test zeigt in einem Fenster des Plastikgehäuses einen farbigen Streifen als Kontrolle an („Test funktioniert") und in einem zweiten Fenster den entscheidenden farbigen Strich: „Baby im Kommen!" Wenn dieser Streifen ausbleibt, ist kein hCG im Urin nachweisbar und folglich kein Embryo vorhanden, der es aus schüttet. Ein Höhepunkt meiner **Bioanalytik-Vorlesungen** in Hongkong ist immer das Thema **Schwan- gerschaftstest**: Zunächst frage ich das Auditorium (immerhin 500 Studenten) rhetorisch, ob jemand Urin zur Verfügung stellt. Kopfschütteln! Also müsse ich mich selber testen, zumal öffentliche Experimente an Studenten unstatthaft seien, erkläre ich. Ungläubige Blicke. Ich verlasse den Hörsaal. Mein Assistent spielt in der Zwischenzeit ein BBC-Video über Schwangerschaft vor. Ich komme zurück mit einem vollen Becherglas. Der Teststreifen wird in die leicht schaumige gelbe Flüssigkeit eingetunkt und zum Ablesen einem Studenten in die Hand gedrückt. Mit leichtem Ekel wird der Test weitergereicht. Er zeigt nur **eine Linie**. Die Studenten sind begeistert: „Haha... unser Professor ist **nicht schwanger!**"

Die Stimmung im Auditorium erreicht einen Siedepunkt, als ich frage, wie im Mittelalter Diabetes diagnostiziert wurde (siehe Kapitel 7). Ich nehme dazu einen winzigen Schluck aus dem Becherglas und probiere, ob der etwa süß schmeckt. Nun ist es höchste Zeit, den begeisterten Studenten „reinen Wein" einzuschenken. Ich hebe die außerhalb des Auditoriums geöffnete Büchse *Tsintao*-Bier hoch. Erleichterung: Es war nur ein Modellversuch mit Bier als Urinersatz!

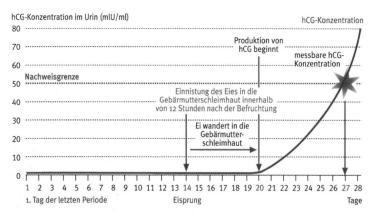

Abb. 4.34 Was passiert „biochemisch" bei einer Schwangerschaft? Zeitablauf nach Beginn der Menstruation und Choriongonadotropin (hCG)-Bildung im Fall der Befruchtung.

Vor zwei Jahren ging übrigens der Test schief: Apfelsaft aus China erzeugte lustigerweise zwei Linien. Der Test war falsch positiv, warum auch immer. Ich vermute: Konservierungsstoffe. Zurück zum realen Leben: **Wie schnell** weiß man, ob man schwanger ist? Der Test dauert Minuten, aber er zeigt natürlich nicht gleich am Tag der Befruchtung die Schwangerschaft an. Der Embryo muss ja Zeit haben, sich einzunisten. Er kann erst **von dem Tage an funktionieren, an dem die Regel fällig gewesen wäre.** Der Schwangerschaftstest nutzt **monoklonale Antikörper.** Diese erkennen das vom Embryo produzierte Proteinhormon hCG – und nur dieses – aus einem Gemisch Tausender Substanzen heraus. Wie kann man sichtbar machen, ob ein Antikörper das Antigen hCG gefunden hat? Wir kennen schon die Markierung mit Enzymen: Hier wäre sie aber unpraktisch, denn man müsste ein Substrat zugeben. Es geht aber einfacher!

Man gibt Antikörper auf das Ende eines schmalen Streifens Filterpapier und lässt sie dort eintrocknen. Die Antikörper wurden vorher an **Farbkügelchen aus Latex** (rot, blau oder grün) oder an **kolloidales Gold** (das ist schön rot!) gebunden. Diese Detektor-Antikörper tragen also eine sichtbare Farbe. Hält man ein Löschblatt in eine Flüssigkeit, wird diese in den Poren und Kapillaren des Papiers hochgesogen (eine Art **Chromatografie**). Wenn man also den Papierstreifen in Urin tunkt, zieht sich der Urin hoch und benetzt langsam den gesamten Streifen. Die Flüssigkeit transportiert dabei das hCG aus dem Urin zum „wartenden" Detektor-Antikörper (siehe Cartoon am Ende dieses Kapitels).

Dieser Detektor-Ak bindet das hCG und beginnt, mit ihm verbunden, zu wandern. Nun schlängelt sich ein Komplex aus hCG mit Detektor-Antikörper und Farbkugel durch die Poren des Papiers:

hCG ··· Detektor-Ak mit Farbkugel

In der Mitte des Nitrocellulosestreifens wurde ein Fänger-Antikörper fest fixiert, als unsichtbarer Streifen auf dem Papier. Auch er erkennt das hCG. Dieser Fänger „fischt" die herandiffundierende Konstruktion hCG-Detektor-Farbstoff aus dem Flüssigkeitsstrom heraus und hält sie fest. Die Bindung erfolgt über das hCG. Da das hochmolekulare Protein hCG von beiden Seiten (vom Fänger und vom Detektor) gebunden wird, haben wir hier ein Sandwich wie beim oben beschriebenen ELISA:

Papier ··· Fänger-Ak ··· hCG ··· Detektor-Ak mit Farbkugel

Es bildet sich ein deutlich sichtbarer farbiger Streifen. Wenn *kein* hCG im Urin vorhanden ist, bindet sich natürlich auch nichts am Detektor-Farbstoff-Komplex. Der Detektor wandert dann allein zum Fänger, der ihn aber nicht fischen kann, weil das hCG für das Sandwich fehlt. *Kein* farbiger Streifen also. Die Kontrolllinie zeigt an, ob der Test überhaupt funktioniert. Man bindet dazu einen zweiten Fänger-Antikörper am Papier. Er erkennt den Detektor-Antikörper auch ohne hCG. Das ist zumeist ein gegen Maus-IgG gerichteter Antikörper:

Papier ··· Fänger-Ak für Detektor-Ak ··· Detektor-Ak mit Farbkugel

Wenn die Kontrolle nicht funktioniert, ist der Test unbrauchbar und muss verworfen werden. Neben Schwangerschafts- gibt es auch Fruchtbarkeitstests und elektronische Geräte dazu (Abb. 4.33).

■ 4.13 Der schnelle Nachweis eines Todesengels: HIV-Tests

Jeden Tag infizieren sich 15 000 Menschen mit einem tödlichen Virus! Wahrscheinlich sind 40 000 000 Menschen weltweit am erworbenen Immunschwächesyndrom **Aids** (*aquired immune deficiency syndrome*) erkrankt. In Deutschland sind etwa 56 000 Menschen **HIV-positiv** (**humanes Immunschwäche-Virus**, *human immune deficiency virus*). Aids wurde vom Dezember 1981 ab als eigenständige Krankheit erkannt und tritt in Gestalt einer Pandemie auf. Die UNAIDS der Vereinten Nationen schätzte im Dezember 2015 die Anzahl der an Aids Verstorbenen auf etwa 1,1 Millionen Menschen, die lebenden Infizierten auf 36,7 Millionen. Der Anteil der HIV-Infizierten liegt weltweit durchschnittlich bei etwa 1 % der 15- bis 49-Jährigen, erreicht in einzelnen afrikanischen Staaten jedoch Werte um 20 % (Abb. 4.28, 4.30).

Das „Hinterhältige" des HIV ist, dass das **eigentlich schützende Immunsystem selbst befallen** wird. Wenn man an Aids erkrankt, wird wie bei anderen Infektionen die Abwehr des Körpers aktiviert. Einige Wochen nach der Infektion bildet der Körper Antikörper gegen das Virus. Der Körper bläst damit zum Angriff gegen die Eindringlinge. Man kann diese Antikörper im Blut eines Infizierten nachweisen. Da die ersten Symptome von Aids oft sehr mild sind oder nicht existieren, wurden Tests entwickelt:

Abb. 4.35 Meine Universität während des SARS-Ausbruchs: Prüfungen und Vorlesungen zum nahe liegenden Thema „Viren und Virustests"

Abb. 4.36 Immuno-Schnelltests in der Blutspendezentrale der Stadt Guangzhou. Spender werden auf Hepatitis B in Minutenschnelle öffentlich vorgetestet. Das spart Geld, wäre aber in Europa so nicht praktizierbar.

Abb. 4.37 Schnelltestentwicklung für den Nachweis auf HIV in unserem Referenzlabor in Shenzhen (China)

Box 4.5 Expertenmeinung: Der HIV-Test

Zu Beginn der 80er Jahre des 20. Jahrhunderts wurde ein neues, schweres Krankheitsbild beschrieben: das erworbene Immunschwächesyndrom **Aids**. Schon bald entdeckte man ein Retrovirus, das **humane Immundefizienzvirus HIV**, als ursächlichen Erreger und konnte kurz darauf die ersten Tests zu seinem Nachweis entwickeln.

Die Diagnose Aids kam anfänglich praktisch einem Todesurteil gleich. Daher stand die Wahrung der Rechte Betroffener im Vordergrund: Das „Recht auf Nichtwissen" erfordert, dass der Patient vor einer geplante HIV-Testung gründlich aufgeklärt werden muss und diese anschließend nur mit seiner ausdrücklichen Zustimmung durchgeführt werden darf.

Seitdem Mitte der 90er Jahre die moderne **hochaktive antiretrovirale Therapie** (**HAART**) verfügbar wurde (zunächst nur in Industrieländern, inzwischen auch in vielen ärmeren Ländern), änderte sich die Perspektive. So wird es heute geradezu als Pflicht des Behandlers angesehen, gegebenenfalls nachdrücklich zu einem Test zu raten: Denn nur wenn man weiß, dass man mit HIV infiziert ist, kann man von der Therapie profitieren und dadurch Lebenserwartung und -qualität entscheidend verbessern. Manche Aktivisten fordern mittlerweile sogar obligatorische Tests. Dennoch wird nach wie vor höchster Wert auf das Selbstbestimmungsrecht des Patienten gelegt, auch in Fällen, in denen ein Test im Interesse Dritter erforderlich ist (zum Beispiel bei Blutspendern und nach Nadelstichverletzungen): kein HIV-Test ohne Aufklärung und Einwilligung durch den Patienten!

Die allgemein zum Infektionsnachweis verwendeten Tests (früher oft inkorrekt „Aidstest" genannt) beruhen auf dem Nachweis virusspezifischer Antikörper. Man bezeichnet sie daher auch als **indirekten Nachweis**. Das Immunsystem eines Infizierten bildet innerhalb weniger Wochen bis Monate nach dem Infektionszeitpunkt solche Antikörper, und sie bleiben lebenslang nachweisbar. Im Unterschied zu vielen anderen Infektionen (wie Röteln und Masern) zeigen sie jedoch leider nicht eine erworbene Immunität an, sondern lediglich die erfolgte Infektion. Die HIV-Infektion verläuft stets chronisch-aktiv, das heißt, sie bleibt zeitlebens bestehen und führt unbehandelt nach etlichen Jahren praktisch unweigerlich zum Ausbruch des Krankheitsbildes Aids und letztendlich zum Tod des Infizierten.

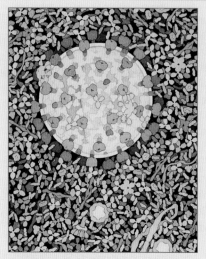

Das HI-Virus im Blut, umgeben von Y-förmigen Antikörpern (IgG) und IgM-Pentameren

Es gibt verschiedene Tests zum Antikörper-Nachweis. Für **Screening**-Zwecke werden meist sogenannte Enzym-Immunoassays (SA, EIA) eingesetzt. Screening- oder Suchtests müssen eine **extrem hohe Sensitivität** (Empfindlichkeit) haben, das heißt, sie müssen positive Proben mit hoher Sicherheit korrekt als solche erkennen können. Typischerweise zeigen sie bei weit weniger als einem auf 1000 Fälle ein falsch negatives Ergebnis.

Erreicht wird diese hohe Sensitivität durch die Verwendung geeigneter Virusantigene (mit denen die Antikörper in der Patientenprobe reagieren) und sorgfältige Optimierung des gesamten Testes (der die abgelaufene Antikörper-Antigen-Reaktion sichtbar macht). Dadurch minimiert man die Gefahr, dass durch ein falsch negatives Testergebnis eine vorliegende Infektion übersehen wird.

Auf der anderen Seite ist die **Spezifität** dieser Tests, das heißt ihre Fähigkeit, negative Proben korrekterweise als negativ zu identifizieren, meist weniger gut. Dies bedeutet, dass gelegentlich eine Probe ein positives (oder besser ausgedrückt, reaktives) Testresultat zeigen wird, obwohl sie gar keine Antikörper gegen HIV enthält. Solche unspezifische Reaktivität kann durch eine Reihe von Faktoren verursacht werden, von denen die meisten nichts mit einer Krankheit zu tun haben. Somit bedeutet ein reaktives („positives") Testergebnis für sich allein genommen nicht notwendigerweise, dass die getestete Person mit HIV infiziert ist!

Aus diesem Grunde muss jedes reaktive Ergebnis im Suchtest durch mindestens einen weite-

ren Test, den **Bestätigungstest**, bestätigt werden. Dies kann der sogenannte **Western Blot** sein (obligatorisch in Deutschland und den USA) oder weitere ELISA-Tests, die in definierter Abfolge (Algorithmus) eingesetzt werden. Erst wenn diese Bestätigungstestung die Reaktivität der Probe bestätigt, darf eine HIV-Infektion diagnostiziert und dem Patienten mitgeteilt werden, dass er oder sie HIV-positiv ist. Um Verwechslungen sicher auszuschließen, sollte zudem noch eine **weitere Blutprobe** ebenfalls getestet werden.

Während Sensitivität und Spezifität eines bestimmten HIV-Tests durch gründliche Studien ermittelt werden und dem Benutzer normalerweise bekannt sind, sind in der Praxis der **positive und negative Vorhersagewert** (prädiktive Wert) viel wichtiger: Mit welcher Wahrscheinlichkeit zeigt ein positives Testergebnis tatsächlich einen infizierten Patienten an, und umgekehrt, mit welcher Wahrscheinlichkeit ist ein Patient mit negativem Testergebnis auch wirklich nicht infiziert? Denn man kennt ja nicht den wahren HIV-Status des Patienten und muss diesen erst mithilfe des Testergebnisses ermitteln.

Die Vorhersagewerte hängen zum einen ab von der Sensitivität und Spezifität des verwendeten Tests, zum anderen aber auch von der **HIV-Prävalenz** in der getesteten Bevölkerungsgruppe. Dieses statistische Phänomen mag auf den ersten Blick nicht recht einleuchten, lässt sich jedoch an Beispielen leicht nachvollziehen. Leider wird es oft missbraucht, um den Nutzen von HIV-Tests überhaupt in Zweifel zu ziehen. Tatsächlich ist in Gruppen mit geringer HIV-Prävalenz – wie etwa sorgfältig ausgewählten Blutspendern – die überwiegende Mehrzahl der Personen mit reaktivem Suchtest nicht infiziert, es handelt sich also um falsch positive Ergebnisse.

Doch gerade dies ist ja der Grund dafür, dass sich immer ein Bestätigungstest anschließen muss, bevor eine endgültige Diagnose erreicht werden kann! In Hochprävalenz-Populationen spiegelt die Mehrheit der positiven Suchtestergebnisse leider eine wahre Seropositivität wider, weswegen hier nach WHO-Richtlinien geringere Anforderungen an die Bestätigungstestung gestellt werden.

In manchen Situationen sind sogenannte **HIV-Schnelltests** (auch „*point-of-care*"- oder auf deutsch „Vor-Ort"-Tests genannt) vorteilhaft. Oft können sie Kapillarblut (welches man mithilfe einer Lanzette aus der Fingerbeere gewinnen kann) testen, sind einfach und mit nur

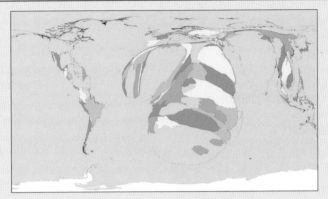

Mark Newman (University of Michigan) hat einen neuen Kartentypus geschaffen, das Cartogram.

Hier sind die Länder der Erde entsprechend der Proportion von Aidskranken verändert.

Wolfgang Preiser studierte Medizin und machte anschließend die Facharztausbildung für medizinische Virologie in seiner Heimatstadt und in London. Während des SARS-Ausbruchs 2003 war er an der Identifizierung des ursächlichen Erregers beteiligt und arbeitete als Berater der Weltgesundheitsorganisation WHO in China. Seit 2005 ist er Professor und Leiter der Abteilung für medizinische Virologie an der Universität Stellenbosch in Südafrika. Sein Forschungsinteresse konzentriert sich auf die Entwicklung und Evaluierung von neuen Methoden zur Labordiagnostik von Virusinfektionen und auf neuartige („emerging") Viren.

Stephen Korsman stammt aus Pretoria. Er vollendete 2005 seine Ausbildung zum Facharzt für irologie an der Universität Stellenbosch. Derzeit arbeitet er als medizinischer Virologe für den südafrikanischen National Health Laboratory Service in Mthatha in der Provinz Ostkap. Seine Interessengebiete sind moderne molekulardiagnostische Methoden.

wenig Ausrüstung durchzuführen, und das Ergebnis kann binnen einer halben Stunde oder noch schneller abgelesen werden.

Solche Schnelltests sind nützlich, wenn ein Ergebnis rasch vorliegen muss: in der Notfallaufnahme, nach Nadelstichverletzungen außerhalb der regulären Laborarbeitszeiten, in entlegenen Gebieten etc. Sie können auch helfen, die Rate der nicht abgeholten Testresultate zu verringern, wenn also Patienten sich zwar beraten und testen lassen, dann aber aus Angst oder anderen Gründen ihr Ergebnis nicht wissen wollen. In vielen ländlichen Gebieten in Entwicklungsländern sind sie die einzig praktikable Möglichkeit zur HIV-Testung. Sogar zur (natürlich auch hierbei erforderlichen) Bestätigung reaktiver Testergebnisse können weitere ähnliche Schnelltests in Form eines Algorithmus verwendet werden.

Alle auf dem Nachweis HIV-spezifischer Antikörper basierenden Tests haben ein Problem: Sie können Patienten im sehr frühen Stadium der Infektion, während der Körper erst eine Immunantwort aufbauen muss, nicht erkennen. Man bezeichnet die Zeitspanne, bis Antikörper nachweisbar werden, als **„diagnostisches Fenster"**. Diese Lücke kann durch **direkte Tests** verkürzt werden: durch Nachweis des Virus selbst in Zellkultur (aufwendig, erfordert Hochsicherheitslabor und wird daher nur für Forschungszwecke eingesetzt) oder von Virusbestandteilen wie p24-Antigen oder viraler Nucleinsäure (Virusgenom).

Der Antigennachweis ist fester Bestandteil der sogenannten Suchtests der vierten Generation, die außer HIV-Antikörpern zugleich **HIV-p24-Antigen** detektieren und so das „Fenster" verkleinern. Um die größtmögliche Sicherheit bei Bluttransfusionen zu gewährleisten, müssen hier in vielen Industrieländern seit einigen Jahren zusätzlich zum Antikörpertest molekulare

Tests zum Virusgenomnachweis (*nucleic acid testing*, NAT) wie zum Beispiel die Polymerase-Kettenreaktion verwendet werden (siehe Kap. 6).

Ein weiteres wichtiges Einsatzfeld für **Nucleinsäuretests** sind **Kinder** von HIV-infizierten Müttern. Selbst wenn sie selbst nicht infiziert sind (mit verschiedenen Maßnahmen lässt sich die Rate der Mutter-Kind-Übertragung auf günstigstenfalls ca. 1% senken), haben praktisch alle diese Kinder positive HIV-Antikörpertests. Tests auf HIV-Nucleinsäure erlauben heutzutage eine frühzeitige Diagnostik von infizierten Säuglingen und gegebenenfalls ihre rechtzeitige Behandlung. In diesen Fällen wird meist provirale DNA in Leukocyten qualitativ („ja/nein-Antwort") nachgewiesen als Marker einer Infektion.

Auch die Quantifizierung („wie viel?") von HIV-RNA im Blutplasma, als **„Viruslast"** bezeichnet und ausgedrückt als Zahl der Viruskopien pro Milliliter Plasma, hat sich zu einem sehr wichtigen Werkzeug entwickelt: als prognostischer Marker, um das Ausmaß der Infektiosität abzuschätzen und um mittels regelmäßiger Verlaufskontrollen den Erfolg der antiretroviralen Therapie zu beurteilen. Zur optimalen Betreuung Infizierter ist die Viruslasttestung unabdingbar. Doch sie ist nicht dazu gedacht, eine HIV-Infektion nachzuweisen. Hierbei kann es gelegentlich zu falsch positiven niedrigen Werten bei Nicht-Infizierten kommen.

Richtig eingesetzt und von entsprechend qualifizierten Fachleuten ausgeführt, ist die HIV-Testung heutzutage höchst zuverlässig und kann in so gut wie allen Fällen eine definitive Antwort geben. Wenn beizeiten durchgeführt, kann ein HIV-Test schwere Erkrankungen vermeiden und das Risiko der Infektionsübertragung auf Kontaktpersonen durch entsprechende Präventionsmaßnahmen reduzieren.

Literatur

Korsman S, Van Zyl G, Preiser W, Nutt L, Andersson M (2012) *Virology. An illustrated colour text.* Churchill Livingstone, London

https://books.google.de/books?id=1frUd6iocQkC&pg=PA25&lpg=PA25&dq=Preiser+Korsman+HIV&source=bl&ots=cxpah6-awn&sig=ACfU3U35fczgIFuX5WtwAiYHna_kA_l25w&hl=en&sa=X&ved=2ahUKEwjonIiM1sfpAhXPOpoKHeTNAfwQ6AEwBHoECAgQAQ#v=onepage&q=Preiser%20Korsman%20HIV&f=false

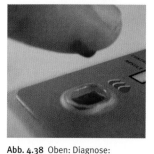

Abb. 4.38 Oben: Diagnose: Herzinfarkt (akuter Myokardinfarkt) bedeutet „Zeit rettet Herzmuskel!"

Mitte: Jan F. C. Glatz (Maastricht, Niederlande) fand den bislang schnellsten Herzinfarktmarker, heart-fatty acid-binding protein (hFABP)

Unten: Eine „lebensrettende Kreditkarte" der Firma rennesens GmbH (Berlin) erlaubt auch die Eigentestung auf FABP (Doppeltest).

Drei Tropfen Vollblut starten den Selbsttest. Er sollte bei unklarem Ergebnis etwa eine halbe Stunde später wiederholt werden.

Immuntest für die gegen HIV gebildeten Antikörper und die Polymerase-Kettenreaktion (PCR) für den Nachweis der RNA des HIV-Virus selbst (siehe Box 4.5). Der prinzipielle Nachteil des Immuntests ist, dass der Körper zunächst erst Antikörper gebildet haben muss, damit der Test „anspringt". **Frische Infektionen** werden nicht angezeigt, das kann nur die **Polymerase-Kettenreaktion** (PCR, siehe Kapitel 6).

HIV-Tests unterteilen sich in Suchtests und Bestätigungstests. Ziel eines **Suchtests** (z. B. ELISA-Suchtest) ist es, möglichst alle infizierten Personen zu erkennen – um den Preis, dass auch einige nicht-infizierte fälschlicherweise positiv getestet werden (siehe dazu ausführlich Box 4.5). Wird eine Person im Suchtest positiv getestet, so ist in vielen Ländern ein **Bestätigungstest** (in Deutschland und den USA: Western-Blot-Bestätigungstest) vorgeschrieben, um eine falsch positive Diagnose zu verhindern. HIV-Tests werden meist in einem Labor durchgeführt. Es existieren jedoch auch **Schnelltests**, die ohne technische Hilfsmittel innerhalb einer halben Stunde ein Ergebnis anzeigen können. Ein HIV-Test darf übrigens nur mit ausdrücklicher Zustimmung des Betroffenen durchgeführt werden; eine Testung ohne Wissen des Patienten ist rechtlich unzulässig. Der *Enzyme-linked Immunosorbent Assay* (ELISA) ist das gängigste Nachweisverfahren für HIV im menschlichen Blut (Abb. 4.27).

Aufgrund seiner **Sensitivität** von nahezu 100 % (so gut wie alle HIV-Infizierten werden erkannt) wird er als Suchtest verwendet.

Die **Spezifität** beträgt weit über meist **99 %**. Das erscheint zwar sehr hoch, in der Praxis bedeutet es aber, dass **einige wenige getesteten Personen einen positiven HIV-Test** haben, obwohl sie gar nicht infiziert sind. Deswegen ist der ELISA nicht als Bestätigungstest geeignet. Der klassische ELISA-Test weist, wie schon beschrieben, nicht das Virus selbst, sondern „nur" Antikörper gegen HIV-1 und HIV-2 nach, die der Körper im Rahmen einer Immunantwort gegen das Virus produziert. Die meisten HIV-Tests sind indirekte Sandwich-ELISAs. Sie sind weiter oben im Text beschrieben.

Seit 1999 können neuere ELISA-Tests noch zusätzlich einen Bestandteil der Virushülle (Capsid) von HIV-1 nachweisen, das **p24-Antigen**. Da die Produktion dieser Antikörper jedoch einige Zeit braucht und auch das p24-Antigen nicht sofort nach einer Infektion im Blut nachweisbar

ist, kann man erst zwölf Wochen nach einer möglichen Ansteckung davon ausgehen, dass dieser Test bei allen infizierten Personen positiv ausfällt. Dieser Zeitraum, in dem auch ein HIV-Positiver fälschlicherweise negativ getestet werden kann, nennt sich **diagnostische Lücke**.

Ein Bestätigungstest mittels Western Blot (siehe Abschnitt 4.6) hat eine **Spezifität von 99,9996 %**, was bedeutet, dass von einer Million nicht-infizierter Personen **nur vier** fälschlicherweise HIV-positiv getestet werden. Damit ist dieser Test als Bestätigungstest geeignet.

Der Western-Blot weist ausschließlich Antikörper gegen HIV im Blut nach. Im Gegensatz zum ELISA werden hier jedoch mehrere Arten von verschiedenen Antikörpern nachgewiesen, die speziell gegen einzelne Proteinbestandteile des Virus gerichtet sind.

Beim ELISA wird dagegen nur ganz allgemein auf alle Arten von Antikörpern gegen HIV-1 und HIV-2 getestet. Der Western-Blot-Test hat allerdings die gleiche **diagnostische Lücke von zwölf Wochen** und ist zudem aufwendiger und teurer als der ELISA-Test. Das ist auch ein Grund dafür, dass er im Normalfall nur eingesetzt wird, wenn ein vorheriger ELISA-Test positiv ausfällt.

Ähnlich wie der HIV-Test funktionieren andere Virustests, z. B. für Hepatitis B. Es gibt auch zunehmend mehr einfach zu handhabende ja/nein-Teststreifen für alle diese Viruserkrankungen, die ähnlich aufgebaut sind wie Schwangerschaftstests.

■ 4.14 Schnelle Hilfe bei Herzinfarkt

Ein **Herzinfarkt** (akuter **Myokardinfarkt**) beginnt mit Unwohlsein und starkem Druckgefühl auf dem Brustbein, Schmerzen strahlen auf den linken Arm aus, Todesangst kommt auf, kalter Schweiß perlt auf der Stirn. So eindeutig sind die Symptome bei einem Herzinfarkt aber nicht immer! Es kann nur einfach Unwohlsein vorliegen, bei Frauen sind es oft nur Magenschmerzen.

Bei etwa 40 % der Infarkte zeigen Elektrokardiogramme (EKGs) akute Infarkte nicht eindeutig an. Hier helfen Immunschnelltests (Abb. 4.38, 4.39).

Beim Infarkt ist die Blutzufuhr des Herzens durch Blutpropfen (Thromben) vermindert oder ganz gestoppt. Herzzellen bekommen dann weder Nährstoffe noch Sauerstoff und beginnen

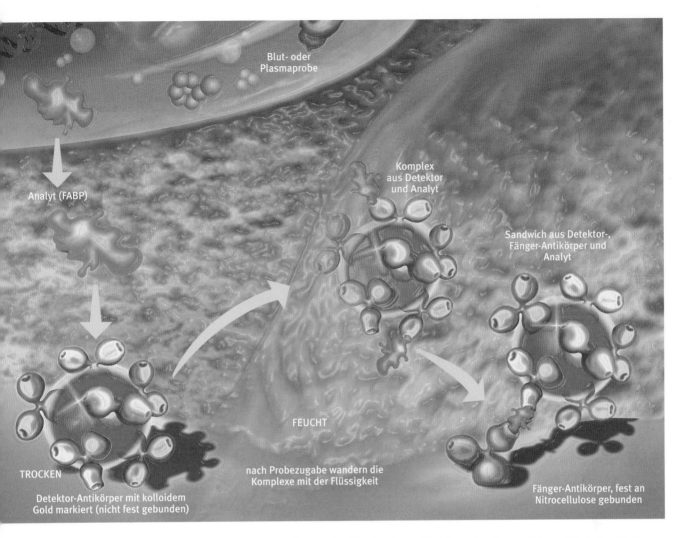

Blut- oder
Plasmaprobe

Komplex
aus Detektor
und Analyt

Analyt (FABP)

Sandwich aus Detektor-,
Fänger-Antikörper und
Analyt

FEUCHT

TROCKEN

nach Probezugabe wandern die
Komplexe mit der Flüssigkeit

Detektor-Antikörper mit kolloidem
Gold markiert (nicht fest gebunden)

Fänger-Antikörper, fest an
Nitrocellulose gebunden

abzusterben. Die sterbenden Herzzellen entlassen Proteine aus ihren Zellen, die ins Blut übergehen.

Gemessen wurden in den letzten Jahren vor allem Herzmuskelenzyme wie **Kreatin-Kinase** (**CK**, siehe Kapitel 3) und Proteine wie verschiedene Troponine (Abb. 4.40). Diese Proteine sind sogenannte *late markers* (späte Marker). Die **Troponine** (**T, C** und **I**) liegen im Cytosol der Herzzellen matrixgebunden vor. Sie müssen beim Herzinfarkt dort erst einmal herausgelöst werden. Das erklärt ihr spätes Erscheinen im Blut. Wenn aber diese Proteine im Blut auftauchen, ist es bereits passiert: Der Herzinfarkt ist seit mindestens zwei Stunden im Gange! Reichlich spät. Der Test bestätigt lediglich den Herzinfarkt (Abb. 4.41).

„Zeit rettet Herzmuskel!", sagt der Kardiologe. Je eher der Thrombus aufgelöst ist, desto weniger Herzgewebe ist abgestorben (Abb. 4.41). Wenn man das gentechnisch erzeugte

Enzym, das Blutpfropfen auflöst (**Gewebeplasminogenaktivator, tPA**) injiziert, besteht die Gefahr von Blutungen im Gehirn. Das geringe, aber existierende Risiko ist nur gerechtfertigt, wenn ganz klar ein Herzinfarkt vorliegt. Daher wird fieberhaft nach schnelleren Markern gesucht: **Frühe Marker** sind das Ziel.

Der Verfasser dieses Buches ist mit seiner Forschungsgruppe in Hongkong und einer Firma in Berlin-Buch gemeinsam mit Professor **Jan F. C. Glatz** aus Maastricht (Niederlande) (Abb. 4.38) einem solchen *early marker* seit Anfang der 90er Jahre auf der Spur, zuerst in Münster, nun in Hongkong. Das **Fettsäure-Bindungsprotein** (*fatty acid-binding protein*, **FABP**) ist ein sehr kleines Eiweiß (Molekülmasse 15 000), das gleich nach dem Infarkt im Blut erscheint (Box 4.9). Es ist eine bis zwei Stunden schneller im Blut als die bisherigen „späten" Infarktmarker **Kreatin-Kinase** (**CK**) und die **Troponine** (Abb. 4.39, 4.40).

Abb. 4.39 Wie der Herzinfarkt-Schnelltest für FABP funktioniert.

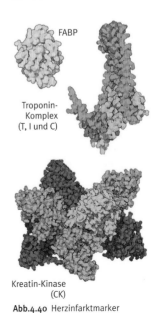

FABP

Troponin-
Komplex
(T, I und C)

Kreatin-Kinase
(CK)

Abb.4.40 Herzinfarktmarker

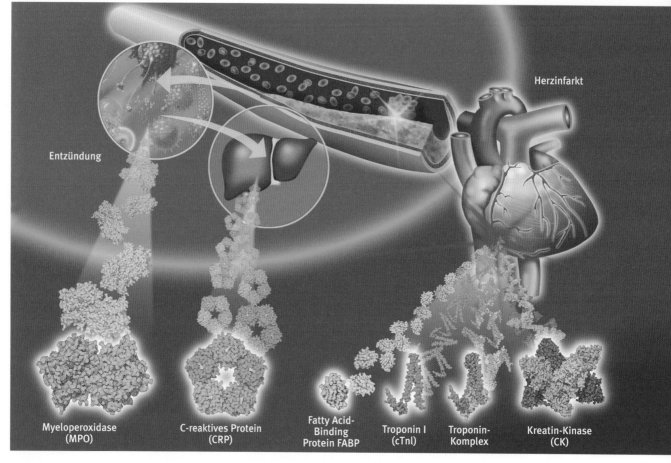

Abb. 4.41 Ereignisse, die einem Herzinfarkt vorausgehen: Entzündungsmarker (*inflammation markers*) liefern Warnsignale: Myeloperoxidase (MPO) erscheint zeitig im Blut als Warnsignal, gefolgt vom C-reaktiven Protein (CRP). Wenn es zur Thrombenbildung und zum Infarkt kommt, erscheint als erster Marker das FABP. Es ist eine bis zwei Stunden schneller im Blut als die bisherigen „späten" Infarktmarker Kreatin-Kinase (CK) und die Troponine.

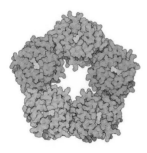

Abb. 4.42 Das CRP ist in den USA und weiten Teilen Europas als zusätzlicher Risikomarker zu den Blutfetten anerkannt worden.

Sie sind erst etwa eine bis drei Stunden nach dem Herzinfarkt im Blut, bleiben dann aber tagelang erhöht. Im Gegensatz dazu kann der frühe Marker FABP bereits nach 30 Minuten bis zu einer Stunde nachgewiesen werden. FABP wird aber auch nach 24 Stunden über die Nieren ausgeschieden, verschwindet also aus dem Blut – anders als Troponine und Kreatin-Kinase, die noch Tage nach dem Infarkt in hoher Konzentration im Blut kreisen (ausführlich Box 4.9).

Der (wie wir, die Erfinder, hoffen) **„schnellste Herzinfarkttest der Welt"** funktioniert ganz ähnlich wie der Schwangerschaftstest und der HIV-Test (siehe oben), nur werden hier monoklonale Antikörper gegen das FABP eingesetzt (Abb. 4.39). Diese erkennen FABP aus einem Gemisch Tausender Substanzen im Blut heraus.

Wie kann man sichtbar machen, ob ein Antikörper das FABP gefunden hat (Abb. 4.38)? Wir benutzen hier **kolloidales Gold** als Marker. Man gibt den Antikörper (wie beim Schwangerschaftstest) auf den Beginn eines schmalen Streifens Filterpapier und lässt ihn dort eintrocknen. Der Antikörper wurde vorher an kolloide Gold-

partikel gebunden; sie geben in Lösung eine **schöne rote Farbe**. Der Detektor-Antikörper ist also rot markiert. Der Streifen ist in einem flachen Plastikgehäuse (Abb. 4.46) untergebracht mit einer Öffnung (Trichter) zur Blutaufnahme und einem Fenster zum Ablesen des Ergebnisses.

Man sticht den Finger (wie beim Diabetestest) mit einer sterilen Lanzette an und gibt in den Testtrichter einen Tropfen Blut und zwei Tropfen einer Pufferlösung. Damit liegt genügend Flüssigkeit vor, um den trockenen Teststreifen völlig zu benetzen. Das Filterpapier saugt das Blut kapillar ins Innere. Die Flüssigkeit transportiert dabei das FABP aus dem Blut zum „wartenden" gold-markierten Detektor-Antikörper. Der bindet das FABP und beginnt, mit ihm verbunden, zu wandern. Nun bewegt sich das Konstrukt „FABP mit Detektor-Antikörper und roter Goldkugel" über und durch die Poren des Papiers:

> FABP…Detektor-Ak mit roter Goldkugel

In der Mitte des Streifens ist ein Fänger-Antikörper fest gebunden, wieder als Strich auf dem Papier.

Box 4.6 Expertenmeinung
Kontrovers diskutiert:
Ausweg oder Sackgasse?
Kulturelle Aspekte der Sucht

Die **Drogenpolitik** scheint gegenwärtig in einem ähnlichen Dilemma wie die Gesundheitspolitik. Die Strukturen sind unzweckmäßig geworden, aber Reformen wecken derart heftige Ängste, dass der Weg von einer wissenschaftlichen Diskussion zur politischen Umsetzung länger erscheint als die durchschnittliche Regierungsperiode; daher wird er auch nicht beschritten. Angesichts explodierender Kosten kann die Solidargemeinschaft eigentlich nicht mehr alle Personen auffangen, gleichgültig, wie viel sie für oder gegen ihre Gesundheit tun; dennoch versanden alle Versuche, Risikozuschläge z. B. für Raucher oder Extremsportler einzuführen. So zahlen gesundheitsbewusste und autodestruktive Versicherte dieselbe Prämie.

Parallel dazu wird es für den Einzelnen schwerer verständlich, warum er auf Modedrogen wie Kokain und Cannabis verzichten soll. »Wie sollte man heute einem Freizeitkonsumenten psychoaktiver Substanzen erklären, dass er zwar auf jeden Alpengipfel kraxeln und jede schwarze Piste hinunterbrausen, nicht aber beim Après-Ski eine Linie Koks schnupfen darf? Der Drogengenuss ist bei weitem nicht die riskanteste unter den Freizeitaktivitäten. Warum sollten wir ausgerechnet ihn so martialisch bekämpfen? Ließen wir es sein, könnte der Drogengebrauch risikoärmer, kundiger und geselliger werden.« So **Sebastian Scheerer**, Kriminologie-Professor in Hamburg und Autor einiger Bücher zur Drogenpolitik am 8. März 2002 in der *Woche*.

Scheerer stellt radikaler als andere, inzwischen aber auch fundierter als frühere Autoren, die juristische Tradition in Frage, Drogen zu verbieten. Sie ist zu Beginn des 19. Jahrhunderts entstanden und hat zu der heute von den meisten Staaten der Erde akzeptierten Zwangswirtschaft für Opiate und Kokain geführt, welche in vielen Ländern durch drakonische Strafen durchgesetzt wird.

In der Folge konzentrierte sich die Forschung auf medizinisch auffällige Extremformen der Sucht. So wurden die Drogen zu Killersubstanzen, und die These kursierte, dass abhängig wird, wer einmal Heroin spritzt oder Crack raucht.

Demgegenüber fasst Scheerer die neuere, am Durchschnittskonsumenten ansetzende Forschung so zusammen, dass »alle bekannten Drogen von der Mehrheit der Konsumenten be-

herrscht werden können. Das gilt für Cannabis und Heroin, aber auch für Kokain und vermutlich sogar für Crack.«

Wissenschaftlich spricht nichts gegen diese Möglichkeit. Wer kritisch über Drogen nachdenkt, weiß auch, dass es niemals vom Stoff allein abhängt, was mit dem Konsumenten geschieht. Verbote und Strafdrohungen sind ein primitives Mittel, um erwünschtes Verhalten durchzusetzen. Sie sind angesichts von Drogenkonsum so wenig legitimierbar wie etwa angesichts von Selbstmordwünschen oder Drachenfliegen. Wer nur sich selbst potenziell schädigt und keinen Dritten gefährdet, sollte in einer demokratischen Gesellschaft nicht bedroht werden, solange er die Konsequenzen seines Handelns trägt.

Rational gesehen wäre daher Drogenkonsum ein Risiko, das eingehen darf, wer dafür sorgt, dass die Folgen nur ihn selbst treffen.

Eine vernünftige Drogenpolitik würde den Handel kontrollieren, aber nicht kriminalisieren, wie das bei Tabak und Alkohol ebenfalls geschieht. Die Steuern auf Alkohol und Tabak sollten ursprünglich ja ebenfalls nicht Löcher in der Staatskasse füllen, sondern dazu dienen, jenen Konsumenten zu helfen, die an den Folgen des Konsums erkranken. Heroin in der Apotheke, Cannabis im Coffee-Shop, Kokain im Lifestyle-Club? All dies wäre ein Experiment wert, weil mit der gegenwärtigen Straf- und Schwarzmarktpolitik viele Übel verbunden sind. Wenn die Rauschgifte in medizinisch kontrollierter Form vorliegen, gibt es kaum noch Herointote; der Handel wird kontrollierbar, die Einsparungen an Polizeieinsatz,

Gerichtskosten, Beschaffungskriminalität sind enorm. Das größte Problem ist die Angst, dass der Konsum von Kokain und Heroin nach einer teilweisen Freigabe so ansteigt, dass er eine Nation lähmt. Aber diese Angst herrschte in den USA auch, ehe die Prohibition von Alkohol abgeschafft wurde. Sie hat sich damals nicht bestätigt. Das zweitgrößte Problem ist die Angst vor einem Zulauf von Süchtigen aus aller Welt, wenn ein Land mit der Freigabe beginnt.

Viele Eltern und Erzieher glauben, sie könnten die Gefahr, die ihren Schützlingen durch Drogen droht, durch **Verbote und Verteufelung** bannen. Wir alle wissen, dass diese Strategie nicht nur aussichtslos ist, sondern oft die bekämpfte Gefahr geradezu heraufbeschwört. Viel wirksamer schützt vor den Gefahren der Drogen eine Hochschätzung von Genuss, vor allem der Funktionslust des gesunden Organismus. Genuss ist universell; wer kleine Kinder beobachtet, findet zahllose Quellen von Lust, die sie aus der reinen Funktion ihres Körpers beziehen. Dieser gesunde, normale Genuss wird von allen unverdorbenen Menschen gesucht und ausgekostet; es zeichnet ihn aus, dass er eine Gestalt hat, ein Bild seines Anfangs, einen Prozess, und eine Ruhephase nach dem Abschluss der Gestalt, in der dann neue Fantasien möglicher Genüsse entstehen.

Sucht entsteht, wenn diese Grenze, das Ende des Genusses als Bedrohung für das Selbstgefühl erlebt wird. Genuss wird gefördert, wenn die Kultur dem Individuum vermittelt, dass Lust erlaubt ist. Dann gewinnt das Individuum auch das Vertrauen, dass es Genuss loslassen kann, weil sich neue Lustmöglichkeiten von selbst wieder einstellen. Wenn aber ein Kind das Vertrauen in diese Erneuerung der Lustmöglichkeiten verliert, weil ihm Lust an sich verboten wird, dann droht die Gefahr, dass es die Lust nicht loslassen, sondern kontrollieren und festhalten will, und bereit ist, den eigenen Organismus zu schädigen, um dieses Ziel zu erreichen. **Sucht droht also, wenn Genuss und Lust nicht von der Vernunft getragen und von der Kultur akzeptiert werden.**

Um den Zweifel zum Schweigen zu bringen, verbinden sich dann in der Sucht die Wünsche nach Genuss mit einer Sehnsucht nach Ich-Verlust und Betäubung. Wer sein Ich lustvoll erleben kann, wer sich selbst einem Genuss hingibt, wird die Erlebnisunschärfe der Betäubung als wenig verführerisch erleben; wessen Ich hingegen von einem lustfeindlichen Über-Ich erdrückt zu werden droht, der rebelliert mit allen Mitteln gegen diese Tyrannei und

Fortsetzung Seite 102

nimmt nicht mehr wahr, dass er sich einem neuen Tyrannen – der Droge – auszuliefern beginnt.

Eine zentrale Qualität der **Rehabilitation Drogenabhängiger** ist es, die Freude an der Nüchternheit, an der Kontinuität seelischer und emotionaler Prozesse zu wecken, durch die erst stabile Liebesbeziehungen und erfolgreiche Arbeit möglich werden. Drogenkonsum gefährdet diese Kontinuität. Auch hier lässt sich feststellen, dass kulturelle Mechnismen die Entwicklung solcher Haltungen erschweren.

„So ist das eben in unserer **schnelllebigen Zeit**", heißt es, wenn sich jemand erkundigt, weshalb das gestern noch horizontfüllende und brandheiße Thema heute niemanden mehr zu interessieren scheint. Wir leben nicht schneller, aber wir lassen Dinge, Neuigkeiten, Interesse schneller los. Der Computer, den ich vor zwei Jahren erworben habe, ist nächstes Jahr vielleicht schon zu alt, seine Schnittstellen passen nicht mehr, das neue Schreibprogramm reagiert wie ein Idiot auf das alte. Geräte verwandeln sich, bevor sie tatsächlich unbrauchbar sind, in Schrott.

Es fällt schwer, unter die Oberfläche des Wirbels aus Hast zu dringen, der uns umgibt. Wer sich gründlich mit etwas beschäftigen, durchdachte Äußerungen tun, verschiedene Aspekte eines Problems beleuchten möchte, dem kommt in unserer Welt nicht viel entgegen. Das gilt am meisten dann, wenn er für seine Gedanken öffentliche Aufmerksamkeit wünscht. Man muss nur eine einzige Talkshow sehen, um herauszufinden, wie mühsam es ist, differenzierte Argumente zu vertreten.

Unsere Zeit ist schnellsterbig, nicht schnelllebig. Das klingt unfreundlicher, trifft es aber genauer. Es geht um eine schnelle Auflösung und Entwertung, ein Kippen von der dra-matischen Überschätzung der Sensation von heute in die dramatische Unterschätzung der Nachricht von gestern. Wer aber in sein Leben finden und etwas aus ihm machen will, muss lernen, diesem Prozess der Entwertung zu widerstehen.

Zeit, die unsere Großeltern mit körperlicher Arbeit verbrachten, füllen unsere Kinder damit, unerwünschte Bilder wegzuzappen. Der in vergeblicher Hoffnung, auf dem nächsten Kanal etwas Besseres zu finden, in sinnlose Fragmente zerstückelte Abend ist ein Symbol eines modernen Lebensgefühls. In unserem Umgang mit Beziehungen – „ich habe Schluss gemacht", mit der Arbeit – „in diesem Job werde ich nicht alt!" und mit Dingen – „ich kann diese Farbe

Eine Gesellschaft Stachelschweine drängte sich an einem kalten Wintertage recht nah zusammen, um durch die gegenseitige Wärme sich vor dem Erfrieren zu schützen.

Jedoch bald empfanden sie die gegenseitigen Stacheln, welches sie dann wieder voneinander entfernte. Wann nun das Bedürfnis der Erwärmung sie wieder näher zusammenbrachte, wiederholte sich jenes zweite Übel; sodass sie zwischen beiden Leiden hin und her geworfen wurden, bis sie eine mäßige Entfernung voneinander herausgefunden hatten, in der sie es am besten aushalten konnten. Und diese Entfernung nannten sie Höflichkeit und feine Sitte.

(nach Arthur Schopenhauer 1788–1860)

nicht mehr sehen" macht sich eine Ex-und-hopp-Geste breit, die in Widerspruch zur Lebenssituation der Armen auf diesem Planeten und zu unseren begrenzten Ressourcen gerät. Die Rauschgifte, die Genussgifte, aber auch viele Psychopharmaka gehören in dieses System. Sie versprechen, unangenehme Seelenzustände im Nu zu verändern – und blockieren dadurch den Einzelnen in seiner Fähigkeit, sich solche Veränderungen stabil zu erarbeiten und sie in gegenseitigen Beziehungen zu anderen Personen zu verankern.

In vormodernen Kulturen wird ein realistisches Gleichgewicht von Anspannung und Entspannung durch soziale Normen garantiert, durch sinnliche Eindrücke verstärkt und durch massive Sanktionen erhalten. In einer traditionellen Umgebung erleichtern mächtige, oft auch grausame äußere Strukturen, was wir heute mühsam in uns selbst suchen und finden müssen. Eine davon ist der fast allgemeine Zwang zur körperlichen Arbeit, die einen sinnfälligen, eindrucksvollen, unübersehbaren Zusammenhang zwischen Aufwand und Ergebnis herstellt. Wenn alle Menschen in der Umgebung eines Kindes körperlich arbeiten und es immer wieder erlebt, dass sich die Welt dem schrittweisen, planmäßigen Vorgehen fügt, wird es ähnliche Haltungen in sich aufbauen und an

die Umwelt herantragen. Ein Garten, ein Handwerk, Haustiere oder ein Musikinstrument sind damals wie heute unersetzliche Hilfen, um zu erleben, wie schön und sinnvoll es ist, durch beständige Aufmerksamkeit und Übung vom Lehrling zum Meister zu werden.

Meisterschaft fällt in dieser Welt nie vom Himmel, sie will erworben sein. Der klassische Dreischritt vom Anfänger über den Könner zum Anleiter ist immer auch ein Weg, auf dem sich Fähigkeiten schrittweise entwickeln und weitergegeben werden: Lehrling, Geselle, Meister; Schiffsjunge, Matrose, Steuermann. Seit es zur Normalkindheit geworden ist, sich den Kopf mit immer schnelleren Folgen immer aufreizenderer Bilder füllen zu lassen, freut sich der Erzieher, wenn ein Kind so viel Aufmerksamkeit und Disziplin aufbringt, dass es einen Abenteuerroman liest.

Ich selbst erinnere mich an Kampagnen der Pädagogen in Passau gegen die von mir so gern gelesenen Schundromane; im 19. Jahrhundert wurde dieser Lektüre genau derselbe verderbliche Effekt zugeschrieben wie heute dem Fernsehen und den Computerspielen. Die technische Neuerung der blitzschnellen Programm-Abwahl führt dazu, dass sich auch im Erleben der Schulkinder und vieler Erwachsener eine Form der Regression festigt, die wir früher mit dem Erleben des kleinen Kindes verbanden und als „Spaltung" beschrieben haben. Das Kleinkind kann Wünsche nicht aufschieben und erlebt die Abwesenheit einer bedürfnisbefriedigenden Mutter als Gefühlskatastrophe. Es gibt das Gute und das Schlechte, beide schließen sich aus.

Diese Regression können wir heute vermehrt bei Adoleszenten beobachten, oder aber auch bei Suchtpatienten, die beispielsweise einen Beruf suchen, aber nur dessen Honigseite wahrhaben wollen. Wie mächtig solche Tendenzen sind, können wir sogar noch in der Supervision von Drogentherapeuten beobachten, die sich darüber beklagen, dass sie mit Patienten arbeiten müssen, die wenig Erfolgserlebnisse bieten, instabil motiviert sind und dem Therapeuten vermitteln, dass seine Behandlung längst nicht so cool ist wie der Stoff, an dem sie sich früher gütlich tun konnten.

Nun sind weder die Patienten noch die Therapeuten sozusagen aus Jux so, wie sie sind. Ihr zentrales Motiv ist die Vermeidung von Angst: Wenn sie keinen schnellen Erfolg haben, wenn die Verunsicherung des eigenen Narzissmus nicht sozusagen weggezappt werden kann, ist die Not groß.

Gibt es Auswege? Ich halte nichts von Schreckensszenarien der Statistik, die einfach das Wachstum der Suchtkranken hochrechnet und uns für das Jahr 2100 eine Gesellschaft voraussagt, in der es mehr Süchtige als Nichtsüchtige geben wird. Allerdings stimmt es mich auch sehr nachdenklich, dass die Konsumgesellschaften selbst süchtig nach Energie und Rohstoffen sind und nur dadurch bestehen können, dass sie ihre Lebensgrundlagen zerstören. Wenn wir global den Energieverbrauch der US-Amerikaner zugrunde legen, brauchen wir sechs Planeten von der Größe der Erde, um uns zu stabilisieren.

Um zu einem menschlichen Maß zurückzufinden, schließe ich mit Überlegungen zu dem besten Mittel, Spaltungen zu überwinden und in der Suchttherapie nicht aufzugeben: dem Humor.

Wie **Schopenhauer** in seinem Gleichnis von den frierenden Stachelschweinen sagt (siehe Kasten Seite 102), fühlen sich die Menschen unbehaglich, wenn andere Menschen zu weit entfernt, ebenso aber, wenn sie allzu nah sind. Diese Mischung aus Nähewunsch und Näheangst wurzelt in der Überlebensnotwendigkeit für das kleine Kind, sich die Nähe eines „guten" Erwachsenen zu sichern. Diese Wurzel reicht in die Evolution des Menschen und in seine Erbanlagen.

Daher können wir der Angst weder entrinnen noch sie heilen; wir können nur lernen, es mit ihr auszuhalten.

In Bezug auf die Sucht (und auf den Suchttherapeuten) bedeutet dies, sich der Angst vor dem Scheitern, vor der Entwertung zu stellen und sie zu ertragen. Wenn es uns gelingt, die narzisstische Angst zu ignorieren und uns darin zu üben, ihr zum Trotz handlungsfähig zu bleiben, wächst unsere Stärke ihr gegenüber, auch wenn wir sie niemals völlig besiegen werden.

Wenn wir aber der Angst Macht über unser Handeln geben, indem wir beginnen, Herausforderungen zu vermeiden, Niederlagen zu leugnen und schmerzliche Gefühle zu betäuben, wird die Angst mächtiger als das steuernde Ich, und Drogen werden unter Umständen unentbehrlich.

Humor ist ein Signal dafür, dass es uns gelungen ist, mit einer Angst zu leben.

Er entspricht dem Gefühl der Stachelschweine, wenn sie die Nähe-Ferne-Mischung gefunden haben, die sie ertragen können. Im Augenblick der gemeinsam ge-

fundenen Komik verlieren sich die Unterschiede der Macht, der Bedeutung. Das Kind sieht die Mutter in dem als gut empfundenen Abstand; beide lächeln sich an, sie brauchen momentan nicht mehr Nähe und nicht mehr Distanz, sie fühlen sich gleichzeitig geborgen und frei.

Dies ist die Stimmung einer Beziehung, die Resonanz zweier Menschen, welche Humor möglich macht. Die Ängste, das gute Objekt zu verlieren, halten den Ängsten die Waage, von dem bösen Objekt festgehalten und selbst böse gemacht zu werden. So ergibt sich eine interessante Beziehung zwischen der seelischen Dynamik, welche **Melanie Klein** die „depressive Position" genannt hat, und dem Humor. Mit der depressiven Position ist die Fähigkeit gemeint, zu erleben, dass ein gutes Objekt gleichzeitig auch böse sein kann, dass sozusagen das Gute im Bösewerden nicht alles Gute verliert und umgekehrt das Böse auch etwas Gutes zu enthalten vermag.

Das Dilemma der menschlichen Kränkbarkeit lässt sich damit verbinden, dass das Kind die Nähe des „guten" Erwachsenen benötigt, dieser jedoch „böse" wird, sobald er das Kind zu lange festhält und es so in seinen Bedürfnissen nach Selbstbestimmung hemmt. Die depressive Position ist das elementare Modell von Weisheit und Humor: Die Toleranz dafür, dass es Grautöne gibt, Übergänge zwischen Gott und Teufel, dass wir uns nach einem erbitterten Streit wieder versöhnen dürfen.

Humor ist Suche und überraschender Fund des Guten im Übel; die eng verwandte Ironie konzentriert sich eher darauf, das Übel im Guten zu finden, um uns vor einem naiven Glauben an dessen Beständigkeit zu bewahren. In der Sprache einer Theorie der Beziehungen: Ironie bricht die Idealisierung, Humor hingegen bricht die aggressive Entwertung. Ironie schützt das Ich vor dem Sturz aus der Grandiosität, indem es diesen spielerisch vorwegnimmt; Humor ist, „wenn man trotzdem lacht", er schützt das Ich vor der Verfinsterung in einer Depression.

Wenn wir das bekannte Symbol von Ying und Yang betrachten, so erkennen wir in vielen Darstellungen einen dunklen Kreis in der hellen Seite und einen hellen Kreis in der dunklen: Es sind die „Keime" des jeweils Entgegengesetzten. Der Lichtkeim im Dunklen entspricht dabei dem Humor, der Dunkelkeim im Lichten der Ironie.

Diese Mischung setzt das Primat des Lebens gegen den Perfektionismus, mit dessen Hilfe eine traumatisierte Psyche ausschließlich im Reinen, Hellen und Guten verweilen möchte. Die Droge wird in der modernen Gesellschaft meist deshalb missbraucht, weil Kränkungen nicht verarbeitet werden können, die durch passive Ansprüche nach Anerkennung, Bestätigung, vollkommener Befriedigung entstehen. Diese hängen ihrerseits damit zusammen, dass ein Kind in seinen elementaren Lust-Unlust-Regulationen nicht einfühlend gespiegelt wurde und daher den elementaren Genuss an seinem gesunden Körper verloren hat.

Humor hingegen ist die Geste einer Rückbesinnung auf diese elementare existenzielle Möglichkeit, wie es uns das Gedicht von Wilhelm Busch zeigt, das ich abschließend vortragen will:

Es sitzt ein Vogel auf dem Leim,
Er flattert sehr und kann nicht heim.
Ein schwarzer Kater schleicht herzu,
Die Krallen scharf, die Augen glüh.
Am Baum hinauf und immer höher
Kommt er dem armen Vogel näher.
Der Vogel denkt: Wie das so ist
Und weil mich doch der Kater frisst,
So will ich keine Zeit verlieren,
Will noch ein wenig quinquilieren
Und lustig pfeifen wie zuvor.
Der Vogel, scheint mir, hat Humor.

Wilhelm Busch (1832 – 1908)

Vortrag auf der Fachtagung in Daun, 14.3.2007

Dr. phil. Dipl. Psych. Wolfgang Schmidbauer ist freier Schriftsteller in Deutschland und Italien. Gegenwärtig Lehranalytiker in München.

Abb. 4.43 Oben: Das Opiat Heroin war zunächst ein Arzneimittel (Hustensaft!) der Firma Bayer.

Unten: Opium hatte eine dubiose Doppelfunktion: Die Briten machten märchenhafte Gewinne und schalteten gleichzeitig die chinesische Oberschicht aus. Als sich die Chinesen wehrten, führten die Briten die Opiumkriege.

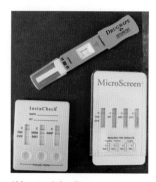

Abb. 4.44 Schnelltests zur Drogendetektion: Alle Drogen-Immunoassays basieren auf dem im Text beschriebenen kompetitiven Prinzip der Antigen-Antikörper-Reaktion, kein Signal heißt also umgekehrt: „Droge positiv!" Das ist oft für Laien verwirrend.

Papier ··· Fänger-Ak

Dieser Fänger fischt die Konstruktion „FABP-Detektor-Antikörper-Gold" aus dem Flüssigkeitsstrom heraus und hält sie fest. Die Bindung erfolgt über das FABP als Sandwich. Es bildet sich ein deutlich sichtbarer roter Streifen: „Achtung, Herzinfarkt!"

Papier ··· Fänger-Ak ··· FABP ··· Detektor-Ak mit roter Goldkugel

Wenn *kein* FABP im Blut vorhanden ist, bindet sich natürlich auch nichts am Detektor-Gold. Der Detektor wandert allein zum Fänger, der ihn aber nicht fangen kann, weil das FABP für ein Sandwich fehlt. Kein roter Streifen: „Kein Infarkt!" Eine Kontrolllinie zeigt an, ob der Test überhaupt funktioniert.

■ 4.15 Ein weltweiter Trend: *Point of care* (POC)-Tests

Neue Immunschnelltests sind in Sicht. Sie messen zum Bespiel das Risiko **eines Herzinfarkts oder Schlaganfalls** (Abb. 4.39).

Dafür wurden bisher vor allem Blutfette gemessen. In deutschen Apotheken kann man heute schon in fünf Minuten das Lipidprofil bestimmen lassen: Der Wert für **Gesamtcholesterin** war früher ein wichtiger Parameter. Inzwischen ist aber allgemein bekannt, dass ein hoher Cholesterinspiegel allein nichts über das Risiko der Arteriosklerose aussagt. Dafür muss man verschiedene Fette im Blut messen. Triglyceride, das „gute" HDL-Cholesterin (*high density lipoprotein*), das „schlechte" LDL-Cholesterin (*low density lipoprotein*) und *very low density lipoprotein* (VLDL). Das entscheidende Verhältnis Gesamtcholesterin zu HDL sollte unter 4,0 liegen, besser noch unter 3,0. Bei Werten darüber erhöht sich das Arteriosklerose-Risiko.

In den klinischen Zentrallabors stehen oft gigantische Automaten und messen Hunderte Substanzen mithilfe von Antikorpern gleichzeitig. Das ist nicht immer sinnvoll. Der Trend geht deutlich zur Dezentralisierung und zur Schnelltestung an Ort und Stelle, man nennt das *Point of care* (POC)-Testung.

Und wie weiß man, bevor es zu spät ist, ob ein Herzinfarkt oder Schlaganfall droht? **Entzündungsmarker** (*inflammation markers*) liefern Warnsignale: das **C-reaktive Protein** (**CRP**) ist in den USA bereits als zusätzlicher Risikomarker zu den Blutfetten anerkannt worden (siehe Abb. 4.41, 4.42). Hochinteressant sind künftige Schnelltests, die einem bei tropfender Nase und

---

Fieber verraten, ob es eine **virale** oder **bakterielle Infektion** ist (Abb. 4.45). Antibiotika helfen bekanntlich nur bei Bakterieninfekten. Die übermäßige Verschreibung von Antibiotika (und auch das eigenmächtige Absetzen der Pillen durch ungeduldige Patienten) hat zu resistenten Bakterienstämmen geführt, gegen die man neue oder höher dosierte Waffen braucht. Ein Teufelskreis, der durchbrochen werden muss! POC-Immuntests können dabei helfen (Abb. 4.46).

■ 4.16 Drogen und ihr Missbrauch

Wir Menschen kennen schon wenigstens 6000 Jahre den schmerzlindernden und zugleich euphorisierenden Effekt des Mohns (Abb. 4.43). Der berauschende Effekt des Alkohols von vergorenen Früchten und Getreide dürfte der Menschheit noch länger bekannt sein. Spätestens in Mesopotamien wurde die gezielte Herstellung des Alkohols kultiviert. Die Effekte von anderen Rauschmitteln wurden von den Ägyptern systematisch erforscht.

Als **Droge** gilt jeder Wirkstoff, der in einem lebenden Organismus Funktionen zu verändern vermag. Aufgenommene Drogen, die einen Rausch verursachen, zur Stimmungs- oder Bewusstseinsveränderung und wegen Abhängigkeit aufgenommen werden, bezeichnet man auch als **Rauschmittel**.

Rauschzustände können je nach dem Rauschmittel und seiner Dosierung über eine leichte angenehme Beeinflussung, die Veränderung und Einschränkung des Bewusstseins bis hin zu dessen Verlust oder auch in den Tod führen. Die Bezeichnung Rauschgift für derzeit illegale Drogen unterstellt pauschal eine gewisse Giftigkeit, die allerdings nicht bei allen Substanzen gegeben ist. Alle Rauschmittel sind psychoaktive Stoffe. Oft ist missbrauchte Psychoaktivität eine Nebenwirkung von Arzneistoffen mit ganz anderer therapeutischer Zielsetzung. Unterschiede bestehen in Absicht oder Funktion, mit der der Stoff eingenommen wird, und in der Stärke seiner Wirkung. Ein fließender Übergang besteht zu den Genussmitteln.

Die weltweit am weitesten verbreiteten Drogen sind Alkohol, Nicotin, Cannabis und Betel (ausführlich siehe Box 4.7). Sie können sowohl körperlich als auch psychisch abhängig machen. Die beiden **legalen (!) Drogen Alkohol und Nicotin** verursachen die meisten Todesopfer. Betel erzeugt nach langjährigem Gebrauch Krebs im Bereich der Mundhöhle.

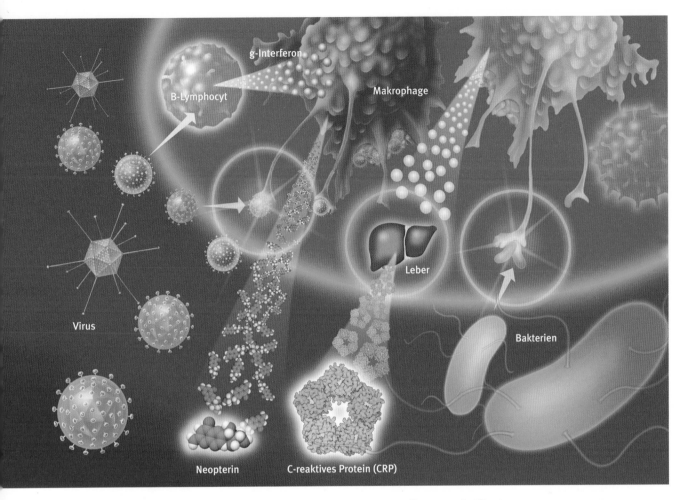

g-Interferon

B-Lymphocyt

Makrophage

Virus

Leber

Bakterien

Neopterin

C-reaktives Protein (CRP)

Die jeweils benötigte Rauschmitteldosis zeigt es bereits: Abgesehen vom Alkohol (Wirkung ab 10–20 g), haben die meisten Rauschdrogen einen **speziellen Wirkort (Rezeptor)**. Sie greifen entweder direkt an Zellen des Zentralnervensystems an oder beeinflussen die Transmission von Nervenimpulsen an den Synapsen zwischen Nervenzellen. Das geschieht insbesondere in bestimmten Hirnregionen, die für die Belohnungsempfindung verantwortlich sind. Dadurch kommt es zunächst zu veränderter Wahrnehmung, beispielsweise von körperlichem oder seelischen Schmerz. Heroin wirkt mit 10 mg, 3-Methylfentanyl dagegen bereits mit 1–5 µg. Kokain führt zu übersteigerter Einschätzung des eigenen Selbst; es wirkt mit 50 mg. Halluzinogene führen zur Verzerrung und Umbildung von Sinneseindrücken: Cannabis wirkt mit 7 mg, das stärkere LSD mit 50 µg. Nicht immer dienen Rauschmittel einer als angenehm empfundenen Berauschung. Oft ist es auch der **Wunsch nach Gelassenheit oder nach Lösung einer unerträglichen Anspannung,** der zum Rauschmittelgebrauch verleitet. Weil die berauschende

Wirkung für den übrigen Körper regelmäßig eine Störung darstellt, wehrt sich dieser meist mit rascherer Entgiftung und steuert dem Effekt auf zellulärer Ebene gegen. Dadurch bildet sich eine sogenannte **Toleranz** aus: Um den Effekt aufrechtzuerhalten, wird die Dosis gesteigert.

Wenn der Effekt ausbleibt, führen dieselben Mechanismen der Gegensteuerung zum teilweise unerträglichen **Abstinenzsyndrom** (körperliche Abhängigkeit).

Davon ist die **psychische Abhängigkeit** zu unterscheiden. Sie beruht darauf, dass das Belohnungssystem des menschlichen Gehirns die einmal gebahnten Empfindungen, z. B. die euphorischen Glücks, nicht vergisst. Auch schon bei Missempfindungen des normalen Lebens drängt es auf Wiederholung. **Wer nicht rückfällig werden will, muss also lebenslang mehr Disziplin mit sich selber üben.** Es wäre besser gewesen, ohne Kenntnis der Drogenwirkungen verblieben zu sein! Bekanntlich wird schon in der Bibel vor dem Apfel vom Baum der Erkenntnis gewarnt.

Abb. 4.45 Vereinfachte Darstellung der Reaktion des Körpers bei einer Infektion durch Viren (links) und Bakterien (rechts). Neopterin zeigt Virusbefall an, CRP eine bakterielle Erkrankung.
Hochinteressant sind Schnelltests, die einem bei tropfender Nase und Fieber verraten, ob es eine virale oder bakterielle Infektion ist. Antibiotika helfen bekanntlich nur bei bakteriellen Infekten.

Abb. 4.46 Die übermäßige Verschreibung von Antibiotika (und auch das eigenmächtige Absetzen der Pillen durch ungeduldige Patienten) hat zu resistenten Bakterienstämmen geführt, gegen die man neue oder höher dosierte Waffen braucht. Gezeigt ist ein Bakterieninfektionstest auf CRP-Basis der Firma KSB (Shenzen, China).

Box 4.7 Die Rangfolge der gefährlichsten Drogen und deren jeweiliges Gefahrenpotenzial: 255 Millionen Menschen weltweit nehmen Drogen!

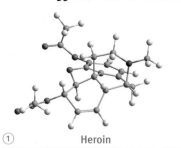

① **Heroin**

chemisch Diacetylmorphin; halbsynthetisches, stark analgetisches Opioid mit sehr hohem Abhängigkeitspotenzial

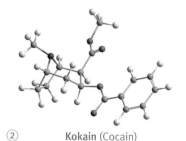

② **Kokain** (Cocain)

starkes Stimulans und eine weltweit verbreitete Rauschdroge mit hohem Abhängigkeitspotenzial

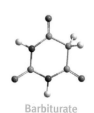

③ Barbiturate

Derivate der Barbitursäure; für viele Jahrzehnte *die* Schlafmittel schlechthin; seit 1992 in Deutschland und Schweiz als solche nicht mehr zugelassen

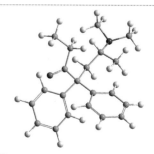

④ **Methadon** (illegaler Handel)

vollsynthetisch hergestelltes Opioid; breite Anwendung in Opiat-Substitutionsprogrammen

⑤ **Alkohol** (Ethanol)

Rauschmittel; Konsum ist in den meisten Ländern der Welt erlaubt! 3,3 Millionen sterben jedes Jahr daran!

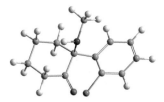

⑥ **Ketamin**

Arzneimittel, in der Notfallmedizin, zur Narkose und zur Behandlung von Asthma eingesetzt; führt zu ausgeprägten Halluzinationen

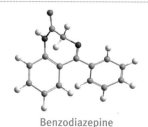

⑦ **Benzodiazepine**

Verwendung als Tranquilizer (Diazepam als Faustan® oder Valium® im Handel); als Hypnotika (Nitrazepam, Handelsname Radedorm®) oder Sedativa (Medazepam als Rudotel®, Nobrium®)

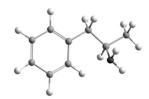

⑧ Amphetamine

vom Phenylethylamin abgeleitete künstliche Verbindungen; im Pflanzenreich vorkommende Alkaloide sind z. B. Ephedrin und Mescalin; synthetisch hergestellt z. B. Verapamil als Arzneimittel

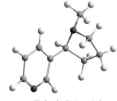

⑨ Tabak (Nicotin)

eine der am schnellsten süchtig machenden Substanzen; hat nicht nur psychostimulierende Wirkungen wie Kokain oder Amphetamin, sondern aktiviert im Gehirn die gesamte Breite der Neuromodulatoren. 1,1 Milliarden rauchen Tabak!

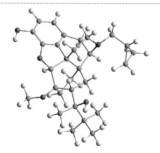

⑩ **Buprenorphin**

halbsynthetisches Opioid und potentes zentral wirksames Schmerzmittel. (Transtec Pro®, Norspan®, Temgesic®); auch zur Substitution bei der Therapie von Drogenabhängigkeit verwendet

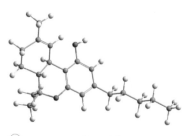

⑪ **Cannabis**

Sammelbegriff für die aus Hanf hergestellten Rauschmittel, insbesondere Marihuana und Haschisch; in den meisten Ländern noch illegal

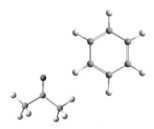

⑫ **Lösungsmittel** (Schnüffelstoffe)

Sammelbegriff für legal erhältliche Substanzen, die beim Inhalieren eine halluzinogene Wirkung haben: Lösungsmittel (halogenierte Kohlenwasserstoffe), Aerosole, Klebstoffe und Alkohol, Aceton und Benzol (hier als Strukturen gezeigt)

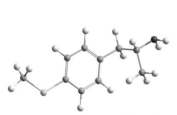

⑬ **Methylthioamphetamin (4-MTA)**

psychoaktive Substanz, die auch in Ecstasy-Pillen vorkommt und schon viele Todesopfer gefordert hat; führt zur Freisetzung des Botenstoffs Serotonin im Gehirn

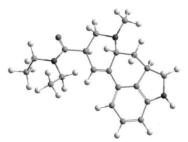

⑭ **Lysergsäurediethylamid (LSD)**

im *Slang* „Acid" genannt; halluzinogenes Ergolin; pharmazeutisch gehört LSD zur Gruppe der serotoninverwandten psychedelischen Substanzen; eines der stärksten bekannten Halluzinogene

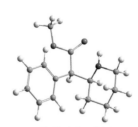

⑮ Methylphenidat

amphetamin-ähnlicher Arzneistoff mit stimulierender Wirkung; zur medikamentösen Behandlung der Aufmerksamkeitsdefizit-/ Hyperaktivitätsstörung (ADHS); unterliegt einer gesonderten Verschreibungspflicht

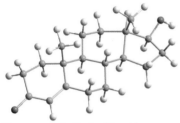

⑯ anabolische Steroide

synthetisch hergestellte Abkömmlinge des Hormons Testosteron; im Sport zur Leistungssteigerung als illegales Doping verwendet (hier gezeigt: Testosteron)

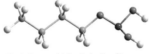

⑰ **4-Hydroxybutansäure**

eng verwandt mit dem menschlichen Neurotransmitter GABA (γ-Aminobuttersäure) und zugleich ein eigenständiger Neurotransmitter; in der Medizin intravenöses Narkotikum; Partydroge (*Liquid Ecstasy*)

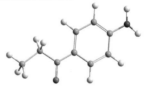

⑱ Ecstasy

auch XTC: Sammelbezeichnung für Vielzahl von Phenylethylaminen; im Idealfall allein für das Amphetamin MDMA (3,4-Methylendioxy-N-methylamphetamin); keine Droge hat sich je so schnell so weit verbreitet

Gefahrenpotenzial:
(ausgedrückt in Score-Punkten) ermittelt aus den kombinierten Scores für „physischen Schaden", „Abhängigkeit" und „sozialen Schaden"

■ physischer Schaden
□ sozialer Schaden
■ Abhängigkeit
□ ohne Zuordnung

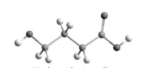

⑲ Alkylnitrate/Alkylnitrite (Poppers)

Poppers (Plural, von englisch *to pop* = knallen) haben eine stark gefäßerweiternde Wirkung; spontan einsetzende, kurz andauernde Rauschwirkung in höheren Dosierungen; charakteristischer chloroformartiger Geruch; Besitz legal, unerlaubter Handel nicht; daher oft als „Reinigungsmittel", „Video-Tonkopfreiniger", „Zimmerduft" oder „Leder-Putzmittel" in kleinen braunen Fläschchen verkauft

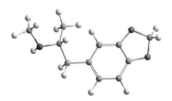

⑳ Kath (Qad, Gat, Chat oder Miraa)

Wirkstoff Cathin, ein Amphetamin; Alltagsdroge im Jemen, in Äthiopien, Somalia, Kenia und Dschibuti; leichtes Rauschmittel; über die Mundschleimhaut aufgenommen; in UK und NL legal

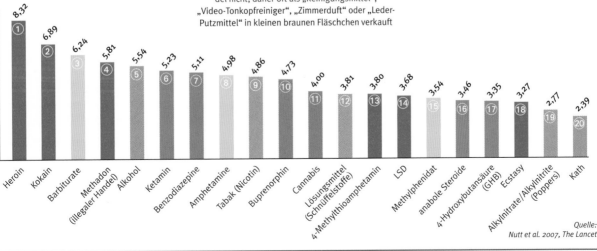

Wert	Substanz
8,32 ①	Heroin
6,89 ②	Kokain
6,24 ③	Barbiturate
5,81 ④	Methadon (illegaler Handel)
5,54 ⑤	Alkohol
5,23 ⑥	Ketamin
5,11 ⑦	Benzodiazepine
4,98 ⑧	Amphetamine
4,86 ⑨	Tabak (Nicotin)
4,73 ⑩	Buprenorphin
4,00 ⑪	Cannabis
3,81 ⑫	Lösungsmittel (Schnüffelstoffe)
3,80 ⑬	4-Methylthioamphetamin
3,68 ⑭	LSD
3,54 ⑮	Methylphenidat
3,46 ⑯	anabole Steroide
3,35 ⑰	4-Hydroxybutansäure (GHB)
3,27 ⑱	Ecstasy
2,77 ⑲	Alkylnitrate/Alkylnitrite (Poppers)
2,39 ⑳	Kath

Quelle:
Nutt et al. 2007, The Lancet

107

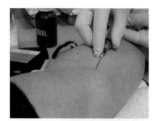

Abb. 4.48 Testung neuer Immuntests in meiner Gruppe. Zuerst muss der Professor bluten...

Abb. 4.49 Mit Multikanal-Pipetten werden die Detektor-Antikörper in sogenannte Mikrotiterplattenmit 8×12 (= 96) Vertiefungen (Kavitäten oder *wells*) gegeben.

Im März 2007 wurde in der Zeitschrift *The Lancet* eine Studie veröffentlicht, die einen Meilenstein auf dem Weg zu einer **vernünftigen Gefahrenabschätzung von Drogen** darstellt. **Drei Hauptfaktoren** identifizierten die Forscher. Sie definieren den potenziellen Schaden, der von einer als Droge missbrauchbaren Substanz ausgeht:

- den **physischen Schaden** für das Individuum, den die Droge verursacht;
- die Tendenz der Droge, **abhängig** zu machen;
- den Effekt des Drogenmissbrauchs auf die Familie und die Gesellschaft, in welcher der Drogennutzer lebt, der **soziale Schaden**.

Jede dieser drei Kategorien setzte sich wiederum aus drei Unterkategorien zusammen. Sie führen zu einer umfassenden „**Neun-Kategorien-Matrix**" des Schadens einer Droge. Zwei unabhängige Expertengruppen ordneten den verschiedenen Stoffen Punkte zu (die sogenannten Scores). Anschließend wurden die Punkte kombiniert, um so eine Gesamtabschätzung ihres Gefahrenpotenzials zu erhalten.

Die Box 4.7 zeigt die ermittelte **Rangfolge der gefährlichsten Drogen**. Auffällig ist, dass die legalen Drogen Alkohol (5) und Tabak (9) unter den ersten zehn der gefährlichsten Drogen rangieren. Aus diesem Grund bezeichnete Professor **David Nutt**, Hauptautor der Studie, das derzeitige (britische) Drogenbewertungssystem als „schlecht durchdacht und willkürlich" („*The current drug system is ill thought-out and arbitrary*").

■ 4.17 Immunologische Drogentests

Drogenmissbrauch? Doping? Drogentests werden meist aufgrund eines Missbrauchsverdachts durchgeführt (siehe Box 4.8). **Immunoassays zur Drogendetektion** werden vor allem in den USA seit Ende der 80er Jahre bei Einstellungsuntersuchungen (*pre-employment testing*) oder zur Überwachung der Drogenfreiheit am Arbeitsplatz (*workplace testing*) eingesetzt. Demzufolge richten sich die Hersteller von Immunoassays bei Angabe der Entscheidungsgrenzen zwischen „positiv" und „negativ" (sog. „**Cut-off-Werte**") meistens nach US-amerikanischen Kriterien. Alle Drogen sind nichtimmunogene niedermolekulare Substanzen (Haptene). Die Immunoassays zum Drogennachweis basieren deshalb auf dem bereits beschriebenen **kompetitiven Prinzip** der Antigen-Antikörper-Reaktion. Dabei konkurrieren die gesuchten Substanzen mit den gleichen, allerdings radioaktiv (oder enzym-) markierten Substanzen um die Bindung an spezifischen Antikörpern. Wegen des Fehlens von „Angriffspunkten" (Epitopen) bei Haptenen können, wie schon mehrfach diskutiert, leider keine Sandwich-Assays verwendet werden.

Beim **RIA für Schilddrüsenhormone** (siehe weiter oben im Text) wird z. B. das Hormon mit einem radioaktiven Isotop markiert und in bekannter Menge eingesetzt. Es konkurriert mit der unbekannten Menge an Hormon in der Probe um den Antikörper, der an fester Phase (z. B. Mikrotiterplatte) gebunden ist. Dann liefert der Test bei maximaler Bindung des Hormons nur ein minimales Signal, denn das signalgebende isotopmarkierte Hormon konnte sich nicht gut binden angesichts einer viel höheren Konzentration des natürlichen Hormons.

Bei den **kompetitiven immunologischen Streifentests** werden dagegen in den meisten Fällen nicht markierte Haptene, sondern z. B. mit kolloidalem Gold markierte Antikörpermoleküle angezeigt. Ohne Drogen in der Probe bleiben ihre Paratope unbesetzt und können daher vollständig an einer Testlinie andocken.

Hier an der Testlinie sind die betreffenden Drogenmoleküle chemisch so fixiert, dass sie für die Antikörper zugänglich bleiben. Werden die Antikörper zuvor jedoch vollständig von der Droge okkupiert, können sie nicht mehr an die Testlinie binden. „Drogen-positiv" heißt also: kein Signal. Das ist für Laien oft verwirrend (Abb. 4.44 und Box 4.8) Reicht ein Immuntest allein aus zur Beweisführung? Nein, Immuntests geben zwar eine wertvolle Aussage zur Drogenbelastung untersuchter Proben, die Ergebnisse müssen jedoch durch weitere, beweiskräftige Verfahren höherer Spezifität abgesichert werden. Die niedrigen Konzentrationen im Nanogramm-Bereich von Drogen im Blut und im Speichel machen den Einsatz aufwendiger analytischer Bestimmungsmethoden erforderlich, die auch die Messung nahe der Nachweisgrenze ermöglichen. Die Kombination der Gaschromatografie mit der Massenspektrometrie (GC-MS) wird bevorzugt verwendet. Die GC-MS ist seit langer Zeit als eine „definitive Methode" bekannt. Sie liefert einen definitiven (das heißt richtigen) Wert als beste Annäherung an den „wahren Wert". GC-MS wird als Bestätigungstest („confirmatory drug test") eingesetzt. Des Weiteren setzt man als definitive Methode die Hochleistungs-Flüssigkeitschromatografie (HPLC) ein, oft auch gekoppelt mit einem massenspektrometrischen Detektor (siehe auch Kapitel 2). Neben dem Einsatz in Urin werden Immunoassays auch zum Nachweis von Drogen in Vollblut, Serum, Speichel und Schweiß eingesetzt. In Speichel und Blut kann ein kurz zurückliegender Drogenkonsum nachgewiesen werden.

Die Haar-Analyse hingegen ermöglicht einen Einblick über einen länger zurückliegenden Zeitraum. Durch Einschluss von Drogen in der Keratinstruktur können unter Berücksichtigung der Haarwachstumslänge Aussagen zur „Drogenkarriere" des Untersuchten getroffen werden. Die oft gehörte Vorstellung des Haares als einem „Fahrtenschreiber" wie bei einem Fernfahrer ist leider etwas zu einfach: Erstens wachsen nicht alle Haare permanent, sondern die Wachstumszyklen der Haare führen zu einer Überlappung von Zonen wachsender und etwa 10 % in der Ruhephase befindlicher Haare, die vor dem Ausfallen nicht mehr wachsen. Zweitens wachsen die einzelnen Haare unterschiedlich schnell. Dies führt mit der Zeit zu einer zunehmend diffusen Verbreiterung von „Substanzbanden" die unmittelbar über der Hautoberfläche noch relativ eng sind. Dies kann bei der zeitlichen Beurteilung eines erfolgten Drogennachweises von hoher Bedeutung sein.

Blut ist für die Untersuchung auf Drogen und Medikamente sehr gut geeignet. Es enthält von Beginn an die gesuchte Substanz. Blut transportiert sie in alle Gewebe und die Organe, die sie wieder aus dem Organismus entfernen. Die Blutkonzentration hängt unmittelbar mit der aufgenommen Dosis der seit der Aufnahme verstrichenen Zeit zusammen. Im Allgemeinen ist Blut (wenn man mal von kriminellen Dopingärzten absieht) schwer manipulierbar und in der Zusammensetzung recht einheitlich. Allerdings ist die Blutentnahme invasiv und somit zum Testen „vor Ort" nicht geeignet. Vorteil der Blutentnahme ist, dass – bei entsprechender gesetzlicher Regelung – die aktive Mitwirkung des Probanden nicht erforderlich ist.

Urin als Untersuchungsmaterial hat den Vorteil, dass er ohne invasive Techniken in zumeist großer Menge abgegeben werden kann. Im Allgemeinen liegen die Fremdstoffe bzw. deren Metaboliten in höherer Konzentration im Urin vor als im Blut und können auch länger nachgewiesen werden. Nachteilig ist jedoch, dass ein Urin- nur schwer mit einem Blutergebnis vergleichbar ist. Direkt nach Drogenkonsum findet man im Blut messbare Konzentrationen, während durch die Abbau- und Eliminationsprozesse im Körper die Drogen im Urin ein bis zwei Stunden lang noch nicht oder kaum nachweisbar sein können. Außerdem hängt die Urinkonzentration von der Wasserausscheidung ab. Nicht selten wird daher durch Verdächtige versucht, durch exzessives Trinken eine „interne" Verdünnung der Harns herbeizuführen. Das ist bei Blut nicht möglich. Wie man bei der „Tour de Farce" (pardon, Tour de France!) sehen konnte, kann eine Urinabgabe des Probanden (wie eine Blutprobe auch) auf vielfältige Art manipuliert werden. Um einen Drogenkonsum nachzuweisen, ist Urin als Testmedium prinzipiell gut geeignet. Urinkontrollen müssen aber zur Vermeidung von Manipulationen möglichst unter Sichtkontrolle ausgeführt werden, was in den westlichen Ländern durchaus regelmäßig üblich ist.

Speichel ist farblos, durchsichtig, wenig proteinhaltig und von geringer Viskosität. Er wird von den in der Mundhöhle und in ihrer Umgebung liegenden Speicheldrüsen gebildet. Sie sondern täglich die erstaunliche Menge von etwa 1–1,5

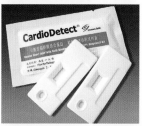

Abb. 4.50 Oben: Im Prince of Wales Hospital (Hongkong) wird der FABP-Schnelltest durch Chefarzt Prof. C.M. Yu in der Notaufnahme eingesetzt. Im Hintergrund ist ein Test für den späten Marker Troponin T zu sehen. Mitte: Auch ein VIP, der chinesische Physik-Nobelpreisträger Y.T. Lee, lässt sich testen.

Unten: die für China produzierten sehr preiswerten FABP-Tests und ein Lesegerät (Reader) zur quantitativen Auswertung der Tests der Firma 8sens.biognostic GmbH (Berlin)

Box 4.8 Expertenmeinung: Keine Drogen genommen? – Dann testen wir das jetzt!

Ende der 1960er bis in die 1970er Jahre hielten der Radioimmunoassay und andere Immuntests Einzug in die medizinischen Labors (siehe ausführlich Fließtext!). Bald wurden angekoppelte Enzymreaktionen (ELISAs) und andere nachweisstarke Anzeigeprinzipien als nichtradioaktive Varianten des Immunoassays eingeführt, die den Radioimmunoassay in den meisten Fällen verdrängten. Das Interesse richtete sich neben physiologischen und Arzneistoffen naturgemäß auch auf illegale Drogen.

Biotransformation von Drogen im Körper

Illegale Drogen werden wie andere körperfremde Stoffe (**Xenobiotika**) im körpereigenen Stoffwechsel vorwiegend durch die Enzymfamilien der Leber, z. B. Cytochrome P 450 oder Glucuronyltransferasen, meist in mehreren Phasen oxidativ bzw. zu wasserlöslichen Konjugaten abgewandelt und so für die Ausscheidung vorbereitet. Die biotransformierten Stoffe werden primär in **Urin** und **Stuhl** ausgeschieden. In weit geringeren Mengen und auf recht verschiedene Weise verlassen Drogenstoffe den Körper auch über Nebenwege wie die Haut, Hautfette, den Schweiß oder im Speichel. Haarbildende Zellen werden, solange die Haare wachsen, mit Blut versorgt. Die verhornende Haarsubstanz umschließt dementsprechend einlagerungsfähige Arzneistoff-, Drogen-, Metall- und andere Rückstände, die mit dem Haar herauswachsen. Naturgemäß anders verhalten sich etwa 10 % der Haare, die nach dem Wachsen bis zum Ausfallen in der Ruhephase sind. Das ist die Grundlage der **Haar-Analyse**. Erscheinen und Wiederverschwinden der Drogen hängen dabei von Verteilung, Transport, Stoffwechsel sowie Art und Wegen der Ausscheidung ab. Für jeden Drogenstoff bzw. jede Drogenart gelten ganz eigene Gesetzmäßigkeiten.

Verflixte, teilweise aber auch gewünschte Kreuzreaktionen

Immuntest-Antikörper können mit molekular ähnlichen Substanzen „kreuzreagieren" (siehe Fließtext). Beim Drogennachweis werden die **Grenzen der Selektionsfähigkeit** von Antikörpern sichtbar. Diese sind teilweise aber auch von Vorteil, z. B. zur Erfassung möglichst vieler strukturell verschiedener Benzodiazepine. Leider ist dem Testergebnis nicht anzusehen, ob es mit gewünschten Molekülpartnern oder mit **unerwünschten Kreuzreaktanden** zustande kam. Deshalb müssen Immuntest und Antikörper unbedingt stets auf mögliche Störeinflüsse hin überprüft werden.

Drogenrückstände werden als anwesend („**positiv**") angezeigt, wenn die Immunreaktion eine grenzwertige testeigene Schwelle, den sogenannten **Cut-off** (aus dem Englischen abgeleitet: „abgeschnitten") überschreitet. Andernfalls wird das Testergebnis als „**negativ**" bewertet. Der Cut-off wird in der Regel so angesetzt, dass bekannt gewordene kreuzreagierende Stoffe mit hoher Wahrscheinlichkeit geringer angezeigt werden, als es diese Grenze vorgibt. Kommt das positive Ergebnis dennoch durch zuvor unbekannte, unerwünschte Reaktionspartner, z. B. Arzneistoffe, zustande, ist es „**falsch-positiv**". Kommt es wegen unbekannter Störeinflüsse zu keiner oder zu geringer Immunreaktion, obwohl normalerweise reagierende Substanzen anwesend sind, kann das Ergebnis „**falsch-negativ**" werden.

Die Stoffwechselprodukte einer Droge kommen in der Probe von Natur aus vor. Man kann **quantitative Immuntests** aber nur mit dem wichtigsten von mehreren, in Proben vorkommenden Metaboliten kalibrieren. Falls mehrere Metabolite zum Messergebnis beitragen, sind Ergebniszahlen nur Äquivalente der Kalibratorkonzentration. Es ist innerhalb des vorgegebenen Konzentrationsbereichs gleichbedeutend mit dem Mindestresultat (Cut-off),

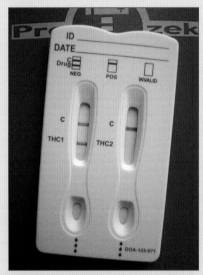

Schnelltest für Tetrahydrocannabiol der deutschen Firma Protzek GmbH (http://www.protzek-diagnostik.de).
Deutlich zu sehen ist das Prinzip, bei positivem Test nur einen Streifen zu zeigen.

mit „**wenig**", „**mehr als wenig**", „**weniger als viel**" oder „**viel**" an Drogenrückständen. Ein Urinergebnis hängt auch noch von der zugleich erfolgenden Wasserausscheidung ab. Die Tests sind also nur „halbquantitativ". Dies gilt für fast alle Drogentests. Da Stoffwechsel- und Ausscheidungsvorgänge individuell verschieden ablaufen, sind Zahlenresultate generell nicht von Person zu Person übertragbar.

Testergebnisse sind Hinweise, aber keine Beweise!

Werden Patienten Wirkstoffe unter ärztlicher Kontrolle gegeben, oder wird ein physiologischer Stoff getestet, bestehen bei einem gut charakterisierten Test kaum Zweifel an der Richtigkeit.

Anders ist dies bei illegalen Drogen. Ein positives Ergebnis wird hier regelmäßig mit dem nicht tolerierten Konsum der betreffenden Droge gleichgesetzt. Wegen potenzieller Störungen oder Kreuzreaktion kann das Ergebnis stets nur ein *Hinweis*, aber kein *Beweis* für einen Drogenkonsum sein. Ein allgemein verwendeter Drogentest sollte nicht so empfindlich reagieren, dass nicht unterschieden werden kann, **ob Drogenrückstande aktiv, durch eigenen Konsum, oder passiv, d.h. unbeabsichtigt, aufgenommen wurden**. Analysenresultate müssen darüber hinaus biologisch plausibel sein.

Was passiert zum Beispiel, wenn man in einem kleinen Auto zu lange mit intensiv Cannabis rauchenden Begleitern gesessen hat? Man kann nun sagen, dass dies von Normalpersonen vermieden wird; allerdings am ehesten wegen des unzumutbar dichten, freiwillig kaum zu ertragenden Qualms... Die Drogeninhalation ist dabei grundsätzlich unumgänglich. Fraglich bleibt, was im Test angezeigt wurde und wie viel es war. Das sollte **von erfahrenen Spezialisten, z.B. einem forensischen Toxikologen, bewertet** werden. Diese speziell geschulte Berufsgruppe kennt sich beim Drogenstoffwechsel besonders gut aus. Damit ein Drogenkonsum-Vorwurf rechtlich haltbar ist, **muss ein „positives" Ergebnis qualitativ und quantitativ beweissicher** sein.

Solide Beweise durch GC-MS

Ein beweisendes Analysenverfahren ist die **Gaschromatografie gekoppelt mit Massenspektrometrie (GC-MS)** (siehe Kapitel 2). Hierbei werden zu analysierende Stoffe chromatografisch so getrennt, dass möglichst keine anderen Substanzen die Analysensignale beeinflusst. Zur Kontrolle des Analysengangs werden geringe Mengen isotopenmarkierte Analoga der Drogenstoffe als **interne Standards** mitgeführt (z. B. ≥ drei Wasserstoffatome stabil durch Deuterium ersetzt und > 99% rein). Dies macht die Analyse zwar aufwendig, Störungen aber deutlich erkennbar.

Drogenkontrolle und verfügbare Tests

Meist arbeiten immunologische Tests herstellerspezifisch mit unterschiedlichen Prinzipien, die vor Vertrieb eingehend validiert wurden. Es wird ein sogenanntes **Drogenscreening** angeboten (engl. *screen* bedeutet etwa Sieb, Raster, Filter), das naturgemäß auf „gängige" Drogen gerichtet ist und ohne größeren Aufwand auch hohe Probenzahlen in kurzer Zeit in „positive" oder „negative" Fälle unterteilen soll.

Zuerst die gute Nachricht: Modernes immunologisches Screening liefert **kaum noch falschnegative Ergebnisse**. Deshalb werden nach negativem Screening kaum noch weitere Untersuchungen durchgeführt. Ein falsch-negativer Test hat für Getestete ja auch keine Folgen. Unschuldige werden also kaum falsch verdächtigt. Aber: Was passiert, wenn etwa ein drogenkonsumierender Taxifahrer, Pilot, Busfahrer oder Lokführer übersehen wurde? Hätte der nicht besser eine Drogentherapie erfolgreich zu bewältigen, damit nicht Schlimmeres passiert?

Die Schwächen des immunologischen Drogenscreenings

Was normalerweise als immunologisches Drogenscreening betrachtet wird, ist lediglich die Palette kommerzieller Tests. Vertrieb und Anwendung stehen dabei unter dem Diktat von Umsätzen und Wirtschaftlichkeit.

Daher wird nur auf die am **häufigsten missbrauchten Drogen getestet, wie etwa Cannabis, Amphetamine, Ecstasy, Heroin, Opiate, Kokain, LSD, die Benzodiazepin-Tranquilizer oder Drogen-Substitutionsstoffe wie Methadon und Buprenorphin** (siehe Box 4.7). Nicht erfasst werden z. B. eine betäubende Raubdroge wie Liquid Ecstasy (4-Hydroxybutansäure), Psilocybin- und andere Pilze, „Gartendrogen" mit Atropin oder Scopolamin. Es gibt noch weit mehr Wirkstoffe, die teils auch als **Ersatz- und Ausweichmittel** dienen. Nach „negativ" verlaufenem Drogenscreening Drogenfreiheit anzunehmen ist vordergründig und geht nicht selten an der Wahrheit vorbei.

Immuno-Schnelltests

Seit den 1990er Jahren hat sich zunehmend eine weitere Variante, die sogenannten **immunologischen Streifentests** (siehe Fließtext) durchgesetzt, deren Anwendung jederzeit auch außerhalb von Labors möglich ist.

Man liest visuell ab und unterscheidet zwischen Färbung (drogen-negativ) oder Nicht-Färbung: Als **drogen-positiv wird der Fall bezeichnet, bei dem die Testbande sich nicht färbt**. Man bezeichnet sie deshalb als **qualitative Tests** (Ja/nein-Tests).

Schwierigkeiten mit der Wahrheitsfindung

Da Tests nun auch durch Laien rasch und einfach ausführbar sind, verbreitet sich naturgemäß die Versuchung, einen **Drogentest selbst, aber ohne Hintergrundwissen auszuführen**. Ganz so einfach ist Feststellung einer fehlenden Farblinie allerdings nicht: Prinzipiell bildet sich die Färbung ohne Drogen am stärksten aus. Unterhalb des Schwellenwertes ist sie in geschwächter Form zu sehen. Daher kann eine minimale, visuell bereits erkennbare Anfärbung vorhanden sein (nahezu vollständige Farblosigkeit). Das kann dem unerfahrenen Anwender „negativ" und mag einem erfahrenen „positiv" signalisieren.

Man vermag auch nicht ohne Weiteres zu erkennen, ob Resultate schwanken oder reproduzierbar sind. So gesehen wird der Test nicht selten unterschiedlich als „positiv„ oder „negativ" interpretiert. Ein Testergebnis kann also mehr oder weniger richtig, im Einzelfall aber dennoch verwertet worden und schicksalhaft sein!

Wie steht es mit dem Schutz vor unbeabsichtigter Kontamination der Teststreifen, z. B. über Kokain an Geldscheinen, die zum Sniffen verwendet wurden? Auch so kam es schon zu Verdächtigungen mit Folgen, die ohne sicheren Beleg des Drogenkonsums waren. Die Weitergabe eines unbestätigten immunologischen Befunds kann für Betroffene sehr weitreichende Folgen haben: die berufliche Eignung, der langfristige Entzug der Fahrerlaubnis, der für viele Berufe existenzgefährdend ist, oder der Widerruf einer Therapie.

Die externe Qualitätssicherung der Schnelltests durch unabhängige Prüfinstanzen muss deshalb erheblich verbessert werden. Nur bei polizeilicher Anwendung bei Drogenbeeinflussten sind die forensischen Gesichtspunkte der Beweissicherung normalerweise gut abgesichert.

Um individuellen Ablesungen per Augenschein und damit Ablesefehlern oder Ergebnisinterpretationen vorzubeugen, braucht man dringend objektive Maschinen, Lesegeräte (Reader) für die Streifentests.

Keine Drogentests durch Laien bei Laien für Laien!

Ich meine: Die größte Gefahr geht von Drogentests aus, wenn sie von relativen Laien gegenüber absoluten Laien angewendet und für relative Laien als Auftraggeber ausgeführt werden.

Ein Beispiel: Herr A. bewirbt sich um eine neu zu besetzende Stelle und gibt bei seinem vermeintlichen zukünftigen Arbeitgeber seinen Urin bereitwillig zur Drogenkontrolle ab.

In einem „Minilabor" wird er u. a. mit einem Teststreifen für Opiate „positiv" getestet. Nun wird ihm der Verdacht des Drogenkonsums vorgehalten. Der Tester berichtet dem Personalchef ohne fachlichen Kommentar. Weder er noch der Personalsachbearbeiter ahnen, dass **der saftige, am Nachmittag zuvor bei Kaffee und Kuchen verzehrte Mohnkuchen die Opiate im Urin verursacht** hat. Mohnsamen können ausreichend Reste von Morphin und Codein enthalten.

Der Bewerber bestreitet wahrheitsgemäß jeglichen Drogenkonsum. Man glaubt ihm nicht. Erst mithilfe eines Rechtsanwalts wird dies in einem rechtsmedizinischen Institut analytisch geklärt und richtig zugeordnet. Nun hätte der Bewerber Recht bekommen. Der Arbeitgeber hat sich jedoch inzwischen für einen „fachlich noch geeigneteren" Bewerber entschieden.

Möchten Sie, dass das Ihnen passiert?

Rolf Aderjan ist Professor für forensische Toxikologie und arbeitet am Institut für Rechtsmedizin und Verkehrsmedizin des Universitätsklinikums Heidelberg.
Er forscht zu neuen Methoden des Drogennachweises und an Markern zur Erkennung von Alkoholmissbrauch.

Box 4.9 **Wie man einen Labortest beurteilt**

Oben linke Kurve: Zwei unterschiedliche Populationen (z. B. von kürzlich Grippeinfizierten, die aber gesund bleiben, und Infizierten, bei denen die Grippe zum Ausbruch kommt), werden in einem kontinuierlichen Merkmal (z. B. Körpertemperatur) vermessen. Die linke Kurve zeigt die Stichproben-Temperaturverteilung bei resistenten Virenträgern, die rechte dieselbe Temperaturverteilung der in Kürze zu Krankheitsfällen werdenden Patienten. Wie in der Realität zu erwarten, überlappen sich die Messwerte der Teilpopulationen.

Ein **Trennkriterium** (senkrechte Linie, z. B. 38,6 °C) wird also immer einen Anteil beider Teilpopulationen falsch einstufen, entweder falsch positiv (FP, rosa Fläche) oder falsch negativ (FN, hellblaue Fläche). Die Anteile variieren je nach Lage des Trennkriteriums (Pfeil nach links: FN kleiner, FP größer; nach rechts: umgekehrt). Die „lila" Fläche ist eigentlich rot aber „durchscheinend".

Oben rechter Kasten: Der Anteil der Richtig-Positiven (TP = zu Recht als positiv eingestufte) und der Falsch-Negativen (FN = zu Unrecht als negativ eingestufte) addiert sich zu 100 %; das ist die Fläche unter der rechten Glockenkurve. Gleichermaßen gilt: Anteil Falsch-Negative (TN) plus Anteil Falsch-Positive ergibt 100 %, nämlich die Fläche unter der linken Kurve.

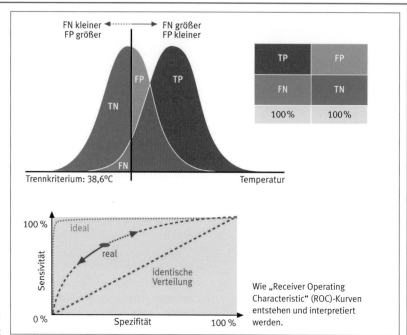

Wie „Receiver Operating Characteristic" (ROC)-Kurven entstehen und interpretiert werden.

Oben untere Kurve: ROC-Kurve (TP gegen FP aufgetragen). Sind beide Verteilungen identisch, so ist die Kurve die Winkelhalbierende, d. h. die Rate FP ist bei Variation des Trennkriteriums immer gleich der Rate TP.

Ideale Trennschärfe, d. h. völlige Nichtüberlappung der Verteilungen wäre im ROC-Diagramm durch einen Verlauf Y-Achse aufwärts, obere X-Achse quer (0 % FP, 100 % TP im gesamten Bereich gekennzeichnet).

In der Realität finden sich Kurven im Zwischenbereich, bei denen eine Erhöhung der TP in einem gewissen Bereich eine relativ geringere Erhöhung der FP zur Folge hätte.

Achtung! Die Verschiebungsrichtung des Trennkriteriums (roter ovaler Punkt) ist in dieser Auftragung entgegengesetzt der Richtung in der oberen linken Kurve, d. h. Punkt nach links = Trennlinie nach rechts.

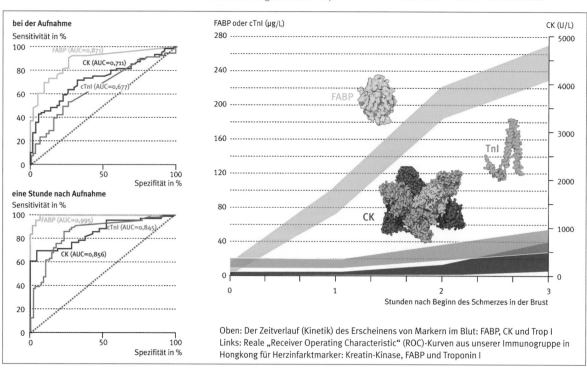

Oben: Der Zeitverlauf (Kinetik) des Erscheinens von Markern im Blut: FABP, CK und Trop I
Links: Reale „Receiver Operating Characteristic" (ROC)-Kurven aus unserer Immunogruppe in Hongkong für Herzinfarktmarker: Kreatin-Kinase, FABP und Troponin I

Liter Speichel ab. Der Zeit- und Personalaufwand ist deutlich geringer als bei Urintests. Wie bei Urin ist aber die aktive Mitwirkung des Probanden erforderlich. Speichel kann man viel einfacher gewinnen als eine Urinprobe, auch die Intimsphäre der Probanden wird nicht wesentlich beeinträchtigt. Es kommt jedoch primär darauf an, dass Speichel überhaupt produziert wird. Die **Speichelproduktion ist sehr von zentralnervösen Einflüssen abhängig** (Mundtrockenheit), auch vom Drogeneinfluss selbst, und eventuell auch von **speichelstimulierenden Stoffen.** Bei getesteten Personen (insbesondere auch bei verdächtigten Profi-Radfahrern) bestand aber generell eine größere Bereitschaft einen Speichelvortest durchzuführen als einen Urinvortest.

Speichel ist im Wesentlichen ein Filtrat aus dem Blutserum. Im Speichel lassen sich aber nur für einige wasserlösliche Stoffe, die Zellmembranen passieren können, aktuelle Bezüge zum Zeitpunkt des Drogenkonsums herstellen. Im Bluteiweiß hochgebundene Benzodiazepine und vergleichbare Stoffe oder lipophile Stoffe (wie sämtliche Cannabinoide) gehen praktisch nicht in den Speichel über. Cannabisraucher kontaminieren ihre Mundhöhle mit dem Wirkstoff Tetrahydrocannabinol. Er ist daraufhin einige Zeit nachweisbar. Oraler Cannabiskonsum kann hingegen im Speichel, wenn überhaupt, nur mit hochsensitiven Laborgeräten entdeckt werden. Auch die Glucuronidkonjugate, die von vielen Drogenstoffen gebildet werden und die wichtige Nachweissubstanzen in Blut und Urin sind, fehlen im Speichel weitestgehend. Es ist daher ein aus wenigen kontrollierten Laborstudien verbreiteter Irrtum, dass aus der Speichelkonzentration auf das Ausmaß von Rauschmittelwirkungen geschlossen werden könne. Im Gegenteil, Speichel ist für einige Rauschmittel als Nachweissubstrat sogar völlig ungeeignet.

Und wie sicher sind eigentlich die Tests selbst? Dazu gibt es feststehende Methoden, die im Folgenden diskutiert werden.

■ 4.18 Wie man einen Labortest beurteilt: Beispiel HIV-Test

Hohe diagnostische **Sensitivität** (= wenige falsch negative Ergebnisse) und hohe **Spezifität** (= wenige falsch positive Ergebnisse) sind wichtig für alle Tests. Es sind die beiden wichtigsten Parameter bei allen Biotests. In der Praxis interessiert allerdings neben Sensitivität und Spezi-

Diagnostische Vierfeldertafel				
		Testergebnis:		
		positiv	negativ	
Krankheitsstatus	positiv	richtig positiv TP	falsch negativ FN	
des Patienten	negativ	falsch positiv FP	richtig negativ TN	
(Referenztest)				

fität eines Tests noch mehr sein **prädiktiver Wert** (**Vorhersagewert**). Der positive prädiktive Wert gibt die Wahrscheinlichkeit an, mit der ein Patient mit positivem Testergebnis auch **wirklich krank** ist; umgekehrt drückt der negative prädiktive Wert die Wahrscheinlichkeit aus, mit der ein Patient mit negativem Testergebnis **tatsächlich nicht krank** ist. Eine Diagnose ist eine Folge von binären (ja/nein) Einzelentscheidungen. Bei diesen Einzeluntescheidungen werden diagnostische Tests eingesetzt, die zwischen zwei Zuständen entscheiden sollen: **Krankheit vorhanden/nicht vorhanden.** Entsprechend ist auch das **Testresultat eine ja/nein-Aussage:** krank (= positiv) /nicht krank (= negativ).

Bei Tests mit quantitativen Ergebnissen (wie z.B. bei Laborwerten) überführt man eine solche ja/nein-Aussage in einen **Trennwert** (**Cut-off-Punkt**). Hieraus lässt sich eine **Vierfeldertafel** erzeugen, die den Zustand des Patienten und das Testergebnis für einen spezifischen Cut-off-Punkt gegenüberstellt (siehe Tabelle oben). Der prädiktive Wert eines Tests hängt nicht nur von seiner Sensitivität und Spezifität ab, sondern auch von der **Prävalenz** in der getesteten Population, der „Vor-Test-Wahrscheinlichkeit, positiv bzw. negativ zu sein". Zwei praktische Beispiele von den international führenden HIV-Fachleuten Prof. **Wolfgang Preiser** und Dr. **Stephen Korsman** sollen dies verdeutlichen.

Beispiel A: hohe HIV-Prävalenz von 10% (d.h. 100 von 1000 sind infiziert). Das ist zum Beispiel **im Süden Afrikas** der Fall. Bei Verwendung eines HIV-Tests mit einer Sensitivität von 100% und einer Spezifität von 99% (ein Falsch-Positiver auf 100) und bei Testung von 1000 Patienten, wird man das folgende Ergebnis erhalten:

- 100 Richtig-Positive auf 1000
- 10 Falsch-Positive auf 1000
- positiver Vorhersagewert: 100 Richtig-Positive/ 110 Gesamt-Positive = 91%

Beispiel B: niedrige HIV-Prävalenz von 0,1% (d.h. 1 von 1000 ist infiziert). Das ist z. B. bei

- **Sensitivität**
  = Quotient Anzahl Richtig-Positiver/(Anzahl Richtig-Positiver + Falsch-Negativer)
  = **Wahrscheinlichkeit eines positiven Tests, wenn der Patient krank ist**

- **Spezifität**
  = Quotient Anzahl Richtig-Negativer/(Anzahl Richtig-Negativer + Falsch-Positiver)
  = **Wahrscheinlichkeit eines negativen Tests, wenn der Patient nicht krank ist**

- **positiver Vorhersagewert (positiver prädiktiver Wert = PPV)**
  = Quotient Anzahl Richtig-Positiver/(Anzahl Richtig-Positiver + Falsch-Positiver)
  = **Wahrscheinlichkeit, dass ein positiv getesteter Patient wirklich krank ist**

- **negativer Vorhersagewert (negativer prädiktiver Wert = NPV)**
  = Quotient Anzahll Richtig-Negativer/(Anzahl Richtig-Negativer + Falsch-Negativer)
  = **Wahrscheinlichkeit, dass ein negativ getesteter Patient nicht krank ist**

Abb. 4.51 Kampagne gegen Aids in China

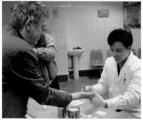

Abb. 4.52 Der Verfasser beim Schnelltest in der Blutbank Guangzhou (China)

Abb. 4.53 Im Zweiten Weltkrieg erlangte die Radartechnik in der Seekriegs-, vor allem aber auch in der Luftkriegsführung große Bedeutung und wurde meist in Verbindung mit Flakstellungen eingesetzt.
Das Cartoon zeigt, wie die Radartechnik beim Sieg der Alliierten hilft.

Blutspendern in Deutschland gegeben. Verwendet man den gleichen Test wie in Beispiel A (Sensitivität 100 %, Spezifität 99 %) und testet 1000 Patienten, wird man das folgende Ergebnis erhalten:

- 1 Richtig-Positiver auf 1000
- 10 Falsch-Positive auf 1000
- positiver Vorhersagewert: 1 Richtig-Positiver/ 11 Gesamt-Positive = 9,1 %

Im Beispiel A sind über 90 % der positiv auf HIV Getesteten auch tatsächlich infiziert, im Beispiel B nur weniger als jeder Zehnte! **Ergibt es also Sinn**, eine nur gering durchseuchte wie die **gesamte deutsche Bevölkerung auf HIV zu testen?** Wenn die Spezifität 99,8 % betrüge, bedeutete dies, dass von 1000 Nicht-HIV-Positiven 998 ein korrektes, negatives Ergebnis erhalten und zwei ein falsch positives Ergebnis. Würde jeder der 80 Millionen Einwohner Deutschlands sich testen lassen, bekämen also **160 000 Menschen ein falsch positives Ergebnis!** Es sind aber nur 40 000 echt Positive, also real infiziert. Man würde die **vierfache Menge verunsichern. Das wäre ein erschreckend schlechtes Ergebnis!**

Deshalb **muss jeder Suchtest mittels eines Bestätigungstests überprüft werden!** Erst dann darf der Betroffene informiert werden. Wenn der Western Blot das reaktive ELISA-Ergebnis nicht bestätigt, so ist der Patient bzw. Blutspender eben nicht HIV-„positiv".

■ 4.19 Wie man Tests testet: ROC-Kurven

Es begann mit militärischen Radaranlagen: Um zwischen **wahren Radarsignalen und dem „Rauschen"** (Abb. 4.53) zu unterscheiden, wurde im Zweiten Weltkrieg und danach eine Signalanalyse mittels „**Receiver Operating Characteristic" (ROC)-Kurven** entwickelt. Seit den 80er Jahren nutzt man ROCs auch zunehmend dafür, diagnostische Tests zu beurteilen, zwischen zwei Krankheitszuständen zu unterscheiden. Ausgangspunkt für **ROC-Kurven-Analysen** sind erneut die Sensitivität und Spezifität. Dazu kommt noch der Cut-off-Punkt. Der merkwürdige Name ROC mit Receiver (Empfänger) wurde beibehalten.

In ROC-Kurven werden die Wertepaare von Spezifität und Sensitivität eines diagnostischen Tests für alle möglichen Cut-off-Punkte innerhalb des Messbereichs aufgetragen (siehe Box 4.9). Üblicherweise verwendet man einfach jeden Mess-

punkt als Cut-off-Wert, berechnet Sensitivität und Spezifität und erhält so die Punkte der ROC-Kurve. Hierbei werden die Spezifität entlang der Abszisse (x-Achse), die Sensitivität entlang der Ordinate (y-Achse) aufgetragen.

Der diagnostische Test weist dann **Trennschärfe** auf, wenn sich die Kurve signifikant von der Diagonalen (verläuft von links unten nach rechts oben) unterscheidet. Im Idealfall (100-prozentige Trennschärfe) liegt die Kurve auf der linken oberen Begrenzungsseite des umschließenden Quadrats. Je größer also der Abstand der ROC-Kurve von der Diagonalen, desto besser ist die Trennschärfe des Tests. Ein Maß für die Güte des Tests ist die **Fläche unter der ROC-Kurve** (AUC: *area under curve*). Die Fläche kann Werte zwischen 0,5 und 1 annehmen. **Ein höherer Wert zeigt eine bessere Güte an.** AUC berechnet man am einfachsten mit der Trapezmethode, die im Allgemeinen die Fläche gut abschätzt, bzw. mit einem Computerprogramm. Genial fand ich vor 30 Jahren als Postdoc die **japanische Methode zur Flächenermittlung auch wildester Kurven ohne Computer:** Die Japaner schnitten einfach die gesamte Kurve mit der Schere aus und wogen sie mit einer Präzisionswaage aus. Der Vergleich mit einem ausgewogenen Rechteck bekannter Fläche (und gleichem Papier) gab sofort einen Zahlenwert!

Wie war der **Testansatz in unserer Gruppe?** Der neue Marker FABP, der „Goldstandard" cTnI und der klassische Marker Kreatin-Kinase (CK) wurden für die Diagnose eines akuten Herzinfarkts (AMI) verglichen, und zwar für die Zeit bei Einlieferung ins Krankenhaus **und eine Stunde nach der Einlieferung.** Sensitivität und Spezifität wurden gegeneinander aufgetragen. Eine Fläche von 1,00 wäre ideal: 100 % sensitiv und 100 % spezifisch. Hier sind die realen Ergebnisse:

- Die Flächen unter den Kurven (AUC) für FABP betrugen 0,871 und 0,995 (Einlieferung bzw. eine Stunde danach).
- Für cTnI betrugen die AUC 0,677 und 0,845 und für CK 0,711 und 0,856.

Was kann man daraus entnehmen? Je früher die Diagnose erfolgt, desto besser ist das diagnostische Potenzial des neuen frühen Markers FABP!

FABP ist also ein idealer Marker für die frühestmögliche Diagnose von Herzinfarkten.

QED (*Quod erat demonstrandum*) ...

Verwendete und weiterführende Literatur

- Die „Bibel" der Bioanalytik, eines der besten Kapitel daraus stammt von Prof. **Reinhold Linke: Linke RP** (2021) *Immunologische Techniken*, Kap. 5 in: **Lottspeich F, Engels JW** (Hrsg.) *Bioanalytik* 4. Aufl. Springer Spektrum, Berlin, Heidelberg

- Der Janeway, ein Standardwerk der Immunologie: **Murphy KM, Weaver C** (2018) *Janeway Immunologie.* 9. Aufl. Springer Spektrum, Berlin, Heidelberg

- **Vier für Praktiker wichtige Bücher:**

  Raem AM, Rauch P (Hrsg.) (2007) *Immunoassays.* Spektrum Akademischer Verlag, Heidelberg

  Luttmann W, Bratke K, Küpper M, Myrtek D (2014) *Der Experimentator. Immunologie.* 4. Aufl. Springer Spektrum, Berlin, Heidelberg

  Wollenberger U, Renneberg R, Bier F, Scheller FW (2012) *Analytische Biochemie. Eine praktische Einführung in das Messen mit Biomolekülen.* Wiley-VCH, Weinheim

  Rehm H (2016) *Der Experimentator: Proteinbiochemie/Proteomics.* 6. Aufl. Springer Spektrum, Berlin, Heidelberg

- **Nutt D, King LA, San W, Blakemore D** (2007) *Lancet,* 369, 1047–1053

- **Nutt D, King LA, Phillips LD** (2010) *Lancet,* 376, 1558–1565

Weblinks

- *http://de.wikipedia.org/wiki/HIV-Test*

- Receiver Operating Characteristic (ROC): Eine tolle Anleitung findet man im Internet: *http://www.anaesthetist.com/mnm/stats/roc/Findex.htm*

- Alles über Antikörper, viele gute Links: *www.antibodyresource.com/educational.html*

Acht Fragen zur Selbstkontrolle

1. Wie konnte man zu Robert Kochs Zeiten bestimmen, ob eine Impfung gegen eine Bakterienerkrankung erfolgreich war?

2. Wie kann man experimentell messen, ob sich Antigen und Antikörper gebunden haben?

3. Erläutern Sie das Prinzip eines immunologischen Schnelltests für ein hochmolekulares Antigen (hCG oder FABP) anhand des Cartoons auf dieser Seite!

4. Weshalb kann man Pestizide (wie z. B. DDT) nicht mit Sandwich-ELISAs messen?

5. Welcher Enzymimmunoassay ist sensitiver, der Sandwich-Assay oder der kompetitive Assay? Warum?

6. Was bedeutet „POC-Tests" und wo liegen deren wesentlichen Anwendungen?

7. Was sind Vor-und Nachteile von RIA und ELISA?

8. Ergibt es Sinn, die gesamte deutsche Bevölkerung lückenlos auf Aids zu testen? Warum muss ein positiver Suchtest *immer* mit einem unabhängigen Bestätigungstest abgesichert werden?

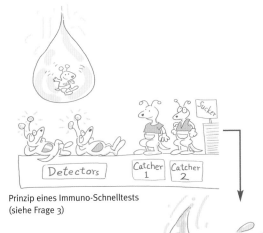

Prinzip eines Immuno-Schnelltests (siehe Frage 3)

BIO-AFFINITÄT II
Biologische Rezeptoren – Die Natur als
unübertroffene Bioanalytikerin

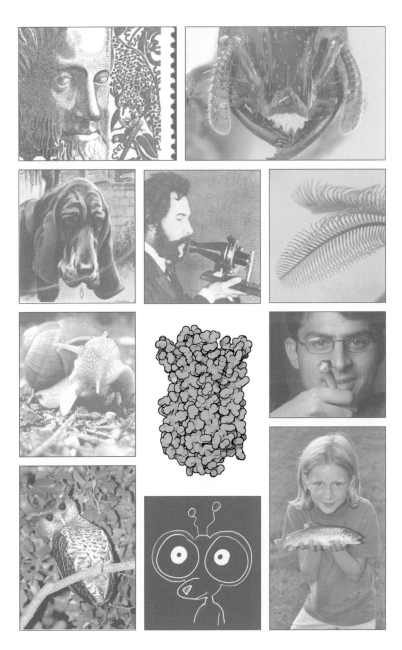

Kapitel 5

Abb. 5.1 Bluthund. Jahrhundertelang haben die Mönche des belgischen Klosters St. Hubert diese hervorragenden Spürhunde gezüchtet. Gleichzeitig wurden ähnliche Laufhunde in Großbritannien gezüchtet. Beide Formen haben einen gemeinsamen Ursprung.

Die Vorfahren begleiteten vermutlich die Kreuzfahrer, die aus dem Nahen Osten nach Europa heimkehrten. Der Bluthund liebt das Verfolgen und nicht das Töten des Wildes. Das „Blut" in seinem Namen hat nichts mit „Blutdurst" zu tun!

Er wurde und wird dazu verwendet, Tiere, Verbrecher, entlaufene Sklaven und verirrte Kinder aufzuspüren. Heute ist die Rasse mit dem schwerfälligen Gang und der lautstarken Stimme Schweiß- (waidmännisch für „Blut") und Begleithund gleichermaßen.

Abb. 5.2 Diese Nase kann 1 000 000-mal besser Gerüche erkennen als die menschliche Nase.

Abb. 5.3 Der griechische Philosoph Aristoteles, Schüler Platos und Lehrer von Alexander dem Großen

■ 5.1 Die fantastische Hundenase: 1 000 000-mal besser als unsere!

Der **Mensch besitzt fünf Millionen Riechzellen**, der **Dackel 125 Millionen** und der **Schäferhund 220 Millionen**. Das Riechorgan des Hundes ist bekanntlich wesentlich besser entwickelt als beim Menschen. Grob zu erkennen ist das schon an der **Anzahl der Riechzellen**, wobei es auch zwischen den Hunderassen erhebliche Unterschiede gibt. **Je länger die Hundeschnauze, desto besser das Riechvermögen**. In seinen Riech- und Spürfähigkeiten ist der Bluthund (Abb. 5.1) unübertroffen. Seine langen Ohren und hängenden Lippen scheinen Gerüche noch zusätzlich einzufangen.

Messungen haben ergeben, dass das **Riechvermögen des Hundes etwa 1 000 000-mal besser ist als das des Menschen** (Abb. 5.2). Der Hund kann in kurzen Atemzügen bis zu 300-mal in der Minute „schnüffeln", sodass die Riechzellen ständig mit neuem „Duftmaterial" versorgt werden. Sein wichtigstes „Riechorgan" ist, wie bei uns auch, das Gehirn. Hier werden die eintreffenden Daten verarbeitet und ausgewertet. Hunde können „stereo" riechen. Ihre Nase kann also „rechts und links" differenzieren, ähnlich wie beim Sehen. Hunde können so die Richtung einer Spur beurteilen. Ihr Riechhirn ist im Vergleich zum Menschen riesig: Etwa 10 % des gesamten Hundehirns sind dafür zuständig, beim Menschen sind es nur 1 %.

Der Mensch nutzt diese besondere Fähigkeit des Hundes in vielen Bereichen. Ein Spürhund wird auf die Geruchsspur trainiert. Diese Spur driftet durch äußere Einflüsse wie durch den Wind von der „mechanischen" Spur ab. Sie sammelt sich an windstillen Stellen, wird an windigen Ecken stark verdünnt. Die Spur ist für den Hund eindeutig, weil jeder Duftspender eine eindeutige „Geruchsfarbe" hat. Gute Spürhunde können eine solche Spur noch nach Tagen aufnehmen und verfolgen: mitten durch eine Stadt, durch viele parallele und sich kreuzende Fremdspuren.

■ 5.2 Unsere menschlichen Sinne

Schon der griechische Philosoph **Aristoteles** (384-322 v. Chr.) (Abb. 5.3), Schüler des **Plato** (427-347 v. Chr.) und Lehrer von **Alexander dem Großen** (356-323 v. Chr.), benannte fünf Sinneskanäle des Menschen: **Geruchssinn, Geschmackssinn, Gesichtssinn, Gehörsinn und Tastsinn.**

Die Sinne haben unterschiedliche Aufnahmekapazitäten. So werden über den Gesichtssinn pro Sekunde etwa zehn Millionen Bit aufgenommen, über den Tastsinn etwa eine Million Bit, über Gehörsinn und Geruchssinn jeweils etwa 100 000 Bit und über den Geschmackssinn etwa 1000 Bit.

Wir nehmen unsere Umwelt mit unseren **Sinnen** wahr:

- **olfaktorisch** mit dem Geruchssinn
- **gustatorisch** mit dem Geschmackssinn
- **visuell** mit dem Sehsinn
- **auditiv** mit dem Hörsinn
- **haptisch-taktil** mit dem Tastsinn

Neben dieser klassischen Untergliederung unterscheidet die moderne Physiologie für den Menschen noch vier weitere Sinne:

- die **Thermozeption**, mit der die Temperatur wahrgenommen wird
- die **Nozizeption** für die Schmerzempfindung
- den **Gleichgewichtssinn**
- die **Propriozeption** für die Körperempfindung

Bei manchen Tieren kommen **weitere Sinne** hinzu, beispielsweise für die **Polarisierung von Licht** oder das **Magnetfeld der Erde**.

„Der 7. Sinn" war der Name einer beliebten Informationssendung im 1. Deutschen Fernsehen (ARD), die über korrektes Verhalten im Straßenverkehr informierte.

In der Wissenschaft wird damit vielfach die Fähigkeit bezeichnet, Dinge wahrzunehmen, die anscheinend nicht **mit den Sinnesorganen** aufgenommen wurden, vor allem die sogenannten **„Psi"-Fähigkeiten**. Biologen benutzen diesen Begriff zunehmend, um damit elektrische und magnetische Sinne von Tieren zu beschreiben: Zitteraale erkennen zum Beispiel im Dunkeln ihre Gegner durch die Wahrnehmung elektrischer Felder, die sie zuvor selbst aussenden. Rochen nehmen die Körperelektrizität ihrer Beute wahr. Klapperschlangen haben einen Wärmesinn. Webspinnen erkennen durch einen Schwingungssinn die kleinsten Bewegungen in ihrem Netz. Tauben und andere Vögel, sogar unsere scheinbar „dummen" Hühner, besitzen einen Magnetsinn. Alle diese Sinne sind im Biologischen verankert, sind nichts Übernatürliches. Es ist zumindest die Überzeugung des Autors dieses Buches, dass es nur eine Frage der Zeit ist, bis auch heute unklare „Psi-Phänomene" erklärbar sind. *Dass* sie existieren, ist unbestritten!

Neuere Untersuchungen weisen beispielsweise auch auf die Existenz eines weiteren Sinnesorgans beim Menschen hin: Das **Vomeronasalorgan** ist ein winziger, mit Rezeptoren gespickter Gang, der in die Nasenschleimhaut mündet. Es ermöglicht die **Detektion von Pheromonen** (Box 5.1). Andockende Botenstoffe haben offenbar direkte emotionale Reaktionen (Geborgenheit, Abwehr, sexuelle Erregung) beim Empfänger zur Folge (Abb. 5.6).

Sinnesorgane sind Organe, die Informationen in Form von **Reizen aus der Umwelt** aufnehmen und über **Rezeptoren** in **elektrische Impulse** umwandeln. Diese Impulse werden entlang von Nervenfasern weitergeleitet und im Gehirn in Wahrnehmungen umgewandelt. Die eigentliche Umwandlung der eintreffenden Reize, die **Signaltransduktion**, vollziehen die biologischen Rezeptoren der Sinneszellen.

Manche Sinneszellen (**primäre Sinneszellen**) sorgen selbst für die Weiterleitung der elektrischen Erregung zu den zentralen Verarbeitungsstellen im Rückenmark und Gehirn. Andere, **sekundäre Sinneszellen,** sind wegen des Fehlens einer Leitungsbahn (Axon) auf Kontakte zu nachgeschalteten Nervenzellen angewiesen, die Informationen über längere Strecken transportieren.

■ 5.3 Riechen: olfaktorische Erkennung

Der **Geruch** (lat. *olfactus*, olfaktorische Wahrnehmung) ist eine Interpretation der Erregungen, die von den **Rezeptoren der Nase** an das Gehirn geliefert werden.

Der Geruchssinn wird oft für weniger wichtig gehalten als Sehen, Hören oder Tasten. Fehlt er jedoch, ist die Lebensqualität erheblich eingeschränkt. Dies würde beispielsweise den Bestand vieler Tierarten gefährden. Die wahrgenommenen **Geruchs**- oder **Duftstoffe** identifizieren Nahrung, verwandte oder fremde Artgenossen (den „Stallgeruch") und Feinde. Sie warnen vor Gefahren (wie Waldbrand), spielen aber auch beim Sozialverhalten eine große Rolle. Die **Geschlechtsreife oder Empfängnisbereitschaft** von Weibchen wird den Männchen in vielen Fällen durch Gerüche signalisiert. Gerüche dienen auch zur Verständigung und räumlichen Orientierung.

Abb. 5.4 „Die fünf Sinne", gemalt 1872–79 von Hans Makart (1840–1884)

Die **Schädlingsbekämpfung** nutzt gezielt Pheromone, um liebestolle männliche Küchenschaben oder Borkenkäfer gezielt anzulocken und sie dann in der Falle umzubringen. Ein schöner Tod im Liebesrausch…

Hunde setzen **Duftmarken**, um ihr Revier abzustecken. Ameisen folgen der **Duftspur** ihrer Vorgänger zur Nahrung (Box 5.3). Die meisten Blüten emittieren **Duftstoffe**, um Insekten anzulocken.

Ein Mensch kann Tausende von Gerüchen identifizieren und im Gedächtnis behalten. **Gerüche aus der Kindheit** („Kindheitsmuster") prägen ein Leben lang. Die zwischenmenschliche Kommunikation – und insbesondere die Sympathie – hat viel damit zu tun, ob man „einander riechen kann". Einige Gerüche stehen in hohem kulturellen Ansehen, z. B. **Weihrauch**. Das getrocknete Harz des Weihrauchbaumes (*Boswellia sacra*) wurde schon bei den alten Ägyptern für kultische Zwecke benutzt, bei der Mumifizierung herausragender und vermögender Personen und bei den Reichen im Alltag als aromatisches, desinfizierendes und entzündungshemmendes Räucher- und Heilmittel. Der aromatisch duftende Rauch wird in verschiedenen Religionen, z. B. der katholischen und orthodoxen Kirche, seit Mitte des ersten Jahrtausends bis heute bei Kulthandlungen eingesetzt. Die massenhafte Produktion von Gerüchen hat einen eigenen boomenden Wirtschaftszweig mit Milliardengewinnen hervorgebracht: die **Kosmetikindustrie**.

Abb. 5.5 Riechen und Geruch sind das Thema des Bestsellers und Films *Das Parfum*.

Abb. 5.6 Pheromone sollen jedermann/jedefrau attraktiver machen.

Abb. 5.7 Die Dimensionen der Nase des Nanorus, wenn sie Hundequalität hätte …

Box 5.1 Vomeronasalorgan

Stellen Sie sich vor, Sie säßen beim Italiener um die Ecke. Hungrig beißen Sie gerade in Ihr Pizzaeck, da kommt die 80-jährige Seniorchefin griesgrämig aus der Küche gehumpelt. Doch halt, was ist denn jetzt los? Wie von einem unsichtbaren Seil gezogen, rennen Sie plötzlich auf das entgeisterte Weib zu, reißen sich unterwegs Gürtel und Krawatte vom Leib, verheddern sich hektisch beim Abstreifen der Unterhose und – verwirrt wachen Sie auf und reiben sich erleichtert die Augen. Sie sitzen noch ruhig vor Ihrem Teller. Die nicht jugendfreie Fortsetzung der Geschichte bleibt Ihnen erspart.

Eine absurdes Szenario? Nicht unbedingt: Beim Maus-Böckchen lässt sich solches Verhalten ganz einfach anknipsen. Man braucht nur ein Weibchen experimentell mit unriechbaren Substanzen, sogenannten **Pheromonen**, zu präparieren. Schlagartig kann dann weder Hindernis noch Experimentator den Paarungsdrang des enthemmten Mäuserichs mehr bremsen. **Pheromone** sind jedoch keine exotischen Sonderbarkeiten der Evolution. Im Tierreich ist ihr artspezifisches Vorkommen so allgegenwärtig wie Hormone oder Neurotransmitter. **Sklaventreiberameise** wie **Mehlmotte** bedienen sich gleichermaßen dieser breit gefächerten Molekülfamilie, um den Geschlechtspartner zu finden, innerartlich zu kommunizieren oder, wie die **Klapperschlange**, das beim Biss markierte Beutetier wiederzufinden. Zur Reizwahrnehmung dienen im Allgemeinen spezialisierte Rezeptorzellen im Mund-Rachen-Bereich.

Die empfindlichsten Rezeptoren bei Säugetieren...

Bei Wirbeltieren erfolgt die Pheromon-Detektion durch das **Vomeronasalorgan** (**VNO**). Dieses im oberen Nasenbereich befindliche, lange übersehene Perzeptionssystem, bei Reptilien auch „Jacobson'sches Organ" genannt, ist ein paariger, flüssigkeitsgefüllter Raum. Das Mikrovilli-ausgekleidete VNO besitzt eigenständige Rezeptorzellen, Nervenleitungen und verarbeitende Gehirnareale. Unabhängig vom Geruchssinn reagiert es vor allem auf hydrophile, proteinartige Pheromone und ist indirekt mit dem limbischen System und dem Hypothalamus verbunden. So kann es auf Emotionen, Motivationen und das Reproduktionsverhalten Einfluss nehmen. Vögel und Fische haben kein, viele Säuger nur ein zurückgebildetes VNO.

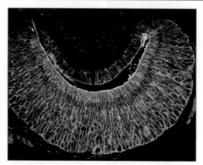

Schnitt durch das Vomeronasalorgan, einer winzigen Struktur in der Nase der Maus. Die beiden Zonen mit sensorischen Nervenzellen sind auf diesem Foto von Trese Leinders-Zufall, University of Maryland School of Medicine, rot und grün angefärbt. In der basalen (grüne) Schicht befinden sich die Zellkörper der durch Peptide erregbaren Neuronen.

Lange dauerte es, bis die Wissenschaft wenigstens das herausgefunden hatte. Von 1939 bis 1959 hatten sich zuvor deutsche Forscher – an ihrer Spitze der Nobelpreisträger **Adolf Butenandt** – beim „Projekt Motte" geplagt. Sie sammelten die Hinterleibs-Drüsen von 500 000 weiblichen Seidenspinnern (*Bombyx mori*) und isolierten daraus weniger als ein Spatelspitzchen einer geheimnisvollen Substanz. „**Bombykol**" nannten sie den Stoff, der sich letztlich als Alkohol mit dem Zungenbrechernamen „(10E, 12Z)-Hexadecadien-1-ol" entpuppte. Bereits **ein einziges** (**!**) **Molekül** davon versetzt männliche Falter in flügelflatternde Erregung – welcher andere Alkohol kann das schon von sich behaupten? Würde ein Seidenspinner-Weibchen ihr gesamtes Pheromon-Depot auf einmal freisetzen, könnte es einer Trillion Geschlechtspartnern „Komm sofort her, Schatz!" signalisieren. Aus Hamster-Vaginas wurde unlängst ein ähnliches Protein, „Aphrodisin", isoliert, das jedoch vielleicht nur der Carrier eines unbekannten kleineren Nagetier-Pheromons darstellt.

... völlig anders als „normale" Geruchsrezeptoren

Eine Arbeitsgruppe aus Baltimore um das Forscherehepaar **Trese Leinders-Zufall** und **Frank Zufall** konnte am Mausmodell zeigen, dass die am VNO beteiligten Neuronen zu den empfindlichsten Chemorezeptoren bei Säugern gehören: Bis zu 10^{-11} M Signalstoff-Verdünnungen kann ein einzelnes VNO-Neuron noch erkennen und auch verarbeiten. Die US-Forscher präparierten 250 µm dünne VNO-Scheibchen und testeten deren elektrophysiologische Reaktion auf sechs verschiedene Maus-Pheromone. Jeder einzelne Signalstoff war imstande, ganz spezifische Gruppen von VNO-Einzelneuronen zu aktivieren. Wie bei Geruchsrezeptor-Neuronen kam es dabei zu einem Ca^{2+}-Einstrom in die Zelle. Anders als bei diesen blieben Empfindlichkeit und Spezifität jedoch auch bei steigender Pheromonmenge erhalten.

Die extrem wenigen Rezeptorproteine, die in den Membranen der VNO-Neuronen sitzen, gehören einer völlig anderen Klasse an als die des herkömmlichen Geruchssinnes. Sie sind an GTP-bindende Proteine gekoppelt und aktivieren vermutlich den Inositol-1,4,5-Triphosphat-Signalweg. Weit über 100 verschiedene Einzelgene sollen, so schätzt man, insgesamt an den Strukturen des VNO beteiligt sein. Hat man diese Gene erst einmal identifiziert, ist es wohl bis zu den menschlichen Äquivalenten nicht mehr weit. Und das Geheimnis der weiblichen Sexualität wäre, wenigstens zum Teil, entmystifiziert.

Beim Menschen wurden derartige Signalmechanismen lange ins Reich der Esoterik und Halbwissenschaften verwiesen, obwohl der dänische Arzt **L. Jacobson** bereits Anfang des 19. Jahrhunderts die heute als VNO bekannten Strukturen bei einem Patienten fand. Vor 30 Jahren bemerkte der Anatom **David Berliner**, dass eine verborgene Substanz in seinen Präpariersälen unmerklichen Einfluss auf die Psyche seiner Mitarbeiter zu nehmen schien. Berliner propagierte einen „sechsten Sinn" des Menschen – der heute als VNO bekannt ist. Wie die US-Forscherin **Martha McClintock** bereits 1971 herausfand, werden nämlich auch wir unterbewusst an der Pheromon-Nase herumgeführt:

McClintock bemerkte, dass sich die Menstruationszyklen von in enger Gemeinschaft lebenden Frauen mit der Zeit angleichen. In weiblichen Ratten fand sie später zyklusverlängernde und zyklusverkürzende Pheromone.

Die Suche nach menschlichen Parallelsubstanzen läuft.

Winfried Köppelle ist Redakteur des „Laborjournals", der meistgelesenen Zeitschrift in deutschen Bio-Labors.

(Mit freundlicher Genehmigung des Autors und des Laborjournals)

Das Parfum – Die Geschichte eines Mörders (Abb. 5.5) ist der Titel eines 1985 erschienenen Bestsellers von **Patrick Süskind**. Der spannende Roman basiert (wie der Kinofilm von 2006) auf Annahmen über den Geruchssinn und die emotionale Bedeutung von Düften, Gerüchen und deren Nachahmung in Form von Parfüms. Die tatsächlichen Zusammenhänge von Geruch, Empfindung und Verhalten scheinen aber weitaus komplizierter zu sein als im Roman.

Riechen hängt von genetischen Programmen, Wahrnehmungs- und Lernprozessen ab. Beim Atmen und verstärkt beim „Wittern" gelangen die Duftstoffe in die obere Nasenhöhle und an die **Riechschleimhaut**. Hier lösen sich die Geruchsmoleküle in der den Zellen aufgelagerten Flüssigkeitsschicht und sind damit für die Zellen biochemisch erkennbar. Dafür gibt es rund tausend verschiedene Rezeptortypen, die auf bestimmte Duftmolekülgruppen ansprechen. Durch Kombination der angesprochenen Rezeptoren (bzw. Zellen) mit der Intensität ihrer Aktivierung wird Geruch wahrgenommen.

Interessant ist, dass wir zwar mehrere Tausend Gerüche unterscheiden, sie aber meist nicht benennen können. Daher teilte man sie künstlich in sieben verschiedene **Duftkategorien** ein (siehe Tabelle auf dieser Seite und Seitenspalte): kampferähnlich, moschusartig, blumenduftartig, mentholartig, ätherisch, beißend und faulig.

Die **Riechschleimhaut hat beim Menschen auf jeder Seite etwa die Fläche einer Ein-Cent-Münze. Beim Hund ist sie etwa 40-mal größer.** Aus ihren Zellen ragen kleine Fortsätze (Stereocilien) heraus. In deren Membran sind die Geruchsrezeptormoleküle eingela-

gert. Sobald ein solcher Rezeptor zu ihm passende Duftmoleküle einfängt, löst dies über eine Verstärkungskaskade ein Aktionspotenzial aus, das die Zelle als Nervenimpuls weiterleitet. Als einzige Nervenzellen werden Riechzellen ständig erneuert: Innerhalb von 30 bis 60 Tagen bilden sich Riechzellen aus den Basalzellen der Schleimhaut neu, wobei die Rate im Alter geringer werden kann. Was sind das für Stoffe, die wir riechen? **Duftstoffe** müssen flüchtig sein. Die feuchten Schleimhäute bevorzugen wasserlösliche (polare) Substanzen. Doch weshalb riechen wir auch unpolare, hydrophobe (wasserunlösliche) Stoffe wie Ether, Benzin oder Naphthalin?

Die **insgesamt 30 Millionen Riechzellen** sind Neuronen, deren Fortsätze direkt in das zentrale Nervensystem (ZNS) reichen. Beim Menschen liegen sie (ebenso wie bei vielen höheren Säugetieren) tief in der Nasenschleimhaut. Sie sind nur durch eine dünne Schleim- und Flüssigkeitsschicht von der Atemluft getrennt. In diese Schicht ragen die cilien(wimper)artigen Endigungen der Rezeptorzellen, in deren Membranen die Geruchsrezeptormoleküle sitzen.

Die **Cilien** sind beweglich und „durchkämmen" die Schleimschicht nach Duftstoffen. Auf der anderen Seite der Rezeptorzellen werden Signale (Aktionspotenziale) über das Axon zum sogenannten **Riechkolben** (*Bulbus olfactorius*) im Gehirn geleitet.

10 000 bis 30 000 Riechzellen mit ähnlichen Rezeptoren bilden überlappende Inseln in der Riechschleimhaut. Gelangt ein Duftstoff in die Nase, so muss er eine **Insel von Rezeptoren** finden, zu denen er passt wie der „Schlüssel zum Schloss" (oder wie Enzym zum Substrat,

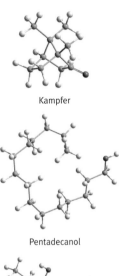

Kampfer

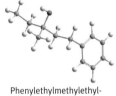

Pentadecanol

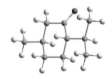

Phenylethylmethylethylcarbinol

Menthon

Ethylendichlorid

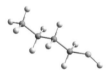

Ameisensäure

Butylmercaptan

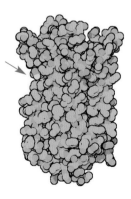

Geruchskategorie*	Geruchsstoff	Beispiel
kampferähnlich	Kampfer (Campher)	Mottengift
moschusartig	Pentadecanol	Engelwurz
blumenduftartig	Phenylethylmethylethylcarbinol	Rosenduft
mentholartig	Menthon	Minze
ätherisch	Ethylendichlorid	Trockenreinigungsmittel
beißend	Ameisensäure	Weinessig
faulig	Butylmercaptan	faule Eier

* Anmerkung: Das Konzept von Grundgerüchen ist seit der Entdeckung der großen Zahl von Sieben-Helix-Geruchsrezeptoren überholt, die Einteilung ist daher tatsächlich artifiziell.

Abb. 5.8 Die Tabelle nennt Kategorien von Geruchsstoffen mit Beispielen, deren molekulare Modelle in der Seitenspalte gezeigt sind. Rechts unten ist ein Duftstoffrezeptor dargestellt.

Box 5.2 Rezeptoren und Signalverarbeitung

Am Anfangspunkt eines Signaltransduktionsprozesses (lat. *transducere* = durchqueren, überqueren) steht immer ein Stimulus.

Extrazelluläre Stimuli können Substanzen wie Hormone, Wachstumsfaktoren, Cytokine, Neurotransmitter und Neurotrophine sein. Signalmoleküle dafür sind Proteine, Steroide oder kleine organische Moleküle wie Serotonin.

Zusätzlich können auch Umweltreize die Signaltransduktion in Gang setzen: Elektromagnetische Wellen (Licht) stimulieren die Zellen in der Retina des Auges, Duftstoffe binden an Duftrezeptoren in der Nase, Hitzeschwankungen werden von sensorischen Neuronen detektiert und auditorische Haarzellen reagieren auf mechanische Reize (Schallwellen).

Intrazelluläre Stimuli wie z. B. Calciumionen (Ca^{2+}) sind oft selbst Bestandteil von Signaltransduktionen, die kaskadenartig ablaufen: Ein kleiner Stimulus endet mit einem gewaltigen Signal.

Mit **Rezeptorproteinen** in der Zellmembran und innerhalb der Zelle werden die extrazellulären Signale aufgenommen und im Zellinneren verarbeitet. Diese Rezeptoren lassen sich entsprechend ihrer Lokalisation, ihres Aufbaus und ihrer Funktion unterscheiden. Die Weiterleitung (**Signaltransduktion**) der von einem Rezeptor aufgenommenen äußeren oder inneren Signale zu Effektorproteinen innerhalb der Zelle erfolgt durch **koordinierte Protein-Protein-Interaktionen**. Zwischengeschaltete Effektoren werden aktiviert, die wiederum weitere **Effektoren** aktivieren können. Während der Signaltransduktion wird oft gleichzeitig das **Signal amplifiziert**, indem ein aktiviertes Proteinmolekül seinerseits mehrere Effektormoleküle aktiviert. Beispielsweise kann ein einziges durch ein Photon aktiviertes Rhodopsinmolekül (der Photorezeptor in der Netzhaut, der für das Sehen verantwortlich ist) bis zu 2000 Transducinmoleküle aktivieren.

Second messenger

Second messenger sind **sekundäre Botenstoffe** des Zellstoffwechsels. Bekannte Beispiele sind zyklisches Adenosinmonophosphat (cAMP), zyklisches Guanosinmonophosphat (cGMP), Inositoltriphosphat (ITP) und Calciumionen (Ca^{2+}). Sie sind Zwischenstationen der Signaltransduktion und können ihrerseits verschiedene Signalwege aktivieren.

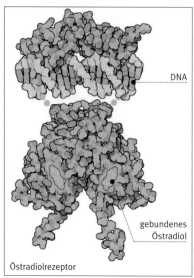

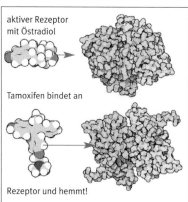

Ein cytosolischer Rezeptor, der Östradiolrezeptor

Rezeptoren im Cytosol

Cytosolische Rezeptoren im Cytosol der Zelle (wie die Steroidrezeptoren, Retinoidrezeptoren und die lösliche Guanylyl-Cyclase) sind die primären Angriffspunkte von Steroiden, Retinoiden und kleinen löslichen Gasen wie Stickstoffmonoxid (NO) und Kohlenmonoxid (CO).

Diese Moleküle können aufgrund ihrer Lipophilie bzw. ihrer geringen Molekülgröße die Zellmembran passieren. Durch eine Aktivierung von **Steroidrezeptoren** (hier gezeigt: der Östradiolrezeptor) können sie an der DNA selbst als Transkriptionsfaktoren wirken, also an deren Ablesung mitwirken.

Ein Hemmstoff, wie z. B. das bei Brustkrebs eingesetzte Mittel **Tamoxifen** (siehe Abbildung), ändert dagegen die Raumstruktur des Rezeptors so stark, dass er nicht mehr bindet:

Die DNA wird nicht abgelesen, bestimmte Proteine werden also nicht synthetisiert. Die Krebszelle wächst nicht.

Membranständige Rezeptoren und G-Proteine

Membranständige Rezeptoren (**Transmembranrezeptoren**) sind Proteine und können Signalmoleküle außerhalb der Zelle binden und durch eine Konformationsänderung das Signal in die Zelle hinein weiterleiten. Das Signalmolekül selbst durchdringt die Membran nicht, sondern die biochemischen Veränderungen beruhen alleine auf der Aktivität des Rezeptors. Es handelt sich bei diesen Signalmolekülen meist um hydrophile Substanzen (wie Neurotransmitter, Peptidhormone und Wachstumsfaktoren).

Zu den am besten untersuchten Signaltransduktionswegen zählen die Signalwege über Guaninnucleotid-bindende Proteine, kurz **G-Proteine**. G-Proteine sind an physiologischen Prozessen, wie beispielsweise Sehen und Riechen, sowie an der Wirkung zahlreicher Hormone und Neurotransmitter beteiligt.

G-Proteine sind **molekulare Schalter**, die Guaninnucleotide (hier purpurn, siehe Abb. unten) benutzen, um ihren Signalzyklus zu regulieren. Wenn GDP gebunden ist, ist das G-Protein inaktiv. Erst die Bindung eines Liganden an den Rezeptor induziert den Austausch von GDP gegen GTP und die Aktivierung des G-Proteins. Das aktivierte G-Protein kann nun seinerseits Enzyme (wie die Adenylat-Cyclase) oder Ionenkanäle aktivieren.

Die an der Transmembran-Signaltransduktion beteiligten G-Proteine haben verschiedenste Formen und Strukturen, aber **immer den gleichen Grundaufbau**. Sie bestehen aus den drei Untereinheiten α (hier gelb gezeigt), β (blau) und γ (grün). Dabei besitzt die α-Untereinheit eine GDP/GTP-Bindungsstelle. Der kleine rote Teil ist eine Schleife („*loop*") auf der α-Einheit zur Signalübermittlung.

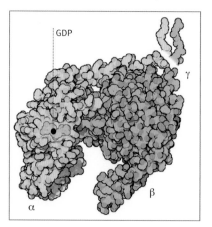

G-Protein mit drei Untereinheiten

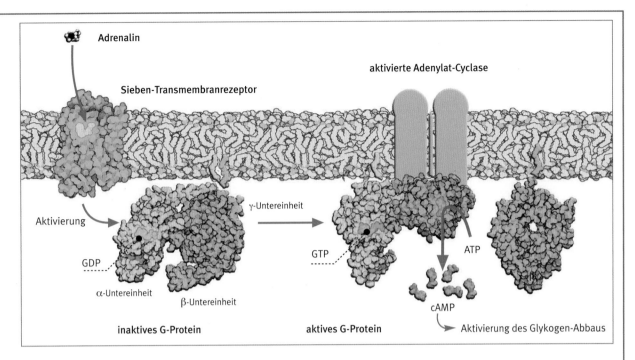

Der Prozess startet (siehe Abb. oben), wenn das Hormon oder der Neurotransmitter (z. B. Adrenalin) bindet. Beschriftungen in der Abbildung: Adrenalin, Sieben-Transmembranrezeptor, aktivierte Adenylat-Cyclase, γ-Untereinheit, Aktivierung, GDP, GTP, ATP, α-Untereinheit, β-Untereinheit, cAMP, inaktives G-Protein, aktives G-Protein, Aktivierung des Glykogen-Abbaus

In der inaktiven Form hat die α-Untereinheit **Guanosindiphosphat** (**GDP**) gebunden und ist mit Untereinheiten β und γ assoziiert. Ein heterotrimeres G-Protein kann durch einen G-Protein-gekoppelten Rezeptor, der ein Sieben-Transmembranrezeptorprotein ist, aktiviert werden. Dabei tauscht die α-Untereinheit (unter Einwirkung des GEF) ihr gebundenes GDP gegen **Guanosintriphosphat** (**GTP**) aus, worauf die α-Untereinheit je nach Typ des G-Proteins mehr oder weniger vollständig von den Untereinheiten βγ dissoziiert. Die mit einem Lipidkomplex in der Plasmamembran verankerten βγ-Untereinheiten zerfallen nicht weiter, sondern bleiben eine funktionelle Einheit.

Der Prozess startet (siehe Abb. oben), wenn das Hormon oder der Neurotransmitter (z. B. Adrenalin) bindet. Das ändert die Raumstruktur des Rezeptors. Er bindet sich an das inaktive G-Protein in der Zelle. Das G-Protein stößt sein Guanosindiphosphat (GDP) ab und ersetzt es durch GTP. Die Bindung von GTP lässt eine kleine Schleifendomäne der α-Untereinheit (*loop*) hervortreten. Das G-Protein zerfällt nun zumindest partiell in zwei Teile. Die α-Untereinheit tritt mithilfe ihrer ausgeklappten Schleifendomäne mit einem Effektorsytem in Wechselwirkung und aktiviert dieses (z. B. die **Adenylat-Cyclase**). Die aktivierte Adenylat-Cyclase produziert große Mengen cAMP, das somit das verstärkte Signal in der Zelle verbrei-

tet. Ein schwaches Signal von außerhalb der Zelle wird so zu einem **riesigen Signal** in der Zelle gewandelt. Ein einziges Adrenalinmolekül kann bis 100 000 000 Glucose-1-Phosphat-Moleküle aus dem Glykogen der Leber aktivieren (siehe Tabelle).

G-Proteine sind selbst ebenfalls Enzyme mit einer **GTPase-Aktivität**. Sie hydrolysieren das GTP in der aktiven α-Untereinheit zu GDP, und das G-Protein geht wieder in den inaktiven, „wartenden" Zustand über.

Viele **Arzneimittel** wie Claritin and Prozac, aber auch Drogen wie Heroin, Kokain und Marihuana agieren über G-Protein-gekoppelte Rezeptoren. **Cholerabakterien** (*Vibrio cholerae*) produzieren ein Toxin, das G-Proteine direkt attackiert. Es hängt eine Adenosindiphosphat-Ribosyl-Gruppe an einer strategischen Stelle der α-Untereinheit des G-Proteins an. Damit wird das G-Protein permanent aktiviert und die GTPase-Aktivität gehemmt. Dauernd werden nun die Adenylat-Cyclase stimuliert und die cAMP-Konzentration erhöht.

Eine Folge ist, dass die Kontrolle des Wasserhaushalts der Dickdarmepithelzellen verloren geht. Eine cholerainfizierte Person verliert durch massive Durchfälle Wasser, Natrium- und Chloridionen; unbehandelt endet das tödlich.

Literatur

David Goodsell, Molecule of the Month
http://pdb101.rcsb.org/

Vergleich der im Fließtext beschriebenen Vorgänge des Sehens und Riechen zur Adrenalinverstärkungskaskade			
	Zahl der aktivierten Moleküle	Geruch	Sehen
Adrenalin	1	Duftstoff	Photon
Rezeptor	1	Rezeptor	Rhodopsin
akt. G-Protein	100	G_{olf}	Transducin
akt. Adenylat-Cyclase	100	akt. Adenylat-Cyclase	akt. Phosphodiesterase
ATP → cAMP	10 000	ATP → cAMP	cGMP → GMP
akt. Proteinkinase	10 000	Öffnen cAMP-abh. Ionenkanal	Schließen cGMP-gesteuerten Ionenkanal
akt. Phosphorylase-Kinase	100 000	Na^+, Ca^{2+}	Na^+, Ca^{2+}
akt. Glykogen-Phosphorylase	1 000 000		
Glykogen → G-1-P	100 000 000		

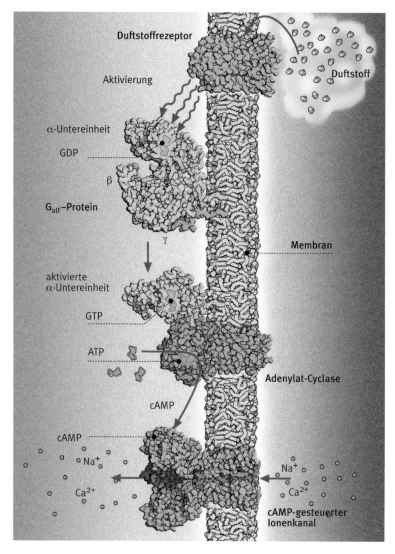

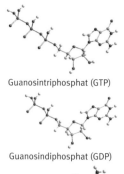

Guanosintriphosphat (GTP)

Guanosindiphosphat (GDP)

zyklisches Adenosinmono-
phosphat (cAMP)

Abb 5.9 Die olfaktorische Signaltransduktionskaskade. Die Bindung eines **Duftstoffes** an einen Duftstoffrezeptor aktiviert den Signalübertragungsweg.

Er ähnelt dem Weg, der durch Bindung mancher Hormone (Adrenalin) an ihre Rezeptoren eingeleitet wird (siehe Box 5.2).

Am Ende öffnen sich **cAMP**-gesteuerte Ionenkanäle. Das führt zu einer Änderung des Membranpotenzials und zur Bildung eines Aktionspotenzials.

Die Bindung eines Duftstoffes an einen **Duftstoffrezeptor** (*odorant receptor*, OR) an der Oberfläche des Neurons aktiviert G_{olf}, ein spezifisches G-Protein, das im Ruhezustand der Zelle GDP gebunden hat. Nach der Aktivierung stößt es das GDP ab und bindet statt-

dessen GTP. Die α-Untereinheit des G-Proteins trennt sich von dem Komplex aus drei Untereinheiten, sodass nun die Bindungsstelle der α-Untereinheit für das Enzym Adenylat-Cyclase frei wird.

Das aktivierte Enzym produziert cAMP aus ATP. Die cAMP-Konzentration in der Zelle steigt an. Dieser Anstieg des cAMP-Spiegels aktiviert seinerseits unspezifische **Kationenkanäle**, die massiv Calcium und andere Kationen (Natrium und Kalium) in die Zelle strömen lassen.

Der Kationeneinstrom depolarisiert die Membran des Neurons und erzeugt damit ein Rezeptorpotenzial.

Wenn dieses ausreichend groß wird, entsteht am Axonhügel ein Aktionspotenzial, das entlang des Axons weiter-

transportiert wird. Das Aktionspotenzial führt kombinatorisch im Gehirn zur Wahrnehmung eines bestimmten Geruchs.

Antikörper zum Antigen; siehe Kap. 3, Enzyme, und Kap. 4, Antikörper). Ende der 80er Jahre des 20. Jahrhunderts untersuchte man isolierte Cilien aus der Riechschleimhaut von Ratten, die man zuvor mit Duftstoffen kontaktiert hatte. Wenn Duftstoffe einwirkten, stieg der **cAMP-Spiegel** in den Zellen (Abb. 5.9). Diesen Anstieg des zyklischen Adenosinmonophosphats beobachtete man nur in Gegenwart von **Guanosintriphosphat (GTP)**. Die Beteiligung von cAMP und GTP ließ vermuten, dass ein sogenanntes **Guaninnucleotid-bindendes Protein**, kurz **G-Protein** (ausführlich siehe Box 5.2) eine Rolle spielt.

Randall R. Reed (Johns Hopkins University, Baltimore) reinigte und isolierte dann eine α-Untereinheit eines G-Proteins. Es wurde als G_{olf} (der Index *olf* steht für olfaktorisch) bezeichnet und wird ausschließlich in den olfaktorischen Cilien produziert (Abb. 5.9).

Richard Axel (geb. 1946) und **Linda Buck** (geb. 1947) isolierten 1991 cDNAs (siehe Kap. 6) für die Geruchsrezeptoren der Ratte und trugen damit wesentlich zur Aufklärung der molekularen Grundlagen des Riechens bei. Sie bekamen dafür 1994 den Nobelpreis für Physiologie oder Medizin.

■ 5.4 Wie funktioniert ein Rezeptor?

Sehr viele der bisher gefundenen Rezeptoren für sehr unterschiedliche Signale (Photonen, Duftstoffe, Geschmacksstoffe, Hormone, Neurotransmitter) gehören zur Familie der G-Protein-gekoppelten Rezeptoren. Sie werden auch **Sieben-Helix-Rezeptoren** genannt, weil sie einheitlich aus **Sieben-Transmembran (7TM)-Regionen** aufgebaut sind. Diese Regionen sind serpentinenartige Windungen einer Polypeptidkette. Sie binden im Zellinnern an ein G-Protein und durchqueren, wie der Name sagt, die Zellmembran insgesamt siebenmal.

Neben den Geruchsstoffrezeptoren gehört dieser Rezeptorfamilie auch das **Rhodopsin** an, das wichtig für das Sehen ist (siehe weiter unten). Der β-adrenerge Rezeptor gehört auch dazu. Er wird bei der „Kampf-oder-Flucht"-Reaktion durch Adrenalin aktiviert (siehe Box 5.2). Bei der Signaltransduktion kommt (wie bei einem Schneeballeffekt) eine **Verstärkungslawine oder -kaskade** ins Rollen: Ein **einziges** duftaktiviertes 7TM-Rezeptorprotein benutzt **Hunderte** benachbarte G-Proteine als Vermittler.

Die aktivierten G-Proteine wandeln die Information (den Duft) in eine andere Form um, in der sie die Biochemie der Zelle beeinflussen können. Von den aktivierten G-Proteinen werden **Tausende** von Enzymmolekülen der **Adenylat-Cyclase** aktiviert. Die Enzyme stellen massiv zyklisches Adenosinmonophosphat (**cAMP**) **als sekundären Botenstoff** (*second messenger*) her.

Nur 50 Millisekunden nach dem Ankoppeln des Duftstoffmoleküls **öffnet das cAMP die Ionenkanäle**: Etwa eine halbe Sekunde lang strömen positiv geladene Natrium-, Kalium- und Calciumionen ein und verändern das **Ruhepotenzial der Riechzelle** deutlich.

Ähnlich wie in einem elektrischen Kondensator ändert die neue Ladungsverteilung der Ionen an der Zellmembran die Spannung. Wenn positiv geladene Ionen (Kationen) in die Zelle einströmen, wird das Membranprotenzial depolarisiert (**Rezeptorpotenzial**).

In erregbaren Zellen kann ein Rezeptorpotenzial auch zur Bildung von eigenständigen elektrischen Antworten der Rezeptorzelle (zu **Aktionspotenzialen**) führen. Solchermassen aktivierte Zellen geben u. a. die **sehr kurzlebigen Botenstoffe Stickstoffmonoxid (NO) und Kohlenmonoxid (CO)** ab. Diese kleinen ungeladenen und daher leicht diffusiven Botenstoffe regen benachbarte Zellen an, ihre Funktion zu verändern.

Ein Duft erzeugt im Riechorgan jedoch kein einfaches „Ein-Aus"-Signal, sondern ein variables Signalmuster.

Wie entsteht das **Riechmuster**?

Die Rezeptoren einer jeden Riechzelle binden einen oder mehrere, oft strukturell ähnliche Duftstoffe. Zusätzlich werden benachbarte Riechzellen mit etwas anderer Charakteristik ebenfalls erregt, sodass insgesamt ein sehr komplexes Raum-Zeit-Muster des Signals entsteht. Auf dieser „Geruchslandkarte" stellen die Berge Ort und Höhe der Signale dar.

1000 Rezeptoren können etwa 10 000 verschiedene Signalmuster erzeugen.

Verschiedene Stoffe rufen verschieden starke **Geruchsempfindungen** hervor. Je höher konzentriert ein Duftstoff in der eingeatmeten Luft ist, desto stärker empfindet man ihn im Allgemeinen. Bei einigen Geruchsstoffen reichen aber schon außerordentlich geringe Mengen für die Auslösung einer Geruchsempfindung. **Moschus** wird von uns noch wahrgenommen, wenn der Nase weniger als 1/2 000 000 mg eines Moschusextrakts dargeboten wird. **Schwefelwasserstoff (H$_2$S)** wird schon in einer Konzentration von weniger als einem Teil in einer Million Luftmoleküle deutlich wahrgenommen.

Der Geruchssinn vieler Tiere ist noch deutlich feiner entwickelt. Männliche Seidenspinner und Indische Atlasspinner können offenbar einzelne Pheromonmoleküle von viele Kilometer weit entfernten Weibchen detektieren (Abb. 5.10 und 5.11).

Dem 36-jährigen **Adolf Butenandt** (1903–1995) wurde 1939 der Chemie-Nobelpreis zugesprochen für die Isolierung und chemische Analyse von Sexualhormonen mit Steroidstruktur.

20 Jahre später isolierte er das **Bombykol**, das Sexualpheromon des Seidenspinners (*Bombyx mori*). Mehr als eine Million Seidenkokons wurden 1956 eingesetzt, aus denen 500 000 weibliche Falter schlüpften. Damals brauchte man in der analytischen Chemie noch einige Milligramm, um eine neue Substanz zu identifizieren. Es dauerte bis 1959, bis die Forscher 6,4 mg Bombykol gesammelt hatten, um dieses zu charakterisieren. Die ganze spannende Geschichte erzählt **William C. Agosta** in dem sehr unterhaltsamen Spektrum-Buch *Dialog der Düfte*.

Bereits 10^{-13} Gramm des ungesättigten Alkohols Bombykol pro Liter Luft genügen, um die Seidenspinnermännchen zu stimulieren. Theoretisch reicht der Pheromongehalt einer einzigen weiblichen Drüse aus, um 10^{13} Faltermännchen in Erregung zu versetzen. Diese von einer einzigen Dame begeisterten Kerle aneinandergereiht ergäben die tausendfache Strecke von der Erde zum Mond! (siehe auch Box 5.1)

Welche Eigenschaften brauchen **Duftmoleküle**, um einen Geruchsrezeptor zu aktivieren? Entscheidend ist die **Form des Moleküls** und nicht seine anderen physikalischen Eigenschaften.

Das erkennt man beispielsweise am Vergleich der Moleküle, die der Minze (mit **R-Carvon**) und dem Kümmel (mit **S-Carvon**) ihren Geruch verleihen (Abb. 5.12).

Diese Verbindungen sind exakte Spiegelbilder voneinander und gleichen sich daher in praktisch allen physikalischen Eigenschaften, beispielsweise in ihrer Hydrophobizität („Wasser-

Abb. 5.10 Das Bild zeigt oben links den unscheinbaren Maulbeerspinner (*Bombyx mori*) mit Raupe, Gespinst und Eiern, darunter andere zur Seidengewinnung verwendete Schmetterlinge:

oben rechts den Südamerikanischen Seidenspinner (*Saturnia cecropia*), unten links den Chinesischen Seidenspinner (*Saturnia pernyi*) und unten rechts den Ailanthusspinner (*Saturnia cynthia*).

Sie sind zwar alle wesentlich prächtiger, aber im Hinblick auf die erzeugte Seide dem Maulbeerspinner unterlegen.

Abb. 5.11 Fühler eines Atlasspinners (*Attacus atlas*) aus der Familie der Pfauenspinner (Saturniidae) in meinem Hongkonger Garten.

Er gehört mit einer Flügelspannweite von 25 bis 30 Zentimetern zu den größten bekannten Schmetterlingen (400 cm² Flügeloberfläche!)

Die Weibchen fliegen nach dem Schlupf nicht weit und lassen sich gleich in der Nähe an einer geeigneten, günstig im Wind stehenden Position nieder. Die Männchen können ihre Pheromone mit ihren großen Fühlern über weite Distanzen orten.

Box 5.3 Expertenmeinung: Ameisen und Pheromone

Ameisen können sich nicht auf ihr Sehvermögen verlassen, das bei der überwiegenden Mehrzahl der Arten nur schwach entwickelt ist, da viele von ihnen ausschließlich unterirdisch leben. In der kaum bewegten Luft im inneren Dunkeln eines Erdnestes eignen sich **Pheromone** am besten zur Verständigung.

Ameisen sind praktisch wandelnde Drüsenpakete, die eine große Vielfalt solcher Substanzen herstellen.

Wir schätzen, dass Ameisen im Allgemeinen zwischen zehn und 20 chemische „Wörter" oder „Wortkombinationen" verwenden, mit jeweils einer anderen, aber stets sehr allgemeinen Bedeutung.

Folgende Verhaltensweisen sind von den Verhaltensforschern am besten untersucht: das Anlocken, die Rekrutierung und Alarmierung von Nestgenossinnen, das Erkennen anderer Kasten, larvaler und anderer Lebenszyklusstadien und die Unterscheidung zwischen Nestgenossinnen und Fremden.

Andere Pheromone von der Königin verhindern sowohl das Eierlegen ihrer eigenen Töchter

»Vor allem die Ameisen sind wohl die aggressivsten und kriegerischsten von allen Tieren... Wenn Ameisen im Besitz von Nuklearwaffen wären, würden sie die ganze Welt wahrscheinlich innerhalb von einer Woche auslöschen.«

als auch, dass sich ihre heranwachsenden Töchter zu konkurrierenden Königinnen entwickeln.

Wieder andere Pheromone, die wahrscheinlich von der Soldatenkaste (besonders großen Ameisen, die auf die Verteidigung der Kolonie spezialisiert sind) erzeugt werden, haben auch eine hemmende Wirkung und schränken den prozentualen Anteil der Larven ein, die sich zu Soldaten entwickeln.

Die Soldaten tun das nicht etwa aus egoistischen Gründen, um Konkurrenz bei den Aufgaben zu vermeiden. Im Gegenteil, diese Beschränkung dient dem Wohle der ganzen Gemeinschaft. Die Verteidigungsstärke wird durch eine negative Rückkopplungsschleife konstant gehalten; damit wird sichergestellt, dass die anderen Kasten, die für das ständige Funktionieren der Kolonie verantwortlich sind, immer stark genug verteten sind, um ihre Aufgaben erfüllen zu können.

Es ist kein großes Rätsel, warum die **chemische Kommunikation** bei Ameisen so vorherrschend ist. Dass uns dies zunächst so fremd erscheint, liegt einfach an unseren eigenen physiologischen Grenzen: Wir sind in unserer Geruchswahrnehmung sehr beschränkt und können nur sehr wenige Gerüche unterscheiden. Unser Wortschatz enthält auch nur sehr wenige Worte, mit denen wir unsere Geschmacks- und Geruchsempfindungen ausdrücken können: süß, stinkend, scharf, sauer, moschusartig, beißend... und noch ein paar, dann ist er bereits erschöpft, und wir müssen auf Analogien zurückgreifen, die wir visuellen Eigenschaften entlehnen, um Gegenstände näher zu beschreiben: z. B. kupferartiger, rosenähnlicher, bananenartiger oder zedernhafter Geruch usw.

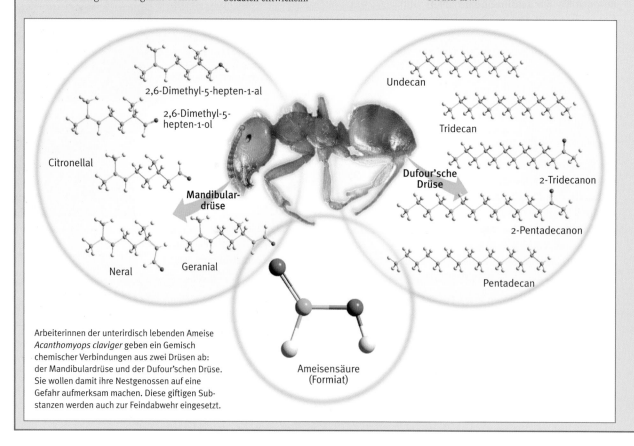

2,6-Dimethyl-5-hepten-1-al

2,6-Dimethyl-5-hepten-1-ol

Citronellal

Neral

Geranial

Mandibulardrüse

Undecan

Tridecan

2-Tridecanon

2-Pentadecanon

Pentadecan

Dufour'sche Drüse

Ameisensäure (Formiat)

Arbeiterinnen der unterirdisch lebenden Ameise *Acanthomyops claviger* geben ein Gemisch chemischer Verbindungen aus zwei Drüsen ab: der Mandibulardrüse und der Dufour'schen Drüse. Sie wollen damit ihre Nestgenossen auf eine Gefahr aufmerksam machen. Diese giftigen Substanzen werden auch zur Feindabwehr eingesetzt.

»Nach unserer Ansicht ist es die hochentwickelte, aufopferungsbereite, soziale Lebensweise, die den Ameisen den Konkurrenzvorteil erbracht hat, der zu ihrem Aufstieg zu einer weltweit dominierenden Gruppe geführt hat.

Es scheint, dass Sozialismus unter ganz bestimmten Umständen doch funktioniert. Karl Marx hatte es nur mit der falschen Art zu tun.«

»Das Verhalten der Ameisen beruht auf wenigen einfachen Regeln, denn die Weiterverarbeitung einer riesigen Informationsmenge wahrgenommener Gerüche und Geschmäcker erfolgt in einem Gehirn, das nicht größer als ein Sandkorn – oder sogar noch kleiner – ist.

Deshalb zeigen Ameisen eine fast automatische Verhaltensreaktion auf eine festgelegte Auswahl chemischer Verbindungen und scheinen die meisten der zahlreichen anderen Gerüche, die der Mensch wahrnimmt, völlig zu ignorieren. Dies mag vielleicht ein unerwartetes Ergebnis der Evolution sein, aber es hat vorzüglich funktioniert!«

Die Sinne der Ameisen

Weltweit gibt es über 12 000 bisher bekannte Ameisenarten. In Europa kommen circa 180 Arten vor. Auf dem meist runden Kopf der Ameise befinden sich zwei **Fühler**. Mithilfe von über 2000 Sinneszellen können sie Luftströmungen, Temperaturschwankungen und Gerüche wahrnehmen.

Die Fühler sind in der Mitte abgewinkelt, damit sich ihre Spitzen leicht zur Mundöffnung führen lassen.

Die Sehorgane der Ameisen sind als **Facettenaugen** ausgebildet. Sie bestehen wie bei allen Insekten aus **Ommatidien**, die jeweils aus acht Sinneszellen zusammengesetzt und bei den Ameisen rotationssymmetrisch angeordnet sind. Damit können Ameisen auch die Polarisation des Lichtes wahrnehmen. In der Regel können Ameisen selten mehr als Hell-Dunkel-Unterschiede erkennen.

Die meisten Drüsen im Hinterleib sind in der Regel mit einem speziell strukturierten Reservoir ausgestattet. So werden die unterschiedlichsten Spurdüfte (Pheromone) erzeugt, die der Kommunikation zwischen den Ameisen dienen. Weitere **Spurpheromone** liefern bei Ameisen die **Dufour'schen Drüsen**.

Bei vielen Pheromonen kennt man mittlerweile die chemischen Strukturen. Dabei handelt es sich meistens, wie bei der Ameisensäure, um einfache Verbindungen (z. B. Alkohole, Aldehyde, Fettsäuren oder Ester). Es gibt jedoch auch komplexere Verbindungen, wie diverse Terpenoide und Alkaloide.

Dafür haben wir hervorragende akustische und visuelle Fähigkeiten, auf denen unsere ganze Zivilisation aufgebaut ist. Ameisen haben einen anderen evolutionären Weg eingeschlagen als wir. Auf akustischer Kommunikationsebene richten sie wenig aus und auf visueller nahezu gar nichts.

Eine Arbeiterin besitzt normalerweise ein Millionstel oder ein Milliardstel Gramm von jedem ihrer Pheromone, in den meisten Fällen viel zu wenig, um von uns überhapt wahrgenommen zu werden.

Deshalb sollte man aber Ameisen nicht für etwas Besonderes halten, zumindest nicht, wenn man sie mit allen anderen Lebensformen vergleicht. Die **überwiegende Mehrheit aller Arten, und das sind über 99%**, wenn man die Mikroorganismen berücksichtigt, **verständigt sich vorwiegend oder ausschließlich über Moleküle.**

Bert Hölldobler (geb. 1936) ist ein internationaler Spitzenforscher auf dem Gebiet der experimentellen Vehaltensphysiologie und Soziobiologie. Weitere Arbeitsgebiete sind Verhaltensphysiologie, Verhaltensökologie, Evolutionsbiologie, Soziobiologie, chemische Ökologie und die Biologie sozialer Insekten.

Seine Arbeiten über soziale Insekten, besonders über Ameisen, brachten viele neue Erkenntnisse zur chemischen Kommunikation und zum Orientierungssinn von Tieren, zur Dynamik von Sozialstrukturen sowie zur Evolution von Tiergemeinschaften. Für **The Ants** *gewann er 1991 zusammen mit Edward O. Wilson den Pulitzer-Preis.*

Edward Osborne Wilson, oder kurz E. O. Wilson, (geb. 1929 in Alabama) ist ein US-amerikanischer Insektenkundler und Biologe, der für seine Beiträge zur Evolutionstheorie und Soziobiologie bekannt ist. Wilsons Spezialgebiet sind Ameisen, insbesondere ihre Kommunikation mittels Pheromonen. Seine Thesen zum Wechselspiel zwischen Evolution und sozialen Verhaltensweisen bei Tieren und Menschen sind teils heiß umstritten.

Ein weiteres Arbeitsgebiet Wilsons sind die Massenaussterben vieler Arten in der Erdgeschichte. Er argumentiert, dass die Menschheit durch die Zerstörung der Umwelt derzeit ein sechstes Massensterben einleite. Er spricht sich entschieden gegen die Idee aus, dass der Schutz einiger Gebiete ausreiche, das Netz von untereinander abhängigen Arten zu erhalten. Für seine Ideen und Beiträge auf diesem Gebiet wird er auch „Vater der Biodiversität" genannt.

Literatur

Auszugsweise zitiert aus: **Hölldobler B, Wilson EO** (1995) *Ameisen – die Entdeckung einer faszinierenden Welt* Birkhäuser, Basel
Mit freundlicher Genehmigung des Birkhäuser-Verlags, Basel.

Kümmel

S-Carvon

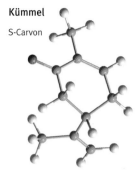

Minze

R-Carvon

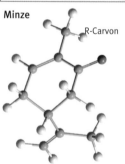

Abb. 5.12 Vor allem die Form des Moleküls ist für den Geruch wesentlich, weniger seine physikalischen Eigenschaften.
Gute Beispiele sind die Moleküle, die der Minze und dem Kümmel den Geruch verleihen.
Die Moleküle R-Carvon (Minze) und S-Carvon (Kümmel) sind Spiegelbilder und gleichen sich daher in allen physikalischen Eigenschaften.

feindlichkeit" bzw. „Fettfreundlichkeit"). Es ist auch die räumliche Struktur eines Moleküls, die entscheidet, ob dieses Molekül an einen der 7TM-Rezeptoren der verschiedenartigen Riechzellen binden kann oder nicht.

Die Familie der **Duftstoffrezeptoren** (*odorant receptors*, kurz **OR**) ist groß. Mäuse und Ratten besitzen jeweils mehr als tausend OR-Gene, die alle zur Herstellung funktionsfähiger Rezeptoren dienen. Im menschlichen Genom liegen schätzungsweise 350 solche Gene vor. Darüber hinaus enthält das menschliche Genom etwa 500 OR-„Pseudogene" mit Mutationen. Diese Mutationen verhindern die Produktion von vollständigen funktionsfähigen Duftstoffrezeptoren. Daher wird der „riechdegenerierte" Mensch im Vergleich mit den meisten Tieren („Makrosmaten") auch als „Mikrosmat" bezeichnet.

Die **OR-Familie** ist eine der größten Genfamilien überhaupt. Bei Primaten (Halbaffen, Affen und Menschenaffen) nahm der Anteil von Pseudogenen während der Evolution auf Kosten der funktionsfähigen Gene immer mehr zu.

Während beim Menschen etwa 70 % der Gene für Duftstoffrezeptoren nicht funktionsfähig sind, sind es beim nahe verwandten Schimpansen nur 48 % und beim genetisch weiter entfernten Totenkopfäffchen nur 7 %. Warum? Offenbar ließ die Empfindlichkeit des Geruchssinnes im Laufe der Evolution immer mehr nach, weil sich die Primaten **zum Überleben immer weniger „auf ihre Nasen verlassen" mussten.**

Trotz des großen Umfangs der OR-Familie will die Forschung möglichst jeden OR einem oder mehreren Duftstoffmolekülen zuordnen, die der OR binden kann.

Man untersuchte die Reaktionen der Neuronen auf eine ganze Reihe von Verbindungen mit unterschiedlich langen Molekülketten und verschiedenen endständigen chemischen Gruppen.

Das Ergebnis war verblüffend: Fast jeder Duftstoff aktiviert mehrere Rezeptoren, in der Regel allerdings unterschiedlich stark.

Fast jeder Rezeptor kann also von mehreren Duftstoffen aktiviert werden. Allerdings *aktiviert jeder Duftstoff eine spezifische Kombination von Rezeptoren.*

Und das ist das Geheimnis: Dieser kombinatorische Mechanismus ermöglicht, dass schon relativ wenige Rezeptoren eine riesige Zahl von Duftstoffen unterscheiden können.

5.5 Elektronische Nasen: kombinierte Polymere contra echte Rezeptoren

Kann ein solcher kombinatorischer Mechanismus tatsächlich zwischen vielen verschiedenen Duftstoffen unterscheiden? Offenbar! Die „**elektronischen Nasen**" funktionieren nach dem gleichen Prinzip (Abb. 5.14).

Bei den Rezeptoren der elektronischen Nase handelt es sich um **Polymere**, die ein breites Spektrum kleiner Moleküle binden. Jedes Polymer bindet sämtliche Duftstoffe, aber unterschiedlich stark. Die elektrischen Eigenschaften der Polymere verändern sich durch die Bindung der Duftstoffe. Verdrahtet man insgesamt 32 dieser Polymersensoren so, dass man das Muster der Reaktionen auswerten kann, unterscheidet das Gerät zwischen einzelnen Verbindungen wie n-Pentan und n-Hexan. Leider sind diese Nasen **viel zu unempfindlich** und lassen sich leicht „ablenken".

Auch die Biotechnologen arbeiten an Sensoren, die natürliche Nasen imitieren. Bisher konnten Biosensoren nur spezifisch einzelne Substanzen „herausschmecken", z. B. Traubenzucker (Glucose) im Blut (siehe Kap. 3).

Forscher wie der Schweizer **Horst Vogel** (EFPL Lausanne, Schweiz) setzen nun auf natürliche Duftstoffrezeptoren kombiniert mit Chips (Abb. 5.15 und 5.16).

Wie wir schon gesehen haben, gibt es beim Menschen rund 350 verschiedene Duftrezeptoren, Proteine, die in den Zellmembranen bestimmte Duftmolekülgruppen binden (wie ein Schloss den Schlüssel). Sobald ein solcher Rezeptor zu ihm passende Duftmoleküle „einfängt", löst dies eine Reaktionskette in der Riechzelle aus. Diese funktioniert wie ein **Schneeball bei einer Lawine**: Ein einzelner aktivierter Rezeptor aktiviert einige Hundert G-Proteine und diese einige Tausend Enzymmoleküle.

Ganze lebende Riechzellen mit einem Mikrochip zu kombinieren gelingt aber nur sehr schwer. Die Zellen sind zudem riesig, oft viel größer als die Chips selbst. Es ist Vogels Team nun, wie er bescheiden sagt, „durch einen glücklichen Laborunfall" gelungen, aus den Membranen von Säugerzellen die intakten Rezeptoren herauszulösen. Das Zellgift Cytochalasin verwandelt im Labor jede Einzelzelle in etwa 50 Minizellen, die aber alle noch Zellinhalt haben. Vogel nennt sie „**Attoliter-Vesikel**", weil sie nur einen quintillionstel (10^{-18}) Liter Rauminhalt haben (Abb. 5.15). Diese winzigen „**Atto-Zellen**" enthalten funktionierende Rezeptoren, die völlig korrekt Duftstoffe binden! Bei ihnen funktioniert auch die Signallawine wie bei den normalen Riechzellen. Die Attoliter-Vesikel sind zudem klein genug, um auf den Arrays von Mikrochips gezielt platziert zu werden. Die Chips signalisieren dann in verschiedenen Arealen, ob sich ein Duftstoff an der Atto-Zelle erfolgreich gebunden hat. Das kann z. B. dadurch erfolgen, dass ein fluoreszenter Signalstoff in den Vesikeln zugesetzt wird, der den erfolgreichen Transport von Ca^{2+} durch Ionenkanäle anzeigt (Abb. 5.15).

Atto-Zellen sind die kleinsten autonom funktionierenden Container, die aus Säugerzellen gewonnen werden können. Die Lausanner Gruppe revolutioniert damit die gesamte Zellbiologie, nicht nur für künstliche Nasen, sondern vor allem auch für die Pharmatestung. Unzählige Tierversuche können wegfallen. Wenn man neue therapeutischen Moleküle mithilfe von automatisierten und miniaturisierten Systemen wie den Atto-Zellen auf den Mikrochips finden könnte, wäre das ein revolutionärer Durchbruch in Forschung und Applikation.

■ 5.6 Schmecken: gustatorische Erkennung

Wer an einem Schnupfen leidet und somit nicht gut riechen kann, dem schmeckt auch meist das Essen nicht. Der Geruch führt tatsächlich zu einer beträchtlichen Verstärkung unserer **Geschmackswahrnehmung.** Man sagt, der **Geschmack sei der „kleine Bruder des Geruchs".** Der Geschmack ist aber unempfindlicher und erfasst weniger vielfältig verschiedene Reizqualitäten.

Beide chemischen Sinnessysteme unterscheiden sich deutlich: Wir können mit dem Geschmack mehrere Gruppen von Verbindungen wahrnehmen, die wir mit dem Geruch nicht erkennen. Salz und Zucker riechen z. B. kaum, sind aber für das Geschmackssystem sehr wichtige Reize. Wir können andererseits aber Tausende von Duftstoffen unterscheiden; unser Geschmackssinn ist aber viel bescheidener. Wir nehmen nur **sechs grundlegende Geschmacksrichtungen** wahr: **bitter, süß, sauer, salzig und umami.**

Umami kannten wir Europäer nicht und lernten es von den Japanern als „herzhaft, würzig" zu schätzen, z. B. in Sojasauce. Kürzlich wurde zusätzlich in der Forschung ein offenbar eigener Geschmackssinn für fetthaltige Nahrung gefunden. Mithilfe dieser sechs Geschmacksrichtungen teilen wir Substanzen simpel ein in potenziell nahrhafte und nützliche (süß, salzig, umami, fett) und potenziell schädliche oder giftige (bitter, sauer).

Das **Wasserstoffion (H^+)** ist der einfachste Geschmacksstoff. Er wird als **sauer** wahrgenommen. Andere einfache Ionen, besonders Natrium (Na^+), schmecken **salzig.** Der als **umami** bezeichnete würzige Geschmack wird von den Aminosäuren Glutamat und Aspartat hervorgerufen. Besonders Glutamat kennen wir von der asiatischen Küche als Geschmacksverstärker MSG (engl. *monosodium glutamate*).

Süße und **bittere Geschmacksstoffe** sind dagegen äußerst vielfältig, insbesondere die bitteren. Viele bittere Substanzen findet man bei den Alkaloiden oder anderen Pflanzeninhaltsstoffen. Viele von ihnen sind giftig. **Bitter ist also in der Natur eine Warnung!** Die bitteren Stoffe besitzen aber weder gemeinsame Strukturmerkmale noch sonstige gemeinsame Eigenschaften.

Was schmeckt süß? Kohlenhydrate wie Glucose und Saccharose werden als süß wahrgenommen. Das Glucose-Isomer Fructose schmeckt doppelt so süß wie Glucose. Das nutzt man für die enzymatische Produktion des kalorienarmem Süßstoffes Fructosesirup. Den gleichen süßen Eindruck verursachen aber auch andere Verbindungen, beispielsweise Abkömmlinge einfacher Peptide wie **Aspartam**, und sogar manche supersüßen Proteine wie **Thaumatin** oder **Monellin** aus afrikanischen Sträuchern.

Im Englischen werden **scharfe** Speisen auch als „*hot*" bezeichnet. „Scharf" wird zwar als Geschmacksempfindung qualifiziert, ist aber genau genommen ein **Schmerzsignal der Nerven** bei der Aufnahme von Speisen, die beispielsweise mit Chili gewürzt sind. **Schmerzrezeptoren** auf der Zunge und im Rachenraum, die eigentlich zur Wahrnehmung von Hitze dienen, werden durch das darin enthaltene Alkaloid **Capsaicin** (siehe weiter unten im Kapitel bei Tastsinn, Abschn. 5.13) aktiviert.

Unterschiedlichen Geschmacksrichtungen sollten auch unterschiedliche biochemische Mechanismen zugrunde liegen. Der Geschmackssinn besteht aus mehreren eigenständigen Sinnessystemen mit speziellen Rezeptorzellen. Sie sind in der Zunge zu **Geschmacksknospen** vereinigt.

Abb. 5.13 Tropische Schmetterlinge können im Experiment zwischen dem Urin normaler Probanden und dem süßen Urin von Diabetikern unterscheiden.

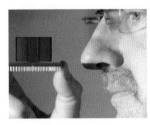

Abb. 5.14 Elektronische Nase: Sie ist leider noch total unempfindlich.

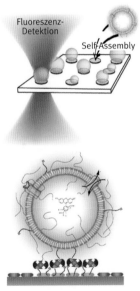

Abb. 5.15 Wie die Attoliter-Vesikel funktionieren.

Abb. 5.16 Horst Vogel beim Testen eines natürlichen Rezeptors

Box 5.4 Expertenmeinung:
Ionenkanäle und Patch-Clamp-Technik

Ionenkanäle sind Transmembranproteine mit Poren, die es Ionen ermöglichen, die Zellmembran zu durchqueren. Neben **Aufnahme oder Abgabe von Ionen** (z. B. bei der Exkretion oder zur Steuerung von Osmose) besteht eine wichtige Funktion der Ionenkanäle darin, ein **Membranpotenzial** zu generieren, das für die **Signaltransduktion** genutzt wird (z. B. bei der Erregungsleitung in Nerven).

In einigen Fällen regulieren Zellen die Ionenleitfähigkeiten ihrer Membranen über den geregelten Ein- oder Ausbau von Ionenkanälen, die selbst eine „konstitutive" Durchlässigkeit besitzen, d. h. immer offen sind.

Die meisten Ionenkanäle sind allerdings dauerhafte Proteinbestandteile jeder Zellmembran und in Abhängigkeit von zellulären Signalen bedarfsgerecht regulierbar. Solche Kanäle besitzen „Tore", die z. B. durch Veränderungen des Membranpotenzials oder durch die Anbindung von Signalmolekülen von der intra- (*second messenger*) oder der extrazellulären Seite (Transmitter) geöffnet bzw. verschlossen werden können.

Ionenkanäle sind mehr oder weniger **selektiv**, d. h., sie sind nicht für alle Arten von Ionen gleichermaßen durchlässig. Manche hochspezifische Ionenkanäle leiten fast ausschließlich Kaliumionen (**Kaliumkanäle**, siehe Abb. oben), andere sind spezifisch für Natriumionen (**Natriumkanäle**), für Calciumionen (**Calciumkanäle**) oder für Chloridionen (**Chloridkanäle**).

Es gibt auch Ionenkanäle, die weniger spezifisch sind, sie leiten z. B. sowohl Kaliumionen als auch Natriumionen und Calciumionen (die sogenannten *unspezifischen Kationenkanäle* wie z. B. einige Kanäle der TRP-Familie, engl. *transient receptor potential channels*).

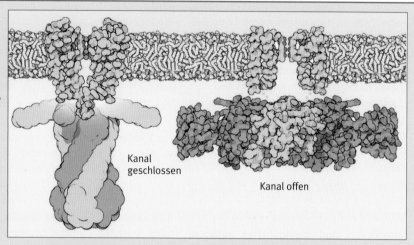

Kaliumkanäle in Bakterien: links geschlossen, rechts offen. Sie reagieren auf Spannungsunterschiede zwischen extra- und intrazellulärem Raum.

Die meisten Ionenkanäle sind gesteuert (engl. *gated*), d. h. ihre **Leitfähigkeit für Ionen** hängt von bestimmten **Signalen** ab. Eine große Klasse von Ionenkanälen wird durch das Membranpotenzial gesteuert (**spannungsabhängige Ionenkanäle**). So sind z. B. typische spannungsaktivierte Natriumkanäle nicht leitfähig, solange die Zelle ihr Ruhemembranpotenzial hält, sondern nur dann, wenn sie durch eine Depolarisation der Zellmembran aktiviert werden. Eine andere große Klasse von Ionenkanälen wird durch Liganden aktiviert, also durch Moleküle, die als Botenstoffe fungieren (**ligandengesteuerte Ionenkanäle**). So wird z. B. der Acetylcholinrezeptor, der eine Rolle bei der Signaltransduktion vom Nerv auf den Muskel spielt, bei Anwesenheit des Neurotransmitters Acetylcholin leitfähig. Weitere Ionenkanäle können durch mechanische Reize (z. B. Druck, Vibrationen) aktiviert werden.

Die direkteste Methode, um Ionenkanäle in ihrer Wirkweise zu untersuchen, bietet die **Patch-Clamp-Technik**.

Sie wurde 1976 von **Erwin Neher** und **Bert Sakmann** entwickelt. Für diese Arbeit erhielten sie 1991 den Nobelpreis für Medizin oder Physiologie. Die Erforschung der Ionenströme und anderer elektrischer Phänomene an Zellmembranen wurde durch diese Technik revolutioniert.

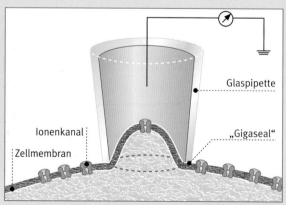

Prinzip der Patch-Clamp-Technik

Erst durch die Entwicklung dieser Technik wurde es möglich, die Ströme durch individuelle Ionenkanäle genau zu messen. Das Wesen der Patch-Clamp-Technik besteht darin, kleinste Ausschnitte einer Zellmembranoberfläche durch Aufsetzen einer vorn ganz fein ausgezogenen **Glaspipette** elektrisch vom Rest der Zelloberfläche zu isolieren. Im Extremfall hat man das Glück, nun innerhalb des vom Pipettenlumen überdeckten Membranstückchens nur einen Ionenkanal eines bestimmten Typs von allen anderen isoliert zu haben.

Dessen **Öffnungsverhalten** („Gating") kann nun z. B. durch Zumischung von Liganden in die Lösung der Pipettenfüllung oder durch Veränderungen der Transmembranspannung zwischen Zell- und Pipetteninnerem untersucht werden. Der Strom, der durch den geöffneten Kanal unter bestimmten Randbedingungen fließt, hat eine spezifische Größe und ist für jeden Kanal typisch („*single channelcurrent*").

Patch-Clamp-Anordnung

Die Patch-Clamp-Technik wird in verschiedenen Konfigurationen angewendet. In jedem Falle wird zunächst eine dünn ausgezogene und mit Lösung gefüllte Glaskapillare, die sogenannte **Patch-Clamp-Pipette** (Durchmesser an der Spitze ca. 1 μm) vorsichtig auf eine intakte Zelle gedrückt.

Unterhalb der Pipette, innerhalb des Durchmessers der Spitze, befindet sich ein Stück Membran – der Patch oder Membranfleck (engl. *patch* = Fleck). Anschließend wird durch leichten Unterdruck, der am hinteren Ende der Pipette angelegt wird, eine starke Verbindung (Versiegelung) zwischen Membran

Labels in figure: Glaspipette, „Gigaseal", Ionenkanal, Zellmembran

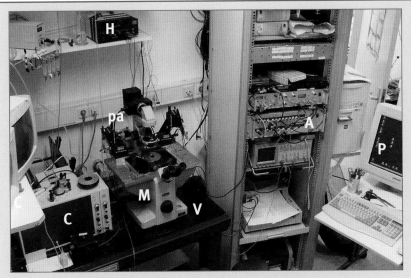

Patch-Clamp-Apparatur im Labor von Dr. Kees Jalink, Gruppenleiter Biophysik
(*The Netherlands Cancer Institute Amsterdam*)

C - confokale Apparatur; **M** - Mikroskop; **V** - vibrationsfreier Tisch; **pa** - Mikromanipulator
mit Vorverstärker (*pre-amplifier*); **A** - Verstärker (*amplifier*) mit zusätzlicher Elektronik;
P - Patch-Clamp-Computer; **H** - Heizer

und Pipette erzeugt.

Zwischen dem Inneren der Pipette und der Außenlösung entsteht dadurch ein elektrischer Widerstand in der Größenordnung von mehreren Gigaohm, der sogenannte Gigaseal (engl. *to seal* = versiegeln). Mit der Herstellung des Gigaseals ist die sogenannte *Cell-Attached*-**Konfiguration** der Patch-Clamp-Technik erreicht (engl. *attach* = anheften, befestigen an, festmachen an).

Durch den **hohen Widerstand des Gigaseals** muss ein Strom, der durch einen innerhalb des Patches liegenden Ionenkanal fließt, auch durch den Pipetteninhalt fließen. In die Pipettenlösung taucht eine Elektrode, die an einen empfindlichen Verstärker angeschlossen ist. Dadurch ist es möglich, die Aktivität eines einzelnen Ionenkanals in der Membran des Patches zu messen. Sowohl die Zellmembran, deren Bestandteil der Patch ist, als auch das Innere der Zelle bleiben in dieser Konfiguration intakt.

Durch weiteres Anlegen von Unterdruck am Ende der Pipette oder kurze Pulse elektrischer Spannung an der Elektrode in der Pipette kann der Patch geöffnet werden, während der Gigaseal intakt bleibt. Zwischen dem Inneren der Pipette und dem Inneren der Zelle besteht nun eine Kontinuität, während beide gegen die Außenlösung durch den hohen Widerstand des Gigaseals isoliert sind. Diese Konfiguration der Patch-Clamp-Technik wird als *Whole-Cell*-

Konfiguration bezeichnet (engl. *whole cell* = ganze Zelle). In dieser Konfiguration wird von der gesamten Zellmembran abgeleitet, d. h. es werden Summenströme gemessen, die durch alle Ionenkanäle der freiliegenden Zelloberfläche fließen.

Da die Pipettenlösung das Innere der Zelle füllt, muss sie in ihrer Zusammensetzung dem Cytosol ähnlich sein. Gleichzeitig bietet diese Konfiguration die Möglichkeit, über die Pipettenlösung die Zelle von innen her zu manipulieren.

Durch den Einsatz von Ionenkanal-Inhibitoren (z. B. einige Bestandteile tierischer Gifte) können bestimmte Kanalaktivitäten aus dem Gesamtstrom ausgeblockt werden, sodass aus den Restströmen auf andere in der Zellmembran vorhandene und geöffnete Kanaltypen geschlossen werden kann.

Wenn nach Erreichen der *Cell-Attached*-**Konfiguration** der Patch nicht geöffnet wird, sondern die Pipette sanft von der Zelle abgezogen wird, löst sich der unter der Pipettenspitze befindliche Teil der Membran von der Zelle und verbleibt an der Pipette. Dabei weist die vormals innere Seite dieses Membranstücks nun nach außen in die Badlösung, während die vormals äußere Seite des Membranstücks sich im Inneren der Pipette befindet.

Das ist die sogenannte *Inside-Out*-**Konfiguration**. Ähnlich wie die *Cell-Attached*-Konfiguration ermöglicht sie die Messung einzelner

Ionenkanäle im Membranstück an der Pipettenspitze. Im Unterschied zu dieser jedoch kann in der *Inside-Out*-Konfiguration das Milieu an der Innenseite der Membran manipuliert werden. Füllt man die Pipette mit einer Lösung, die das extrazelluläre Milieu simuliert, kann man das Verhalten der Ionenkanäle in Abhängigkeit von der Zusammensetzung des Cytosols untersuchen.

Es ist mit diesem Verfahren sogar möglich, die Funktion von Zellen in ihrer natürlichen Umgebung im lebenden Organismus (*in vivo*) zu messen. Eine in der **Neurobiologie** übliche Variante der Patch-Clamp-Technik ermöglicht es, die elektrischen Funktionen einzelner Zellen in einem kleinen Gewebeverband (z. B. Gehirnscheibchen, sog. *brain slices*) zu untersuchen, um das Zusammenspiel mehrerer neuronaler Zellen besser zu verstehen.

Jan-Peter Hildebrandt ist Universitätsprofessor an der Universität Greifswald (Lehrstuhl für Physiologie und Biochemie der Tiere).

Er arbeitet an Mechanismen adaptiver Wachstums- und Differenzierungsprozesse in tierischen Zellen. Viele Transmitter-, Hormon- und Wachstumsfaktorrezeptoren sind im Innern der Zellen entweder an second messenger*-Signalsysteme gekoppelt oder bewirken durch die Aktivierung von Proteinkinasen die Phophorylierung zellulärer Proteine. Kurzfristige Konsequenzen sind physiologische Reaktionen der Zellen wie Sekretion, Formveränderungen, längerfristige Folgen sind Veränderungen der Transkriptionsraten verschiedener Gene (Transkriptom) und Expressionsmusterverschiebungen auf Proteinebene (Proteom).*

Literatur

Sakmann B, Neher E (1995) *Single-Channel Recording.* Springer Verlag, Heidelberg

Numberger M, Draguhn (1996) *Patch-Clamp-Technik.* Spektrum Akademischer Verlag, Heidelberg

Dutta S, Goodsell DS, Molecule of the Month. RCSB Protein Data Bank im Internet, Potassium channels
http://www.pdb.org/pdb/static.do?p=education_discussion/molecule_of_the_month/pdb38_1.html

Abb. 5.17 Das Nanoru als Feinschmecker...

Chinin

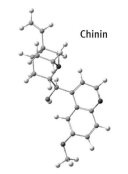

Cycloheximid

Abb. 5.18 Chinin kommt im Chinarindenbaum vor, hauptsächlich in dessen Rinde. Der Name stammt von den Ureinwohnern Lateinamerikas (*quina-quina* = Rinde der Rinden), die bereits um die fiebersenkenden Eigenschaften wussten. Unsere Zunge kann nicht zwischen Chinin (oben) und dem bitteren Cycloheximid (unten) unterscheiden.

Diese spezialisierten Strukturen enthalten jeweils rund 150 Sinneszellen unterschiedlicher Reizspezifität sowie Hilfszellen und die Enden der sensorischen Neuronen.

Die Sinneszellen selbst sind umgewandelte Epithelzellen (sekundäre Sinneszellen ohne eigene Fortleitungsstruktur) und tragen an ihrer Oberfläche fingerartige sogenannte Mikrovilli, die reich an Geschmacksstoffrezeptoren sind. Am entgegengesetzten Ende der Sinneszelle werden je nach Größe des Membranpotenzials mehr oder weniger Transmittermoleküle freigesetzt. Sie erzeugen in den dort lokalisierten sensorischen Nervenendigungen elektrische Signale. Die stimulierten Nervenzellen leiten elektrische Impulse an das Gehirn weiter.

Geschmackszellen detektieren Geschmacksstoffe auf zwei unterschiedliche Arten: Säuren (Protonen – sauer) oder einwertige Ionen (salzig) treten durch **Membrankanäle** in das Zellinnere der Sinneszellen ein und verändern durch ihre Ladung das Membranpotenzial.

Alkaloide (bitter) und Kohlenhydrate (süß) aktivieren dagegen **7TM-Rezeptoren** in der Membran der Sinneszellen und regen dadurch die Produktion intrazellulärer Botenstoffe (*second messengers*) an wie das schon bekannte cAMP. Die Empfindlichkeit der Rezeptoren für Reize dieser verschiedenen Qualitäten ist unterschiedlich ausgeprägt.

Der bittere Geschmack wird 100 000-fach besser wahrgenommen als der süße. Das erscheint sinnvoll, wenn der Bittergeschmack eine Form der Warnung vor Giften ist. Für den Süßgeschmack ist bislang nur ein Rezeptortyp bekannt, bei bitter sind es schon 25 verschiedene.

Wie bereits erwähnt, sind beim bitteren und süßen Geschmack G-Proteine und also auch 7TM-Rezeptoren beteiligt. Unter anderem isolierte man die α-Untereinheit eines spezifischen G-Proteins, das als **Gustducin** bezeichnet wurde. Es wird vorwiegend in Geschmacksknospen exprimiert. Zu den G-Protein-gekoppelten Rezeptoren (GPCRs), die nur auf bittere Substanzen reagieren, gehört T2R.

T2R setzt nach der Bindung Gustducin frei, die mit ihm gekoppelte G-Protein-Untereinheit. Die uns schon bekannte Kaskade startet, und Ionenkanäle werden geschlossen. Warum können wir „spezifischer" riechen als schmecken? Viele Geschmackszellen bilden Re-zeptoren für *mehr als eine* Geschmacksqualität. Das ist ein deutlicher

Unterschied zur Expression von jeweils *nur einem* Rezeptortyp pro Riechzelle bei der Geruchswahrnehmung.

Unterschiedliche Expressionsmuster sind ein wichtiger Grund, warum unsere Geruchswahrnehmung im Vergleich zum Geschmack wesentlich spezifischer ist. Jeder Duftstoff stimuliert eine einzigartige Kombination von Neuronen. Wir können deshalb zwischen geringfügig unterschiedlichen Gerüchen unterscheiden. Andererseits reizen viele Geschmacksstoffe die gleichen Rezeptorzellen und auch die ableitenden Neuronen. Beim Bittergeschmack bildet beispielsweise jede Rezeptorzelle viele Bitterrezeptoren. Die Identität des Geschmacksstoffes wird unter Umständen nicht übermittelt. Deshalb nehmen wir nur „bitter" wahr, ohne aber z. B. Cycloheximid und Chinin auseinanderhalten zu können (Abb. 5.18).

Dass wir trotzdem „komplex" schmecken können, wird durch ein **kombinatorisches System im Gehirn** erreicht. Relative Intensität und Anzahl der aktivierten Rezeptorzellen werden im Gehirn kombinatorisch analysiert und Feinheiten eines Sinneseindrucks so detailliert interpretiert.

■ 5.7 Sehen: visuelle Erkennung

Mit dem **Lichtsinn** regeln die meisten Lebewesen ihre Tag- oder Nachtaktivität. Sie orientieren sich nach der Richtung des Lichteinfalls (Phototaxis) oder berücksichtigen die räumlichen Gegebenheiten, die mit anderen Sinnen nicht erfassbar wären.

Das **Auge** (lat. *oculus*) als optisches Sinnesorgan des Menschen und vieler Tiere wandelt elektromagnetische Strahlung in elektrische Signale um. Das passiert innerhalb eines bestimmten Wellenlängenfensters (400–750 nm) und bestimmter Intensität. Die Signale werden innerhalb der **Retina** (**Netzhaut**) prozessiert und von den den Sehnerven in das Gehirn geleitet. Das Gehirn verarbeitet schließlich die vom Auge stammenden Erregungsmuster zur Empfindung von Licht und Farbe.

Die Retina enthält die **Lichtsinneszellen** (**Photorezeptoren**). Sie sind bei Wirbeltieren (auch beim Menschen) mit ihrem lichtempfindlichen Zellpol zum Augenhintergrund orientiert. Alle anderen Zellen, die an der Verarbeitung der optischen Signale innerhalb der Netzhaut beteiligt sind, liegen davor und müssen vom einfallenden

Box 5.5 Expertenmeinung:
Die Augen der Weichtiere

Am Beispiel der **Weichtiere** (Mollusca) lässt sich sehr gut die **Entwicklung von Sehsinnesorganen** im Tierreich betrachten. Zum Stamm der Weichtiere gehören nämlich neben sehr urtümlich anmutenden auch sehr weit entwickelte Gruppen.

Lichtwahrnehmung in ihrer ursprünglichsten Form geschieht mittels einzelner **Lichtsinneszellen**. Auch heute noch besitzen Schnecken neben den eigentlichen Augen auch Lichtsinneszellen, die über den ganzen Körper verteilt sind. So können die Tiere plötzlich einfallende Schatten wahrnehmen und sich reflexartig zurückziehen. Einzelne Sinneszellen stellen aber noch kein Sinnesorgan im eigentlichen Sinne dar. In ihrer frühesten Form beginnt die Entwicklung solcher Organe, wie man sie heute noch bei Quallen und Ringelwürmern findet: Bei diesen sind Lichtsinneszellen in Feldern angeordnet, mit denen sich **Hell und Dunkel** unterscheiden lassen. Die ursprünglichsten Vorfahren der Weichtiere, kleine wurmartige bodenlebende Tiere, besaßen auch solche **Flachaugen**.

Wenngleich oft sprichwörtlich langsam, so wurde eine Bewegung in einer bestimmten Richtung erst dann möglich, als die Weichtiere nicht nur Hell und Dunkel, sondern auch die **Richtung des Lichteinfalls** als Orientierungshilfe wahrnahmen. Dies geschah, indem sich das Flachauge zu einem Becher einsenkte. Lichtsinneszellen, von Pigmentzellen gegen seitlichen Lichteinfall isoliert, können an den gegenüberliegenden Seiten des Bechers Unterschiede in der Helligkeit des einfallenden Lichtes wahrnehmen und so die Richtung des Lichteinfalls ermitteln.

Solche einfachen **Pigmentbecheraugen** findet man heute noch bei sehr langsam kriechenden oder weitgehend ortsfesten Schnecken (Gastropoda), wie z. B. Napfschnecken (*Patella*) oder Seeohren (*Haliotis*). Während sich bei diesen Tieren die Augen am Kopf befinden (genau genommen ist der Kopf erst durch die Konzentration solcher Sinnesorgane entstanden), besitzen viele Muscheln in Anpassung an die ortsfeste Lebensweise stattdessen einfache Augen, sogenannte **Pigmentbecher-Ocellen**, im Saum des Mantels.

Das Becherauge ermöglicht zwar, die Richtung und Veränderung einer Lichtquelle zu ermitteln, erlaubt aber nicht das Erkennen eines **Bildes**. Diese Fähigkeit entstand erst später,

als sich der Becher des Auges zur Form einer Amphore weiterentwickelt hatte. Deren Öffnung verkleinerte sich zusehends. Nach dem Prinzip einer Lochkamera (*Camera obscura*) wird durch die Lichtbrechung an dieser kleinen Augenöffnung ein unscharfes Abbild der Realität auf den lichtempfindlichen Augenhintergrund projiziert. Ein solches **Lochkamera-Auge** findet man heute bei den meisten Meeresschnecken und bei urtümlichen Kopffüßern, wie dem Perlboot (*Nautilus*). Nimmt man den Nautilus zum Vorbild, so kann man davon ausgehen, dass auch die meisten fossilen Kopffüßer, z. B. Ammoniten und Endoceraten, solche Lochkamera-Augen besaßen. Deren entscheidender Nachteil ist, dass sie nur ein sehr lichtschwaches Bild erzeugen und dabei sehr lichtempfindlich sind. Die Scharfstellung des Bildes findet durch Verkleinerung der Augenöffnung auf Kosten der Lichtstärke statt. Deshalb ist das Innere eines Lochkamera-Auges durch ein lichtbrechendes Augensekret ausgefüllt, das zur Schärfe des erzeugten Bildes beiträgt.

Bei höher entwickelten Landschnecken ist die Augenöffnung zusätzlich von einer durchsichtigen Haut verschlossen, die als Hornhaut wirkt. Es ist eine geschlossene Augenblase entstanden, ein **Blasenauge**. In weiterentwickelter Form findet man Blasenaugen bei der Weinbergschnecke (*Helix*): Hier ist aus der Augenblase eine runde, lichtbrechende **Linse** entstanden. Da die Schnecke aber die Brechkraft der Linse nicht durch Muskelkraft verändern kann, bleibt das Bild relativ unscharf: Weinbergschnecken sehen ziemlich schlecht und müssen sich zusätzlich besonders auf ihren gut entwickelten Tast- und Geruchssinn verlassen.

Das Problem dieser durch die unbewegliche Linse entstehenden mangelnden Bildschärfe besteht auch bei den Mantelaugen der Kammmuschel (*Pecten*). Hier wird es dadurch gelöst, dass eine **Spiegelhaut** (Argentea) das einfallende Licht, dessen Brennpunkt hinter der

Retina liegt, auf diese zurückwirft und so ein schärferes Bild erzeugt. Kammmuscheln bewegen sich mit ihrer Schalenklappen durchs offene Wasser und brauchen folglich besonders gute Augen.

Kalmare, Kraken und ihre Verwandten sind Kopffüßer (Cephalopoda), die in unterschiedlichen Lebensräumen des Meeres den Fischen Konkurrenz machen. Während Kalmare als schnelle Schwimmer ihrer Beute nachjagen, lauern Kraken ihr auf. Besonders die Sepien können außerdem mit Artgenossen optisch durch Veränderung ihrer Farbe kommunizieren. In der Klasse der Kopffüßer haben sie die leistungsfähigsten Augen aller Weichtiere entwickelt. Kraken, Kalmare und Sepien verfügen über hoch entwickelte **Linsenaugen**, die den Vergleich mit Fischen nicht zu scheuen brauchen. Sie verfügen über eine flexible Linse, deren Brechkraft sich verändern kann, sowie über eine ausreichende Anzahl verschiedener Typen von Lichtsinneszellen. Diese Kopffüßer können scharfe, lichtstarke und auch farbige Bilder erkennen.

Das Auge eines Tintenfisches (*Sepia*) besitzt so z. B. 70 Mio. Sehzellen, im Gegensatz zu ca. 50 Mio. menschlichen Sehzellen. *Sepia* ist ein Bodenbewohner, wo es dunkel ist und eine höhere Lichtausbeute notwendig ist.

Obwohl Linsenaugen sowohl bei den Wirbeltieren als auch bei den Weichtieren entstanden sind, sind diese Augen dennoch nicht miteinander verwandt: Sie haben sich nur aufgrund gleicher Anforderungen parallel aus unterschiedlichen Quellen entwickelt (Konvergenz). Im **inversen Auge** der Wirbeltiere ist die Netzhaut entwicklungsgeschichtlich Teil des Gehirns. Das Auge der Weichtiere hingegen wird erst später an das Nervensystem angeschlossen. Aus diesem Grund besitzen Kalmare auch keinen blinden Fleck, im Gegensatz zu den Fischen, die sie jagen.

Robert Nordsieck studierte in Freiburg im Breisgau Biologie und Geografie.
Neben einer Homepage über die Biologie der Weichtiere (www. weichtiere.at) berät er das Institut für Deutsche Schneckenzucht in Nersingen.
Nordsieck ist Mitglied der Deutschen Malakologischen Gesellschaft.

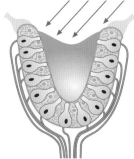

Flachauge

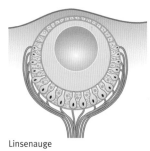

Pigmentbecherauge

Linsenauge

Abb. 5.19 Die Evolution des Auges (siehe dazu detailliert Box 5.5)

Abb. 5.20 Das „Augentierchen" *Euglena* kann bereits Hell und Dunkel unterscheiden.

Abb. 5.21 Kraken (hier mit Jules Vernes Kapitän Nemo) entwickelten Augen bereits vor 500 Millionen Jahren.

Licht passiert werden. Wo der Sehnerv das Auge verlässt, können sich also keine Lichtsinneszellen befinden. Diesen Bereich des Gesichtsfeldes nennt man den **blinden Fleck**.

Im 19. Jahrhundert erklärte man die Funktion des Auges analog dem Fotoapparat (als **Lochkamera**): Reflektiertes Licht fällt passiv in das Auge. Die seitenverkehrte und auf dem Kopf stehende Abbildung der Welt auf der Netzhaut wird schließlich ins Gehirn weitergeleitet. In der zweiten Hälfte des 20. Jahrhunderts wurde durch Berücksichtigung der ständigen **Augenbewegungen** diese Idee modifiziert: Zwar ist der größte Teil der Netzhaut mit Sinneszellen bedeckt, das Scharfsehen konzentriert sich jedoch beim Menschen auf nur 0,02 % der Netzhautfläche, den sogenannten **gelben Fleck** (Macula).

Dies entspricht einem Ausschnitt von etwa zwei Grad unseres rund 200 Grad umfassenden horizontalen Blickfeldes. Wir sehen also eigentlich nur den Ausschnitt scharf, den unsere beiden Augen mit ihren Sehachsen fixieren. Beim Betrachten eines Gegenstands kommt das ruhende und scharfe Bild dadurch zustande, dass die Augenmuskeln nacheinander verschiedene Ausschnitte des Objekts vor den gelben Fleck rücken. Das Auge ist also immer in kleinster Bewegung. Es ruht beim Betrachten nie. Es fixiert einen Punkt für Sekundenbruchteile, dann springen die Muskeln mit einer ruckartigen Bewegung zu einem nächsten Punkt. Aus diesem Abtasten wird am Ende das deutliche Gesamtbild generiert.

Das Auge ist also bei Weitem *kein perfektes Organ*, das die sogenannten Kreationisten in der Diskussion mit den Evolutionsanhängern gerne beschwören.

■ 5.8 Die Evolution des Auges

Der streitbare Evolutionstheoretiker **Richard Dawkins** sagt: »Das Auge ist sehr komplex. So sehr, dass man fälschlicher Weise denken könnte, ein Ingenieur hätte es wie eine Kamera entworfen. Die Kreationisten meinen oder geben vor zu meinen, das Auge könne ohne irgendeines seiner Merkmale gar nicht funktionieren. Das ist aber Unsinn. Man kann sich ein rudimentäres Auge vorstellen. Und solange es einen schrittweisen Übergang gibt vom einfachsten bis zu unserem hoch entwickelten Auge, kann das die Evolution sehr wohl vollbringen.« (Abb. 5.19)

Es gibt Schätzungen, dass Augen der verschiedensten Bauweisen im Laufe der Evolution etwa 40 Mal neu entwickelt worden sind. Augen gab es bereits vor 505 Millionen Jahren im Erdzeitalter Ordovizium, z. B. beim *Nautilus*.

Die einfachsten Augen sind lichtempfindliche Sinneszellen auf der Außenhaut, die als passive optische Systeme funktionieren. Sie können nur erkennen, ob die Umgebung hell oder dunkel ist. Man spricht hier von **Hautlichtsinn**.

Bereits das „Augentierchen", der Einzeller *Euglena*, besitzt einen Mechanismus zur **Hell-Dunkel-Wahrnehmung**, der an der Basis der Geißel lokalisiert ist. Durch die Pigmente des Augenfleckes wird er auf einer Seite abgeschirmt, sodass damit sogar ein einfaches **Richtungssehen** möglich ist. Damit kann sich der Einzeller zum Licht hin bewegen (**Phototaxis**) (Abb. 5.20).

Höher entwickelte Lebewesen (Quallen, Regenwürmer und Seesterne) tragen am Körperende oder verstreut auf der Körperoberfläche einzelne **Lichtsinneszellen** oder richtige Augen.

Die konzentrierten Sinneszellen verbessern die Hell-Dunkel-Wahrnehmung und das Richtungssehen. Bei den **Pigmentbecheraugen** der Strudelwürmer liegen die Sehzellen in einem Becher aus lichtundurchlässigen Pigmentzellen. Das Licht kann nur durch die Öffnung des Bechers eindringen, um die Sehzellen zu stimulieren. Da daher immer nur ein kleiner Teil der Sehzellen gereizt wird, kann neben der Helligkeit auch die Einfallsrichtung des Lichtes bestimmt werden.

Die Augen der Amphibien (z. B. Frösche und Kröten) sind einfache **Linsenaugen** (Abb. 5.19). Krötenaugen besitzen schon die meisten Teile, die auch das menschliche Auge hat, nur die Augenmuskeln fehlen ihnen. Deshalb kann eine Kröte, wenn sie selbst ruhig sitzt, keine ruhenden Gegenstände sehen, da sie nicht zu aktiven Augenbewegungen fähig ist. Das Bild auf der Netzhaut verblasst dadurch, wenn es unbewegt ist.

Bei den höchstentwickelten Linsenaugen sammelt ein mehrstufiger lichtbrechender Apparat das Licht und wirft es auf die Netzhaut. Die Retina enthält zwei Arten von Sinneszellen, **Stäbchen** (**Hell-Dunkel-Sehen**) und **Zapfen** (**Farbsehen**). Die Einstellung auf Nah- und Fernsicht (**Akkomodation**) wird durch eine elastische Linse ermöglicht. Deren Krümmungsradius kann durch Kontraktion eines Muskelringes verändert werden.

Sehr leistungsfähige Linsenaugen findet man bei bei Greifvögeln. Sie können Objekte in einem Bereich der Netzhaut stark vergrößert sehen (Abb. 5.22 und 5.26). Das ist besonders beim Kreisen in großer Höhe auf Beutesuche vorteilhaft.

Nachträuber wie Katzen und Eulen besitzen eine **reflektierende Pigmentschicht** hinter der Netzhaut und erreichen dadurch einen Zugewinn an Sensitivität. Photonen, die beim ersten Durchgang durch die Netzhaut nicht absorbiert wurden, werden reflektiert und nochmals aus der anderen Richtung durch die Netzhaut geschickt. Bei Katzen findet man zusätzlich eine sogenannte Schlitzblende, die extreme Intensitätsunterschiede beim Lichteinfall ausgleicht. Diese erhöhte Anpassungsfähigkeit an unterschiedliche Lichtverhältnisse erkauft die Katze aber durch ein weniger scharfes Bild. Die Strahlen vom Rand der Linse können nicht so genau gebündelt werden wie die aus der Mitte der Linse. Bei nachtaktiven Tieren sind die Augen überdurchschnittlich groß im Verhältnis zur Größe des Tieres (Lichtsammelorgane). Insekten und andere Gliederfüßer (z. B. Krebse) haben **Facetten-** oder **Komplexaugen**. Sie setzen sich aus einer Vielzahl von **Einzelaugen** (**Ommatidien**) zu-sammen, von denen jedes ursprünglich acht Sinneszellen enthält.

Jedes Einzelauge sieht nur einen winzigen Ausschnitt der Umgebung, das Gesamtbild ist ein Mosaik aus allen Einzelbildern. Die Anzahl der Einzelaugen schwankt von einigen Hundert bis hin zu einigen Zehntausend.

Die **optische Auflösung** des Komplexauges ist durch die Anzahl der Einzelaugen begrenzt und daher weit geringer als die Auflösung eines Linsenauges. Allerdings kann die **zeitliche Auflösung** bei Komplexaugen deutlich höher sein als bei Linsenaugen. Sie liegt etwa bei fliegenden Insekten bei 250 Bildern pro Sekunde. Das entspricht etwa dem Zwölffachen des menschlichen Auges mit 16–20 Hz. Dies verleiht vielen Insekten (z. B. Libellen oder Fliegen) eine extrem hohe Reaktionsgeschwindigkeit. Außerdem haben Spezies mit **Komplexaugen das größte Blickfeld** aller bekannten Lebewesen.

Zusätzlich besitzen viele Gliederfüßer **Ocellen**, kleinere Augen, die sich häufig auf der Stirnmitte befinden. Bei einfachen Ocellen handelt es sich um **Grubenaugen**. Besonders leistungsfähige Ocellen besitzen eine Linse oder auch einen Glaskörper. Solche kommen bei Spinnentieren vor.

5.9 Vorgänge in der Netzhaut

Photorezeptorzellen im Auge absorbieren das Licht mit ihren **Sehpigmenten**. Diese Zellen sprechen auf Strahlung aus einem relativ schmalen Teil des elektromagnetischen Spektrums („sichtbares Licht") an. Die Retina des Menschen enthält rund drei Millionen Zapfen und 100 Millionen Stäbchen. Die Zapfen funktionieren nur bei relativ hellem Licht und sind für das Farbensehen zuständig. Stäbchen sprechen dagegen auch auf schwaches Licht an, nehmen aber keine Farben wahr. **Bemerkenswerterweise kann ein Stäbchen bereits auf ein einziges Photon ansprechen.**

Die molekularen Strukturen der Sehpigmente aller Tiere (**Rhodopsine**) sind untereinander sehr ähnlich. Offenbar haben sie einen gemeinsamen Ursprung schon sehr früh in der Evolution. Diese Moleküle bestehen aus dem Vitamin-A-Abkömmling **Retinal** und einem Proteinanteil (Opsin). **Opsin** gehört zur Familie der **7TM-Rezeptoren**. Es war sogar der erste Rezeptor dieses Typs, der isoliert und gereinigt, dessen Gen kloniert und sequenziert und dessen Raumstruktur aufgeklärt wurde (Abb. 5.23).

Seine Farbe und seine Ansprechbarkeit für Licht verdankt das „Sehpurpur" Rhodopsin seiner lichtabsorbierenden Gruppe (Chromophor), dem 11-cis-Retinal. Trifft ein Photon auf das 11-*cis*-Retinal, so verändert das Molekül seine räumliche Anordnung (Konformation). Dadurch verändert sich dann auch die räumliche Struktur des Proteinanteils (Abb. 5.23).

Wie **George Wald** (1907–1997, Nobelpreis 1967) und seine Mitarbeiter entdeckt haben, wird bei Lichtabsorption das 11-*cis*-Retinal („geknickte" Struktur des gestreckten Teils des Retinalmoleküls) zur „geraden" *all-trans*-Form isomerisiert. Die Isomerisierung führt dazu, dass das Stickstoffatom der Schiff'schen Base sich um ungefähr 0,5 nm gegen den Cyclohexanring der Retinalgruppe verschiebt (Abb. 5.23). Letztlich wird also Lichtenergie in die Bewegung von Atomen umgesetzt.

Retinal absorbiert Licht sehr wirksam, weil es eine mehrfach ungesättigte Molekülstruktur hat: Seine sechs abwechselnd angeordneten Einfach- und Doppelbindungen bilden ein langes, ungesättigtes Elektronensystem. Das ist übrigens beim Chlorophyll genauso! Das Absorptionsmaximum liegt bei 500 nm und passt damit sehr gut zur Wellenlängenverteilung im Sonnenlicht.

Abb. 5.22 Der indische Meister-Naturfotograf Kalyan Varma (oben) porträtiert meisterhaft indische Tiere: die Augen der Gottesanbeterin *Mantis*, des Malabar-Gleitfroschs, einer Kröte, eines Kauzes und eines Lori.

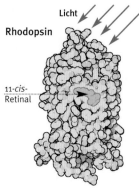

Licht

Rhodopsin

11-*cis*-
Retinal

Bewegung
nach
Lichteinfall

0,5 nm

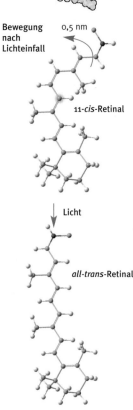

11-*cis*-Retinal

Licht

all-trans-Retinal

Abb. 5.23 Das Protein Opsin des Rhodopsins (oben) enthält das Chromophor Retinal (farbig gezeigt). Darunter: Bei Lichtabsorption isomerisiert das 11-*cis*-Retinal zum *all-trans*-Retinal.

Dadurch verschiebt sich das Stickstoffatom durch Rotation um etwa 0,5 nm. Lichtenergie bewegt also Atome und aktiviert ein G-Protein.

Abb. 5.24 So sähe es aus, wenn das Nanoru in der Nacht sehen könnte wie eine Eule...

Je nachdem, mit welchem Typ von Opsinmolekül das Retinal vergesellschaftet ist, wird das Absorptionsmaximum des Retinals leicht verschoben, sodass in einem Tier mehrere Rhodopsine mit unterschiedlichen Maxima existieren können, die ihren Trägern das Farbsehen ermöglichen. Ein Rhodopsinmolekül absorbiert einen großen Prozentsatz der aufgefangenen Photonen mit richtiger Wellenlänge. Dies zeigt sich an dem Extinktionskoeffizienten von 40 000 M^{-1} cm^{-1} bei 500 nm (siehe Kap. 2). Damit ist der Extinktionskoeffizient für Rhodopsin um mehr als eine Zehnerpotenz größer als derjenige für Tryptophan. Tryptophan absorbiert in Proteinen ohne prosthetische Gruppe das Licht am stärksten. Die Tryptophanabsorption wird deshalb zur optischen Proteinbestimmung bei 280 nm Wellenlänge eingesetzt (siehe Kap. 2).

Nach der Konformationsanderung des Retinals verändert auch der Proteinanteil des Rhodopsins seine räumliche Anordnung und kann nun mit dem G-Protein, hier **Transducin** (G_t) genannt, interagieren (ausführlich siehe Box 5.2). Die α-Untereinheit des aktivierten Transducins tauscht GDP gegen GTP aus. Durch die Bindung des GTP wird die βγ-Untereinheit des Transducins partiell freigesetzt. So weit ist es uns schon vom Riechen und Schmecken bekannt. Nun gibt es aber einen Unterschied: Die α-Untereinheit aktiviert nun nicht eine Adenylat-Cyclase, sondern wirkt aktivierend auf ein hydrolytisches Enzym, die **cGMP-spezifische Phosphodiesterase** (Abb. 5.25).

Die aktivierte Phosphodiesterase wiederum ist ein sehr leistungsfähiges Enzym, das hoch konzentriert vorliegendes zyklisches Guanosinmonophosphat (cGMP) schnell zu 5'-GMP (lineares Guanosinmonophosphat) hydrolysiert. Durch den Rückgang der cGMP-Konzentration schließen sich cGMP-gesteuerte Kationenkanäle, was zur Hyperpolarisierung der Plasmamembran der Photorezeptorzelle führt. Jeder Schritt dieses Prozesses verstärkt das ursprüngliche Signal (die Absorption eines einzigen Photons). Am Ende entsteht eine ausreichend starke neuronale Aktivierung zur Erzeugung einer optischen Empfindung im Gehirn.

Manche Fluggesellschaften verbieten übrigens ihren Piloten das Fliegen bis 24 Stunden nach Einnahme von **Sildenafil**. Der Grund? **Phosphodiesterase-5-Hemmer** (Inhibitoren, siehe Kap. 3) sind Substanzen, die ein Isoenzym der cGMP-spezifischen Phosphodiesterase hemmen.

Das Enzym baut dann nicht mehr intrazelluläres cGMP ab und dessen Konzentration bleibt hoch. Das verursacht unter anderem eine Verstärkung der blutgefäßerweiternden Wirkung von Stickstoffmonoxid (NO). Da der Sehvorgang aber auch von der Signalkaskade inklusive Phosphodiesterase abhängt, wurden **Sehstörungen** (grün-blau) nach Einnahme von Sildenafil berichtet. **Piloten** könnten dadurch desorientiert sein.

Sildenafil ist der Freiname eines Arzneistoffes, der 1998 von der US-amerikanischen Firma Pfizer unter dem Namen **Viagra**® zur Behandlung der erektilen Dysfunktion (Erektionsstörungen) beim Mann entwickelt wurde. Viagra® hat übrigens als erstes Medikament nachweislich zu einer Verbesserung des internationalen Artenschutzes beigetragen: Vor allem in asiatischen Ländern werden traditionell von seltenen Tieren (wie Nashorn und Tiger) gewonnene Stoffe als Aphrodisiaka verwendet. Durch die weltweite Verbreitung von Viagra® war die Jagd auf bedrohte Tierarten zum Zweck der Potenzmittelgewinnung zeitweilig zurückgegangen – dank Biochemie! – ist aber inzwischen wieder angestiegen.

■ 5.10 Farbensehen

Zapfen werden erst bei höherer Lichtintensität aktiviert. Sie hemmen dann das hochempfindliche Stäbchensystem und bilden die Grundlage für das **Farbensehen bei Tageslicht**. Sie enthalten wie die Stäbchen das Sehpigment Rhodopsin. In den drei unterschiedlichen Zapfen des Menschen kommen verschiedene Sehpigmente mit Absorptionsmaxima von 426, 530 und etwa 560 nm vor. Diese Absorptionsmaxima entsprechen den blauen, grünen und gelb-roten Bereichen des Spektrums. Sie definieren diese Bereiche eigentlich. Wir müssen uns dabei klarmachen, dass der **Begriff „Farbe" erst von uns, den Menschen, definiert** wurde.

Wie bereits erwähnt, liegt das Absorptionsmaximum von Retinal bei 500 nm. Jeder der drei Zapfen des Menschen besitzt ein Opsin, dessen Aminosäuresequenz zu etwa 40 % (Blau-Opsin im Vergleich mit Grün- oder Gelb-Rot-Opsinen) oder 95 % (Gelb-Rot-Opsin im Vergleich mit dem Grün-Opsin) mit denen in den anderen Zapfentypen übereinstimmt. Offenbar sind die Rezeptorproteine für Grün und Rot erst später in der Evolution aus einem gemeinsamen Vorläufer entstanden. Der Vorläufer könnte wiederum parallel mit den Rezeptorproteinen für Blau entstanden sein. Die evolutionären Verzweigungen, die zu diesen Isoformen der Opsine führten, dürften sich erst innerhalb der letzten 35 Millionen Jahre in der Abstammungslinie der Primaten ereignet haben. **Hunde und Mäuse**, die sich schon früher von der Primatenlinie abgespalten haben, besitzen nur zwei Photorezeptoren für **Blau und Grün**. Sie nehmen Licht nicht so weit in den Infrarotbereich hinein wahr wie wir und können auch Farben nicht so gut unterscheiden. **Vögel** besitzen dagegen insgesamt sechs Sehpigmente, vier Pigmente in den Zapfen, was ihnen eine spektral besser aufgelöste Farbwahrnehmung ermöglicht.

Schon mal „Sterne" gesehen? Wenn man sich die Augen reibt oder einen Schlag aufs Auge erhalten hat, sieht man oft helle Muster oder einen Blitz („Sternesehen"). Viele Sinneszellen reagieren auch unspezifisch auf sehr intensive Reize anderer Qualität, z. B. kann heftiger Druck die Sehkaskade anwerfen. Es wird also dieselbe Signalkaskade in den lichtempfindlichen Zellen aktiviert und ebenso ein elektrisches Signal erzeugt wie durch optische Reize.

■ 5.11 Hören: akustische Erkennung

Longitudinale Schwingungen des Mediums (Luft, Wasser, Untergrund) in der Umgebung des Lebewesens stimulieren das Hören. Der **Hörsinn** ist aber nicht bei allen Tieren an kopfständige Ohren gebunden. Insbesondere Vibrationen können auch mithilfe von Sinnesorganen an anderen Körperteilen wahrgenommen werden. Heuschrecken hören beispielsweise mit den Beinen.

Zwei Ohren sind allerdings für das Richtungshören erforderlich. Mithilfe beider Ohren kann auch die Bewegung von Schallquellen verfolgt werden. Dabei werden Laufzeit- und Pegelunterschiede der Signale beider Ohren auf denselben einlaufenden Reiz neuronal ausgewertet (Abb. 5.28).

Das menschliche Ohr nimmt akustische Ereignisse nur innerhalb eines bestimmten Frequenz- und Schalldruckpegel-Bereichs wahr. Diese „Hörfläche" liegt zwischen der unteren Grenze, der **Hörschwelle**, und der oberen Grenze, der akustischen Schmerzschwelle. Die Hörschwelle liegt zwischen den Punkten der tiefsten hörbaren Frequenz von 20 Hz und der höchsten hörbaren Frequenz, die je nach Alter bis maximal 20 kHz beträgt. Die Hörschwelle des Menschen verläuft dabei nicht linear, sondern ist

zwischen der tiefsten und der höchsten Frequenz bei etwa 2 kHz am empfindlichsten. Im Vergleich zum Sehen kann das Gehör zwei **kurz aufeinander folgende Signale relativ gut voneinander unterscheiden**, denn es muss im Gegensatz zum Auge keine chemischen Substanzen zerlegen und wieder zusammensetzen. Beim Auge muss das Rhodopsin wiederhergestellt werden, während die reizbedingten mechanischen Änderungen im Ohr direkt zu Veränderungen der elektrischen Eigenschaften der Rezeptorzellen führen.

Das Ohr ist ein **Schalldruckempfänger** wie ein Mikrofon (Abb. 5.27). Entstanden ist das Ohr wie auch das Gleichgewichtsorgan aus dem Seitenlinienorgan der Fische. Neben den Wirbeltieren verfügt jedoch eine Reihe weiterer Tiergruppen über ein Gehör. So haben alle Insekten, die Laute zur Kommunikation erzeugen,

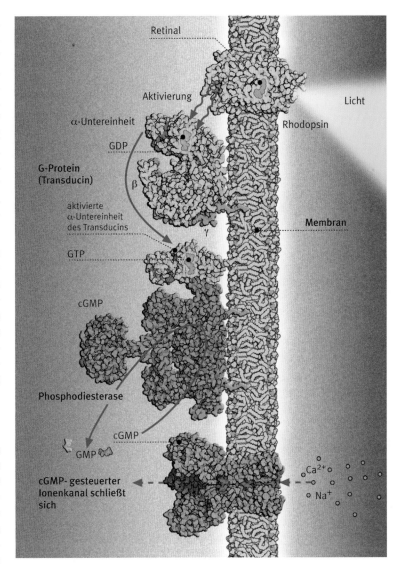

Abb. 5.25 Sehen: die Kaskade der visuellen Signalverstärkung. Photonen induzieren die Aktivierung des Rhodopsins, dieses aktiviert ein G-Protein (Transducin): GDP wird durch GTP ersetzt. Die aktivierte α-Transducin-Untereinheit bindet am Enzym Phosphodiesterase, das zyklisches Guanosinmonophosphat (cGMP) zu linearem GMP hydrolysiert.

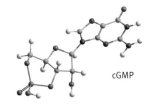

Dadurch werden cGMP-gesteuerte Ionenkanäle geschlossen, Natrium- und Calciumionen strömen nicht mehr in die Zelle. Es entsteht ein Aktionspotenzial.

137

Box 5.6 Expertenmeinung:
Bioindikatoren – wie uns Tiere und Pflanzen helfen können

Der Angelhaken der Schweizer Fischer wird immer öfter leer aus dem Wasser gezogen: Das ist kein Anglerlatein, sondern tatsächlich sind die Bachforellenfänge in den letzten 20 Jahren um 60 % zurückgegangen. Daraufhin wurde das Projekt „Fischnetz" ins Leben gerufen, um die Ursachen dieser Phänomene zu ergründen. Fünf Jahre Forschung zeigen: Nicht ein Grund alleine verschuldet die Misere. Je nach Gewässer kommen unterschiedliche Ursachen zusammen. Es wird weniger gefangen, und die Bestände gehen auch zurück. Für Letzteres ist eine Krankheit mitverantwortlich, die proliferative Nierenkrankheit, die in den zunehmend wärmer werdenden Gewässern eine hohe Sterblichkeit bei den jungen Forellen verursacht. Dazu kommen ungenügende Bedingungen bei den Lebensräumen und bei der Wasserqualität.

Solche Veränderungen bei den einheimischen Wildtieren werden in vielen Ländern beobachtet – die Schweiz hat den Vorteil, dass seit vielen Jahren Fangdaten systematisch erhoben werden. Der Verdacht fällt schnell einmal auf die **Umweltverschmutzung**, sie ist heutzutage überall: Jährlich werden mehr als 300 Millionen Tonnen an Chemikalien und Materialien produziert, und mehr als 100 000 Substanzen sind in täglichem Gebrauch. Es überrascht deshalb nicht, zahlreiche dieser Stoffe in unseren Ökosystemen wiederzufinden. Da einige von ihnen Gesundheitsschäden verursachen, schätzen wir Menschen derartige Stoffe nicht so sehr in unseren Badegewässern, in der Atemluft oder gar im Trinkwasser.

Um eine Belastung festzustellen, können wir die analytische Chemie zu Hilfe nehmen oder Organismen als Bioindikatoren einsetzen. Die **chemische Analytik** stellt die Menge und die Art von Substanzen in bestimmten Umweltkompartimenten fest. Allerdings muss man einengen, nach welchen Substanzen gesucht wird, damit die adäquate Methode eingesetzt wird. Die große Zahl potenziell vorhandener Substanzen, ihr räumlich und zeitlich inkonstantes Verteilungsmuster, ihr Verhalten in der Umwelt (Abbau, Ablagerung, Wechselwirkung mit anderen Stoffen) erschweren die detektivische Arbeit sehr. Darüber hinaus sagt uns das pure Auftreten noch nichts über deren Effekte auf die Organismen und letztlich über das Risiko für uns Menschen: Um in Erfahrung zu bringen, welche der in

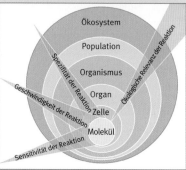

Oben: wo sind die Forellen geblieben?
Unten: Die Komplexität des Systems nimmt von innen nach außen zu. An jeder Systemgrenze (dicke Linien) treten neue Eigenschaften auf. Sie sind auch ausschlaggebend, ob und wie das System auf die Exposition gegenüber Fremdstoffen reagiert. Von innen nach außen nehmen die Spezifität, die Sensitivität und die Geschwindigkeit der Reaktion ab, während die ökologische Relevanz der Antworten des Bioindikators steigt.

der Umwelt vorhandenen Substanzen bei den Lebewesen (nachteilige) Effekte hervorrufen, untersuchen wir am besten die Organismen selbst. Sie alle reagieren auf Veränderungen ihrer Umwelt. Einige sind bezüglich ihrer Biologie und ihres Reaktionsmusters besser bekannt und sensitiver als andere. An derartigen Organismen, an ihren Reaktionen – sei es des ganzen Lebewesens oder eines Teils davon – können wir Veränderungen in der Umwelt ablesen. Ihre Antwort kann deshalb stellvertretend zur Beurteilung der Beeinträchtigung aller Lebewesen in dem jeweiligen Ökosystem herangezogen werden: Sie sind **Bioindikatoren**.

Bioindikatoren setzt man zur **Umweltüberwachung** (**Biomonitoring**) ein. Im **passiven Biomonitoring** werden im Ökosystem vorhandene Arten regelmäßig überwacht und untersucht. Ein Beispiel ist der **Saprobien-Index**, der auf dem Indikatorwert der in Fließgewässern vorhandenen Wirbellosengemeinschaften beruht. Je nach Ausmaß der Belastung mit leicht abbaubaren Stoffen, wie sie zum Beispiel in Abwässern enthalten sind, kann eine Einteilung nach Gewässergüteklassen vorgenommen werden. Eine Veränderung

der Artenzusammensetzung oder der Häufigkeit der Arten ist ein Signal, das einen Hinweis auf Wechsel in den Umweltbedingungen gibt.

Im **aktiven Biomonitoring** werden Organismen gezielt in das zu untersuchende Ökosystem ausgesetzt und regelmäßig auf die vorher festgelegten Parameter untersucht. So entnimmt man in vielen Küstenregionen der Welt Muscheln aus unbelasteten Habitaten und bringt sie in die zu untersuchenden Lebensräume aus, um die Anreicherung von Schwermetallen zu überwachen (*mussel watch*).

Bioindikatoren unterscheidet man in solche, die Stoffe aufnehmen und anreichern (**Akkumulationsindikatoren**, z. B. die oben erwähnten Muscheln), und solche, in denen die aufgenommenen Stoffe eine Wirkung auf die Funktionen oder Strukturen ausüben (**Reaktionsindikatoren**). Die erhöhte Enzymaktivität von Entgiftungsenzymen (wie Cytochrom P450, siehe Kap. 7) nach der Exposition gegenüber polychlorierten Biphenylen (PCBs) wäre eine solche Reaktion. Derartige verstärkte Aktivitäten in spezialisierten Zellen können zum Beispiel durch Antikörper beobachtet werden, wie metallbindende Kiemenzellen bei Fischen.

Für die Untersuchung von Bioindikatoren müssen wir Fragen stellen. Deren Beantwortung gibt uns Aufschluss über Belastung (Exposition) und Effekte:

- Welche Parameter (in der Ökotoxikologie auch als „Endpunkt" bezeichnet) erlauben uns **früh Auskunft** über eine vorangegangene Exposition?

- Welche Parameter sind **spezifisch** und geben uns deshalb einen Hinweis auf die Art der Substanzen (oder Substanzklassen), die in der Umwelt vorliegen?

- Welche Parameter sind besonders **sensitiv** und zeigen bereits bei kleinsten Mengen an Umweltverschmutzungen eine erkennbare Reaktion?

- Welches sind Parameter, die möglichst **relevant** sind für das ganze Ökosystem? – Vorausgesetzt, wir sind daran interessiert, außer uns Menschen auch die Natur zu schützen.

Für die Auswahl der Parameter gehen wir davon aus, dass jedes in der Umwelt vorhandene Schadstoffmolekül zunächst an einem Molekül des Bioindikators angreift, z. B. an der Zellmembran. Aus dieser Wechselwirkung können jetzt Folgewirkungen entstehen, weil sich beispielsweise das Schadstoffmolekül mit einem Rezeptor an der Zellmembran verbindet und dadurch eine Reaktionskaskade in der Zelle ausgelöst wird. Dementsprechend wäre ein **Rezeptor an der Zellmembran** ein sensitiver (da im Idealfall nur ein Schadstoffmolekül erforderlich ist) und spezifischer Parameter.

Molekulare Effekte zeigen sich rasch, oft bereits nach Minuten. Ihre ökologische Relevanz ist jedoch gering, da sich Organismen durch eine Reihe von Reparatur- und Schutzmechanismen gegen Schadstoffeinflüsse „wehren", und so setzt sich nicht jeder Schadstoffeinfluss zwangsläufig auf den höheren Ebenen fort. So können z. B. durch Schadstoffmoleküle verursachte Einflüsse wie Mutationen durch **Reparaturmechanismen bei der DNA-Replikation** wieder aufgehoben werden.

Durch ein ausgedehntes Repertoire an Schutzmechanismen zeichnet sich z. B. auch unser **Immunsystem** aus. Dementsprechend erreichen viele molekulare Schädigungen die höheren Ebenen, die vor allem für eine integrierte Umweltbeurteilung auf der Ebene von Populationen, Arten, und Ökosystem wichtig sind.

Neben diesen Überlegungen sollten wir uns in Erinnerung rufen, dass sich **Systemeigenschaften** selten linear, sondern eher sprunghaft entwickeln: Die Besonderheit einer Zelle kann nicht alleine durch die Summe ihrer Teile erklärt werden, sondern auf jeder Ebene entstehen neue Systemeigenschaften. Sie sind entscheidend, ob und wie sich Schadstoffeinflüsse auf dieser Ebene manifestieren und ob sich ein toxischer Effekt von einer Ebene auf die nächste fortsetzt. Insofern ist die Auswahl derartiger Parameter sehr stark von der Fragestellung abhängig, und die Antwort von Parametern der einen Stufe erlaubt selten Aussagen für die nächsthöhere Ebene.

Messungen auf der Ebene der Population haben eine sehr viel größere ökologische Relevanz, es dauert aber vergleichsweise lange, bis sie sich manifestieren. Zudem sind Antworten auf diesen hohen Ebenen der biologischen Hierarchie fast nie spezifisch, Ursache-Wirkungs-Beziehungen bleiben also meist im Dunkeln.

Je höher in der Hierarchie wir uns bewegen, desto mehr andere Einflüsse haben sich bis zu dieser Ebene im Organismus bereits ausgewirkt. So ist bekannt, dass in der Umwelt vorhandene Krankheitserreger und Umweltchemikalien gemeinsam eine andere Wirkung auf Organismen ausüben, als wenn nur ein

Um Fische im aktiven Biomonitoring zu verwenden hält man sie in Käfigen. Dabei muss auf die Bedürfnisse der jeweiligen Fischart geachtet werden. Die Bachforelle bevorzugt Verstecke (wie diese Stahlröhren), in denen sie auch von Artgenossen abgeschirmt ist.

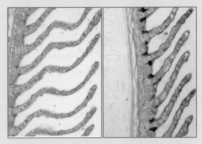

Bestimmte Zellen in der Fischkieme sind durch metallbindende Proteine (Metallothioneine) charakterisiert. Sie nehmen in ihrer Menge und Aktivität zu, wenn in der Umwelt mehr Metalle vorkommen.

Diese Eiweiße können durch Antikörpermarkierung und nachfolgende Farbreaktion sichtbar gemacht werden. Links: histologischer Schnitt durch die Kieme eines Fisches aus sauberem Wasser, rechts: nach Exposition gegenüber stark zinkhaltigem Wasser sind diese Zellen dunkel markiert.

Alligatoren sind aufschlussreiche Bioindikatoren: Tiere, die in Seen in Florida mit hoher Agrochemikalienbelastung leben, zeigen deutlich verringerte Schlupfraten.

Faktor den Organismus beeinflusst. Deshalb müssen wir versuchen, diese verschiedenen Einflüsse gut voneinander zu trennen oder wenigstens zu erkennen, dass es derartige Interaktionen gibt. Für unsere Fragen bezüglich der Auswahl von Parametern, die wir an Bioindi-

katoren untersuchen, können wir also zusammenfassen: Je niedriger in der Ebene der biologischen Hierarchie angesiedelt, desto sensitiver, schneller und spezifischer sind die Endpunkte; je näher am Ökosystem, desto aussagekräftiger für die Beurteilung des Ökosysteme.

Doch der Untersuchungszeitraum, bis sich ein Effekt zeigt, ist sehr lang.

In der Praxis werden Bioindikatoren von Umweltämtern, Ökobüros (z. B. für Umweltverträglichkeitsprüfungen) und von Betreibern von Kläranlagen und (Trink)Wasserwerken routinemäßig eingesetzt. In gesetzlichen Grundlagen und Richtlinien sind die Anforderungen festgelegt oder zumindest empfohlen. Derartige **Anforderungen an Bioindikatoren** umfassen:

- leichte Handhabbarkeit und geringe Wartung der Hälterungsanlagen;
- Standardisierbarkeit;
- weitgehende Kenntnis der Biologie der eingesetzten Art und der Reaktionsbedingungen;
- geringe Kosten;
- Offensichtlichkeit, Auswertbarkeit und Quantifizierbarkeit des Signals;
- genetische Einheitlichkeit.

Patricia Burkhardt-Holm studierte Biologie und Sport an der Universität Heidelberg und ist heute, nach mehreren Zwischenstationen, an der Universität Basel als Professorin für Ökologie tätig. Dort leitet sie den ersten trifakultären Studiengang für Sustainable Development.

Sie forscht über den Einfluss verschiedener Stressfaktoren auf Fische mit besonderem Augenmerk auf endokrine Disruptoren und Kombination von Stressoren.

Literatur

Gunkel G (1994) *Bioindikation in aquatischen Ökosystemen.* Spektrum Akademischer Verlag, Heidelberg

www.fischnetz.ch

Abb. 5.26 So scharf würde uns der Schwarze Milan sehen (Pfeil). Demo in Hongkong

Abb. 5.27 Alexander Graham Bell (1847-1922), Sprechtherapeut, Erfinder und Großunternehmer, gehört zu den erfolgreichsten Autodidakten unter den Erfindern, verbunden mit dem berühmtesten Patentstreit der Geschichte. Unten: Bereits 1861 hatte der deutsche Lehrer Philipp Reis einen funktionsfähigen Fernsprecher erfunden, sich jedoch mit der Erfindung an sich begnügt.

logischerweise auch Hörorgane, die unterschiedlich aufgebaut sein können. Hierzu gehören etwa die Heuschrecken und „leider" auch die Zikaden: Gerade zirpen etwa 100 Zikaden ohrenbetäubend vor dem Fenster meines Arbeitszimmers in Hongkong.

Wir Menschen hören Frequenzen von ungefähr 20-20 000 Hz (Schwingungen pro Sekunde). Das entspricht Periodenlängen zwischen rund 5 und 0,05 Millisekunden.

Geht man vom **Abstand unserer Ohren** (15 Zentimeter) und der Schallgeschwindigkeit (350 Meter pro Sekunde) aus, kann man errechnen, dass der **Schall für diesen Unterschied 428 Mikrosekunden** braucht. Die Differenz der Ankunftszeiten an beiden Ohren ist also wichtig.

Sind **G-Proteine** beteiligt? Nein, sie reagieren mit ihrer Kaskade nur im Millisekundenbereich. Um so schnell zu sein, muss das Gehör direkte Übertragungsmechanismen ohne Beteiligung sekundärer Botenstoffe benutzen. Es bleibt für Synthese und Degradation von Molekülen einfach keine Zeit.

Die Signaltransduktionsvorgänge beim Sehen, wo die Zeit ebenfalls ein wichtiger Faktor ist, spielen sich ebenfalls langsam, innerhalb von Millisekunden ab. Riechen und Schmecken nutzen ebenfalls sekundäre Botenstoffe, sind also alle langsamer als Hören.

■ 5.12 Molekulare Mechanismen des Hörens

Schall wird in der Schnecke des Innenohres wahrgenommen. Die **Schnecke** (**Cochlea**) ist ein von Bindegewebe und Knochen umgebenes Hohlraumsystem. Sie ist mit drei parallel ausgerichteten lang gestreckten Kammern wie ein Schneckenhaus aufgewunden. Spezialisierte, wegen ihrer Cilienbüschel als **Haarzellen** bezeichnete Rezeptorzellen innerhalb der Cochlea besorgen das Hören. Eine Schnecke enthält rund 16 000 Haarzellen, von denen jede ein hexagonales Bündel aus 20 bis 300 Membranausstülpungen (Stereocilien) trägt. Diese **Stereocilien** sind nicht Wimpern (Cilien), sondern **Mikrovilli**, fingerförmige Zelloberflächenausstülpungen. Die Stereocilien eines Bündels sind in ihrer Länge abgestuft. Wenn eine im Ohr eintreffende Schallwelle das Haarbündel mechanisch verformt, verändert sich das Membranpotenzial der Haarzelle. Mikromanipulationsexperimente ergaben:

Eine Verschiebung in Richtung des längsten Teiles des Haarbündels führt zur Depolarisierung der Haarzelle, eine Verformung in der umgekehrten Richtung dagegen zu einer Hyperpolarisierung. Bemerkenswert ist, dass schon eine Verschiebung des Haarbündels um 0,3 nm zu einer messbaren Veränderung des Membranpotenzials führt. Eine solche superminimale Verschiebung ist vergleichbar mit einer Schwankung der Spitze des 368 Meter hohen Berliner Fersehturmes um nur 2,5 Zentimeter! Wie erzeugt die **Verschiebung des Haarbündels** eine Veränderung im Membranpotenzial?

Die schnelle, schon nach Mikrosekunden einsetzende Reaktion lässt darauf schließen, dass die Bewegung der Haare sich unmittelbar auf Ionenkanäle auswirkt. Benachbarte Stereocilien sind durch extrazelluläre Proteinbrücken (sogenannte *tip links*) miteinander verknüpft. Die *tip links* sind mit Ionenkanälen in den Plasmamembranumhüllungen der Stereocilien verbunden, und diese **mechanorezeptorischen Ionenkanäle** werden durch mechanische Belastungen reguliert. Ist kein Reiz (keine Auslenkung aus der Ruhelage der Stereocilien) vorhanden, sind ungefähr 15 % der Ionenkanäle geöffnet. Wird das Haarbündel in Richtung seines längsten Teiles verschoben, gleiten die Stereocilien aneinander entlang, und die mechanische Spannung an den *tip links* nimmt zu, sodass sich weitere Kanäle öffnen. Da durch die zusätzlich geöffneten Kanäle weitere Kationen in die Zelle fließen, wird die Membran depolarisiert.

Bei einer Verschiebung in der entgegengesetzten Richtung geschieht das Umgekehrte: Die mechanische Spannung an den *tip links* lässt nach, die geöffneten Kanäle schließen sich, und die Membran wird hyperpolarisiert. Die **mechanische Bewegung des Haarbündels wird also unmittelbar in einen elektrischen Strom** über die Membran der Haarzelle umgesetzt.

Die Mechanismen des Hörens mithilfe der mechanosensorischen Ionenkanäle werden im Experiment ergründet. So besitzt die Taufliege *Drosophila* für die Wahrnehmung schwacher Luftströmungen **Sinnesborsten**. Die Borsten sprechen auf mechanische Verschiebung ganz ähnlich an wie die Stereocilien der Haarzellen. Wird eine Borste in eine Richtung verschoben, führt dies zu einem beträchtlichen Strom durch die Membran. Man untersuchte verschiedene Stämme mutierter Taufliegen. Sie fielen durch unkoordinierte Bewegungen und Schwerfälligkeit auf. Die Untersuchung auf ihre elektrophysiologischen Reaktionen bei Verschiebung der Sinnesborsten zeigte: Der Strom durch die Membran war deutlich vermindert. Wie sich herausstellte, war in diesen „schwerfälligen" Stämmen ein Gen mutiert, welches das 1619 Aminosäuren große Protein **NompC** (*no mechanoreceptor potential*) codiert. NompC ähnelt einer Gruppe von menschlichen Ionenkanalproteinen, die als **TRP-Kanäle** (*transient receptor potential*) bezeichnet werden und für den Kationen-Influx in Zellen verantwortlich sind. Es ist auch gelungen, einen bedeutsamen Kandidaten für zumindest einen Bestandteil eines mechanosensorischen Kanals zu identifizieren:

Das Protein TRP A1 gehört auch zur TRP-Kanal-Proteinfamilie. TRP A1 wird von Haarzellen gebildet und ist insbesondere in der Nähe der Stereocilienspitzen lokalisiert und mindestens ein Bestandteil des mechanosensorischen Kanals, der für das Hören von zentraler Bedeutung ist.

■ 5.13 Tastsinn: haptische Erkennung

Der **Tastsinn** (Abb. 5.29) ist genau wie der Geschmackssinn eine Kombination von Sinnessystemen, die ihre Wirkung in dem gleichen Organ entfalten, in der **Haut**. Sie ist das **größte Organ des Menschen** – mit bis zu zwei Quadratmetern Fläche und zehn Kilogramm Gewicht – und ist dabei doch höchst sensibel. Die Hautsinne reagieren auf **mechanische Reize** und **Temperaturänderungen**. Bei der zellulären Signaltransduktion der **Temperaturrezeptoren** spielen offenbar Ionen-kanäle eine Rolle, die denen des Geschmacks-sinnes ähneln. Für die Wahrnehmung schmerz-hafter Reize (hohe Temperatur, Säure oder bestimmte chemische Substanzen) sind andere Systeme (**Nozirezeptoren**) zuständig.

Schmerz und Geschmack ergänzen sich sinnvoll. Das weiß jeder, der schon einmal scharf gewürzte Speisen gegessen hat. Auch der Tastsinn ist eng mit der **Schmerzempfindung** gekoppelt. Sobald Gewebe (z. B. durch übermäßigen Druck) zerstört wird, übertragen spezialisierte Nozirezeptoren Signale an die Schmerzverarbeitungszentren in Rückenmark und Gehirn.

Wie sehen die molekularen Grundlagen der Schmerzempfindung aus?

Einen faszinierenden Anhaltspunkt lieferte die Erkenntnis, dass **Capsaicin** (Abb. 5.30), die Substanz, die den „scharfen" Geschmack stark gewürzter Speisen hervorruft, Nozirezeptoren aktiviert. Pflanzen wie der Chili-Paprika erwarben die Fähigkeit zur Synthese des Capsaicins und anderer „scharfer" Verbindungen vermutlich, um sich zu schützen und nicht von Säugetieren gefressen zu werden. Vögel, die für den Paprika nützlich sind, weil sie seine Samen in neue Gebiete tragen, sprechen auf Capsaicin offenbar nicht an. Capsaicin wirkt, indem es Ionenkanäle öffnet, die in Nozirezeptorzellen gebildet werden. Der Capsaicinrezeptor, der VR1 genannt wird, wirkt als Kationenkanal und löst einen Nervenimpuls aus. Mäuse, die VR1 nicht bilden, sind „paprikaresistent" und verschmähen auch Futter mit hoher Capsaicinkonzentration nicht. Sie reagieren auch weniger stark als normale Mäuse auf schädliche/schmerzhafte Temperaturen.

Da Capsaicin den Rezeptor VR1 anregen kann, wird es zur Schmerzbehandlung eingesetzt. Wie funktioniert das? Durch die chronische Einwirkung von Schmerzen auslösendem Capsaicin werden die schmerzvermittelnden Neuronen übermäßig stimuliert und deshalb unempfindsam (desensibilisiert).

■ 5.14 Gibt es weitere sensorische Systeme?

Es dürfte weitere feine Sinnessysteme geben, die Umweltsignale aufnehmen. Diese können dann unser Verhalten beeinflussen. Die biochemischen Grundlagen dieser Systeme sind Gegenstand der Forschung. Ein solcher Mechanismus steuert unsere – häufig unbewusste – Reaktion auf **Pheromone**, chemische Signale, die von anderen Menschen ausgesandt werden (Box 5.1). Ein anderer ist das **Zeitgefühl**, das sich in unserem Tagesrhythmus mit Aktivitäts- und Ruhezeiten ausdrückt. Solche Rhythmen werden stark durch die tägliche Lichteinwirkung beeinflusst.

Bei anderen Lebewesen hat man weitere Sinnesleistungen gefunden. An den **magnetischen Feldlinien** der Erde orientieren sich nicht nur Zugvögel. Auch Bakterien haben im Lauf der Evolution die Fähigkeit entwickelt, das Magnetfeld für die Suche nach optimalen Lebensbedingungen zu nutzen. Solche „**magnetotaktischen**" **Mikroorganismen** verwenden einen zellulären Minikompass, der aus einer Kette von einzelnen Nano-Magneten (**Magnetosomen**)

Abb. 5.28 Nepaluhu (*Bubo nipalensis*, oben) und Affen: Beide Arten benötigen zwei Ohren für die Lokalisierung von Geräuschen.

Abb. 5.29 So sähe das Nanoru aus, wenn seine Körperteile proportional zur ihrer Sensitivität ausgebildet wären.

Abb. 5.30 Chili-Paprika enthält Capsaicin.

Abb. 5.31 Wenn das Nanoru hören könnte wie eine Kängururatte, die den Ton bis zu 100-fach verstärkt (Mensch: 18-fach) ...

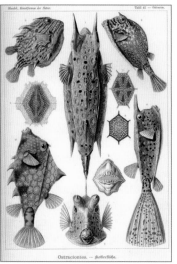

Haeckels Kunstformen der Natur zeigt auch Tiere und Pflanzen mit interessanten Sinnesleistungen. Von links oben nach rechts unten: Scheibenquallen (Discomedusae), Kofferfische, Trichterkraken (Gamochonia), Kannenpflanzen (Nepenthaceae), Kolibris (Trochilidae), Borstenwürmer (Chaetopoda)

besteht und die gesamte Bakterienzelle wie eine Kompassnadel im magnetischen Feld ausrichtet. Magnetotaktische Bakterien sind im Schlamm von Gewässern weit verbreitet. Die kettenförmig angeordneten Magnetosomen erlauben den Bakterien, anhand der irdischen Magnetfeldlinien „oben" von „unten" zu unterscheiden und zielsicher jene Wasserschichten anzusteuern, in denen sie optimale Wachstumsbedingungen vorfinden. Die Magnetosomen bestehen aus winzigen, nur etwa 50 Nanometer (1 Nanometer = 1 Millionstel Millimeter) großen Kristallen des magnetischen Eisenminerals Magnetit (Fe_3O_4). Wandernde Lachse oder Tauben bilden in bestimmten Geweben Ketten von Magnetitkristallen, die denen aus Bakterien verblüffend ähneln und möglicherweise durch einen verwandten Mechanismus gebildet werden. In welchem Umfang auch beim Menschen weitere Sinnessysteme vorhanden sind, wird die Forschung zeigen.

Man darf gespannt sein!

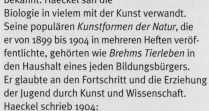

Mein Vorbild als Kind war der Naturforscher **Ernst Haeckel** (1834 - 1919). Haeckel besuchte in Merseburg die gleiche Schule wie ich. Er machte die Arbeiten von **Charles Darwin** in Deutschland bekannt. Haeckel sah die Biologie in vielem mit der Kunst verwandt. Seine populären *Kunstformen der Natur*, die er von 1899 bis 1904 in mehreren Heften veröffentlichte, gehörten wie *Brehms Tierleben* in den Haushalt eines jeden Bildungsbürgers. Er glaubte an den Fortschritt und die Erziehung der Jugend durch Kunst und Wissenschaft. Haeckel schrieb 1904:

»Die höhere Kultur, der wir erst jetzt entgegenzugehen anfangen, wird voraussichtlich die Aufgabe stets im Auge behalten müssen, allen Menschen eine möglichst glückliche, d. h. zufriedene Existenz zu verschaffen. Die Vernunft führt uns zu der Einsicht, dass ein möglichst vollkommenes Staatswesen zugleich die möglichst große Summe von Glück für jedes Einzelwesen, das ihm angehört, schaffen muss. Das Hauptinteresse des Staates wird nicht, wie jetzt, in der Ausbildung einer möglichst starken Militärmacht liegen, sondern in einer möglichst vollkommenen Jugenderziehung aufgrund der ausgedehntesten Pflege von Kunst und Wissenschaft. Die Vervollkommnung der Technik, aufgrund der Erfindungen in der Physik und Chemie, wird die Lebensbedürfnisse allgemein befriedigen; die künstliche Synthese vom Eiweiß wird reiche Nahrung für alle liefern.«

(aus: *Die Lebenswunder* 1904, Kap. 17)

Verwendete und weiterführende Literatur

- Der Klassiker der Biochemie, „der Stryer":
Berg JM, Tymoczko JL, Stryer L (2018) *Biochemie*. 8. Aufl.,
Springer Spektrum, Berlin, Heidelberg

- Die didaktisch beste kurze Einführung in die Biochemie in deutscher
Sprache, die ich kenne: **Müller-Esterl W** (2018)
Biochemie. Eine Einführung für Mediziner und Naturwissenschaftler. 3. Aufl.
Springer Spektrum, Berlin, Heidelberg

- **Hildebrandt JP, Bleckmann H, Homberg U.** (2015)
Penzlin – Lehrbuch der Tierphysiologie. 8. Aufl.,
Springer Spektrum, Berlin, Heidelberg

- **Frings S, Müller, F** (2014) *Biologie der Sinne. Vom Molekül zur Wahrnehmung.*
2. Aufl., Springer Spektrum, Berlin, Heidelberg

- **Axel R** (1995) Die Entschlüsselung des Riechens.
Spektrum der Wissenschaft 12: 72–78

- **Froböse G und R** (2004) *Lust und Liebe – alles nur Chemie?*
Wiley-VCH, Weinheim

- **Agosta WC** (1994) *Dialog der Düfte: chemische Komunation.*
Spektrum Akademischer Verlag, Heidelberg

Weblinks

- Webseite von Robert Nordsieck, Grundlage für Box 5.5, Die Augen der
Weichtiere: *www.weichtiere.at*

- Die Webseite des tollen indischen Naturfotografen Kalyan Varma,
der Tierfotos zum Kapitel beigesteuert hat:
http://kalyanvarma.net/

- Unsere Sinne, vom renommierten Howard Hughes Medical Institute
wunderbar beschrieben: *http://www.hhmi.org/senses/*

- Riechen: *http://www.leffingwell.com/olfaction.htm*

Acht Fragen zur Selbstkontrolle

1. Welches sind die menschlichen Sinne?

2. Was wird mit dem Vomeronasalorgan detektiert?

3. Warum verbieten manche Fluggesellschaften ihren Piloten das Fliegen bis 24 Stunden nach der Einnahme der Substanz Sildenafil?

4. Wenn der Hörsinn 7TM-Rezeptoren und G-Proteine benutzen würde, wäre er dann zu seiner hohen zeitlichen Auflösung von Mikrosekunden fähig?

5. Was ist sensitiver und spezifischer: der Geschmacks- oder der Geruchssinn?

6. Wie kann man eine elektronische Nase auf Chip-Basis mit echten Geruchszellen konstruieren?

7. Ist das Auge lediglich eine bessere Kamera oder ein Organ ohne Fehl und Tadel?

8. Wie schmecken eigentlich Wasserstoff- und wie Natriumionen?

Haeckels Zeichnung des lichtempfindlichen
Auges von Staatsquallen

DNA, RNA und ihre Amplifikation

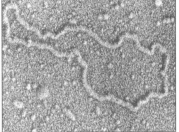

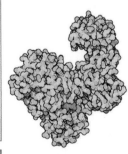

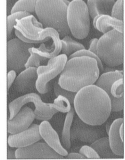

Kapitel **6**

Abb. 6.1 James D. Watson (geb. 1928) und Francis C. Crick (1916-2004)

Abb.6.2 DNA-Doppelhelix. Sydney Brenner über seinen ersten Eindruck: *»The moment I saw the DNA model... I realized it is the key of understanding to all problems of biology.«*

Abb. 6.3 Nucleotide sind Bausteine der Nucleinsäuren (DNA und RNA), der Informationsträger der Zellen. Sie bestehen aus einem Monosaccharid (Desoxyribose oder Ribose), Base (Adenin, Cytosin, Guanin, Thymin; bei RNA Uracil statt Thymin) und Phosphatrest. A und T (hier gezeigt) bilden zwei H-Brücken aus, G und C drei.

■ 6.1 DNA: die Doppelhelix

DNA heißt die magische Helix des Lebens – der materielle Träger der Erbsubstanz, die **Desoxyribonucleinsäure** (DNA, *deoxyribonucleic acid*) (siehe Box 6.1).

Die lange Suche nach dem Träger der Vererbung kulminierte ein erstes Mal 1944, als **Avery, MacLeod** und **McCarty** am Rockefeller Institut eindeutig nachweisen konnten, dass die bakterielle Erbinformation in hochgereinigter DNA, nicht aber in Proteinfraktionen, enthalten ist. Ein zweiter Durchbruch basiert auf einem 1953 im Wissenschaftsjournal *Nature* publizierten Artikel von zwei jungen Forschern, **James Dewey Watson** (geb. 1928) und **Francis Compton Crick** (1916-2004) (Abb. 6.1). Darin war eine einfache, aber geniale Grafik einer Doppelwendel zu sehen, die **DNA-Doppelhelix** (Abb. 6.2).

DNA-Moleküle sind vereinfacht einem verdrillten Reißverschluss vergleichbar. Der Reißverschluss besitzt allerdings vier unterschiedliche Sorten von „Zähnen": Die vier Basen **Adenin** (**A**), **Cytosin** (**C**), **Guanin** (**G**) und **Thymin** (**T**). Diese Basen sind Bestandteil der Nucleotide, der eigentlichen Bausteine der DNA. Die **Nucleotide** ihrerseits bestehen aus einem Zucker, einer Base und einem Phosphatrest (Abb. 6.3). Fehlt dem Nucleotid der Phosphatrest, so wird diese Verbindung aus Zucker und Base als Nucleosid bezeichnet. Diese Geometrie der Doppelhelix ist nicht nur platzsparend, sondern erlaubt auch den Zugang zur Erbinformation von allen Richtungen.

Desoxyribose ist der Zucker der Nucleotide. Im Unterschied zur Ribose – dem Zucker der **Ribonucleinsäure** (**RNA**) – fehlt der Desoxyribose das Sauerstoffatom am 2'-Kohlenstoff. Das Rückgrat besteht aus sich abwechselnden Desoxyribose- und Phosphateinheiten. Die Zucker sind also über Phosphodiesterbrücken miteinander verbunden. Wie Reißverschlusszähne an einer Stoffleiste sind die vier Basen an dem Rück-

grat befestigt, das lediglich tragende Funktionen hat. Für die genetische Information ist allein die Reihenfolge der vier Basen von Bedeutung, die **Basensequenz.**

Die beiden Zahnleisten eines geschlossenen Reißverschlusses werden mechanisch zusammengehalten. Im Fall der beiden DNA-Stränge sind es dagegen molekulare Wechselwirkungen, Wasserstoffbrücken (H-Brücken), die zwischen gegenüberliegenden Basen der beiden Einzelstränge wirken Abb. 6.3).

Erwin Chargaff (1905-2002) (Abb. 6.4) hatte 1950 mithilfe chromatografischer Methoden festgestellt, dass das Verhältnis von Adenin zu Thymin und von Guanin zu Cytosin bei allen Lebewesen stets etwa 1 beträgt (**Chargaff'sche Regel**).

Mit diesem Wissen und den Daten der Röntgenstrukturanalysen von **Rosalind Franklin** wurde aus Watson und Cricks DNA-Modell plötzlich klar, warum das so sein muss: A-Basen und T-Basen sowie C-Basen und G-Basen passen räumlich exakt zueinander: Drei Wasserstoffbrücken halten G und C zusammen, zwei Wasserstoffbrücken A und T. Diese sogenannte **Basenpaarungsregel** (oder **Watson-Crick-Regel**) ist Voraussetzung für die exakte Weitergabe genetischer Information.

Da stets eine Purinbase mit einer Pyrimidinbase kombiniert wird, ist der Abstand zwischen den Strängen überall gleich. Es entsteht eine regelmäßige Struktur. Die ganze Helix hat einen Durchmesser von 2 Nanometern (nm) und windet sich mit jedem Zuckermolekül um 0,34 nm weiter. Die Ebenen der Zuckermoleküle stehen in einem Winkel von 36° zueinander; folglich wird eine vollständige Drehung nach zehn Basen (360°) und 3,4 nm erreicht.

DNA-Moleküle können sehr groß werden. Beispielsweise enthält das größte menschliche Chromosom 247 Millionen Basenpaare in einem durchgehenden DNA-Faden von 8,4 Zentimetern (!) Länge.

Beim Umeinanderwinden der beiden Einzelstränge verbleiben seitliche Lücken, sodass hier die Basen direkt an der Oberfläche liegen. Von diesen **Furchen** (*grooves*) gibt es zwei, die sich um die Doppelhelix herumwinden. Die „große Furche" ist 2,2 nm breit, die „kleine Furche" nur 1,2 nm. Entsprechend sind die Basen in der großen Furche besser zugänglich. Die Bindung von Proteinen an die DNA erfolgt daher meist

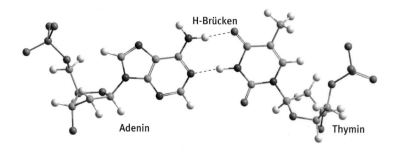

H-Brücken

Adenin

Thymin

an der großen Furche. Auch manche DNA-Farbstoffe (z.B. Ethidiumbromid, siehe weiter unten) lagern sich an einer Furche an.

■ 6.2 Werkzeuge für die DNA-Analytik: DNA-Polymerasen

Grundlage jeder Vererbung von Merkmalen ist die Vermehrung von Zellen. Die DNA muss vor der Zellteilung (Mitose) durch den Vorgang der **Replikation** eine exakte Kopie ihrer selbst anfertigen. Zu diesem Zweck öffnet sich die DNA wie ein Reißverschluss, d. h. die beiden Einzelstränge lösen sich voneinander. An jedem der beiden frei werdenden Stränge synthetisiert das Enzym **DNA-Polymerase** (Abb. 6.5) einen neuen DNA-Strang. Er bildet mit dem vorhandenen Strang wieder eine Doppelhelix, sodass am Ende zwei neue Doppelstränge vorliegen

DNA-Polymerasen gehören zur Enzymklasse der **Transferasen** (siehe Box 3.4), sie übertragen also chemische Gruppen. Sie können DNA nur in der 5' → 3'-Richtung synthetisieren, also lediglich Nucleotide an eine bereits bestehende 3'-OH-Gruppe binden, jedoch keine DNA aus dem Nichts synthetisieren. Man unterscheidet verschiedene DNA-Polymerasen nach Struktur und Funktion, wobei Eukaryotenzellen mehr als ein Dutzend und Bakterienzellen mindestens fünf DNA-Polymerasen besitzen: Die DNA-Polymerase III von Prokaryoten hat die Aufgabe der Replikation von DNA. Nur zehn bis 20 Moleküle dieser Polymerase sind in einer Bakterienzelle vorhanden, weswegen sie erst spät nach den anderen, viel häufiger vorkommenden Polymerase-Typen entdeckt wurde. Der Aufbau der replikationsaktiven DNA-Polymerase III ist sehr komplex und besteht aus mindestens zehn Untereinheiten.

Bei der Replikation öffnet sich durch kontrollierte Mechanismen partiell die doppelsträngige DNA und bildet eine „Replikationsgabel". An den Nucleotiden des frei gewordenen Einzelstrangs lagern sich komplementäre Nucleotide an, also ein frei werdendes C-Nucleotid einem G-Nucleotid usw.

Während die eben angelagerten Nucleotide auf der „Vorderseite" durch Wasserstoffbrücken zwischen den gepaarten Basen richtig ausgerichtet werden, verbindet die DNA-Polymerase auf der „Rückseite" die einzelnen „Rückgratelemente" aus Desoxyribose und Phosphat zu einem festen Gerüst.

Die DNA-Polymerase katalysiert dabei unter Abspaltung von Pyrophosphat die Bildung einer **Phosphodiesterbindung** zwischen dem 3'-OH-Ende einer bestehenden Sequenz und dem 5'-Triphosphat-Ende eines neu angelagerten Nucleotids.

Die dafür benötigte Kopiervorlage oder **Matrize** (*template*) kann ein singulärer DNA-Strang oder auch ein sich partiell aufgetrennter Doppelstrang sein, wobei der Strang der als Matrize dient, als **Anticodon**-Strang bezeichnet wird, der gegenüberliegende als **Codon**-Strang .

Außer der Matrize benötigt die Polymerase sämtliche Bausteine als aktivierte Vorläufer, d. h. Desoxynucleosid-5'-triphosphate (dNTPs) und einen doppelsträngigen Startpunkt, einen sogenannten **Primer**, mit einer freien 3'-Hydroxylgruppe.

Die DNA-Polymerase I enthält eine **Korrekturlese-Funktion** und ist für **DNA-Reparaturprozesse** in der Zelle zuständig. Sie wurde 1956 von **Arthur Kornberg** (1918-2007, Nobelpreis für Physiologie oder Medizin 1959) (Abb 6.6) aus *Escherichia coli* isoliert. Die **DNA-Polymerase I** heftet sich an einen kurzen Einzelstrangabschnitt eines ansonsten doppelsträngigen DNA-Moleküls und synthetisiert dann einen ganz neuen Strang (**Polymeraseaktivität**), indem sie den vorhandenen Strang immer weiter abbaut (**Nucleaseaktivität**). Abbau und Aufbau laufen gleichzeitig ab, und der Einzelstrangabschnitt wandert an der DNA entlang. Das dient der Fehlerkorrektur. Falsch eingebaute Nucleotide werden dabei ersetzt. Dieser Mechanismus führt zu der unglaublichen Präzision der DNA-Replikation mit einer Fehlerquote von nur einem Fehler pro 100 Millionen kopierten Basenpaaren. Das wäre so, als würde man per Hand einige Tausend Romane abtippen und nur einen einzigen Fehler machen!

Das Polymerasemolekül ähnelt einer rechten Hand: Den Platz zwischen den „Fingern" und dem „rechten Daumen" nimmt die DNA ein (Abb. 6.5). Die Polymeraseaktivität sitzt an „Zeige- und Mittelfinger". Die Nucleaseaktivität in der Mitte des Moleküls liest die Korrektur der neu eingefügten Nucleotide. **Aus einer Doppelhelix entstehen so zwei exakte Kopien**, von denen jede ein vollständiges DNA-Molekül darstellt. Bei der Teilung der Mutterzelle werden sie auf die beiden Tochterzellen verteilt.

Bei der für die Biotechnologie entscheidenden Technik der **Polymerase-Kettenreaktion (PCR,**

Abb. 6.4 Erwin Chargaff (1905–2002)

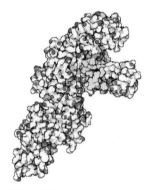

Abb. 6.5 DNA-Polymerase: Der Matrizenstrang ist in der Abbildung rosa, der neu gebildete Strang grün markiert.

Abb. 6.6 Drei Nobelpreisträger. (von links): Roger David Kornberg (geb. 1947). Nobelpreis für Chemie 2006; stolzer Vater Arthur Kornberg (1918–2007), Nobelpreis für Physiologie oder Medizin 1959; Andrew Z. Fire (geb. 1959) Nobelpreis für Physiologie oder in Medizin 2006

Box 6.1 Wie die DNA aufgebaut ist

Von einfachen Prokaryoten über multizelluläre Organismen wie Tiere und Pflanzen bis hin zum Menschen wird die **Desoxyribonucleinsäure** oder **DNA** (engl. *deoxyribonucleic acid*) als Träger der Erbinformation universell genutzt.

Bei der Teilung einer Zelle wird ihre DNA vollständig dupliziert, und die beiden identischen Kopien werden gleichmäßig auf Tochterzellen verteilt (**Replikation**).

Transkription heißt der Vorgang, bei dem neu gebildete Zellen je nach ihrer Bestimmung definierte DNA-Abschnitte aktivieren und ihre Information in **Ribonucleinsäuren** oder **RNA** (engl. *ribonucleic acid*) umschreiben. Gene sind DNA-Abschnitte, die Informationen zur Herstellung eines RNA-Transkripts beinhalten. Der Großteil der Gene codiert für Proteine. Dazu muss die Zelle die RNA-gespeicherten Informationen in Proteine übersetzen (**Translation**).

Die Struktur eines DNA-Moleküls ist nicht kompliziert: Es besteht aus einer langen unverzweigten Kette von **Desoxyribonucleotiden**. Dabei können mehrere Hundert Millionen dieser Bausteine zu einem einzigen Polynucleotid aneinandergereiht sein, das dann zum Chromosom verpackt wird. Nucleotide bestehen aus drei Komponenten: **Base**, **Desoxyribose** und **Phosphatrest**. Dabei sind die Purinbasen Adenin bzw. Guanin oder die Pyrimidinbasen Thymin bzw. Cytosin über eine *N*-glykosidische Bindung an das C1'-Atom einer 2'-Desoxyribose geknüpft. Ist ein Phosphatrest mit der Hydroxylgruppe an C5' des Zuckerrings verestert, so spricht man von einem **Nucleotid**.

Ein Polynucleotid entsteht über **Phosphodiesterbindungen**, welche jeweils die Hydroxylgruppe am C3'-Atom eines ersten Nucleotids mit dem C5'-Atom eines zweiten Nucleotids verbinden. Die **Direktionalität** der Kette wird *per definitionem* immer von 5' (links) nach 3' (rechts) angegeben. Das 5'-Ende bzw. 3'-Ende geben hierbei die terminalen Nucleotide mit den C5'- bzw. C3'-Atomen an, die *nicht* über Phosphodiesterbrücken verknüpft sind. Ebenso erfolgt die DNA-Synthese in der Zelle in **5'-3'-Richtung**, da Nucleotide typischerweise an das „freie" 3'-Ende eines bestehenden Nucleinsäurestranges angefügt werden.

Wie kann solch ein „simples" Molekül alle Instruktionen für den Bau so unterschiedlicher Organismen in sich tragen? Die Antwort liegt

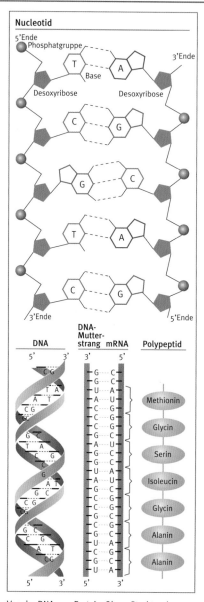

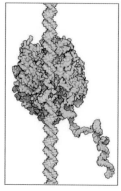

Von der DNA zum Protein. Oben: Struktur der DNA-Doppelhelix. Unten: Wie die Basensequenz der DNA in mRNA transkribiert und von den Ribosomen in eine Aminosäuresequenz translatiert wird.

RNA-Polymerase mit neu synthetisierter mRNA

in der Sequenz der DNA. Die kombinatorische Vielfalt von vier unterschiedlichen Nucleotiden ermöglicht einer DNA mit n Resten $4n$ unterschiedliche Sequenzen, genug also, um selbst auf einer begrenzten Stranglänge eine Vielzahl unterschiedlicher Produkte codieren zu können.

Wie kann die gespeicherte Information über Generationen ohne größere Änderungen weitergegeben werden? Die DNA besteht aus zwei Nucleotidsträngen, die gegenläufig – also **antiparallel** – angeordnet sind und sich schraubenförmig um eine gemeinsame Achse winden: Wir sprechen von einer **Doppelhelix** (griech. *helix* = Spirale). Dabei kommen die Nucleotidbasen Adenin (A), Cytosin (C), Guanin (G) und Thymin (T) im Binnenraum der Helix zu liegen, während die Desoxyribosephosphatreste den äußeren Mantel bilden.

Die **Basenpaarung** zwischen Strang und Gegenstrang, also die Interaktion der großen Purinbasen (A bzw. G) mit den kleinen Pyrimidinbasen (T bzw. C), sichert den inneren „Halt" der beiden Stränge der Doppelhelix.

Dabei bilden die Basen A und T einerseits bzw. G und C andererseits sich ergänzende, **komplementäre Basenpaare** – auch **Watson-Crick-Basenpaare** genannt –, die wie Nut und Feder ineinander passen und über Wasserstoffbrücken miteinander verfugt sind. Vereinfacht werden diese verbrückten Basenpaare als A·T und G·C dargestellt. Andere denkbare Basenkombinationen wie z. B. A·G bzw. C·T scheiden dagegen aus, weil sie entweder zu groß (A·G) oder zu klein (C·T) sind, um den Binnenraum einer Doppelhelix optimal auszufüllen. Wir haben es bei der DNA also lediglich mit **vier verschiedenen Nucleotiden und nur zwei Typen von Basenpaarungen zu tun.**

Aus der Komplementarität der Basen in beiden Strängen folgt, dass der Gehalt „verschwisterter" Basen immer gleich sein muss, d.h. [A] = [T] bzw. [G] = [C]. Allerdings können die relativen Anteile von A/T bzw. G/C zwischen einzelnen DNA-Molekülen stark variieren. Im Fall von A·T sichern **zwei Wasserstoffbrücken** die Basenpaarung, wohingegen **drei Brücken** das Paar G·C stabilisieren; entsprechend muss mehr Energie aufgewandt werden, um ein G·C-Paar wieder zu trennen.

Die parallele Ausrichtung von benachbarten Basenpaaren begünstigt die hydrophoben Wechselwirkungen zwischen ihnen; dies ist aufgrund der flexiblen chemischen Bindungen

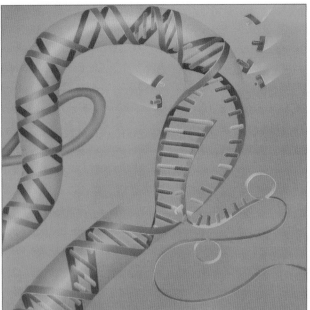

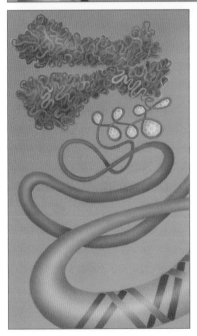

Jede lebende Zelle produziert Proteine. Ein Proteinmolekül besteht aus Aminosäuren. Die Anweisung, in welcher Reihenfolge (**Sequenz**) die Aminosäuren bei der Synthese des Proteins aneinanderzuhängen sind, findet sich in der Desoxyribonucleinsäure (DNA). Jeder Aminosäure im Protein entspricht ein Nucleotidtriplett in der DNA. Die Gesamtheit der Nucleotidtripletts, die ein Proteinmolekül spezifizieren, bezeichnet man als Strukturgen des Proteins.

Bei Eukaryoten kann ein solches Strukturgen aus mehreren informationstragenden Abschnitten (**Exons**) bestehen, zwischen denen sich DNA-Stücke (**Introns**) befinden, die keine Information über die Proteinstrukturen enthalten.

Damit die in der DNA enthaltene Information im Zellplasma wirksam werden kann, muss die DNA in Boten-Ribonucleinsäure (mRNA) umgeschrieben werden. Auch die mRNA besteht aus Nucleotiden, aber statt der Base Thymin (T) in der DNA tritt hier das Uracil (U) auf.

Beim Umschreiben (**Transkription**) werden von der Polymerase zunächst die Exons und Introns der DNA kopiert. Dann werden aus der mRNA die den Introns entsprechenden Nucleotidsequenzen eliminiert (*splicing*).

Das Produkt ist ein kürzeres RNA-Molekül, das man als „reife" (*mature*) mRNA bezeichnet, weil es aus dem Zellkern in das Zellplasma wandert und als Botschaft den Bauplan des Proteinmoleküls mitbringt.

Die Nucleotidreihenfolge (Sequenz) der mRNA wird dann im Zellplasma mithilfe der Ribosomen und der 20 verschiedenen aminosäurebeladenen transfer-Ribonucleinsäuren (tRNAs) in die Aminosäuresequenz des Proteins übersetzt (**Translation**).

Die synthetisierten Polypeptidketten falten sich danach zum Protein.

von Desoxyribose und Phosphodiester meist möglich. Idealerweise sind die gepaarten Basen in einer Ebene angeordnet (**Basenstapelung**).

Ähnlich wie die Proteinhelix kann auch eine DNA-Helix verschiedene Konformationen und Drehsinne einnehmen. Die in der Natur vorherrschende Form der DNA ist die sogenannte **rechtsgängige β-Helix**.

Zitiert und verändert mit freundlicher Genehmigung von Werner Müller-Esterl aus seinem Buch „Biochemie".

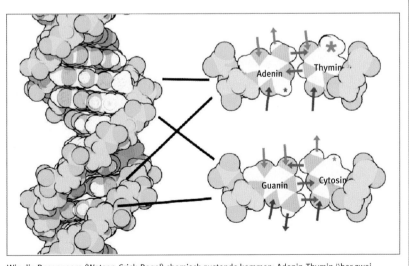

Wie die Basenpaare (Watson-Crick-Regel) chemisch zustande kommen: Adenin-Thymin über zwei Wasserstoffbrücken, Guanin-Cytosin über drei Wasserstoffbrücken

Abb. 6.7 Rechts: Translation der mRNA in Protein am Ribosom

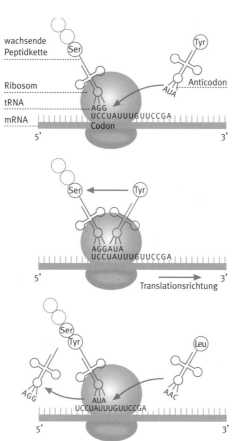

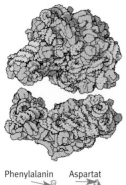

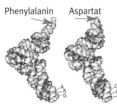

Abb. 6.8 Das Ribosom besteht aus zwei Untereinheiten; diese umklammern eine mRNA während der Proteinsynthese.
Oben: Ein Bakterien-Ribosom. Eukaryoten-Ribosomen sind etwas größer. Ribosomen bestehen mehrheitlich aus RNAs (hier orange und gelb), die mit Proteinen (blau) komplexiert sind. Die kleine Untereinheit „assoziiert" für jedes mRNA-Codon ein passendes tRNA-Antico- don mit entsprechender Aminosäure. Die große Untereinheit katalysiert die Synthese: Sie überträgt die Aminosäure von der tRNA auf die wachsende Polypeptidkette.
Unten: Zwei von 20 tRNAs: Die Aspartat-tRNA trägt Aspartat, die Phenylalanin-tRNA dagegen Phenylalanin (Pfeile). Deutlich sind auch die Anticodons zu sehen.

polymerase chain reaction) werden hitzestabile DNA-Polymerasen aus thermophilen Bakterien, z. B. *Thermus aquaticus*, eingesetzt, die unter anderem in den siedend heißen Quellen des Yellowstone-Nationalparks leben. Diese Polymerasen werden auch *Taq*-Polymerasen genannt (siehe weiter unten im Kapitel).

■ 6.3 DNA zu RNA: RNA-Polymerasen

Exakt 3 088 286 401 Buchstaben, etwa 750 Megabytes an digitaler Information, umfasst das **menschliche Genom**. Es würde etwa 5000 Bücher wie dieses füllen und passt doch auf eine einzige DVD. Ein anderer bildhafter Vergleich: Insgesamt 2000 New Yorker Telefonbücher könnten damit gefüllt werden. Der Mensch besitzt etwa 20 000 bis 21 000 für Proteine codierende Gene. Ein einziges der 23 menschlichen Chromosomenpaare trägt also durchschnittlich weniger als 1000 verschiedene Gene.

Jeder Band (Chromosomenpaar) der 23-bändigen Enzyklopädie „Das Humangenom" enthält weniger als etwa 1000 Bauanleitungen (**Gene**) für Proteine, wobei die Länge der Bauanleitun-

gen stark variiert. Die Sprache ist bizarr: Jedes Wort (**Codon**) besteht aus nur **drei Buchstaben**, und das Alphabet kommt mit nur **vier Buchstaben (A, T, C, G)** aus. Einige Anleitungen sind nur wenige Zeilen lang, andere gehen über mehrere Seiten.

Jede Proteinbauanleitung (**Exon**) ist oft von mehreren, für uns bislang unverständlichen wirren Einschüben (**Introns**) unterbrochen; und manchmal ziehen sich scheinbar sinnlose Einschübe und Wiederholungen über Seiten hinweg. Wird eine bestimmte Bauanleitung (ein Gen) verlangt, so **fertigt die Verwaltung der Bibliothek (also die Zelle) eine Kopie an, anstatt den zentnerschweren Band der Enzyklopädie auszuleihen. Er ist ja auch unschätzbar kostbar!**

Der Name dieser einzelsträngigen Genkopie ist Boten-RNA oder **messenger-Ribonucleinsäure, mRNA**.

Die mRNA-Kopie des Gens entspricht chemisch weitgehend dem DNA-Original. Wie DNA besteht auch sie aus einem „Rückgrat" wechselnder Zucker- und Phosphateinheiten. An diesem Rückgrat sitzen die gleichen Basen wie bei der DNA: A, C, G. Die **Base Thymin** ist allerdings durch die Base **Uracil (U)** ersetzt. Sie tritt in der RNA überall dort auf, wo in der DNA Thymin (T) vorkommt (Abb. 6.7).

Der Zucker der mRNA ist, wie schon erwähnt, eine Ribose. Sie besitzt im Unterschied zur Desoxyribose der DNA eine OH-Gruppe am 2. Kohlenstoffatom des Zuckers. Benötigt die Zelle ein bestimmtes Protein, so fertigt sie zuerst von der DNA eine mRNA-Kopie des entsprechenden Gens an. Bei höheren Lebewesen (Eukaryoten) wandert diese Kopie aus dem Zellkern in das Zellplasma hin zur Proteinfabrik, zu den **Ribosomen** (Abb. 6.8). Hier steuert die mRNA dann den Aufbau des Proteins (Abb. 6.7).

Das Verfahren zur Herstellung einer mRNA-Kopie eines DNA-Abschnitts, die **Transkription**, ähnelt weitgehend dem Kopierverfahren (Replikation) vor der Zellteilung, die während der S-Phase der Mitose stattfindet.

Statt der DNA-Polymerase agiert hier aber ein anderes Enzym. Der „Reißverschluss" der Doppelhelix öffnet sich lokal, und an die frei werdenden Basen lagert das Enzym RNA-Polymerase (siehe Box 6.1) die entsprechenden RNA-„Fertigbauteile" an:

- an ein Adenin der DNA ein Uracil,
- an ein Cytosin der DNA ein Guanin,
- an ein Guanin der DNA ein Cytosin und
- an ein Thymin der DNA ein Adenin der RNA.

6.4 Kurz und knapp: der DNA-Code

Wie wird die von der DNA auf RNA übertragene Information im Ribosom in die Abfolge von Aminosäuren übersetzt (**Translation**)?

Aminosäuren werden durch Gruppen aus jeweils drei Nucleotiden (**Tripletts**) codiert. Das Regelwerk dafür heißt **genetischer Code**. Ein Nucleotidtriplett heißt **Codon**.

Da die vier Basen unterschiedlich miteinander kombiniert werden können, gibt es $4^3 = 64$ verschiedene Codonkombinationen. 61 der 64 Codons verschlüsseln Aminosäuren, die restlichen drei (UAA, UAG und UGA) sind Signale für den Kettenabbruch (**Stoppcodons**).

61 möglichen Codewörtern stehen aber nur **20 Aminosäuren** gegenüber. Also existieren für einige Aminosäuren mehrere Codewörter, der **genetische Code ist somit „degeneriert"**:

So gibt es für Valin und Alanin vier verschiedene Codons, für Leucin sogar sechs, wobei sich die Verwendung einzelner Codons zwischen mehreren Organismen unterscheiden kann (*codon usage*). Durch diese Degeneration des genetischen Codes lässt sich von der Aminosäuresequenz eines Proteins nicht exakt die Nucleotidsequenz der DNA ableiten.

Der genetische Code ist nahezu universell. Es gibt wenige Ausnahmen: **Mitochondrien**, Zellorganellen, von denen man annimmt, sie seien in Urzeiten Bakterien gewesen, die mit höheren Zellen eine Symbiose eingingen.

Die Zellen boten Schutz, die Bakterien lieferten Energie. Mitochondrien können einen vom Rest der Zelle abweichenden Code haben. So ist UGA bei menschlichen Mitochondrien kein Stoppsignal, sondern codiert für Tryptophan.

Warum ist der Code **über Jahrmilliarden nahezu unverändert** geblieben? Wenn eine Mutation die Ablesung der mRNA drastisch verändert, führt das zur Veränderung der Aminosäuresequenzen fast aller Proteine.

Solche Mutationen wären aber tödlich und würden in der Evolution durch natürliche Selektion sofort ausgemerzt.

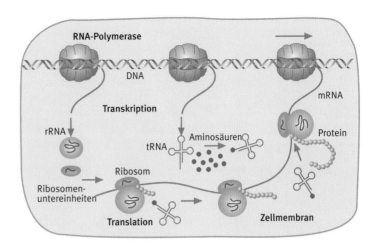

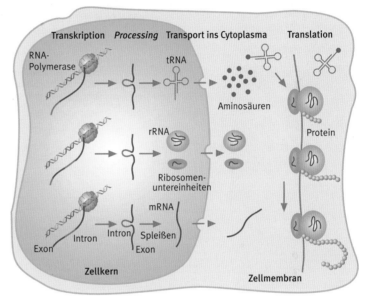

6.5 Strukturgene, Exons und Introns

Bei **Bakterien**, die als „Prokaryoten" keinen Zellkern besitzen, bildet die DNA einen **geschlossenen Ring** von mindestens einem Millimeter Umfang. Das Ganze passt überhaupt nur als extrem eng verknäueltes Paket in das Innere einer Bakterienzelle (Abb. 6.10), die selbst nur einen tausendstel Millimeter dick ist.

Auf diesem einen Millimeter der DNA reihen sich bei dem *Escherichia coli*-„Sicherheitsstamm" K12 genau 4 639 221 Basenpaare aneinander. Sie tragen knapp 4300 proteincodierende Gene. Sogenannte **Strukturgene**, ein jedes etwa 1000 Basenpaare lang, sind für die Struktur eines einzigen Proteins, meist eines Enzyms, zuständig. Ein Strukturgen dirigiert die Maschinerie der Zelle so, dass einige Hundert Aminosäuren vom Ribosom in einer bestimmten

Abb. 6.9 Unterschiede der Proteinbiosynthese bei Prokaryoten (oben) und Eukaryoten (unten). Während bei Prokaryoten die Transkription und die Translation im Cytoplasma stattfinden, wird die eukaryotische DNA im Zellkern transkribiert und prozessiert. Die Translation erfolgt dann erst nach dem Transport der reifen mRNA aus dem Zellkern an den Ribosomen im Cytoplasma.

Abb. 6.10 Geplatzte *E. coli*-Zelle in einer elektronenmikroskopischen Aufnahme (Pfeil: Plasmid)

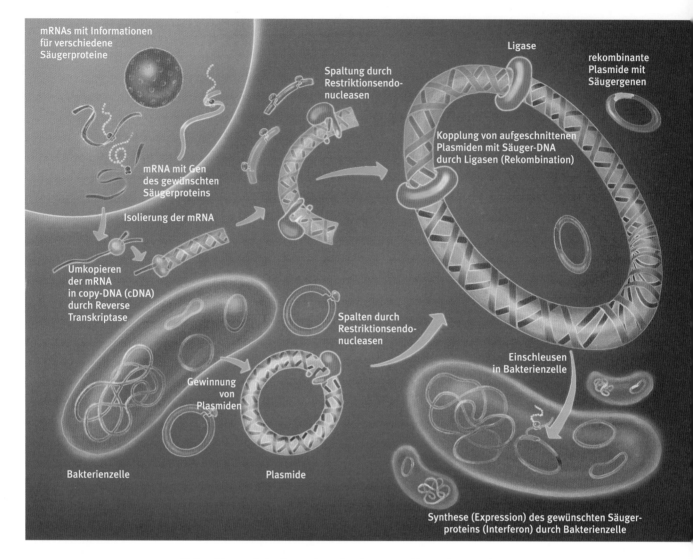

mRNAs mit Informationen für verschiedene Säugerproteine

mRNA mit Gen des gewünschten Säugerproteins

Isolierung der mRNA

Umkopieren der mRNA in copy-DNA (cDNA) durch Reverse Transkriptase

Bakterienzelle

Gewinnung von Plasmiden

Plasmide

Spaltung durch Restriktionsendonucleasen

Spalten durch Restriktionsendonucleasen

Ligase

rekombinante Plasmide mit Säugergenen

Kopplung von aufgeschnittenen Plasmiden mit Säuger-DNA durch Ligasen (Rekombination)

Einschleusen in Bakterienzelle

Synthese (Expression) des gewünschten Säugerproteins (Interferon) durch Bakterienzelle

Abb. 6.11 Genmanipulation von Bakterienzellen am Beispiel der Produktion von menschlichem Interferon durch Bakterien:

Aus menschlichen Zellen wird die gesamte mRNA isoliert, enzymatisch durch Reverse Transkriptase im Reagenzglas in doppelsträngige DNA umgewandelt, durch Restriktionsendonucleasen spezifisch geschnitten und durch Ligasen in Bakterienplasmide (zuvor mit den gleichen Restriktionsendonucleasen aufgeschnitten) eingefügt.

Die rekombinanten Plasmide schleust man in Bakterien ein und vermehrt (kloniert) sie.

Schließlich wird aus Zehntausenden Bakterienkolonien diejenige isoliert, die menschliches Interferon bildet.

Reihenfolge und damit zu einem bestimmten Protein verkettet werden (Abb. 6.9). Nicht alle Bereiche der DNA codieren jedoch Proteine. Besondere Abschnitte, die den Strukturgenen benachbart sind, steuern deren **Expression**, d. h. sie sorgen dafür, dass ein solches Gen in eine mRNA abgeschrieben (transkribiert) und in ein Protein übersetzt (translatiert) wird.

Der erste Vorgang, die **Transkription**, wird von zwei speziellen DNA-Abschnitten gesteuert. Einer davon, der **Promotor** (Startpunkt), besteht aus einer kurzen Sequenz, die es dem Enzym RNA-Polymerase ermöglicht, sich an die DNA zu binden und dort entlangzuwandern. Zum Promotor zugehörige Elemente liegen im Bereich von 35 bp und 10 bp vor dem Transkriptionsstartpunkt, wo Transkriptionsfaktoren die Transkription initiieren und die RNA-Polymerase durch Bindung an diese Bereiche den Transkriptions-Initiationskomplex ausbilden kann. Das

Enzym beginnt dann mit der Transkription der DNA in mRNA.

Der andere Abschnitt, eine **Stoppsequenz**, sitzt räumlich etwas hinter dem Strukturgen und gibt das Signal, die Transkription zu beenden. Bei *E. coli* lässt das Stoppsignal im neu synthetisierten mRNA-Strang eine **„Haarnadel"-Struktur** entstehen. Wenn diese Haarnadel entsteht, löst sich die RNA-Polymerase sofort von der neu gebildeten mRNA.

Eukaryoten besitzen andere Promotoren (z. B. den Metallothionein-Promotor, der durch Schwermetallionen beeinflusst wird) außerdem **Enhancer-Sequenzen**, die verstärkende Wirkung ausüben, und auch Stoppsequenzen.

Andere DNA-Sequenzen, die neben dem eigentlichen Strukturgen in mRNA umgeschrieben wurden, überwachen die Übersetzung (Translation) im Ribosom in eine Peptidkette.

Eine spezielle Bindungsstelle fixiert die mRNA an ein Ribosom. Die Translation beginnt dann am Startsignal, an dem ersten Codon des Strukturgens. Schließlich sorgt ein Stoppsignal am Ende des Gens dafür, dass das Ribosom die vollendete Proteinkette freigibt.

Eukaryoten, also alle höheren Organismen von Hefen, Algen bis zum Menschen, verwenden **andere Steuersignale als Bakterien**. Das ist nicht der einzige Unterschied: In eukaryotischen Zellen gibt es keine „nackte" DNA. Die Eukaryoten-DNA ist mit Proteinen (**Histonen**) verpackt und auf einzelne **Chromosomen** verteilt. Die Chromosomen liegen allesamt im Innern eines **Zellkerns** (Abb. 6.9).

Die Zelle eines Pilzes enthält bereits zehnmal mehr DNA als ein Bakterium. Höhere Pflanzen und Tiere besitzen sogar mehrere 1000-mal so viel, obgleich sich ihr genetisches Repertoire keineswegs in diesem Maß erweitert hat.

Der Mensch besitzt mit rund 21 000 Genen nur etwa fünfmal so viele Gene wie ein Darmbakterium!

Ein Grund dafür sind die vielen sogenannten **Mosaikgene**, „gestückelte" Strukturgene, in denen codierende Abschnitte (**Exons**) und nichtcodierende (**Introns**) einander abwechseln. Darüber hinaus gibt es zwischen den Genen lange Abschnitte mit sich vielfach wiederholenden (**repetitiven**) Sequenzen mit bisher nicht endgültig geklärter Funktion.

Was immer die Funktion der Introns sein mag, sie tragen die Spuren der Evolution (wahrscheinlich auch die **Geschichte von Virusattacken**), und sie haben zumindest keine echte Information für die Zelle, um Peptidketten aufbauen zu können. In Eukaryoten werden die Introns zwar auf mRNA umkopiert, sie bilden Schleifen, werden dann aber herausgeschnitten (*splicing*, **Spleißen**), und nur die Exons werden zusammengefügt (Abb. 6.9).

Die so gekürzte mRNA mit ausschließlich proteincodierender Information wird **reife** (*mature*) **mRNA** genannt.

■ 6.6 Plasmide als DNA-Kuckuck

Plasmide sind kleine, ringförmige DNA-Elemente (mit 3000 bis über 100 000 Basenpaaren), die sich außerhalb der sehr viel größeren chromosomalen DNA (dem „Hauptchromosom") frei in der Bakterienzelle aufhalten (Abb.

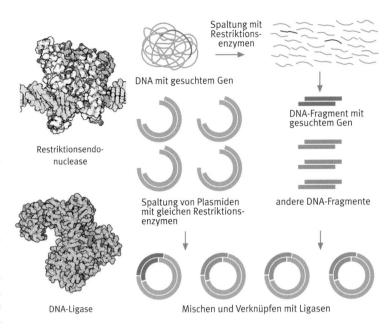

DNA mit gesuchtem Gen

Restriktionsendo-
nuclease

DNA-Ligase

Spaltung mit Restriktionsenzymen

DNA-Fragment mit gesuchtem Gen

andere DNA-Fragmente

Spaltung von Plasmiden mit gleichen Restriktionsenzymen

Mischen und Verknüpfen mit Ligasen

6.13). Es gibt etwa 50 bis 100 kleine und ein bis zwei größere Plasmide pro Zelle. Die meisten Plasmide können sich selbstständig in der Zelle vermehren. Nehmen zwei Bakterienzellen miteinander Kontakt auf, können sie über eine Brücke (**Pilus**) **die großen Plasmide austauschen** (**Konjugation**).

Die kleinen Plasmide sind dagegen nicht transferabel. Die Plasmid-DNA selbst macht die Bakterien nicht resistent gegen Antibiotika, sie steuert vielmehr die Produktion Antibiotika inaktivierender Enzyme (z. B. von β-Lactamasen oder Tetracyclin inaktivierenden Enzymen).

Stanley N. Cohen (geb. 1935, Abb. 6.13), ein Plasmidspezialist der kalifornischen Stanford University, erkannte als Erster, wie die Plasmid-DNA zu nutzen ist. Plasmide wären ein ideales **Transportmittel für Erbmaterial, ein Vektor,** wenn man ihnen fremde DNA mitgeben würde (Abb. 6.12). Die Plasmide wären sozusagen der Kuckuck, der das Ei (fremde DNA) ins Nest (Bakterienzelle) befördert. Man müsste ein **Verfahren entwickeln, um die DNA-Ringe aufschneiden und die Fremd-DNA einfügen zu können** (Abb. 6.11).

Das ist gar nicht einfach: Zwar misst die chromosomale DNA der Bakterien ausgestreckt etwa einen Millimeter, tatsächlich aber existiert sie fest verknäuelt in einer Zelle von einem Tausendstel Millimeter Durchmesser. Plasmide sind noch 100-mal kleiner. Ein Gen, das in ein Plasmid eingefügt werden soll, ist etwa ein Zehntausendstel Millimeter groß. Dabei hat die

Abb. 6.12 Prinzip der Klonierung eines Gens aus Säugerzellen

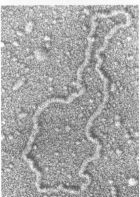

Abb. 6.13 Oben: Stanley N. Cohen (geb. 1935); unten: Das Plasmid pSC101, von Stanley Cohen auch *plasmid necklace* (Plasmid-Halskette) genannt

Box 6.2 *DNA-Wanderkarte 1*: Was das *Genographic Project* über die Wanderung meiner DNA von Afrika aus herausgefunden hat

Sehr geehrter Herr Professor Reinhard Renneberg, hier sind Ihre Ergebnisse!

Typ: Y-Chromosom
Haplogruppe: *E3b (M35)*
Ihre STRs

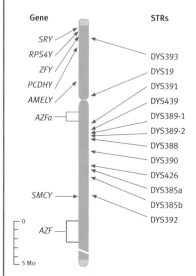

Interpretation Ihrer Ergebnisse

DYS393:13	DYS439:12	DYS388:12	DYS385a:17
DYS19:13	DYS389-1:13	DYS390:25	DYS385b:18
DYS391:10	DYS389-2:18	DYS426:11	DYS392:11

Oben sehen Sie die Ergebnisse der Laboranalyse Ihres **Y-Chromosoms**. Ihre DNA wurde auf *short tandem repeats* (**STRs**) untersucht, das sind sich wiederholende Segmente Ihres Genoms mit einer hohen Mutationsrate. Die Lage von jedem einzelnen dieser Marker auf dem Y-Chromosom ist auf der Abbildung eingezeichnet – zusammen mit der Anzahl der Wiederholungen der einzelnen STRs, die rechts davon stehen. DYS19 ist beispielsweise eine Wiederholung von TAGA. Wenn Ihre DNA diese Sequenz zwölfmal an dieser Stelle wiederholte, würde dies als DYS19 12 vermerkt. Durch Analyse der Kombination dieser STR-Längen in Ihrem Y-Chromosom können Genetiker Sie einer bestimmten Haplogruppe zuordnen und dadurch die komplexen Wanderungen Ihrer Ahnen aufzeigen. Y-SNP: Falls die Analyse Ihrer STRs zu keinem Ergebnis geführt haben sollte, wird das Y-Chromosom zusätzlich auf das Vorhandensein eines informativen **Single-Nucleotid-Polymorphismus (SNP)** hin untersucht. Das sind durch Mutationen entstandene Variationen einzelner Nucleotidbasen, die es dem Untersuchenden ermöglichen, Sie definitiv einer genetischen Haplogruppe zuzuordnen.

Die Ergebnisse der Analyse Ihres Y-Chromosoms identifizieren Sie als Mitglied der Haplogruppe *E3b*.

Die genetischen Marker, die Ihre Abstammung definieren, reichen rund **60 000 Jahre zurück** bis zum ersten gemeinsamen Marker aller nicht-afrikanischen Männer, *M168*, und folgen Ihrer Abstammungslinie bis zum heutigen Tag, endend mit *M35*, dem definierenden Marker der Haplogruppe *E3b*.

Beim Betrachten der Karte, die die Wanderungsbewegungen Ihrer Vorfahren aufzeigt, können Sie erkennen, dass Mitglieder der Haplogruppe *E3b* folgende Marker auf dem Y-Chromosom tragen:

M168 > YAP > M96 > M35

Heutzutage ist die *E3b*-Abstammungslinie hauptsächlich in der Bevölkerung im Mittelmeerraum zu finden. Etwa 10 % aller spanischen Männer gehören dieser Haplogruppe an, ebenso 12 % aller Männer in Norditalien und 13 % der Männer in Mittel- und Süditalien. Rund 20 % der Männer auf Sizilien sind ebenfalls Angehörige dieser Gruppe. Im Balkan und in Griechenland gehören zwischen 20 und 30 % der Männer zu *E3b*, außerdem fast 75 % der Männer Nordafrikas. In Indien oder Ostasien ist die Haplogruppe dagegen kaum vertreten. Ungefähr 10 % aller europäischen Männer können ihre Abstammung auf diese Linie zurückführen.

So gehören beispielsweise in Irland 3-4 % der Männer dazu, in England 4-5 %, in Ungarn 7 % und in Polen 8-9 %. Etwa 25 % aller jüdischen Männer sind ebenfalls Angehörige dieser Haplogruppe.

Der Leiter des Programms, Dr. Spencer Wells, spricht beim Start des *Genographic Project* am 13. April 2005 am Hauptsitz von *National Geographic* in Washington, D. C., mit Repräsentanten von Völkergruppen, die an der genografischen Untersuchung teilnehmen.

Was ist eine **Haplogruppe**, und warum konzentrieren sich Genetiker bei ihrer Suche nach Markern auf das Y-Chromosom? Und was ist überhaupt ein **Marker**? Die DNA, die jeder von uns in sich trägt, ist eine Kombination von Genen sowohl der Mutter als auch des Vaters und führt zur Ausprägung bestimmter Merkmale, die von der Augenfarbe und der Größe bis hin zu Sportlichkeit und Krankheitsanfälligkeit reichen. Eine Ausnahme davon bildet jedoch das Y-Chromosom: **Dieses wird direkt vom Vater zum Sohn weitergegeben, und zwar unverändert von Generation zu Generation.** Unverändert aber nur dann, wenn keine Mutation stattfindet, also eine zufällige, natürlich auftretende und gewöhnlich harmlose Veränderung. **Die Mutation, der Marker, fungiert als Signal; man kann sie über Generationen hinweg verfolgen**, weil sie von dem Mann, bei dem sie erfolgt ist, an seine Söhne, deren Söhne und jedes weitere männliche Familienmitglied über Tausende von Jahren weitergegeben wird.

In manchen Fällen kommt es zu mehreren Mutationen, die dann einen bestimmten Zweig des Stammbaumes charakterisieren.

Zurück zu meinen afrikanischen Wurzeln

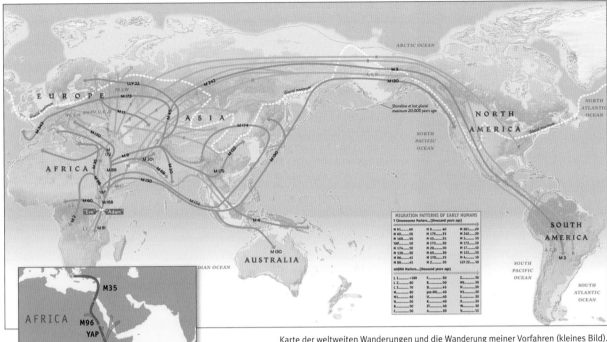

Karte der weltweiten Wanderungen und die Wanderung meiner Vorfahren (kleines Bild).

Das bedeutet, dass jeder einzelne dieser Marker dazu genutzt werden kann, Ihre spezielle Haplogruppe zu ermitteln, da jedes Individuum, das einen dieser Marker trägt, zwangsläufig auch die anderen Marker aufweist.

Die Marker sind also miteinander gekoppelt. Wenn Genetiker solche Marker identifizieren, versuchen sie auch herauszufinden, wann und in welcher geografischen Region der Welt diese zuerst aufgetreten sind.

Jeder Marker bedeutet im Grunde die Entstehung einer neuen Abstammungslinie im Stammbaum der Menschheit. Indem man diese Abstammungslinien zurückverfolgt, kann man sich ein Bild darüber machen, wie sich kleine Volksstämme des modernen Menschen in Afrika vor Zehntausenden von Jahren auseinanderentwickelt und in die ganze Welt ausgebreitet haben.

Eine Haplogruppe wird durch eine Reihe von Markern definiert; ihr gehören **alle Männer an, die die gleichen zufälligen Mutationen tragen.** Über die Marker lassen sich die Wanderungsbewegungen der Vorfahren zurückverfolgen. Eines der Ziele des fünf Jahre dauernden *Genographic Project* ist die Erstellung einer ausreichend großen Datenbank anthropologischer genetischer Daten, um einige dieser Fragen zu beantworten.

Die Wanderung Ihrer Ahnen: Was wir bis jetzt wissen

M168: Ihr frühester Vorfahr

Skelettfunde und archäologische Beweise legen nahe, dass sich der anatomisch moderne Mensch vor **ca. 200 000 Jahren** in Afrika entwickelte und von dort aus vor ca. 60 000 Jahren auszog, um den Rest der Welt zu besiedeln.

Der Mann, auf den **der erste genetische Marker** Ihrer Abstammungslinie zurückzuführen ist, lebte wahrscheinlich vor ungefähr 31 000 bis 79 000 Jahren im Nordosten Afrikas in der Gegend des **Ostafrikanischen Grabenbruchs**, eventuell im heutigen Äthiopien, Kenia oder Tansania.

Wissenschaftler halten einen Zeitraum von vor rund 50 000 Jahren für am wahrscheinlichsten. Die Nachfahren dieses Mannes bildeten die einzige Abstammungslinie, die außerhalb Afrikas überlebt hat, und machten ihn damit zum Stammvater aller heute lebenden Nicht-Afrikaner.

Aber warum wagte sich der Mensch erstmals aus den ihm bekannten afrikanischen Jagdgründen in unerforschtes Land? Wahrscheinlich gab eine **Klimaveränderung** den Anstoß für die Auswanderung aus Afrika.

Die **afrikanische Eiszeit** war eher durch Trockenheit als durch Kälte charakterisiert. Vor

etwa **50 000 Jahren** begann die Eisdecke von Nordeuropa zu schmelzen, was in Afrika zu einer Periode mit wärmeren Temperaturen und einem feuchteren Klima führte. Dadurch wurden Teile der lebensfeindlichen Sahara für kurze Zeit bewohnbar. Als sich die sonst ausgetrocknete Wüste zur Savanne umwandelte, erweiterten die von Ihren Ahnen gejagten Tiere ihr Verbreitungsgebiet und begannen durch den neu entstandenen grünen **Korridor aus Grasland** zu wandern. Ihre nomadischen Ahnen folgten dem guten Wetter und den Tieren, die sie jagten. Welche Route sie genau einschlugen, muss jedoch noch ermittelt werden. Gleichzeitig kam es zusätzlich zu den günstigen Klimaveränderungen zu einem großen Evolutionssprung bei den intellektuellen Fähigkeiten des modernen Menschen.

YAP: Eine uralte Mutation

Die heute südlich der Sahara lebenden Populationen sind durch eine von drei unterschiedlichen Y-Chromosom-Abstammungslinien im Stammbaum des Menschen charakterisiert. Ihre väterliche Abstammungslinie *E3b* ist eine dieser drei uralten Linien und wird von den Genetikern als *YAP* bezeichnet.

YAP entstand im nordöstlichen Afrika und ist die häufigste der drei alten genetischen Linien in Afrika südlich der Sahara. Sie ist durch **eine**

Fortsetzung Seite 156

Meine Vorfahren väterlicherseits. Oben: meine Großeltern Anna und Alfred Renneberg

als **Alu-Insertion bekannte seltene Mutation** gekennzeichnet. Dabei wird während der Zellteilung ein 300 Nucleotide großes Fragment der DNA in unterschiedliche Bereiche des menschlichen Genoms eingebaut.

Bei Ihrem fernen Vorfahr, einem Mann der vor ca. 50 000 Jahren gelebt hat, wurde dieses Fragment in sein Y-Chromosom eingebaut, und er gab es an seine Nachkommen weiter. Im Laufe der Zeit spaltete sich diese Abstammungslinie in zwei getrennte Gruppen auf. Die eine findet sich vorwiegend in Afrika und im Mittelmeergebiet. Sie ist charakterisiert durch den Marker *M96* und wird **Haplogruppe *E*** genannt.

Die andere Gruppe, Haplogruppe *D*, kommt in Asien vor und ist gekennzeichnet durch die *M174*-Mutation. Ihre eigene genetische Abstammung ist innerhalb der Gruppe zu finden, die in der Nähe des Herkunftsortes blieb. Die

Träger des Merkmals spielten wahrscheinlich eine maßgebliche Rolle für die damalige Kultur und die Wanderungen innerhalb Afrikas.

M96: Auswanderung aus Afrika

Der nächste wichtige Mann Ihrer Abstammungslinie wurde **vor etwa 30 000 bis 40 000 Jahren** im nordöstlichen Afrika geboren. Bei ihm entstand der Marker *M96.* Dessen Ursprung ist noch nicht geklärt; vielleicht können weitere Daten den genauen Ursprung dieser Abstammungslinie erhellen.

Sie stammen von einer uralten afrikanischen Abstammungslinie ab, die sich entschloss, nach Norden in den Nahen Osten zu wandern. Ihre Angehörigen haben sich vielleicht dem Clan des Nahen Ostens (mit dem Marker *M89*) angeschlossen, als sie den Herden der großen Säugetiere nach Norden durch die Grasländer und Savannen des Sahara-Korridors folgten.

Eine Gruppe Ihrer Ahnen könnte jedoch auch zu einem späteren Zeitpunkt allein diese Wanderung vorgenommen haben und der Route des zuvor gewanderten Clans aus dem Nahen Osten gefolgt sein.

Vor etwa 40 000 Jahren begann sich das Klima erneut zu verändern und wurde kälter und arider. Eine Dürre suchte Afrika heim, und das Grasland wurde wieder zu Wüste. **Für die nächsten 20 000 Jahre war der Sahara-Korridor gewissermaßen geschlossen.** Durch die Unüberwindlichkeit der Wüste blieben Ihren Vorfahren nur zwei Möglichkeiten: entweder im Nahen Osten zu bleiben oder weiterzuwandern. Der Rückzug auf den Heimatkontinent war nicht möglich.

M35: Bauern der Jungsteinzeit

Der letzte gemeinsame Vorfahr in Ihrer Haplogruppe, der Mann bei dem der Marker *M35* entstanden ist, wurde vor etwa 20 000 Jahren im Nahen Osten geboren. Seine Nachkommen waren mit die ersten Bauern und trugen dazu bei, den Ackerbau vom Nahen Osten bis ins Mittelmeergebiet zu verbreiten.

Am Ende der letzten Eiszeit, vor ca. 10 000 Jahren, änderte sich das Klima erneut und wurde für den Ackerbau günstiger. Dies trug wahrscheinlich dazu bei, die Neolithische Revolution anzubahnen, das ist der Zeitpunkt, an dem die menschliche Lebensweise von den **nomadischen Jägern und Sammlern** zu den sesshaften Bauern überging.

Die frühen Erfolge des Ackerbaus im fruchtbaren Halbmond des Nahen Ostens führten **vor rund 8000 Jahren zu einem starken Bevölkerungswachstum** und förderten Völkerwanderungen in weite Teile des Mittelmeerraumes.

Die Einflussnahme auf das Nahrungsmittelangebot stellt einen wichtigen Wendepunkt für die Menschheit dar. Statt in kleinen Gruppen von 30 bis 50 Personen zu leben, die äußerst mobil und zwanglos organisiert waren, kam es durch den Ackerbau zu den ersten Fallen der Zivilisation.

Ein einzelnes Gebiet zu besetzen erforderte eine komplexere soziale Organisation und den Wandel von den verwandtschaftlichen Bindungen innerhalb einer kleinen Sippe zu den ausgefeilteren Beziehungen in einer größeren Gemeinschaft.

Es förderte den Handel, das Schreiben, die Erstellung eines Kalenders und bahnte den Weg für die modernen sesshaften Gemeinden und Städte.

Diese frühen Bauern, Ihre Vorfahren, brachten die Neolithische Revolution ins Mittelmeergebiet.

Weiterführende Literatur

https://genographic.nationalgeographic.com/

DNA-Helix nur eine Dicke von zwei millionstel Millimetern. Mit mechanischen Scheren und Skalpellen ist hier nicht weiterzukommen. Zudem müssten „Scheren" selbst die Schnittstellen finden können.

■ 6.7 DNA-Scheren und -Kleber: Restriktionsendonucleasen und Ligasen

In den 1960er Jahren hatten **Werner Arber** (geb. 1929, Abb. 6.14 und Box 6.3) in Genf und der Amerikaner **Hamilton D. Smith** (geb. 1931, beide bekamen 1978 den Nobelpreis für Physiologie oder Medizin zusammen mit **Daniel Nathans**, 1928-1999) einen Schutzmechanismus der Bakterien gegen die tödliche Bedrohung durch Bakterienviren (**Bakteriophagen**) entdeckt.

Bakteriophagen injizieren ihre DNA in die Bakterienzellen. Die Bakterien zerschneiden die fremde Virus-DNA mit Enzymen, sogenannten **Restriktionsendonucleasen** (kurz: **Restriktasen**), und machen sie damit unschädlich. Die bakterieneigene DNA ist vor ihrem eigenen „Immunsystem" durch zusätzliche Methyl-(CH_3-) Gruppen geschützt, welche die Restriktasen blockieren.

1970 fand man heraus, dass viele Restriktionsendonucleasen die DNA nicht beliebig, sondern nur an ganz bestimmten Basenpaaren exakt zerschneiden. **Herbert W. Boyer** (geb. 1936, Abb. 6.15) untersuchte an der Universität von Kalifornien in San Francisco die Restriktionsendonuclease **EcoRI** (benannt nach dem *Escherichia-coli*-Stamm RY 13). Sie zerschneidet DNA nur dort, wo die Basenkombination **„GAATTC"** auftritt, und **zwar zwischen den Basen G und A**. An dem gegenüberliegenden komplementären „Schwester"-DNA-Strang mit der Basenfolge „CTTAAG" spaltet EcoRI ebenfalls zwischen den Basen A und G:

3'-XXXXXXXXG/AATTCXXXXXXXX-5'

5'-XXXXXXXXCTTAA/GXXXXXXXX-3'

So entsteht kein „glatter Schnitt", sondern es bilden sich **zwei Bruchstücke mit überstehenden Enden:**

3'-XXXXXXXXG   AATTCXXXXXXXX-5'

5'-XXXXXXXXCTTAA   GXXXXXXXX-3'

Diese Erkennungssequenzen besitzen von hinten nach vorne auf dem Codon-Strang gelesen und von vorne nach hinten auf dem Anticodon-Strang gelesen jeweils die gleiche Basensequenz. Sie werden als **Palindrome** (wie z. B. der Name „OTTO") bezeichnet.

Doch die zerschnittene DNA zerfällt bei niedriger Temperatur nicht in zwei Teile, ihre überstehenden Enden kleben lose aneinander. **Janet E. Mertz** (geb. 1949) aus **Paul Bergs** (Abb. 6.16) Labor an der Stanford University fand heraus, dass sich die A- und T- sowie C- und G-Basen dieser *sticky ends* (**klebrige** oder **kohäsive Enden**) elektrostatisch anziehen. Man kann sie sogar wieder durch ein Enzym, die ATP verbrauchende **DNA-Ligase**, zusammenfügen. Es gibt übrigens auch Restriktionsendonucleasen, die mit einem glattem Schnitt an gegenüberliegenden Stellen **glatte Enden** (*blunt ends*) erzeugen, z. B. PvuII aus *Proteus vulgaris* und AluI aus *Arthrobacter luteus*. Voneinander unabhängig forschende Wissenschaftler hatten „Scheren" und „Kleber" für die DNA gefunden, nun mussten die Ergebnisse ihrer Anstrengungen vereint werden.

Heute sind **über 3500 Restriktionsendonucleasen bekannt.** Neben den Enzymen der Klassen I, II und III wurden jüngst neue Arten von Restriktionsenzymen als den Typen IIS, IV, Bcg-like und 1 ½ zugehörig, klassifiziert. Nur einige von ihnen sind allerdings interessant für die Gentechnik.

Verschiedene Enzym-Scheren erzeugen gleiche Enden: Die Restriktionsendonucleasen BamHI (Erkennungssequenz GGATCC) aus *Bacillus amyloliquefaciens* und BglII (Erkennungssequenz AGATCT) aus *Bacillus globigii* lassen beide klebrige Enden mit der gleichen Sequenz GATC entstehen. Die Genfragmente, die von einem dieser Enzyme produziert wurden, lassen sich also zwar mit denen des anderen durch DNA-Ligase verbinden, danach aber nicht erneut von einem dieser beiden Restriktionsendonucleasen zerschneiden, da die aus der Ligation entstandene Sequenz GGATCT kein Palindrom und somit keine Erkennungsstelle mehr darstellt.

■ 6.8 Verkehrte Welt: RNA in DNA durch Reverse Transkriptase

Die in die DNA-Kette von Eukaryoten eingefügten Introns mit ihrer nicht für Proteine codierenden „Nonsense"-Information bereiteten echtes

Abb. 6.14 Werner Arber (geb. 1929)

Abb. 6.15 Herbert W. Boyer (geb. 1936)

Abb. 6.16 Paul Berg (geb. 1926)

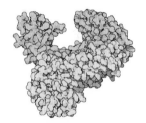

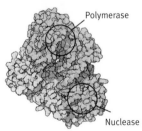

Polymerase

Nuclease

Abb. 6.17 Reverse Transkriptase. Oben: ihre klauenartige Struktur. Unten: Zwei Aktivitäten sind in einem Molekül der Reversen Transkriptase vereint: Mit der Polymerase entsteht ein RNA-DNA-Hybridmolekül, mit der Nuclease-Aktivität wird die am Ende überflüssige RNA abgebaut. Der DNA-Einzelstrang wird dann zum Doppelstrang ergänzt.

Box 6.3 Biotech-Historie:
Werner Arber und die Entdeckung der „molekularen DNA-Scheren"

Nobelpreisträger Werner Arber, Präsident der Päpstlichen Akademie der Wissenschaften, berichtet:

Erste wissenschaftliche Prägungen

Geboren wurde ich 1929 in Gränichen im Schweizer Kanton Aargau. Von 1949 bis 1953 absolvierte ich ein Diplomstudium in Naturwissenschaften an der ETH Zürich.

Im letzten Jahr des Diploms hatte ich meine **erste Begegnung mit der Grundlagenforschung**: Ich isolierte und charakterisierte ein neues Isomer von ^{34}Cl, mit einer Halbwertszeit von 1,5 Sekunden. Nach einem breit interdisziplinär ausgerichteten Grundstudium in Naturwissenschaften an der ETH Zürich trat ich im Herbst 1953 eine Assistentenstelle am biophysikalischen Laboratorium der Universität Genf an.

Meine Zeit in der Schweiz: Vom Elmi-Pfleger zum Phagenforscher

Unter der Leitung von **Eduard Kellenberger** (1920–2004) und unterstützt von **Gret Kellenberger** (1919–2011) waren meine Aufgaben der Betrieb eines intensiver Pflege bedürftigen Elektronenmikroskops und dessen Nutzung für vornehmlich mikrobielle Forschung. Eine dieser Studien analysierte vergleichend Lysate des **Phagen λ** und von einigen seiner verfügbaren Mutanten. Das Partikel des nicht mutierten λ-Wildtyps präsentiert sich als kugelförmiger, mit DNA gefüllter Kopf, an dem ein stabförmiger Schwanz angeheftet ist. Der Schwanz hilft bei der Infektion der Wirtszelle. Bei der Infektion von *E. coli*-Bakterien mit dem Phagen λ kann es verschiedene Antworten geben: Etwa 70 % der infizierten Zellen produzieren Nachkommenphagen und lysieren, wobei diese Nachkommen freigesetzt werden. Dagegen überleben etwa 30 % der infizierten Zellen und werden lysogen.

Lysogene Bakterien tragen das Genom des Phagen λ an einer spezifischen Stelle eingebaut im eigenen Bakteriengenom. Hin und wieder spontan (oder viel effektiver nach UV-Bestrahlung) erfolgt eine schnelle Vermehrung des λ-Phagen. Es folgt dessen Freisetzung mittels Lyse der Wirtszelle. Bei der Betrachtung von Lysaten gewisser Mutanten sieht man im Elektronenmikroskop nur leere Köpfe und freie Schwänze. Andere Mutanten können

Die Päpstliche Akademie der Wissenschaften ist die älteste Akademie der Welt.

Am Tag meiner Doktorprüfung zusammen mit Eduard Kellenberger und Jean Weigle (1958)

Giuseppe (Joe) Bertani und Rudy Schmidt 1980

Papst Franziskus und Prof. Werner Arber im Vatikan

volle Köpfe zeigen, aber keine Schwänze. Solche Beobachtungen können auf die bei Mutanten fehlenden Funktionen hinweisen.

Sicher stellt sich der Leser jetzt die Frage, wie es möglich sei, eine defektive Phagenmutante

zu multiplizieren und in infektiöse Phagenpartikel abzupacken.

Die Antwort: mittels **Koinfektion mit Wildtyp-Phagen**. Genprodukte dieses sogenannten „Helferphagen" stehen in der Wirtszelle auch der Mutante zur Verfügung. Fehlt ihr ein Schwanz-Gen, so kann sie einen vom Helferphagen produzierten Schwanz verwenden.

Gegen Ende dieser Untersuchungen erhielt ich noch eine von **Larry Morse** (1921–2003) im Laboratorium von **Joshua** (1925–2008) und **Esther Lederberg** (1922–2006) isolierte, defektive Mutante λ gal.

Nach UV-Bestrahlung eines für λ gal lysogenen Wirtsbakteriums ergab sich zwar eine Lyse der Zelle, aber im Lysat war keine dem Phagen zuzuordnende Struktur elektronenmikroskopisch zu erkennen.

Kurz entschlossen widmete ich mich der Genetik des Phagen λ und dessen Derivat λ gal. Dabei zeigte es sich, dass dem Genom von λ gal einige Kopf-und Schwanzgene fehlten. Offenbar waren darin diese für die Reproduktion fehlenden Gene durch bakterielle Gene für die Fermentation des Zuckers Galactose ersetzt.

Man vermutete, dass dies hin und wieder bei einem „illegitimen" Ausbau des λ-Genoms aus dem Chromosom der Wirtszelle geschehen kann. Dabei diente das hybride Genom von λ gal in „spezialisierter Transduktion" zur horizontalen Übertragung von bakterieller Erbinformation aus einer Donorzelle in eine allenfalls andersartige Rezeptorzelle.

Die von Phagen vermittelte Transduktion wurde ursprünglich von Norton Zinder in **Joshua Lederberg**'s Laboratorium bei *Salmonella*-Bakterien und deren Phagen P22 entdeckt. Bald zeigte es sich, dass auch der von **Joe Bertani** (1923–2015) in Los Angeles isolierte und auf *Escherichia coli*-Bakterien wachsende Phage P1 Transduktion von Wirtsgenen vermitteln kann.

Etwas später erwies es sich, dass der Transfermechanismus bei den Phagen P22 und P1 nicht wie bei λ gal über eine Hybridformation geht. Vielmehr wird hier ein Phagenkopf voll mit einem fallweise verschiedenen Abschnitt der Wirts-DNA abgepackt. In diesem Fall der „allgemeinen Transduktion" ist transferierte Donor-DNA normalerweise nicht zur autonomen Vermehrung fähig. Sie kann aber hin und wieder durch materiellen Einbau in das Rezeptorgenom aufgenommen werden, was manchmal zufälligerweise der Empfängerzelle einen selektiven Vorteil verschaffen kann. Die Natur ist erfinderisch und findet oft mechanistisch verschiedenartige Wege zur Erreichung des gleichen Zieles.

In Los Angeles 1959: Transduktion

Während meiner Postdoktorandenzeit im Laboratorium von **Joe Bertani** in Los Angeles widmete ich meine Forschung im Jahr 1959 vornehmlich der Transduktion. Dabei beschäftige ich mich unter anderem mit P1-mediierter Transduktion des λ-Genoms aus einem λ-lysogenen Bakteriengenom hinaus und mit jener des bei bakterieller Konjugation wichtigen Fertilitätsplasmids F. Es zeichnete sich schon damals ab, dass **Viren als natürliche Genvektoren** (also Gentransporteure) für die längerfristige biologische Evolution bedeutungsvoll sind.

Ende der 50er Jahre träumten einige Genforscher davon, **einzelne Gene oder DNA-Abschnitte aus den sehr großen Genomen herauszusortieren und diese sich intensiv vermehren zu lassen**, um dadurch genügend gereinigtes Material für strukturelle und funktionelle Analysen zu erhalten. Dabei diente λ gal als paradigmatisches Beispiel eines Genvektors. Man hoffte, dass der Einbau von Fremdgenen in den viralen Genvektor auch ohne Verlust von dessen Replikationsfähigkeit geschehen könnte. In Vorexperimenten wurden mittels Scherkräften **lange DNA Moleküle in kleinere Fragmente aufgeteilt**, um diese dann einzeln in zur autonomen Replikation befähigte Vektormoleküle (Phagengenome oder Plasmide) einzubauen. Effiziente Hilfe zu diesen Plänen kam dann einige Jahre später mit den bakteriellen Restriktionsendonucleasen.

1960 wieder in Genf: DNA-Strahlenschäden bei Phagen und Bakterien

Wieder an der Universität Genf übernahm ich 1960 die Leitung einer kleineren Forschungsgruppe über Strahlenschäden auf Bakterien und Phagen. Finanziert wurden diese Studien aus einem Sonderkredit zur Förderung der friedlichen Nutzung der Atomenergie.

Neben den mir vertrauten *E.coli*-K12-Bakterien plante ich auch mit *E.coli*-B-Bakterien zu arbeiten, weil davon eine strahlenresistente Mutante verfügbar war. Allerdings konnte der Phage λ an Zellen von *E.coli* B nicht adsorbieren. Auf einen von Esther Lederberg erhaltenen Tipp hin gelang es mir, mittels P1-Transduktion von Genen für die Fermentation von Maltose einige der erhaltenen Mal+-Transduktan-

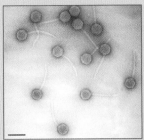

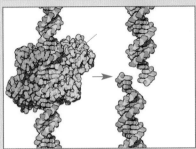

λ–Phagen im Elmi

den auch mit dem Rezeptor für die Adsorption des Phagen λ auszustatten.

Aber bei der Infektion dieser Derivate mit dem zuvor auf *E.coli* K12 gewachsenen Phagen λ K begegnete ich dem einige Jahre zuvor beschriebenen, aber noch **unerklärten Phänomen der wirtskontrollierten Modifikation.** Bei Wirtswechsel begegnet der infizierende Phage oft einer **starken Restriktion.**

Je nach benutztem Wirt führt das dazu, dass nur *einer* von 10 000 oder von 100 000 infizierenden Phagen Nachkommen produziert. Im Allgemeinen sind diese Nachkommen dann nicht genetische Mutanten, sondern nur temporär auf den neuen Wirt adaptiert („modifiziert"). Sie können auch oft nicht mehr ohne Restriktion auf ihren früheren Wirt zurückkehren.

Heute wissen wir, dass die **Gene für die Enzyme der Restriktions-Modifikations-Systeme (R-M-Systeme) oft im bakteriellen Genom** sitzen und dass sie auch auf Plasmiden und viralen Genomen zu finden sind. In den für den Phagen P1 lysogenen Bakterien befindet sich beispielsweise ein P1-spezifisches Restriktions- und Modifikationssystem. Die dafür zuständigen Gene sind Teil des viralen Genoms, welches im Gegensatz zu λ nicht ins Wirtsgenom eingebaut ist, sondern sich als Plasmid autonom im Einklang mit dem Wirtswachstum vermehrt.

Das entscheidende Experiment

Vor diesem Hintergrund überlegte ich mir, **ob Restriktion und Modifikation sich direkt auf der viralen DNA abspielen könnten,**

dies im Gegensatz zu der Möglichkeit, dass Viruspartikel sich den Schlüssel zur Wiederinfektion durch Mitnahme eines Wirtsproteins verschaffen könnten.

In einem Vorexperiment fand ich gute Hinweise für die erste Erklärung. Üblicherweise basieren Phagenpräparate auf mehreren aufeinanderfolgenden Vermehrungszyklen auf ihren Wirtsbakterien. Von den ursprünglichen elterlichen DNA-Strängen ist dann nicht mehr viel vorhanden. Im Gegensatz dazu finden sich im **Ein-Zyklus-Lysat** einer phageninfizierten Bakterienzelle etwa 1% der Phagennachkommen mit einem elterlichen DNA Strang. Nach Infektion mit mehreren Phagen pro Wirtszelle gibt es auch Nachkommenpartikel mit elterlichem DNA Doppelstrang.

Das Resultat meines Laborexperimentes zeigte mir, dass P1-spezifische Modifikation in einem Mehr-Zyklen-Lysat von λ auf einem nicht lysogenen Wirt ganz verloren geht (die Rückkehrwahrscheinlichkeit auf P1-lysogene Bakterien ist 10^{-5}), während im Ein-Zyklus-Lysat von λ unter gleichen Bedingungen für die Fähigkeit zur Wiederinfektion des P1-lysogenen Wirtes noch bei 10^{-2} liegt.

Dass das den Phagenpartikeln mit elterlicher DNA entspricht, konnte mit zwei Methoden klar gezeigt werden: Ein erstes Experiment basierte auf dem „Selbstmordeffekt" von stark mit ^{32}P-Radioisotopen beladenen elterlichen DNA Strängen für die darauffolgende Ein-Zyklus-Vermehrung auf nicht-modifizierenden Wirtsbakterien in nichtradioaktivem Wachstumsmedium. Mit dem Zerfall der ^{32}P-Atome (Halbwertszeit 14 Tage) gingen auch die noch auf dem P1-lysogenen Wirt wachsenden Phagennachkommen verloren.

Das zeigte, dass **elterliche, P1-spezifische Modifikation auf dem elterlichen DNA-Strang lokalisiert** ist. Dieser Befund wurde in einem weiteren Experiment mit Deuteriummarkierten Phagen und CsCl-Dichtegradienten-Zentrifugation eindeutig bestätigt.

Fremd-DNA wird schnell enzymatisch abgebaut!

Zur gleichen Zeit konnte unsere Doktorandin **Daisy Dussoix** (1936–2014) auf eine Anregung von Gret Kellenberger hin zeigen, dass **in allen Fällen von Restriktion die in die Bakterienzelle eindringende Fremd-DNA schnell zu Säurelöslichkeit abgebaut** wird.

Fortsetzung nächste Seite

Aufgrund dieser Befunde vermuteten wir damals, dass die mit **Phagen erforschte Restriktion nicht nur Phageninfektion beeinträchtigt, sondern den Bakterien ganz allgemein zu einer starken Beschränkung der Aufnahme von fremden DNA Molekülen** dient. In der Tat konnten wir experimentell zeigen, dass Restriktion auch bei bakterieller Konjugation, bei der Aufnahme freier, fremder DNA-Moleküle in Transformation und bei viral vermittelter Transduktion wirkt. So ergab sich die Interpretation, dass Restriktionsenzyme den Bakterien dazu dienen, in die Zelle eindringende **fremde DNA als solche zu erkennen und relativ schnell abzubauen.**

Dass diese natürliche Beschränkung in der Aufnahme fremder Erbinformation nicht ganz dicht ist, kann dem **evolutionären Fortschritt** helfen, wenn meist kleinere DNA-Segmente vor ihrer Vernichtung noch den Weg zum rettenden Einbau ins Genom des neuen Wirtes finden. Dank der universellen Natur des genetischen Codes kann kleinschrittig aufgenommene Fremd-DNA dem Empfängerbakterium manchmal **sogar einen selektiven Vorteil** verschaffen.

Für den **Schutz der zelleigenen DNA** vor Abbau durch Restriktionsenzyme sorgt eindeutig die jedem R-M-System zugehörige Modifikation. Auf eine von **Gunther Stent** (1924–2008) geäußerte Vermutung hin konnten wir 1963 in Experimenten mit von Methionin abhängigen Bakterien gute Evidenz finden, dass Modifikation auf sequenzspezifischer Methylierung von Nucleotiden der DNA basiert. **Die Methylierung von DNA (durch DNA-Methylasen) spielt übrigens eine entscheidende Rolle in der Epigenetik.**

Restriktionsenzyme sind hydrolytische Enzyme: Endonucleasen!

In der Folgezeit befassten sich einige Forscher mit der Identifikation der für R-M-Systeme zuständigen Gene sowie mit der Suche nach deren Produkten. Gegen Ende der 60er Jahre wurden die ersten Erfolge vermeldet. Bald erwiesen sich dabei **Restriktionsenzyme als Endonucleasen** und Modifikationsenzyme als **DNA-Methylasen**, wie es zu erwarten war. Dabei kann hier wiederum die Erfindungskraft der Natur bewundert werden. R-M-Systeme lassen sich **verschiedenen Typen und Subtypen** zuordnen. Bei **Typ II** wirken Endonucleasen in der Regel sequenzspezifisch und funktionell unabhängig von den

Oben: Entdecker der Restriktionsenzyme: Werner Arber (rechts) und Hamilton Smith (geb. 1931)

Unten: Daniel Nathans (1928–1999)

die DNA schützenden Methylasen. Im Gegensatz dazu bilden bei **Typ-I**-Systemen die Endonuclease, die Methylase und ein Proteinprodukt zur Sequenzerkennung Untereinheiten eines größeren Enzymkomplexes. Nach Aktivierung an einer unmethylierten Erkennungssequenz zerschneidet in diesem Fall die Endonuclease die fremde DNA mehr zufällig außerhalb der Erkennungssequenz, wenn zwei die DNA translozierende Enzymkomplexe aufeinander stoßen.

Die „DNA-Scheren-Idee": Beginn der Gentechnik

Im Moment des Verfügbarwerdens von Typ-II-Enzymen, deren Prototyp von Hamilton Smith isoliert und funktionell erkundet wurde, erhielt die bereits diskutierte Idee neuen Auftrieb, gewisse **Genomabschnitte auszusortieren und im Hinblick auf analytische Untersuchungen zu vermehren.** Nach dem Vorbild der Natur bedienten sich die Forscher im Be-

reich der **Gentechnik** natürlicher Genvektoren, in welche Restriktionsfragmente von zu untersuchenden DNA-Abschnitten eingebaut wurden. Nicht zuletzt dank der **Gelelektrophorese** konnten Restriktionsfragmente aufgetrennt werden, was auch wesentlich zum Erstellen von auf Restriktionsfragmenten basierenden **Genkarten** diente. Außerdem wurden Me-thoden zur ortsgerichteten Mutagenese im Hinblick auf funktionelle Studien entwickelt.

Basel und Asilomar: Risiken der neuen DNA-Technologie?

Viele der damals gentechnisch Forschenden machten sich Gedanken über allfällige **Risiken** ihrer Arbeiten, beispielsweise an einem in der Nähe von Basel im Herbst 1972 stattfindenden EMBO-Workshop über R-M-Systeme. Auf Anregung eines in *Science* publizierten Briefes von zehn amerikanischen Forschern hin fand dann im Februar 1975 im kalifornischen Asilomar eine internationale Konferenz statt, welche sich selbstkritisch mit allfälligen **Risiken der Gentechnik** befasste. Man schlug dort vor, zwischen **unmittelbaren und längerfristig evolutionär wirksamen Risiken** zu unterscheiden.

Unmittelbare Risiken können pathogene, toxische, allergene oder andere schädliche Effekte mit möglicher Wirkung auf das Forschungspersonal betreffen. Es wurde vorgeschlagen, dass die Forscher fallweise ein Bestehen solcher Risiken vor einer angestrebten, breit zugänglichen Nutzanwendung experimentell abklären sollten, dies unter Arbeitsbedingungen, die seit Langem erfolgreich in der medizinischen Mikrobiologie zur Analyse der von Patienten stammenden Proben dienen.

Im Jahr 1975 bestanden noch keine konkreten Pläne zur gezielten Freisetzung von gentechnisch modifizierten Lebewesen. Aber man warf die Frage auf, ob eingepflanzte oder künstlich veränderte Geninformation aus freigesetzten Lebewesen auch hin und wieder spontan auf andere Lebewesen in Ökosystemen übertragen werden könnte. Dies hat mich und andere Forscher dazu bewegt, uns intensiv mit molekularen Mechanismen, der **spontan erfolgenden genetischen Variation, der Triebkraft der biologischen Evolution**, zu befassen. Mikrobielle Evolution eignet sich dazu äußerst gut, und DNA-Sequenzvergleiche zwischen evolutionär mehr oder weniger verwandten Lebewesen können auf eine breite Gültigkeit der experimentell erzielten Einsichten hinweisen.

Strategien der Natur und Gentechnik

Inzwischen zeichnete es sich ab, dass in der freien Natur Veränderungen am Erbgut **drei qualitativ verschiedenartigen natürlichen Strategien** zugeordnet werden können, nämlich lokalen Veränderungen von Nucleotidsequenzen, segmentweiser Umstrukturierung von DNA-Abschnitten innerhalb des herkömmlichen Genoms (inklusive Verdoppelung, Deletion oder Inversion eines Abschnitts) und schließlich der Akquisition eines kürzeren Abschnitts von fremder Erbinformation mittels natürlichem horizontalem Gentransfer. Jede dieser drei natürlichen Strategien der genetischen Variation lässt sich eine Mehrzahl spezifischer molekularer Mechanismen zuordnen, zu denen sowohl spezifische Genprodukte wie auch nicht-genetische Elemente beitragen können.

Im Vergleich mit den in der Gentechnik üblichen Methoden lassen sich keine prinzipiellen Unterschiede feststellen.

Aus langjähriger Erfahrung wissen wir, dass die natürlich erfolgende biologische Evolution ohne große Rückschläge äußerst erfolgreich gewesen ist und dass wir ihr die vorgefundene **reiche Biodiversität** verdanken.

Aufgrund der großen Vergleichbarkeit der in der Gentechnik verwendeten Verfahren mit jenen der freien Natur darf man zu Recht annehmen, dass allfällige, **auf Gentechnik basierende evolutionäre Risiken klein und unbedeutend** sind. Denken wir auch daran, dass mittels Gentechnik verpflanzte Erbinformation bereits seit Langem in der Natur vorhanden ist und gelegentlich auch in der biologischen Evolution mitwirken kann.

In diesem Licht darf man auch den **Einsatz der Gentechnik in biotechnologisch angestrebten Nutzanwendungen** befürworten, insbesondere zur Sicherung einer ausgewogenen **Ernährung** und einer wissenschaftlich abgestützten **medizinischen Versorgung** aller Menschen. Allgemein kann man schließen, dass sich eine beträchtliche Vielfalt von verschiedenartigen molekularen Mechanismen in der Natur zur Erreichung des gleichen Zieles vorfindet: **Tiefhalten von horizontalem Gentransfer**, ohne diesen allerdings ganz zu verhindern. Das ist ganz im Sinne der langsam fortschreitenden biologischen Evolution.

Prof.
Werner Arber

Die Wikipedia über Werner Arber

Ab 1960 klärte Arber das Phänomen der Restriktionsenzyme auf. **Hamilton Smith** isolierte 1970 aus *Haemophilus influenzae* die ersten **Typ-II**-Restriktionsenzyme und zeigte, dass sie unmodifizierte DNA an kurzen Erkennungssequenzen reproduktiv schneiden. **Typ-I**-Enzyme, welche die DNA nicht reproduktiv außerhalb der Erkennungssequenzen schneiden, wurden zuerst von **Bob Yuan** und **Matt Meselson** isoliert (1968), und dann auch von **Stuart Linn** in Arbers Labor in Genf. Schließlich benutzte **Daniel Nathans** die von Smith isolierten Enzyme zur Erforschung eines DNA-Krebs-Virus.

Aus dem Nachrichten-Ticker vom 16. Januar 2011

papst benedikt xvi hat den nobelpreistraeger werner arber, einen protestanten, zum praesidenten der akademie des vaticans berufen. es ist die aelteste wissenschaftliche akademie auf der welt.

der schweizer mikrobiologe tritt die nachfolge des italieners nicola cabibbo an, der im august verstarb. professor arber ist damit das erste oberhaupt in der geschichte der pontifikalen akademie der wissenschaften seit gruendung 1603, der kein katholik ist. werner arber ist mitentdecker der dna-scheren, der restriktionsenzyme, der entscheidenen molekularen werkzeuge der modernen gentechnik.

Treffen mit der Familie von Werner Arber in Basel

Werner Arber erzählt:

Silvia Arber mit zehn Jahren und heute als Professorin für Neurobiologie tätig

Unsere beiden Töchter Silvia und Caroline wurden 1968 und 1974 geboren.

Als Silvia im Herbst 1978 von meinem Nobelpreis hörte, wollte sie nicht nur wissen, was das ist, sondern auch, warum gerade ich als Preisträger ausgewählt wurde. Nachdem ich ihr mit einfachen Worten die Grundidee der Restriktionsenzyme erklärt hatte, kam sie – nach einigem Nachdenken – mit ihrem eigenen Märchen heraus. Es ist inzwischen in der ganzen Welt verbreitet worden.

Die Geschichte vom König und seinen Dienern

Wenn ich in das Labor meines Vaters komme, sehe ich meistens einige Platten herumliegen. In diesen Platten gibt es Kolonien von Bakterien. Mich erinnert eine solche Kolonie an eine Stadt mit vielen Einwohnern. In jedem dieser Bakterien gibt es einen König. Der ist sehr lang, aber dafür dünn. Dieser König hat sehr viele Diener. Die sind dick und kurz, fast wie Kugeln. Den König nennt mein Vater DNA und die Diener Enzyme.

Der König ist wie ein Buch, worin alles aufgezeichnet ist, was die Diener arbeiten sollen. Für uns Menschen sind diese Anweisungen des Königs ein Geheimnis.

Mein Vater hat einen Diener entdeckt, der als Schere dient. Wenn ein fremder König in die Bakterie eindringt, kann ihn dieser Diener in viele kleine Stücke zerschneiden, aber dem eigenen König tut er kein Unheil an. Schlaue Menschen benutzen den Diener mit der Schere, um in die Geheimnisse von Königen einzudringen. Dazu sammeln sie viele Scherendiener und legen sie auf einen König, sodass der König zerschnitten wird. Aus den dabei entstehenden kleinen Stücken lassen sich die Geheimnisse viel leichter erforschen. Deshalb erhielt mein Vater für die Entdeckung des Scherendieners den Nobelpreis.

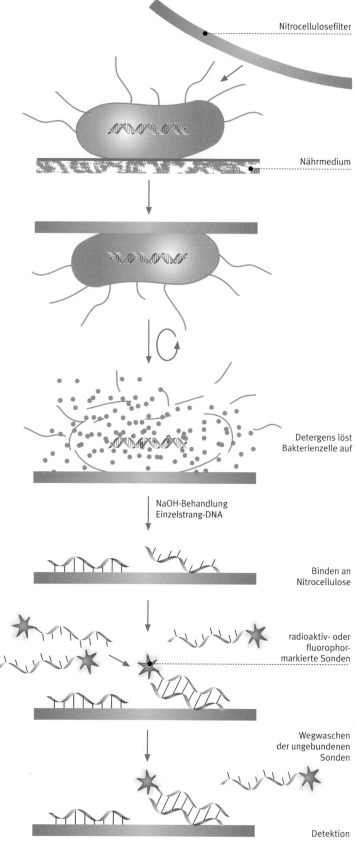

Nitrocellulosefilter

Nährmedium

Detergens löst
Bakterienzelle auf

NaOH-Behandlung
Einzelstrang-DNA

Binden an
Nitrocellulose

radioaktiv- oder
fluorophor-
markierte Sonden

Wegwaschen
der ungebundenen
Sonden

Detektion

Abb. 6.18 Detektion von Bakterien mithilfe von DNA-Sonden und der DNA-Hybridisierung

Kopfzerbrechen. Es hätte nicht viel Sinn, die DNA höherer eukaryotischer Lebewesen durch Restriktionsendonucleasen zu spalten und in Plasmid-DNA einzubauen. Ein funktionierendes Fremdprotein würde kaum produziert werden. Im besten Fall wäre das Endprodukt ein Protein, das zwar alle seine Aminosäuren aus den Exons enthält, dazwischen aber völlig irrelevante „Extra-Aminosäuren" aus den Introns.

Der **Ausweg** lag darin, nicht die intronbelastete DNA höherer Lebewesen zu verwenden, sondern **die mRNA zu gewinnen**, auf der die verschlüsselten Baupläne der Proteine von Introns befreit sind. Nun lässt sich aber die einzelsträngige mRNA nicht mit der doppelsträngigen Plasmid-DNA zusammenbauen. Glücklicherweise gibt es ein Enzym in (ansonsten hässlichen) **Retroviren**, die **Reverse Transkriptase** (**Revertase**). Sie kann die einzelsträngige RNA in doppelsträngige DNA zurückschreiben (Abb. 6.17).

Die Erbsubstanz der Retroviren besteht nämlich nicht aus DNA, sondern aus einem einzelsträngigen RNA-Molekül. Befallen diese Viren DNA enthaltende Wirtszellen, übersetzen sie mit der mitgebrachten Revertase ihre einzelsträngige Viren-RNA in doppelsträngige DNA und integrieren diese dann in die Wirts-DNA.

Man nutzt nun Reverse Transkriptase, um an dem mRNA-Einzelstrang einen DNA-Strang zu synthetisieren. Diese DNA, die durch Kopieren einer RNA entstanden ist, wird als **copy-DNA** oder **complementary-DNA** (**cDNA**) bezeichnet.

Ist die Abfolge der Aminosäuren (**Aminosäuresequenz**) eines Proteins bekannt und lässt sich die entsprechende mRNA dennoch nicht aus Zellen isolieren, so können im Hinblick auf die Degeneration des genetischen Codes verschiedene Varianten des zugehörigen Gens aber auch auf chemischem Weg synthetisiert werden. So lässt sich unter Umständen auch eine DNA herstellen, die eigentlich in der Natur nicht vorkäme.

1988 konnte man auf diese Weise täglich 30 Basen lange DNA-Fragmente synthetisieren. Dazu war 1979 noch ein halbes Jahr Teamarbeit nötig. Heute gibt es **perfekte DNA-Syntheseautomaten**. Bei ihnen wird ein Start-Nucleotid an feste Trägermaterialien (wie Silicagel oder Glasperlen) gebunden und nachfolgend hängt man Nucleotide in der gewünschten Reihenfolge an. Man kann damit **in wenigen Stunden komplette „Gene nach Maß"** synthetisieren.

6.9 Wie man Nucleinsäuren gewinnt

1869 isolierte der Baseler **Johann Friedrich Miescher** (1844-1895, Abb. 6.21) aus dem Eiter von gebrauchtem Verbandsmaterial eine Substanz, das „**Nuclein**". Diese Substanz konnte nicht von proteinspaltenden Enzymen abgebaut werden. Sie hatte saure Eigenschaften, und so wurde das Nuclein später in „**Nuclein-säure**" umbenannt. Miescher fand Nuclein auch in Hefen, Nieren- und Leberzellen sowie in roten Blutkörperchen.

Es dauerte aber über 50 Jahre, bis man wusste, dass die Nucleinsäure DNA aus den sechs Komponenten Phosphorsäure, dem Zucker Desoxyribose und den vier organischen Basen Adenin, Guanin, Thymin und Cytosin zusammengesetzt ist. Dieser einfachen Struktur traute man generell aber nicht so komplexe Funktionen wie die Vererbung zu.

In reiner Form stellte ein anderer Schweizer Forscher, **Rudolf Signer** (1903-1990) aus Bern, DNA erstmals 1938 her. Mit der Feststellung, dass die DNA-Basen flache Ringe seien, die senkrecht zur Achse eines Kettenmoleküls stehen, war er seiner Zeit weit voraus. Im Jahr 1950 lieferte er insgesamt 15 Gramm wertvollster hochgereinigter DNA – „Manna aus Bern" – nach Cambridge. Ohne diese gereinigte DNA wären die Röntgenstrukturanalysen und auch das Watson-Crick-Modell unmöglich gewesen. Eigentlich eine nobelpreiswürdige Leistung...

Die heute am häufigsten analysierten Nucleinsäuren sind chromosomale und Plasmid-DNA sowie messenger-RNA (mRNA).

Zur Analyse müssen zuerst die Zellen lysiert werden. Zellwände kann man beispielsweise durch **Detergenzien** wie Natriumdodecylsulfat (*sodium dodecylsulfate*, SDS) oder Triton-100 zerstören. Behandlung mit einem Enzym wie **Lysozym** kann bei Bakterienzellwänden helfen.

Danach müssen die Nucleinsäuren von Zelltrümmern isoliert, die Zellkerne abgetrennt und jegliche Komplexe zwischen Proteinen und Nucleinsäuren zerstört werden. Die in Kapitel 2 für Proteine beschriebenen Methoden wie Zentrifugation, Präzipitation und Gelfiltrationschromatografie werden hier angewandt, aber auch Proteine verdauende Enzyme (Proteasen) und **Cäsiumchlorid-Dichtegradientenzentrifugation** (Abb. 6.19). Ganz zum Schluss wird die

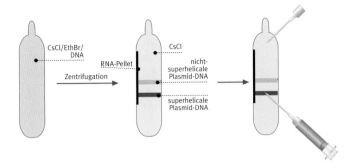

Abb. 6.19 Cäsiumchlorid-Dichtegradientenzentrifugation

DNA oder RNA aufkonzentriert oder amplifiziert.

Die häufigste Methode zur Konzentrierung und weiteren Reinigung von Nucleinsäuren ist die **Ausfällung mit Ethanol**. In Gegenwart monovalenter Kationen (wie Na^+ oder NH_4^+) bilden die (durch die Phosphatreste) negativ geladene DNA und auch die RNA unlösliche Niederschläge. Anschließend werden sie mit Ethanol versetzt (in der Regel mit dem Zwei- bis Dreifachen des DNA-Volumens). Den Ansatz inkubiert man bei -80°C bis Raumtemperatur und isoliert dann das Präzipitat durch Zentrifugation. Das mitausgefällte Salz kann in 70-prozentigem Ethanol gelöst und so entfernt werden. Statt Ethanol kann man auch geringere Volumina Isopropanol verwenden.

Hochmolekulare (genomische) DNA lässt sich durch vorsichtiges Überschichten der wässrigen Lösung mit Ethanol an der Phasengrenze ausfällen. Der dünne sichtbare DNA-Faden kann auf ein Stäbchen aufgewickelt werden (Abb. 6.20).

Probieren wir das Gelernte gleich einmal aus!

6.10 Experiment: DNA aus Zucchini in der Küche isoliert!

Kann man DNA selbst zu Hause ohne Labor isolieren? Nichts leichter als das!

Thomas Seehaus beschreibt in einer Internetseite, wie man hochmolekulare Erbsubstanz aus Zucchini, Zwiebeln, anderem Gemüse oder aus Obst isoliert (siehe Weblinks Seite 187).

Zum **Isolieren von DNA**, müssen die Membranen von Zelle und Zellkern zunächst denaturiert werden. Dies geschieht mit Detergenzien, die in Geschirrspülmitteln enthalten sind. Gleichzeitig wird die DNA mit Kochsalz stabilisiert. Die wasserlösliche DNA wird dann in zugegebenem eiskaltem Alkohol ausgeflockt. Sie lässt sich herausfischen, in ein kleineres, mit Alkohol

Abb. 6.20 Ausfällung mit Ethanol.

Experiment: DNA aus Zucchini in der Küche isoliert

Geräte:

Baby-Flaschenwärmer, Flaschenkühler, Thermometer, Reibe, kleines Teesieb, 50 mL-Messzylinder, 250 mL-Glas, zwei 100 mL Gläser, 13 mL-Schnapsgläschen, 5 mL-Messbecher, Tee- oder Moccalöffel, Zeitschaltuhr (Wecker), Blumendraht mit kleiner Öse.

Chemikalien:

Geschirrspülmittel, Kochsalz, vergällter Ethylalkohol bzw. (Brenn-)Spiritus.

Abb. 6.21 Friedrich Miescher (1844-1895) entdeckte 1869 die Nucleinsäuren.

Ethidiumbromid

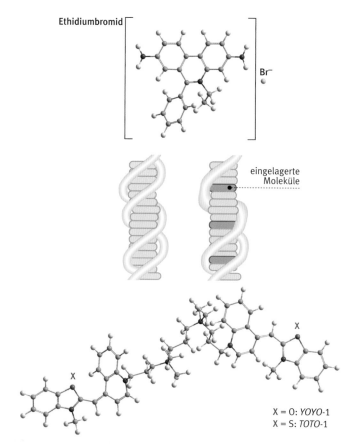

eingelagerte
Moleküle

Br⁻

X = O: *YOYO*-1
X = S: *TOTO*-1

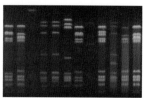

Abb. 6.22 Oben: Der rote Phenan-thridin-Farbstoff Ethidiumbromid interkaliert zwischen die Basen von Nucleinsäuren (Mitte) im Abstand von zehn Basenpaaren. Eine irreversibel färbende, aber recht teure Alternative sind die Fluoreszenz-farbstoffe YOYO-1 und TOTO-1. Unten: Mit Ethidiumbromid im UV-Licht sichtbar gemachte DNA-Banden nach einer Agarose-Gelelektrophorese

Abb. 6.23 Zucchinis vor der DNA-Extraktion

gefülltes Gefäß überführen und somit isolieren. (siehe Experiment in Seitenspalte).

So geht's: Etwa eine Stunde vor Versuchsbeginn ein Kunststofffläschchen mit Spiritus eine Stunde lang in den Tiefkühlschrank (-20°C) stellen. Einen Flaschenwärmer zu ¾ mit Leitungswasser füllen und auf 60°C bringen. Temperatur mit einem Thermometer überprüfen.

Herstellen einer Extraktionslösung: In einem 100-mL-Becherglas einen gestrichenen Moccalöffel (1 g) Kochsalz (NaCl) in 50 mL Wasser lösen und aus einem Messbecher 5 mL Geschirrspülmittel zugeben. (Detergenz) Gut mischen! Zucchini (Abb. 6.23) raspeln und drei gehäufte Teelöffel Zucchini in ein 100-mL-Becherglas füllen. 25 mL der Extraktionslösung zugeben und sofort in den Flaschenwärmer stellen. Temperatur kontrollieren. Nach 15 Minuten den Brei durch das Teesieb in ein 250-mL-Becherglas seihen. Mit dem Löffel etwas drücken, um das Durchlaufen zu beschleunigen. Das Filtrat auf kleine Schnapsgläschen verteilen und vorsichtig mit gekühltem Alkohol überschichten.

Nach wenigen Minuten steigt die ausgefällte DNA auf und sammelt sich als Klümpchen an der Oberfläche. Isolierung durch Herausfischen

mit einer Draht-Öse und Überführen in ein kleines, mit Alkohol gefülltes Röhrchen. (Voílá!)

■ 6.11 Optische Konzentrations-bestimmung von Nucleinsäuren

Zum Beweis, dass es sich wirklich nur um reine Zucchini-DNA handelt und nicht (auch) um Proteine, kann die DNA mit Ultramarinblau angefärbt werden. Eine weitere Möglichkeit wäre ein Zusatz zur DNA von **Ethidiumbromid** (leider aber toxisch, siehe weiter unten im Text). Unter UV-Licht leuchtet die DNA dann orange. Es wäre auch möglich, die DNA mit einem Spektralphotometer (sofern vorhanden) zu messen und zur Unterscheidung parallel dazu ein Protein, da die optische Dichte für DNA 260 nm und für Proteine 280 nm beträgt. Für die Absorption der DNA im UV-Licht sind die aromatischen Ringe der Basen verantwortlich, genauer das konjugierte π-Elektronensystem der aromatischen Ringe. Man misst in Quarzküvetten (siehe Kap. 2), die das UV nicht absorbieren.

Die Küvetten haben meist 1 cm Schichtdicke. Eine Faustregel besagt: Eine 50 mg/L doppelsträngige DNA-Lösung erbringt unter diesen Umständen bei 260 nm Wellenlänge eine **Extinktion (optische Dichte, OD)** von 1.

Nicht-basengepaarte Nucleinsäuren, also einzelsträngige DNA und RNA, haben eine größere Absorption (**Hyperchromie**). 40 mg/L Einzelstrang-DNA und 33 mg/L RNA entsprechen hier bei 1 cm Schichtdicke einer OD von 1. Da das Absorptionsmaximum für **Proteine bei 280 nm** liegt, kann man das **Verhältnis 260/280** ermitteln und damit die Reinheit einer Nucleinsäure abschätzen. Eine reine DNA-Lösung hat einen OD-Wert 260/280 von 1,8; eine reine RNA von 2,0. Der Wert ist bedeutend niedriger, wenn Proteine oder Phenol die Lösung verunreinigen. Proteine in Zell-Lysaten und zur Freisetzung von Nucleinsäuren können durch **Proteinase K** enzymatisch abgebaut werden. Proteinase K gehört zur Familie der Subtilisin-ähnlichen Serinproteasen (wir verwenden Subtilisin aus *Bacillus subtilis* in Biowaschmitteln).

RNA lässt sich von der DNA ebenfalls durch enzymatische Behandlung, aber mit **Ribonuclease (RNase)**, entfernen.

Insgesamt ist die Nucleinsäure-Reinigung eine hohe Kunst, bei Bedarf ausführlich nachzulesen in **Marion Jurks** Beitrag im „Lottspeich"!

6.12 DNA-Sonden detektieren DNA

Wie wir in Kapitel 4 gesehen haben, kann man Proteine gut mit Antikörpern nachweisen, z. B. durch einen Sandwich-Radioimmunoassay oder einen ELISA. Und wie erfolgt die **Detektion von DNA**? Dabei wird die **Hybridisierung** der DNA genutzt, die Bildung einer Doppelstrang-DNA aus komplementären Einzelsträngen verschiedener Herkunft. Diese formen ein Hybridmolekül.

Ein Beispiel: Bei der Suche nach einer bestimmten DNA-Sequenz in Bakterien benutzt man ein komplementäres einzelsträngiges Oligonucleotid, eine **DNA-Sonde** (*DNA probe*).

Die **Zellen wachsen zunächst in Kolonien** auf einem Nährmedium (Abb. 6.18). Man markiert diese Kolonien (meist mit Zahlen im Uhrzeigersinn auf dem Deckel der Petrischale). Dann wird ein **Abdruck mit einem Nitrocellulosefilter** genommen. Damit hat man eine spiegelbildliche Kopie der Kolonien fixiert. Die Zellmembranen werden mit einem **Detergens** (einem Waschmittel wie Tween) zerstört, dadurch wird der Zellinhalt freigesetzt. Die Bakterien-DNA bindet sich fest an die **Nitrocellulose**. Nun setzt man Natronlauge (**NaOH**) zu. Sie zerstört die Wasserstoffbrücken, welche die Bakterien-Doppelhelix zusammenhalten.

Die DNA wird dadurch denaturiert und zerfällt in zwei Einzelstränge, die aber weiter an der Nitrocellulose gebunden bleiben.

Danach fügt man die **DNA-Sonde** hinzu: **ein einzelsträngiges Oligonucleotid aus meist etwa 20 Nucleotiden.** Man kann die DNA-Sonde mit dem DNA-Syntheseautomaten herstellen, wenn man die Struktur (Sequenz) des gesuchten Gens kennt. Die Sonde wird entweder **radioaktiv oder mit Fluoreszenzmolekülen (fluorophormarkierte Sonden) markiert.**

Nach der Hybridisierung wäscht man ungebundene markierte Sonden weg. Nur die gesuchten DNA-Sequenzen haben Hybride mit den DNA-Sonden gebildet. Nun legt man einen **Röntgenfilm** auf den Nitrocellulosefilter und sieht sich dessen Schwärzung an (Autoradiografie). Hybridisierte Sonden schwärzen den Film.

Beim Einsatz von Fluoreszenzmolekülen regt man diese mit Licht bestimmter Wellenlänge an: Sie leuchten dann auf. Hat man so die Stelle gefunden, an denen die Hybridisierung stattgefun-

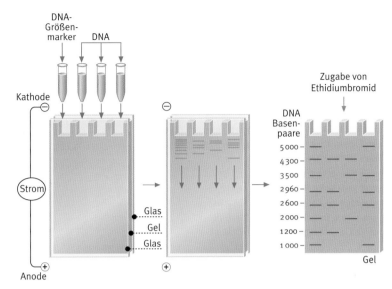

den hat, geht man zurück zur Agarplatte und findet dort leicht die gesuchte Kolonie. Mit diesem Verfahren lassen sich sowohl genmanipulierte Zellen finden als auch in der medizinischen Diagnostik gefährliche Bakterien detektieren, z. B. Choleraerreger. Man muss dafür allerdings einen Teil der DNA-Sequenz des entsprechenden Erregers kennen.

6.13 Wie man DNA analysiert: Gelelektrophorese trennt DNA-Fragmente nach ihrer Größe

Wie kann man eine DNA-Sequenz genauer untersuchen? Zur **Analyse von Genen** schneidet man genomische DNA (oder andere zu analysierende DNA, z. B. Bakterienplasmide) mit einem oder mehreren **Restriktionsenzymen** (s. Box 6.3) und trennt die entstehenden Fragmente dann auf einem Agarose-Gel (oder Polyacrylamid-Gel) elektrophoretisch nach ihrer Größe auf (Abb. 6.24).

Agarose ist ein Polysaccharid, das aus roten Meeresalgen gewonnen wird (Abb. 6.25); es verflüssigt sich durch Aufkochen in Puffer, erstarrt aber beim Abkühlen zu einem großporigen Gel. Legt man an dieses Gel ein elektrisches Feld, wandern Nucleinsäuren aufgrund ihrer negativ geladenen Phosphatgruppen zum Pluspol (Anode). Die kleineren DNA-Fragmente wandern bei der **Gelelektrophorese** schneller als die großen durch die Poren (Abb. 6.24).

Durch die Gelelektrophorese lassen sich also die entstandenen DNA-Fragmente im Gel nach ihrer Größe auftrennen. Zum Vergleich lässt man

Abb. 6.24 Prinzip der Gelelektrophorese

Abb. 6.25 Oben: Rotalgen für Agarose, Mitte: Prinzip der Gelelektrophorese, Unten: Gelelektrophorese im Praktikumsversuch

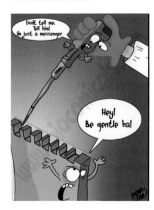

Box 6.4 *DNA-Wanderkarte 2*: Die Wanderung der weiblichen mitochondrialen DNA

Nachdem meine eigene DNA vom *Genographic Project* analysiert worden war (s. Box 6.2) überredete ich meine Freundin Claire (die als Delfintrainerin im Ocean Park von Hongkong arbeitet), ihre DNA analysieren zu lassen, um männliche und weibliche, europäische und asiatische Proben miteinander vergleichen zu können. Dies ist ein Auszug aus ihrem Bericht (mit ihrer freundlichen Genehmigung). Xie Xic, Claire!

Sehr geehrte Claire Ma, im Folgenden finden Sie die Analyse Ihrer mitochondrialen DNA.

Wie sind Ihre Ergebnisse zu interpretieren?

Oben abgebildet ist die Sequenz Ihres mitochondrialen Genoms, das im Labor analysiert wurde. Ihre Sequenz wird mit der **Cambridge-Referenz-Sequenz (CRS)** abgeglichen, der mitochondrialen Standardsequenz, die ursprünglich von Wissenschaftlern in Cambridge, Großbritannien, bestimmt worden ist. Die Unterschiede zwischen Ihrer DNA und der CRS sind hervorgehoben. Diese Daten erlauben es den Untersuchern, die Wanderungsbewegungen Ihrer genetischen Abstammungslinie nachzuvollziehen. **Substitution (Transition)**: eine Mutation einer Nucleotidbase, bei der eine Pyrimidinbase (C oder T) durch eine andere Pyrimidinbase ersetzt worden ist oder eine Purinbase (A oder G) durch eine andere Purinbase. Das ist die häufigste Form einer einzelnen Punktmutation. **Substitution (Transversion)**: ein Basenaustausch, bei dem eine Pyrimidinbase (C oder T) durch eine Purinbase (A oder G) ausgetauscht wird oder umgekehrt. Insertion: eine Mutation, die durch Einfügen einer zusätzlichen Nucleotidbase in die DNA-Sequenz entsteht. Deletion: eine Mutation, die durch den Verlust von mindestens einer Nucleotidbase in der DNA-Sequenz entsteht.

Ihr Zweig im Stammbaum des Menschen

Ihre DNA-Ergebnisse kennzeichnen Sie als Mitglied eines bestimmten Zweiges des menschlichen Stammbaumes, der sogenannten **Haplogruppe** *B*. Die oben abgebildete Karte zeigt, welche Richtung Ihre mütterli-

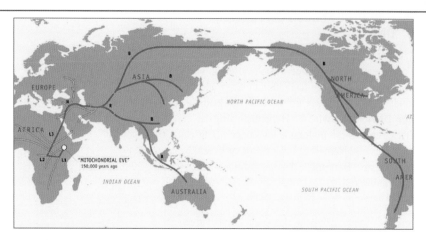

Vergleichende Sequenzanalyse

```
mtDNA_CRS        ATTCTAATTTAAACTATTCTCTGTTCTTTCATGGGGAAGCAGATTTGGGTACCACCCAAG 60
mtDNA_Claire_Ma  ATTCTAATTTAAACTATTCTCTGTTCTTTCATGGGGAAGCAGATTTGGGTACCACCCAAG 60
                 ***********************************************************

mtDNA_CRS        TATTGACTCACCCATCAACAACCGCTATGTATTTCGTACATTACTGCCAGCCACCATGAA 120
mtDNA_Claire_Ma  TATTGACTCACCCATCAACAACCGCTATGTATTTCGTACATTACTGCCAGCCACCATGAA 120
                 ***********************************************************

mtDNA_CRS        TATTGTACGGTACCATAAATACTTGACCACCTGTAGTACATAAAAACCCAATCCACATCA 180
mtDNA_Claire_Ma  TATTGTACGGTACCATAAACACTTGACCACCTGTAGTACATAAAAACCCAATCCACATCA 180
                 *******************.***************************************

mtDNA_CRS        AAACCCCCTCCCCATGCTTACAAGCAAGTACAGCAATCAACCCTCAACTATCACACATCA 240
mtDNA_Claire_Ma  AACCCCCCCCCCATGCTTACAAGCAAGTACAGCAATCAACCCTCAACTATCACACATCA 240
                 ** ***** **************************************************

mtDNA_CRS        ACTGCAACTCCAAAGCCACCCCTCACCCACTAGGATACCAACAAACCTACCCACCCTTAA 300
mtDNA_Claire_Ma  ACCGCAACTCCAAAGCCACCCCTCACCCACTAGGATACCAACAAACCTACCCACCCTTAA 300
                 ** *******************************************************

mtDNA_CRS        CAGTACATAGTACATAAAGCCATTTACCGTACATAGCACATTACAGTCAAATCCCTTCTC 360
mtDNA_Claire_Ma  CAGTACATAGCACATAAAGCCATTTACCGTACATAGCACATTACAGTCAAATCCTTTCTC 360
                 ********** ****************************************** *****

mtDNA_CRS        GTCCCCATGGATGACCCCCCTCAGATAGGGGTCCCTTGACCACCATCCTCCGTGAAATCA 420
mtDNA_Claire_Ma  GTCCCCATGGATGACCCCCCTCAGATAGGGGTCCCTTGACCACCATCCTCCGTGAAATCA 420
                 ***********************************************************

mtDNA_CRS        ATATCCCGCACAAGAGTGCTACTCTCCTCGCTCCGGGCCCATAACACTTGGGGGTAGCTA 480
mtDNA_Claire_Ma  ATATCCCGCACAAGAGTGCTACTCTCCTCGCTCCGGGCCCATAACACTTGGGGGTAGCTA 480
                 ***********************************************************

mtDNA_CRS        AAGTGAACTGTATCCGACATCTGGTTCCTACTTCAGGGTCATAAAGCCTAAATAGCCCAC 540
mtDNA_Claire_Ma  AAGTGAACTGTATCCGACATCTGGTTCCTACTTCAGGGCCATAAAGCCTAAATAGCCCAC 540
                 ************************************** ********************

mtDNA_CRS        ACGTTCCCCTTAAATAAGACATCACGATG 569
mtDNA_Claire_Ma  ACGTTCCCCTTAAATAAGACATCACGATG 569
                 *****************************
```

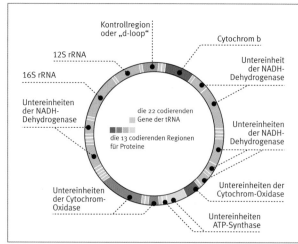

Schematische Darstellung der mitochondrialen DNA mit Angabe der Lokalisierung einzelner DNA-Abschnitte

Kontrollregion oder „d-loop"

Cytochrom b

12S rRNA

Untereinheit der NADH-Dehydrogenase

16S rRNA

Untereinheiten der NADH-Dehydrogenase

die 22 codierenden Gene der tRNA

die 13 codierenden Regionen für Proteine

Untereinheiten der NADH-Dehydrogenase

Untereinheiten der Cytochrom-Oxidase

Untereinheiten der Cytochrom-Oxidase

Untereinheiten ATP-Synthase

chen Vorfahren von ihrer ursprünglichen Heimat im östlichen Afrika aus nahmen. Während dieser Ausbreitung, die Zehntausende von Jahren dauerte, schlugen die Menschen viele verschiedene Pfade ein; die oben eingezeichneten Linien geben daher nur die Hauptroute bei dieser Wanderung an.

Im Laufe der Zeit verbreiteten sich die Nachkommen Ihrer Ahnen in Ostasien, manche Gruppen schafften es sogar bis Polynesien und auf die amerikanischen Kontinente. Aber bevor wir Sie auf eine Reise in die Vergangenheit mitnehmen und Ihnen deren Geschichte erzählen, müssen wir zunächst einmal verstehen, wie die moderne Wissenschaft diese Analyse möglich gemacht hat.

Die oben abgebildete Kette aus 569 Buchstaben repräsentiert Ihre **mitochondriale DNA-Sequenz**. Die Buchstaben A, C, T und G stehen für die vier Nucleotide – die chemischen Bausteine des Lebens – die Ihre DNA bilden. Die Zahlen oben auf der Seite beziehen sich auf die Positionen in Ihrer Sequenz, an denen **bei Ihren Vorfahren informative Mutationen stattgefunden haben**. Sie erzählen uns eine ganze Menge über die Geschichte Ihrer genetischen Abstammung.

Dies funktioniert folgendermaßen. Hin und wieder kommt es in der Sequenz der mitochondrialen DNA zu einer Mutation, einer zufälligen, natürlich auftretenden (und gewöhnlich harmlosen) Veränderung. Stellen Sie sich das wie einen Rechtschreibfehler vor: Einer der Buchstaben in der Sequenz kann sich von einem C in ein T umwandeln oder von einem A zu einem G.

Nachdem eine dieser Mutationen bei einer bestimmten Frau stattgefunden hat, gibt sie diese an ihre Töchter und die wiederum an deren Töchter weiter und so fort. (**Mütter geben ihre mitochondriale DNA zwar auch an ihre Söhne weiter, diese vererben sie aber nicht an ihre Nachkommen.**) Genetiker nutzen diese Marker von Menschen aus aller Welt, um einen umfassenden **mitochondrialen Stammbaum** zu erstellen. Wie Sie sich vorstellen können, ist der Stammbaum sehr komplex, aber mittlerweile können die Wissenschaftler sowohl das Alter als auch die geografische Verbreitung jeder Abstammungslinie bestimmen und so die prähistorischen Wanderungen Ihrer Ahnen rekonstruieren. Indem wir uns die Mutationen in Ihrem Genom anschauen, können wir Ihre Abstammungslinie von Vorfahr zu Vorfahr nachvollziehen und so deren Wanderung von Afrika aus

Ein langer Weg für die mitochondriale DNA von Afrika in den Ocean Park von Hongkong... Claire Ma ist dort eine sehr erfolgreiche Delfintrainerin.

verfolgen. Unsere Geschichte beginnt mit Ihrer frühesten Ahnin. Wer war sie, wo hat sie gelebt und wie lautet ihre Geschichte?

Die Mitochondriale Eva: die Mutter von uns allen

Unsere Geschichte beginnt vor 150 000 bis 170 000 Jahren in Afrika mit einer Frau, der die Anthropologen den Spitznamen „Mitochondriale Eva" gaben. Sie erhielt diesen mythischen Beinamen 1987, als Populationsgenetiker entdeckten, dass alle heute lebenden Menschen ihre mütterliche Abstammungslinie auf sie zurückführen können. Die Mitochondriale Eva war jedoch **nicht der erste weibliche Mensch**. *Homo sapiens* entwickelte sich vor ca. 200 000 Jahren in Afrika. Die ersten Hominiden, gekennzeichnet durch ihren charakteristischen aufrechten Gang und die damit verbundenen Veränderungen des Körpers, tauchten schon fast zwei Millionen Jahre früher auf. Aber obwohl es schon seit nahezu 30 000 Jahren Menschen außerhalb Afrikas gibt, ist Eva außergewöhnlich: Ihre Abstammungslinie ist die einzige, die aus dieser fernen Zeit bis heute überlebt hat.

„Warum ausgerechnet Eva?" Ganz einfach gesagt, Eva war eine Überlebende. Eine mütterliche Linie kann aus vielen unterschiedlichen Gründen aussterben. Eine Frau hat vielleicht keine Kinder oder gebiert ausschließlich Söhne (die ihre mtDNA nicht an die nachfolgende Generation weitergeben).

Sie kann Opfer einer Naturkatastrophe werden, beispielsweise eines Vulkanausbruchs, einer Überflutung oder einer Hungersnot, alles Ereignisse, die die Menschen seit jeher heimgesucht haben. Keines dieser Aussterbeereignisse traf jedoch auf Evas Linie zu.

Vielleicht war es einfach nur Glück – es kann aber auch sehr viel mehr dahinter stecken. Zur selben Zeit nämlich machten die intellektuellen Fähigkeiten des Menschen eine Weiterentwicklung durch, für die der Autor **Jared Diamond** den Begriff **großer Evolutionssprung** (*Great Leap Forward*) geprägt hat. Viele Anthropologen sind der Ansicht, dass die Entwicklung einer **Sprache** uns einen entscheidenden Vorsprung vor anderen frühen menschlichen Spezies verschafft hat. Verbesserte Werkzeuge und Waffen, die Fähigkeit, vorauszuplanen und mit anderen zu kooperieren, sowie eine gesteigerte Fähigkeit, Ressourcen besser zu nutzen, als dies früher möglich war, erlaubten es dem modernen Menschen, schnell neue Gebiete zu erobern, sich neue Ressourcen zu erschließen und andere Hominiden, z. B. die Neandertaler, aus dem Feld zu schlagen und deren Stelle einzunehmen.

Evas einzigartiger Erfolg lässt sich nur schwer auf eine genaue Abfolge von Ereignissen zurückführen, aber wir können mit Sicherheit sagen, dass wir alle unsere mütterliche Abstammung auf diese einzelne Frau zurückführen können.

Die untersten Äste: Abstammungslinie „Eva" > *L1/L0*

Die Mitochondriale Eva repräsentiert die Wurzel des menschlichen Stammbaumes. Ihre Nachfahren wanderten in Afrika umher und spalteten sich schließlich in zwei verschiedene Gruppen auf, deren Mitglieder durch unterschiedliche Mutationssätze gekennzeichnet sind. Man bezeichnet diese beiden Gruppen als **Haplogruppe *L0*** und **Haplogruppe *L1***.

Die Angehörigen dieser beiden Gruppen weisen in ihren DNA-Sequenzen die größten Unterschiede auf, die unter allen heute lebenden Menschen zu finden sind, und repräsentieren daher die untersten Äste des mitochondrialen Stammbaumes.

Noch wichtiger: Wie aktuelle genetische Daten zeigen, **gibt es ausschließlich in Afrika Ureinwohner, die zu diesen Gruppen gehören.**

Fortsetzung auf Seite 168

Da alle Menschen einen gemeinsamen weiblichen Vorfahren – nämlich Eva – haben und alle genetischen Daten zeigen, dass Afrikaner die älteste Gruppe auf der Erde sind, können wir folgern, dass unsere Spezies hier entstanden ist.

Die Haplogruppen *L0* und *L1* entwickelten sich wahrscheinlich in Ostafrika und breiteten sich von dort auf den übrigen Kontinent aus. Heutzutage findet man diese Abstammungslinien am häufigsten bei den Eingeborenenvölkern Afrikas, den Jäger-und-Sammler-Gruppen, die die Kultur, die Sprache und Bräuche ihrer Ahnen über Tausende von Jahren bewahrt haben.

Nachdem diese beiden Gruppen für wenige Tausend Jahre nebeneinander in Afrika gelebt hatten, geschah auf einmal etwas sehr Bedeutendes. Die mitochondriale Sequenz einer Frau aus der Haplogruppe *L1* mutierte. Ein Buchstabe in ihrer DNA veränderte sich, und weil viele ihrer Nachfahren bis in die Gegenwart hinein überlebt haben, öffnet diese Veränderung ein Fenster in die Vergangenheit.

Die Nachfahren jener Frau, gekennzeichnet durch diese wegweisende Mutation, bildeten anschließend eine eigene Gruppe, die sogenannte **Haplogruppe *L2***. Weil die Ahnin von *L2* ein Mitglied der Gruppe *L1* war, können wir Aussagen über die Entstehung dieser wichtigen Gruppen treffen: Eva begründete *L1*, und *L1* begründete *L2*. Nun beginnen wir die Reise in Ihre genetische Abstammungslinie.

Haplogruppe *L2*: Westafrika

Menschen der *L2*-Gruppe findet man in Afrika südlich der Sahara und wie ihre *L1*-Vorfahren ebenfalls in Zentralafrika bis in den tiefsten Süden nach Südafrika. Während *L1/L0*-Individuen vorwiegend im östlichen und südlichen Afrika blieben, schlugen Ihre Vorfahren eine andere Richtung ein, die Sie auf der Karte oben verfolgen können.

L2-Individuen findet man am häufigsten in Westafrika, wo sie die Mehrheit der weiblichen Abstammungslinien bilden. Und weil *L2*-Individuen in großer Zahl auftreten und in Westafrika weit verbreitet sind, repräsentieren ***L2*-Haplotypen eine der vorherrschenden Abstammungslinien der Afro-Amerikaner**. Unglücklicherweise lässt sich nur schwer genau feststellen, wo die *L2*-Linie entstanden sein könnte.

Für einen Afro-Amerikaner aus der Haplogruppe *L2* – wahrscheinlich ein Nachkomme

Adam und Eva des deutschen Malers Lucas Cranach (1472-1553).
Dieses gefeierte Kunstwerk vereint meisterlich die fromme Bedeutung mit künstlerischer Eleganz und Fantasie.
Die Szene spielt auf einer Waldlichtung. Eva steht vor dem Baum der Erkenntnis, bildlich dabei festgehalten, wie sie dem verwirrten Adam einen Apfel reicht. Die Schlange, die sich in den Ästen des Baumes windet, sieht zu, wie Adam der Versuchung erliegt.
Eine reichhaltige Menagerie von Vögeln und anderen Tieren rings um den Baum vervollständigt diese wundervoll verlockende Vision des Paradieses unmittelbar vor dem Sündenfall.

von Westafrikanern, die im Zuge des **Sklavenhandels** nach Amerika gelangten – kann man nicht mit Sicherheit sagen, wo genau in Afrika die Linie entstanden ist.

Haplogruppe *L3*: Wanderung nach Norden auf neue Kontinente

Ihr nächster wegweisender Vorfahr ist die Frau, mit deren Geburt vor ungefähr 80 000 Jahren die Haplogruppe *L3* entstand. Es ist wiederum die gleiche Geschichte: Bei einem Individuum der Gruppe *L2* kam es zu einer Mutation in der mitochondrialen DNA, und diese wurde an die Nachkommen weitervererbt. Die Kinder überlebten, und deren Nachkommen lösten sich letztendlich vom *L2*-Clan und spalteten sich schließlich zur neuen Gruppe namens *L3* ab. In der Abbildung oben können Sie erkennen, dass dies als neuer Schritt in Ihrer Abstammungslinie zum Ausdruck kommt. *L3*-Individuen findet man zwar im gesamten Afrika, einschließlich des südlich der Sahara gelegenen Gebiets, ihre wirkliche

Bedeutung liegt jedoch in ihren Wanderungsbewegungen nach Norden. Diese Wanderung können Sie auf der Karte oben nachvollziehen; sie zeigt die erste Ausbreitung von *L1/L0*, dann *L2*, gefolgt von der Wanderung von *L3* nach Norden. Ihre *L3*-Vorfahren waren die ersten Menschen, die Afrika verließen und repräsentieren somit die untersten Äste des Stammbaumes außerhalb dieses Kontinents.

Heutzutage findet man Menschen der *L3*-Gruppe sehr häufig in den **Populationen Nordafrikas**. Von dort aus wanderten Mitglieder dieser Gruppe in wenige unterschiedliche Richtungen.

Manche Linien innerhalb der *L3*-Gruppe zeugen von einem ausgeprägten Expansionsverhalten im mittleren Holozän, das in Richtung Süden stattfand, und sind in vielen **Bantu-Gruppen** in ganz Afrika vorherrschend. Eine Gruppe wandte sich nach Westen und ist in erster Linie auf das atlantische Westafrika beschränkt, einschließlich der Kapverdischen Inseln. Andere *L3*-Individuen, Ihre Vorfahren, wanderten noch weiter nach Norden und **verließen schließlich alle den afrikanischen Kontinent**. Diese Menschen stellen mittlerweile etwa 10 % der Population im Nahen Osten dar. Aus ihnen wiederum entstanden zwei wichtige Haplogruppen, die schließlich den Rest der Welt besiedelten.

Haplogruppe *N*: Die Inkubationszeit

Der nächste Ihrer wegweisenden Vorfahren ist die Frau, deren Nachkommen die Haplogruppe *N* bildeten. Die Haplogruppe *N* bildet eine von zwei Gruppen, die aus den Nachfahren von *L3* hervorgingen.

Die **Haplogruppe *N*** war das Ergebnis der ersten großen Wanderungsbewegung des modernen Menschen außerhalb Afrikas. Diese Menschen verließen den Kontinent wahrscheinlich über das Horn von Afrika in der Nähe von Äthiopien, und ihre Nachkommen folgten der Küstenlinie ostwärts, um schließlich bis hin nach Australien und Polynesien zu kommen.

Haplogruppe *B*: Ihr Ast des Stammbaumes

Eine Gruppe dieser frühen *N*-Individuen setzte sich in die zentralasiatischen Steppen ab und machte sich, ihrem Jagdwild über große Entfernungen folgend, auf ihren eigenen Weg. **Vor rund 50 000 Jahren** begannen die ersten Mitglieder Ihrer **Haplogruppe *B***

Ostasien zu besiedeln. Die Reise ging dann weiter, bis schließlich auch Nord- und Südamerika und ein Großteil Polynesiens besiedelt waren. Ihre Haplogruppe entstand wahrscheinlich in den Hochebenen Zentralasiens zwischen dem Kaspischen Meer und dem Baikalsee. Sie ist eine der wichtigsten Abstammungslinien Ostasiens und umfasst gemeinsam mit den Haplogruppen *F* und *M* rund drei Viertel aller mitochondrialen Abstammungslinien, die man heutzutage dort findet. Ausgehend von ihrer zentralasiatischen Heimat breiteten sich Ihre entfernten Vorfahren, die Begründer der Haplogruppe *B*, in die umliegenden Gebiete aus, wandten sich alsbald auch nach Süden und besiedelten ganz Ostasien.

Heutzutage gehören ca. 17 % aller Menschen im Südosten Asiens und ungefähr 20 % des gesamten chinesischen Genpools der Haplogruppe *B* an. Die Gruppe zeigt eine sehr weite Verbreitung entlang der Pazifikküste von Vietnam nach Japan und – in geringerem Umfang (ungefähr 3 %) unter den Ureinwohnern Sibiriens. Wegen ihres hohen Alters und des gehäuften Auftretens im gesamten östlichen Eurasien, ist es weitgehend anerkannt, dass diese Abstammungslinie auf die ersten Menschen zurückzuführen ist, die in diesem Gebiet siedelten.

Im nördlichen Eurasien und in Sibirien eigneten sich die Menschen der Haplogruppe *B*, die **Erfahrung im Überleben der harten Winter in Zentral- und Ostasien** hatten, besonders gut für die beschwerliche Überquerung der erst kurz zuvor entstandenen **Bering-Landbrücke**.

Während des letzten eiszeitlichen Maximums vor 15 000 bis 20 000 Jahren banden die niedrigeren Temperaturen und das trockenere globale Klima einen Großteil des Süßwassers der Erde im Eis der Polkappen und machten ein Überleben in weiten Teilen der nördlichen Hemisphäre nahezu unmöglich. Eine wichtige Folge dieser Vereisung war jedoch, dass der Osten Sibiriens und der Nordwesten Alaskas vorübergehend durch eine gewaltige Eisdecke miteinander verbunden waren. Mitglieder der Haplogruppe *B*, die an der Küste fischten, folgten ihr.

Heute ist die Haplogruppe *B* eine von **fünf mitochondrialen Abstammungslinien**, die innerhalb der amerikanischen Ureinwohner zu finden sind und zwar sowohl in Nord- als auch in Südamerika. Die Haplogruppe *B* ist zwar sehr alt (ungefähr 50 000 Jahre), die geringe genetische Variabilität auf den beiden amerika-

Vertreter eingeborener Bevölkerungsgruppen beim Start des *Genographic Project* am 13. April 2005 am Hauptsitz von *National Geographic* in Washington, D. C.; sie nehmen an der genografischen Feldstudie teil und sprechen beim Projektstart über die Belange ihrer Bevölkerungsgruppen.

Von links nach rechts: Battur Tumur, Nachfahre von Dschinghis Khan, Mongolei/San Francisco, USA; Julius Indaaya Hunume, Hadza-Häuptling, Tansania; Phil Bluehouse Jr., Navajo-Indianer, Arizona, USA.

nischen Subkontinenten lässt jedoch darauf schließen, dass diese Abstammungslinien erst innerhalb der letzen 15 000 bis 20 000 Jahre hier ankamen, sich dann aber schnell dort ausbreiteten.

Bessere Erkenntnisse zu erlangen, wie viele Wellen von Menschen genau nach Amerika kamen und wo sie sich zuerst niederließen, ist noch immer von höchstem Interesse und bildet den Mittelpunkt der weitergehenden Untersuchungen des *Genographic Project* in den beiden amerikanischen Subkontinenten.

Durch neuere Ausbreitungsereignisse scheint eine Untergruppe der Abstammungslinien von Haplogruppe *B* von Südostasien nach **Polynesien** gelangt zu sein. Diese Linie wird als *B4* bezeichnet (das bedeutet die vierte Untergruppe innerhalb *B*) und ist durch eine Reihe von Mutationen gekennzeichnet, die eine erhebliche Zeit benötigten, um sich auf dem eurasischen Kontinent anzureichern. Diese nahe verwandte Untergruppe von Abstammungslinien breitete sich wahrscheinlich **innerhalb der letzten 5000 Jahre** von Südostasien nach Polynesien aus und ist besonders auf den Inseln in großer Häufigkeit zu finden.

Dazwischen liegende Linien – die nur einige, aber nicht alle *B4*-Mutationen aufweisen – findet man in den Bevölkerungen von Vietnam, Malaysia und Borneo. Das macht es wahrscheinlich, dass die polynesischen Linien in diesen Teilen Südostasiens entstanden sind.

Ausblick (in die Vergangenheit): Wohin geht unsere Reise?

Auch wenn der Pfeil Ihrer Haplogruppe momentan jenseits von Afrika südlich der Sahara endet, bedeutet dies dennoch nicht das Ende der Reise von Haplogruppe *B*. Ab hier werden die genetischen Schlüsse unklar, und Ihre DNA-Spur verläuft im Sande. Ihre hier dargestellten vorläufigen Ergebnisse basieren auf dem heutigen Wissensstand, der ist aber erst der Anfang. Grundlegendes Ziel des *Genographic Project* ist es, diese Spuren bis in die heutige Zeit weiterzuverfolgen.

Persönliches Fazit von Reinhard Renneberg

Nach dem Lesen dieses ausführlichen DNA-Berichts begannen Claire und ich unsere DNA-Wanderwege zu vergleichen (siehe auch Box 6.2).

Es war recht informativ, den Ort und die Zeit herauszufinden, als Ihre Ur-Ur-Ur(usw.)-Großmutter meinem Ur-Ur-Ur(usw.)-Großvater in der unbekannten Sprache der damaligen Zeit sagte:

„Okay, mein dickköpfiger Liebster, hier müssen wir uns trennen! Du gehst nach Westen, ich jedoch nach Osten – aber sei unbesorgt, unsere Ur-Ur-Urenkel werden sich in wenigen Tausend Jahren in einer großen Stadt wiedertreffen! Viel Glück!!“

Sie hatte (wie das bei Frauen meist der Fall ist) Recht! RR

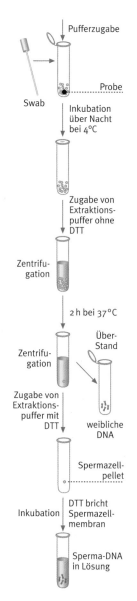

Pufferzugabe

Swab

Probe

Inkubation
über Nacht
bei 4°C

Zugabe von
Extraktions-
puffer ohne
DTT

Zentrifu-
gation

2 h bei 37°C

Zentrifu-
gation

Über-
Stand

Zugabe von
Extraktions-
puffer mit
DTT

weibliche
DNA

Spermazell-
pellet

Inkubation

DTT bricht
Spermazell-
membran

Sperma-DNA
in Lösung

Abb. 6.26 DNA-Test für die Kriminalistik, der weibliche DNA von Sperma-DNA separiert

Abb. 6.27 Mein Katerbaby Fortune liefert spielend eine DNA-Probe mit einem buccalen Swab.

parallel unter gleichen Bedingungen einen DNA-Standard mitlaufen. Er besteht aus DNA-Fragmenten bekannter Größe und bildet eine „Leiter" (*ladder*), die z. B. Fragmente von 1000 bis 5000 Basenpaaren beinhaltet (Abb. 6.24) und eine ungefähre Abschätzung der Fragmentgrößen ermöglicht.

Der DNA bindende Farbstoff **Ethidiumbromid** dient dazu, die DNA sichtbar zu machen. Ethidiumbromid lagert sich zwischen die Basen der Nucleinsäuren ein (interkaliert) und fluoresziert orange im UV-Licht (Abb 6.22). Die Färbung erfolgt im Anschluss an den Lauf; alternativ kann Ethidiumbromid dem Agarose-Gel auch schon gleich zu Beginn zugesetzt werden.

Auf der Suche nach neuen Wirkstoffen wurde Ethidiumbromid (EtBr) 1938 von **Carl Hamilton Browning** (1881–1972) synthetisiert. Ethidiumbromid zeigte Aktivität **gegen den Erreger der Schlafkrankheit** *Trypanosoma* (Abb. 6.28). Seit den 1960er und 1970er Jahren wird Ethidiumbromid zur Behandlung und Prophylaxe von Infektionen mit Trypanosomen bei Rindern genutzt.

Im Jahr 1965 entdeckte man dann, dass Ethidiumbromid an DNA bindet und dass sich dabei sein Absorptionsspektrum verändert. Durch die **Interkalation** von Ethidiumbromid in Nucleinsäuren (Abb. 6.22) nimmt die Intensität der **Fluoreszenzemission** um den Faktor 50 bis 100 zu; 1972 wurde Ethidiumbromid erstmals zum Anfärben von DNA in Gelelektrophoresen eingesetzt.

Auf diese Weise leuchten im Agarose-Gel die Stellen, an denen sich Nucleinsäuren befinden, hell auf, während Stellen ohne Nucleinsäuren dunkel erscheinen. Die Lichtintensität ist dabei proportional zur vorliegenden DNA/RNA-Konzentration sowie zur Länge der Nucleinsäure. Die verwendete Ethidiumbromidkonzentration im Agarose-Gel liegt üblicherweise bei 0,1-0,5 µg/mL. Gerade aber durch die Eigenschaft von Ethidiumbromid, in Nucleinsäuren zu interkalieren, ist dieser Farbstoff als **cancerogen** (krebserregend) eingestuft und sollte bei den praktischen Arbeiten im Labor mit entsprechender Vorsicht gehandhabt werden.

Weiterhin kann man radioaktiv markierte DNA verwenden und über einen Röntgenfilm sichtbar machen (**Autoradiografie**).

Wird ein DNA-Molekül mit einem oder mehreren Restriktionsenzymen gespalten, kann eine

Restriktionskarte erstellt werden, d.h. man bestimmt die Anordnung und Abstände der Restriktionsschnittstellen innerhalb des DNA-Moleküls. Die Gelelektrophorese ist eine sehr wichtige Methodik für den genetischen Fingerabdruck.

■ 6.14 Leben und Tod: genetische Fingerabdrücke zur Aufklärung von Vaterschaft und Mord

Nach **James Watson** ist **Alec Jeffreys'** Entdeckung des **genetischen Fingerabdrucks** (*genetic fingerprinting*) das bisher wichtigste praktische Ergebnis der DNA-Technologie. Wenn man an Unschuldige in Todeszellen denkt, lassen sich durch die Anwendung dieser Technik förmlich Leben retten. Was könnte bedeutender sein?

Seit 1892 werden **Fingerabdrücke** zur Identifizierung von Personen benutzt (**Dactyloskopie**). Der Fall des US-Footballstars **O. J. Simpson** machte die auch als **DNA-Fingerprinting** bezeichnete Methode weltweit medienwirksam bekannt. Simpson konnte allerdings schließlich nicht überführt werden – eigentlich nur, weil die Polizei von L. A. bei der Sammlung der Indizien unglaublich geschlampt hatte und seine Top-Anwälte **Peter Neufeld** and **Barry Scheck** die Ankläger in Widersprüche verwickelten. Der praktisch vernichtende Beweis der Schuld ging dabei unter.

Damals brauchte man aber große DNA-Mengen aus Blut, Samen oder Speichel. Die Probe konnte leicht verunreinigt werden, und die Tests dauerten Wochen. Heute benötigt man nur wenige Zellen, etwa 50 US-Dollar und hat die Analyse in wenigen Stunden.

Beim politischen Mord an der schwedischen Außenministerin **Anna Lindh** (1957–2003) im Jahr 2003 konnte die Polizei, anders als im ungelösten Mordfall **Olof Palme** (1927–1986), die Tatwaffe sicherstellen – ein Messer. Fingerabdrücke wurden darauf keine gefunden, aber Hautpartikel mit DNA des Täters. Ebenso schnell (nach 48 Std.) war die DNA-Fahndung beim Mord am Münchner Modezar **Moshammer** (1940–2005) erfolgreich. Die Täter wurden durch DNA-Analyse überführt. Die DNA zweier Menschen unterscheidet sich nur um 0,1 Prozent. Dieser Unterschied reicht jedoch aus, um einen „genetischen Fingerabdruck" anzufertigen, der unverwechselbar ist.

Box 6.5 Bioanalytik-Historie: DNA-Profile und der Colin-Pitchfork-Fall

1983 wurde die 15-jährige **Lynda Mann** vergewaltigt und erdrosselt im Dorf Narborough in England aufgefunden. Drei Jahre später fand man **Dawn Ashworth**, ebenfalls 15 Jahre alt, im nahegelegenen Enderby. Beide Mädchen entdeckte man auf einem dunklen Pfad. Die Zeitungen sprachen vom „*The Black Pad Killer*".

Die Polizei fand keine Spur, da verkündete **Alec Jeffreys**, ein Genetiker der University of Leicester, seine Methode des Restriktionsfragment-Längenpolymorphismus (*Restriction Fragment Length Polymorphism, RFLP*).

Die Erkenntnis ereilte ihn in der Dunkelkammer um 9.00 Uhr morgens, am Montag, den 15. September 1984. Jeffreys untersuchte die Evolution des Gens für das Sauerstoff-Transportprotein im Muskel, Myoglobin, und hatte nach einer Gelelektrophorese dafür entsprechende Abschnitte von DNA fotografiert. Jeffreys schaute auf die frisch entwickelte Filmaufnahme. Sie zeigte die DNA in mehreren Banden, die wie Strichcodes auf Verpackungen aussehen. Mein Gott, soll er gedacht haben, was haben wir denn hier! Ganz unterschiedliche Muster, und zwar so einzigartig, dass jeder Mensch damit identifiziert werden könnte! Nur wenige Stunden später gaben Jeffreys und seine Kollegen der Zufallsentdeckung den Namen „genetischer Fingerabdruck".

DNA aus Spermaspuren wurde isoliert, um das DNA-Profil des Mörders zu rekonstruieren. 5000 Männer von 16 bis 34 ohne Alibi wurden um eine Blutprobe gebeten. Natürlich nahm die Polizei an, dass der Mörder sich nicht solchermaßen freiwillig untersuchen lassen würde. Das passierte denn auch zufällig. Im August 1987 erzählte eine Frau aus einer Bäckerei der Polizei, dass einer ihrer Kollegen im Pub erzählt habe, er habe sein Blut anstelle eines anderen abgegeben, um ihm zu helfen. Als Ian Kelly befragt wurde, leugnete er das nicht ab. Sein Kumpel, der 27-jährige **Colin Pitchfork**, hatte ihm weisgemacht, er habe sein Blut bereits für einen anderen abgegeben, der in der Klemme steckte.

Alec J. Jeffreys mit dem ersten DNA-Fingerprint in der Geschichte

Der wahre Grund: Pitchfork war der Mörder! Im Januar 1988 bekannte sich Pitchfork schuldig und bekam eine lebenslange Gefängnisstrafe. Er war der erste Mörder der Geschichte, der anhand seiner DNA überführt wurde. Der geistig verwirrte 19-jährige **Rodney Buckley** hatte sich zuvor schuldig bekannt, Dawn Ashworth getötet zu haben. Er wurde auf freien Fuß gesetzt, denn seine DNA stimmte absolut nicht mit der Sperma-DNA am Tatort überein. Buckley war der erste Verdächtige in der menschlichen Geschichte, der aufgrund einer DNA-Analyse freigesprochen wurde.

1987 wurden in den USA und England DNA-Tests erstmals offiziell als Beweismittel zugelassen. Die britische landesweite Datenbank enthält etwa 700 000 DNA-Profile und wurde bisher in 75 000 Ermittlungen genutzt, etwa 500-mal pro Woche. Bei 10 000 Vergewaltigungsfällen zwischen 1989 und 1996 konnten 25 % der zuerst Verdächtigen durch DNA-Analysen ausgeschlossen werden.

Es zeigte sich, dass auch Augenzeugen oft irren, so wie auch die US-Justizbehörde: Das *Innocence Project („Projekt Unschuld")* des New Yorker Anwaltes **Barry Scheck** nennt die DNA „die Goldwaage der Unschuld" und konnte seit 1992 mehr als 70 Unschuldige durch DNA-Analyse aus dem Gefängnis holen, darunter acht Todeskandidaten. Scheck sagt, von jeweils sieben Menschen, die in den USA hingerichtet werden, sei mindestens einer (!) unschuldig.

Alec J. Jeffreys wurde ob seiner Verdienste um die Menschheit von der Queen in den Adelsstand erhoben.

Congrats, Sir Alec!

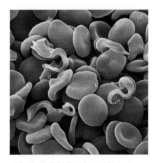
Der genetische Fingerabdruck des Mörders stimmt mit dem Pitchforks überein.

Interessant ist, dass der genetische Unterschied zwischen Menschen von verschiedenen Kontinenten kleiner ist als man bislang annahm: **Ein einzelner Afrikaner kann einem einzelnen Europäer oder Asiaten genetisch ähnlicher sein als einem anderen Afrikaner.**

Das erste Mal wurde das DNA-Fingerprinting von **Alec J. Jeffreys** (geb. 1950) in England an der Universität Leicester in den 1970er Jahren beschrieben (Box 6.5).

Der Test beruht darauf, dass sich mithilfe von Restriktionsenzymen in Stückchen (Fragmente) geschnittene DNA verschiedener Menschen in Zahl und Größe unterscheiden. Man nennt diese Technik **Restriktionsfragment-Längenpoly-morphismus-Analyse** (*Restriction Fragment Length Polymorphism Analysis*), kurz **RFLP-Analyse** (siehe Box 6.5). Die Gentechniker sprechen es wie „*riflip*" aus.

Es geht beim Begriff RFLP eigentlich nur um den Weg des Nachweises der DNA-Varianten: die Verwendung sehr spezifischer, DNA schneidender Enzyme, der **Restriktionsendonucleasen**. Wenn sich zwei DNA-Varianten in der **Erkennungssequenz** für ein Restriktionsenzym unterscheiden, wird unter Umständen die eine Variante von dem Restriktionsenzym geschnitten, die andere nicht. Die Fragmente geschnittener Varianten haben deshalb verschiedene Längen. Der überwiegende Teil der DNA höherer

Abb. 6.28 Ethidiumbromid zeigte Aktivität gegen den Erreger der Schlafkrankheit, *Trypanosoma*.

Box 6.6 PCR: der DNA-Kopierer *par excellence*

Mit der **Polymerase-Kettenreaktion** (*Polymerase Chain Reaction*, PCR,) wird ein ausgewähltes Stück DNA höchst wirksam exponentiell anwachsend vermehrt. Dabei kann es sich um jeden Abschnitt einer beliebigen DNA handeln, solange man die Sequenzen, also die Basenfolge, an seinen beiden Enden kennt. Die DNA-Polymerase benötigt nämlich Ansatzpunkte, wo sie zu kopieren beginnen soll. Die DNA-Vermehrung selbst erfolgt mit der **hitzestabilen Polymerase aus *Thermus aquaticus* (*Taq*-Polymerase)** (Abb. 6.36) oder einer anderen hitzestabilen Polymerase. Für die Entwicklung einer automatisierten PCR war die Hitzestabilität des Enzyms entscheidend. So muss nicht nach jedem Zyklus die sonst durch Hitze zerstörte

Thermocycler: MJ Research Model Tetriad; **unten:** Roche Light Cycler

Polymerase durch frische ersetzt werden. Wenn man die Enden des DNA-Stückes, das vervielfältigt werden soll, kennt, synthetisiert der Chemiker kurze Stücke einsträngiger DNA, sogenannte **Primer** oder Startsequenzen, die maßgeschneidert komplementär zu Starterbereichen nahe den beiden Enden des DNA-Stückes sind.

Die PCR beginnt: Alle erforderlichen Reagenzien, die DNA-Matrize (*template*), beide Primer, die Polymerase und die DNA-Bausteine (die vier Nucleotide A, G, C und T, auch als dNTPs zusammengefasst) werden in einem Proberöhrchen in einem optimalen Puffer gelöst. Der **Thermocycler** sorgt dann für eine automatisierte Reaktion:

- Die Doppelhelix erhitzen auf 94 °C, so bilden sich zwei Einzelstrang-DNAs.

- Abkühlen auf 40 bis 60 °C, daraufhin binden sich die beiden Primer an den passenden Starterbereich nahe den Enden der Einzelstrang-DNAs (Hybridisierung). Dadurch entstehen für die Polymerasen kurze Anknüpfungsstellen, die zugleich die Startpositionen des Kopiervorganges markieren.

- Erhitzen auf eine Temperatur von 72 °C, bei der die *Taq*-Polymerase optimal arbeiten kann. Von beiden DNA-Enden arbeiten zwei Polymerasen aufeinander zu und bauen die passenden Nucleotide ein, sie kopieren das gewünschte Stück DNA. Auf diese Weise sind zwei identische Tochter-Doppelhelix-DNAs entstanden.

- Nun wird wieder auf 94 °C erhitzt, beide Tochter-DNAs spalten sich in insgesamt vier Einzelstrang-DNAs auf.

- Abkühlen, vier Primer binden sich an den nun vorliegenden vier Enden, Polymerase produziert vier Doppelhelix-DNAs, die alle identisch sind.

- Wiederholung des Zyklus, und es entstehen exponentiell 8, 16, 32, 64, 128, 256 Kopien und so fort.

Bei einem Zyklus, der nur drei Minuten dauert, kann man auf diese Weise in einer Stunde (20 Runden) eine Million Kopien erzeugen! Zum Starten der PCR genügt theoretisch ein einziges Molekül der zu vermehrenden DNA. In der Praxis benötigt man allerdings mindestens drei bis fünf Moleküle der zu vermehrenden DNA, um die PCR-Reaktion in Gang zu bringen.

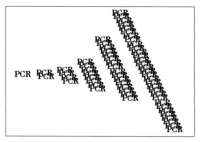

Bildhafte Darstellung des PCR-Prinzips

Die PCR ist nicht nur unschätzbar wertvoll für die Forschung, sondern auch für die Diagnostik. So können auch Viren und Bakterien direkt nachgewiesen werden, d. h., ohne sie vorher künstlich vermehren zu müssen. Für die Diagnose von Erbkrankheiten und Krebs wird immer häufiger die PCR eingesetzt. Ein Problem ergibt sich dabei aber aufgrund der extremen Empfindlichkeit der PCR: Wenn nicht sehr sauber gearbeitet wird, kann im Labor vorhandene Fremd-DNA als Kontamination die Ergebnisse leicht verfälschen. Selbst in der Luft befindet sich DNA! Bei der SARS-Epidemie in Hongkong 2003 führte das dazu, dass eigentlich Gesunde als Kranke behandelt wurden und sich tragischerweise im Hospital infizierten, weil sie falsch positiv getestet wurden.

Abb. 6.29 Oase in der Wüste Gobi – Sinnbild für Gene in der DNA-Wüste

Organismen (97 %) enthält keine Information zur Bildung von Proteinen. **Gene sind Oasen in dieser (scheinbaren) Wüste** (Abb. 6.29).

Nun trägt diese „**nichtcodierende DNA**" (Introns) aber öfter Mutationen als die codierende, weil diese Mutationen in den meisten Fällen ohne lebensbedrohlichen Effekt auf die Zelle bleiben. Logisch! Diese Mutationen werden von Generation zu Generation weitergegeben, ohne dass sich das äußere Bild des Organismus (der Phänotyp) verändert. Die nichtcodierenden RFLPs unterscheiden sich dadurch zwischen In-

dividuen stärker als codierende DNA-Sequenzen! Das ist ideal für die Diagnostik.

6.15 DNA-Marker: Tandems und „Schnipsel"

Für umfassende DNA-Analysen sind jedoch die RFLPs nicht ausreichend, unter anderem, weil jede Schnittstelle nur zwei mögliche Zustände haben kann.

Eine wichtige Rolle spielt **Mikrosatelliten-DNA**. Sie repräsentiert 5 % der Sequenzpolymorphismen. Das sind kurze, nichtcodierende, **tandemartig wiederholte DNA-Abschnitte** (*short tandem repeats*, **STRs**) wie CACACA-CACA. Die Wiederholungseinheiten sind **zwei bis zehn Nucleotide lang und wiederholen sich fünf- bis 20-mal**. Die Anzahl der Wiederholungen je Satellit ist individuell verschieden. Das menschliche Genom enthält mindestens 650 000 STRs. Mikrosatelliten-DNA kommt selten in Genen vor, und wenn, hat das Konsequenzen, z.B. bei der Erbkrankheit **Chorea Huntington** (Abb. 6.30). Ihre Anzahl erlaubt eine **Kartierung des menschlichen Genoms mit einer akzeptablen Auflösung** (Box 6.2 und 6.4).Gemeinsam ist RFLPs und Satellitenmarkern, dass sie sich gut physikalisch kartieren, d. h. in einer **Genomkarte** festmachen und somit auf einem Chromosom feststellen lassen.

Bei der Kartierung muss das Chromosom (oder das ganze Genom) möglichst vollständig mit **Markern** abgedeckt werden, um z. B. die Lage von Krankheitsgenen leichter bestimmen zu können. Man ermittelt dann, **wie häufig die untersuchten Marker (RFLPs, STRs) in bestimmten Familien zusammen mit der Krankheit vererbt werden.**

Am wichtigsten haben sich mittlerweile für kriminalwissenschaftliche Analysen **SNPs** (*Single Nucleotide Polymorphisms*, ausgesprochen wie „snips" = „Schnipsel") erwiesen.

Polymorphismus bedeutet, dass verschiedene Kopien eines Gens einer Population nicht exakt identisch sind. Einzelnucleotid-Polymorphismen liegen vor, wenn der Unterschied zwischen den verglichenen Genen gerade einmal eine Base (A,T,C oder G) groß ist. Beispielsweise kann AAGGCTAA zu ATGGCTAA verändert sein, und damit kann dieser Polymorphismus auch als erfolgreich durchgesetzte Punktmutation im Genpool einer Population bezeichnet werden. SNPs, die für über 90 % der gesamten menschlichen genetischen Variation verantwortlich sind, treten alle 100 bis 300 Basen im drei Milliarden Basenpaare umfassenden Humangenom auf. In zwei von drei SNPs ist C durch T ersetzt.

In groß angelegten Studien menschlicher oder anderer Populationen sind die SNPs die Marker der Wahl, weil sie mit **Gen-Chips** (siehe Kapitel 7) leicht messbar sind. Bereits zwei Millionen SNPs sind bisher bekannt. Der einzige Nachteil der SNPs ist, dass jeglicher SNP nur eines der zwei Basenpaare A-T oder G-C sein kann.

Zwei Menschen zu unterscheiden kann also schwierig sein. Man muss SNP-Blöcke finden, eine Art genetischen Strichcode. Solche SNP-Kombinationen werden auch **Haplotypen** genannt. Die Haplotyp-Kartierung ist jetzt Teil jedes Gen-Kartierungsprogramms. In den 1990er Jahren wurde das RFLP-Fingerprinting um die SNPs ergänzt.

In der **Kriminalistik** spielt DNA eine immer größere Rolle. Ein DNA-Fingerabdruck kann inzwischen mit 20 bis 50 Nanogramm DNA ausgeführt werden. Mit dem Fingerprinting kann man z.B. bei Vergewaltigungsopfern eine DNA-Probe aus Spermaspuren und eine DNA-Probe des Verdächtigen vergleichen (Abb. 6.26).

Bei sogenannten **DNA-Rasterfahndungen** wurden inzwischen auch in Deutschland Abstriche der Mundschleimhaut Tausender verdächtiger Männer mit speziellen Swabs (Wattestäbchen) (Abb. 6.27) genommen und untersucht, sehr oft erfolgreich!

Das Anlegen einer allgemeinen **DNA-Datenbank** ist allerdings aus rechtlichen Gründen in Deutschland umstritten, findet mittlerweile aber immer stärkere Befürworter.

Das **Fingerprinting wird immer empfindlicher.** Es reichen schon **Speicheltröpfchen** in der Sprechmuschel des Handys oder eine einzelne **Haarwurzel**. Die Haarwurzelmethode wurde vom deutschen Bundeskriminalamt entwickelt. Nach dem Anschlag am 11. September 2001 in New York identifizierte man damit einige der 2977 Opfer.

Die Bewegung *Las Abuelas* („Die Großmütter") in Argentinien konnte dank DNA-Analysen zumindest einige der während der Militärdiktatur verschleppten Kinder wieder den ursprünglichen Familien zurückgeben. Hierzu wurde **Mitochondrien-DNA (mtDNA)** der Kinder und der Großmütter analysiert. Mitochondriale DNA wird ausschließlich über die Mütter weitergegeben.

Aufsehen erregten auch die DNA-Analyse der Zarenfamilie **Romanow**, die Identifizierung der Gebeine des mörderischen KZ-Arztes **Josef Mengele** und die Entlarvung von **Anne Anderson**, der letzten angeblichen „Zarentochter". Sind allerdings nur geringe Mengen DNA verfügbar, muss diese DNA zunächst vermehrt werden. **Polymerase-Kettenreaktion (PCR)** heißt das Zauberwort.

Abb. 6.30 Die Huntington-Krankheit ist eine sehr seltene, vererbbare Erkrankung des Gehirns. Benannt ist die Huntington-Krankheit nach dem amerikanischen Arzt George Sumner Huntington, der sie 1872 beschrieb. Er hatte erkannt, dass es sich um eine erbliche Krankheit handelt.

CYCLE Nummer	Menge der DNA
0	1
1	2
2	4
3	8
4	16
5	32
6	64
7	128
8	256
9	512
10	1.024
11	2.048
12	4.096
13	8.192
14	16.384
15	32.768
16	65.536
17	131.072
18	262.144
19	524.288
20	1.048.576
21	2.097.152
22	4.194.304
23	8.388.608
24	16.777.216
25	33.108.864
26	67.108.864
27	134.217.728
28	268.435.456
29	536.870.912
30	1.073.741.824

Abb. 6.31 In nur 30 Amplifikationsrunden vervielfacht sich während einer PCR die DNA-Menge von einem einzigen Molekül auf eine Zahl von über eine Milliarde DNA-Moleküle.

173

Box 6.7 Expertenmeinung:
Alan Guttmacher über den Anbruch der genomischen Ära

Der 14. April 2003 bedeutete das offizielle Ende des *Human Genome Project*: Das gesteckte Ziel war erreicht, die **vollständige Sequenzierung des menschlichen Genoms**. Dies stellte einen wahrhaft historischen technischen und wissenschaftlichen Erfolg dar und hat das Gesicht der biomedizinischen Forschung bereits verändert. Genauso wichtig wie die Sequenzierung waren aber auch andere, wenngleich weniger offensichtliche Beiträge, die das *Human Genome Project* zur biomedizinischen Forschung leistete.

Genome **The End of the Beginning**

Das *Human Genome Project* demonstrierte, dass große, zentral organisierte Projekte nicht nur auf anderen Gebieten der Naturwissenschaften von Nutzen sein können, etwa in der Physik, sondern auch in der **biomedizini-**

schen Forschung. Es zeigte außerdem, dass von einer Hypothese ausgehende und von einem Wissenschaftler initiierte Forschung zwar weiterhin die wichtigste Vorgehensweise bei der produktiven biomedizinischen Forschung bleiben wird; dass aber andererseits auch solchen Forschungen eine Schlüsselrolle zukommt, die nicht darauf ausgerichtet sind, eine bestimmte Fragestellung zu beantworten, sondern vielmehr einen gemeinschaftlichen **Wissenspool** zu schaffen. Auf diesen können dann viele Forschungsrichtungen zurückgreifen und damit einen weiten Bereich von Fragen beantworten – häufig sind das Fragen, die man zu dem Zeitpunkt der Erstellung der Wissensquelle noch gar nicht voraussehen konnte.

Die „gemeinschaftliche" Natur des Wissenspools, der durch das *Human Genome Project* geschaffen wurde, erwies sich einerseits als Schlüssel zum Erfolg des Projekts, andererseits auch als ein sehr wichtiger Beitrag zur biomedizinischen Forschung. Kennzeichnend für das Projekt war, dass alle erstellten Daten innerhalb von 24 Stunden der gesamten Forschergemeinschaft weltweit zur Verfügung gestellt wurden. Das bedeutete einen großen Schritt weg von dem bislang vorherrschenden Modell, dem zufolge die Forschungsergebnisse dem jeweiligen Forscher „gehören". Natürlich muss man geeignete Möglichkeiten finden, wie man die Mühe, die Zeit und die intellektuelle Kreativität, die der Wissenschaftler in seine Forschung investiert, entsprechend erkennen, würdigen und entlohnen kann. Die Wissen-

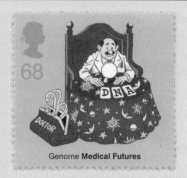

Genome **Medical Futures**

schaft kommt jedoch schneller voran – und gleichzeitig profitiert auch die Gesellschaft rascher davon –, wenn die Untersuchungsdaten weniger als persönlicher Schatz behandelt werden, den der Wissenschaftler hütet und auf den nur er Zugriff hat, sondern vielmehr als Allgemeingut. Dies ist besonders im derzeitigen Wissenschaftszeitalter von Bedeutung, da wir, wie das *Human Genome Project* veranschaulicht, mittlerweile in eine Ära eingetreten sind, in der das Suchen wissenschaftlicher Daten vielleicht eine fast größere Herausforderung darstellt, als diese zu sammeln.

Das *Human Genome Project* hat auch gezeigt, wie nützlich es ist, den gesellschaftlichen Kontext und die Auswirkungen für die wissenschaftliche Forschung zu erkennen und anzusprechen. Durch die Berücksichtigung der ethischen, rechtlichen und sozialen Auswirkungen (ELSI, Ethical, Legal, and Social Implications) seiner Forschungen stellte das Projekt

Abb. 6.32 Die Lichter eines Highways brachten Mullis auf seine Idee.

Abb. 6.33 Kary Mullis (1944–2019)

■ 6.16 Die Polymerase-Kettenreaktion: der DNA-Kopierer

Kary Mullis (Abb. 6.33) befand sich 1985 auf der Wochenendheimfahrt aus dem Labor der ersten Biotech-Firma der Welt, Cetus Corporation, auf einem mondbeschienenen kalifornischen Highway (Abb. 6.32).

Er dachte die langen drei Stunden über eine Idee nach: Wie könnte man einen einzelnen speziellen Teilbereich eines DNA-Moleküls – etwa ein Gen – millionenfach und milliardenfach kopieren? So könnte man die molekulare Nadel im Heuhaufen finden!

Eine Möglichkeit besteht darin, die DNA in ringförmige Plasmide einzubauen, dann die Plasmide in Bakterien einzuschleusen, die Bakterien millionenmal zu vermehren, die Plasmide wieder herauszuholen und das so *in vivo* geklonte Gen auszuschneiden. Aufwendig!

Mullis sah, wie **Autolichter auf beiden Seiten der Fahrbahn aufeinander zu kamen, aneinander vorbeiglitten, Autos bogen auch ständig vom Highway ab**. In dieser Symphonie von Lichtspuren und sich überschneidenden Lichtern kam ihm die **entscheidende Idee**, für die er nur acht Jahre später den Nobelpreis erhalten sollte. Er stoppte sein Auto und begann Linien zu zeichnen: Wie sich DNA im Reagenzglas (*in vitro*) verdoppelt, wobei das Produkt jedes Zyklus die Matrizen für den nächsten Zyklus liefert. Dazu müsste man **zuerst den DNA-Doppelstrang aufschmelzen** – etwa durch Hitze. Dann müsste man eine **Initiationsregion für die DNA-Polymerase** haben, man müsste also die flankierende Bereiche des zu amplifizierenden Gens kennen und kurze Oligonucleotide an diesen hybridisieren lassen.

An diese könnte dann die Polymerase binden und den Zwischenbereich replizieren. Immer

sicher, dass ein großes Aufgebot an Forschern mit sehr unterschiedlichen Lebenserfahrungen, verschiedenen Ausbildungen und Fachkenntnissen aktiv dessen potenziell weitreichenden gesellschaftlichen Einfluss anerkannten. Sowohl das Projekt selbst als auch die Gesellschaft profitierten von diesem breit angelegten Forschungsfeld und Denken, das selbst nach Abschluss des *Human Genome Project* ein wertvoller Teil der Genomik geblieben ist.

Eine weitere Lektion des *Human Genome Project* ist, dass die vollständige Sequenzierung nicht das Ende darstellt, sondern erst den Beginn.

Schon gleich nach Abschluss des *Human Genome Project* 2003 wurden viele Stimmen laut, die vom Eintreten in die „Post-Genom-Ära" sprachen. Zwar halten wir jetzt die Sequenz des menschlichen Genoms in Händen, es ist jedoch richtiger zu sagen, dass wir gerade erst in die „Genom-Ära" eingetreten sind. Das ist ein wesentlicher Unterschied.

Durch unsere Kenntnis der Sequenz des menschlichen Genoms und die vielen anderen wissenschaftlichen und technischen Fortschritte, die das *Human Genome Project* hervorgebracht hat, stehen wir gerade am Beginn der Ära, in der wir die **Genomik** anwenden können: um die Biologie und die Gesundheit und Krankheiten des Menschen besser zu verstehen und, was vielleicht noch wichtiger ist, die Gesundheit der Menschen weltweit zu verbessern.

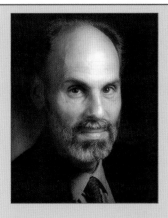

Dr. Alan E. Guttmacher ist geschäftsführender Direktor des National Human Genome Research Institute (NHGRI). Er kümmert sich darum, die Bemühungen des Instituts in der immer weiter fortschreitenden Genomforschung zu überwachen, die Vorteile Genomforschung für die Gesundheitsvorsorge nutzbar zu machen sowie die ethischen, rechtlichen und gesellschaftlichen Folgen der Forschung am menschlichen Genom zu sondieren.

2003 gaben Dr. Guttmacher und der ehemalige Leiter des NHGRI, **Dr. Francis S. Collins,** *gemeinsam eine Reihe von Veröffentlichungen über die Anwendungsmöglichkeiten der Fortschritte in der Genomik in der Gesundheitsvorsorge heraus unter dem Titel Genomic Medicine (The New England Journal of Medicine).*

Alan Guttmacher beaufsichtigt auch die Einbindung des NIHs in die U .S. Surgeon General's Family History Initiative, dem Bemühen, alle Amerikaner dazu zu ermutigen, sich mit ihrer medizinischen Familiengeschichte auseinanderzusetzen, um die eigene Gesundheit zu fördern und Krankheiten vorzubeugen.

Dr. Guttmacher erwarb seinen Doktortitel an der Harvard Medical School, schloss ein Praxissemester und eine Facharztausbildung in Pädiatrie ab und erhielt ein Forschungsstipendium in medizinischer Genetik am Children's Hospital Boston und an der Harvard Medical School. Er ist Mitglied des Institute of Medicine.

Literaturempfehlungen:

Guttmacher AE, Collins FS (2002) Genomic Medicine – A Primer. *New England Journal of Medicine*, 19: 1512–1520. Kann aus dem Internet heruntergeladen werden unter
http://content.nejm.org/cgi/content/full/347/19/15 12

Collins FC, Green ED, Guttmacher AE, Guyer MS (2005) A Vision for the Future of Genomics Research.
Nature, 422: 835–847. Kann aus dem Internet heruntergeladen werden unter
https://www.nature.com/articles/nature01626

Der Artikel enthält 44 der wichtigsten wissenschaftlichen Veröffentlichungen mit Weblinks.

wieder, wenn man diesen Vorgang wiederholen würde. Nur 30 Wiederholungen würden reichen, um aus einem einzigen doppelsträngigen DNA-Molekül 1 000 000 identische DNA-Moleküle zu erzeugen (Abb. 6.31)! Mullis weckte seine schlafende Freundin: „Das glaubst Du nicht. Es ist so unglaublich!" Sie brummelte etwas Unfreundliches und fiel wieder in den Schlaf, einen Zustand, den Mullis in dieser Nacht nicht erreichen konnte, da „desoxyribonucleare Bomben in meinem Kopf explodierten". Als Mullis am Montag zu Cetus zurückkehrte, testete er fieberhaft die Idee. Es funktionierte! Nur wenige Kollegen waren jedoch beeindruckt.

Mullis erzählte später, er habe gedacht: „Ich kann also so viel einer bestimmten DNA-Sequenz machen, wie ich will ... Ist das etwa eine Illusion? Andererseits würde das die DNA-Chemie total verändern! Irgendjemand hat das sicher schon gemacht, aber dann hätte ich davon gehört ... Was hab' ich übersehen?"

Als Nobelpreisträger **Joshua Lederberg** (1925–2008, Abb. 6.34) kurze Zeit später auf einem Kongress das Poster von Mullis sorgfältig studierte, fragte er eher beiläufig: *„Does it work?"* Als Mullis bejahte, bekam er endlich die lange erwartete Reaktion: Die Ikone der Molekulargenetik, Joshua Lederberg, raufte sich die (spärlichen) Haare und rief laut: „Oh, mein Gott! Warum bin ich nicht darauf gekommen!?"

Das war die Story der der **Polymerase-Kettenreaktion** (*Polymerase Chain Reaction*, **PCR**). Eigentlich geschieht dabei das Gleiche wie bei der Teilung einer Zelle in zwei Tochterzellen. Da jede Tochterzelle genau die gleiche Erbinformation braucht, muss die Information der Mutterzelle vollständig kopiert werden. Die beiden Stränge der Doppelhelix werden dazu getrennt. Die beiden einzelsträngigen DNA-Moleküle die-

Abb. 6.34 Joshua Lederberg

Abb. 6.35 Poster zur PCR der indischen College-Studentin Tannishita Das

Abb. 6.36 Quantifizierung von Nucleinsäuren mithilfe von FRET, TaqMan®-Sonden und molekularen Leuchtfeuern.

① **FRET:** Zwei verschiedene, jeweils mit einem FRET-Donor bzw. einem FRET-Akzeptor markierte Oligonucleotide hybridisieren mit einem aufgeschmolzenen DNA-Einzelstrang. Der FRET-Donor überträgt Energie auf den Akzeptor, es kommt zur Ausbildung eines Fluoreszenzsignals.

② **TaqMan®-Sonden:** Die Fluoreszenz des Reporter-Fluorophors wird bei intakten TaqMan®-Sonden durch einen Quencher unterdrückt. Während eines PCR-Zyklus hybridisiert die Sonde mit dem komplementären DNA-Strang, die Reporter-Fluoreszenz bleibt zunächst unterdrückt. Die *Taq*-Polymerase baut aufgrund ihrer 5'-3'-Exonuclease-Aktivität das 5'-Ende der Sonde während der PCR-Zyklen ab. Die Fluoreszenz des Reporters wird nun nicht mehr durch den Quencher gelöscht und kann gemessen werden.

③ **Molekulare Leuchtfeuer:** Diese Sonden besitzen neben einem Fluoreszenzmolekül (Sonne) einen Quencher (Wolke), der die Fluoreszenz unterdrückt. Bei Hybridisierung mit einem DNA-Einzelstrang öffnet sich die Haarnadelstruktur der Sonde, das Fluoreszenzmolekül kann frei leuchten.

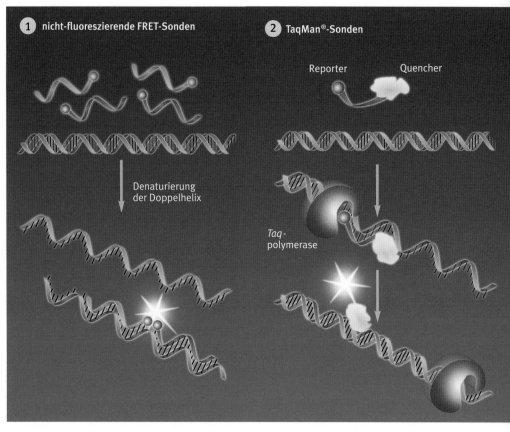

nen als Matrizen für zwei neue Stränge. Mithilfe eines Enzyms, der DNA-Polymerase (siehe Abschnitt 6.2), werden in der Zelle die beiden komplementären Stränge synthetisiert. Die Polymerase baut dabei das jeweils richtige, zur Matrize passende Nucleotid ein. Beide entstandenen DNAs der Tochterzellen sind mit der DNA der Mutterzelle identisch. Tausende Biochemiker und Biotechnologen hatten jahrelang versucht, dieses im Reagenzglas nachzuahmen, aber erst Kary Mullis kam auf die entscheidende Idee.

Mullis wurde mit einer Prämie von **10 000 US-Dollar** abgefunden. Jahre später verkaufte Cetus dann die Rechte an der PCR-Methode samt Patent für die von ihm verwendete DNA-*Taq*-Polymerase für **300 Millionen Dollar** an die Weltfirma Roche. Das Enzym war allerdings bereits 1976 von **Alice Chien** und **John Trela** (Universität Cincinnati) und 1980 von den Moskauern **Alexei Kaledin**, **S. I. Gorodetskii** und **A. G. Slyusarenko** beschrieben worden. Aus diesem Grund wurde nach jahrelangem Rechtsstreit der Firma Roche das Patent für die *Taq*-Polymerase inzwischen entzogen. Die US-Patente für die PCR-Technologie selbst liefen im März 2005 aus.

Das geniale **Prinzip der PCR** (Box 6.6) lautet kurz gefasst:

- Aufheizen und damit Trennen (**Denaturieren**) der DNA-Stränge,

- Abkühlen und Anlagern kurzer Oligonucleotide, welche mit den flankierenden Bereichen des zu amplifizierenden Gens hybridisieren (Primer) (**Annealing**),

- Erwärmen und Synthese der neuen DNA (**Elongation**) durch die Polymerase,

- Aufheizen und Trennen (**Denaturieren**) der neuen DNA,

- der gleiche Vorgang wieder von vorne.

Ein Zyklus läuft automatisch in wenigen Minuten ab.

Anfänglich musste die **DNA-Polymerase bei jedem neuen Zyklus immer neu zugesetzt** werden, denn das Enzym aus Coli-Bakterien verlor bei dem Denaturierungsschritt von 94 °C seine Aktivität.

Dann entdeckte man in siedend heißen Quellen, z. B. in den Geysiren des Yellowstone-Nationalparks, Bakterien (Abb. 6.37). Auch sie brauchen eine Polymerase, um sich dort zu vermehren!

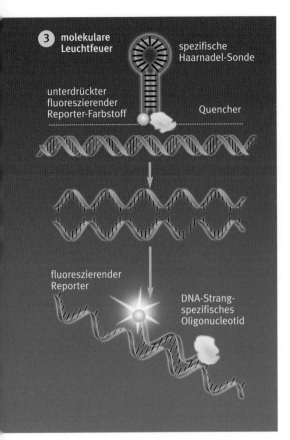

den, um spezifische Sequenzen aus dieser zu amplifizieren. Wie andere DNA-Polymerasen auch, benötigt auch eine Reverse Transkriptase ein kurzes DNA-Stück, einen sogenannten Primer, zur Initiation der DNA-Synthese.

Da eine cDNA zur ursprünglichen mRNA komplementär ist, kann aus dieser anhand des genetischen Codes auch die Aminosäure eines Proteins abgeleitet werden, für welches diese mRNA codiert. Eine mRNA in Eukaryoten ist nach ihrer Transkription bereits modifiziert und gespleißt worden (d. h. die Introns wurden entfernt). Sie ist also im Gegensatz zum Gen auch intronfrei.

Genutzt wird die Reverse-Transkriptase-PCR bei der Diagnose von RNA-Viren im Blutserum, wie HIV und in jüngerer Zeit häufig auch im Zusammenhang mit dem Influenza-Stamm H5N1.

Abb. 6.37 *Thermus aquaticus* (unten) aus heißen Quellen des Yellowstone-Nationalparks

■ 6.18 Die Echtzeit-PCR (qPCR) quantifiziert PCR-Produkte

Die **Real-time-quantitative-PCR** (qPCR) ermöglicht zusätzlich die Quantifizierung der gewonnenen DNA. Dabei werden meist Fluoreszenzmessungen durchgeführt, die direkt während eines PCR-Zyklus erfasst werden, daher der Name „*real time*" (Echtzeit). Die Fluoreszenz nimmt proportional mit der Menge der PCR-Produkte zu. Am Ende eines Laufes aus mehreren Zyklen wird anhand von Fluoreszenzsignalen die DNA-Menge quantifiziert. Nur in der exponentiellen Phase der PCR (die wenige Zyklen in einem Lauf dauert) ist eine korrekte Quantifizierung möglich, da nur während dieser Phase die optimalen Reaktionsbedingungen herrschen. Wenn ein Plateau erreicht ist, ist diese Messchance vorbei.

Die einfachste Möglichkeit einer Quantifizierung sind **DNA-Farbstoffe** (z. B. Ethidiumbromid (Abb. 6.22) oder SYBR® Green I). Fluoreszenzfarbstoffe lagern sich in die DNA ein (interkalieren) bzw. binden an die doppelsträngige DNA. Erst dadurch steigt das Fluoreszensignal dieser Farbstoffe in der Probe. Die Zunahme der amplifizierten DNA korreliert daher mit der Zunahme der Fluoreszenz von Zyklus zu Zyklus. Die Messung findet am Ende der Elongation in jedem Zyklus statt.

Vorteilhaft ist, dass man nach abgelaufener PCR eine **Schmelzkurvenanalyse** (*melting curve analysis*) durchführen kann. Damit können Fragmentlänge(n) und dadurch die Spezifität

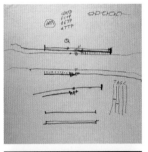

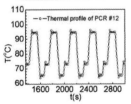

Abb. 6.38 Oben: erste Skizze der Idee, jetzt im Museum of American History. Mitte: Mullers erster Labor-Thermocycler. Unten: moderner Thermocycler mit Temperaturverlauf

Das aus *Thermus aquaticus* isolierte Enzym (*Taq*-Polymerase) wurde gentechnisch modifiziert und in großen Mengen hergestellt. Die *Taq*-Polymerase arbeitet **optimal bei 72°C und verträgt ohne Schaden 94°C. Sie kann im Reagenzglas bei allen Zyklen verbleiben, entscheidend für den Erfolg der Methode.** In Box 6.6 sind die Details der PCR beschrieben (s. auch Abb. 6.31).

■ 6.17 Reverse-Transkriptase-PCR (RT-PCR) für den Nachweis von RNA-Viren

Kann man auch **RNA** amplifizieren? Um die Transkription eines Gens nachzuweisen, muss die abgelesene mRNA untersucht werden. Die bei der Amplifikation von DNA durch Polymerase-Kettenreaktion (PCR) verwendeten spezifischen DNA-Polymerasen sind nicht in der Lage, RNA zu amplifizieren. Daher wird zuerst eine **Reverse Transkriptase** eingesetzt (siehe Abschnitt 6.8), eine RNA-abhängige DNA-Polymerase, mit deren Hilfe RNA in copy-DNA oder *complementary-DNA* (**cDNA**) umgeschrieben werden kann. Die cDNA kann im Anschluss als Ausgangsmaterial in einer PCR verwendet wer-

Box 6.8 Wie „RT-PCR" & Antikörper-Schnelltests für Coronaviren funktionieren

Zunächst möchten wir hier den COVID-Test vorstellen, der bereits seit Beginn der COVID-Pandemie durchgefuhrt wird: die „RT-PCR-Methode". Man verwendet ihn fur die akute Diagnostik einer floriden („bluhenden") COVID-19-Erkrankung verwendet wird. Der Begriff floride wird in der Medizin benutzt, um auszudrucken, dass eine Krankheit sich in einem Stadium befindet, in dem alle Symptome deutlich ausgepragt sind.

Ein zweiter Test, ein sogenannter Antikorpertest, deckt die Immunantwort des Patienten auf. Diese ist naturlich nur dann nachweisbar, wenn der Patient eine COVID-19-Infektion durchlebt hat. Nun aber zunächst zu ersterem Nachweisverfahren, das nicht die Immunantwort des Patienten auf das Virus, sondern das Virus selbst nachweist, die RT-PCR.

I. Was macht den gentechnischen Corona-Test so speziell?

COVID-19 ist, wie alle Coronaviren, ein RNA-Virus. Aha?!

RNA, ein Akronym für Ribonucleinsäure, ist ein Einstrang-Molekül und der DNA (Desoxyribonucleinsäure) sehr ähnlich: Bei der RNA wurde lediglich Uracil anstelle der Base Thymin der DNA-Doppelhelix eingebaut. Außerdem fehlt der DNA ein Sauerstoffatom in den Zuckern. So kann die Zelle beide Nucleinsäuren leicht unterscheiden. Damit ein RNA-Virus aber überhaupt die „höheren Zellen" von Tier und Mensch mit ihrer DNA befallen kann, muss logischerweise das Virus seine Einstrang-Ribonucleinsäure (RNA) zunächst in eine DNA-Doppelstrang-Helix umwandeln. Sonst würde die „gefährliche" Virus-Erbinformation nicht mit der „nichtsahnenden" Zell-DNA wechselwirken können.

Dieses entscheidende Kunststück macht ein Virus-Enzym, die sogenannte **Reverse Transkriptase** (**RT** abgekürzt). RT wurde 1970 in Krebsviren durch Howard Temin und durch David Baltimore entdeckt. Für ihre Entdeckung erhielten beide 1975 den Nobelpreis für Physiologie oder Medizin. RNA-Viren bringen das Enzym Reverse Transkriptase zur Invasion als Waffe mit.

RT ist quasi der Dolmetscher, der die Sprache der Okkupanten so übersetzt, dass die menschlichen Zellen deren Informationen verstehen und damit ihren Befehlen gehorchen

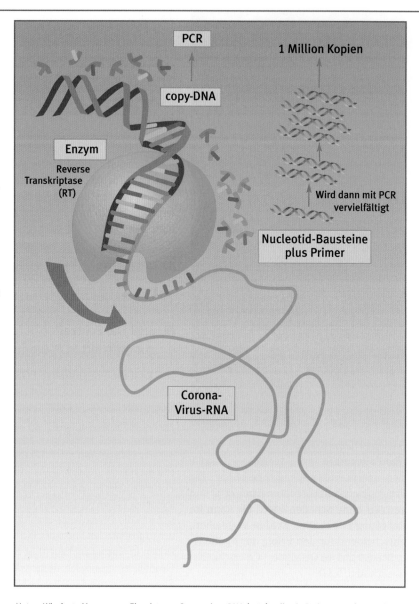

Unten: Winzigste Mengen von Einzelstrang-Coronavirus-RNA (grün) sollen in Patientenproben nachgewiesen werden. Mitte: Dazu wird im Labor zuerst das Enzym Reverse Transkriptase (RT) (hier gelb gezeigt) zugesetzt. Mitte rechts: Die RT braucht zur Synthese von Doppelstrang-DNA (blau) aus Einzelstrang-RNA (grün) die DNA-Bausteine A,T,C und G und außerdem ein Stück TTTTTT als „Primer", den Startpunkt für die RT. Die RT gleitet dann an der RNA entlang, produziert copy-DNA (blau). Oben rechts: Mithilfe einer kommerziellen PCR wird jedes cDNA-Molekül millionenfach kopiert. Spezielle DNA-Sonden suchen dann nach typischen Virussequenzen, binden dort und senden ein Leuchtsignal: Corona-positiv!

können. Aus einsträniger RNA produziert die RT doppelsträngige DNA, die sogenannte copy-DNA (cDNA). Zurück zum Test: In unserem Fall wird im Reagenzglas die Coronavirus-RNA durch Reverse Transkriptase in cDNA umgewandelt. Hierfür braucht die RT jedoch ein paar Bausteine: u.a. benötigt sie einen sogenannten Primer, ein kurzes DNA-Stück, damit sie weiß, wo sie mit dem Bau beginnen soll. Und zum zweiten natürlich jede Menge DNA-Bausteine für den Bau der cDNA.

Simsalabim… aus RNA mach DNA!

Was tut man jetzt aber dann mit den so erhaltenen DNA-Kopien? Diese DNA wird nun in einer Reaktion, der Polymerase-Kettenreaktion (PCR, englisch für Polymerase Chain Reaction) millionenfach identisch vervielfältigt:

Aus einem DNA-Molekül entstehen erst zwei, dann vier, dann acht, 16, 32, 64, 128 usw. weitere DNA-Moleküle. In nur 20 solcher Zyklen, in denen die DNA kontrolliert erhitzt

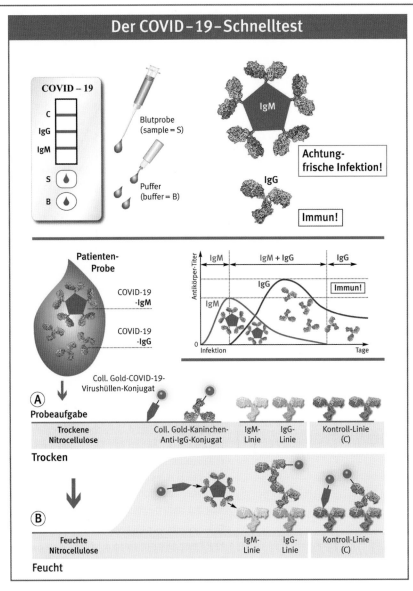

Der COVID-19-Schnelltest

COVID – 19
C
IgG
IgM
S
B

Blutprobe (sample = S)

Puffer (buffer = B)

IgM

Achtung- frische Infektion!

IgG

Immun!

Patienten- Probe

COVID-19 -IgM

COVID-19 -IgG

Coll. Gold-COVID-19- Virushüllen-Konjugat

Antikörper-Titer

IgM · IgM + IgG · IgG

IgG

Immun!

IgM

Infektion · Tage

(A) Probeaufgabe

Trockene Nitrocellulose · Coll. Gold-Kaninchen- Anti-IgG-Konjugat · IgM- Linie · IgG- Linie · Kontroll-Linie (C)

Trocken

(B)

Feuchte Nitrocellulose · IgM- Linie · IgG- Linie · Kontroll-Linie (C)

Feucht

Oben links: Schnelltest in Plastik- Kassette mit Öffnungen für die Blutprobe (S) und für den Puffer (B), der bei der Benetzung des trockenen Teststreifens hilft. Oben rechts: die bei Neu-Infek- tion gebildeten Antikörper (Ab), Immunglobulin M (IgM) und da- runter das Immunglobulin G (IgG), welches erst später gebildet wird und auf Immunität hinweist. Mitte links: Blutstropfen mit schematischer Darstellung von IgM und IgG. Mitte rechts: Zeitverlauf der Produktion von IgM und IgG im Körper nach Infektion. Unten (A): Durch den Trichter der Plastik-Kassette wird ein Tropfen Blut aufgenommen und durch ei- nige Tropfen Puffer verdünnt. Im Innern der Kassette befindet sich

ein trockener, saugfähiger Nitro- cellulose-Streifen. Dieser Streifen bindet neben einem COVID-19- Virus-Hüll-Konjugat, welches sich gegen humanes IgM richtet, ein Kaninchen-Anti-IgG-Konjugat, welches sich gegen humanes IgG richtet. Beide sind mit Nano-Gold markiert, was durch eine kräftige rote Färbung die visuelle Auswer- tung des Tests ermöglicht. In der Flussrichtung folgen dann fest ge- bundene Antikörper (sogenannte Catcher) auf den Nachweislinien, einmal gegen IgM und gegen IgG. Unten (B): Wird eine Probe, die IgM-Antikörper enthält, in den Trichter gegeben, bildet sich zu- nächst ein Komplex mit dem gold- markiertem COVID-19-Virus-Hüll- Konjugat. Dieser Komplex bewegt sich durch Kapillarwirkung lang-

sam Richtung Nachweiszone (IgM-Linie). Hier fangen die auf der Nachweiszone fixierten Cat- cher den Komplex ein. Sobald die- ser „drei-Komponenten-Komplex" geschlossen ist, bildet sich schließlich ein roter Streifen, den wir sehen und auswerten können. Ähnliches geschieht bei Nachweis von IgG-Antikörpern. Diese bin- den jedoch zunächst an ein spe- zielles Gold-Kaninchen-Anti-IgG- Konjugat bevor sie von den „Fän- gern" auf der Nachweislinie ein- gesammelt werden und für uns sichtbar werden. Ganz zum Schluss zeigt eine Kon- troll-Linie (C) an, ob der Test über- haupt funktioniert hat und damit ausgewertet werden kann.

und abgekühlt wird, erhält man eine Million der gleichen DNA-Moleküle! Das dauert aller- dings einige Stunden. Jetzt werden speziell konstruierte molekulare DNA-Sonden zugege- ben. Diese fungieren wie ein Spürhund, der anschlägt, sobald er eine Droge gefunden hat, nach welcher er suchen soll (in diesem Fall Coronavirus-Fragmente). Das „Bellen" ist in diesem Fall jedoch ein Lichtsignal, die Virus- DNA-„Suchhunde" fluoreszieren. Finden sie also Coronavirus-Material im millionenfach an- gereicherten DNA-Gemisch, binden sie sich punktgenau: die verdächtige Probe erglüht…

Volltreffer: „Virus-positiv"!

II. Von Antikörpertests, Plasmazellen und der Sterblichkeitsrate bei COVID-19

Epidemiologen können sie nicht genau bezif- fern, weil viele Betroffene mit leichten Symp- tomen nicht ins Krankenhaus gehen oder gar keine Symptome entwickeln. Es fehlt den Modellierern der Pandemie der genaue Divisor, um den exakten Quotienten zu ermitteln: Die Zahl der bedauerlicherweise am Coronavirus verstorbenen Menschen geteilt durch die Zahl aller Infizierten. Und genau diese Zahl, **die Zahl aller Infizierten, bleibt bisher unklar**. Die echte Infizierten-Anzahl nicht zu kennen, ist ein großes Problem bei der Festlegung von Gegenmaßnahmen. **Prof. John Ioannidis** von der Stanford University argumentierte Mitte März 2020, dass die wahre Sterblichkeitsrate niedriger sein könnte als die der saisonalen Grippe (in Deutschland liegt die Anzahl der Verstorbenen durch Influenza nach Schätzun- gen bei 15 000 bis 25 000 Menschen pro Jahr).

Wäre das aber der Fall, würden weltweit ge- rade aufgrund absolut unzuverlässiger Daten drakonische Gegenmaßnahmen beschlossen, so der Forscher. Darüber hinaus schreiben Vi- rologen aus Großbritannien, den USA und China im amerikanischen Fachjournal Science: Es wurden zu Beginn des Ausbruchs nur eine von fünf oder gar nur eine von zehn tatsächli- chen Infektionen dokumentiert.

Der bereits seit Monaten etablierte diagnosti- sche Test sucht mittels der Polymerase-Ketten- reaktion (PCR) in Nasen- oder Rachen-Abstrichen direkt nach RNA, dem genetischen Material des Virus. Wird dieses nachgewiesen, wissen wir, ob der Patient gerade mit dem neuen Co- ronavirus infiziert ist. Das Problem dabei: **Der Test dauert lange und braucht ein Labor**.

Einfacher, schneller und sogar aussagekräftiger sind Antikörper-Schnelltests: Dieser Test kann verraten, ob jemand vor kurzem Kontakt mit

Fortsetzung Seite 180

dem Virus hatte, oder eben auch, ob diese Infektion schon vor Monaten abgelaufen ist – oder, ob die Person noch keinen Kontakt mit dem Keim hatte. Wenn jemand exponiert war, so bildet die Immunabwehr Antikörper gegen das Virus und diese sind im Blut nachweisbar. So könnte beispielsweise auch (wie zurzeit in klinischen Studien erprobt wird) das Blut von bereits immunisierten Menschen dazu verwendet werden, die Immunabwehr von akut erkrankten Patienten zu verstärken („boostern"), indem die fertigen Antikörper schon einmal mit dem Kampf gegen das Virus beginnen. Mit diesem Antikörpertest könnten Ärzte, Krankenschwestern und Mitarbeiter des Gesundheitswesens **auch erfahren, ob sie bereits exponiert waren bzw. schon immun sind.** Wer aufgrund des Tests von einer Immunität ausgehen kann, könnte theoretisch wieder an die Anti-Virus-Abwehrfront eilen, ohne sich große Sorgen über eine Infektion machen zu müssen.

Wie funktioniert so ein Schnelltest? In unserer Grafik wird das vereinfacht erklärt: Gleich nach der Infektion bildet unser Immunsystem Immunglobulin M (IgM). Das sind Moleküle mit fünf Y-förmigen Untereinheiten, wovon jede Antigene (also z.B. Teile den Virushülle) binden kann. Der Körper beginnt nach Kontakt mit dem Virus mit der Produktion dieser IgM. **Das Auftauchen von IgM im Blut heißt also: „Alarm! Frischer Virusinfekt!!"** Dann kommt es nach einigen weiteren Tagen zum sogenannten „Klassenwechsel". Dies bedeutet, dass eine weitere Klasse von Antikörpern gebildet wird: das sogenannte Immunglobulin G (IgG).

Dieses sieht aus wie ein einzelnes Ypsilon. Die Produktion dieser Antikörperklasse tritt erst verzögert nach dem Erstkontakt mit dem Virus auf. Kommt es aber zu einem erneuten Kontakt mit dem Krankheitserreger, so sind die Antikörper bereits nach 24–48 Stunden nachweisbar. Darauf beruht auch der Mechanismus einer Impfung: den Plasmazellen, welche die Antikörper herstellen, wird die Antikörperherstellung gegen eine bestimmte Erkrankung „beigebracht". Diese dann sogenannten „Gedächtniszellen" erkennen, sobald sie erneuten Kontakt haben, den Feind sofort und wissen, wie genau sie ihn in die Flucht schlagen müssen. Aber zurück zum Test: Da die Antikör-

per nicht sofort nach dem Kontakt gebildet werden, sondern erst nach einigen Stunden bis Tagen, und bei jedem Mensch die Inkubationszeit (also die Zeit von der Infektion zur Entwicklung von Symptomen) differiert, wäre es wünschenswert, die bereits etablierte PCR-Methode mit der Antikörperbestimmung zu koppeln. Und dann müsste man diese Diagnostik am besten nach Verschwinden der Krankheitssymptome nochmals wiederholen. Wir wissen aber auch, dass die Symptomausprägung von Individuum zu Individuum stark variabel ist: Manche Patienten scheinen keine Symptome zu haben, andere nur leichte und wieder andere entwickeln stark ausgeprägte Lungenentzündungen. Also sollten wir, um den oben genannten Divisor (die Zahl aller Erkrankten) und damit die exakte Sterblichkeitsrate zu ermitteln, möglichst viele Menschen „screenen", ob symptomatisch oder nicht. Die in Entwicklung befindliche Antikörpertests brächten dann die gute Nachricht: Wir hätten exakte Zahlen zur Durchseuchung, zu den betroffenen Personengruppen, genaue Sterblichkeitszahlen und wüssten den Immunitätsstatus der einzelnen Individuen.

Von Reinhard Renneberg und Susanne Kreimer

Susanne Kreimer ist Ärztin und Betriebswirtin. Sie hat Medizin und BWL in Helsinki, Singapur, Kapstadt, Sydney, Berlin und Koblenz studiert. Nach zwei Jahren in der Urologie an der Charité Berlin, Europas größtem Universitätsklinikum, wechselte Sie in die Health-Tech-Branche und ist seitdem im Med-Tech-Bereich tätig.

bestimmt werden. Bei einer Schmelzkurvenanalyse wird die DNA durch eine langsame kontinuierliche Erhöhung der Temperatur (von 50°C auf 95°C) „aufgeschmolzen". Bei einer für das Fragment spezifischen Schmelztemperatur wird der DNA-Doppelstrang wieder ein einzelsträngiges DNA-Molekül. Dabei wird der Fluoreszenzfarbstoff (z.B. SYBR® Green I) freigesetzt, und die Fluoreszenz nimmt ab. Die doppelsträngige DNA von spezifischen PCR-Produkten hat einen höheren Schmelzpunkt als unspezifisch entstehende Komplexe. Die Höhe des Peaks der Schmelzkurve gibt also annähernd Auskunft über die Menge des gebildeten Fragments.

Der **Fluoreszenz-Resonanz-Energie-Transfer** (**FRET**) bietet eine andere Möglichkeit für die Bestimmung von Distanzen oder Wechselwirkungen zwischen Biomolekülen, sowie der ihrer Quantifizierung. Ein Energie-Donor-Fluorochrom D überträgt Energie in nicht strahlender Form (also ohne Emission von Licht) auf einen benachbarten Energie-Akzeptor A. Die Effizienz nimmt mit der sechsten Potenz des Abstands der Farbmoleküle ab. Abstände zwischen den Farbmolekülen können also bestimmt werden. Nimmt der Abstand zwischen Akzeptor und Donor zu, so nimmt der FRET und somit das Fluoreszenzsignal des Akzeptors ab, während das des Donors zunimmt. Diese Methode ist sehr aufwendig und teuer, bietet aber die Vorteile der hohen Spezifität des Assays.

Die einfachste Möglichkeit der Nutzung des FRET zur Quantifizierung von Nucleinsäuren besteht in der Verwendung von LightCycler®-Sonden (Abb. 6.36/①). Zwei verschiedene, jeweils mit einem FRET-Donor bzw. FRET-Akzeptor markierte Oligonucleotide, die nebeneinander an die Zielsequenz binden und damit die Fluorochrome in eine für den FRET ausreichende Nähe bringen, können als Sonden für die Quantifizierung der PCR-Produkte eingesetzt werden.

Die Messung findet am Ende der Annealing-Phase in jedem Zyklus statt. Auch hier kann sich eine Schmelzkurvenanalyse anschließen. Eine weitere häufig genutzte Möglichkeit des FRET besteht in der Anwendung einer Sonde, die an ihrem einen Ende mit dem Quencher, an ihrem anderen Ende mit einem Reporter-Fluoreszenzfarbstoff markiert (TaqMan®-Sonde). Im Unterschied zum ersten Beispiel wird hier die Fluoreszenz unterdrückt, wenn der Quencher

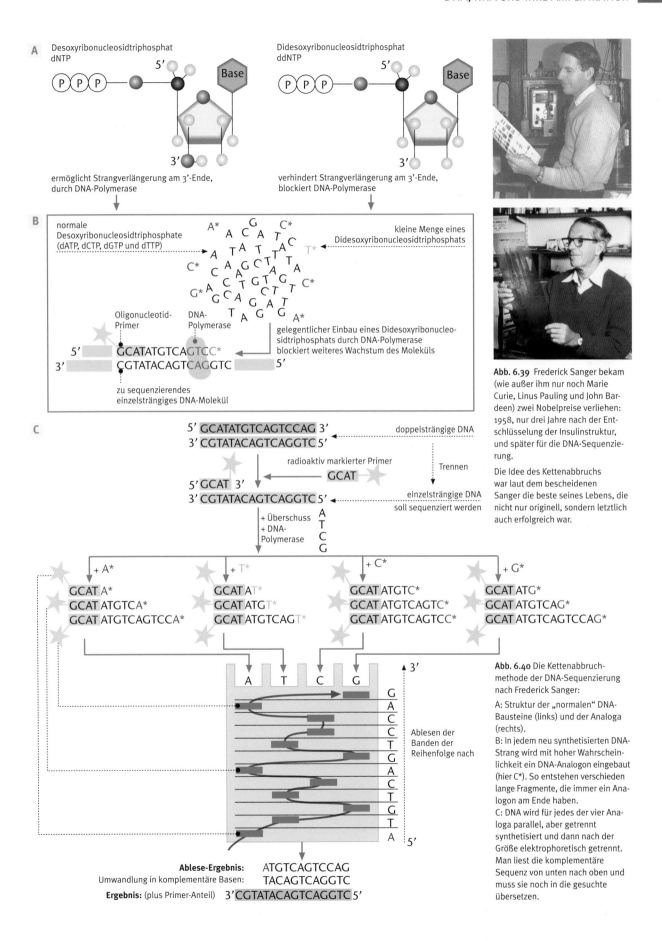

Abb. 6.39 Frederick Sanger bekam (wie außer ihm nur noch Marie Curie, Linus Pauling und John Bardeen) zwei Nobelpreise verliehen: 1958, nur drei Jahre nach der Entschlüsselung der Insulinstruktur, und später für die DNA-Sequenzierung.

Die Idee des Kettenabbruchs war laut dem bescheidenen Sanger die beste seines Lebens, die nicht nur originell, sondern letztlich auch erfolgreich war.

Abb. 6.40 Die Kettenabbruchmethode der DNA-Sequenzierung nach Frederick Sanger:

A: Struktur der „normalen" DNA-Bausteine (links) und der Analoga (rechts).
B: In jedem neu synthetisierten DNA-Strang wird mit hoher Wahrscheinlichkeit ein DNA-Analogon eingebaut (hier C*). So entstehen verschieden lange Fragmente, die immer ein Analogon am Ende haben.
C: DNA wird für jedes der vier Analoga parallel, aber getrennt synthetisiert und dann nach der Größe elektrophoretisch getrennt. Man liest die komplementäre Sequenz von unten nach oben und muss sie noch in die gesuchte übersetzen.

181

Abb. 6.41 DNA-Polymerase in Aktion bei der PCR

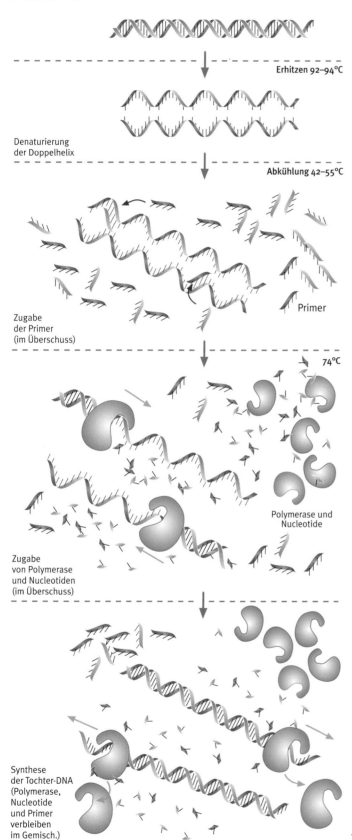

Erhitzen 92–94°C

Denaturierung der Doppelhelix

Abkühlung 42–55°C

Zugabe der Primer (im Überschuss)

Primer

74°C

Polymerase und Nucleotide

Zugabe von Polymerase und Nucleotiden (im Überschuss)

Synthese der Tochter-DNA (Polymerase, Nucleotide und Primer verbleiben im Gemisch.)

(bildhaft in Abbildung 6.36/② als Regenwolke dargestellt) und Reporter-Farbstoff (als Sonne gezeigt) räumlich dicht nebeneinander liegen.

Nun kommt der geniale Trick: Die *Taq*-Polymerase hat zusätzlich zur **Polymerase-Aktivität** eine **5'-3'-Exonuclease-Aktivität**, d. h., sie entfernt Nucleotide vom Ende eines DNA-Stranges. Dann baut die Polymerase die Sonde während der Synthese des Gegenstranges am 5'-Ende ab, Quencher („Regenwolke") und Reporter-Fluorophor („Sonne") entfernen sich voneinander („die Sonne geht auf!") und eine steigende Reporter-Fluoreszenz kann gemessen werden. Die Messung findet am Ende der Elongation in jedem Zyklus statt.

Molekulare Leuchtfeuer (*molecular beacons*) (Abb. 6.36/③) sind raffiniert konstruierte Sonden mit einer Haarnadelstruktur. An ihrem Ende sind je ein Fluoreszenzmolekül („Sonne") am 5'-Ende und ein Quencher („Regenwolke") am 3'-Ende gebunden.

Durch die Nähe des Quenchers wird das Aussenden eines Fluoreszenzsignals unterbunden („gequencht" im Laborjargon). Ein Ende des *molecular beacon* hat neun Basen, die mit neun komplementären Basen des anderen Endes hybridisieren. So wird eine Haarnadel gebildet. Die restlichen 15 (im „Ohr" der Nadel) der insgesamt 33 Basen sind komplementär zu einem Strang der PCR-Produkte, die man nachweisen will.

Im Laufe der PCR dissoziieren neu gebildete DNA-Helices durch hohe Temperatur zu Einzelsträngen. Die *molecular beacons* verlieren ebenfalls ihre Haarnadelform und werden linear. Beim nächsten Abkühlen für das Annealing der Primer binden sich die *beacons* an komplementäre Einzelstränge des PCR-Produkts.

Der Quencher („Regenwolke") blockiert nicht mehr die Fluoreszenz („Sonne"). Ein linearer Anstieg der Fluoreszenz zeigt, dass sich PCR-Produkte akkummulieren. *Beacons*, die sich nicht binden, fallen in die Haarnadelform zurück und fluoreszieren nicht.

Mit Verlaub: genial!

Real-time-PCR kann in einem „**Multiplex**"-Format ausgeführt werden. Das heißt, man kann **mehr als ein PCR-Produkt in einem Reaktionsröhrchen nachweisen**. Jede Sequenz hat dann einen speziellen Fluoreszenzfarbstoff, jedes PCR-Produkt wird durch eine eigene Farbe detektiert.

■ 6.19 Wie Gene sequenziert werden

Die **Nucleotidsequenz** eines Gen zu kennen, also die Abfolge der Basen A, G, T und C, kann wichtig sein:

- um die Aminosäuresequenz eines im Gen codierten Proteins abzuleiten;
- um die exakte Sequenz des Gens zu bestimmen;
- um regulatorische Elemente (wie Promotorgene) zu identifizieren;
- um Unterschiede in Genen zu identifizieren;
- um genetische Mutationen (z. B. Polymorphismen) zu identifizieren.

Heute sind unterschiedliche Methoden der **DNA-Sequenzierung** verfügbar. Die am weitesten genutzte Methode wurde 1977 von **Frederick Sanger** (1918–2013) (Abb. 6.39) entwickelt und wird als **Kettenabbruchmethode** (Abb. 6.40) bezeichnet. Dabei wird ein radioaktiv markierter DNA-Primer mit denaturierter *template*-DNA (DNA-Matrize) hybridisiert, und zwar in einem Röhrchen, das die vier Desoxyribonucleotide (dNTPs) und DNA-Polymerase enthält.

Die Polymerase kopiert vom 3'-Ende der Primer ausgehend die Stränge. Ein modifiziertes Nucleotid (Didesoxyribonucleotid, ddNTP) wird untergemischt. ddNTP hat am 3'-Kohlenstoff des Zuckers nur ein Wasserstoffatom (-H) statt einer Hydroxylgruppe (-OH) gebunden. Wenn ein ddNTP in eine DNA eingebaut wird, führt das zum **Abbruch** (*termination*) der Kettenverlängerung, weil sich am 3'-H keine Phosphodiesterbindung mit einem neuen Nucleotid bilden kann.

Vier verschiedene Röhrchen werden eingesetzt. Jedes mit DNA, Primer und allen vier dNTPs, aber jedes mit einer kleinen Menge nur eines der vier ddNTPs. Die Polymerase baut also zufällig ddNTPs ein, und es entsteht eine Reihe verschieden langer Fragmente, die alle von ddNTPs terminiert wurden.

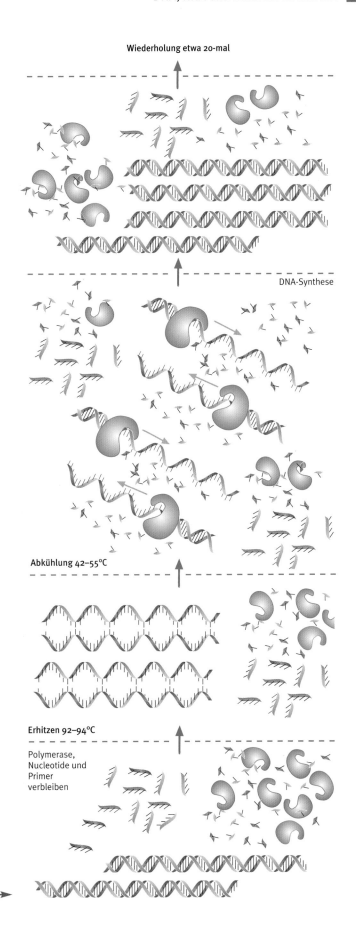

Wiederholung etwa 20-mal

DNA-Synthese

Abkühlung 42–55°C

Erhitzen 92–94°C

Polymerase, Nucleotide und Primer verbleiben

Abb. 6.42 DNA-Analyse durch Gelelektrophorese und Southern Blotting

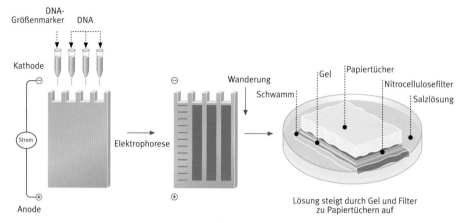

Abb. 6.43 Typischer DNA-Sequenzausdruck

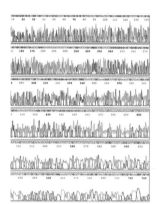

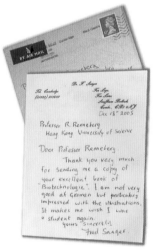

Ein Polyacrylamid-Gel separiert in einer Elektrophorese die Fragmente nach ihrer Größe. Sie werden durch radioaktive Markierung und einen durch die Strahlung geschwärzten Röntgenfilm (**Autoradiogramm**) sichtbar gemacht.

Die Sanger-Kettenabbruchmethode kann nur für Sequenzen von 200 bis 400 Nucleotiden in einer Einzelreaktion angewendet werden. Man muss also z. B. für 1000 Basenpaare verschiedene Läufe durchführen und dann überlappende Sequenzen zusammenpuzzeln.

■ 6.20 Southern Blotting

1975 entwickelte **Edwin Southern** (geb. 1938, Abb. 6.44) in Oxford eine dramatische Verbesserung der DNA-Gelelektrophorese. Das nach ihm benannte **Southern Blotting** (Abb. 6.42) beginnt mit der Spaltung der DNA durch Restriktionsenzyme und der Auftrennung der Fragmente in einer **Agarose-Gelelektrophorese** (Abb. 6.24, siehe auch Kapitel 2 und 4).

Wenn man jedoch beispielsweise chromosomale DNA spaltet, ist die Zahl der Fragmente so groß, dass man sie nicht einfach auf dem Gel auflösen kann, und die Banden „verschmieren" (engl. *smear*). Das Southern Blotting erlaubt dagegen, spezifische Fragmente zu lokalisieren. Dazu denaturiert man zunächst die Doppelstrang-DNA mit **Natronlauge (NaOH)**, es bildet sich **Einzelstrang-DNA** für die spätere Hybridisierung. Dann legt man das Gel nach der **Elektrophorese** auf einen **Nitrocellulosefilter** (oder eine Nylonmembran), beschwert ihn und erzeugt einen Pufferfluss (durch Papierhandtücher) durch das Gel hin zum Filter oder zur Membran. Die Einzelstrang-DNA-Fragmente werden durch die **Kapillarwirkung aus dem Gel auf den Filter** transferiert, an den sie binden. So entsteht ein Abbild der DNA, im Gel fest gebunden auf dem Filter.

Der **entscheidende Vorteil** von Blotting-Techniken ist, dass Reaktionspartner (z. B. DNA-Sonden) mühsam ins Gel hineindiffundieren müssten und die nachzuweisenden Analyten in der Zwischenzeit auf Wanderschaft gehen. Auf dem Nitrocellulosefiter liegen die **Analyten dagegen frei zugänglich** auf dem Präsentierteller.

Nun entfernt man den Filter. Dann gibt man eine radioaktiv markierte DNA-Sonde zu. Die Hybridisierung beginnt. Anschließend werden freie Sondenmoleküle durch Waschen entfernt. Man legt dann den Filter auf einen Röntgenfilm und findet nun exakt die Fragmente mit hybridisierter DNA als Schwärzung auf dem Autoradiogramm (Abb. 6.42).

Ed Southern zu Ehren wurden ähnliche Blot-Analysen nach anderen Himmelsrichtungen benannt: **Southern Blotting** überträgt DNA auf die Nitrocellulose, **Northern Blotting** dagegen RNA, **Western Blotting** transferiert nicht eine Nucleinsäure, sondern ein Protein von einem SDS-Polyacrylamid-Gel auf Nitrocellulose (siehe Kapitel 4). Das gesuchte Protein wird dann mit markierten Antikörpern sichtbar gemacht oder durch andere Proteinnachweise. Es fehlt nur noch das **Eastern Blotting.** Das kommt sicher aus China...

■ 6.21 Automatische DNA-Sequenzierung

Gelelektrophorese plus Southern Blotting waren für die Sequenzentschlüsselung im **Humangenomprojekt** (Box 6.7) natürlich viel zu lang-

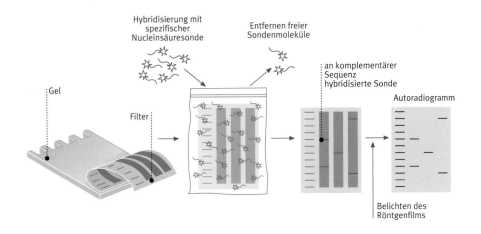

Hybridisierung mit spezifischer Nucleinsäuresonde

Entfernen freier Sondenmoleküle

an komplementärer Sequenz hybridisierte Sonde

Autoradiogramm

Gel

Filter

Belichten des Röntgenfilms

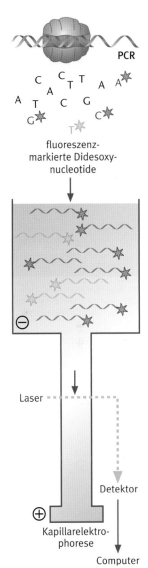

Abb. 6.44 Sir Edwin Southern (Universität Oxford) entwickelte den Southern Blot.

PCR

fluoreszenz-markierte Didesoxy-nucleotide

Laser

Detektor

Kapillarelektro-phorese

Computer

Abb. 6.45 Automatische DNA-Sequenzierung mit hohem Durchsatz (*high throughput sequencing*)

sam, und man setzte auf **computergestützte Sequenzierer**, die Sequenzen größer als 500 Basenpaare in einer Einzelreaktion sequenzieren. Beim oben schon erwähnten Sanger-Verfahren werden die synthetisierten Moleküle mit abgebrochenen Ketten radioaktiv markiert, und die DNA-Sequenz liest man dann aus dem Autoradiogramm ab.

Die radioaktive Markierung hat man in den letzten Jahren jedoch zunehmend durch Fluoreszenzmarkierungen ersetzt. Dieser Prozess kann entweder **ddNTPs** nutzen, die anstelle einer radioaktiven Markierung jeweils mit einem andersfarbigen Fluoreszenzfarbstoff gekennzeichnet sind, oder einen **Sequenzierungs-Primer**, der am 5'-Ende mit einem Farbstoff markiert ist. Im Fall von unterschiedlich markierten ddNTPs kann die Reaktion in einem einzigen Reagenzglas erfolgen, und die Probe wird in einem Kapillargel separiert (eine ultradünne Hohlfaser der Kapillarelektrophorese) und mit einem Laserstrahl gescannt. Der Laser regt die Fluoreszenzfarbstoffe an, die verschiedene Farbvarianten (*color pattern*) für jedes Nucleotid emittieren. Ein **Fluoreszenzdetektor** zeichnet die von den einzelnen Banden ausgehenden Signale auf, und ein Computer wandelt die vier verschiedenen Farbsignale in die DNA-Sequenz um (Abb. 6.43, 6.45).

Mit Einführung der **Kapillarelektrophorese** (Details siehe Kapitel 2) anstelle der Gelelektrophorese zur Trennung kann man nun in nur vier Stunden mit 96 Kapillaren etwa 40 000 Nucleotide analysieren. Geräte mit 384 Kapillaren werden entwickelt. Wenn man überlegt, dass im Genomprojekt teilweise über 100 Geräte eingesetzt wurden, können ganze Genome kurzfristig sequenziert werden, selbst wenn wegen der Le-

sefehler Mehrfachbestimmungen jeder Sequenz erforderlich sind. Die „454" beispielsweise von der Firma Roche kann in 7,5 Stunden eine Million Basenpaare analysieren. Dabei werden einzelne DNA-Moleküle an Beads immobilisiert, die Amplifikation der DNA findet in emulgierten Tröpfchen, die anschließende Sequenzierung fluoreszenzvermittelt in mikroskopisch kleinen honigwabenähnlichen Reaktionsgefäßen statt.

6.22 FISH: Chromosomenlokalisierung und Zahl der Genkopien

Wie kann man herausfinden, **auf welchem Chromosom ein Gen lokalisiert** ist oder ob ein Gen in einer Einzelkopie im Genom oder multipel vorhanden ist?

Mit **FISH** (**Fluoreszenz-*in-situ*-Hybridisierung**) kann analysiert werden, welches Chromosom Träger eines bestimmten Gens ist. Dazu streicht man Chromosomen auf einem Mikroskop-Objektträger aus; dann markiert man eine **komplementäre DNA** (*complementary* DNA, cDNA) des betreffenden Gens enzymatisch mit fluoreszierenden Nucleotiden als **DNA-Sonde** und inkubiert sie mit den Chromosomen.

Die Sonde hybridisiert mit den entsprechenden Genen auf den Chromosomen. Im Fluoreszenzmikroskop leuchten dann die markierten Gene auf (Abb. 6.47, oben). Wenn man die 23 menschlichen Chromosomen nach Größe und Bänderung ihrer Chromatiden sortiert, kann man den **Karyotyp** darstellen (Abb. 6.46).

Die moderne Technik der **pränatalen Diagnostik** erlaubt es heute, eine direkte Analyse an unkultivierten Zellen vorzunehmen, beispielsweise an Amnionzellen im Fruchtwasser. Durch Chromosomenuntersuchung der Amnionzellen ist

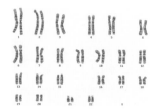
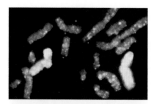

Abb. 6.46 Wenn man die 23 menschlichen Chromosomen nach Größe und Bänderung ihrer Chromatiden sortiert, kann man den Karyotyp darstellen.

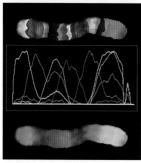

Abb. 6.47 FISH (oben) und *Multi-Color-Banding* eines Chromosoms durch Ilse Chudoba (MetaSystems Jena)

dann z. B. leicht eine vorhandene Trisomie 21 (Down-Syndrom) detektierbar. Da aber die Veränderung einzelner Zellen nichts über eine Chromosomenstörung eines Menschen aussagt, müssen von jeder Fruchtwasserprobe mindestens 50 Zellen untersucht werden, um ein statistisch eindeutiges Ergebnis ableiten zu können.

Mit dem FISH-Test können beispielsweise **numerische Chromosomenaberrationen** der autosomalen Chromosomen 13, 18, 21 sowie der Geschlechtschromosomen X und Y an unkultivierten Fruchtwasserzellen erkannt werden. Ein Verfahren, um die Struktur und Zusammensetzung von Chromosomen zu untersuchen, haben Wissenschaftler der Universität Jena und Ilse Chudoba von der Firma MetaSystems entwickelt.

Das sogenannte *Multi-Color-Banding* (Abb. 6.47, unten) wird insbesondere in der **Krebsdiagnostik** und **-therapie** eine hohe Bedeutung erlangen, denn jede Krebszelle weist gegenüber den gesunden Körperzellen ihrer Umgebung typische Veränderungen in ihrer Erbinformation auf, die sie mit jeder Teilung unkontrolliert vervielfältigt. In Tumorzellen ist die natürliche Ordnung der 23 menschlichen Chromosomenpaare durcheinandergeraten:

Chromosomenstücke fehlen, sind in ihrer ursprünglichen Lage verdreht oder finden sich als Anhängsel an anderen Chromosomen wieder.

Genau diese Veränderungen im Erbmaterial macht die *Multi-Color-Banding*-Methode farblich sichtbar. Die markierten Chromosomen einer Tumorzelle fluoreszieren in allen Farben. Cytogenetische Defekte sind so deutlich sichtbar: etwa, wenn bei einem der beiden Chromosomen Nummer 5 ein blauer „Kringel" fehlt, den das normale Pendant aber besitzt, oder die Farben in ihrer Reihenfolge vertauscht sind. Oft finden sich mehrere derartige Defekte in einer Tumorzelle.

Bei 95 % der Patienten einer **chronischen myeloischen Leukämie** kann eine Translokation des Chromosoms 22 mit dem Chromosom 9 nachgewiesen werden. Das so verkürzte Chromosom 22 wird als **Philadelphia-Chromosom** bezeichnet und in der Regel mittels FISH visualisiert. Für die Diagnose ist ein aufwendiges Rechenprogramm erforderlich – und ein gentechnischer Kniff.

Denn damit die Chromosomenstücke farbig leuchten, hat man sie mit fluoreszenzmarkierten DNA-Sonden hybridisiert. Nach einer cytogenetischen *Multi-Color-Banding*-**Analyse der Krebszellen** lässt sich für Patienten eine viel präzisere Prognose über ihren individuellen Krankheitsverlauf stellen und eine risikoangepasste Therapie planen.

Krise

Gefahr   Chance

Das **chinesische** Schriftzeichen für **Krise** besteht aus zwei Teilen:
Gefahr oder Risiko, der andere **Chance**. Wenn wir die Chancen in **Krisen** erkennen und nutzen, dann können wir uns weiterentwickeln und wachsen.

Verwendete und weiterführende Literatur

- Eines der besten Biochemie-Lehrbücher: **Müller-Esterl W** (2018) *Biochemie*, 3. Auflage. Springer Spektrum, Berlin, Heidelberg

- Die beste Einführung in die Gentechnik auf allen Gebieten: **Watson JD, Berry A, Davies K** (2017) *DNA: The Story of the Genetic Revolution*. Alfred A Knopf, NY

- Biochemie pur und sehr gut illustriert, der „Stryer": **Berg JM, Tymoczko JL, Gatto jr. GJ, Stryer L** (2018) *Stryer Biochemie*, 8. Auflage. Springer Spektrum, Berlin, Heidelberg,

- Der autobiografische Klassiker von James Watson: **Watson JD** (1993) *Die Doppel-Helix*. Rowohlt, Hamburg

- Die „Taschen-Bibel der Biotechnologie": **Schmid RD** (2016) *Taschenatlas der Biotechnologie und Gentechnik*. 3. Aufl., Wiley-VCH, Weinheim

- Praktisch orientiert und leicht verständlich: **Mülhardt C** (2013) *Der Experimentator: Molekularbiologie/Genomics*. 7. Aufl. Springer Spektrum, Berlin, Heidelberg

- **Krebs JE, Goldstein ES, Kilpatrick ST** (2017) *Lewin's Genes XII*. 12. Aufl., Jones & Bartlett Learning, Burlington

- Ein kompakter Klassiker, der sich gut als Nachschlagewerk eignet: **Nordheim A, Knippers R** (2018) *Molekulare Genetik*, 11. Aufl., Thieme, Stuttgart

- Ein Lehrbuch der Mikrobiologie mit ausführlichem und gut bebilderten Genetik-Teil: **Madigan MT, Bender KS, Buckley DH, Sattley MW, Stahl DA** (2020) *Brock Mikrobiologie*. 15. Aufl.,Pearson Studium, Hallbergmoos

Weblinks

- Die interaktive DNA-Website des Cold Spring Harbor Labors: *http://www.dnai.org/*

- Wie man DNA selber aus Gemüse isoliert: *https://docplayer.org/111907291-Molekularbiologie-methoden-dr-thomas-seehaus.html*

- Gute PCR-Animation: *http://www.youtube.com/watch?v=iQsu3Kz9NYo&t=84s*

- Zum Humangenomprojekt HUGO: *https://web.ornl.gov/sci/techresources/Human_Genome/index.shtml*

- Toller Ohrwurm, der PCR Song: *https://www.youtube.com/watch?v=x5yPkxCLads*

- Der unvergleichliche Max Raabe mit seinem „Klonen kann sich lohnen": *https://www.youtube.com/watch?v=BMkjoQ6S7oQ*

Acht Fragen zur Selbstkontrolle

1. Wie unterscheidet sich DNA von RNA? Nennen Sie mindestens drei Unterschiede.

2. Die Sequenz eines DNA-Stranges lautet: 5'-AATTCGTCGGTCAGCC-3' Wie ist die Sequenz des komplementären Stranges?

3. Warum müssen DNA-Sonden immer einzelsträngig sein?

4. Wo liegen Unterschiede und Gemeinsamkeiten einer Sequenzier-Reaktion und einer Polymerase-Kettenreaktion?

5. Wieso werden bei der Erstellung der DNA-Wanderkarten menschlicher Urahnen unterschiedliche Methoden für Männer und Frauen verwendet? Wo lebte unser aller Ur-Mutter?

6. Was sind die Unterschiede von Southern, Northern und Western Blots?

7. Welches Enzym und welche Besonderheit dieses Enzyms sind für die Amplifikation von DNA über die Polymerase-Kettenreaktion von grundlegender Bedeutung?

8. Welche Methoden und Techniken existieren zur Differenzierung genetisch unterschiedlicher Menschen?

BIOSENSOREN

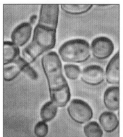

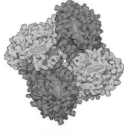

Kapitel **7**

1,3 Millionen Deutsche

zwischen 18 und 79 leben laut Robert-Koch-Institut mit einem unerkannten Diabetes. Wird der erhöhte Blutzuckerspiegel lange nicht behandelt, drohen Schäden an Gefäßen, Nieren und Netzhaut bis zur Erblindung.

Abb. 7.1 Claudius Galenus von Pergamon (129–199), neben Hippokrates der bedeutendste Arzt der Antike, begründete die antike Vier-Säfte-Lehre.

Abb. 7.2 Tropische Schmetterlinge finden im Experiment den Urin heraus, der süßer als die normale Kontrolle schmeckt.

Abb. 7.3 Giovanni Boccaccio (1313–1375) verfasste zwischen 1348 und 1353 das *Decamerone* (gedruckt erst nach seinem Tode, 1470) und beschrieb darin den ersten „Biosensor" zur Testung von Glucose im Urin: die Zunge des jungen Arztes, der zu einer kranken Schönen gerufen wurde.

◼ 7.1 Enzymtests für Millionen Diabetiker

»Krankheit beruht auf einer fehlerhaften Mischung der vier Körpersäfte: Blut, Schleim, schwarze und gelbe Galle. Je nach Zusammensetzung und Aussehen der Körpersäfte kann man also auf die Art und den Ort der Erkrankung schließen.«

Diese modern klingende „Säftelehre" entwickelte im 2. Jahrhundert **Claudius Galenus von Pergamon** (**Galen**) (Abb. 7.1). Sie beeinflusste die Medizin über Jahrhunderte hinweg. Besonders der **Urinanalyse** wurde große Bedeutung zugemessen. Farbe, Geruch und Geschmack des Urins galten als sichere Indikatoren. Der Geschmack des Urins wurde allerdings, wie man im *Decamerone* des großen italienischen Dichters **Giovanni Boccaccio** (1313–1375), geschrieben während eines Pestausbruchs in Europa, vergnüglich nachlesen kann, nicht vom Meister, sondern vom Gehilfen ermittelt (Abb. 7.3). Der Meister kümmerte sich in diesem Falle intensiv um das Wohlbefinden der schönen leidenden Dame, die nach ihm geschickt hatte. Der Gehilfe ermittelte unterdessen die Süße des Urins mit einem „Biosensor"– den Rezeptoren seiner Zunge!

Bei der **Zuckerkrankheit** (**Diabetes**) ist die Glucosekonzentration im Blut deutlich erhöht, da Glucose vom Körper über den Urin „entsorgt" wird (siehe weiter unten). Naturvölker bestimmten den Zuckergehalt von Urin hygienischer als wir: Vor die Wahl gestellt, bevorzugen tropische Schmetterlinge Schälchen mit süßerem Harn (Abb. 7.2). Im Mittelalter war das kolbenförmige Harnglas (Matula) das Wahrzeichen der Ärzte. Man traute der Harnbeschau viel zu: Trübungen an der Oberfläche des Urins sollten z. B. auf Kopfkrankheiten schließen lassen.

Mit der Entdeckung der **Enzyme** erfüllte sich der alte Traum der exakten Diagnose aus Körperflüssigkeiten. Aus einer Mixtur Hunderter Substanzen, wie im Blut oder Urin vorhanden, lassen sich gezielt einzelne Substanzen spezifisch herausfinden, wie β-D-Glucose bei Diabetes. Wie wir bereits in Abschnitt 3.9 gesehen haben, kann das beispielsweise mit **Glucose-Dehydrogenase** (**GDH**) erfolgen. GDH setzt Glucose mit dem Cofaktor Nicotinamidadenindinucleotid (NAD^+) zu Gluconolacton um und reduziert dabei NAD^+ zu NADH (+ H^+). NADH lässt sich einfach mit dem optischen Test nach

Otto Warburg bei 340 nm Wellenlänge im Photometer bestimmen. NAD^+ dagegen absorbiert Licht dieser Wellenlänge nicht.

Ein anderes Enzym, ebenfalls eine Oxidoreduktase, ist die **Glucose-Oxidase** (**GOD**, siehe Box 7.3 und Abb. 7.6). GOD reduziert Sauerstoff mit den Elektronen der Glucose zu Wasserstoffperoxid (H_2O_2). Sie wandelt aus einem Zuckergemisch nur die β-D-Glucose um. Lässt sich also H_2O_2 nach Zugabe von GOD in einem Gemisch (Blut, Serum, Urin) nachweisen, heißt das, dass Glucose präsent ist. Je mehr H_2O_2 (bei gleicher Enzymmenge) gefunden wird, desto mehr Glucose liegt vor. Nun besteht aber dass Problem, dass sowohl Glucose als auch Sauerstoff und die Produkte Gluconolacton und H_2O_2 farblos sind. Das heißt, sie zeigen kaum eine Absorbtion von Licht und sind somit **optisch nur schwer messbar**, zumal in Vollblut.

Abhilfe schufen **Enzymteststreifen** (siehe Box 3.7). Diese verwenden GOD gekoppelt mit Meerrettich-Peroxidase (HRP). HRP wandelt mit H_2O_2 ein farbloses Substrat in ein meist blaues (und damit besser sichtbares) Produkt um.

Teststreifen sind preiswert, liefern aber nur halbquantitative Glucosewerte. Exakte und schnelle Analysen bieten dagegen die **Biosensoren für Glucose** (Abb. 7.6).

◼ 7.2 Diabetes mellitus – was tun?!

Rund 8 % der deutschen Bevölkerung sind an Diabetes erkrankt. **Diabetes mellitus** („honigsüßer Durchfluss" oder Zuckerkrankheit) ist eine Stoffwechselerkrankung und durch einen permanent erhöhten Blutzuckerspiegel gekennzeichnet. Enthält das Blut zu viel Glucose, so können die Nieren sie nicht mehr herausfiltern, und die Glucose wird vermehrt über den Urin abgegeben.

Ursache des Diabetes ist ein **Mangel oder eine gestörte Wirkung des Hormons Insulin** (siehe Box 7.1 und 7.2), das in der Bauchspeicheldrüse (Pankreas) gebildet wird. **Insulin senkt den Blutzuckerspiegel**, indem es die Glucose in die Zellen schleust. Das Hormon ist zugleich in den Fett- und Proteinstoffwechsel mit eingebunden, weswegen es bei einem Mangel nicht nur zu einer Störung der Zuckerverwertung kommt. Der normale Blutzuckerspiegel liegt zwischen 60 und 110 mg/dL und steigt auch nach dem Essen nicht über 140 mg/dL an. Bei Zuckerkranken beträgt der Wert jedoch

Box 7.1 Expertenmeinung: Diabetes! „Wie Biotech mein Leben veränderte"

Als die heutige Biotechnologie-Professorin **Katrine Whiteson** sechs Jahre alt war, konnte sie auf einer Wanderung mit ihren Eltern in Kalifornien nicht mithalten.

Gegen den übermäßigen Durst trank sie zuckersüße Softdrinks und machte damit das Problem nur noch schlimmer. Sie verlor zu dieser Zeit auch deutlich an Gewicht.

Die Diagnose lautete 1984: **Diabetes!** Die Insulin-produzierenden Zellen von Katrines Bauchspeicheldrüse waren in den ersten Lebensjahren durch ihr eigenes Immunsystem zerstört worden. Insulin regelt bekanntlich den Blutzucker. Der Blutzuckerwert im Blut betrug 900 mg/dL, neunmal höher als normal! Glück im Unglück: Zu genau dieser Zeit begann man Blutzucker mit neuartigen **Biosensoren** zu bestimmen. Katrine benutzte dafür **Blutglucosetests**. Ihre Eltern stachen ihr in den Finger, benetzten den Teststreifen, wischten das Blut ab, das Signal wurde im Messgerät exakt in Glucosekonzentration umgewandelt und konnte dann akkurat abgelesen werden.

Bis zum Alter von zehn Jahren testeten die armen Eltern Katrinchen vor jedem Essen, manchmal drei- bis viermal am Tag.

Sie mussten dann entscheiden, wie viel Insulin genau zu injizieren war. Das hing davon ab, wie viel Kohlenhydrate sie essen wollte, wie aktiv sie war, und von einer ganzen Reihe anderer Umstände.

Wenn der Biosensor zu hohe Glucosewerte anzeigte, musste zusätzliches Insulin und bei zu niedrigen Werten weniger Insulin injiziert werden; evtl. musste sie einen zusätzlichen Snack essen – sehr kompliziert.

Katrine schrieb mir netterweise ihre persönliche Geschichte per E-Mail auf:

»Heute, fast 25 Jahre später, ist meine Routine immer noch ähnlich, aber der Glucose-Biosensor braucht nun erheblich weniger Blut und nur fünf Sekunden statt mehrerer Minuten. Deshalb teste ich jetzt öfter meinen Blutzucker, z. B. bevor ich Auto fahre oder eine Vorlesung halte.

Seit 1996 verwende ich schnell reagierendes **gentechnisches Insulin** in einer Pumpe statt der Injektionen eines Gemischs von regulärem und langsamer reagierendem Insulin.

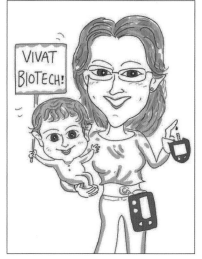

Die Pumpe imitiert die Insulinzellen und gibt stündlich kleinere Insulinmengen an den Körper ab, über den ganzen Tag verteilt – entsprechend der körperlichen Aktivitäten und Essenszeiten.

Den Blutzucker in den Griff zu bekommen, ist ein **permanenter Balanceakt**. Die Information des Biosensors entscheidet. Zu niedriger Blutzucker ist kurzfristig gefährlich, zu hoher Zucker verursacht zukünftige Komplikationen wie Nierenerkrankungen und Erblinden.«

Wie funktioniert eigentlich so ein moderner Glucose-Biosensor? Vereinfacht gesagt, benutzt er das Enzym Glucose-Oxidase. Dieses ist auf einem Einweg-Sensorchip gebunden, wartet auf Glucose aus dem Bluttröpfchen und überträgt dann Elektronen der Glucose auf den Sensorchip.

Ein Messgerät zeigt genau diese Elektronen an. Eine größere Anzahl an Elektronen bedeutet mehr Glucose. Die Messung geschieht in gerade einmal 20 Sekunden – ein Wunder der (Bio-)Technik!

Katrine weiter: »Essen, Hormone, Training, Stress, Krankheit, aber auch unberechenbare Faktoren beeinflussen die Zuckerwerte. Ich muss daher immer alles möglichst sorgfältig planen. Also messe ich, soft es nur geht. Gefährliche Zuckerwerte außerhalb des Normalbereichs können so schnell korrigiert werden.

Obwohl es toll ist, dass man heute ein fast normales Leben mit Diabetes führen kann, sind perfekte Glucosewerte immer noch ein Traumziel.

Im letzten Jahr wurde ich schwanger. Hohe Blutglucosewerte sind gefährlich für Mutter und Baby. Herz- und Neuralrohr können beim Embryo in den ersten drei Monaten Schaden nehmen, und sie lassen das Baby zu schnell wachsen. Später in der Schwangerschaft reduzieren andere Hormone im Körper das Insulin, sodass normale Schwangere oft die dreifache Insulinmenge benötigen.

Also testete ich **mehr als zehnmal täglich** und mehrfach nachts. Schließlich konnte sogar mein Mann meine Zuckerwerte mit dem Biosensor testen, ohne mich dabei zu wecken! Immer, wenn der Wert zu hoch war, machte ich mir Sorgen.

Durch diese fast pausenlose Überwachung konnte ich meine Glucose- und Insulinwerte ähnlich denen einer Schwangeren ohne Diabetes halten. Das alles verdanke ich allein zwei Fortschritten der Biotechnologie: gentechnischem menschlichen Insulin, durch manipulierte Bakterien produziert, und Biosensoren mit zuckeroxidierenden Enzymen.

Unser Sohn Silas wurde kerngesund geboren, welch ein Wunder nach den Sorgen: am 07.07.07! Vivat Biotech!«

Gerade meldet die Universität von North Carolina, dass es ihren Forschern gelungen ist, menschliche Hautzellen genetisch „zurückzuprogrammieren", und zwar in Insulinproduzierende Zellen.

Insulin könnte also wieder selbst im Körper hergestellt werden – ein Hoffnungsschimmer für Hunderte Millionen Diabetiker weltweit, bis zu 10% der Erwachsenen in den industriell entwickelten Ländern.

Prof. Katrine Whiteson mit ihrem Ehemann Daniel und ihren Kindern Silas (4) und Hazel (2) am Crystal Cove State Beach/ Kalifornien, Februar 2012

Box 7.2 Diabetes: Was man wirklich wissen sollte!

Diabetes mellitus (DM) oder Zuckerkrankheit bezeichnet eine Gruppe von Stoffwechselkrankheiten. Der medizinische Fachausdruck beschreibt deren ursprüngliches Hauptsymptom: die Ausscheidung von Zucker im Urin. Inzwischen ist er ein Sammelbegriff für verschiedene Störungen des Stoffwechsels, deren Leitbefund eine Überzuckerung des Blutes (**Hyperglykämie**) ist. Ursachen sind entweder ein **Insulinmangel**, eine Insulinunterempfindlichkeit (**Insulinresistenz**) oder beides.

Der Verdauungsapparat baut die mit der Nahrung aufgenommenen Kohlenhydrate zu **Glucose** (Traubenzucker) ab. Diese wird über die Darmwand in das Blut aufgenommen und im gesamten Körper verteilt. Die Bauchspeicheldrüse erzeugt in β-Zellen der Langerhans-Inseln das Hormon **Insulin**.
Das Insulin steigert insbesondere bei den Muskel- und Fettzellen die Durchlässigkeit der Zellmembranen für Glucose. In allen Zellen wird die Glucose zur Energiegewinnung verbraucht. Insulin bewirkt auch die Glucoseaufnahme in die Leberzellen, die sie in Form von **Glykogen** speichern.

»Krankheiten befallen uns nicht aus heiterem Himmel, sondern entwickeln sich aus täglichen Sünden wider die Natur. Wenn sich diese gehäuft haben, brechen sie unversehens hervor.«
Hippokrates (460 – 375 v. Chr.)

Der **Blutzuckerspiegel** steigt in der Verdauungsphase an und wird danach (eineinhalb bis zwei Stunden nach der letzten Nahrungsaufnahme) in engen Grenzen konstant gehalten: 80-120 mg/dL (oder 4,4-6,7 mmol/L). Selbst in langen Nüchternperioden bleibt der Blutzuckerspiegel auf normalem Niveau.

Dafür sorgt vor allem die Leber: Einerseits wird das gespeicherte Glykogen wieder aufgespalten (**Glykogenolyse**) und ins Blut entlassen, andererseits wird ständig Glucose aus kleineren Bausteinen neu gebildet (**Gluconeogenese**).

Wenn die Insulin-produzierenden **β-Zellen** nicht adäquat arbeiten bzw. aufgrund pathologischer Vorgänge stark vermindert und schließlich nicht mehr vorhanden sind, fallen sowohl die Aufnahme von Blutzucker in das Gewebe als auch die Hemmung der Zuckerneubildung

in der Leber weg. Der Prozess „entgleist". Die Leber kann unter diesen Bedingungen täglich bis zu 500 Gramm Traubenzucker neu produzieren. Das erklärt auch das Ansteigen des Blutzuckerspiegels bei Diabetikern unabhängig von der Nahrungsaufnahme. Darüber hinaus hat Insulin noch eine Wirkung: Es ist das einzige Hormon des menschlichen Körpers, das Körperfett aufbaut (**Lipogenese**) und dafür sorgt, dass das Fett in den Depots bleibt (**Antilipolyse**).

Ein wesentliches Kennzeichen des Insulinmangels ist deswegen eine starke bis extreme Gewichtsabnahme. Beim mit Diabetes mellitus einhergehenden **Insulinmangel** bzw. der **verminderten Insulinwirkung** kann also Glucose kaum oder gar nicht in die Zellen aufgenommen werden; die Glucose verbleibt im Blut, und die Traubenzuckerneubildung in der Leber verläuft ungebremst, was beides zu einem Blutzuckeranstieg führt.

WHO-Einteilung

Seit 1998 teilt man die Erkrankung je nach Ursache in zwei Hauptkategorien ein:

Typ-1-Diabetes mellitus: absoluter Insulinmangel aufgrund meist autoimmunologisch bedingter Zerstörung der Inselzellen des Pankreas (früher „Jugendlicher" oder „Juveniler Diabetes mellitus" genannt).

Typ-2-Diabetes mellitus: wegen Insulinresistenz anfangs mit Hyperinsulinismus, schließlich dennoch relativer Insulinmangel wegen nachlassender (versagender) Insulinproduktion; oft im Zusammenhang mit Übergewicht und Metabolischem Syndrom (früher „Altersdiabetes" oder „Erwachsenendiabetes" genannt).

Diagnostik des Diabetes

Zur Diagnosestellung müssen heute mindestens zweimal **erhöhte Blutzuckerwerte** (siehe unten) vorliegen. Zu beachten ist, dass für die verschiedenen Materialien (Kapillarblut oder venöses Blut, Messung im Plasma oder im Vollblut) verschiedene Grenzwerte gelten. Die Messungen sollten zeitnah zur Blutentnahme erfolgen und müssen zur Diagnostik mit einem Laborgerät durchgeführt werden, nicht mit einem der auch von Patienten zur Einstellungskontrolle angewendeten Selbstmessgeräte.

Diabetes mellitus liegt vor, wenn eines der folgenden Kriterien erfüllt ist (Glucose jeweils gemessen im Blutplasma):

- Nüchternblutzucker ≥ 7,0 mmol/L (126 mg/dL)
- Blutzucker ≥ 11,1 mmol/L (200 mg/dL) zwei Stunden nach der Gabe von 75 g Glucose; das ist der **orale Glucosetoleranztest** (oGTT).
- Sonstige Anzeichen für Diabetes sind beispielsweise starker Durst (**Polydipsie**) und häufiges Wasserlassen (**Polyurie**) oder unerklärlicher Gewichtsverlust.

Weitere Laborbestimmungen

Der **HbA1c-Wert** ist ein Langzeit-Blutzuckerwert, mit dem der durchschnittliche Blutzuckerspiegel der letzten acht bis zwölf Wochen ermittelt werden kann. Es handelt sich hier um den Anteil des roten Blutfarbstoffs (Hämoglobin), der mit Glucose verbunden ist (nichtenzymatische Glykosilierung).

Je mehr Glucose im Blut vorhanden ist, desto mehr Hämoglobin wird „verzuckert".

Bei Gesunden liegt der Wert bei etwa 4-6%. In der Diabetestherapie ist es heute das praktische Ziel, mindestens einen HbA1c-Wert unter 6,5% zu erreichen, da dann ein weitgehender Schutz vor Folgeschäden besteht. Bei Werten ab 7,0% muss nach den heutigen Leitlinien eine Steigerung (Intensivierung) der Therapie erfolgen.

Glucosurie: Ein Symptom des erhöhten Blutzuckers ist das „honigsüße Hindurchfließen" (das ist die deutsche Übersetzung von *„Diabetes mellitus"*). Damit ist die Glucoseausscheidung im Urin gemeint, die bei vielen Menschen bei Blutzuckerspiegeln um die 180 mg/dL auftritt. Bei diesen Werten („Nierenschwelle") kommt die Niere mit ihrer Resorptionsleistung nicht mehr nach, und Glucose tritt in den Urin über (Glucosurie). Aus durch den Zuckergehalt des Urins bedingten osmotischen Gründen ist auch die Rückresorption von Wasser beeinträchtigt, was zu einer erhöhten Urinausscheidung (Polyurie) mit entsprechend hohem Wasserverlust und vermehrtem Durst führt.

Ketonurie: Bei niedrigen Insulinspiegeln werden die Energiereserven des Fettgewebes mobilisiert (Lipolyse). Dabei kommt es nicht nur zum Anstieg der Glucosekonzentration im Blut, sondern auch von drei noch kleineren Molekülen, den sogenannten **Ketonkörpern**. Diese sind ebenfalls Energieträger. Zwei davon sind schwache Säuren. Bei einem drastischen Insulinmangel kann deren Konzentration so stark steigen, dass es zu einer gefährlichen

Übersäuerung des Blutes kommt (**Ketoazidose**). Es gibt Teststreifen, um einen dieser Ketonkörper, das **Aceton**, im Urin zu messen. Anfängliche Entgleisungen können so von den Betroffenen selbst erkannt und behandelt werden. Dies ist nur bei Typ-1-Diabetes relevant, da ein solch ausgeprägter Insulinmangel bei Typ-2-Diabetikern praktisch nicht vorkommt.

Typ-1-Diabetes

Bei **Diabetes Typ 1** zerstört das körpereigene Immunsystem im Rahmen einer **Entzündungsreaktion** die Insulin-produzierenden β-Zellen in der Bauchspeicheldrüse selbst. Diese Entzündungsreaktion kann oft bereits in frühester Kindheit einsetzen, in der Regel Jahre bis Jahrzehnte vor dem Ausbruch des Typ-1-Diabetes. Die daraus folgende **Zerstörung der β-Zellen** führt nach und nach zu einem zunehmenden **Insulinmangel**.

Erst wenn ca. 80–90 % der β-Zellen zerstört sind, manifestiert sich ein Typ-1-Diabetes. In der Anfangsphase der Erkrankung ist also durchaus noch eine kleine Insulinrestproduktion vorhanden. Beim Insulinmangel kommt es zu einem Substratmangel in den Zellen, zu einem Blutzuckeranstieg, zum extremen Wasser- und Nährstoffverlust, zu einer Übersäuerung des Blutes und zur Gewichtsabnahme (siehe oben).

Charakteristisch für den Typ-1-Diabetes ist die ausgeprägte **Gewichtsabnahme** innerhalb kürzester Zeit, verbunden mit Austrocknung (**Exsikkose**), ständigem Durstgefühl, häufigem Wasserlassen, Erbrechen und gelegentlich auch Bauchschmerzen. Allgemeine Symptome wie Müdigkeit und Kraftlosigkeit, Sehstörungen und Konzentrationsstörungen kommen hinzu. Kopfschmerzen sind auch nicht ungewöhnlich. Beim Typ-1-Diabetes muss das fehlende Hormon Insulin künstlich in Form von **Insulinpräparaten** zugeführt werden.

Typ 2-Diabetes

Beim **Diabetes Typ 2** ist Insulin zwar vorhanden, kann aber an seinem Zielort, den Zellmembranen, nicht richtig wirken (**Insulinresistenz**). In den ersten Lebensjahrzehnten kann die Bauchspeicheldrüse dies durch eine ständige Steigerung der Insulinproduktion kompensieren. Irgendwann kann das Pankreas die überhöhte Insulinproduktion aber nicht mehr aufrechterhalten. Die produzierte Insulinmenge reicht dann nicht mehr aus, um den Blutzuckerspiegel zu kontrollieren, und der Diabetes mellitus Typ 2 wird manifest.

Ein Typ-2-Diabetiker hat trotzdem noch viel mehr körpereigenes Insulin als der Stoffwechselgesunde, für den eigenen Bedarf ist es aber nicht mehr ausreichend (**relativer Insulinmangel**).

Früher hatte der Typ-2-Diabetes den Beinamen **Altersdiabetes**, weil er in der Regel erst nach dem 30. Lebensjahr auftritt. Mittlerweile wird dieser Diabetestyp auch bei immer mehr jüngeren Menschen diagnostiziert, in letzter Zeit sogar bei Jugendlichen.

Deswegen ist der Begriff „Altersdiabetes" nicht mehr angebracht. Viele Typ-2-Diabetiker haben jahrelang keine fassbaren Symptome. Im Gegensatz zum Typ-1-Diabetes geht der Typ-2-Diabetes praktisch nie mit einer Gewichtsabnahme und nur selten mit vermehrtem Wasserlassen und Durstgefühl einher. Häufig sind allerdings **unspezifische Symptome** wie Müdigkeit, Schwäche, ständiges Hungergefühl, Gewichtszunahme und depressive Verstimmung. Da diese Symptome zu fast jeder anderen Krankheit passen, wird die Diagnose häufig erst nach Jahren durch Zufall gestellt.

Als eine der Hauptursachen für diesen Erkrankungstyp sind **Übergewicht** bzw. Fettleibigkeit anzusehen. Neben der **angeborenen Insulinunempfindlichkeit** resultiert aus dem Übergewicht nämlich eine zusätzliche, **erworbene Insulinresistenz** der von Insulin abhängigen Körperzellen.

Ein wichtiger Faktor für die Insulinresistenz, aber insbesondere auch für die gestörte Insulinsekretion, vor allem in der Frühphase kurz nach der Nahrungsaufname, ist eine genetische Veranlagung, wobei wahrscheinlich viele Gene beteiligt sind (**polygene Erkrankung**). Die unterschiedliche Genetik ist wahrscheinlich der Grund für die unterschiedlichen Verlaufsformen.

Ein anderer Faktor im Krankheitsgeschehen ist eine erhöhte körpereigene Traubenzuckerbildung in der Leber (s.o.). Das Hormon Insulin hemmt, das Hormon Glucagon steigert die Zuckerneubildung (**Gluconeogenese**) in der Leber (siehe Schema nächste Seite).

Glucagon, das durch die Steigerung der Zuckerneubildung den Zuckerspiegel anhebt, wird vermehrt als Antwort auf einen Zuckerbedarf der Körperzellen, d.h. auf ein Absinken des Blutzuckerspiegels in den Zellen der Langerhans-Inseln, gebildet.

Auch Stresshormone wie Catecholamine und Glucocorticoide – daher der Name – steigern physiologischerweise die Gluconeogenese. Außerdem betrifft die angeborene Insulinresistenz auch die Leberzellen, die auf die hemmende Insulinwirkung kaum reagieren und zu viel Zucker ins Blut entlassen.

Gleiches gilt auch für die im Rahmen eines **Metabolischen Syndroms** bei Typ-2-Diabetes oft vorliegende **Dyslipidämie (gestörter Fettstoffwechsel)**. Am einfachsten ist die Hypercholesterinämie mit Statinpräparaten zu behandeln. Aber auch eine Triglyceridsenkung und Anhebung der High-Density-Lipoproteine (HDL-Cholesterin) ist anzustreben.

Therapie des Typ-2-Diabetes: nicht-medikamentöse Therapie

Viele Typ-2-Diabetes-Patienten könnten auf Medikamente verzichten, wenn sie sich **mehr bewegen und ihr Gewicht reduzieren** würden. Durch Bewegung gewinnen die Körperzellen ihre Insulinaufnahmefähigkeit zurück (der Anteil der außen liegenden Rezeptoren je Zelle kann durch Bewegungstraining erhöht werden), sodass das körpereigene Insulin wieder besser wirkt. Beim Typ-2-Diabetes muss die erworbene Insulinresistenz (s. o.) aber auch – und in erster Linie – durch Gewichtsabnahme, zusammen mit der vermehrten Bewegung, verringert werden. Eine medikamentöse Therapie ist erst nach Ausschöpfung dieser Maßnahmen angezeigt. **Rauchen** ist gegebenenfalls einzustellen!

Medikamentöse Therapie

Zur medikamentösen Therapie gibt es verschiedene Therapieansätze. Es sind dies verschiedene Arten von Tabletten und auch Insulin selbst, oft in verschiedenen Kombinationen angewendet. Je besser es gelingt, die Blutzuckerwerte zu normalisieren (vor einer Mahlzeit möglichst um 100, auf jeden Fall unter 120 mg/dL, danach unter 140 (bis höchstens 160) mg/dL), umso geringer ist die Gefahr von Komplikationen.

Fortsetzung Seite 194

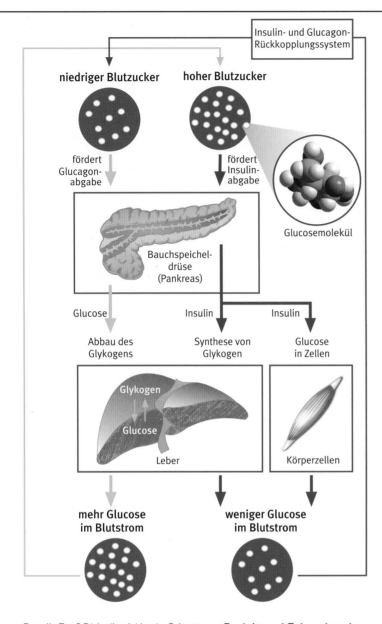

Insulin- und Glucagon-Rückkopplungssystem

niedriger Blutzucker   hoher Blutzucker

fördert Glucagonabgabe   fördert Insulinabgabe

Glucosemolekül

Bauchspeicheldrüse (Pankreas)

Glucose   Insulin   Insulin

Abbau des Glykogens   Synthese von Glykogen   Glucose in Zellen

Glykogen

Glucose

Leber   Körperzellen

mehr Glucose im Blutstrom   weniger Glucose im Blutstrom

- 7,4 % periphere Arterielle Verschlusskrankheit (pAVK)
- 4,7 % Apoplex
- 3,3 % Nephropathie (Niereninsuffizienz)
- 1,7 % diabetisches Fußsyndrom
- 0,8 % Amputation
- 0,3 % Erblindung

Personen, die ihren Lebensstil nicht entsprechend den Empfehlungen ändern, haben ein erhöhtes Risiko für Folgekrankheiten. Nur eine Minderzahl von Diabetikern bleibt trotz schlechter Lebensgewohnheiten (fettes Essen, Bewegungsmangel, mangelhafte Kontrolle des Blutzuckers) von Folgekrankheiten verschont. Die Chance auf ein langes Leben frei von Folgekrankheiten ist umso größer, je niedriger die Glycierung ist. Starke Schwankungen des Blutzuckerspiegels verringern diese Chance. Ein stark schwankender Insulinspiegel („postprandiale Glucosespitzen") schädigt die Innenwand der Blutgefäße ebenso wie ein ständig zu hoher Blutzuckerspiegel. Ziel muss es sein, für jeden Betroffenen individuell festzulegen, wie die niedrigsten, „normnahen" Blutzuckerwerte mit der geringsten Zahl von Hypoglykämien (Unterzuckerung) erreicht werden können.

Diabetes-Schulung

Für die betroffenen Diabetiker gilt deshalb, dass sie selbst zum Spezialisten für ihre Krankheit werden und Verantwortung übernehmen sollten. Sie müssen die Feinsteuerung und auch die Basalratenfindung im Alltag möglichst selbst lösen, da nur sie die genaue Reaktion ihres Körpers durch die Rahmenbedingungen (Essen, Bewegung, Insulin, Krankheit, Sport ...) kennen und einschätzen können. Die Prognose verbessert sich, wenn sich die Betroffenen durch Anpassung der Lebensführung mit Umsetzung des erworbenen Wissens um ihre Krankheit bemühen.

Zitiert (stark gekürzt und bearbeitet durch Diabetes-Spezialisten) aus der Wikipedia (Deutsch), ausführlich:
http://de.wikipedia.org/wiki/Diabetes_mellitus

Literatur

Schatz H, Pfeiffer AFH (2014) *Diabetologie kompakt*, 5. Aufl. Springer, Berlin, Heidelberg

Göke B, Otto C, Parhofer KG (2002) *Diabetes mellitus*, Reihe „Das Praxisbuch", Urban & Fischer bei Elsevier, München

Thomas A (2006) *Das Diabetes-Forschungs-Buch*. 1. Aufl. Kirchheim & Co, Mainz

Fast alle Typ-2-Diabetiker leiden im Rahmen eines „Metabolischen Syndroms" auch unter **Bluthochdruck**. Da der Bluthochdruck die Spätfolgen, vor allem an den Augen, den Nieren und den großen Blutgefäßen, weiter forciert, muss auch dieser rechtzeitig erkannt und behandelt werden.

Auch bei Typ-2-Diabetikern hilft eine **regelmäßige Selbstkontrolle der Blutzuckerwerte** (siehe Abschnitt 7.4), eine gesundheitsbewusste Diät einzuhalten. Eine ausgewogene Ernährung besteht aus etwa 50–55 % Kohlenhydraten, 15–20 % Eiweiß und 30 % Fett. Dies ist die für alle Menschen und damit auch für Diabetiker empfohlene Ernährungszusammensetzung.

Begleit- und Folgeerkrankungen

Diabetes mellitus führt – teilweise abhängig von der Qualität der Stoffwechseleinstellung – zu weiteren Erkrankungen, die sowohl begleitend als auch als Folge des Diabetes auftreten können.

Der *Deutsche Gesundheitsbericht Diabetes* gibt einen Überblick über die Häufigkeit des Auftretens von Begleit- und Folgekrankheiten bei 120 000 betreuten Typ-2-DiabetikerInnen:

- 75,2 % Bluthochdruck
- 11,9 % Diabetische Retinopathie
- 10,6 % Neuropathie
- 9,1 % Herzinfarkt

schon im nüchternen Zustand mehr als 126 mg/dL und erreicht nach dem Essen Werte von 200 mg/dL und darüber.

Beim **Typ-1-Diabetes** fehlt Insulin aufgrund einer Zerstörung der Insulin-produzierenden Zellen (**β-Zellen**) in der Bauchspeicheldrüse.

Über 95 % der Fälle sind an **Typ-2-Diabetes** erkrankt, der früher als Altersdiabetes bezeichnet wurde. Bei dieser Diabetesform kommt es zu einem **Verlust der Insulinwirkung**. Der Körper ist nicht mehr in der Lage, diesen Verlust durch Insulinmehrproduktion auszugleichen.

Einer der führenden Diabetologen Deutschlands, Professor **Stephan Martin** (Düsseldorf), sieht eine große globale Dramatik: „Diabetes ist auf dem Vormarsch, die Volksseuche Nummer eins zu werden. In den vergangenen Jahren ist es zu einem dramatischen Anstieg der Neuerkrankungen von Diabetes mellitus gekommen, und man geht aktuell davon aus, dass ca. 7-8 % der Bevölkerung von dieser Erkrankung betroffen sind."

Steigende Zahlen an übergewichtigen Personen in allen Altersgruppen und eine Gesellschaft, die sich immer weniger körperlich bewegt, lassen eine weitere dramatische Entwicklung der metabolischen Erkrankungen in den kommenden Jahren befürchten. Besonders bedrohlich sind der **Anstieg von Übergewicht und die deutlich reduzierte körperliche Freizeitaktivität bei Kindern und Jugendlichen**. Es wird vermutet, dass in dieser Altersklasse eine nicht unerhebliche Dunkelziffer von nicht diagnostiziertem Typ-2-Diabetes vorhanden ist.

Was tun? Ich kann nur anraten: *Was tun!*

Es sind zahlreiche Interventionsstudien publiziert worden, die zeigen, dass eine Prävention möglich und sehr effektiv ist. Durch eine **Änderung des Lebensstils**, d. h. Gewichtsabnahme durch gesunde Ernährung und vermehrte körperliche Aktivität, kann nicht nur die Entwicklung von Typ-2-Diabetes verhindert, sondern es können auch die Blutdruck- und Blutfettwerte verbessert werden. Diese Befunde stammen aus Finnland und den USA, somit aus uns sehr ähnlichen Bevölkerungsstrukturen.

Wo müssen wir ansetzen, um dem diabetologischen „Super-GAU" entgegenzuwirken? Wir müssen begreifen, dass *Diabetes mellitus* vom Typ 2 – wie auch die anderen Stoffwechselerkrankungen – kein medizinisches, sondern ein gesellschaftliches Thema ist. Computerarbeits-plätze sowie ein Freizeitverhalten bestehend aus Fernsehen, Videospielen und Internet sind positive Errungenschaften unserer technisierten Welt, doch die zuvor genannten Erkrankungen gehören zu den direkten Konsequenzen.

■ 7.3 Glucose-Biosensoren: hocheffektive Kombinationen von Biomolekülen und Sensoren

Wie misst man Glucose schnell und exakt? Mit Biosensoren! Die Pioniere waren, 600 Jahre nach der ersten literarischen Publikation eines „Glucose-Biosensors" durch Giovanni Boccaccio, die Amerikaner **Leland Clark junior** und **George Wilson**, der Japaner **Isao Karube**, der Brite **Anthony P. F. Turner** und der Deutsche **Frieder W. Scheller** (s. XIV-XVI, Box 7.3, Abb. 7.4).

Die Grundidee der **Biosensoren** ist eine direkte Kopplung (**Immobilisierung**) von Biomolekülen (Enzymen, Antikörpern) oder Zellen mit **Sensoren** (Elektroden oder optischen Sensoren). Durch die direkte Kopplung wird ein Analyt (z. B. Glucose) durch die Biokomponente (z. B. GOD) in ein biochemisches Signal (z. B. H_2O_2) gewandelt, das unmittelbar auf den Sensor trifft. Der Sensor wandelt es in ein elektronisches Signal (Strom) um, das über einen Verstärker angezeigt wird. Die immobilisierte Biokomponente wird nach Gebrauch regeneriert. Man kann beispielsweise in Glucosesensoren mit den gleichen GOD-Molekülen etwa 10 000-mal Glucose in Blutproben messen. Meist wird die GOD in Polymeren wie Polyurethanen eingeschlossen (*entrapment*).

Es werden im Allgemeinen hohe Enzymaktivitäten angestrebt, um stabile Signale auch nach mehreren Tausend Messungen zu garantieren. Für die klinischen Labors stand die **Wiederverwendbarkeit des Biosensors** im Vordergrund: Man hat Tausende von Patientenproben, die man preiswert und schnell bestimmen will (Abb. 7.4 und 7.5).

Einmalsensoren („Wegwerf"-Sensoren) sind dagegen für die Selbsttestung des Diabetikers ideal, vor allem auch wegen des Schutzes vor Infektionen (HIV, Hepatitis). Der Chipsensor wird nur einmal verwendet und dann entsorgt. Der Diabetiker bekommt dabei oft das elektronische Messgerät von der Firma geschenkt (zwecks „Kundenbindung"), muss dann allerdings die Biochips von dieser Firma ständig nachkaufen.

Abb. 7.4 Der Verfasser (2. v. r.) hatte in jungen Jahren das Vergnügen, in Frieder W. Schellers Gruppe als Doktorand zu forschen. Scheller (links, mittlerweile emeritierter Professor der Universität Potsdam) begann seine Biosensorenforschung später als die anderen Pioniere der Biosensoren, 1975 in Berlin-Buch im Osten Berlins.

Die Arbeit verlief unter erschwerten materiell-technischen Bedingungen, und doch war Scheller seiner Zeit voraus:

Seine Gruppe entwickelte den schnellsten Glucosesensor der Welt: GKM-01.

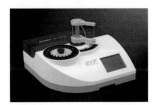

Abb. 7.5 Einen 10 000-mal regenerierbaren Dickschicht-Biosensor hat die Firma EKF-diagnostic (Magdeburg/Leipzig) entwickelt. Er basiert auf Frieder Schellers Glucometer GKM-01.

Simultan können Glucose oder Lactat in zehn Sekunden preiswert und exakt bestimmt werden.

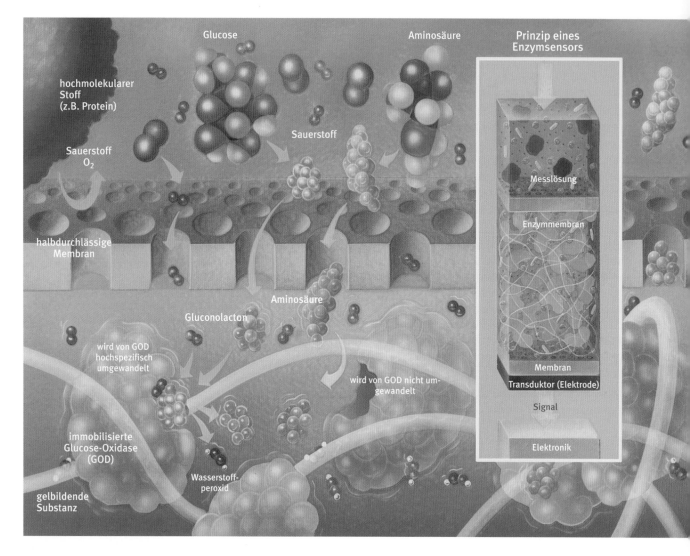

Labels within figure:
Glucose
Aminosäure
Prinzip eines Enzymsensors
hochmolekularer Stoff (z.B. Protein)
Sauerstoff
Sauerstoff O_2
Messlösung
Enzymmembran
halbdurchlässige Membran
Aminosäure
Gluconolacton
wird von GOD hochspezifisch umgewandelt
wird von GOD nicht umgewandelt
Membran
Transduktor (Elektrode)
Signal
immobilisierte Glucose-Oxidase (GOD)
Wasserstoffperoxid
Elektronik
gelbildende Substanz

Abb. 7.6 Wiederverwendbarer Enzymsensor für Glucose:

Klinische Sensoren, die Tausende Messungen mit demselben Enzym machen können (Abb. 7.8 und 7.9), bestehen aus einem Sensor (Elektrode), der mit einer dünnen Enzymmembran aus immobilisierter Glucose-Oxidase (GOD) bespannt ist. GOD wird in Gele aus Polyurethanen eingeschlossen (in der Abbildung rechts).

Aus einem Gemisch in der Probe (links) diffundieren nur niedermolekulare Substanzen und Sauerstoff (in der Abb. rot) durch die Poren der Dialysemembran (Bildmitte) in das Gel (hellblau). Hochmolekulare Analyten oder Mikroben (oben links) können die Membran nicht durchdringen.

Die GOD setzt nur die β-D-Glucose unter Sauerstoffverbrauch und Bildung von Gluconolacton und H_2O_2 um. Die immobilisierte GOD kann aus der Membran nicht herausgewaschen werden. Das entstehende Produkt H_2O_2 (Wasserstoffperoxid) ist ein elektrodenaktiver Stoff, d. h., seine Konzentration kann mithilfe der Elektrode ermittelt werden.

Das Insert zeigt das Gesamtschema der Signalverarbeitung.

Die Konzentration der Glucose ist der H_2O_2-Konzentration und diese der Stromstärke proportional.

Für eine Glucosebestimmung wird der Biosensor in die zu prüfende Lösung getaucht.

Anhand des gebildeten Wasserstoffperoxids lässt

sich die enthaltende Glucosemenge schnell bestimmen.

Nach der Messung wird die Enzymmembran mit klaren Lösungen gespült, die keine durch GOD umsetzbare Substanzen enthalten.

Dadurch wäscht man die vorher eindiffundierten Substanzen und die Produkte der GOD-Reaktion aus.

Der Biosensor ist somit regeneriert und erneut messbereit.

Mit ein und derselben Enzymmembran kann man schnell, mit hoher Präzision und preiswert 10 000 bis 20 000 Messungen ausführen.

Die Firma verdient also am Nachkauf der Chips (Abb. 7.8). Die meisten **Glucose-Biosensoren** verwenden **Glucose-Oxidase** (**GOD**) aus Schimmelpilzen (*Aspergillus niger* oder *Penicillium notatum*). GOD bindet nur β-D-Glucose und Sauerstoff und wandelt sie innerhalb von Bruchteilen einer Sekunde in Gluconolacton und Wasserstoffperoxid (H_2O_2) um. Je mehr Glucose in der Probe ist, desto mehr Produkt wird gebildet und desto mehr Sauerstoff wird verbraucht. Mit den Glucosesensoren wurde die erste Generation von Biochips entwickelt. Zum ersten Mal wurden dabei die **zwei Hochtechnologien Mikroelektronik und Biotechnologie direkt miteinander verknüpft**: Elektronik und Proteine (siehe Box 7.3).

■ 7.4 Glucose selbst getestet!

Die handlichen und preiswerten **Glucose-Messgeräte** zur Patientenselbsttestung verwenden

Box 7.3 Expertenmeinung: Biosensoren gestern, heute und morgen

Otto Warburg (1883–1970) ist der Vater der enzymatischen Analytik (siehe Kap. 3). Sein optischer Test zum Nachweis des NADH und NADPH erlaubte die hochspezifische Bestimmung von Dehydrogenasen und ihrer Substrate. Diese Indikatorreaktionen konnten nun mit anderen Enzymreaktionen gekoppelt werden.

Otto Warburg

Darauf bauten die systematischen Arbeiten von **Hans-Ulrich Bergmeyer** (1920–1999, Boehringer Mannheim) auf. Und so nahm die enzymatische Analytik in den 1960er Jahren einen erheblichen Aufschwung. In der klinischen Diagnostik und etwas später in der Lebensmittelanalytik wurden enzymatische Bestimmungsmethoden vor allem für Kohlenhydrate, Aminosäuren und organische Säuren routinemäßig eingesetzt.

Im Anfang war die Enzymelektrode

Ein Nutzer von Enzymen war auch **Leland C. Clark jr.** (1918–2005) im Childrens' Hospital in Cincinnati/USA. Er hatte Erfahrungen mit der Leberperfusion an lebenden Tieren und befasste sich mit der Entwicklung der Herz-Lungen-Maschine für chirurgische Operationen. Dabei überwachte er mit seinen Augen den Grad der Sauerstoffbeladung des behandelten Blutes anhand der Rotfärbung.

Als erfahrener Physiologe mit starkem Interesse an Chemie suchte er nach einer technischen Lösung für diese Aufgabe. So versuchte er die Reduktion von Sauerstoff an einer Platinelektrode als „Maß" für die Oxygenierung von Blut zu nutzen. Dieser Versuch schlug aber fehl, weil sich Blutbestandteile auf der Elektrodenoberfläche ablagerten und deshalb das Messsignal verfälschten.

Da hatte Clark die geniale Idee, die „Sauerstoffelektrode" mit der Cellophanfolie einer Zigarettenschachtel abzudecken (Abb. rechts oben). Damit konnten nur niedermolekulare Blutbestandteile – vor allem der gasförmige

Sauerstoff – an die Elektrodenoberfläche gelangen, und der „Sensorstrom" spiegelte die Sauerstoffkonzentration direkt wider.

Diese **Clark'sche Sauerstoffelektrode** (oder kurz Clark-Elektrode) ist heute aus der Medizintechnik, klinischen Diagnostik und Bioprozesstechnik nicht mehr wegzudenken. Zum Eichen seines Sensors entfernte Clark den Sauerstoff aus dem Blut, indem er das Enzym **Glucose-Oxidase** (**GOD**) hinzugab. Dabei oxidiert der Sauerstoff unter der Wirkung des Enzyms die Blutglucose, wobei er selbst zu Wasserstoffperoxid umgesetzt wird.

Üblicherweise wurde Glucose-Oxidase nicht für die Deosxygenierung, sondern für die Messung von Blutglucose verwendet.

Anschließend gelang Leland Clark eine weitere großartige Erfindung: Er setzte zur Glucosemessung das Enzym nicht wie üblich der Messlösung zu, sondern er schloss eine konzentrierte Enzymlösung mit einer weiteren semipermeablen Membran vor der Platinelektrode seines Sauerstoffsensors ein. Damit war die Enzymschicht ein integrierter Bestandteil des Sensors, und das Enzym konnte für die Messung vieler Proben verwendet werden.

Die Clark'sche Enzymelektrode erfüllte damit das viel später von der IUPAC formulierte Kriterium eines Biosensors. Wird diese „Glucoseelektrode" in die Messlösung eingetaucht, diffundieren die Glucose und der Sauerstoff in die Enzymschicht, und es erfolgt die enzymatische Reaktion. Dabei tritt ein äquivalenter Sauerstoffverbrauch auf. Deshalb erniedrigt sich der O_2-Reduktionsstrom in Abhängigkeit von der Glucosekonzentration.

Wenige Jahre später brachte die US-Firma Yellow Springs Instruments den **Glucoseanalysator** YSI 23006 auf den Markt, der die Clark'sche Entwicklung umsetzte.

Fast gleichzeitig mit Clarks Entwicklung der **amperometrischen Enzymelektrode** für Glucose publizierte **George Guilbault** (New Orleans) seine Arbeiten zur **potenziometrischen Harnstoffelektrode**. Bei ihr wird die Erzeugung von Ammoniak mit einer pH-sensitiven Glaselektrode angezeigt. Um die Enzymelektrode besser handhaben zu können und eine reproduzierbare Präparation zu erreichen, setzten **G. P. Hicks** und **S. J. Updike** von der Universität Wisconsin 1967 erstmals die aus der Enzymtechnologie bekannte **Immobilisierung durch Geleinschluss** des Enzyms in der Sensortechnologie ein.

Schema der Clark'schen Enzymelektrode mit Selbstbildnis des Erfinders

Der erste europäische Beitrag kam 1973 aus der Schweiz durch **Ph. Racine** und **W. Mindt** von der Firma Hoffmann la Roche. Sie entwickelten eine **Lactatelektrode**, wobei der natürliche Redoxpartner des Enzyms – Cytochrom b_2 – durch den künstlichen Elektronenüberträger Ferricyanid ersetzt wurde und so das Elektrodensignal erzeugte. Dieser Einsatz künstlicher Redoxüberträger – Mediatoren – ist das Grundprinzip der zweiten Generation von Enzymelektroden und hat die spätere Entwicklung von Enzymsensoren für die Blutzuckermessung durch den Patienten selbst erst ermöglicht (siehe Abschnitt 7.4).

George G. Guilbault (1950–2008, New Orleans) und der Namensgeber der Biosensoren, Karl Cammann

Was ist ein Biosensor?

Obwohl bereits 1977 **Karl Cammann** (geb. 1939) den Terminus „Biosensor" eingeführt hatte, schlug die IUPAC erst 1997 in Analogie zum Chemosensor eine Definition vor: Ein **Biosensor** ist ein integriertes Gerät, bei dem ein **biologisches Erkennungselement** (**biochemischer Rezeptor**) sich in direktem räumlichen Kontakt mit einem **Signalwandler** (**Transduktor**) befindet.

Zu dieser Zeit existierten mehrere verschiedene Biosensorschemata: Das Augenmerk der Japaner **Masuo Aizawa** (geb. 1983), **Isao Karube** und des Briten **Christopher Lowe** (geb. 1985)

Fortsetzung Seite 198

Masuo Aizawa (Yokohama) stellte das erste Biosensorschema vor

lag auf der Kopplung unterschiedlicher Erkennungselemente wie Enzyme, Antikörper, Zellen und Nucleinsäuren mit verschiedenen Signalwandlern.

Im Biosensorschema meines damaligen Doktoranden **Reinhard Renneberg** kommt dagegen der essenzielle Aspekt aus der Biosensordefinition – die räumliche Integration von biologischem Erkennungselement und Signalwandler – deutlicher zum Ausdruck.

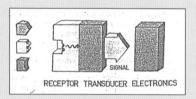

Die Entwicklung der **Biosensorik** erfolgte nun in mehrere Richtungen:

- Diversifizierung der biologischen Erkennungselemente und Signalwandler,
- Erhöhung der Integration,
- Miniaturisierung,
- Entwicklung von Arrays.

Die biochemische Erkennung des Analyten ist der Kern der Bioanalytik, und die räumliche

Integration mit der Signalerzeugung führt zu den Biosensoren und Biochips.

Die Entwicklung der „Auslesemethoden" (**Transducer**) hat die Biosensorik nachhaltig beeinflusst. Die aus der Sauerstoffelektrode von L. Clark entwickelte Glucoseelektrode und pH-anzeigende Sensoren haben die Entwicklung der Biosensoren initiiert. Die Fortschritte bei der Steigerung der Empfindlichkeit mit Fluoreszenz- und Lumineszenzanzeige bei Immunoassays haben zu einem erfolgreichen Einsatz als Transduktionsmethode in Biosensoren und Biochips in den letzten zehn Jahren geführt.

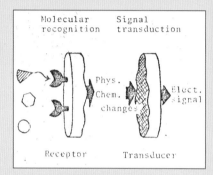

Evolution des Biosensorschemas

Was ist ein Biochip?

Die Verkleinerung der Querschnitte von optischen Fasern, ionensensitiven Feldeffekttransistoren oder Elektroden unter 10 µm wurde durch die Fortschritte der Mikrosystemtechnik möglich. Damit können Online-Messungen an einzelnen Zellen oder sogar in einzelnen Zellen mit Mikro-Biosensoren durchgeführt werden.

Durch die Verwendung von **ionensensitiven Feldeffekttransistoren** (**ISFETs**) als Signal-

wandler in Enzym- oder später in Immunosensoren wurde zusätzlich zur Analyterkennung durch das biologische Erkennungselement und den Signalwandler auch die elektronische Signalverarbeitung in ein Bauteil integriert.

Ein Pionier war dabei **Piet Bergveld** in Twente (Niederlande). In Analogie zu den elektronischen Mikrochips wurde diese Anordnung in den 1980er Jahren **Biochip** genannt. Diese Analogie weckte große kommerzielle Erwartungen, die aber kaum erfüllt wurden. Damit wurden die Ausdrücke „Biochip" und „Bioelektronik" negativ belastet, und es bürgerten sich die Begriffe „EnFET" und „ImmunoFET" ein.

Alternativ zu den Biosensoren erlebten die **Immunoassays** eine stürmische Entwicklung. Dabei dominieren Testformate in Mikro- und später Nanotiterplatten mit photometrischer Auslese. Mitte der 1980er Jahre entwickelte **R. Ekins** im Auftrag von Boehringer Mannheim miniaturisierte parallele Immunoassays auf flachen Trägern. Das war der Beginn der „Mikroarray-basierten Methoden", und es konnten bis zu 10 000 qualitätskontrollierte Chips pro Stunde auf einem Arrayer produziert werden.

Die Entwicklung von Nucleinsäure-Arrays auf festen (Chip-)Trägern erfolgte ab 1990 unter entscheidender Beteiligung von **Mark Schena** und **Stephen Fodor**, der eine „Produktionstechnologie" realisierte. Durch die US-Firma Affymetrix wurde diese **DNA-Chip-Technologie** entscheidend vorangebracht, und es wurden Chips mit bis zu 1,2 Mio unterschiedlichen Spots angeboten. Diese DNA-Arrays verwendeten Fluoreszenzreader für die Signalauslesung.

Parallel zu den Fortschritten bei diesen optischen Biochips ging die Realisierung hoch paralleler Biosensoren mit optischen Faserbündeln oder Arrays von amperometrischen Mikroelektroden oder FETs erfolgreich weiter. Diese Anordnungen haben gegenüber optischen Biochips den Vorteil der Integration der Signalauswertung.

Biosensoren im geteilten Deutschland

Im Jahre 1972, zehn Jahre nach Clark's Patentanmeldung zur Enzymelektrode, kam aus dem privaten Forschungsinstitut **Manfred von Ardenne** (Dresden) mit der DDR-Patentschrift 101229 die erste deutsche Publikation über einen Biosensor. Der Aufbau der Dresdner **Glucoseelektrode** ist dem amerikanischen Vorbild frappierend ähnlich.

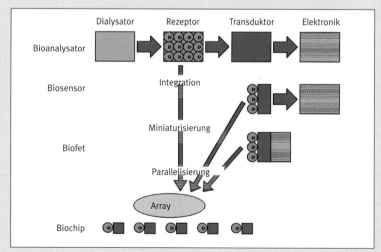

Entwicklungsstufen auf dem Weg zum Biochip

Das vorgesehene Einsatzfeld war die **Überwachung der Hyperthermie-Behandlung von Krebspatienten**, denen bei einer Temperatur von über 40°C große Mengen Glucose verabreicht wurden. Durch die höhere Stoffwechselaktivität der Krebszellen entsteht eine „Übersäuerung", die selektiv Tumoren abtöten sollte. Das Konzept basierte auf Beobachtungen von Otto Warburg, die Heilungserfolge waren aber umstritten.

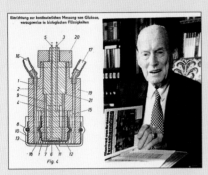

Manfred von Ardenne mit der Glucoseelektrode aus seinem Institut

Der Ardenne'sche Glucosesensor zeigte den Sauerstoffverbrauch in der GOD-Schicht vor der Platinkathode an. Dabei führt die schwankende O_2-Sättigung in den venösen Blutproben zu einem Störeffekt, der das Glucosesignal verfälschte. Die Dresdner schalteten diese Störung sehr erfolgreich aus, indem sie durch die Messprobe einen Luftstrom leiteten, der gleichzeitig für die „Rührung" sorgte. Allerdings musste ein „Entschäumer" zugesetzt werden, damit die Probe nicht „herausblubberte".

Im Zentralinstitut für Molekularbiologie (ZIM) in Berlin-Buch begann die „planmäßige" Entwicklung einer Enzymelektrode für Blutzucker mit der Einstellung der Diplom-Biophysikerin **Dorothea Pfeiffer** im September 1975.

Glucoseanalysatoren mit unseren Enzymelektroden wurden ab 1984 im Zentrum für wissenschaftlichen Gerätebau der AdW (ZWG) im Betriebsteil Liebenwalde serienmäßig produziert. Innerhalb von zwei Jahren kamen 400 Glucoseanalysatoren Glucometer (GKM-01) in die klinischen Labore.

Unmittelbar vor der Wende 1989 gelangte der neue Glucoseanalysator EBIO auf den Markt, der auf einer gemeinsamen Entwicklung von PGW und Eppendorf basierte. Die Produktion der Enzymmembranen bildete die Basis für die Gründung der Firma BST Bio Sensor Technologie GmbH durch Dorothea Pfeiffer im November 1991.

Der Vorläufer des Glucometers, das GKM-01, Enzymelektroden, Enzymmembran und eine Messzelle: handgebastelt und dennoch Weltspitze!

Die Kerngruppe der Biosensorentwicklung in Berlin-Buch: (von links) F. W. Scheller, Dorothea Pfeiffer und die Herren Klimes und Fahrenbruch

Glucoseanalysator aus der Scheller'schen Gruppe: EBIO (1989)

Auch im Leipziger Akademieinstitut für Biotechnologie (Dr. **Bernd Gründig**) und im Zentralinstitut für Diabetes in Karlsburg wurden erfolgreich Enzymelektroden entwickelt, die in der Nachwendezeit Firmengründungen wie die Leipziger SensLab erlaubten.

Noch vor der Wiedervereinigung fand das erste gesamtdeutsche Biosensor-Meeting im Jugendzentrum Bogensee bei Berlin statt, das gemeinsam vom Zentralinstitut für Molekularbiologie Berlin-Buch und der Gesellschaft für Biotechnologische Forschung organisiert und vom BMBF finanziert wurde.

Der Beginn der Biosensorik in der damaligen BRD wird durch das Buch *Bioelektrochemische Membranelektroden* des Ehepaares **J. G.** und **M. M. Schindler** aus Marburg im Jahre 1983 belegt. Etwa zur gleichen Zeit begann **Hanns-Ludwig Schmidt** an der TU München in Weihenstephan mit der Entwicklung von Enzymelektroden auf der Basis von NAD-abhängigen Dehydrogenasen, die über einen Mediator mit der Elektrode gekoppelt wurden. Diese Linie wurde später von **Wolfgang Schuhmann** zu Redoxpolymeren weitergeführt.

Rolf Dieter Schmid begann seine Arbeiten in der Biosensorik 1987 mit einem exzellent ausgestatteten Symposium in Braunschweig. Sein Schwerpunkt waren die Proteintechnologie für die Erzeugung optimaler Enzyme und die Dickschichtelektroden. An der GBF wurde auch die Raumstruktur der GOD entschlüsselt (siehe Box 3.1) Aus dieser Gruppe entstand die börsennotierte Firma TRACE.

In Tübingen erfolgten unter **Günter Gauglitz** innovative Entwicklungen zur optischen Affinitätssensorik mit kommerziellen Produkten (RIFS-Analysator). Mit dem Umzug von **Otto Wolfbeis** entstanden in Regensburg ein Zentrum für fluoreszente Bioanalytik sowie ein Lehrstuhl für Biosensorik.

Mehrfach- versus Einwegsensoren

Die ersten Analysatoren mit Enzymelektroden von YSI, Fuji Electric (Japan) und ZWG setzten **wiederverwendbare Biosensoren** zur Messung ein, um damit die Kosten für die Reagenzien gegenüber Analysatoren, die mit löslichen Reagenzien arbeiteten, zu senken. Der Messprozess erfordert dabei das „Regenerieren" durch Spülen und erlaubt das intermittierte Kalibrieren.

In Analogie zu den visuell oder optisch auswertbaren Enzymteststreifen wurden auch

Fortsetzung Seite 200

Einweg-Enzymelektroden entwickelt. Die britische Firma Medisense brachte 1986 den ExacTech „Glucose Pen" zur Blutzuckermessung mit Einwegsensoren auf den Markt.

In England waren **Anthony F. P. Turner, John Higgins** und **Chris Lowe** die treibenden Kräfte. Sie verwendeten niedermolekulare Mediatoren wie Ferricyanid und Ferrocen und machten dadurch die Messung unabhängig von der Sauerstoffkonzentration

Der Vorteil dieses Konzepts besteht in der räumlichen Integration von Enzym und Signalumwandler ohne Spülschritt. Allerdings ist auch eine Eichung des verwendeten Sensors nicht möglich. Die einfache Handhabung führte zu einer hohen Akzeptanz dieser „*disposable sensors*". Die IUPAC trug der erfolgreichen Entwicklung Rechnung und nahm den **Einweg-Biosensor** in die Definition von 2001 auf.

Ein echter Durchbruch gelang **Adam Heller** mit dem FreeStyle „schmerzlosen" Glucosemonitor, der durch TheraSense 1994 auf den Markt gebracht wurde und von Abbott Diabetes Care übernommen wurde.

Durch das auf 300 nl reduzierte Probevolumen ist die Blutentnahme fast schmerzfrei, und der Einsatz der Mikro-Coulometrie zur Signalerzeugung macht eine Eichung überflüssig. Das Handgerät SoftSense (Abbott GmbH) macht durch die Integration der Stechhilfe und des Probentransports zur Sensoroberfläche die Blutzuckermessung zu einem Ein-Schritt-Vorgang.

In den USA war es vor allem **George Wilson** (Universität Kansas), der implantierbare Glucosesensoren vorantrieb.

Elektrische versus optische Signalauslesung

Nach dem „elektrochemichen Start" mit Enzymelektroden wurde in Analogie zur traditionellen Photometrie versucht, die biochemische Erkennungsreaktion optisch auszulesen. Mit pH-Indikatoren bedeckte optische Fasern wurden zur Anzeige von Enzymreaktionen (z. B. der Urease-katalysierten Harnstoffspaltung) eingesetzt.

Auch die Fluoreszenzanzeige von NADH mit Faseroptik folgte dieser Linie. Durchbrüche wurden aber erst mit der Verfügbarkeit stabiler **Fluoreszenzfarbstoffe** erzielt, und zwar bei Immuno- und DNA-Sensoren.

Oben: Isao Karube (Tokio) und Rolf D. Schmid (GBF Braunschweig)

Links: Der Brite Tony Turner

Unten: Die US-Biosensor-Pioniere:

Gary Rechnitz

Adam Heller

George Wilson

Frances Ligler

So dominiert bei den DNA-Sensoren und vor allem bei den Nucleinsäure-Arrays der Einsatz von Fluorophor-markierten Bindungspartnern.

Bei den Immunosensoren haben mit der Einführung des **BIAcore (auf Basis Oberflächenplasmonresonanz,** siehe Kap. 4) durch Pharmacia „markierungsfreie" Assays an Bedeutung gewonnen.

Das gilt für optische Methoden wie die **reflektometrische Interferenzspektroskopie (RIFS),** aber auch für **piezoelektrische Schwingquarze (QCM).**

Bahnbrechende Arbeit bei **optischen Immunosensoren** hat vor allem **Frances Ligler** in den USA geleistet (siehe Abschnitt 7.11).

In den letzten Jahren ist allerdings das Pendel in Richtung **elektrochemische Biosensoren** und Biochips zurückgeschlagen.

Nach dem Durchbruch der elektrochemischen Glucosesensoren (gegenüber den optisch bzw. visuell auszuwertenden Teststreifen) wurden „voll elektronische" (hoch parallelisierte) DNA-(Hybridisierungs-) Chips entwickelt und bereits erfolgreich kommerzialisiert.

Bei diesen „voll elektronischen" Biochips sind (im Gegensatz zu den optischen DNA-Chips) Erkennungselement und Transduktor in direktem räumlichen Kontakt. Sie stellen hoch parallele Biosensor-Arrays dar. Bisher benutzen diese Biochips Peroxidase oder Phosphatase als Markerenzyme zur Erzeugung eines elektrochemisch aktiven Produkts. Gleichzeitig erfolgt die Entwicklung zur elektrochemischen Anzeige mittels Redoxlabel, z.B. Methylenblau oder Ferrocenderivate, wobei auf die Zugabe von Reagenzien verzichtet werden kann.

Biosensoren waren geschichtlich die ersten Instrumente, die Leben und Technik engstens „bionisch" miteinander verbanden. Weitere Biomaschinen werden folgen ...

Frieder W. Scheller ist Professor emeritus für Analytische Biochemie an der Universität Potsdam.

zum Schutz vor Infektionen (HIV, Hepatitis) **Einmal-Chips** (Abb. 7.7). Auf den Chips befindet sich Glucose-Oxidase (GOD), trocken durch eine Drucktechnik (*screen-printing*) aufgedruckt und adsorbiert (immobilisiert). Hier ist eine dauerhafte Immobilisierung, wie bei den wiederverwendbaren Biosensoren, unnötig, da die **Chips nur einmal verwendet** werden.

Der Diabetiker steckt einen **frischen Sensorchip** ins Gerät (Abb. 7.8), sticht dann mit einer Lanzetthilfe, die eine **sterile Lanzette** enthält, in eine seiner Fingerkuppen, und der **winzige Blutstropfen** wird durch Kapillarkräfte in den Biochip gesaugt. Dort wird durch das Blut die **trocken immobilisierte GOD** aufgelöst bzw. aktiviert und setzt Glucose in Sekundenschnelle um. Dabei bindet die GOD Glucose im aktiven Zentrum und überträgt pro Glucosemolekül zwei Elektronen auf eine Hilfssubstanz, einen **Mediator** (zum Beispiel zwei Ferrocen-Moleküle) (Abb. 7.7).

Der Vorteil von Mediatoren besteht darin, dass sie mit höherer Affinität an die prosthetische Gruppe (FAD) der GOD binden können als Sauerstoff. Die GOD-Nachweisreaktion auf dem Chip wird deshalb bei höheren Glucosekonzentrationen **nicht mehr vom Sauerstoff begrenzt**, der im Bluttropfen nur in geringer Konzentration gelöst ist. Das Enzym kann nun anstelle seines naturlichen Cosubstrates Sauerstoff den Mediator als Elektronenakzeptor nutzen. Ein effektiver Elektronenmediator für GOD ist Ferrocen. **Zwei positiv geladene Ferrocen-Moleküle nehmen je ein Elektron über das Flavinadenindinucleotid (FAD) von einem Glucosemolekül auf.** Das reduzierte Ferricinium (nun neutral) diffundiert aus der GOD heraus und gelangt zur Arbeitselektrode (Abb. 7.7). Dort gibt es die Elektronen ab (wird oxidiert) und verursacht gegen eine Bezugselektrode (Gegenelektrode) einen Stromfluss.

Dieses Stromsignal wird im Gerät in eine Glucosekonzentration umgerechnet und durch das **Display** angezeigt. Letztlich wird mit dem Glucose-Biosensor die Zahl der Elektronen der Glucose bei ihrer Oxidation gemessen, die über das FAD auf die Mediatoren übertragen und von ihnen zur Chip-Arbeitelektrode transportiert werden.

Warum oxidiert man nicht „einfach" Glucose **mit der Elektrode?** Erstens wäre das entsetzlich langsam, und man würde zweitens alle Sub-

stanzen messen, die oxidierbar sind. **Erst das Enzym bringt durch Katalyse und Spezifität die Lösung!**

Inzwischen sind weitere Biosensoren auf dem Markt: Mit **Lactatsensoren** misst man heute die Fitness von Sportlern und von Rennpferden (siehe Box 7.4). Sie verwenden **Lactat-Oxidase** (**LOD**, Abb. 7.9) und Mediatoren, ganz ähnlich zur GOD.

Bei **Rennpferden in Hongkong** haben wir in Zusammenarbeit mit der Leipziger Firma SenLab mit Enzymsensoren die Werte für Glucose und Lactat vor und nach einem drei- bis fünfminütigen Rennen gemessen. Das Lactat steigt schnell an, wenn die Muskeln nicht ausreichend mit Sauerstoff versorgt werden, Glucose wird dann anaerob umgesetzt. Je durchtrainierter ein Pferd ist, desto weniger Lactat entsteht. **Das „fitteste" Pferd muss natürlich nicht der Sieger sein!** Der Jockey sorgt dafür, dass das Ergebnis nicht so eindeutig vorhersagbar ist, sonst wäre der Verfasser schon Pferderenn-Millionär! Keine Sorge: Der Hong Kong Jockey Club verrät mir niemals, zu welchen Pferden die Blutproben gehören ...

Nach wie vor ist aber die **Glucosemessung die häufigste Biosensoranwendung**: Das Markt-

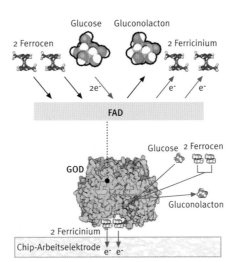
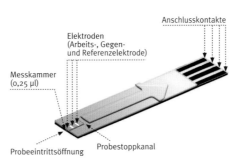

Abb. 7.7 Einmal-Chip für Glucose. Im aktiven Zentrum der am Chip adsorbierten GOD bindet Glucose am Flavinadenindinucleotid (FAD) und gibt via FAD zwei Elektronen an zwei kleine Mediatormoleküle (Ferrocen) ab, die somit reduziert das aktive Zentrum verlassen. Sie diffundieren zur Chipoberfläche und geben dort die Elektronen ab. Die Stromstärke ist proportional zur Zahl der übertragenen Elektronen und diese proportional zur Mediator- und letztlich zur Glucosekonzentration.

Abb. 7.8 Glucose-Selbsttest: Wie man schnell und sicher Glucose selbst bestimmt. Der Glucosewert von 104 mg/dL (oder 5,6 mmol/dL) ist normal.

Abb. 7.9 Sensoren für die Fertigung von Biosensoren: gedruckte Dickschichtsensoren
(Fa. Bio Sensor Technologie GmbH, Berlin)

Abb. 7.10 Insulinpumpe mit Infusionsteil; muss alle drei Tage frisch aufgefüllt werden, Katheder wird dann ausgetauscht.

Abb. 7.11 Tagesverlauf der Belastung von Abwässern an meiner Hongkonger Universität (HKUST), dargestellt als Biochemischer Sauerstoffbedarf, BSB, also die Menge an Sauerstoff, die für den Abbau leicht abbaubarer Substanzen pro Liter Abwasser benötigt wird.

volumen von Glucosesensoren liegt bei etwa 4 Milliarden Dollar weltweit. Durch Schwellenländer wie China und Indien wird sich der Markt schnell vergrößern. Eine Umstellung des traditionellen Lebensstils in diesen Ländern hat erschreckende Konsequenzen.

Alarmierend: In „über Nacht reich gewordenen" Ländern wie Saudi-Arabien ist schon heute jeder dritte Erwachsene ein Diabetiker!

■ 7.5 Umweltkontrolle durch mikrobielle Respirationstests: der BSB₅-Test

Aquarianer wissen, dass Sauerstoff nur schwer wasserlöslich ist. Bei 15°C lösen sich etwa 10 mg Sauerstoff pro Liter Wasser, bei 20°C nur noch 9 mg in einem Liter. Was tut man dagegen? Man führt künstlich durch Pumpen Luft hinzu.

Wenn in Seen, Flüsse und das Meer Abwässer eingeleitet werden, verringert sich der gelöste Sauerstoff im Wasser dramatisch:

Aerobe Bakterien und Pilze benötigen ihn nämlich für den Abbau der eingeleiteten organischen Substanzen. Kläranlagen, Biofabriken zur Erzeugung sauberen Wassers, benötigen deshalb zusätzlichen Eintrag von Sauerstoff. Also pumpt man wie im Aquarium Luft in das Wasser.

Mit dem 1896 in England erfundenen Verfahren **Biochemischer Sauerstoffbedarf (BSB)** (englisch: *biochemical oxygen demand*, BOD) lässt sich die **organische Belastung von Wasser** bestimmen. Der **BSB₅-Wert** dient der Abschätzung des biologisch leicht abbaubaren Anteils der gesamten organischen Wasserinhaltsstoffe.

Er ergibt sich aus dem **Sauerstoffbedarf heterotropher Mikroorganismen**. Die beim Abbau bei 20°C dem Wasser entzogene Sauerstoffmenge wird auf eine bestimmte Anzahl von

Tagen bezogen, im Fall des **BSB₅ auf fünf Tage**. Man verdünnt dazu Wasserproben, „durchblubbert" sie in Schüttelkolben mit Luft (um eine Sättigung mit Sauerstoff zu erreichen) und fügt sogenannte *Seeds* hinzu (eine Mischkultur von Abwassermikroben). Dann misst man den Sauerstoffgehalt mit einer **Clark-Sauerstoffelektrode**. Danach werden die Kolben verschlossen und bei 20°C für fünf Tage im Dunkeln geschüttelt. Nach der Inkubation bestimmt man erneut den Sauerstoffgehalt. Die Differenz zwischen dem ersten und fünften Tag (multipliziert mit der Verdünnung der Probe) ergibt den BSB₅-Wert.

Ist absolut **kein biologisch abbaubarer Stoff** im Wasser, haben die Mikroben nichts zu verwerten, „veratmen" nichts und vermehren sich nicht. Es wird kein Sauerstoff verbraucht.

Die Differenz zwischen erstem und fünftem Tag ist fast gleich Null. Der BSB₅ beträgt also 0 mg Sauerstoff pro Liter. Es sind keine leicht bioabbaubaren Stoffe im Wasser enthalten!

Ist das **Wasser dagegen reich an bioverwertbaren Stoffen**, vermehren sich die zugesetzten Mikroorganismen und verzehren den Sauerstoff. Beträgt die Differenz beispielsweise 9 mg/L (bei vollständigem O_2-Verbrauch und einer 100-fachen Verdünnung), errechnet man einen BSB₅-Wert von 900 mg/L. Man würde also 900 mg Sauerstoff benötigen, um die Inhaltsstoffe von einem Liter dieses Abwassers vollständig abzubauen. Anders gesagt, man würde den Sauerstoff aus 900 Litern sauberen Wassers aufbrauchen, um den einen Liter Abwasser zu klären!

Die BSB₅-Belastung von Abwasser, die eine Person pro Tag verursacht, wird durch den sogenannten **Einwohnergleichwert (EGW)** angegeben. Ein EGW entspricht etwa 60 g BSB₅/Tag. Beeinflusst werden kann der BSB₅ z. B. durch Nitrifikation, Algenatmung oder Mikroorganismen hemmende toxische Substanzen. Der BSB₅-Wert ist für die **Vergleichbarkeit von Abwässern** wichtig; danach richten sich auch die Abwassergebühren. Der Wert sagt aber nichts über die Belastung mit nicht-abbaubaren Verbindungen.

Der **Nachteil der BSB-Bestimmung liegt in der lang dauernden Testzeit**. Fünf Tage Messdauer gestatten keine sinnvolle Nutzung des Tests zur Steuerung der Anlagen. **Mikrobielle Biosensoren messen dagegen den BSB von Abwässern in nur fünf Minuten.**

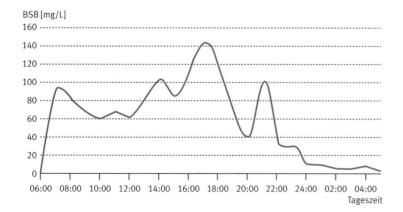

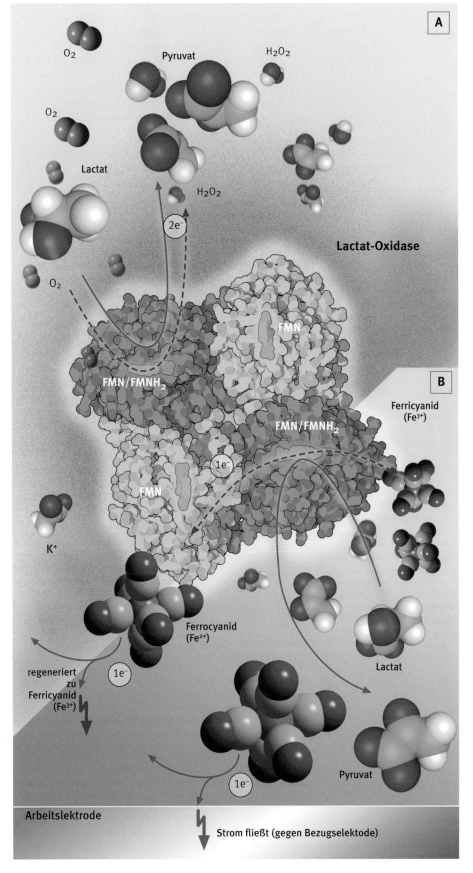

A

O₂ Pyruvat H₂O₂

O₂

Lactat

H₂O₂

2e⁻

Lactat-Oxidase

O₂

FMN

FMN/FMNH₂

B

Ferricyanid
(Fe³⁺)

FMN/FMNH₂

1e⁻

FMN

K⁺

Ferrocyanid
(Fe²⁺)

Lactat

regeneriert
zu
Ferricyanid
(Fe³⁺)

1e⁻

Pyruvat

1e⁻

Arbeitslektrode

Strom fließt (gegen Bezugselektode)

Abb. 7.12 Zur Bestimmung der Lactatwerte von Sportlern eingesetzte Lactatsensoren verwenden anstelle von Glucose-Oxidase Lactat-Oxidase.

Die Lactat-Oxidase setzt mithilfe ihrer redoxaktiven Zentren (FMN/FMNH₂) unter Sauerstoffverbrauch das Lactat zu Pyruvat um. Sauerstoff ist der natürliche Elektronenakzeptor der Laktat-Oxidase, der die Elektronen aus der Oxidation des Lactats übernimmt und dadurch zu Wasserstoffperoxid reduziert wird (A).

Da Sauerstoff jedoch nur in geringer Konzentration löslich ist, wurde er die Reaktion begrenzen, weil Lactat in viel höherer Konzentration im Vollblut vorliegt. Deshalb wird für Einmal-Laktatsensoren ein künstlicher Elektronenakzeptor verwendet, der in einer Überschusskonzentration vorgelegt wird.

Die Lactat-Oxidase oxidiert das Lactat zu Pyruvat und überträgt die frei werdenden Elektronen aus der Oxidationsreaktion auf das Ferricyanid (Fe^{3+}), das dabei zu Ferrocyanid (Fe^{2+}) reduziert wird. Durch Abgabe eines Elektrons an die Arbeitselektrode des Sensorchips erfolgt die Regeneration des Ferrocyanids zu Ferricyanid, das nun für eine weitere Reaktion zur Verfügung steht. Infolge der Elektronenübertragung wird ein Stromfluss verursacht, der proportional zur Lactatkonzentration ist (B).

- - - - - - - ▸
Elektronenakzeptor (Mediator) –
Reaktionsweg

──────▸
Lactatoxidationsweg

Abb. 7.13 Einsatzfeld der Lactatleistungsdiagnostik: Fitnessstudios und auch die Fitness von Rennpferden (unten) kann über die Laktat-Akkumulation im Blut bestimmt werden (Box 7.4).

Box 7.4 Expertenmeinung: Fitness, Lactat und Lactatmessung mit Biosensoren

Sind Sie eigentlich körperlich fit? Wie könnte man das messen? Mit einem **Lactat-Biosensor!**

Fitness und körperliche Leistungsfähigkeit sind mit ausdauernder **Muskelarbeit** verbunden. Dafür stellen Muskelzellen Energie durch **energiereiche Phosphatverbindungen** (Adensosintriphosphat, ATP) bereit. Bei Muskelbelastung werden diese energiereichen Phosphate schnell verbraucht, und es muss für Nachschub bzw. Regenerierung dieser Energielieferanten gesorgt werden.

Nicht jeder ist so fit wie mein Hongkonger Trainer Andy Lam. Mit dem Lactat-Biosensor kann man den Trainingszustand messen.

Bei moderater körperlicher Belastung und ausreichender Sauerstoffversorgung erfolgt die Resynthese der energiereichen Phosphate aus der Spaltung der mit der Nahrung aufgenommenen Glucose (**Glykolyse**) und Fettsäuren bzw. deren Speicherformen (**aerober Energiestoffwechselweg** oder **Zellatmung**). Das ermöglicht jedoch nur einen mäßigen Energiefluss pro Zeiteinheit.

Die Zellatmung stellt sich entsprechend der Belastung auf den Energiebedarf der Zelle ein: Bei sehr starker muskulärer Belastung reicht der Sauerstoff für die höhere erforderliche Abbaurate des Glykogens bzw. der Fette nicht mehr aus. Die benötigte sehr hohe Energieflussrate pro Zeiteinheit wird hauptsächlich durch die anaerobe Glykolyse (**lactazide Energiebereitstellung**) gesichert. Ohne Mitwirkung von Sauerstoff wird hierbei Muskelglykogen über Glucose zu Milchsäure (deren Salz: **Lactat**) abgebaut.

So wird jedoch Lactat in den Muskelzellen angehäuft, und das Zellmilieu wird sehr sauer. Dadurch verschlechtern sich die Bedingungen für die enzymatische Glykolyse in den Zellen, und die Leistungsfähigkeit des Muskels nimmt ab. Auch der Sportler wird regelrecht „sauer".

Lactatwerte im Körper

Die **Lactatkonzentrationen** im Muskel führen zu einer entsprechenden Lactatkonzentration im Blut („Lactatwert" oder „Lactatspiegel"). Die Anteile der **aeroben** und **anaeroben Energiebereitstellung** sind von der körperlichen Belastung abhängig und ergänzen sich.

Selbst im **Ruhezustand** finden beide Formen der Energiebereitstellung statt. Da hier jedoch der Energiebedarf im Wesentlichen durch die Zellatmung erfolgt, wird das Lactat aerob wieder abgebaut. Dennoch beträgt der **Lactatruhewert** im Blut zwischen 0,5 und 2,0 mmol/L. Bis zu einer Lactatkonzentration von 2 mmol/L im Blut geht man von einem aeroben Energiestoffwechsel aus. Werte unter 1 mmol/L kann man bei gut Ausdauertrainierten aufgrund ihres effizienteren Energiestoffwechsels beobachten.

Wird eine höhere Muskelarbeit abgefordert, aktivieren die Muskelzellen neben dem aeroben Stoffwechsel die anaerobe Glykolyse, um den höheren Gesamtenergiebedarf zu decken. Es wird jetzt mehr Lactat gebildet, als abgebaut werden kann, und in der Folge erhöht sich die Lactatkonzentration im Blut. Das nennt man **aerob-anaeroben Übergang** oder **aerobe Schwelle (AS)**.

Wird die mechanische Belastung der zu trainierenden Muskelgruppe definiert um einen bestimmten Betrag angehoben und dann konstant gehalten, erhöht sich der Lactatspiegel im Blut zunächst und bleibt auf diesem (erhöhten) Niveau konstant. Lactatbildung und -abbau befinden sich wieder im Gleichgewicht („*steady state*"). Dieser Effekt bleibt zunächst auch bei weiter schrittweise ansteigenden Belastungen erhalten, wobei die *steady state*-Lactatlevel in einem Bereich von 2-5 mmol/L liegen.

Es wird jedoch bald eine Belastungsstufe erreicht, die **anaerobe Schwelle (ANS)**, bei der trotz konstant gehaltener Dauerbelastung die Lactatbildung schneller als der -abbau erfolgt.

Je trainierter die Testperson ist, umso geringer wird die Zunahme des Lactats pro Belastungsstufe sein. Nach dem Trainingswissenschaftler **A. Mader** liegt die anaerobe Schwelle bei

etwa 4 mmol/L, was allerdings nicht immer den individuellen Stoffwechselverhältnissen entspricht und auch von der physischen Verfassung, vom Ernährungsverhalten und anderen Parametern des Probanden abhängig ist. Aus diesem Grund wurde in der Sportwissenschaft der Begriff der **individuellen anaeroben Schwelle (IANS)** eingeführt.

Wenn die Belastung weiter zunimmt, steigt der Lactatwert drastisch an. Im Grenzbereich der Leistungsfähigkeit kann der Lactatwert bis über 20 mmol/L erreichen.

Wie wird im Körper Lactat eliminiert? Wenn der Energiestoffwechsel wieder wesentlich über die Zellatmung (also mit Sauerstoff) erfolgen kann, wird das Lactat in seine Vorstufe **Pyruvat** zurückverwandelt und in den Mitochondrien oxidiert. Ein anderer Teil des Lactats gelangt über die Blutbahn in weniger belastete Muskelzellen sowie in Organe wie Leber, Nieren und Herz und wird dort verbrannt oder dient zum Wiederaufbau des Kohlenhydratspeichers **Glykogen**. Lactat ist nicht nur ein intermediäres Produkt des anaeroben Stoffwechsels, sondern dient auch als Substrat für den aeroben Energiestoffwechsel. Die Abbaurate des Lactats im Blut beträgt bei einer leichten Nachbelastung der Skelettmuskeln bis zu 0,5 mmol/L pro Minute. Wesentlich langsamer wird das Lactat abgebaut, wenn die Muskelzellen nach der Lactatbildung nicht aktiv sind. Also: Nach dem Training weiter bewegen!

Gezieltes Training durch Kenntnis der Lactatwerte

Die **Ausdauerleistung** kann markant gesteigert werden, wenn sich der Proband infolge seiner Trainingsbelastung im Bereich der aerob-anaeroben Schwelle befindet: Die Konzentration der am aeroben Energiestoffwechsel beteiligten Enzyme erhöht sich, Zahl und Leistungskraft der Mitochondrien steigen, Muskelzellen nehmen besser Nährstoffe auf, die Glucosetoleranz ist erhöht und die Herztätigkeit effizienter. Dadurch wird die anaerobe Schwelle erst bei einer relativ hohen Belastung erreicht. Die Muskelzellen nutzen also die effizientere Energiegewinnung über die Zellatmung auch bei höherer Muskelbelastung. Für die Energiebereitstellung werden neben Kohlenhydraten auch Fette abgebaut.

Durch das gezielte Training im Bereich der anaeroben Schwelle lässt sich bei gegebenem Zeitaufwand eine maximale Leistungssteigerung und damit ein maximaler Trainingseffekt erzielen. Bei einem überzogenen Training wird dagegen die aerob-anaerobe Schwelle überschritten, und es treten sehr hohe Lactatkonzentrationen auf.

In deren Folge übersäuern die Muskelzellen, sodass die Leistungsfähigkeit der betroffenen Muskelbereiche abnimmt und die erwünschten strukturellen Änderungen im Muskelgewebe kaum stattfinden. Das Training ist dann ineffektiv und verkehrt sich in das Gegenteil. In Abhängigkeit vom individuellen Stoffwechselvermögen können sich Lactatwerte über 6 mmol/L bereits leistungsmindernd auswirken.

In der Regel sollte ein **Grundlagen-Ausdauertraining** (auch **Fettstoffwechseltraining**) bei einer Intensität von 60–80 % der Schwellenbelastung stattfinden. Dies entspricht einem Lactatbereich von 1,5-3 mmol/L, in dem der aerobe Energiestoffwechsel am besten trainiert wird.

Das ist ein wichtiger Bereich auch für Freizeitsportler, die neben der Verbesserung ihrer Fitness auch ein paar Pfunde verlieren wollen. Prinzipiell werden im aeroben Energiestoffwechsel bei einer Belastungsdauer von mindestens 30 bis 60 Minuten die körperlichen Fettreserven optimal in Anspruch genommen.

Die Lage der anaeroben Schwelle bei einem Sportler sagt viel über seinen aktuellen Trainingszustand und über die für ihn möglichen Spitzenleistungen aus.

Wird der Wert regelmäßig über einen längeren Zeitraum ermittelt, kann man eine gezielte Leistungssteigerung des Sportlers erreichen und über den Verlauf auch auf sein Leistungspotenzial und die Wirksamkeit einer individuellen Trainingsmaßnahme schließen.

Praktischer Lactattest mit Biosensoren

Beim **Stufentes**t (siehe Abb. unten) mithilfe eines Laufbandes, eines Ergometers oder im Stadion wird der Proband einer stufenförmig ansteigenden Belastung ausgesetzt. Hier werden vor allem die Muskelgruppen einbezogen, die für die jeweilige Sportart relevant sind.

Jede Belastungsstufe sollte mindestens drei bis fünf Minuten beibehalten werden, um sicherzustellen, dass die für die jeweilige Belastungsstufe typische Lactatbildung auch über den Lactatspiegel im Blut gemessen werden kann. Denn einerseits wird eine bestimmte Mindestzeit benötigt, in der sich die Muskelzellen auf die neue Belastung einstellen können, und andererseits braucht es eine bestimmte Zeit (ca. drei Minuten), um das in den Muskelzellen gebildete Lactat in analoger Konzentration im Blut wiederzufinden. In jedem Fall muss vor dem eigentlichen Stufentest der Lactatruhewert ermittelt werden, der nach leichtem Aufwärmtraining genommen wird.

Bei einem Stufentest auf dem Laufband wird in Abhängigkeit von der Leistungsfähigkeit des Probanden mit einer Belastung von 2–3,5 m/sec begonnen. Nach fünf Minuten wird innerhalb von 60 Sekunden eine Kapillarblutprobe entnommen und vermessen.

In der darauffolgenden Belastungsstufe wird die Laufgeschwindigkeit um 0,5 m/sec erhöht. Das wird bis in den Grenzbereich der Leistungsfähigkeit fortgesetzt.

Bei einer anderen Form der Stufentestes werden stufenweise Leistungen mit einem Ergometer vorgegeben. Beispielsweise wird mit einer Leistung von 50 W begonnen, die stufenweise um 50 W zu erhöhen ist. Ein vierstufiger Feldstufentest, der häufig im Fussballbereich angewandt wird, sieht pro Belastungsstufe eine definierte Laufstrecke von 1200 m vor. Ausgehend von einer Laufgeschwindigkeit von 3 m/sec für die erste Stufe wird nun von Belastungsstufe zu Belastungsstufe die Laufgeschwindigkeit um 0,5 m/sec bis auf 4,5 m/sec erhöht (vgl. Abb. unten).

Die Lactatwerte werden über der Laufgeschwindigkeit bzw. über der Leistung punktweise aufgetragen. Die resultierende Kurve beim Verbinden der Punkte ist dann insbesondere für den Bereich zwischen 2 mmol/L und 4 mmol/L Lactat auszuwerten. Je trainierter ein Proband ist, desto weiter rechts wird die Kurve den anaeroben Schwellenwert (ANS) von 4 mmol/L schneiden.

Beispielsweise kann die anaerobe Schwelle bei Untrainierten zwischen 4 und 5 mmol/L Lactat liegen, während hochausdauertrainierte Personen einen anaeroben Schwellenwert von 2,5–3 mmol/L Lactat aufweisen können.

Dr. Bernd Gründig
ist CEO der Leipziger Firma SensLab.

Literatur

Alles zur Lactatmessung: http://www.senslab.de/

Heck H, Hess G, Mader A (1985) Vergleichende Untersuchung zu verschiedenen Laktat-Schwellenwertkonzepten, *Dt. Zeitschrift für Sportmedizin* 1, 19-25

Hollmann W, Mader A, Heck H, Liesen H, Olbrecht J (1985) Laktatdiagnostik – Die Entwicklung und praktische Bedeutung in der Sportmedizin und klinischen Leistungsdiagnostik, *Medizintechnik* 105, 5: 154-162

Clasing D, Weicker H, Böning D (Hrsg.) (1994) *Stellenwert der Laktatbestimmung in der Leistungsdiagnostik,* Gustav Fischer Verlag, Stuttgart, Jena, New York

Eisenhut A, Zintl F (2014) *Ausdauertraining. Grundlagen, Methoden, Trainingssteuerung.* 1. Aufl., blv, München

Rosenberger F, Meyer T, Kindermann W (2005) Running 8000 m fast or slow: are there differences in energy cost and fat metabolism? *Med Sci Sports Exerc* 2005, 37: 1789-1793

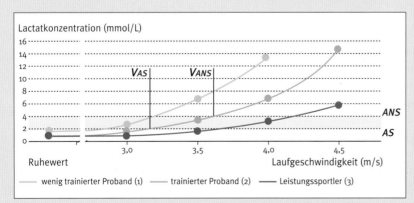

Stufentest: Blutlactatwerte wurden in Abhängigkeit von Leistungsstufen (Laufgeschwindigkeit) aufgenommen: für (1) einen wenig trainierten Probanden, (2) einen trainierten Probanden und (3) einen Leistungssportler; AS: aerobe Schwelle; ANS: anaerobe Schwelle; VAS: Laufgeschwindigkeit von Proband (2) an seiner AS; VANS: Laufgeschwindigkeit von Proband (2) an seiner ANS

■ 7.6 Zellsensoren messen die Abwasserverschmutzung in fünf Minuten

Statt einzelnen Enzymen wie beim Gucose- und Lactatsensor verwendet man bei **Zellsensoren** komplexe Enzymsysteme, nämlich ganze Bakterien- und Hefezellen. Hier misst man deren Respiration, so wie schon Otto Warburg im Warburg-Apparat. Heute verwendet man dazu allerdings eine Clark'sche Sauerstoffelektrode. Lebende, auf Sensoren immobilisierte Mikroben – meist Hefen wie *Trichosporon cutaneum* und *Arxula adeninivorans* – können direkt die organische Belastung im Abwasser messen.

Die Hefe *Arxula* wurde ursprünglich für ein *Single cell protein* (SCP)-Projekt in der damaligen Sowjetunion entdeckt. Sibirische Cellulose (also Holz) sollte mit Säure aufgeschlossen und somit in essbare Kohlenhydrate umgewandelt werden. Dann neutralisierte man die Säure mit Lauge. Dabei entstand Kochsalz in hoher Konzentration. Nun suchte man nach einem Mikroorganismus, der möglichst viele Kohlenhydrate verwertet („Allesfresser") und außerdem salztolerant (halophil) ist. Das Cellulose-Einzellerprotein-Projekt scheiterte zwar genauso wie die Erdöl-SCP-Projekte, aber die gefundene Hefe eignete sich bestens für **Abwassersensoren**: In küstennahen tropischen Ländern und auch im subtropischen Hongkong mit Süßwassermangel werden nämlich **Toiletten mit Meerwasser gespült**.

Abwasser hat hier also einen **hohen Salzgehalt**, der viele Mikroben inaktiviert – nicht aber *Arxula*. Beim **kommerziellen BSB-Test** werden Abwasserproben fünf Tage lang mit einer Mikrobenmischung inkubiert; vor und nach der Inkubation wird der Sauerstoffgehalt der Probe mit einer Clark-Elektrode gemessen. Ist das Wasser sauber, haben die aeroben Mikroben nichts zu verwerten („kein Futter"), schalten auf *„standby"* und verbrauchen keinen Sauerstoff. Der Sauerstoffgehalt nach den fünf Tagen ist also unverändert.

Enthält dagegen die Probe viele aerob verwertbare Substanzen, vermehren sich die Mikroben proportional zur „Futtermenge" und zehren den Sauerstoff auf.

Der BSB-Test braucht fünf Tage, der mikrobielle Biosensor dagegen nur fünf Minuten für eine Messung (Abb. 7.14). Die lebenden Hefezellen werden in einem polymeren Gel im-

mobilisiert (wie beim Glucosesensor) und auf eine Sauerstoffelektrode montiert. Der Sensor misst nun, wie viel Sauerstoff von den „ausgehungerten" Zellen verbraucht wird. Gibt man eine saubere Abwasserprobe dazu, die also keine verwertbaren Substanzen enthält, nehmen die Hefen auch keinen zusätzlichen Sauerstoff auf. Sie sind sozusagen im Tiefschlaf. Sobald jedoch eine Probe mit „Futter" (Kohlenhydrate, Aminosäuren, Fettsäuren) zugegeben wird, werden die Zellen munter, nehmen diese auf und „veratmen" sie. Der Sauerstoffverbrauch steigt proportional zur „Futtermenge". Solche mikrobiellen Sensoren sind ideal für das Monitoring von Abwasseranlagen geeignet. Sie zeigen an, wie hoch belastet das hereinkommende Wasser ist, und regeln die Luftpumpen für das Belebtschlammbecken. So kann erheblich Energie gespart werden. Ein Biosensor am Ausfluss der Kläranlage zeigt an, ob das Wasser tatsächlich gereinigt wurde.

Große Perspektiven haben BSB-Sensoren in China und Indien. In China sind nur noch 5 % des Wassers unbedenklich genießbar.

■ 7.7 Molekularer Hundefang: Piezosensoren

Nun ein kleiner Sprung von den Enzymsensoren und mikrobiellen Sensoren zu Sensoren, die **Antikörper** benutzen (siehe auch Kap. 4).

Eine Idee: Warum misst man nicht einfach die **Massezunahme eines Antikörpers, nachdem er ein Antigen gebunden hat?** Darauf kam ich, nachdem wilde Hunde den Campus meiner Hongkonger Uni unsicher machten. Kinder, alte Leute, meine Katzen und mein Hase fühlten sich bedroht. Die Box 7.5 beschreibt die Story der massensensitiven Hundefalle. Um Moleküle fangen zu können, braucht man eine **„Falle mit Femtogramm-Sensitivität"** (siehe unten). Piezoelektrische Sensoren können das! Man benutzt sie bereits als Massesensoren.

Pierre Curie (1859 - 1906) entdeckte mit seiner Frau **Marie** (1867 - 1934) nicht nur das Radium und Polonium. In seinen frühen Studien über die Kristallografie, die er mit seinem älteren Bruder **Jacques** (1855 - 1941) durchführte, fand er 1880 die **Piezoelektrizität**.

Von der Entdeckung des piezoelektrischen Effekts durch die Brüder Curie bis zu seiner industriellen Nutzung in Sensoranwendungen verging jedoch eine lange Zeit. Erst seit den 40er Jahren des letzten Jahrhunderts wird dieses Messprinzip eingesetzt und ist heute eine ausgereifte

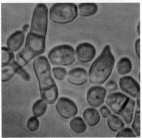

Abb. 7.14 Ein wiederverwendbarer Abwassersensor (oben), der mit immobilisierten Hefezellen (unten) den BSB-Wert in nur fünf Minuten (anstatt in fünf Tagen) bestimmt und etwa einen Monat arbeit

Abb. 7.15 Die Universität Hongkong (HKUST) ist am Meer gelegen und leitet deshalb ihre Abwässer direkt ins Meer.

Box 7.5 Story: Akademische Hundejagd

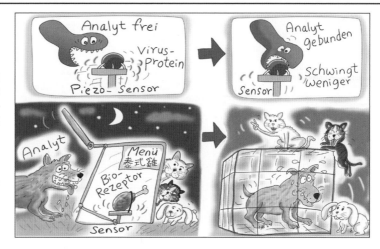

Chinesen lieben Hunde. Wirklich! Vier große streunende Hunde begannen jedoch vor zwei Monaten, den Uni-Campus von Hongkong zu terrorisieren. Jede Nacht tauchten sie laut bellend auf und jagten alles Essbare. Meine zwei Katzen und mein Hase saßen dann zitternd an meiner Schlafzimmertür. Vorige Woche warfen die Hunde den Käfig meines sprechenden Beos um, und der arme Vogel war perdu. Als Besitzer eines Gartens auf Universitätsgelände wurde ich zum akademischen Hundefänger erkoren. Der prompt gelieferte riesige Eisenkäfig hat einen beweglichen Boden. Wird er belastet, löst sich eine Sperre, und die offene Käfigtür kracht herab. Gefangen! Für besorgte Leser: In Hongkong ist das Verspeisen von Hunden seit Zeiten tierliebender Briten strikt verboten, und der Tierschutzverein SPCA, in dem ich Mitglied bin, wacht darüber mit Argusaugen. Gefangene Hunde kommen ins Tierheim.

Als Professor für Analytische Biotechnologie ist mir natürlich sofort ein Forschungsprojekt eingefallen: „Entwicklung eines massesensitiven Biosensors für lebende Hunde".

Tatsächlich gibt es bereits massesensitive Sensoren, sogenannte piezoelektrische Sensoren. Sie beruhen auf schwingenden Quarzkristallen, deren Frequenz sich in Abhängigkeit der Masse verändert. Diese Piezosensoren reagieren erst einmal auf alles, was an ihre Oberfläche bindet. Ein Beispiel: Für den Nachweis von Antikörpern gegen ein Virus im Blut gibt man einen Tropfen Blut zum Sensor. Alle möglichen Substanzen

werden gebunden, es gibt ein „falsch-positives Sensorsignal" – wie auch bei der Falle als Hundesensor. Kaum war sie offen, wurde sie von meinen beiden Katzen inspiziert, wenig später auch vom neugierigen Hasen. Einzeln wären sie zu leicht, um ein Signal auszulösen. Man nennt dies den „Blindwert" des Sensors. Gemeinsam allerdings ließen sie die Falle zuschnappen und erzeugten ein falsch-positives Signal.

Ich brauchte einen Biorezeptor: eine Substanz, die spezifisch den Analyten (Hund) – und möglichst nur diesen – anlockt. Ich legte ein gebratenes Huhn in den Käfig. Am nächsten Morgen war es spurlos verschwunden. Die Hunde hatten es lautlos herausgeangelt. Bei den Biosensoren muss der Rezeptor fest gebunden (immobilisiert) sein. Im obigen Beispiel wären das Hüllproteine des nachzuweisenden Virus, die chemisch am Sensor fixiert werden. Kommt jetzt Blut dazu, docken nur Antikörper gegen das Virusprotein an. Sie pas-

sen zusammen wie Schloss und Schlüssel. Die Masse des Sensors wächst, die Schwingung des Sensors wird gebremst:

Der gesuchte Antikörper gegen das Virus ist detektiert. Ich band also abends ein neues Huhn im Käfig fest. Nichts passierte. Wer den Schaden hat...! Warum keine Speisekarte auf Chinesisch im Käfig hinge, wollte jemand spöttisch wissen. Mithilfe einer chinesischen Freundin schrieb ich also eine Karte: „Heute Hühnchen Thai-Art." Am nächsten Morgen in der Frühe wildes Gekläffe: Ein Riesenköter saß im Käfig! Anruf beim universitären Sicherheitsdienst und Abtransport.

Glückwunsch-Mails der Uni – ich war der Held!

Und Sie sind es jetzt auch, denn Sie verstehen nun einen Piezobiosensor. Hätten Sie's ohne Hunde auch begriffen? Meine armen Studenten müssen es, in drei vollen Stunden Vorlesung...

---

zuverlässige Technologie in zahlreichen kritischen Anwendungsbereichen, beispielsweise in der Medizin-, Luftfahrt- oder Nukleartechnologie. **Piezoelektrische Sensoren** sind elektromechanische Systeme, die hochempfindlich auf Druck reagieren. Daraus entstand die Idee, den Druck zu messen, den Stoffe bei Ablagerung auf dem Sensor ausüben, ihn also als eine „Molekülwaage" zu nutzen. Man kann mit piezoelektrischen Schwingkristallen **geringste Masseänderungen** messen. Für eine Messung wird der Kristall durch ein elektromagnetisches Feld in Schwingungen versetzt. Wenn sich irgendeine Substanz auf der Oberfläche absetzt, verändert die Massezunahme das Schwingungsverhalten des Quarzes. Der Kristall schwingt langsamer. Gemessen werden die Amplitude und die Phase

der Schwingungen, also ihre Intensität und ihr zeitliches Verhalten. Das Funktionsprinzip des Sensors lässt sich also mit dem einer hochsensiblen Mikrowaage vergleichen. Der Sensor kann Masseänderungen von weniger als 80 Femtogramm pro Quadratmillimeter erfassen (1 Femtogramm sind 0,000000000000001 oder 10^{-15} Gramm). Das entspricht etwa dem Gewicht einer *Escherichia coli*-Zelle. Wenn man Antikörper auf der Kristalloberfläche bindet, wird die Bindung eines Antigens in Echtzeit angezeigt. Man braucht also **keine Extra-Marker!** Das in der Abbildung gezeigte Nanoru schwingt also mit einer hohen Frequenz, die sich nach Bindung des Babys verringert (Abb. 7.16). Biosensoren auf der Basis von Piezokristallen haben sich bisher nicht praktisch durchgesetzt, obwohl

Abb. 7.16 Das Nanoru schwingt mit hoher Frequenz.

Box 7.6 Expertenmeinung: Bioelektrochemie – von Luigi Galvani und Johann Wilhelm Ritter zu Biosensoren und Krebstherapie

Die **Bioelektrochemie** erforscht elektrochemische Vorgänge in biologischen Systemen und biologische Ursachen der Elektrochemie. **Spannungen** (Potenzialdifferenzen), Stromflüsse (Elektronenaustausch, Ionenwanderungen, Dissoziationen) und dadurch generierte **elektromagnetische Felder** sind entscheidende Phänomene.

Obwohl schon seit dem Altertum mittels „elektrischer Fische" und Akupunktur in der Medizin behandelt wurde, setzte die systematische Erforschung bioelektrochemischer Phänomene erst mit den Italienern **Luigi Galvani** (1737-1798) und **Alessandro Volta** (1745-1827) ein. Galvani entdeckte 1786 die Zuckungen von Froschschenkeln bei Berührung mit Metalldrähten, sofern elektrische Entladungen (z. B. aus der Elektrisiermaschine) stattfanden. Er vermutete in den Muskeln „thierische Elektrizität" – wie bei elektrischen Fischen – etwa in Form von kleinen elektrischen Speichern, ähnlich Leyden'schen Flaschen, die zu den Requisiten damaliger Laboratorien gehörten. Dagegen glaubte sein Konkurrent Volta die Reizursache für die Froschschenkel in dem direkten Kontakt von zwei unterschiedlichen Metallen aus seiner Spannungsreihe gefunden zu haben.

Luigi Galvani (1737–1798)

Ritter, der „deutsche Galvani"

Angeregt durch die beiden Italiener vertiefte sich der 23-jährige Student der Alma Mater Jenensis, **Johann Wilhelm Ritter** (1776–1810), mit außerordentlichem Eifer in galvanische Untersuchungen.

Alexander von Humboldt (1769 - 1859) bat ihn, den ersten Band seiner Versuche über die gereizte Muskel- und Nervenfaser kritisch durchzusehen.

Für **Johann Wolfgang von Goethe** (1749 - 1832) richtete er ein physikalisches Kabinett in Weimar ein.

Sehr ritterlich, statt wie unsereins die eigene Zunge zu benutzen!

Johann Wilhelm Ritter (1776–1810)

1797 hielt Ritter einen Vortrag vor der Naturforschenden Gesellschaft zu Jena, in dem er seine Untersuchungen zum Galvanismus vorstellte. Kontakte ergaben sich auch zu **Hans Christian Ørsted** (1777 - 1851), einem gleichfalls auf physikalischem Gebiet erfolgreich tätigen dänischen Apotheker. 1802 hielt Ritter am Hofe des naturwissenschaftlich sehr interessierten **Herzog Ernst II**. von Sachsen-Gotha Experimentalvorlesungen zum Galvanismus. Nachdem er bereits in seinem ersten Buch den Beweis erbracht hatte, »dass ein beständiger Galvanismus Lebensprozesse im Tierreiche begleite«, übertrug er den Galvanismus auf die anorganische Natur. Ritter zeigte, dass seine und Voltas Spannungsreihen mit der chemischen Oxidation der Metalle korrespondieren. Die von der Volta'schen Säule gelieferte Elektrizität stimmte mit der gewöhnlichen Reibungselektrizität überein. Er elektrolysierte Wasser quantitativ und wies damit „Knallgas" nach.

1802 entwickelte er eine Vorform des **Akkumulators**, bestehend aus 50 Kupferscheiben, durch feuchte Pappe voneinander getrennt und durch eine Volta-Säule aufgeladen.

Bei weiteren umfangreichen Froschschenkel-Experimenten entdeckte Ritter als Zuckungsursache erstmals chemische Reaktionen an der Berührungsstelle zweier Metalldrähte am Froschnerv und ebenso zwischen zwei Metal-

len in Elektrolytlösung, wodurch die Hypothesen sowohl von Galvani als auch von Volta widerlegt wurden!

Daher bezeichnete der Nobelpreisträger von 1909 **Wilhelm Ostwald** J. W. Ritter 1896 als den Begründer der wissenschaftlichen Elektrochemie.

Er unternahm auch schmerzhafte Selbstversuche, akribisch an seinen Sinnesorganen ausgeführt. Wenn Ritter z. B. den Kathodendraht der Volta-Säule an seine Augen anlegte, fand er bei Kontakt einen Lichtblitz und blaues Licht, beim Anodendraht dagegen rotes Licht. An der Zunge entstand mit der Kathode ein saurer Geschmack, bei Anlegen der Anode ein basischer. Ritter trieb seine Experimente bis zur Schmerzgrenze.

Die Funktionen des gesunden Organismus würden durch viele kleine galvanische Zellen aufrechterhalten, so schlussfolgerte Ritter, aber Krankheit führe zu ihrer Entgleisung. Also ist Elektrizität in allen Lebewesen vorhanden!

Von Bedeutung für die Spektroskopie ist seine Entdeckung der ultravioletten Strahlung 1801 in Jena, nachdem **William Herschel** (1738–1822) mittels Glasprisma an einem Ende des sichtbaren Spektrums die unsichtbare Wärmestrahlung **Infrarot** entdeckt hatte. Ritter meinte, aus Gründen der Symmetrie müsste auf der violetten Seite des Spektrums ebenfalls ein unsichtbarer Bereich existieren. Er verwendete lichtsensitives Silberchlorid, das später in der Fotografie verwendet wurde. Dessen stärkste Schwärzung fand er nur wenig vom Violett entfernt. Das **ultraviolette Licht** (**UV**) war entdeckt!

In den letzten Lebensjahren (1804 in München) wandte Ritter sich pflanzlicher Elektrizität (bei *Mimosa pudica*) und den Erdstrahlen (Wünschelrutengängerei) zu. Er starb überarbeitet als armer Mann 1810.

Weitere methodische Entwicklungen der Bioelektrochemie

Weitere methodische Grundlagen zum Ausbau der Bioelektrochemie schufen **Hans-Christian Ørstedt** (1777–1851), **André-Marie Ampère** (1775–1836) und **Michael Faraday** (1791–1867) mit der Entdeckung des **Elektromagnetismus** (**Induktionsgesetze**), sowie **Hermann von Helmholtz** (1821–1894) und **James Clerk Maxwell** (1831–1879) durch ihre Theorien. Unter erstmaliger Verwendung eines **Galvanometers** als Anzeigeinstrument – anstelle von Froschschenkeln – untersuchte **Emil du Bois-Reymond** (1818–1896) die Reizleitung in Nerven und Muskelkontraktionen gemeinsam mit von Helmholtz, der die Leitungsgeschwindigkeit zu 45 m/sec bestimmte.

Darauf erfolgte eine stürmische Entwicklung der Potenziometrie, Konduktometrie, Coulometrie, häufig in Verbindung mit der Spektrometrie. Hinzu kam die Ionentheorie nach **Svante Arrhenius** (1859-1922) in Verbindung mit Thermodynamik durch **Josiah W. Gibbs** (1839-1903). **Wilhelm Ostwald** (1853-1932) verglich treffend die vom Sonnenlicht geleistete Gibbs'sche Energie ΔG (Freie Enthalpie) mit dem „Wasser auf der Mühle des Lebens", einem Fließgleichgewicht, worin viele Redoxreaktionen teleonomisch zusammenwirken.

Einen analytischen Wendepunkt brachte die Einführung der **Polarografie** durch den späteren Nobelpreisträger **Jaroslav Heyrovský** (1890-1967) in Prag. Er untersuchte 1922 Elektrokapillarkurven von Quecksilber durch Tropfenzählung.

Als nächsten Schritt nutzte er Gleichstrom-Spannungskurven an dieser Quecksilbertropfelektrode (**Polarogramme**) nicht nur zur Bestimmung von reversiblen Redoxkomponenten wie in der Potenziometrie, sondern auch für alle irreversiblen Elektronenübergänge im Potenzialbereich zwischen +200 mV und –2100 mV gegen eine Kalomelbezugselektrode. Dadurch wurden Tausende anorganischer und organischer Substanzen, darunter bestimmte Inhaltsstoffe aller Lebewesen, einer Untersuchung zugänglich. Hauptobjekte polarografischer Bestimmungen sind niedermolekulare Pharmaka und viele Zellkomponenten sowie Biopolymere, darunter Dextrane, Proteine, Nucleinsäuren, die sich adsorbieren, Elektronen austauschen und manchmal chemisch weiterreagieren.

Die anschließende Entwicklung benutzte u. a. die strömende Quecksilberelektrode sowie rotierende Festelektroden aus Platin, Gold und Graphit. Hinzu kamen empfindliche Wechselstrommethoden wie die Pulspolarografie und die Wechselstrompolarografie – speziell für den Nachweis von Adsorptionsprozessen. Eine besondere Erweiterung in Richtung Photochemie bildete die fokussierte Belichtung der Tropfelektrode. Mittels dieser Photopolarografie konnten Photoreaktionen sowohl in der Grundlösung als auch in der Diffusionsschicht gestartet und bei konstantem Potenzial aus Strom-Zeit-Kurven oder photokinetischen

Hermann Berg am Pulspolarografen A3100 bei der Übergabe an die J.-Heyrovský- Memorial-Ausstellung im Technischen Museum Prag

Hermann Berg mit temperierbarem Solenoid für die Befeldung von Tumormäusen im Institut für Versuchstierkunde der FSU Jena-Lobeda

Strömen bestimmt werden. Konstante Belichtung beeinflusst Elektrodenprozesse an Metallelektroden stationär, Blitzbelichtung dagegen löst Relaxationsvorgänge aus, die schnelle Elektrodenkinetik analysieren lassen!

Verbreitung der Bioelektrochemie

In den letzten Jahrzehnten entstand eine immense methodische Vielfalt: diagnostische Verfahren (Enzephalo-, Elektrokardiogramme); transkutane elektrische Nervenstimulation (TENS); Spezialelektroden (ionenselektive, immunaktive, Membran-, Enzymelektroden); elektrophoretische Trennungen; Elektrosynthesen; Biosensoren (Feldeffekttransistoren, mikrobielle Sensoren); Zellelektrolysen; Elektroporation von Zellmembranen (Elektrochemotherapie, Elektrotransfektion); Elektrofusion differenter Zellen und Zellkerne für Gentherapie und Klonierung; elektromagnetische Induktion im Zellmetabolismus, bei Gehirnfunktionen und in der Behandlung von Parkinson und Demenz.

Elektronentransport und Befeldung spielen eine entscheidende Rolle in der modernen Zivilisationsgesellschaft. Abgesehen von noch umstrittenen Schädigungen durch Umweltfelder – einschließlich des Handy-Gebrauchs – handelt es sich um ein medizinisch relevantes Gebiet.

Während schwache „langzeitige" Felder eine Krebsentwicklung begünstigen können, bewirkt starke **pulsierende elektromagnetische Befeldung** (PEMF) Nekrose und Apoptose (natürlicher Zelltod) von Krebszellen und Tumoren. Bei Krebspatienten jedoch befindet sich PEMF noch in den Anfängen.

Obwohl einige der vorgestellten Verfahren wie die **Elektrochemotherapie** bereits in Tumorkliniken eingesetzt werden, gilt es, die neueren Techniken weiter zu verbessern und anzupassen. Dabei bilden Analysen von Gehirnströmen während mentaler Vorgänge einerseits und Therapien im Gehirn mittels elektrischer Pulsationen andererseits die größten Herausforderungen der heutigen Bioelektrochemie.

Es war ein weiter Weg von Galvanis Froschschenkeln und Ritter bis zu modernen Biosensoren und Krebstherapie, und ein Ende ist noch nicht abzusehen.

Hermann Berg (1924–2010) ist einer der Pioniere der modernen Bioelektrochemie. Er konnte erst als 25-jähriger nach Krieg und russischer Gefangenschaft an der Technischen Hochschule Dresden Chemie studieren und promovierte 1953 in Physikalischer Chemie bei Prof. Kurt Schwabe über polarografische Kinetik.

Von 1954 bis 1989 leitete er die Abteilung Biophysikochemie im Zentralinstitut für Mikrobiologie und Experimentelle Therapie (Prof. Hans Knöll) in Jena. An der FSU Jena habilitierte er 1962 und wurde 1970 von der Akademie der Wissenschaften zu Berlin zum Professor ernannt. Zwischen 1962 und 1988 organisierte er zwölf Internationale Jenaer Symposien zur Förderung der Forschungsgebiete seiner Mitarbeiter.

Nach der Emeritierung machte er sich in seinem Laboratorium Bioelektrochemie (Campus Beutenberg) zusammen mit ausländischen Stipendiaten des Boehringer-Ingelheim-Fonds und der Gesellschaft für Biologische Krebsabwehr Heidelberg zur Hauptaufgabe, eine noninvasive Tumortherapie mittels elektromagnetischer Befeldung zu entwickeln.

Abb. 7.17 Fata Morgana in der Mojave-Wüste

Abb. 7.18 Lichtbrechung durch Nebel

Abb. 7.19 Ein Aquarium wird mit Wasser gefüllt und mit dem Tischreiter auf die optische Bank gestellt, sodass der Lichtstrahl von der Seite eintritt.

Der Spiegel wird mit einem Stativ und einer Drehmuffe so befestigt, dass er den Lichtstrahl zur Wasseroberfläche hin reflektiert.

Durch Drehen des Spiegels soll der Lichtstrahl in verschiedenen Winkeln auf die Wasseroberfläche treffen, sodass im einen Fall (oben) der Lichtstrahl in die Luft gebrochen wird und im anderen Fall (unten) an der Oberfläche Totalreflexion auftritt.

das Prinzip eigentlich bestechend einfach ist. Erstens messen sie am besten in reiner Gasphase, und Biomoleküle brauchen immer Flüssigkeit zum Funktionieren. Zweitens wird alles nachgewiesen, was sich auf dem Sensor absetzt (unspezifische Bindung).

Zurück zum Beispiel Hundefallensensor. Wenn ein Hund etwa 30 kg (3×10^4 g) wiegt, und der Piezosensor 30 Femtogramm (3^{-15} g) anzeigt, ist der Piezosensor 1 000 000 000 000 000 000-mal (10^{18}-mal, eine Trillion Mal) sensitiver als die Falle … Der Hundesensor war auch sensitiv, aber unspezifisch: Als Erstes wurden nämlich meine naschhaften Katzen Fortuna und Fortune sowie der neugierige Hase gefangen!

■ 7.8 Fata Morgana, optische Sensoren und BIAcore

Schon mal eine **Fata Morgana** gesehen?

In Wüsten sieht man solche **Luftspiegelungen** oft (Abb. 7.17). Der physikalische Hintergrund: Die optische Dichte heißer Luft ist geringer als die der kalten Luft. Lichtstrahlen, die zunächst eine kalte Luftschicht passieren und anschließend in flachem Winkel auf wärmere Luftschichten stoßen, werden vom optisch dünneren Medium weggebrochen, bis hin zu einer **Totalreflexion** (Abb. 7.18). In gemäßigten Breiten beobachtet man oft wasserartige Spiegelungen in Bodennähe über dunklen Flächen, z. B. auf Asphaltstraßen. Wegen ihrer dunklen Farbe heizen sich die Straßen in der Sonne auf und mit ihnen die Umgebungsluft. Darüber liegen kühlere Luftschichten.

Wie kann man das für die Sensorik nutzen?
Wenn Licht aus einem Medium A auf ein Medium B mit niedrigerem Brechungsindex trifft, kommt es oberhalb eines kritischen Einfallswinkels zur **Totalreflexion** (Abb. 7.19).

Dabei dringt ein elektromagnetisches Feld eine kurze Distanz (etwa eine Wellenlänge, also z. B. 300 nm) in das Medium B ein. Dieses **evaneszente Feld** (*evanescent wave*) ermöglicht die Messung von Bindungsvorgängen auf der Oberfläche. Man kann es nutzen, um beispielsweise ein Fluoreszenzlabel, das an einem Antigen gebunden ist, anzuregen (Abb. 7.22).

Ein evaneszentes Feld ist eine Art von „Lichthaut". Wann immer sich auf der Oberfläche der Brechungsindex und damit die optische Dichte ändert, kann man etwas messen. Eine sehr empfindliche Methode, diese Veränderungen auf der

Oberfläche zu messen, ist die **Oberflächenplasmonresonanz** (**SPR**, *surface plasmon resonance*), die im schwedischen **BIAcore-Instrument** genutzt wird (Abb. 7.20, 7.21).

Voraussetzung für SPR-Messungen ist eine mit einem leitenden Film, also z. B. **elektronenreichen Goldfilm**, beschichtete optisch transparente Sensoroberfläche (z. B. aus Quarzglas) und die Verwendung von monochromatischem Licht. Bei Totalreflexion des Lichtes wird ein Teil der Lichtenergie absorbiert. Das dabei entstehende evaneszente Feld wechselwirkt mit den Oberflächenelektronen im Goldfilm, und es kommt zu einer kollektiven Resonanzoszillation der Elektronen. Der **Resonanzwinkel** ist der Winkel, bei dem die Absorption des Lichtes durch die SPR in der Goldfolie gerade maximal wird. Dieser Absorptionsvorgang setzt also Übereinstimmung („Resonanz") zwischen der Energie der Photonen (die ja konstant ist, da monochromatisches Licht) und der diskreten SPR-Absorption voraus.

Durch **Adsorption von Proteinen** auf der anderen Seite der Goldfolie wird die SPR über das evaneszente Feld energetisch verschoben. Das macht sich durch eine **Winkeländerung** am BIAcore bemerkbar. Mehr adsorbiertes Protein bedeutet mehr Winkeländerung (Abb. 7.20, 7.21)!

■ 7.9 Echtzeitmessungen mit SPR

»Wer es vornehm und dynamisch liebt und genügend Geld hat, der bindet mit dem BIAcore-Gerät. Es handelt sich dabei um einen photometergroßen Kasten mit schlichtem schwedischen Charme…«, meint Meister **Hubert Rehm** in seiner Proteinbiochemie-Fibel.

Das zuerst von Pharmacia entwickelte System **BIAcore** nutzt Bindungstests (Antigen-Antikörper oder Ligand-Rezeptor) und unterliegt also deren Gesetzen. Dieses System kann sowohl die Assoziation als auch die Dissoziation beider Partner **in Echtzeit** dokumentieren. Man gewinnt so wichtige Hinweise zur **Reaktionskinetik** (Schnelligkeit der Assoziation und Charakteristika der Dissoziation). Die Methode ist schonend für die Proteine. Sie kommt ohne Markierung und mit sehr geringen Proteinmengen aus. Die Empfindlichkeit ist hoch, man kann eine spezifische Bindung von 1 pg/mm^2 noch messen. SPR ist schnell, einfach in der Durchführung, automatisierbar. Der Nachteil? SPR ist leider auch teuer und kann leicht 250 000 Euro kosten.

Ein BIAcore ist sozusagen der Porsche im Proteinlabor. Die Hauptkomponenten des BIAcore-Systems sind der Sensorchip, das optische System, die Fließinjektionskartusche, Kolbenpumpen und die Temperaturkontrolle.

Der **Sensorchip** ist der Signaltransduktor. Dieser besteht aus einem Glasträger, der mit Gold beschichtet ist. Im Standardsensor wurde an die Goldschicht eine Matrix aus Carboxymethyldextran kovalent gekoppelt. Diese hydrophile Dextranmatrix enthält in hoher Dichte Carboxylgruppen (-COOH), die z. B. für die Immobilisierung von Antikörpern genutzt werden können. Außerdem wurde die Matrix im Hinblick auf möglichst geringe unspezifische Bindung biologischer Materialien optimiert. Den Sensorchip, der sich in einer kontinuierlich durchströmbaren Mikrozelle befindet, kann man verschiedenen Liganden und Puffern aussetzen und die Kinetik sowie das Bindungs- und Trennungsprofil für jedwedes Bindungspaar von Makromolekülen registrieren. Dabei wird die Änderung der SPR in quantitative Messwerte umgerechnet.

Die Lichtquelle ist eine **lichtemittierende Diode** (LED). Das Licht wird in einem definierten Winkelbereich in den Sensor eingestrahlt. Das reflektierte Licht wird winkelabhängig mit einem zweidimensionalen Dioden-Array detektiert. Der sogenannte **Resonanzwinkel** (auch **SPR-Winkel** genannt) ist der Lichtausfallswinkel, bei dem die gemessene Lichtintensität minimal ist. Dieser Resonanzwinkel ändert sich mit der Schichtdicke bzw. dem Brechungsindex an der Oberflächenmatrix, beispielsweise bei der spezifischen Bindung von Antigenen an die immobilisierten Antikörper. Die Bindungsreaktion kann in Realzeit markierungsfrei (also ohne Enzyme oder Goldpartikel!) charakterisiert werden. Ein typisches **Sensorgramm** ist in Abbildung 7.20B dargestellt. Es zeigt die Signaländerungen nach Injektion eines Antikörpers gegen ein Antigen in einer Fließzelle. Auf dem Sensorchip wurde das Antigen immobilisiert. Das Antigen (Ag) reagiert mit dem Antikörper (Ak) zum Immunkomplex Ag-Ak mit der Assoziationsgeschwindigkeit ka. Diese Geschwindigkeit ist aus der Steigung der Kurve ablesbar. Die Rückreaktion erfolgt mit der Dissoziationsgeschwindigkeit k_d. Dies ist der Abfall der absteigenden Kurve im Diagramm.

$$Ag + Ak \underset{k_d}{\overset{k_a}{\rightleftharpoons}} AgAk$$

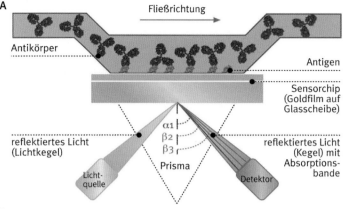

A

Fließrichtung

Antikörper

Antigen

Sensorchip (Goldfilm auf Glasscheibe)

reflektiertes Licht (Lichtkegel)

$\alpha 1$
$\beta 2$
$\beta 3$

reflektiertes Licht (Kegel) mit Absorptionsbande

Lichtquelle

Prisma

Detektor

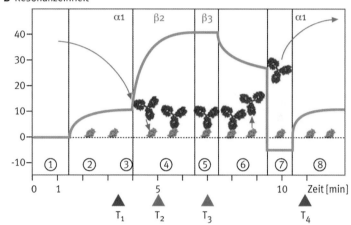

B Resonanzeinheit

$\alpha 1$ $\beta 2$ $\beta 3$ $\alpha 1$

40
30
20
10
0
-10

① ② ③ ④ ⑤ ⑥ ⑦ ⑧

0   1   5   10   Zeit [min]

T_1 T_2 T_3 T_4

$\alpha 1$ Winkel absorbierten Lichtes zur Teit T_1/T_4 in Phase 1 und 8
$\beta 2/3$ Winkel absorbierten Lichtes zur Teit T_2/T_3 in Phase 4 bzw. 5

Abb. 7.20 Messung der Antikörperbindung an ein Antigen mithilfe der SPR-BIAcore-Technik in Echtzeit.

A Schematischer Aufbau der Anordnung mit Lichtquelle (LQ), Sensorchip (S), Detektor (D) und kontinuierlich durchströmbarer Minikammer mit immobilisiertem Antigen auf der dem Puffer zugewandten Seite des Goldfilmes.

B Messprofil der Antigen-Antikörper-Reaktion, die in A dargestellt ist. Das Profil zeigt die in den Phasen 1 bis 8 am Sensorchip gebundenen Proteinmengen. ① Basislinie (Sensorchip ohne Protein); ② Antigenadsorption an den Goldfilm bis zur Sättigung; ③ Auswaschung überschüssigen Antigens; ④ zunehmende Antikörperbindung; ⑤ Antikörperbindung gesättigt; ⑥ Puffer ohne Antikörper, Dissoziation der niedrigaffinen Antikörper; ⑦ Dissoziation der höheraffinen Antikörper mit denaturierendem Puffer und Regeneration für einen weiteren Test. (β_2) Winkel zur Zeit T_2 (Phase 4, das in A dargestellte Stadium); (RU), Resonance Unit, ist die Maßeinheit des SPR-Signals (Resonanzwinkeländerung). Auflösung: 0,1 RU; 1000 RU entsprechen 1 ng Protein gebunden pro Quadratmillimeter Sensoroberfläche oder 6 mg Protein pro Milliliter Lösung.

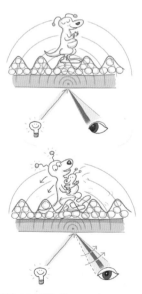

Abb. 7.21 SPR: Messung der Bindung eines Nanoru-Babys an seine Mama mithilfe der Oberflächenplasmonresonanz. Deutlich ist die Veränderung des Winkels des Minimums der Reflexion zu sehen.

Box 7.7 Expertenmeinung: Der Käfer/Chip-Sensor als bioelektronischer „Schnüffler"

So wie vor 2000 Jahren Gänse den alten Römern Unheil meldeten oder noch zu Beginn des 20. Jahrhunderts Kanarienvögel den Bergleuten in Kohlegruben die Gefahr einer Kohlenmonoxidvergiftung ankündigten, so macht sich auch die Forschung seit Kurzem die sensorischen Fähigkeiten von Insektenantennen für wissenschaftliche Zwecke zunutze. Zu den empfindlichsten Systemen der **Signalerkennung** und **Reizverarbeitung** im Tierreich gehört nämlich das fantastische Riechvermögen von Insekten.

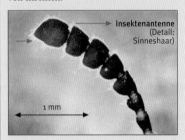

Ausschnittsvergrößerung einer Antenne des Kartoffelkäfers und Sinneshaare

Insekten sind die artenreichste Ordnung im Tierreich und weisen nach Hunderten von Millionen Jahren Evolution zahlreiche Anpassungen an extreme und komplexe Lebensräume auf. Insbesondere die Orientierung dieser Kleinlebewesen in einer sich andauernd verändernden Umwelt erfordert außergewöhnliche **Sinnesleistungen**: Die Empfindlichkeit (Nachweisgrenze) des Geruchssinnes des männlichen Seidenspinners liegt beispielsweise bei nur wenigen Molekülen des weiblichen Sexuallockstoffs **Bombykol** in einem Liter Luft.

Diese Leistung mit einem einige Millimeter großen „Gerät" – dem Äquivalent der Nase bei Insekten, nämlich einer **Antenne** (siehe Abbildung oben) – innerhalb von Sekundenbruchteilen zu erzielen, stellt für die Spurenanalytik immer noch ein Fabelresultat dar. Solche unübertroffen empfindlichen, schnellen „natürlichen Mikrosensoren" für den Menschen als Analyseinstrument nutzbar zu machen, ist das Ziel bei der Konstruktion von bioelektronischen Sensoren auf der Basis des Insektengeruchsinns. Hier ist die Natur nicht nur ein guter Lehrmeister, sondern auch eine Fundgrube für ein ganzes Sortiment hochspezifischer Sensorbauteile.

Um die Information über die geruchliche Wahrnehmung eines Insekts zu erhalten, bedarf es

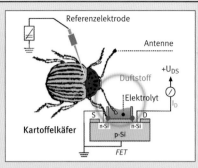

Käfer/Chip-Sensor als bioelektronische Schnittstelle mit Verstärkerschaltung (schematisch). Es kann sowohl der intakte Käfer als auch die isolierte Antenne zur Durchführung der Experimente Anwendung finden.

allerdings einer elektrischen Messung der durch die Sinneszellen generierten Signale. 1997 stellten wir (**Michael J. Schöning** und **Stefan Schütz**) erstmals das Prinzip eines solchen **Käfer/Chip-Sensors** als neuartiges Biosensor-Bauelement vor, das die Kombination von tierischer Sinnesleistung mit der Mikroelektronik ermöglicht. Dazu wird die Antenne eines Insekts – hier eines Kartoffelkäfers – über eine Elektrolytbrücke direkt mit einem Silicium-Chip gekoppelt; dabei taucht lediglich ein kleiner Teil der Antenne in die Lösung (Hämolymph-Ringer) ein. Ein Großteil der Antenne sowie die auf ihr sitzenden Sinneshaare bleiben trocken und stehen für die Signalentstehung zur Verfügung (siehe Abbildung).

Der **Silicium-Chip**, in diesem Falle ein speziell konfektionierter **Feldeffekttransistor** (**FET**), bildet das Kernstück der Messelektronik. Die Wahl des FET erlaubt eine elektrisch und mechanisch stabile Messung der Antennensignale bei gleichzeitiger Anpassbarkeit an die verschiedenen Antennengrößen (Mikrometer- bis Millimeterbereich) der Insekten. Der Stromkreis zwischen dem biologischen und mikroelektronischen Part wird mit einer Referenzelektrode (Durchmesser ca. 10 μm) aus Platin geschlossen, die an den Käfer ankontaktiert wird. Da es sich bei dem entwickelten Biosensortyp um ein Hybrid aus biologischem Sinnesorgan und mikroelektronischer Komponente handelt, spricht man in diesem Zusammenhang auch von einer „bioelektronischen" Schnittstelle.

Treffen nun **Duftstoffmoleküle** auf die Insektenantenne, so treten sie durch feine Poren in der schützenden Chitinschicht der Sinneshaare in deren Innenraum. Von dort werden sie durch in der Sensillumlymphe gelöste, spezifische **duftstoffbindende Proteine** zur Membran eines Nervenzellfortsatzes transpor-

tiert. Der Komplex aus Duftstoffmolekül und duftstoffbindendem Protein wird von **membranständigen Rezeptoren** erkannt, und es wird eine **Signalkaskade** ausgelöst, die zur Öffnung von Ionenkanälen führt. Nach dem Binden an den Rezeptor wird das Duftstoffmolekül abgebaut, um keine weiteren Signale zu verursachen. Die Spezifität der Dufterkennung liegt sowohl in der Strukturerkennung durch das duftstoffbindende Protein als auch durch den membranständigen Rezeptor. Das Öffnen der Ionenkanäle verursacht eine Änderung des Transmembranpotenzials der betreffenden Sinneszelle. Das so entstehende elektrische Signal überlagert sich entlang der gesamten Antenne und stellt ein Maß für die Menge der auf die Antenne getroffenen Duftstoffmoleküle dar. Dies bedeutet, dass jeder wahrgenommene Duftreiz einen Spannungsimpuls im Fühler erzeugt, der wiederum als „Türöffner" den Stromfluss im Transistor verändert. Eine typische **Dosis/Antwort-Kurve** dieses Biosensors (siehe Abbildung nächste Seite), die mit der Antenne des **Kartoffelkäfers** (*Leptinotarsa decemlineata*) durchgeführt wurde, zeigt, dass die technische Nutzung des außerordentlich ausgeprägten Insektengeruchssinns möglich ist.

Z-3-Hexen-1-ol ist ein typischer Vertreter des Grünblattgeruchs, der von Pflanzen bei Schädigung durch Insektenfraß freigesetzt wird, bei-

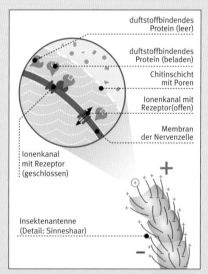

Prinzip der Duftstofferkennung beim Käfer/Chip-Sensor: Duftmoleküle aus der Umgebungsluft diffundieren durch die Cuticula der Sinneshaare in deren Innenraum und werden dort von duftstoffbindenden Proteinen zu den membranständigen Rezeptoren transportiert (oben); hier wird eine Signalkaskade ausgelöst, die eine konzentrationsabhängige orientierte Dipolbildung entlang der Antenne zur Folge hat (unten).

spielsweise auch von der Kartoffelpflanze, der natürlichen Futterquelle des Kartoffelkäfers. Werden dem Biosensor in kurzen Abständen verschiedene Duftstoffkonzentrationen angeboten, die unterschiedliche Verletzungsgrade der Kartoffelpflanzen repräsentieren können, resultieren daraus unterschiedliche Stromspitzen, entsprechend den Änderungen des Transistorstroms auf dem Silicium-Chip (FET). Hierzu wird der FET in einem festen Arbeitspunkt im sogenannten „Constant Voltage"-Modus betrieben: Die am Gate des Transistors anliegende Spannung U_G und die Spannung U_{DS} zwischen Source und Drain werden auf einen festen Wert eingeregelt, sodass der resultierende Drainstrom I_D direkt auf Signaländerungen in der Insektenantenne reagieren kann. Diese Signaländerungen werden als Messsignale direkt an eine Verstärkerelektronik weitergeleitet und können von einem konventionellen Computer weiterverarbeitet werden.

Die Messsignale können in Minutenfrist quantifiziert werden. Der Sensorkopf muss nach etwa 100 bis 1000 Messungen ausgetauscht werden, eine Prozedur, die jedoch lediglich einige Minuten in Anspruch nimmt. Der große Messbereich, die hohe Messfrequenz und die geringe Größe des Sensorkopfes von einigen Zentimetern machen den Biosensor damit beispielsweise für Vor-Ort-Messungen von Pflanzenschäden geeignet. Unter realen Einsatzbedingungen konnte gezeigt werden, dass Duftstoffkonzentrationen geschädigter Pflanzen bis in den ppt-Bereich (d. h. 10^{-12} g/L) nachgewiesen werden können. Dies entspricht einer Empfindlichkeit, die etwa dem Nachweis eines einzigen Pakets Zucker gleichkommt, das im Wasser des gesamten Bodensees aufgelöst wurde.

Das **Modellsystem Käfer/Chip-Sensor** konnte zeigen, dass die technische Nutzung des Insektengeruchsinns nutzbringend und konventionellen Methoden beim Nachweis von luftgetragenen organischen Substanzen im Spurenbereich in vielerlei Hinsicht überlegen ist. Die individuellen Unterschiede im Riechvermögen der eingesetzten Käfer lassen sich durch kontrollierte Zuchtbedingungen, geeignete Vortests und regelmäßiges Kalibrieren mit Duftstandards so gering wie möglich halten. Die neuartige Biosensortechnologie reicht von strategischen Konzepten bis hin zu felderprobten Prototypen. Aufgrund des nahezu unerschöpflichen Reservoirs an hochempfindlichen und selektiven Insektenantennen bahnen sich für solche **BioFETs (biologisch sensitive Feldeffekttransistoren)** in verschiedenen Applika-

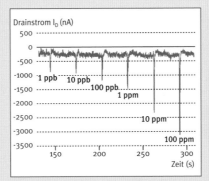

Dosis/Antwort-Kurve des Käfer/Chip-Sensors für unterschiedliche Konzentrationen des Grünblattduftes Z-3-Hexen-1-ol. Die im Transistorchip resultierende Veränderung des Drainstroms I_D erfolgt aufgrund des hochspezifischen Erkennungsmechanismus im Fühler des Kartoffelkäfers.

tionsfeldern (Landwirtschaft, Umweltschutz, Lebensmittelanalytik, Sicherheitstechnik) weitreichende Einsatzmöglichkeiten an.

Einerseits kann es sich dabei um durch den Menschen wahrnehmbare Stoffe wie Brandgeruch oder Pflanzendüfte handeln, die aber durch den Biosensor wesentlich empfindlicher detektiert werden können. Andererseits kann es sich aber auch um Stoffe drehen, die für die menschliche Nase nicht erkennbar sind und zu Warn- oder Markierungszwecken eingesetzt werden können.

Um die Möglichkeiten der Detektion spezifischer Substanzen unter bestimmten Randbedingungen schneller und präziser beantworten zu können, wurde mit der Zusammenstellung einer **Sensorbibliothek** aus unterschiedlichen Insekten mit verschiedenen Lebensräumen begonnen. Die Nutzbarkeit des Insektengeruchsinns beschränkt sich dabei keineswegs nur auf den Nachweis einer Substanz oder Substanzgruppe pro Insekt. Neben den für das Insekt überlebensnotwenigen Markersubstanzen lassen sich auch speziell antrainierte Substanzen nachweisen und z. B. mehrere Einzelsensoren mit unterschiedlichen Empfindlichkeiten und Selektivitäten zu kompletten Arrays kombinieren.

Eine noch visionäre Idee ist die Entwicklung von geruchsgesteuerten autonomen Systemen zur Lokalisierung von verschütteten Menschen durch **Kleinroboter**, die sich am Geruch des menschlichen Schweißes orientieren und in die Trümmer vordringen. Wie gut Insekten einen Menschen auffinden können, weiß jeder, der sich schon einmal mit Stechmücken auseinandersetzen musste! Nach Erdbeben oder Ex-

plosionen ist die Lokalisierung von Haarrissen in Gaspipelines ein großes Problem. Mit speziellen **Sexuallockstoffen** befrachtetes Gas in den Pipelines könnte mit entsprechenden Biosensoren ausgestattete Kleinroboter zu diesen Haarrissen führen. Die schwierige Lokalisierung und Bekämpfung von Kabelbränden in Kabelschächten könnte ebenfalls durch auf schwelende Kabelisolation reagierende Biosensoren bewerkstelligt werden.

Selbst die Lokalisierung von Sprengstoffen wäre mittels biosensorbestückter Kleinroboter denkbar, was auch bei der schwierigen Aufgabe der Räumung von Landminen hilfreich sein könnte.

Letztendliches Ziel der Forschung mit diesen bioelektronischen Hybriden ist jedoch, das tiefergehende Verständnis der biologischen Prozesse, die diese erstaunlichen Sinnesleistungen möglich machen.

Das **schrittweise technische Nachstellen des Insektengeruchsinns** auf biochemischer Basis mit schließlich auf molekularer Ebene maßgeschneiderten Geruchsrezeptoren könnte in einem komplett „künstlichen" Biosensor münden, der ganz ohne Käfer auskommt und bei dem einzig die molekulare Geruchsinformation auf dem Silicium-Chip nachgebaut wird.

Michael J. Schöning, Leiter des Instituts für Nano- und Biotechnologien der FH Aachen, entwickelt neuartige siliciumbasierte Chemo- und Biosensoren.

Stefan Schütz, Leiter des Instituts für Forstzoologie und Waldschutz, Universität Göttingen, beschäftigt sich mit Chemischer Ökologie und Biosensorik.

Literatur

Schroth P, Schöning MJ, Lüth H, Weißbecker B, Hummel HE, Schütz S (2001) Extending the capabilities of an antenna/chip biosensor by employing various insect species, *Sensors and Actuators* B 78, 1-5
Schöning MJ, Schütz S, Schroth P, Weißbecker B, Steffen A, Kordos P, Lüth H, Hummel HE (1998) A BioFET on the basis of intact insect antennae, *Sensors and Actuators* B 47, 234 - 237

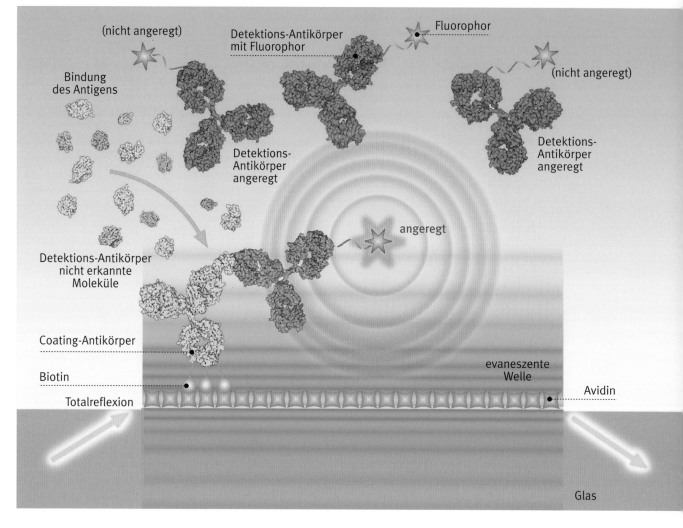

(nicht angeregt)

Bindung
des Antigens

Detektions-Antikörper
mit Fluorophor

Fluorophor

(nicht angeregt)

Detektions-
Antikörper
angeregt

Detektions-
Antikörper
angeregt

Detektions-Antikörper
nicht erkannte
Moleküle

angeregt

Coating-Antikörper

Biotin

evaneszente
Welle

Totalreflexion

Avidin

Glas

Abb. 7.22 Immunosensor, der den Effekt evaneszenter Wellen nutzt, um Marker anzuregen, die an Detektions-Antikörper gebunden sind (Details im Text)

Abb. 7.23 Frances S. Ligler, führende Spezialistin bei Immunosensoren

Die Gleichgewichtskonstante dieser Reaktion, die **Affinitätskonstante K** (Einheit L/mol oder M^{-1}) lässt sich aus dem Verhältnis k_a/k_d leicht ermitteln:

$$k_a \, [Ag][Ab] = k_d \, [AgAb]$$

$$\text{Affinitätskonstante } K = \frac{[AgAb]}{[Ag][Ab]} = \frac{k_a}{k_d}$$

Die **Dissoziationskonstante** stellt deren Kehrwert dar: $K_D = k_d/k_a$

Die **Assoziationsphase** kennzeichnet also die Bindung während der Injektion, die **Dissoziationsphase** das nachfolgende Spülen der Fließzelle mit Puffer. Nach Injektion einer Regenerierungslösung geht das Signal auf den Ausgangswert zurück. Die „verrauschten" Bereiche im Sensorgramm hängen mit dem Injektionsmodus zusammen und werden bei der Auswertung nicht berücksichtigt.

Das BIAcore ist vielseitig anwendbar. Häufige Anwendungen sind die Untersuchung der Kinetik von Bindungsvorgängen zwischen Affinitätspartnern: Ligand-Rezeptor, Antigen- (Hapten-) Antikörper, Lectin-Glykoprotein, Nucleinsäure-Nucleinsäure, Nucleinsäure-Protein, Protein-Protein oder Enzym-Effektor. Außerdem lassen sich Konzentrationsbestimmungen durchführen, wobei ein Bindungspartner der Analyt ist.

Daneben wird das BIAcore zur Untersuchung von Bindungsmustern zur **Epitop-Kartierung** (*epitope mapping*), zur Charakterisierung der Bindungsstellen, für multiple Komplexe oder Kooperativität (z. B. allosterische Effekte) und zur funktionellen Analyse oder zum Wirkstoffdesign eingesetzt.

Die Immobilisierung von Bindungspartnern beeinflusst in der Regel das Bindungsverhalten, vor allem durch sterische Behinderung. Deshalb entsprechen die kinetischen Konstanten fast immer nicht denen in freier Lösung. Die Konzentrationen der Analyte müssen für kinetische Untersuchungen genau bekannt sein.

Das ist in der Praxis oft problematisch. Beispielsweise ist im Serum oder unzureichend gereinigten Antikörperlösungen die Konzentration der bindenden Antikörper nicht bekannt.

An sich ist die SPR ein unspezifisches Verfahren. Was da jeweils adsorbiert, kann man nicht sagen; man muss sich darauf verlassen, dass die richtigen Proteine in der Lösung waren.

■ 7.10 Mit Antikörpern tödliche Substanzen aufspüren

Im September und Oktober 2001 traten in den USA mehrere **Erkrankungsfälle von Milzbrand** auf (Abb. 7.24). Sie gaben Anlass, die Bioverteidigung und Biosicherheit der Vereinigten Staaten neu zu überdenken.

Bis dahin hatte man sich nur mit einer eingeschränkteren Definition von **Biosicherheit** beschäftigt, die sich lediglich auf unbeabsichtigte Einwirkungen oder Unfälle bei landwirtschaftlichen oder medizinischen Technologien konzentrierte. Inzwischen hat das Center for Disease Control (CDC) eine Prioritätenliste von **biologischen Kampfstoffen** erstellt und kategorisiert. Agenzien der Kategorie A sind biologische Substanzen, die zum einen eine große Bedrohung für die Gesundheit der Bevölkerung darstellen und sich zum anderen auch noch schnell in großem Umfang ausbreiten. Zu den Substanzen der Kategorie A zählen (in Klammern jeweils die Erreger): **Milzbrand** oder Anthrax (das Bakterium *Bacillus anthracis*), **Pocken** (*Vaccinia-Viren*), **Pest** (das Bakterium *Yersinia pestis*), **Botulismus** (*Clostridium botulinum*), **Tularämie** oder Hasenpest (das Bakterium *Francisella tularensis*) und **virales hämorrhagisches Fieber** (Ebola- und Marburg-Viren).

Der menschliche Körper hat elegante Methoden entwickelt, um gefährliche Moleküle und Pathogene zu identifizieren. Zu den bekanntesten und am besten erforschten dieser Schutzmechanismen gehören die **Antikörper** (siehe Kap. 4).

Zu den faszinierendsten Eigenschaften von Antikörpern zählt, dass sie so hergestellt werden können, dass sie die meisten Moleküle an ihrer eindeutigen Form erkennen. Diese Erkennung erfolgt auf höchst spezifische Weise. Im Gegensatz zu Enzymen **wandeln Antikörper das gebundene Molekül (Antigen) jedoch nicht in ein Produkt um.** Wie kann man signalisieren, dass ein Antigen gebunden hat?

■ 7.11 Wie erzeugt man ein Signal?

Um ein **Signal** aus einer **Antikörper-Antigen-Reaktion** zu erhalten, benötigt man einen Marker, außerdem einen **Sensor**, um das erhaltene Signal zu erkennen und zu messen.

In Kapitel 4 haben wir ELISAs und Immun-Teststreifen kennengelernt. Schwangerschaftstests verwenden beispielsweise kolloidales Gold als Marker für einen Detektor-Antikörper, um humanes Choriongonadotropin (hCG) nachzuweisen. Diese Tests sind einmalig zu gebrauchende Wegwerftests, die nur bei Bedarf durchgeführt werden.

Wie kann man jedoch **kontinuierlich die Umgebung überwachen**, z. B. als Schutz vor terroristischen Angriffen mit Biowaffen? Man braucht Biosensoren, speziell Immunosensoren.

Frances S. Ligler (geb. 1951, Abb. 7.23) vom US-Naval Office, ist die führende Fachfrau für Immunosensoren. Sie erklärt im Folgenden das Wesentliche.

Frühe, auf Antikörpern basierende Nachweise in den Jahren 1975 bis 1985 beruhten auf zwei Voraussetzungen: Erstens, dass Antikörper mit optischen und elektronischen Geräten erkannt werden können, die ein direktes und genaueres Ablesen der Antigenbindung ermöglichen als das menschliche Auge. Zweitens, dass Antikörper ihr Ziel-Antigen binden können, nachdem man sie zuvor auf einer Sensoroberfläche fixiert hat, statt in einer Lösung eine Nachweisreaktion hervorzurufen. Dioden-Laser, Leuchtdioden (LEDs), Photodioden, Kameras mit CCD- und CMOS-Sensoren und andere kleine, billige optische und elektronische Komponenten brachten die Entwicklung der Sensor-Hardware ein großes Stück voran. Noch vor der Entwicklung entsprechender Geräte musste jedoch das Problem gelöst werden, die Antikörper nach der Immobilisierung funktionsfähig zu erhalten.

An diesem Punkt leistete Frances Liglers Labor Ende der 1980er Jahre erstmals einen größeren Beitrag zu diesem Forschungsgebiet.

■ 7.12 Wie hält man die Antikörper des Immunosensors funktionsfähig?

Intakte **IgG-Antikörper** sind Y-förmige Moleküle mit Bindungsstellen an den Enden der beiden Arme des Y. Deswegen dachte man logisch,

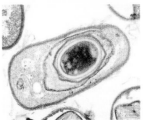

Abb. 7.24 In jüngster Zeit hat sich Milzbrand (Anthrax) als ernst zu nehmende Bedrohung im Zuge des Bioterrorismus erwiesen. Es ist eine sehr effektive Waffe, weil die Erreger robuste Sporen ausbilden, die jahrelang überdauern und beim Einatmen rasch eine tödliche Infektion auslösen.

Milzbrand wird durch das ungewöhnlich große Bakterium *Bacillus anthracis* hervorgerufen. Haben sich die Sporen erst einmal auf der Haut oder in der Lunge angesiedelt, beginnen sie sehr schnell zu wachsen und produzieren ein tödliches Toxin aus drei Komponenten. Dieses ist beängstigend wirkungsvoll und auf maximale Sterblichkeit ausgelegt.

Die Toxinkomponenten erfüllen zwei Funktionen: Eine Komponente sorgt für die Bindung an die Zellen, die andere ist ein toxisches Enzym, das die Zelle schnell abtötet.

Die für die Bindung zuständige Untereinheit des Anthrax-Toxins wird wegen ihrer Verwendung in Anthrax-Impfstoffen als protektives Antigen (PA) oder „Schutzantigen" bezeichnet (untere Reihe, links abgebildet).

Diese führt die beiden anderen toxischen Komponenten mit sich, den Ödemfaktor (EF) und den Letalfaktor (LF; Mitte und rechts), die die Zelle angreifen.

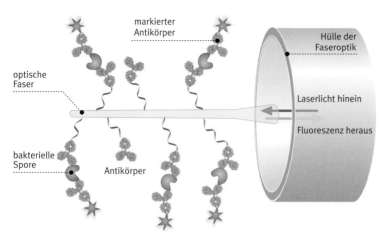

markierter
Antikörper

optische
Faser

bakterielle
Spore

Antikörper

Hülle der
Faseroptik

Laserlicht hinein

Fluoreszenz heraus

Abb. 7.25 Prinzip eines faseroptischen Biosensors zur Detektion von bakteriellen Sporen. Auch für diesen Sensortyp erfolgt die Anregung der markierten Detektor-Antikörper über die evaneszente Welle (siehe hierzu auch Abb. 7.22). Gleichzeitig wird das emittierte Fluoreszenzlicht über die gleiche Faseroptik wieder herausgeleitet.

Abb. 7.26 Oben: Vorbild für „Spiegelei"-Effekt. Mitte: Jonathan Swift (1667–1745) Unten: der von Liliputanern gefesselte Gulliver, das Vorbild für den "Gulliver"-Effekt

die Immobilisierung am besten erreichen zu können, indem man **den Fuß des Y an die Sensoroberfläche bindet**, damit die beiden Arme frei in der Lösung schwingen können.

Anfangs versuchte man dies auf zweierlei Weise zu bewerkstelligen: Entweder machte man sich die **Kohlenhydratseitenketten in der Fc** (der „Fußregion) des Y zunutze oder man **spaltete das Y (mit Enzymen wie Papain), um freie Thiol-(–SH-) Gruppen** für die Anheftung zu erhalten. SH-Gruppen binden spontan an Metalloberflächen, z. B. Gold.

Mit diesen Ansätzen ließen sich zwar einige Erfolge erzielen, sie berücksichtigten jedoch nicht die beiden wesentlichsten Probleme bei der Erhaltung der Antigen-Bindefähigkeit der immobilisierten Antikörper: den **„Spiegelei"-Effekt** und den **„Gulliver"-Effekt** (Abb. 7.26).

Antikörper binden ebenso wie viele andere Proteine gern an Oberflächen. Anfangs ist die Wechselwirkung der hydrophilen Oberfläche des Proteins mit einer mehr hydrophoben Oberfläche nur schwach. Im Laufe der Zeit beginnt die hydrophobe Innenseite des Proteins jedoch mit der Oberfläche in Wechselwirkung zu treten und sich eng an sie zu binden.

Stellen Sie sich ein rohes Ei in der Schale vor, bei dem der hydrophobe Dotter sicher von dem hydrophilen Eiklar umgeben ist. Wenn man das Ei aufschlägt und in eine heiße Bratpfanne gibt, breitet sich das Eiklar aus, und der Dotter kommt in engen Kontakt mit der heißen Oberfläche (Abb. 7. 26). Ein Antikörper, der eine derartige Konformationsänderung durchmacht ist, liegt eindeutig nicht in der optimalen Konfiguration für die Antigenbindung vor. Um diesen **Spiegelei-Effekt zu verhindern**, muss man die **Oberfläche so hydrophil wie möglich ma-**

chen, damit direkte Wechselwirkungen zwischen der Oberfläche und dem Antikörper verhindert werden.

In **Jonathan Swifts** *Gullivers Reisen* wacht Gulliver an der Küste von Lilliput auf und muss feststellen, dass die Zwerge ihn mit zahlreichen dünnen Schnüren an den Boden gefesselt haben (Abb. 7.26). Er kann weder Arme noch Beine bewegen. Bei den ursprünglich angewandten Methoden zur Anheftung der Antikörper an die Oberfläche verwendete man **quervernetzende Moleküle**, welche die Antikörper an vielen Stellen mit der sensorischen Oberfläche verbanden; dies schränkte die Fähigkeit der Bindungsarme des Y ein, die sich nicht frei bewegen konnten. Ein ideales Vernetzungsmittel bindet den Antikörper jedoch nur an wenigen Stellen und vorzugsweise am Fuß des Y an die sensorische Oberfläche.

In den späten 1980er Jahren setzte **Ligler** in ihrem Labor erstmals eine spezielle Klasse von quervernetzenden Molekülen ein, um die Antikörper an die sensorische Oberfläche zu binden; die Oberfläche wurde dazu mit einem hydrophilen Film modifiziert. Diese **heterobifunktionalen Vernetzungsmittel** banden mit dem einen Ende ausschließlich an die Antikörper und mit dem entgegengesetzten Ende ausschließlich an die modifizierte Oberfläche. Dies verhinderte, dass die Antikörper versehentlich aneinander binden konnten.

Die **Verwendung von Silanfilmen und heterobifunktionalen Vernetzungsmitteln** wurde schnell allgemein anerkannt. Mittlerweile werden sie in großem Umfang zur Immobilisierung von Antikörpern eingesetzt, um den Spiegelei-Effekt zu verhindern.

Die Lösung für das Gulliver-Problem? Bekanntermaßen bindet das B-Vitamin **Biotin** sehr eng an das Protein **Avidin** im Eiklar. Es bildet eine der stärksten bekannten Bindungen zwischen Affinitätspartnern überhaupt aus.

Die **Ligler**-Gruppe war zwar nicht die Erste, die versuchte, Antikörper über eine Biotinbrücke zu Avidin an eine Oberfläche zu binden, aber sie zeigte, dass sich die Antikörperfunktion optimieren lässt, indem man nur zwei oder drei Biotinmoleküle an einen Antikörper bindet. Die daraus resultierende Methode hat mehrere Vorteile: Das **Avidin bildete einen schönen, hydrophilen Puffer** zwischen dem Antikörper und der sensorischen Oberfläche und verhinderte dadurch den Spiegelei-Effekt. Die Beschränkung der Zahl der Quervernetzungen verhindert den Gulliver-Effekt. Zudem wurde die Gefahr, das aktive Zentrum des Antikörpers direkt zu schädigen, durch die geringere Zahl von Modifikationen am Antikörper minimiert.

■ 7.13 Biosensoren mit immobilisierten Antikörpern

Mittlerweile sind die Geräte zur Erkennung von Antigen-Antikörper-Bindungen unglaublich hoch entwickelt und im Laufe ihrer Weiterentwicklung zudem noch sehr viel leichter bedienbar und zuverlässiger geworden. So wog beispielsweise der erste faseroptische Biosensor (*fiber optic biosensor*; Abb. 7.25, 7.27) über 70 kg, die Flüssigkeiten wurden von Hand aufgebracht und die Proben pro Durchgang nur auf jeweils eine Substanz untersucht.

Heute sind **vollautomatische faseroptische Biosensoren** verfügbar, die simultan acht verschiedene Substanzen untersuchen und zusammen mit einem **Luftkeimsammler** auf dem Rücken getragen werden können (Abb. 7.29). Eine andere Version dieses Systems wird als zehn Pfund schwere Zuladung an einem sehr kleinen unbemannten Flugzeug befestigt und kann im Flug Bakterien identifizieren (Abb. 7.28).

Die meisten dieser Immunosensoren wenden folgendes (vereinfachtes) Prinzip an: Die Fänger-Antikörper werden (mittels Avidin und Biotin) an eine Glasoberfläche gebunden. Dies kann entweder eine Faseroptik sein oder ein einfacher Objektträger aus Glas.

Ein Laserstrahl wird durch das Glas auf die Oberfläche mit den Antikörpern geleitet. Ist das Glas mit einer Flüssigkeit bedeckt, gelten zwei verschiedene Brechungsindices. Trifft der Lichtstrahl die Oberfläche in einem kleineren als dem kritischen Winkel, kommt es zu einer **Totalreflexion** (TIR, *total internal reflection*) des Lichtstrahls (Abb. 7.22). Die Totalreflexion erzeugt eine **evaneszente Welle** auf der Glasoberfläche. Diese **dringt 100 nm in die flüssige Lösung ein** – das ist exakt der Wirkbereich von Antikörpern!

Zwei verschiedene Antikörper werden zur Detektion eingesetzt. Nachdem der **Fänger-Antikörper** (auch **Coating-Antikörper** genannt, weil er die Oberfläche bedeckt) das Antigen gebunden hat, bindet ein zweiter Antikörper mit einem **Fluoreszenzmarker** an das bereits gebundene Antigen und bildet so ein **Sandwich**. Es ist die gleiche Situation wie beim ELISA, wo aber Enzyme als Marker verwendet werden. Solch ein Sandwich-Konstrukt hat etwa **eine Höhe von 30 - 50 nm. Der Fluoreszenzmarker ist also genau im Bereich der Energie der evaneszenten Welle.**

Die Welle regt den Fluoreszenzmarker an, der daraufhin Licht emittiert. Dies zeigt an, dass das Antigen gebunden ist und erkannt wurde. Nicht gebundene Detektor-Antikörper werden nicht angeregt, weil sie außerhalb der Reichweite der Welle liegen. Anschließend wird das **Fluoreszenzsignal** erkannt, gefiltert und verstärkt.

Diese Immunosensoren sind ausreichend sensitiv für **Milliardstel Teile** (**ppb**, *parts per billion*). Das entspricht etwa der Menge eines Esslöffels Kochsalz in einem Schwimmbecken olympischer Normgröße.

Mittlerweile wurden **Array-Immunosensoren** entwickelt, um viele unterschiedliche Stoffe gleichzeitig überwachen zu können (Abb. 7.42). Dieses Systeme bestehen aus einer Vielzahl unterschiedlicher Antikörper in klar abgegrenzten Feldern auf einem flachen Trägermaterial.

Moleküle der Proben und der fluoreszierenden Marker führen nur in manchen Feldern zur Bildung fluoreszierender Komplexe, in anderen jedoch nicht. Die Identität des Probenmoleküls kann anhand der Lage des fluoreszierenden Feldes ermittelt werden. Die Intensität des Signals gibt Aufschluss über die Menge des Zielmoleküls in der Gesamtprobe.

Unterdessen machen sich die Anwender dieser Biosensoren auf Antikörperbasis immer weniger Gedanken über deren Funktionsweise, als vielmehr darüber, wie man sie **einfach und billig** einsetzen kann. Um die Anwendung zu vereinfachen, werden immer öfter kleine Leitungssysteme (sogenannte **Mikrofluidik**) eingesetzt.

Fortschritte in der Optik eröffnen neue Möglichkeiten zur Verbesserung der Sensitivität und reduzieren die Größe und Kosten der Apparaturen. Und die Silikontechnologie bringt immer bessere integrierte optische Wellenleiter für Multiplex-Analysen hervor. Arrays zur Detektion einzelner Photonen eröffnen vielleicht einmal die Möglichkeit, ein einzelnes Zielmolekül zu erkennen, wenn die Antikörperbindung hinreichend lange anhält und das „Hintergrundrauschen" ausreichend unterdrückt werden kann.

Abb. 7.27 Biosensor auf Antikörperbasis, von den US-Amerikanern konstruiert für den Einsatz im Golfkrieg: über 70 kg schwer, manuelle Bedienung

Abb. 7.28 *Swallow*: unbemanntes Luftfahrzeug, ausgestattet mit einem Luftkeimsammler (die von den Flugzeugnase abstehende Röhre) und mit auf Antikörpern basierenden Biosensoren zur Erkennung von biologischen Kampfstoffen aus großer Entfernung

Abb. 7.29 *BioHawk*: tragbares Gerät zur Entnahme von Luftproben und zum Erkennen von biologischen Kampfstoffen

Abb. 7.30 Eine Illustration durch portugiesische Tonkrüge: Die Immunochips von Frances Ligler ordnen Antikörper gerichtet auf der Oberfläche an (oben), im Gegensatz zur ungerichteten Immobilisierung (unten).

217

Abb. 7.31 Der erste DNA-Chip von Affymetrix

Abb. 7.32 Der Affymetrix Gene-Chip™ ermöglicht die Analyse von 500 000 genetischen Markern in einem einzigen Experiment auf einer Fläche von 1,64 cm²

Abb. 7.33 Allen Yeoh (Universität Singapur) mit einem Affymetrix GeneChip in der Hand und dem Mikroarray-Bild, mit dem bei Kindern akute lymphoblastische Leukämie durch Genexpressions-Profiling untersucht wird (Goldmedaille beim 2003 Asian Innovation Award).

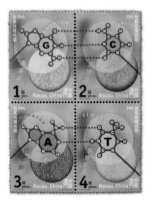

Die **Herstellung von Hilfsmitteln, die auf organischen Polymeren basieren, z. B. LEDs, Transistoren und Photodioden**, ist ebenfalls sehr spannend, weil sie sich normalerweise relativ einfach mit biologischen Detektionselementen und Mikrofluidik auf Polymerbasis zu monolithischen, billigen oder Einwegsensoren zusammenfügen lassen. Neuartige auf Antikörpern basierende Biosensoren sind höchst sensitiv und haben sich zur Erkennung und Überwachung von Pestiziden in der Landwirtschaft, Toxinen und Pathogenen in homogenisierten Nahrungsmitteln, Krankheitsmarkern in klinischen Flüssigkeiten und biologischen Kampfstoffen in Luft und Wasser bewährt.

■ 7.14 Biochips: gezieltes molekulares Fischen im Trüben

Die Natur bietet nur selten klare Lösungen an. In einem Zellextrakt zum Beispiel befindet sich, höchstens leicht vorsortiert, das ganze Innenleben Tausender oder gar Millionen von Zellen in Form einer meist undurchsichtigen, zähen Flüssigkeit. Wie kann man aus solchen trüben Lösungen klare Schlüsse ziehen?

Wenn Wissenschaftler im Trüben fischen, helfen ihnen heute Angeln, von denen normale Fischer nur träumen können: Schnell, zielsicher und in der Lage, riesige Mengen verschiedener Ziele auf einmal aus dem Wasser zu fischen.

Biochips heißen diese Angeln. Sie sollen gezielt bestimmte Moleküle in einer Lösung erkennen und binden. Angelhaken sind dabei **Sondenmoleküle**, die auf einer fingerkuppengroßen Trägeroberfläche befestigt sind. Diese Oberfläche gab den Biochips ihren Namen: Sie besteht aus Kunststoff oder Glas und ähnelt den Silicium-Chips der Mikroelektronik. Es gibt DNA-Chips und Protein-Chips.

DNA-Chips messen DNA oder RNA und benutzen dazu DNA-Sonden. Die einzigartige Struktur der Basenpaarung erlaubt es, durch die Hybridisierung Einzelstrang-DNA mit anderer Einzelstrang-DNA nachzuweisen – und zwar sequenzspezifisch: Nur wenn alle Basen übereinstimmen, kommt es zu einem positiven Signal.

DNA-Chips, auch **Gen-Chips** und häufig **Mikroarrays** genannt, repräsentieren viele Gene durch immobilisierte Genabschnitte, die regelmäßig angeordnet („Array") wie Pixel eines digitalen Bildes Muster ergeben, die unterschiedliche biologische Bedeutung haben.

In dem seit Ende der 1980er Jahre von **Stephen P. A. Fodor** (geb. 1953) entwickelten Verfahren können über 100 000 bekannte Gene in zu untersuchenden Patientenproben aus verschiedenen Geweben identifiziert werden. Fodors Firma **Affymetrix, Inc.** in Santa Clara (Kalifornien, USA) brachte 1994 mit dem „HIV Gene Chip" den ersten kommerziell erhältlichen DNA-Chip auf den Markt (Abb. 7.31). Seitdem entwickelt sich die DNA-Chip-Technik rasant (Abb. 7.32, 7.33). Gen-Chips werden heute schon breit für die Genomanalyse von Genen und deren Aktivitäten genutzt. Viele DNA-Tests brauchen Dutzende oder sogar Hunderte Hybridisierungsreaktionen, um alle Informationen zu erhalten. Die Biochip-Idee erlaubt es, das alles in einer winzigen Probe auszuführen, weil der Chip selbst auch sehr klein ist.

Die Anwendungen sind gewaltig:

- **Genexpressionsprofile** messen die gesamte RNA in der Zelle: Welche Gene erzeugen wie viel welcher RNA und welcher Proteine zu einer bestimmten Zeit in welcher Zelle? Diese DNA-Chips erlauben es heute, schnell und einfach die Aktivität Tausender Gene gleichzeitig festzustellen. Mit diesem **MEP** (*microarray-based expression profiling*) kann man Fragen beantworten wie: Welche Gene werden in welcher Zelle abgelesen? Wann und unter welchen Bedingungen geschieht das? Welche Gene sind bei Krankheiten aktiv? Und was passiert, wenn man Medikamente zugibt? Die Ergebnisse solcher Experimente geben also einen wichtigen Einblick in die molekularen Abläufe in der Zelle. Und sie geben einen Hinweis auf die Bedeutung bestimmter Gene für die Entstehung, den Verlauf und die Therapie von Krankheiten.

- **Mutationstests einer DNA-Sequenz** sind immer dann von Interesse, wenn die Sequenz eine „Normaltyps" bereits vollständig bekannt ist und die Abweichung vom Normaltyp direkt Einfluss z. B. auf die Therapie einer Krankheit haben kann, wie bei der Aids- oder Krebstherapie. Die Abschnitte des Gens oder der Gene, für die Mutationen erwartet werden (bzw. deren Mutationen bekanntermaßen für den Krankheitsverlauf oder die Behandlung von Bedeutung sind), werden in kleinen DNA-Stücken (Oligomere, ca. 25 bis 50 Nucleotide) als Sonden auf dem Chip aufgebracht.

- **SNP-Analysen** sind ein Spezialfall solcher Mutationsanalysen, nämlich die Analyse von

Box 7.8 Expertenmeinung: DNA-Mikroarrays

Mikroarrays bestehen aus einer Vielzahl von schachbrettartig angelegten mikroskopisch kleinen Flecken (*spots* oder *features*). In den Spots befinden sich unterschiedliche **Bindemoleküle**, die fest an Träger gekoppelt sind (z. B. auf einem Objektträger). Im Kontakt mit einer komplexen Probe können nun viele Bindungen gleichzeitig stattfinden und so Aussagen über die Zusammensetzung der Probe getroffen werden. Die Mikroarray-Technologie ermöglicht so die gleichzeitige Durchführung zahlreicher Bindungsexperimente in einem einzigen Schritt.

Bei **DNA-Mikroarrays** sind die Bindemoleküle einzelsträngige **DNA-Oligomere**, die für unterschiedliche Genabschnitte codieren. Die **Features** sind 10–250 µm groß, je nach Herstellungstechnik. Ein Mikroarray kann mehrere Hundert bis zu eine Million Features enthalten. Dadurch wird es z. B. in der Genomforschung möglich, den Status zahlreicher (im Idealfall aller) Gene zum selben Zeitpunkt abzufragen. Den prinzipiellen Ablauf eines Mikroarray-Experiments zeigt die Abbildung rechts.

Der apparative Aufwand für die Durchführung solcher Experimente ist ziemlich hoch. Es werden neben den üblichen Laborgeräten für die Aufarbeitung der Proben (Zentrifuge, Thermocycler) spezielle Geräte benötigt: für die Herstellung der Chips („Arrayer"), für die Durchführung der Bindungsreaktion (Hybridisierungsstation) und für die Detektion (Reader, Scanner). Für die Auswertung ist in der Regel eine spezielle Software erforderlich. Dennoch lohnt sich der Aufwand, denn die Zeitersparnis ist enorm.

Viele Experimente sind ohne Mikroarrays nicht durchführbar. Daher haben viele Hochschulen Mikroarray-Facilities aufgebaut. Oft sind das Eigenentwicklungen, z. B. nach dem Vorbild von **Pat Brown**, der dazu ganze Baupläne erstellt hat.

Herstellung von Mikroarrays

Die Herstellung der Mikroarrays beinhaltet zwei Schritte: (1) Auswahl der Binder und (2) Fixierung der Binder an definierten Positionen („Spotten" mit Immobilisierung). Der Entwurf des Mikroarrays (Design) beginnt mit der biologischen oder diagnostischen Fragestellung. Zunächst ist die **Auswahl**

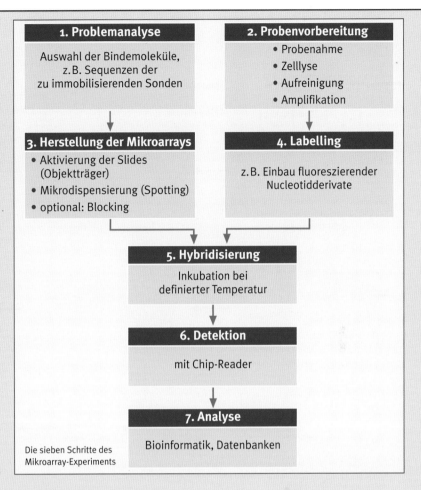

1. Problemanalyse
Auswahl der Bindemoleküle, z. B. Sequenzen der zu immobilisierenden Sonden

2. Probenvorbereitung
- Probenahme
- Zelllyse
- Aufreinigung
- Amplifikation

3. Herstellung der Mikroarrays
- Aktivierung der Slides (Objektträger)
- Mikrodispensierung (Spotting)
- optional: Blocking

4. Labelling
z. B. Einbau fluoreszierender Nucleotidderivate

5. Hybridisierung
Inkubation bei definierter Temperatur

6. Detektion
mit Chip-Reader

7. Analyse
Bioinformatik, Datenbanken

Die sieben Schritte des Mikroarray-Experiments

der Sonden, die synthetisiert oder aus DNA-Banken gewonnen werden, so zu treffen, dass homogene Hybridisierungsbedingungen vorliegen (d. h. bei derselben Temperatur und in derselben Lösung). Zusätzlich ist zu klären, ob die ausgewählten Sequenzen in der zu untersuchenden Probe eindeutig sind.

Um die Probleme der Eindeutigkeit einzuengen, werden auf DNA-Mikroarrays **zusätzlich viele Kontrollen** aufgebracht, die das Ausmaß der Hybridisierung an geringfügig abweichenden Sequenzen erfassen.

Typischerweise wird jedes Nucleotid an einer Stelle von besonderem Interesse systematisch mit allen drei anderen Basen verglichen. Dadurch wird die Information auf dem Chip „redundant": Aus mehreren Punkten des Arrays wird dieselbe oder eine sehr ähnliche Aussage gewonnen.

Der zweite Schritt der Chip-Herstellung ist die **chemische Kopplung der Sonden** auf der Oberfläche. Diese muss in exakt vordefinierten Bereichen erfolgen, meist in Form eines Rasters, wie es der Begriff „Array" bereits ausdrückt. Die chemische oder biochemische Kopplung, die **Immobilisierung**, ist im Bereich der Biosensorik ausführlich untersucht worden. Da Biochips in aller Regel auf Glas gefertigt werden und zwar auf Objektträgern (weitere verwendete Unterlagen sind Si-Wafer oder Kunststoffe), können die Methoden, die für optische Sensoren entwickelt wurden, angewandt werden.

Als sehr nützlich für Forschungszwecke hat sich die Kopplung über eine **Biotin-Avidin-Brücke** erwiesen (siehe auch Fließtext in diesem Kapitel weiter vorn für Antikörper). Diese hochspezifische Bindung ist außerordentlich stabil ($K_D = 10^{-15}$ mol/L). Man kann leicht biotinylierte Binder für viele Biomoleküle herstellen, insbesondere für DNA-Sonden. Die Binder können dann im wässrigen Puffer aufgenommen und auf Avidin-beschichtete Unterlagen „gespottet" oder „geplottet" werden (siehe Abb. Seite 220).

Grundsätzlich werden zur Herstellung von Mikroarrays zwei unterschiedliche Wege verfolgt: (1) Synthese von Oligomeren auf der Trägerunterlage, also Synthese auf dem

Fortsetzung Seite 220

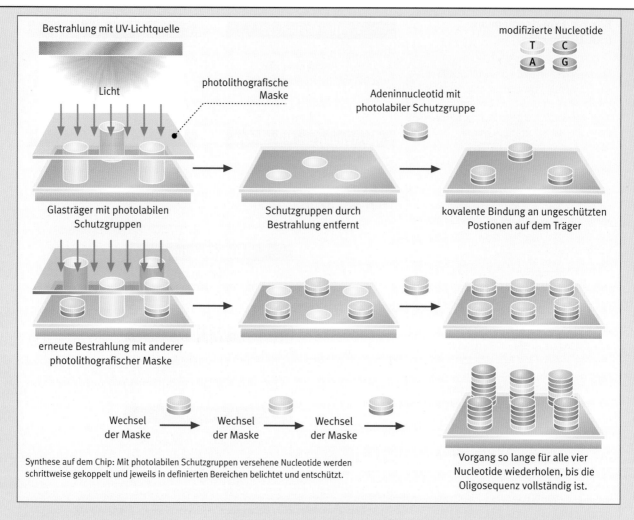

Synthese auf dem Chip: Mit photolabilen Schutzgruppen versehene Nucleotide werden schrittweise gekoppelt und jeweils in definierten Bereichen belichtet und entschützt.

Bestrahlung mit UV-Lichtquelle

Licht

photolithografische Maske

Glasträger mit photolabilen Schutzgruppen

Schutzgruppen durch Bestrahlung entfernt

modifizierte Nucleotide

Adeninnucleotid mit photolabiler Schutzgruppe

kovalente Bindung an ungeschützten Postionen auf dem Träger

erneute Bestrahlung mit anderer photolithografischer Maske

Wechsel der Maske

Wechsel der Maske

Wechsel der Maske

Vorgang so lange für alle vier Nucleotide wiederholen, bis die Oligosequenz vollständig ist.

Chip und (2) Spotten der vorsynthetisierter Bindungsmoleküle mit Mikrodosierern.

Synthese auf dem Chip

Die **Festphasensynthese** ist für Peptide und Oligonucleotide ein gängiges Verfahren. Dieses Verfahren mit Prozessen der Mikroelektronik zu verbinden, war die zündende Idee von **Steven Fodor**, aus der die zurzeit am weitesten verbreitete Mikroarray-Technologie hervorging.

Wie in der Abbildung oben dargestellt, werden mit photolabilen Schutzgruppen versehene Nucleotide auf definierten Bereichen kovalent auf einen Si-Wafer gekoppelt. Durch Belichten in bestimmten Bereichen werden die Schutzgruppen lokal entfernt, und ein weiteres Nucleotid wird nur in diesem Bereich gekoppelt.

Dieses Verfahren wird nun für alle vier Nucleotide wiederholt, wobei jedes Mal eine andere Belichtungsmaske eingesetzt wird. Diese Mas-

ken werden in derselben Weise hergestellt wie für die Mikroelektronik. Die benötigte Anzahl solcher Masken beträgt 4 x n, wobei n die Nucleotidlänge ist.

Die Technik ist aufwendig und erst bei außerordentlich hohen Stückzahlen rentabel durchzuführen, ist aber in der Anzahl der Features nur durch die Größe des Trägers beschränkt. So erreicht Affymetrix eine Million Features auf 4 x 4 cm² Wafern mit je 11 x 11 µm²!

Ein besonderer Nachteil der Synthese auf dem Chip ist es, dass man nach der Synthese die Qualität nur sehr schwer überprüfen kann. Insbesondere ist die Reinheit der synthetisierten Oligos schwer zu überprüfen.

Nimmt man optimistisch an, dass eine Reaktion auf der Oberfläche zu 98 % umgesetzt wird, so akkumuliert die Ungenauigkeit über die Synthese von z. B. 25 Bausteinen zu 40 %, d. h. nur noch knapp 60 % der Oligonucleotide in einem Feature haben die gewünschte Sequenz, die anderen sind ihr aber ähnlich! Dennoch

haben sich die Affymetrix-Chips als Standard im Bereich des Transkriptions-Screenings etabliert.

Spotten vorsynthetisierter Bindemoleküle

Für mittel- bis niedrigdichte Mikroarrays (einige Hundert bis mehrere Tausend Features) und im Forschungsbereich hat sich die Methode des „Spottens" durchgesetzt. Vorsynthetisierte oder aus natürlichen Quellen stammende Bindemoleküle werden mit Mikropipetten aufgenommen und in kleinen Bereichen (Spot, Dot) abgelegt.

Diese Methode hat den Vorteil, dass die Sonden nach der Synthese aufgereinigt und somit bezüglich ihrer Qualität kontrolliert werden können. In diesem Fall kann der Syntheseaufwand, einschließlich Reinigung und Qualitätskontrolle, sehr groß werden und steigt linear mit der Anzahl der Features, die man auf dem Mikroarray analysieren möchte.

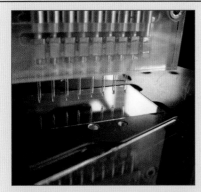

Mehrere Piezo-Dispenser parallel können die Herstellung beschleunigen.

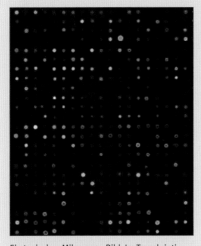

Ein typisches Mikroarray-Bild. Im Transkriptionsvergleichsexperiment werden zwei Proben verglichen, die mit einem grünen bzw. einem roten Label markiert wurden. Gene, die in der einen Probe stärker aktiv waren (transkribiert wurden = mehr mRNA), werden durch grüne bzw. rote Spots sichtbar. Gleichstark exprimierte Gene sind gelb.

Handspotter für das Praktikum. Acht stumpfe Nadeln im 96er-Mikrotiter-Raster werden systematisch so versetzt, dass ein Raster mit 0,5 mm Spot-Distanzen entsteht.

Die typische Feature-Größe, die sich aus der Spot-Technik ergibt, liegt im Bereich von 100–300 μm. Auf einem Glasobjektträger bekommt man daher höchstens 10 000 bis 20 000 Spots unter. Man unterscheidet kontaktierende und nichtkontaktierende Spotting-Methoden.

Kontaktierende Verfahren

Beim **kontaktierenden Verfahren** wird wie mit einem Stempel die aufzubringende Substanz mit einer stumpfen Nadel aufgenommen und durch Berühren der Trägeroberfläche abgegeben. Da eine stumpfe Nadel nur einmal eine definierte Menge Substanz ablegen kann, wurden zahlreiche Nadelformen entworfen, die durch Einschnitte über Kapillarwirkung zusätzliche Substanz aufnehmen und so wiederholt die gleiche Menge abgeben können. Die Veröffentlichung einer Bauanleitung im *„Do-it-yourself"*-Stil durch Pat Brown im Internet hat sicherlich zur starken Verbreitung dieser Methode im akademischen Bereich beigetragen. Heute werden sogenannte **Arrayer** von mehreren Firmen angeboten.

Ein Nachteil aller kontaktierenden Verfahren ist, dass die Reinigung der Nadeln sehr aufwendig ist, was unter Umständen viel Zeit kostet. Die denkbar einfachste Variante eines kontaktierenden „Nadeldruckers" ist ein in Deutschland von der Firma Schleicher und Schüll vertriebenes Hand-Spotter-Gerät, das sehr ähnlich wie eine Multikanal-Mikropipette gehandhabt wird (siehe Abbildung links unten). Hiermit lassen sich erste „Gehversuche" in der Mikroarray-Technik machen.

Nichtkontaktierende Verfahren

Um die Nachteile des Stempelverfahrens zu überwinden, sind verschiedene **nichtkontaktierende Verfahren** entwickelt worden, die technologische Erfahrungen der Tintenstrahltechnik für das Drucken von Texten und Bildern aufgreifen. Ziel dieser Verfahren ist es, Flüssigkeitstropfen mit einem bestimmten Volumen ortsgenau zu deponieren.

Dies erfolgt über eine Düse („Nozzle") an deren Spitze sich die gewünschten Tropfen in definierter Weise bilden. Der wesentliche Schritt der Tropfenbildung ist die Erzeugung einer Schwingung in der Spitze, die dazu führt, dass ein Tropfen sich vollständig abschnürt und auf einer Unterlage, dem aktivierten Mikroarray, abgelagert wird.

Die Tropfengröße kann durch die Wahl der Spitzenform, Frequenz und Amplitude der

Kontaktfreie Spotter werfen über eine Düse wie bei einem Tintenstrahldrucker einzelne Tropfen aus. Das Volumen dieses Tropfens beträgt 250 pL (10^{-12} L).

Schwingung eingestellt werden und variiert im Bereich von wenigen zehn Picolitern (1 pL = 10^{-12} L) und wenigen Nanolitern.

Die Anforderungen an die räumliche Auflösung bei Mikroarrays sind verglichen mit der Leistungsfähigkeit moderner Tintenstrahldrucker nicht sehr hoch. Aber im Unterschied zu diesen muss bei der Herstellung von Mikroarrays eine große Anzahl verschiedener Substanzen aufgebracht werden, und das Volumen des Ausgangsmaterials, das zur Verfügung steht, ist vergleichsweise gering (wenige Mikroliter).

Diese Anforderungen haben zur Folge, dass die Probe aktiv aufgenommen werden und der Inhalt einer Druckspitze oft gewechselt werden muss. Das bedeutet, dass die Spitze häufig verstellt wird (nach jedem Spot, d. h. nach Ablage eines oder weniger Tropfen).

Ein Gerät, das diese Technik umsetzt, ist in der Abbildung unten links gezeigt; die Abbildung oben rechts zeigt einen 0,2 nL großen Tropfen unmittelbar nach dem Verlassen der Nozzle.

Ebenfalls kontaktfrei und mit einzelnen Tropfen arbeitet eine Entwicklung der Universität Freiburg, die sich der Mikrosystemtechnik bedient.

Dieses sogenannte **TopSpot-Verfahren**, erzeugt alle Tropfen des zu erstellenden Arrays (oder Teil-Arrays) simultan. Der Druckknopf beinhaltet eine Vielzahl von Düsen (z. B. 24, 96), aus denen durch einen mechanischen Puls gleichzeitig Tropfen ausgelöst werden. Der Durchmesser der Düse sowie die Stärke des mechanischen Pulses und die Viskosität der Flüssigkeit bestimmen die Größe des Tropfens, die im Bereich von einigen Hundert Picolitern liegt. Der Abstand der Punkte ist durch den Druckkopf fixiert und beträgt einige Hundert

Fortsetzung Seite 222

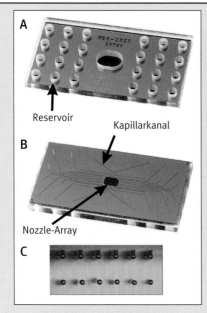

A

Reservoir

Kapillarkanal

B

Nozzle-Array

C

Das TopSpot-Prinzip benutzt mikrofluidische Kanäle, die sich selbst durch Kapillarkräfte befüllen. Die Kanäle enden in gleichmäßig angeordneten kleinen Bohrungen, dem Nozzle-Array, aus dem simultan durch einen Piezo-Impuls 24 Tropfen ausgelöst werden.

Mikrometer. Wichtiger Bestandteil des Druckkopfes sind die Aufnahmegefäße, die durch selbstfüllende Mikrokanäle mit den Düsen verbunden sind. Die Abstände sind so gewählt, dass sie mit Standardrastern der Laborautomaten übereinstimmen.

Die weitaus meisten Anwendungen von DNA-Mikroarrays liegen im Bereich der **Expressions**- bzw. **Transkriptionsanalyse** (siehe Fließtext Kap. 7). Der Level einer mRNA dient zur Beurteilung, ob ein Gen in einer bestimmten Probe aktiv ist, d. h. gerade abgelesen wird. Veränderungen in der Zusammensetzung der aktiven Gene werden inter-

Das TopSpot-Prinzip wurde schon frühzeitig auf eine Produktionsanlage übertragen.

pretiert. Zum Beispiel erhofft man sich in der Krebsdiagnostik auf diese Weise ermitteln zu können, welche Cytostatika für die Behandlung eines Tumors die effektivsten sind.

Hybridisierung

Die **Hybridisierung** ist der entscheidende Schritt des DNA-Chip-Experiments. Hier werden die vorbereitete, d. h. fluoreszenzmarkierte, Probe und das Mikroarray zusammengebracht und in einer feuchten Kammer inkubiert.

Um auch bei größeren Arrays gleichmäßige Hybridisierung zu erreichen, sind optimierte Hybridisierungskammern entwickelt worden, die dafür sorgen, dass die Probe bei Verwendung eines nur kleinen Volumens über den ganzen Objektträger verteilt wird und die Kammer gleichmäßig temperiert werden kann.

Parameter, welche die Hybridisierung beeinflussen, sind neben der Temperatur der pH-Wert, die Pufferstärke, die Ionenkonzentration und Anteile an Formamid. Diese Bedingungen werden durch einen Waschschritt ergänzt. Nach dem Waschen mit destilliertem Wasser wird der Biochip getrocknet.

Detektion

Zur **Detektion** wird ein Gerät benötigt, das auf die verwendete Markierung abgestimmt ist. Die bei Weitem häufigste Markierung ist die **Fluoreszenz**. Hier haben sich vor allem die Cyanin-Farbstoffe Cy3 und Cy5 durchgesetzt, da sie auch im Trockenen gut fluoreszieren, denn die Detektion erfolgt in aller Regel im trockenen Zustand.

Es wird ein geeigneter Scanner benötigt, der die entsprechenden Fluoreszenzfilter aufweist und eine Ortsauflösung von 10 μm oder darunter erreicht. Hat man ein Array mit sehr wenigen eng beieinander liegenden Punkten erzeugt, so kann man auch mit einem Fluoreszenzmikroskop bei niedriger Auflösung einen ersten Eindruck bekommen.

Die kommerziellen Fluoreszenz-Mikroarray-Reader oder -Scanner nutzen entweder eine konfokale Optik mit Lasern zur Anregung oder Weißlichtquellen mit abbildender Optik und hochauflösenden CCD-Kameras.

Klingt sehr kompliziert?! Kann man sich das mal angucken? Internet macht's möglich! Pat Brown von Stanford hat dazu ein passendes Video ins Netz gestellt, und Animationen

gibt es von „Bio-Davidson". Das Davidson College liegt bei Charlotte (N.C.) und hat eine tolle Website.

Frank F. Bier kam nach einer Promotion in Angewandter Physik zur Biosensorik. Seit 2003 hat er den Lehrstuhl für Angewandte Bioelektronik und Biochiptechnologie an der Universität Potsdam inne und leitet seit 2006 den Institutsteil Potsdam des Fraunhofer-Instituts für Biomedizinische Technik.

Schwerpunkte seiner Arbeit sind Zellcharakterisierung und -manipulation, Bioanalytik und molekulare Diagnostik sowie Nanobiotechnologie.

Literatur

Müller H-J, Röder T (2004) *Der Experimentator: Microarrays.* Spektrum Akademischer Verlag, Heidelberg

Shena M (2003) *Microarray Analysis.* John Wiley & Sons, Inc., Hoboken, New Jersey

Weblinks

Webseite von Affymetrix: *www.affymetrix.com*

Kurze verständliche Illustration zu DNA-Mikroarrays: *https://www.youtube.com/watch?v=aQKE1EEbDOQ*

Davidson College: *www.bio.davidson.edu/courses/genomics/chip/chip.html*

Einzelbasenabweichungen (*single nucleotide polymorphisms* – SNPs). Solche Veränderungen in bestimmten funktionellen Genen können z. B. dafür verantwortlich sein, dass individuelle Abweichungen bei der Verträglichkeit oder Wirksamkeit eines Medikaments auftreten. Das bekannteste Beispiel sind die **Gene der Familie der P450-Enzyme** (Box 7.9), die am Abbau von Fremdstoffen in der Leber beteiligt sind. Diese Enzyme sind auch dafür verantwortlich, dass Medikamente im Körper abgebaut werden, und die individuelle Ausstattung mit diesen Enzymen kann zu sehr unterschiedlichen Abbauraten auch von Wirkstoffen im Körper führen (siehe Box 7.8).

■ 7.15 Wie ein DNA-Chip funktioniert

DNA-Chips bzw. **DNA-Mikroarrays** sind nichts anderes als eine geordnete Sammlung von DNA-Molekülen von bekannter Sequenz. So ein Array ist gewöhnlich in Form eines Rechtecks oder Quadrats angeordnet (Abb. 7.34). Es kann aus nur einigen Hundert, aber auch aus einigen Zehntausend Einheiten bestehen (z. B. 60 × 40, 100 × 100 oder 300 × 500).

Jede Einheit oder Zelle ist ein örtlich genau definierter Punkt auf der Glasoberfläche (*wafer*) mit einem Durchmesser von weniger als 200 μm. Sie enthält Millionen von Kopien eines genau definierten, kurzen DNA-Stückes. Im Computer ist die Information, wo sich welche DNA in einem Array befindet, abrufbar. Die DNA-Stückchen oder **Oligonucleotide** (kurz **Oligos**) sind generell kurze Segmente von RNA oder DNA, normalerweise etwa 20 bis 25 Basen lang.

Die **Länge eines Oligonucleotids wird durch das Suffix „-mer" angezeigt** (vom Griechischen *meros=* „Teil"). Ein Fragment mit 25 Basen wird also 25-mer genannt.

Es gibt **zwei Versionen von Mikroarrays**:

1. DNA wird vorfabriziert und dann auf die Oberfläche gebracht (*spotted microarray*). Man tupft mit einer Roboternadel Tröpfchen von DNA auf den Chip und lässt sie trocknen. So kann man mehrere Tausend Oligonucleotide auf den Chip bringen. Auch das Prinzip des Tintenstrahldruckers wird verwendet.

2. DNA wird direkt *(in situ)* auf dem Glas- oder Silicium-Wafer synthetisiert (*high-density oligonucleotide chip*).

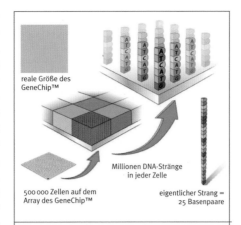

reale Größe des GeneChip™

500 000 Zellen auf dem Array des GeneChip™

Millionen DNA-Stränge in jeder Zelle

eigentlicher Strang = 25 Basenpaare

RNA-Fragmente mit Fluoreszenzmarkern (*tags*) aus der zu analysierenden Probe

mit der DNA des GeneChip™ hybridisiertes RNA-Fragment

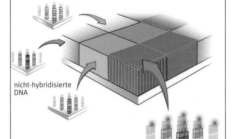

nicht-hybridisierte DNA

hybridisierte DNA

Abb. 7.34 Oben: Prinzip des DNA-Chips am Beispiel des GeneChips™ von Affymetrix.

In einem photolithografischen Produktionsprozess werden Oligonucleotide aus 25 Basen synthetisiert, die in Form von definierten Zellen (oder Einheiten) gleicher Oligonucleotid-Sequenz angeordnet werden. Jede Zelle ist daher genau durch die Sequenz der synthetisierten DNA-Sonde sowie die genaue Ortskenntnis der Zelle auf dem DNA-Chip definiert.

Mitte: Die aus der RNA einer Probe durch das Enzym Reverse Transkriptase hergestellte cDNA ist mit einem Fluoreszenzmarker versehen und hybridisiert passend zur Sequenz der jeweiligen DNA-Sonde. Alternativ können auch direkt mit einem Fluoreszenzmarker versehene RNA-Stränge an die DNA-Sonden binden.

Unten: Diejenigen Zellen, an denen eine Hybridisierung erfolgreich stattgefunden hat, verraten sich durch das Fluoreszenzlicht, während „nicht-hybridisierte" Zellen keine Fluoreszenz zeigen.

Dann werden DNA-Fragmente einer Probe auf den Chip gebracht. Wenn man von mRNA ausgeht, verwandelt man sie zuerst durch Reverse Transkriptase in cDNA. Die DNA wurde zuvor durch Restriktasen „klein gehackt". Zu analysierende Doppelstrang-DNA-Stückchen müssen außerdem vorher „aufgeschmolzen", d. h. zu Einzelstrang-DNA verwandelt werden. Sie binden nur an den Stellen des Chips, die komplementäre Basen enthalten und hybridisieren.

Ein im Beispiel der Abbildung 7.34 am Chip gebundenes Oligo mit der Sequenz **3' GTACTA 5'**

Box 7.9 Expertenmeinung: Cytochrome P450: Eine fantastisch vielseitige Enzymfamilie

Warum wirken Schlafmittel nur kurzzeitig? Weil sie von Enzymen der Leber abgebaut, entgiftet, werden. Arzneimittel sind meist fettlöslich und würden Monate in unserem Körper bleiben, wenn sie nicht in der Leber in wasserlösliche Metabolite (Zwischenprodukte des Stoffwechsels) umgewandelt und auf diese Weise für eine Ausscheidung über die Niere vorbereitet würden.

Eines der wichtigsten Enzymsysteme ist dabei das Cytochrom-P450-System. **Die Genfamilie der Cytochrome P450** kommt praktisch in allen Formen des Lebens vor und ist neben Entgiftungen unter anderem auch an der Biosynthese von Steroiden, Vitamin D, Prostaglandinen und Retinoiden beteiligt. Mitglieder der gleichen Genfamilie sind so definiert, dass sie normalerweise mehr als 40% Übereinstimmung der DNA-Sequenz aufweisen. Diese Definition wurde willkürlich festgelegt, hat sich jedoch als sehr brauchbar erwiesen.

Da es auch **einige Bakterien ohne ein Cytochrom P450** gibt (z.B. das bei Molekularbiologen beliebte Darmbakterium *Escherichia coli*), sind Cytochrome P450 nicht in den Grundstoffwechsel dieser Einzeller (Prokaryoten) einbezogen. Sie spielen jedoch eine große Rolle bei der Entstehung von Mehrzellern (Eukaryoten) und beim Übergang der Pflanzen vom Wasser auf das Land.

Bisher wurden **mehr als 60 000 P450-Gene** aus verschiedenen Organismen und Organen benannt und Familien zugeordnet. Weitaus mehr wurden identifiziert, aber noch nicht eingeordnet.

Die wachsende Vielfalt von Organismen, in denen P450-Gene und -Enzyme gefunden wurden, und die Entdeckung neuer P450-Enzyme werden zu weiteren Untersuchungen und neuen Forschungsgebieten führen.

Entgiftung

Besondere Bedeutung besitzen die P450-Systeme für den **Abbau (Metabolismus) von Fremdstoffen** (Pharmaka, Xenobiotika). Täglich treffen wir, aber auch alle anderen Lebe-

Cytochrome P450 und ihre Nomenklatur

Die Bezeichnung „P450" stammt aus den frühen 1960er Jahren und gibt einen Hinweis auf das **Absorptionsverhalten** dieser Enzymfamilie. Als Komplex mit Kohlenmonoxid zeigt Cytochrom bei 450 nm einen Absorptionspeak im reduzierten Zustand, P steht für Pigment.

Eine neue Nomenklatur stellt eine Ordnung über die zahlreichen Untertypen von Cytochrom P450 her: Das Kürzel CYP dient zur Charakterisierung der P450-Hämoproteine. Die erste arabische Ziffer kennzeichnet die Familie, der nachfolgende Buchstabe die Unterfamilie und die zweite Ziffer das einzelne Enzym, z.B. CYP 1A2 ist Cytochrom P450 1A2.

Wichtigste Vertreter im menschlichen Organismus sind: CYP1A2, CYP2C9, CYP2D6, CYP3A4.

Tsuneo Omura

Tsuneo Omura, Entdecker und Namensgeber der Cytochrome P450, und Klaus Ruckpaul, Vater der deutschen P450-Forschung

Rechts:
Klaus Ruckpaul, der Vater der deutschen P450-Forschung

Unten: David Nelson und Rita Bernhardt

wesen, mit Tausenden von Fremdstoffen zusammen. Das sind in der Natur vorhandene und ständig neu vom Menschen hergestellten **Xenobiotika**, die über die Luft, Nahrung und das Wasser in unseren Körper gelangen.

Eine Reihe von P450-Formen (mindestens 15) sind am **Abbau von Arzneimitteln** beteiligt. Interessanterweise wurde beobachtet, dass erhebliche individuelle Differenzen bei der Arzneimittelwirkung bestehen. So sind beispielsweise 5–10% der europäischen Bevölkerung kaum in der Lage, bestimmte β-Blocker, Antidepressiva u.a. Arzneimittel wie Bufuralol, Imipramin, Debrisoquin abzubauen und auszuscheiden.

Bei Gabe dieser Medikamente kommt es zu teilweise schweren Nebenwirkungen. Die Ursache besteht, wie Ende der 80er Jahre gefunden werden konnte, in einem Polymorphismus des für den Abbau dieser Substanzen verantwortlichen P450, **CYP2D6**. Es baut ca. 15% der am meisten eingesetzten Arzneimittel ab. Der Verlust eines Teils der DNA (oder das Einschieben zusätzlicher Bausteine in die DNA bzw. das Ändern der Bausteine der DNA) führt zur Bildung (Expression) eines stark veränderten und damit meist inaktiven Proteins. Dadurch werden bestimmte Arzneimittel schlecht verstoffwechselt. Sie reichern sich im Körper an und führen zu teils erheblichen Nebenwirkungen bis hin zu Krankenhauseinweisungen und sogar Todesfällen.

Der sogenannte **genetische Polymorphismus**[1] führt zu ganz unterschiedlichen **Isoenzymen** und dadurch zu verschiedenen phänotypischen Ausprägungen:

- **Normale Metabolisierer** haben eine normale CYP2D6-Aktivität.

---

1 Der Terminus genetischer Polymorphismus bezeichnet einen monogenen Erbgang, der in der normalen Population wenigstens in zwei Phänotypen (und damit wenigstens in zwei Genotypen) vorkommt, die nicht sehr selten sind, d. h. wenigstens 1% Häufigkeit haben. Vereinfacht ausgedrückt bedeutet das, dass auf einem Gen bestimmte Defekte bei einem relativ großen Teil der untersuchten Bevölkerung (> 1%) vorkommen.

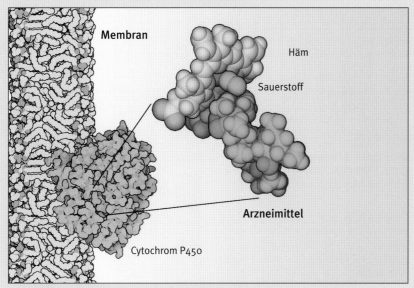

Cytochrom P450 ist ein Hämoprotein aus ca. 500 Aminosäuren. Hämoproteine enthalten wie der rote Blutfarbstoff Hämoglobin ein Häm als prosthetische Gruppe und als katalytisches Zentrum.

Von P450 katalysierte Reaktionen:

- Hydroxylierungen
- N-, O- und S-Desalkylierungen
- Sulfoxidation
- Epoxidierung
- Desaminierung
- Entschwefelung
- Dehalogenierung
- Peroxidierung
- N-Oxid-Reduktion
- C-C-Spaltung

P450-Substrate:

- Fettsäuren
- Steroide
- Prostaglandine
- Arzneimittel
- Anästhetika
- Vitamin D
- Terpene
- organische Lösemittel
- Ethanol
- Alkyl-Aryl-Kohlenwasserstoffe
- Pestizide
- Karzinogene

- **Intermediäre Metabolisierer** haben eine reduzierte CYP2D6-Aktivität.

- **Schlechte Metabolisierer** haben keine oder kaum CYP2D6-Aktivität.

- **Ultraschnelle Metabolisierer** besitzen gleichzeitig mehrere genetische Kopien des Enzyms und haben daher eine erhöhte Aktivität des Enzyms CYP2D6.

Der Anteil an ultraschnellen Metabolisierern fur das CYP2D6-Gen wird auf durchschnittlich 6–10% der Bevölkerung mit weißer Hautfarbe geschätzt. Die Zahl der ultraschnellen Metabolisierer soll in Europa mehr als 20 Millionen betragen.

Hieran erkennt man schon die klinische Relevanz dieser unterschiedlichen Enzymaktivitäten. Hinzu kommt, dass neben den bekannten Polymorphismen auch seltene Änderungen in der DNA der Arzneimittel-abbauenden Enzyme vorkommen, wie neuere Untersuchungen (DNA-Daten von 60.706 Individuen wurden verglichen) zeigen, deren Auswirkungen bisher nicht oder kaum untersucht sind.

Mit den heute vorhandenen gentechnischen Werkzeugen wie der PCR (siehe Kap. 6) kann aus wenigen Millilitern Blut bei vorbelasteten Patienten ein solcher Gendefekt nachgewiesen werden.

Damit kann man z. B. von vornherein eine niedrigere oder auch höhere (bei ultraschnellen Metabolisierern) Dosierung der entsprechenden Arzneimittel festlegen, die bei dieser Patienten-gruppe wirksam ist. Die ansonsten unausweich-lich beobachteten Nebenwirkungen werden so vermieden. Noch ist der Einsatz derartiger gen-technischer Methoden für die Behandlung relativ teuer. Er wird daher momentan nicht routinemäßig durchgeführt.

Es ist aber sicher, dass zukünftig für „personali-sierte Arzneimitteltherapien" genetische Vor-untersuchungen spezieller P450-Formen und anderer in den Arzneimittelabbau einbezogener Enzyme durchgeführt werden. Auch an bioin-formatischen Methoden zur Vorhersage der funktionellen Auswirkungen einzelner Änderungen wird intensiv gearbeitet.

Mithilfe eines von der FDA zugelassenen Gen-chips (AmpliChip®) kann heute der genetische Polymorphismus des CYP2D6-Gens dargestellt werden.

Die Rolle von P450 beim Abbau von Herbizi-den und Insektiziden hat darüber hinaus das Interesse von Agrarwissenschaftlern sowie der chemischen Industrie geweckt.

Andererseits soll die Aufklärung der Ursachen für natürlich vorhandene oder sich entwi-ckelnde Resistenzen, z.B. bei Insekten gegen-über bestimmten Insektiziden, neue Einblicke in diesen biologischen Prozess bringen, der uns einen sinnvolleren Umgang mit unserer Um-welt nahelegen wird.

Hierbei spielt der als *„chemical warfare"* (chemische Kriegsführung) definierte Prozess der ständigen Anpassung an die Umwelt beson-ders im Verhältnis von Pflanzen und Insekten eine besondere Rolle und treibt die Evolution an. Pflanzen wehren sich gegen Fressfeinde (Tiere, aber auch Pilze, Bakterien), indem sie (unter Beteiligung von Cytochromen P450) to-xische Stoffe gegen diese produzieren.

Diese wiederum entwickeln Systeme (ebenfalls mithilfe von Cytochromen P450), die diese ab-bauen und entgiften. Als Folge weisen Pflanzen, aber auch Insekten, eine sehr hohe Anzahl an Cytochromen P450 auf und es entstehen auf beiden Seiten im Laufe der Evolution immer neue Formen.

„Giftung" von Fremdstoffen

Beim Abbau der Fremdstoffe im Körper werden diese zumeist entgiftet. Es geschieht dabei aber leider auch, dass aus ursprünglich wenig reaktiven Stoffen, wie dem beim Grillen und Rauchen entstehenden **Benzpyren**, hochreak-tive Verbindungen werden. Das wenig reaktive Benzpyren wird durch P450 zum hochaktiven Epoxid Benzo[a]pyren-7,8-oxid hydroxyliert, das sich nach weiteren Reaktionen an die Erb-substanz DNA anlagert und dabei Veränderungen

Fortsetzung Seite 226

Der Autor des Buches arbeitete als PostDoc in Ron Estabrooks Gruppe in Dallas an der bioanalytischen Anwendung von Cytochrom P450.

bewirkt, die letztendlich zur chemischen Kanzerogenese und damit zu Krebs führen. Hier wird also eine Substanz „gegiftet"!

Biomonitoring mithilfe von P450

Es ist eine allgemeine Erfahrung, dass, wenn man Schlafmittel über längere Zeit einnimmt, deren Wirksamkeit abnimmt.

Herbert Remmer (1929–2003) war der Entdecker der **Induktion des Arzneimittelmetabolismus**. Am Institut für Pharmakologie der Freien Universität Berlin wies er den **Anstieg der Cytochrom-P450-Aktivität** in der Leber durch Schlafmittel, Antiepileptika und Antibiotika wie Rifampicin nach.

Dieser Effekt der Enzyminduktion hat den beschleunigten Abbau von Arzneimitteln zur Folge, was ihre Wirksamkeit verändert und zu unerwünschten Nebenwirkungen führen kann.

Man kann auch die Induzierbarkeit einiger P450-Formen nutzen, um ein **Biomonitoring** (siehe Kap. 5) von Gewässern und Bodenproben durchzuführen.

Bereits 1975, zur Zeit der Doktorarbeit eines der Autoren (RB) an der Lomonossow-Universität, wurde eine P-450-Forschungsexpedition an den herrlich sauberen Baikalsee in Sibirien unternommen.

Die Lebern von Fischen der gleichen Art, gleichen Alters und Geschlechts aus sauberen und schadstoffbelasteten Gewässern weisen höchst verschiedene P450-Aktivitäten auf: In belasteten Biotopen ist die Induktion des P450 einfach stärker. Die Baikal-Forellen und der Omul hatten (wie erwartet) dagegen eine geringe P-450-Aktivität (und schmeckten vortrefflich!).

Cytochrome P450 und Krankheiten

Der Mensch besitzt 57 Cytochrome P450. Mindestens 15 sind in den Arzneimittelmetabolismus einbezogen. Leider wissen wir von etwa zehn humanen P450-Formen noch nicht genau, welche Reaktion sie katalysieren und welche Rolle sie im Organismus spielen. Es ist aber auffällig, dass beispielsweise CYP1B1, CYP2W1 und CYP4Z1 vorwiegend oder ausschließlich in Krebsgewebe vorkommen. Gelingt es, ihre Funktionen genauer zu entschlüsseln, können sich damit auch neue Möglichkeiten für die Therapie auftun, z. B. indem aus Vorläufern toxische Verbindungen durch diese P450s in den Krebsgeweben produziert werden, wodurch eine **hochselektive Chemotherapie** möglich wird.

Verschiedene P450-Formen haben auch eine große Bedeutung für die Umwandlung endogener Substrate. So sind in die Biosynthese von Steroidhormonen der Nebenniere fünf, der Sexualhormone sogar sechs P450-Formen einbezogen. Steroidhormone regeln unsere Sexualentwicklung (Sexualhormone wie Östradiol und Testosteron), die Immun- und Stressantwort des Körpers (Glucocorticoide wie Cortisol) sowie den Salz- und Wasserhaushalt und damit den Blutdruck (Mineralocorticoide wie Aldosteron). Auch die Synthese von aktivem Vitamin D, von Prostaglandinen und Gallensäuren ist P450-abhängig.

Aus diesen physiologisch wichtigen Prozessen ergeben sich natürlich vielfältige Ansatzpunkte für die Regulation des Stoffwechsels durch Cytochrome P450. Es sind auch hier Gendefekte

bekannt, die zu mittelschweren bis schweren Krankheitsbildern führen. So ist das mit etwa 1/5000 Neugeborenen häufige **adrenogenitale Syndrom** (**AGS**) in 90 % der Fälle auf eine Mutation des CYP21A2 (21-Hydroxylase) zurückzuführen. Weiterhin können CYP11B1 (11β-Hydroxylase) oder die 3β-Hydroxysteroid-Dehydrogenase betroffen sein. In allen Fällen kommt es zu einer Blockade der Bildung von Cortisol und Aldosteron und einer Anhäufung von Metaboliten, die durch CYP17A1 in Androgene umgewandelt werden können. Aus diesem Androgenüberschuss resultiert das klinische Bild des AGS.

Während ein CYP21A2-Defekt bereits durch das in Deutschland obligatorische Screening-Verfahren der Neugeborenen identifiziert werden kann, kann bei einem Verdacht, der nicht auf diesen Defekt beruht, bereits bei Neugeborenen mit den typischen klinischen Symptomen eine detaillierte Analyse von Steroidhormonmetaboliten und, wenn nötig, auch eine molekulargenetische Untersuchung

Anzahl der Cytochrome P450 in verschiedenen Organismen

- *Escherichia coli*: 0
- *Bacillus subtilis*: 7
- *Mycobacterium tuberculosis*: 20
- *Saccharomyces cerevisiae*: 3
- *Arabidopsis thaliana*: 275
- *Oryza sativa* (Reis): 356
- *Drosophila melanogaster*: 90
- *Homo sapiens* (Mensch): 57

Momentan (Stand 2018) sind > 62 000 Cytochrome P450 mit einem Namen versehen und einer Familie zugeordnet.

durchgeführt werden. Solche molekulargenetischen Untersuchungen dienen der genauen Charakterisierung der Gendefekte.

Diese Untersuchungen eignen sich auch für die **pränatale Diagnostik** eines möglichen Defekts bei Feten aus erblich belasteten Familien.

Auch andere Formen von Defekten bei Steroidhydroxylasen, z.B. die Aldosteron-bedingte Hypertonie und Defekte bei der Cortisol- und Aldosteronbiosynthese, werden untersucht.

Biotechnologische P450-Anwendungen: von violetten Nelken zu Arzneimittel-Biosynthesen

Die hohe Stereo- und Regioselektivität der durch P450 katalysierten Reaktionen machen diese Enzyme auch interessant für biotechnologische Zwecke. Einen ersten Durchbruch gab es bereits bei der Kreation neuer Blütenfarben. Cytochrome P450 katalysieren dabei die Synthese spezifischer **Blütenfarbstoffe**. Der Wunschtraum der Rosenzüchter sind blaue Rosen.

Das hat zwar noch nicht vollständig funktioniert, aber mithilfe der Expression in die Farbgebung einbezogener P450-Formen konnten bereits hellblaue Rosen und Nelken in unterschiedlichen Lila- und Violetttönen in einem Projekt der australischen Firma Florigen mit dem japanischen Whisky-Konzern Suntory hergestellt werden.

Und auch die ökologisch nachhaltige Produktion von pharmazeutischen Verbindungen (Antibiotika, Cytostatika) und Feinchemikalien ist mithilfe von Systemen, die Cytochrome P450 enthalten, effizienter und umweltfreund-

licher möglich. Cytochrome P450 können dabei auch als sogenannte **BioBricks** für die synthetische Biologie verwendet werden.

So entwickelte die Firma Sanofi ein biotechnologisches Verfahren, das Hefezellen, die mehrere P450- sowie einige andere Enzyme exprimieren, nutzt, um **Cortisol**, einen Vorläufer der Prednisolon-Synthese, herzustellen. Zudem entwickelten sie ein Verfahren zur großtechnischen Produktion von preiswertem **Artemisinin**, das gegen Malaria eingesetzt werden kann.

Die in Japan entwickelte Herstellung von **Pravastatin**, einem Cholesterol-Senker, beruht auf der Nutzung eines Cytochroms P450, ebenso wie der Einsatz rekombinanter Mikroorganismen zur Biosynthese von aktivem **Vitamin D$_3$** (1α, 25-Dihydroxy-Vitamin D$_3$). Aber auch Umsetzungen an komplexen organischen Molekülen, die von den Chemikern nur unter großem Aufwand möglich sind, werden mithilfe dieser Enzyme leichter und unter umweltschonenden Bedingungen erfolgen können. Verfahren, die nicht-natürliche Enzymkaskaden und chemisch-enzymatische Synthesen nutzen, werden dabei zunehmend an Bedeutung gewinnen. Methoden des Proteindesigns (Computermodellierung und ortsgerichtete Mutagenese) sowie die von Nobelpreisträgerin **Frances Arnold** entwickelten Methoden der Evolution im Reagenzglas halfen bereits und werden weiter dabei helfen, diese biotechnologischen Verfahren noch effektiver zu gestalten.

Weiterhin können auch humane Cytochrome P450, die in Säugerzellkulturen, Hefen oder Bakterien zur Expression gebracht werden, dabei mitwirken, Metabolite neuer Arzneimittel zu identifizieren, um deren Nebenwirkungen besser testen zu können. Gleichzeitig können diese Systeme eingesetzt werden, um spezifische und selektive Inhibitoren für verschiedene Cytochrome P450 zu testen, beispielsweise solche, die in die Karzinogenese oder die Entwicklung von Krankheiten einbezogen sind: Inhibitoren des CYP19A1, der Aromatase, sind beispielsweise ein Blockbuster-Medikament, das bei der Behandlung von Brustkrebs eingesetzt wird.

Aus allen diesen Gründen werden die Arbeiten an diesen fantastischen Enzymen in naher Zukunft weiter an Bedeutung gewinnen und auch Eingang in viele analytische Labors finden.

Rita Bernhardt ist seit 1977 auf dem Gebiet der Cytochrom-P450-Forschung tätig, arbeitete viele Jahre über Arzneimittel-metabolisierende Cytochrome P450 und wandte sich ab Ende der 80er Jahre den Steroidhydroxylasen und später auch verschiedenen bakteriellen Cytochromen P450 zu. Sie war bis September 2016 Lehrstuhlleiterin für Biochemie an der Universität des Saarlandes in Saarbrücken und ist seither ebendort als Seniorprofessorin tätig.

Im Labor der Nobelpreisträgerin von 2018, Frances Arnold, verbrachte sie ein Forschungsfreisemester. Sie untersucht die Funktion von Cytochromen P450, insbesondere deren Wechselwirkung zu anderen Proteinen und die strukturelle Basis für deren hohe Hydroxylierungs-Selektivität. Außerdem interessiert sie die biotechnologische Anwendung dieser Enzyme.

Literatur

Bernhardt R (2006) Cytochromes P450 as versatile biocatalysts. *Journal of Biotechnology* 124: 128–145

Bernhardt R, Urlacher VB (2014) Cytochromes P450 as promising catalysts for biotechnological application: chances and limitations. *Appl Microbiol Biotechnol* 98: 6185–6203

Omura T (2018) Future perception in P450 research. *J Inorg Biochem* 186: 264–266

Nelson DR (2018) Cytochrome P450 diversity in the tree of life. *Biochim Biophys Acta Proteins Proteom* 1866: 141–154

Kaminsky LS, Ingelman-Sundberg M, Sim SC, Gomez A, Rodriguez-Antona C (2007) Influence of cytochrome P450 polymorphisms on drug therapies: pharmacogenetic, pharmacoepigenetic and clinical aspects. *Pharmacological Therapy* 116: 496–526

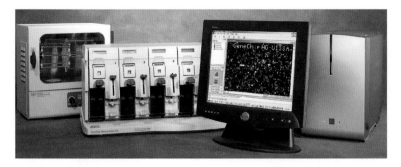

Abb. 7.35 Das GeneChip®-System von Affymetrix besteht aus einem GeneChip®-Sondenarray, Hybridisierungsofen, Fluidics-Station, Scanner und einem Computer-Arbeitsplatz.

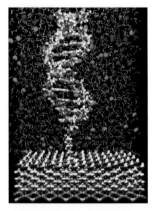

Abb. 7.36 DNA-Chip: Eine Einzelstrang-DNA hybridisiert mit einer DNA-Sonde.

Abb. 7.37 Gen-Chips (DNA-Arrays) ermöglichen die Genomanalyse aller Organismen.

Abb. 7.38 Michael Yang

„fischt" sich also eine Einzelstrang-DNA mit der folgenden Teilsequenz heraus: **5' CATGAT 3'**

Die auf den Chips angebrachten DNA-Stücke (**DNA-Sonden**) dienen so als „Köder" für das „molekulare Angeln" nach DNA-Fragmenten („*molecular fishing on chips*").

Jeder DNA-Köder kann aus einem komplexen Gemisch aus Millionen von verschiedenen DNA-Molekülen genau jenes herausfischen, das genetisch perfekt übereinstimmt (hybridisiert). Es bildet sich eine **kurze Doppelhelix**. Die gefischten DNA-Fragmente bleiben auf einem genau definierten Punkt des DNA-Chips „kleben". Wenn man die DNA vor dem Versuch mit **fluoreszierenden Farbstoffen** versieht, dann leuchten diese Punkte unter dem Laserlicht auf und können so leicht nachgewiesen werden. Das ist das **Bild von DNA-Chips**, das man normalerweise in allen Medien sieht (Abb. 7.39).

Tastet man mit einem Laserscanner den Chip ab, leuchten nur die Stellen der erfolgreichen Hybride auf. Da der Computer „weiß", welche Oligos an welcher Stelle auf dem Chip platziert waren, kann er auch sagen, welche DNA-Bruchstücke in der Probe enthalten waren.

■ 7.16 Krankheitsursachen finden und Viren diagnostizieren

Mithilfe von **Expressionsprofilen** versucht man, den einer Krankheit zugrunde liegenden Veränderungen der Aktivität von Genen des Menschen auf die Spur zu kommen. Um herauszufinden, welche Gene in gesundem bzw. krankem Gewebe aktiv sind, **isoliert man zuerst die mRNAs** aus beiden Gewebeproben. Davon fertigt man **mit Reverser Transkriptase fluoreszenzmarkierte cDNA-Kopien** an und trägt sie auf Gen-Chips auf.

Hybridisieren die markierten cDNAs mit ihren komplementären Fragmenten auf dem Chip, werden die **aktiven Gene sichtbar**.

Ein Vergleich von Expressionsprofilen fördert oft Aktivitätsunterschiede bei mehreren Hundert Genen zu Tage. Nun gilt es, die Gene zu finden, die die Krankheit tatsächlich auslösen. Zur Beurteilung der „**Kandidatengene**" als **Krankheitsauslöser** kommt eine Reihe von Methoden aus der funktionellen Genomforschung zum Einsatz. Zuerst werden Datenbanken zur Funktion der identifizierten Gene befragt. Gene, die aufgrund dieser Informationen keine Rolle bei den Störungen im Zellhaushalt spielen, scheiden hier aus.

Am Ende der Versuchsreihen stehen meist Untersuchungen weniger „Kandidatengene" in Tiermodellen. Dabei wird getestet, ob die genetischen Veränderungen beim Tier das gleiche Krankheitsbild wie beim Menschen hervorrufen. Erst dann kann die Beteiligung eines Gens an der Entstehung einer Krankheit auf molekularer Ebene als gesichert gelten.

Seit 1995 gibt es den Trend zur **globalen Analyse der Genexpression**, in der die Expressionsprofile Tausender Gene gleichzeitig verfolgt werden. Es ist möglich, das **gesamte Transkriptom zu verfolgen**, d. h. alle mRNAs der Zelle. Damit könnten sämtliche Gene identifiziert werden, die in jegliche medizinischen Prozesse involviert sind. Eines der ersten praktischen Beispiele für DNA-Chips kommt aus dem Bereich der **Aidstherapie**. **HI-Viren** sind außerordentlich wandlungsfähig (siehe Kap. 4).

Jeder der wenigen Bestandteile der Viren kann sich von einer Generation zur nächsten so stark verändern, dass Arzneimittel dagegen wirkungslos werden. Um die Erreger trotzdem unter Kontrolle zu halten, müssen Infizierte eine Kombination aus verschiedenen Medikamenten einnehmen. Dabei konnte lange Zeit nur durch Versuch und Irrtum (*trial and error*) festgestellt werden, welche Varianten des Virus bei einem Patienten vorhanden und welche Wirkstoffe daher in diesem oder jenem Fall geeignet sind.

Schon 1994 kam der **DNA-Chip von Affymetrix** auf den Markt, mit dem die verschiedenen Varianten eines bestimmten HIV-Gens bestimmt und damit Resistenzen vorausgesehen werden konnten. Ärzte sollten ihren Patienten ohne langwierige Versuchsphasen unmittelbar die richtigen Wirkstoffe gegen die jeweils vorhandenen HIV-Varianten verschreiben können. Dieser Chip hat sich allerdings in der medizinischen Praxis nicht durchgesetzt.

Heute ist die PCR die wichtigste Methode für solche molekularen Diagnosen (siehe Kapitel 6 zur PCR). Dennoch sind in den letzten Jahren zur Unterstützung der Aidstherapie weitere Chips entwickelt worden, um möglichst alle wichtigen Bereiche des Virusgenoms untersuchen zu können und den Test auch für andere Wirkstoffklassen brauchbar zu machen. Sie können in Zukunft zumindest die PCR ergänzen. Vergleichbare DNA-Chips zur Viruserkennung werden auch für andere Infektionskrankheiten entwickelt. Das **Hepatitis-C-Virus** kommt in mindestens sechs verschiedenen Formen vor; jede Virusvariante erfordert eine andere Therapie. Neben der PCR könnten sich DNA-Chips hier zur wichtigsten Methode entwickeln, um diese Virusstämme zu unterscheiden.

Eine jüngere Entwicklung ist ein Chip zur Bestimmung von **humanen Papillomviren** (**HPV**). Die insgesamt zwei Dutzend Varianten des Virus lösen sogenannte Genitalwarzen aus, die mit den bekannteren Fingerwarzen vergleichbar und in der Regel harmlos sind. Drei der Varianten des HPV können bei Frauen jedoch zu **Gebärmutterhalskrebs** führen. Eine genaue Bestimmung der Virusvarianten bei den betroffenen Frauen ist daher extrem wichtig. Bislang wird anhand eines Krebsabstrichs (**Pap-Abstrich** oder *Pap smear*) der Zustand des Gewebes am Muttermund unter dem Mikroskop betrachtet, um gegebenenfalls das veränderte Gewebe entfernen zu können. Im Extremfall betrifft es die ganze Gebärmutter.

Der Pap-Abstrich hat seinen Namen von dem griechischen Arzt und Pathologen **George Papanicolaou** (1883-1962, Abb. 7.41) bekommen. Mit dem Pap-Test wurde eine **frühe cytologische Diagnose von Gebärmutterhalskrebs** in Reihenuntersuchungen möglich. Diese Untersuchung wird noch heute beim Frauenarzt routinemäßig durchgeführt. Durch diese einfache und kostengünstige Methode ließ sich das Auftreten von Gebärmutterhalskrebs, vor allem durch Erkennen der frühen, noch nicht invasiven und leicht operativ entfernbaren Vorformen, deutlich reduzieren. Ferner verringerte sich hierdurch die Zahl unumgänglicher Totaloperationen. Mit dem HPV-Chip kann man nun direkt die im Blut einer Patientin vorhandenen Papillomviren bestimmen und damit das Krebsrisiko sicherer vorhersagen. Gefährdete Frauen können auf diese Weise gegebenenfalls ihre Familienplanung auf ihr erhöhtes Risiko ausrichten.

■ 7.17 DNA-Chips für Cytochrom P450

Aus dem Bereich der **Pharmakogenomik** stammt ein weiteres aktuelles Beispiel für eine erfolgreiche Anwendung eines der DNA-Chips. Dieses Forschungsfeld befasst sich mit den Wechselwirkungen zwischen unseren Genen und Wirkstoffen. Medikamente zeigen oft eine sehr **unterschiedliche Wirksamkeit** und haben manchmal gefährliche **Nebenwirkungen**.

Wenn man die genetischen Gründe für solche Abweichungen kennt, kann man die Therapie darauf ausrichten und möglicherweise sogar spezielle Wirkstoffe für Menschen mit bestimmten Merkmalen entwickeln. Solche Arzneien könnten dann vermutlich deutlich zielgerichteter und damit sicherer und besser wirken.

Eine wichtige Rolle für die Wirksamkeit und Verträglichkeit vieler Medikamente spielt zum Beispiel **Cytochrom P450** (siehe Box 7.9). Die Vertreter dieser Gruppe verwandter Enzyme metabolisieren wasserunlösliche Stoffe – dazu gehören auch viele Arzneimittel – und machen sie wasserlöslich (und über den Urin ausscheidbar). Weil die Funktion der Cytochrom-P450-Enzyme von Mensch zu Mensch schwanken kann, werden Wirkstoffe einmal schneller und einmal langsamer abgebaut; entsprechend unterschiedlich fällt dann ihre Wirkung aus.

Der **AmpliChip CYP450** (Abb. 7.40) ist nun ein erster DNA-Chip, der eine umfassende Analyse von zwei Genen erlaubt, welche die Arzneimittelwirksamkeit sowie die Nebenwirkungen von Medikamenten beeinflussen können. Der Firmengigant Roche hat 2004 bekannt gegeben, dass der AmpliChip-CYP450-Test das CE-Kennzeichen (Communauté Européenne; französisch für „Europäische Gemeinschaft") bekommen hat, das seinen Einsatz in der EU für diagnostische Zwecke erlaubt.

Der Test analysiert die genetischen Variationen auf den Genen Cytochrom P450 2D6 und 2C19, die bei der Verstoffwechslung vieler häufig verschriebener Medikamente eine wichtige Rolle spielen (siehe Box 7.8). Das Gen für das Cytochrom P450 des Typs **CYP2D6** codiert Enzyme, die an der Verstoffwechslung vieler Antidepressiva, Psychopharmaka, Antiarrhythmika, Schmerzmittel, Antiemetika und Betablocker beteiligt sind. Das Gen des P450-Typs **CYP2C19** codiert Enzyme, die Medikamente verschiedener

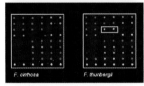

Abb. 7.39 Ein praktisches Beispiel für Genotyping: Der Gen-Chip von Michael Yang (Hong Kong City University und Genetel; Abb. 7.38) kann zur Identifizierung von chinesischen Heilkräutern (oben) benutzt werden. *Fritillaria cirrhosa* (chines. *Chuan bei mu*, Mitte) wird zur Behandlung von chronischem Husten und Tuberkulose, *F. thunbergii* gegen Brustkrebs verwendet. Der Gen-Chip (unten) zeigt ein deutliches Identifikationsmuster: Gefälschte Medizin wird sofort erkannt.

Abb. 7.40 Cytochrom-P450-Chip

Box 7.10 Expertenmeinung: Protein-Arrays: Panel-Diagnose für Herzinfarkt, Schlaganfall und Sepsis

Nach den DNA-Arrays zeigen **Protein-Arrays** zunehmend ihre Eignung in der **Krebsforschung** und **Proteomanalyse**. Sie helfen bei der Untersuchung von Protein-Protein-Interaktionen, spielen in der heutigen Grundlagenforschung eine wichtige Rolle und werden zunehmend in der klinischen Diagnostik angewendet (z. B. bei der Allergiecharakterisierung).

Nicht in allen Fällen sind bei Proteinen immer kleinere und dichtere Chips mit Mikrodots auch wirklich sinnvoll. **Makrodots** sind mit bloßem Auge sichtbar. Wir haben eine auf Protein-Makrodots basierende Plattformtechnologie entwickelt, die zwar mit geringen Spot-Intensitäten arbeitet, dafür aber für verschiedenste Bereiche der Diagnostik eindeutig interpretierbare Ergebnisse liefert, und das komfortabel und zeitsparend.

Wie funktioniert das? In jedem Testfeld – auch Spot genannt – müssen kleine Proteinmengen auf dem Trägermaterial fixiert werden. Das Spotten erfordert wegen der kleinen Testflächen mit geringem Abstand eine hohe Präzision und wird daher von speziellen Geräten durchgeführt. Wir verwenden **Mikroinjektionspumpen** zum „Drucken" (*microsyringe pump printing*) der Proteine in Kavitäten (*wells*) von Mikrotiterplatten. Die Böden der Vertiefungen sind dabei mit Nitrocellulose bedeckt und zur Filtration geeignet. Zunächst werden Fänger-Antikörper aufgedruckt. Je nach Applikation befinden sich zwei bis 25 Spots in einer Kavität. Es wird dabei mit Spotdurchmessern von 0,2–1 mm gearbeitet (siehe Abbildungen).

Anschließend werden die Platten eine Stunde mit anderen Proteinen gegen unspezifische Bindungen „geblockt" und über Nacht getrocknet. Sie sind danach bis zu 18 Monate einsatzbereit. Für Assays mit kolloidalem Gold zum „Sichtbarmachen" wird die jeweilige Probe 15 bis 30 Minuten mit den goldmarkierten **Detektor-Antikörpern** vorinkubiert und anschließend auf die Platte aufgetragen. Auf der Platte lässt man die Immunpartner zwischen zehn und 30 Minuten binden.

Danach schließt sich ein Waschschritt an (bis zu dreimal). Dabei wird der zugesetzte Waschpuffer mittels Vakuum über den Boden

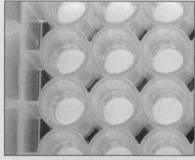
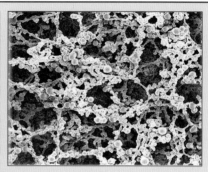
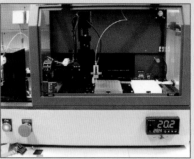
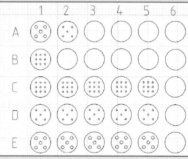

Oben: Membranbeschichtete Mikrotiterplatten (links) und elektronenmikroskopische Aufnahme der verwendeten Nitrocellulosemembranen (rechts)
Darunter: Kontaktfreies Mikrodispensiersystem zum Aufbringen der Spots (links) und verschiedene Spotmuster und -größen (rechts)

der Kavität abgesaugt. Die Ergebnisse kann man direkt mit dem bloßen Auge ablesen.

Quantifizieren kann man die Daten problemlos mit etablierten Lesegeräten (z. B. dem Alpha-Imager von AlphaInnotech, USA).

Ein großer Vorteil dieser **Plattformtechnologie** ist, **verschiedenartige Detektionssysteme** einzusetzen. So kann der Detektor-Antikörper für Analyt A beispielsweise mit **kolloidalem Gold** markiert sein, während das Vorhandensein von Analyt B enzymatisch mittels **Peroxidase** und entsprechenden präzipitierenden Substraten nachgewiesen wird.

Im Prinzip kann jeder **Analyt** eines Panels mit einer unterschiedlichen Farbe nachgewiesen werden. Das ist natürlich nur bis zu einer endlichen Zahl von Analyten sinnvoll. Unser System zielt auf Panels mit vier bis acht Analyten für die Diagnose von Herzrisiko, Krebs, Entzündungen und Sepsis. Bei dieser Anzahl von Analyten pro Kavität kann jedes gesuchte Molekül andersfarbig detektiert werden, und das Testsystem ist dennoch wirtschaftlich.

Wie ist die **Testdurchführung** bei diesen Systemen? Die Probe wird zunächst zehn bis 20 Minuten mit den unterschiedlich markierten – z. B. mit kolloidalem Gold, Meerrettich-Peroxidase (HRP, *horseradish peroxidase*) oder alkalischer Phosphatase –

Detektor-Antikörpern vorinkubiert und anschließend für 20 Minuten auf die Platte aufgebracht. Nach einem Waschschritt ist das Goldsignal sofort sichtbar. Die Generierung der Enzymsignale erfolgt dagegen durch Zugabe entsprechender präzipitierender Substrate. Diese erzeugen neben dem rot-violetten Signal des kolloidalen Goldes unterschiedlich gefärbte Spots (siehe Abbildung oben).

Basierend auf dieser Plattformtechnologie laufen bereits Panels zur akuten **Herzinfarktdiagnostik** und zur Herzinfarkt-Risikoprognose. Die Abbildung (Seite 231) zeigt ein Panel zur Diagnostik von Herzinfarkten. Dabei wird mit den frühen Infarktmarkern **Myoglobin** und

So werden Proteine aufgedruckt: Druckerkopf

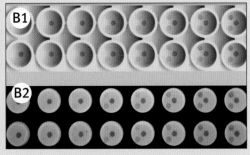

Imagesystem zur Quantifizierung der Spots (AlphaInnotech, USA) (A), Spotintensitäten eines Detektionssystems (B1) und das dazugehörige Graustufenbild des Imagesystems (B2) zur Quantifizierung

Dot-Muster

2F12 (FABP) ——— 4E2 (Myo)

Kontrolle (Gt-α-M)

FABP ng/mL

| 5,68 | 6,6 | 10,42 | 28,63 | 43,56 | 88,21 |

| 25,01 | 56,69 | 102,8 | 551,9 | 957,5 | 1923 |

Myoglobin ng/mL

Detektionssystem aus kolloidalem Gold und Peroxidase

mafaktoren, Krebsmarker, Allergie- charakterisierung, aber auch für Untersuchungen z. B. zum Drogenmissbrauch ist das System prädestiniert.

Durch den simultanen Nachweis verschiedener Marker ergibt sich eine **immense Zeitersparnis und damit Kostenreduzierung**. Das *low-density*-System generiert eindeutig interpretierbare Signale. Sie können zu einer Ja/Nein-Entscheidung ohne gerätetechnischen Aufwand herangezogen werden oder sind durch gängige Lesegerätesysteme auch quantifizierbar.

Das System ist „einfach und genial" und für viele diagnostische Applikationen sehr interessant, technisch sofort umsetzbar, und es liefert Ergebnisse, die vom Anwender auch verstanden werden. Das vorgestellte System verletzt keines der umfangreichen Patente auf dem extrem „zupatentierten" Biochip-Sektor (EOS Biotechnology US 6,057,100; Oxford Gene Technologies US 6,054,270; Affymetrix US 6,040,138).

Aha, man kann es also auch einfach nachahmen? Mitnichten, wir haben natürlich ein eigenes Patent darauf angemeldet!

Dr. Matthias Lehmann ist stellvertretender Geschäftsführer und Leiter F&E der 8sens.biognostic GmbH, Berlin-Buch.

FABP (**Fettsäure-Bindungsprotein**) gearbeitet. FABP ist der spezifischere Marker. Das Panel ist so konzipiert, dass jeder Marker in einer Doppelbestimmung detektiert wird und sich zentral ein Punkt für die Kontrollreaktion befindet.

Der Detektor-Antikörper für Myoglobin ist mit kolloidalem Gold markiert, der entsprechende FABP-Detektor mit dem Enzym Peroxidase. Für die Abbildung wurden Seren von Patienten verwendet, die mit Verdacht auf Herzinfarkt in Kliniken eingewiesen wurden.

Die dargestellten Konzentrationen der Marker wurden parallel vom klinischen Labor ermittelt.

Diese Seren wurden, wie oben für heterologe Systeme beschrieben, zunächst parallel mit den beiden Detektionssystemen inkubiert. Nach einem Waschschritt, der das ungebundene Material entfernt, kann das Goldsignal sofort detektiert werden; zur Generierung des

HRP-Signals wird ein flüssiges farbloses Substrat zugegeben, das von dem Enzym sehr schnell in einen blauen Niederschlag (Präzipitat) umgewandelt wird. Für den beschriebenen Assay werden vom ersten bis zum letzten Schritt 40 Minuten benötigt, um die in der Abbildung beispielhaft dargestellten Ergebnisse zu erzielen.

Das beschriebene **Verfahren kann flexibel umgesetzt werden**: 96-*well*-Assay-Formate sind genauso realisierbar wie 8-*well*- oder 16-*well-strip*-Systeme. Das ermöglicht dieser Plattformtechnologie ein sehr breites Einsatzgebiet in der Diagnostik.

Verschiedenste Krankheitsbilder, zu deren eindeutiger Charakterisierung mehrere spezifische Marker detektiert und gegebenenfalls quantifiziert werden müssen, sind potenzielle Anwendungsgebiete: Herz-Kreislauf-Erkrankungen, virale/bakterielle Infektionen, Rheu-

Abb. 7.41 George Papanicolaou (1883–1962), Entwickler des Pap-Abstrichs

Wirkstoffklassen metabolisieren, unter anderem Antikonvulsiva, Protonenpumpenhemmer, Antikoagulanzien, Benzodiazepine und Malariamittel.

Der Test definiert dann entsprechend den Phänotyp (langsamer, mittlerer, schneller oder ultraschneller Metabolisierer). Die Testergebnisse können dem Arzt bei der Medikamentenwahl und der Festsetzung der individuellen Dosis von Arzneimitteln helfen. Werden Menschen mit einem langsamen Metabolismus (**langsame Metabolisierer**) mit Medikamenten behandelt, die eine „normale" Enzymaktivität voraussetzen, besteht ein erhöhtes Risiko, dass die Medikamentenkonzentration im Blut zu hoch ist oder zu lange andauert (zu starke oder zu lange therapeutische Wirkung) und Nebenwirkungen entstehen. Bei Menschen mit einem sehr schnellen Metabolismus (**ultraschnelle Metabolisierer**) hingegen kann es sein, dass mit einer Standarddosierung keine genügend hohen Wirkstoffspiegel im Blut erreicht werden.

Im Falle einer so genannten **Prodrug** (einer Vorstufe eines Medikaments, das erst durch Enzymwirkung im Körper in den aktiven Wirkstoff umgewandelt wird) geschieht gerade das Gegenteil. Außerdem können gleichzeitig eingenommene Medikamente und andere Umwelteinflüsse wie die Ernährung die Enzymwirkung von Cytochrom P450 hemmen oder unterstützen.

Um den **Phänotyp** eines Patienten zuverlässig bestimmen zu können, ist der AmpliChip-CYP450-Test nicht nur in der Lage, Duplikationen (Verdoppelungen) des CYP2D6-Gens zu erkennen, sondern kann auch bestimmen, welche Variation des Gens (welches Allel) dupliziert worden ist. Diese Spezifität ist für die korrekte Bestimmung des Phänotyps und das Vermeiden einer Fehlklassifikation der getesteten Patienten sehr wichtig.

■ 7.18 DNA-Chips für Grüne Gentechnik, Ökologie und Forensik

Ist das eine normale Tomate oder eine „teuflische Gentomate"? Auch im Verbraucherschutz könnten DNA-Chips in Zukunft eingesetzt werden. In den meisten Industrieländern steht ein Teil der Bevölkerung der Gentechnologie skeptisch gegenüber. **Interessanterweise akzeptieren die gleichen Menschen Gentechnik,**

wenn sie ihr Leben bei Diabetes und Krebs rettet. Das Buch *Biotechnologie für Einsteiger* (Springer Spektrum, Heidelberg) gibt Interessenten dazu ausführliche Informationen.

Diese Skepsis wird vielfach mit gesetzlichen Regelungen wie Kennzeichnungspflichten beschwichtigt. Weil entsprechende Lebensmittel aus **gentechnisch veränderten Organismen (GVO-Lebensmittel)** aber in aller Regel äußerlich nicht von konventionellen Produkten zu unterscheiden sind, ermöglicht oft erst eine Untersuchung des pflanzlichen Erbguts die Überwachung dieser Bestimmungen. Für derartige Tests sind DNA-Chips sehr gut geeignet.

Ein anderes Beispiel: Vielfach ist es nötig, relativ **eng verwandte Tierarten in einem Gewässer zu unterscheiden,** um den Zustand des betreffenden Ökosystems zu bestimmen – z. B. zeigt oft die eine Art eine saubere, die andere eine belastete Umwelt an. Das erfordert bislang häufig eine aufwendige Kleinarbeit mit Lupe oder Mikroskop, wobei manche Tiere äußerlich kaum zu unterscheiden sind. DNA-Chips können solche Bestimmungen schneller, einfacher und vor allem sicherer machen. Diese Eigenschaften erschließen den Chips generell Einsatzgebiete überall dort, wo es in der Biologie eng verwandte Arten zu untersuchen gilt: Dazu gehört die Ökologie ebenso wie Systematik, Anthropologie und Evolutionsforschung.

Eine bedeutende Rolle können DNA-Chips in Zukunft auch in der **Gerichtsmedizin** spielen. Im Vordergrund steht, die individuellen Unterschiede in unserem Genom mit ihrer Hilfe zu erkennen und damit Personen zu identifizieren. Das kann bei der Erkennung von Opfern notwendig sein. Schon heute spielen **Gentests bei der Fahndung nach Schwerverbrechern** eine zentrale Rolle. Manche Länder, wie etwa die Niederlande, erlauben ihrer Polizei zudem, aus dem genetischen Profil gesuchter Personen Rückschlüsse auf deren Äußeres zu ziehen.

Das gilt vor allem für das Geschlecht, aber aufgrund der Entdeckung weiterer Gene sind auch Haar- und Augenfarbe sowie ethnische Abstammung auf diesem Wege erkennbar. Für solche Untersuchungen finden in der **Forensik** heute noch fast ausschließlich PCR-Methoden Anwendung. DNA-Chips können für viele dieser Aufgaben eine sinnvolle Ergänzung sein und sie in Zukunft vielleicht sogar schneller und einfacher komplett übernehmen. Wie beim **DNA-Fingerprinting** (siehe Kap. 6) ist hier aber mit dem

Box 7.11 Expertenmeinung: Proteinanalytik

Um das Zusammenspiel verschiedener Einzelverfahren zu ermöglichen, muss ein Wissenschaftler heute die Einsatzgebiete, Möglichkeiten und Grenzen der verschiedenen Techniken im Grundsatz kennen und erlernen.

Proteinanalytik

Proteine als Träger der biologischen Funktion müssen normalerweise aus einer großen Menge Ausgangsmaterial von einer Unzahl anderer Proteine abgetrennt und isoliert werden. Dabei kommt einer Strategieplanung, die eine gute Ausbeute bei gleichzeitigem Erhalt der biologischen Aktivität anstrebt, eine enorme Bedeutung zu. Die **Reinigung** des Proteins selbst ist auch heute noch eine der größten Herausforderungen der Bioanalytik, sie ist oft zeitraubend und verlangt vom Experimentator fundierte Kenntnisse über die Trennmethoden und Eigenschaften von Proteinen. Die Proteinreinigung wird begleitet von spektroskopischen, immunologischen und enzymologischen Untersuchungen, mit denen Proteine in einer großen Anzahl sehr ähnlicher Substanzen identifiziert und in ihrer Menge erfasst werden. Damit kann die Aufreinigung über verschiedene Schritte verfolgt und beurteilt werden. Gründliche Kenntnisse der klassischen Proteinbestimmungsmethoden und enzymatischer Aktivitätstests sind dabei unerlässlich, da diese Methoden oft von den spezifischen Eigenschaften des zu messenden Proteins abhängig sind und durch kontaminierende Substanzen erheblich beeinflusst werden können.

Ist ein Protein isoliert, versucht man im nächsten Schritt möglichst viel Information über die Reihenfolge seiner Aminosäurebausteine, die **Primärstruktur**, zu erhalten.

Dazu wird das isolierte Protein direkt mit Sequenzanalyse, Aminosäureanalyse und Massenspektrometrie untersucht. Oft kann schon auf dieser Ebene die Identität des Proteins durch **Datenbankvergleiche** geklärt werden. Wenn das Protein unbekannt ist oder es genauer analysiert werden muss, zum Beispiel zur Bestimmung von posttranslationalen Modifikationen, wird es enzymatisch oder chemisch in kleine Fragmente zerlegt.

Diese Fragmente werden meist chromatografisch getrennt und einige davon vollständig analysiert. Die Bestimmung der Gesamtsequenz eines Proteins mit proteinchemischen Methoden allein ist schwierig, langwierig und teuer und wird heute eigentlich nur bei therapeutisch eingesetzten, rekombinant hergestellten Proteinen zur genauen Qualitätskontrolle durchgeführt. Für andere Fälle reichen meist einige wenige, relativ leicht zugängliche Teilsequenzen aus. Man nutzt diese Teilsequenzen zur Herstellung von **Oligonucleotidsonden** oder von **synthetischen Peptiden**, mit deren Hilfe monospezifische Antikörper generiert werden können. Oligonucleotidsonden werden zur Isolierung des entsprechenden Gens eingesetzt und führen letztendlich über die DNA-Analyse, die um Größenordnungen schneller und einfacher als eine Proteinsequenzanalyse ist, zur **DNA-Sequenz**. Diese wird in die vollständige Aminosäuresequenz des Proteins übersetzt.

Allerdings werden bei diesem Umweg über die DNA-Sequenz **posttranslationale Modifikationen** nicht erfasst. Da sie aber die Eigenschaften und Funktionen von Proteinen entscheidend mitbestimmen, müssen sie im Nachhinein mit allen zur Verfügung stehenden hoch auflösenden Techniken am gereinigten Protein analysiert werden.

Diese Modifikationen können – wie im Fall von Gykosylierungen – sehr komplex sein, und ihre Strukturaufklärung ist sehr anspruchsvoll.

Wenn man die Primärstruktur eines Proteins kennt, seine posttranslationalen Modifikationen bestimmt hat und gewisse Aussagen über seine Faltung (**Sekundärstruktur**) machen kann, so wird man doch den Mechanismus seiner biologischen Funktion auf molekularer Ebene nur in den seltensten Fällen verstehen. Um dies zu erreichen, ist die hoch aufgelöste Raumstruktur durch Röntgenstrukturanalyse, NMR oder Elektronenmikroskopie eine Voraussetzung.

Auch die Analyse von verschiedenen Komplexen (z. B. zwischen Enzym und Inhibitor) kann detaillierten Einblick in molekulare Mechanismen der Proteinwirkung geben. Wegen des hohen Materialbedarfs erfolgen diese Untersuchungen im Allgemeinen über den Umweg der Überexpression von rekombinanten Genen.

Wenn die gesamte Primärstruktur, die posttranslationalen Modifikationen und eventuell sogar die Raumstruktur aufgeklärt sind, bleibt oft die Funktion eines Proteins doch noch im Dunkeln. Die **Funktionsanalytik**, ein ganz junger Bereich der Bioanalytik, steht heute im Mittelpunkt des Forschungsinteresses.

So versucht man seit einigen Jahren, beginnend mit einer intensiven Datenanalyse, über die Messung von Molekülinteraktionen bis hin zu neuen Strategien zur Beantwortung von biologischen Fragen, von den Strukturen auf die funktionellen Eigenschaften der untersuchten Substanzen zu schließen.

Molekularbiologie

In ihrer gesamten Entwicklung haben sich Methoden der Biochemie und der Molekularbiologie stets gegenseitig befruchtet und ergänzt.

War am Anfang die **Molekularbiologie** vor allem mit Klonierung gleichzusetzen, so ist sie schon seit geraumer Zeit eine selbstständige Wissenschaft mit eigenen Zielen, Methoden und Ergebnissen. Bei allen molekularbiologischen Ansätzen, sei es in der Grundlagenforschung oder in diagnostisch-therapeutischen und industriellen Anwendungen, kommt der Experimentator mit **Nucleinsäuren** in Kontakt.

Natürlich vorkommende Nucleinsäuren weisen eine Vielfalt von Formen auf, das heißt sie können doppel- oder einzelsträngig, zirkulär oder linear, hoch molekular oder kurz und kompakt, eher „nackt" oder mit Proteinen assoziiert sein. Je nach Organismus, Form der Nucleinsäure und Zielsetzung der Analyse wird eine passende Methode zu ihrer Isolierung gewählt, gefolgt von Analysemethoden zur Überprüfung ihrer Intaktheit, Reinheit, Form und Länge. Die Kenntnis dieser Eigenschaften ist eine Voraussetzung für jeden anschließenden Gebrauch und die Analyse von DNA und RNA.

Eine erste Näherung an die Analyse der DNA-Struktur erfolgt durch die **Restriktionsendonuclease-Spaltungen**. Erst dieses Werkzeug ermöglichte die Geburt der Molekularbiologie vor etwa 40 Jahren. Die Restriktionsendonuclease-Spaltung ist auch die Voraussetzung für die **Klonierung**, also die Amplifikation und Isolierung von individuellen und einheitlichen DNA-Fragmenten. Ihr schließen sich eine Vielzahl biochemischer Analysemethoden an, allen voran die **DNA-Sequenzierung** und diverse **Hybridisierungstechniken**, mit denen aus einer großen, heterogenen Menge verschiedener Nucleinsäurenmoleküle ein spezielles identifiziert, lokalisiert bzw. quantifiziert werden kann.

Die etwa 20 Jahre alte, in der Tat nobelpreiswürdige **Polymerase-Kettenreaktion** (**PCR**) hat die Möglichkeiten der Analyse von

Fortsetzung Seite 234

Nucleinsäuren revolutioniert – mit einem Prinzip, das gleichermaßen genial wie einfach ist. Kleinste Mengen von DNA und RNA können mit ihr detektiert, quantifiziert und ohne Klonierung amplifiziert werden. Der Fantasie des Forschers scheinen bei den PCR-Anwendungen fast keine Grenzen gesetzt. Wegen ihrer hohen Sensitivität birgt sie jedoch auch Fehlerquellen in sich, was vom Anwender besondere Vorsicht erfordert.

Die PCR fand natürlich auch Einzug in die Sequenzierung von Nucleinsäuren, eine der klassischen Domänen der Molekularbiologie. Die **Nucleinsäuresequenzierung** war die Grundlage für das höchst anspruchsvolle, internationale **Humangenomprojekt**. Auch andere Modellorganismen wurden in diesem Rahmen durchsequenziert.

Viele vergleichen das Humangenomprojekt mit dem bemannten Flug zum Mond (allerdings erfordert es keine ähnlich hohen Geldsummen – das Budget betrug durchschnittlich „nur" 200 Millionen US-Dollar jährlich für zehn Jahre). Wie ähnlich hoch gesteckte Ziele hat es zu wesentlichen technischen Innovationen geführt. Die innerhalb des Humangenomprojekts entwickelten Methoden gewinnen großen Einfluss auch auf biotechnologienahe Industriezweige, zum Beispiel Medizin, Landwirtschaft oder Umweltschutz.

Eine mit den Zielen des Humangenomprojekts verflochtene Analysemethode ist die **Kartierung von spezifischen Chromosomenregionen**, die durch genetische Kopplungsanalyse, Cytogenetik und andere physikalische Verfahren vorgenommen wird. Kartiert werden **Gene** (also „Funktionseinheiten") oder auch **DNA-Loci**, von denen man buchstäblich nur weiß, dass es sie als Sequenzeinheiten gibt. Dabei hat sich eine neue Herangehensweise ausgebildet, das *positional cloning*, das früher als *reverse Genetik* bezeichnet wurde. Dieses zur traditionellen Genetik „umgedrehte" Vorgehen (zuerst Gen, dann Funktion = **Phänotyp**) hat schon in einigen Fällen seine Nützlichkeit erwiesen.

Wie schon erwähnt, sind die Analyse der DNA und die exakte Basenzusammensetzung für die individualisierte Medizin zukünftig von großer Bedeutung. Zur Analyse der Unterschiede einzelner Individuen dienen die sogenannten *single nucleotide polymorphisms* (**SNPs**), die ein internationales Konsortium, das TSC, *The Snip Consortium*, zusammenstellt. Derzeit sind nahezu zwei Millionen solcher Einzelbasenaustausche bekannt. Eine andere internationale Aktivität ist das *HapMap Consortium*, in dem Japan, Großbritannien, Kanada, China, Nigeria und die USA zusammen- arbeiten. Der Begriff *HapMap* steht für *mapping the haplotype*. Ein **Haplotyp** ist ein Satz assoziierter SNPs in einem Teil eines Chromosoms. Es werden etwa zehn Millionen Einzelbasenpolymorphismen erwartet, wobei einige seltenere noch mit einer Frequenz von mindestens 1 % vorkommen.

Die bekanntesten Krankheiten wie Diabetes, Krebs, Herzinfarkt, Depression und Stoffwechselkrankheiten werden von vielen Genen und Umweltfaktoren beeinflusst. Wenn auch zwei nicht verwandte Menschen etwa 99,9 % identische Gensequenzen tragen, so sind die verbleibenden 0,1 % von entscheidender Bedeutung für den Erfolg einer Therapie.

Diese Unterschiede in den Gensequenzen zu finden, die für die Risiken verantwortlich sind, bietet eine große Chance zum Verständnis komplexer Krankheitsursachen und -abläufe. Interessant wird es sein festzustellen, welche Basenaustausche in welchen Positionen dazu beitragen, dass ein Individuum ein Medikament verträgt und dass dieses Medikament auch die gewünschte Wirkung zeigt. Gerade dieser Zusammenhang zwischen der Sequenz einerseits und der Wirkung oder Funktion andererseits stellt derzeit im Mittelpunkt der **funktionellen Gendiagnostik**. Als sehr potente Hilfsmittel haben sich hierbei die **Array-Diagnostik** und die Analyse durch siRNA gezeigt. Während Erstere auf speziellen Anordnungen die Anwesenheit der mRNA durch Hybridisierung feststellt, kann Letztere den Zusammenhang zwischen RNA und Protein herstellen. So haben und werden sich arraybasierte Methoden zur Genotypisierung der Genome bewähren.

Als Ergebnis liegt eine hoch auflösende Karte des menschlichen Genoms vor. **siRNAs** sind kleine doppelsträngige RNAs (20 - 27mere), die komplementäre mRNA erkennen und ausschalten können. Da es nur 20 000 bis 25 000 Gene beim Menschen gibt, ist die siRNA-Analyse im Hochdurchsatz möglich, und alle Gene eines Organismus können so analysiert werden.

Als Beispiel sind alle Gene des Fadenwurmes *Caenorhabditis elegans* durch RNAi inhibiert worden; so gelangte man zu der ersten nahezu vollständigen **funktionellen Genkartierung**. Die Analyse der linearen Struktur der DNA wird durch die Bestimmung der **DNA-Modifikationen** abgerundet, allen voran die **Basenmethylierung**. Sie beeinflussen die Struktur der DNA und ihre Assoziation mit Proteinen und wirken sich auf eine Vielzahl biologischer Prozesse aus. Besonders wichtig ist die Basenmethylierung für die Aktivität der Gene.

So kann der Mensch bei seiner vergleichbar kleinen Zahl an Genen durch Methylierung der Base Cytosin eine transkriptionelle Regulation durchführen. Dieses als **Epigenetik** bekannte Phänomen ist für die differenzielle Expression der Gene in unterschiedlichen Zellen verantwortlich. Da die spezifischen Modifikationen der genomischen DNA bei Klonierungen oder PCR-Amplifikationen verloren gehen, muss für ihre Detektion zuerst direkt mit genomischer DNA gearbeitet werden; das erfordert Methoden mit hoher Sensitivität und Auflösung.

Bioinformatik

Auch bevor das Humangenomprojekt und andere Sequenzierungsprojekte eine Unzahl an Daten produziert hatten, war in den letzten 15 Jahren die Tendenz von *wet labs* zu *net labs* zu verzeichnen; das heißt die Aktivität einiger Forscher verlagerte sich zunehmend mehr von dem Labortisch hin zu computerrelevanten Tätigkeiten.

Anfangs beschränkten sich diese auf simple **Homologievergleiche** von Nucleinsäuren oder Proteinen, um Verwandtschaften zu ergründen oder Hinweise auf die Funktion von unbekannten Genen zu erhalten. Hinzu kommen heute mathematisch fundierte Simulationskonzepte, Mustererkennungs- und Suchstrategien nach strukturellen und funktionellen Elementen und Algorithmen zur Gewichtung und Bewertung der Daten.

Datenbanken, mit denen der Molekularbiologe heute Bekanntschaft macht, enthalten nicht nur Sequenzen, sondern auch dreidimensionale Strukturen. Bemerkenswert und erfreulich ist, dass man über das Internet freien und manchmal interaktiven Zugang zu dieser Unmenge von Daten und deren Verarbeitung hat. Diese vernetzte Informationsstruktur und deren Bewältigung ist die Grundlage der heutigen **Bioinformatik**.

Funktionsanalyse

Mit der Bioinformatik haben wir bereits ein Thema aufgegriffen, das die **systematische Funktionsanalytik** eröffnet. Hierher gehören auch die Untersuchungen der Wechselwirkungen von Proteinen untereinander oder mit Nucleinsäuren. **Protein-DNA-Wechselwirkungen** haben die Forscher schon früh in der

Geschichte der Molekularbiologie beschäftigt, nachdem klar wurde, dass die genetischen *trans*-Faktoren meist DNA-bindende Proteine sind. Die Bindungsstelle kann mit sogenannten *footprint*-Methoden sehr genau charakterisiert werden. *In-vivo-footprints* erlauben zudem, den Besetzungszustand eines genetischen *cis*-Elements mit einem definierten Vorgang – zum Beispiel aktiver Transkription oder Replikation – zu korrelieren. Das kann Aufschlüsse über den Mechanismus der Aktivierung und auch über die Proteinfunktion in der Zelle geben.

Wechselwirkungen zwischen Biomakromolekülen können auch durch biochemische und immunologische Verfahren aufgespürt werden, wie Affinitätschromatografie oder Quervernetzungsmethoden, Affinitätsblots (*far-Western*), Immunpräzipitation und der Analyse mittels Ultrazentrifugation.

Bei diesen Verfahren muss in der Regel ein unbekannter Partner, der mit einem gegebenen Protein wechselwirkt, anschließend proteinchemisch identifiziert werden. Bei gentechnischen Verfahren ist dies leichter, weil der wechselwirkende Partner erst von einer cDNA exprimiert werden muss, die selbst schon kloniert vorliegt. Ein zu diesem Zweck entwickeltes – intelligentes – genetisches Verfahren ist die *two-hybrid*-Technik, mit der auch Wechselwirkungen zwischen Proteinen und RNA untersucht werden können. Es darf bei allen diesen Möglichkeiten jedoch nicht vergessen werden, dass die physiologische Signifikanz der einmal gefundenen Wechselwirkungen von Molekülen miteinander, so plausibel sie auch erscheinen mögen, gesondert gezeigt werden muss.

Protein-DNA-, Protein-RNA- und Protein-Protein-Wechselwirkungen setzen in der Zelle eine Reihe von Prozessen in Gang, zum Beispiel die Expression bestimmter – und nicht aller – Gene. Die Aktivität von Genen, die nur in ganz bestimmten Zelltypen oder unter ganz bestimmten Bedingungen exprimiert werden, kann mit einer Reihe von Methoden erfasst werden, so mit der Methode des **Differential Display**, die einem 1:1-Vergleich exprimierter RNA-Spezies gleichkommt. Nachdem man Gene fand, die einer **differenziellen Expression** unterliegen, können die *cis*- und *trans*-Elemente – mit anderen Worten, die Promotor- bzw. Enhancer-Elemente und die notwendigen Transaktivatorproteine – bestimmt werden, die diese **Regulation** bewirken. Dazu werden funktionelle *in-vitro*- und *in-vivo*-Tests ausgeführt.

Liefern alle diese Analysen einen soliden Einblick in die spezifische Expression eines Gens und seine Regulation, so bleibt die eigentliche Funktion des Gens – mit anderen Worten sein **Phänotyp** – unbekannt. Dies ist eine konsequente Folge der Ära der reversen Genetik, in der es vergleichsweise leicht geworden ist, DNA zu sequenzieren und „offene Leserahmen" festzustellen. Einen offenen Leserahmen bzw. eine Transkriptionseinheit mit einem Phänotyp zu korrelieren ist schwieriger. Dazu bedarf es einer **Expressionsstörung** des interessierenden Gens.

Diese Genstörung kann von außen zum Beispiel durch Genmodifikation eingeführt werden, also durch Mutagenisierung der interessierenden Region. Vor etwa 15 Jahren war eine **ortsspezifische Mutagenese** nicht oder nur durch die Anwendung genetischer Rekombinationskunstgriffe *in vivo* und nur bei Mikroorganismen möglich. Verschiedene Techniken sind heute so weit optimiert worden, dass es möglich ist, *in vitro* veränderte Gene auch in höhere Zellen oder Organismen einzuführen und das endogene Gen zu ersetzen.

Eine Störung des Gens bzw. der Genfunktion kann aber auch durch andere Methoden erbracht werden: Hierbei haben sich im Laufe des letzten Jahrzehnts die Methoden der **Translationsregulation** besonders bewährt.

Während zunächst die *antisense*- bzw. **Antigentechnik**, bei der zu bestimmten Regionen komplementäre Oligonucleotide in die Zelle eingeführt werden und die Expression des Gens inhibieren, im Vordergrund standen, hat seit 1998 die **RNAi** oder **RNA-Inhibierung** eine gewaltigen Siegeszug eingeläutet. Durch die geeignete Wahl der komplementären RNA kann jede beliebige mRNA ausgeschaltet werden. Hierbei ist es wichtig festzuhalten, dass es sich nicht um einen *Knock-out*, sondern um einen *Knock-down* handelt. Somit können entscheidende Gene herunterreguliert werden, ohne den Organismus zu töten.

Statt des Herunterregulierens kann durch eine Überexpression die Menge des Genprodukts erhöht werden. Dies hat besonders in der Landwirtschaft durch transgene Pflanzen und Tiere seine Bedeutung für die Produktion. Die letztgenannten Methoden – Genmodifikation, *antisense*- und RNAi-Technik und Überexpression – haben reichlich Eingang in Medizin und Landwirtschaft gefunden. Die Gründe sind vielfältig und liegen auf der Hand. Zum einen sind sie wirtschaftlich begründet: Mit

transgenen Tieren oder Pflanzen lassen sich landwirtschaftliche Erträge steigern.

Expressionsklonierung im klinischen Bereich kann neue Möglichkeiten zur Bekämpfung von malignen Zellen eröffnen, die ohne die Expression von bestimmten Oberflächenantigenen nicht vom körpereigenen Immunsystem erkannt werden. Mit der *antisense*- und RNAi-Technik wird außerdem versucht, die Aktivierung von unerwünschten Genen, zum Beispiel von Onkogenen, zu unterdrücken. Da jedoch ein Organismus ein unendlich komplexeres System darstellt als ein kontrollierter *in-vitro*-Ansatz oder eine einzelne Zelle, kommt es nicht immer zum erwünschten Effekt.

Es sei an dieser Stelle beispielhaft daran erinnert, dass einige Erfolge in der Therapie durch diese Technik nichts mit Nucleinsäurehybridisierung *in vivo* zu tun hatten, sondern – wie man später erkannte – eher mit einer lokalen, unspezifischen Aktivierung des Immunsystems aufgrund fehlender Methylgruppen an den CpG-Dinucleotiden der verwendeten Oligonucleotide oder anderen proteinvermittelten Effekten.

Solche Vorkommnisse und andere, möglicherweise weniger harmlose Komplikationen vergrößern in unseren Augen die ohnehin gegebene Pflicht des Forschers wie auch des Anwenders, bei ihrer Arbeit sehr genau auf das zu achten, was geschieht und was geschehen kann. Eine gute Kenntnis der zur Verfügung stehenden Analysemethoden und der Interpretation der biologischen Zusammenhänge ist *eine* der Voraussetzungen dazu.

Dr. Friedrich Lottspeich,
Max-Planck-Institut
für Biochemie, Martinsried

Prof. Joachim W. Engels,
Johann-Wolfgang-Goethe-Universität
Frankfurt

Literatur
Bernhardt R (2005) *Cytochrome P450.*
Encyclopedia of Biologica Chemistry, Volume 1,
544-549
Lottspeich F, Engels JW (Hrsg.) (2006)
Bioanalytik, 2. Auflage. Spektrum Akademischer
Verlag, Heidelberg

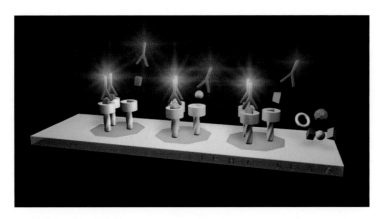

Abb. 7.42 Die Vision eines
Protein-Chips

Abb. 7.42 Die Vision eines
Protein-Chips

Abb. 7.43 Hubert Rehm

mündigen Bürger zu diskutieren und einer „Polizeistaatmentalität" demokratisch entgegenzuwirken. Ihre Fähigkeit, die verschiedensten Varianten etlicher Gene gleichzeitig zu bestimmen, dürfte DNA-Chips zu einem bedeutenden Instrument für die Erforschung, Diagnose und Therapie von **Krebs** werden lassen. Erste Produkte in diesem Bereich werden bereits erfolgreich eingesetzt, und eine ganze Reihe weiterer Chips durchläuft derzeit die Entwicklungsphasen.

■ 7.19 Protein-Chips

Protein-Chips bzw. **Protein-Arrays** werden ähnlich wie DNA-Arrays fabriziert (Abb. 7.42). Die Arrays enthalten spezielle Capture-(Fänger) Agenzien, z. B. Antikörper. Sie können über Fluoreszenzmarker ausgelesen werden. Protein-Chips sind aber längst noch nicht auf der Höhe der DNA-Chips, bei denen es Chips mit 100 000 und mehr Spots gibt, die das Vorhandensein und die relative Menge der RNA im Zellextrakt zeigen. Der Proteinbiochemiker **Hubert Rehm** (geb. 1951, Abb. 7.43), früher Redakteur des beliebten *Laborjournals* aus Freiburg, kommentiert: »Auch der Proteinbiochemiker hätte gern ein solches Spielzeug, im Idealfall einen Chip, über den er bloß Zellextrakt geben muss, und der ihm eine halbe Stunde später Zahl, Art, Modifikation und Konzentration jedes Proteins in der Soße sagt.

Ganz Verwegene fordern sogar Chips, die zusätzlich die Konzentration der Metaboliten wie Glucose, Lactat etc. und die der Oligo- und Polysaccharide bestimmen. [...] Man bräuchte für Protein-Chips dann allerdings einige Hunderttausend verschiedene monoklonale Antikörper ...«

Fazit: eigentlich nicht machbar!

Das Gebiet der Protein-Arrays wird dennoch immer größer und in der Zukunft mit zuneh-

mender Proteomforschung wichtiger. Noch sind zurzeit die verschiedenen Methoden gut zu überblicken. Die **Mikro-Western-Methode** dient zum Nachweis von Antigenen in lysierten Zellansätzen oder Geweben die (ähnlich dem Western Blot) durch isoelektrische Fokussierung in Proteinfraktionen aufgetrennt werden. Die sogenannten Mikros, die durch Isolierung aus dem Spot gewonnen werden, werden auf den Chip „gespottet" und mit Antikörpern beschichtet. Felder, in denen Antikörper an ihren Antigenen heften bleiben, werden dann erneut wie in einem Western Blot detektiert. In der **Wirkstoffsuche** können Protein-Chips ein wichtiges Hilfsmittel werden.

Auf der Suche nach Interaktionen können Membranrezeptoren (siehe Kap. 5) auf dem Chip fixiert werden. Sie werden dann mit einem Cocktail von verschiedenen Testsubstanzen versetzt. Auf diese Weise kann das Bindungsverhalten von Liganden geprüft werden, um einen potenziellen Wirkstoffkandidaten mit hoher Rezeptorspezifität herauszufischen. Wird dagegen der Wirkstoff auf dem Chip fixiert, lässt sich mit einem homogenisierten Zellmix auch der gewünschte Rezeptor herausfiltern, der für eine mögliche pharmakologische Wirkung verantwortlich ist.

Mit diesen Arrays wird der Reagenzverbrauch minimiert, und die Anzahl der Testkandidaten pro Lauf kann maximiert werden.

Für **Antikörper-Mikro-Arrays** werden die Antikörper fixiert, und anschließend wird die Probe auf das Array aufgebracht. Parallel dazu gibt es die **Antigen-Mikro-Arrays**, bei denen auf jeder Testfläche ein anderes Antigen fixiert wird. Enthält das Serum einer Blutprobe den dazugehörigen, spezifischen Antikörper, bleibt dieser an der Testfläche haften. Wichtig ist die Methode in der Medizin, da so gleichzeitig auf verschiedene Allergene getestet werden kann.

Mikro? Nano??

Makro-Arrays !!!

Muss es denn immer „mikro" und „nano" um jeden Preis sein sein? **Antikörper-Makro-Arrays** können für viele Anwendungen praktischer („handfester") sein als Mikro-Arrays, wenn man z. B. „nur" **gleichzeitig fünf Herzinfarktrisiko-Marker** aus dem Serum identifizieren will. Die Box 7.10 demonstriert das ausführlich.

Verwendete und weiterführende Literatur

- Vom ehemaligen Präsidenten der Dt. Diabetes-Gesellschaft, für Fachpersonal und Interessierte: **Schatz H** (2014) *Diabetologie kompakt*. 5. Aufl., Springer Spektrum, Berlin, Heidelberg

- Vom Namensgeber der Biosensoren: **Cammann K** (2010) *Instrumentelle Analytische Chemie: Verfahren, Anwendungen und Qualitätssicherung*. Spektrum Akademischer Verlag, Heidelberg, Berlin

- Eine erste Quelle für Ideen in der Protein-Analytik (Englisch): **Kambhampati D** (2006) *Protein Microarray Technology*. Wiley-VCH, Weinheim

- Aus der erfolgreichen „*Experimentator*"-Reihe: **Müller HJ, Röder T** (2004) *Der Experimentator. Microarrays*. Spektrum Akademischer Verlag, Heidelberg. Neuauflage wäre nötig!

Weblinks

- Das Helmholtz-Zentrum für Umweltforschung Leipzig forscht auch an Biosensoren: *http://www.ufz.de*

- Die BIAcore-Technologie: *http://www.biacore.com*

- Die Website des Glucose-Sensor-Herstellers Accu-Chek enthält viel Wissenswertes über Diabetes: *http://www.accu-chek.de*

- Das Freiburger Institut für Mikrosystemtechnik (IMTEK): *http://www.imtek.uni-freiburg.de*

- Alles über Antikörper: *http://www.antibodyresource.com/educational.html*

Acht Fragen zur Selbstkontrolle

1. Welche Krankheit ist auf dem Weg, Volkskrankheit Nummer eins zu werden, und wie können Biosensoren bei ihrer Erkennung und Kontrolle helfen?

2. Warum ist ein erhöhter Blutzuckerspiegel schädlich für den Organismus?

3. Unter welchen Umständen wird im Muskel Lactat gebildet, und wie kann man anhand der Lactatwerte eines Menschen dessen Fitness bestimmen?

4. Was wird mit einem BIAcore-Instrument gemessen? Auf welcher Methode basiert das Messprinzip?

5. Was sind Vor- und Nachteile von Piezo- und SPR-Sensoren gegenüber Array-Immunosensoren?

6. Warum zeigen bestimmte Medikamente unterschiedliche Wirksamkeiten bei verschiedenen Patienten?

7. Nennen Sie drei Erkrankungen, die mittels Protein-Arrays diagnostiziert werden können.

8. Welche zwei Methoden zur Herstellung von DNA-Mikroarrays werden angewendet und welche Vorteile haben sie jeweils?

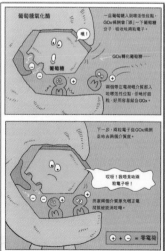
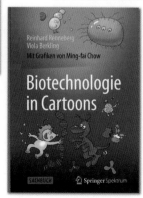

Oben rechts: Verstehen Sie nun auf CHINESISCH, wie Glucose in der GOD oxidiert wird? Rechts: zur Not auf DEUTSCH nachlesen!

237

Manfred Bofinger († 2006) war einer
der besten Cartoon-Grafiker Deutschlands
und unser guter treuer Freund.
Die Vignetten vor den Kapiteln sollen
an ihn erinnern.

Reinhard und Darja, Juni 2020

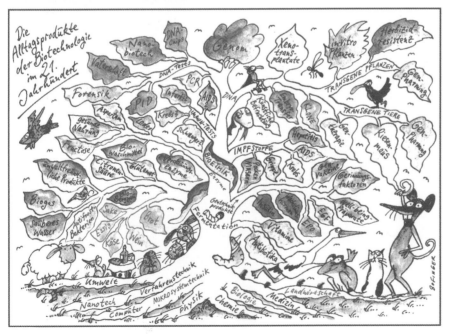

Epilog:
Wie helfen Tests in der Corona-Pandemie?

Tests helfen!

Nicht jeder, der es wünscht, wird in Deutschland auf das neue CoV-2 getestet. Dazu muss der Kandidat in den letzten 14 Tagen Kontakt mit einem nachgewiesenen Infizierten gehabt haben oder in einem Risikogebiet gewesen sein. Ärzte und Krankenhauspersonal sollte engmaschig zum Testen zugelassen sein.

Der Test beruht auf der **Polymerase-Kettenreaktion, der PCR**, einem Standardverfahren in der gesamten Medizin zum Nachweis von genetischen Sequenzen bei Infektionen und Tumoren (ausführlich siehe dazu Box 6.6).

Das Ganze dauert kaum länger als einige Stunden, aber die Proben müssen auch transportiert werden. **So vergehen meistens ein bis zwei Tage – viel zu lange!** Die Maschinen sind zu ausgelastet und Reagenzien fehlen. Das Verfahren kann voll automatisiert werden und wird dadurch unabhängig von Bedienungsfehlern.

Der PCR-Test ist sicher, aber seine Ergebnisse hängen davon ab, wann und wo der Abstrich in Rachen oder Nase genommen und zu welchem Zeitpunkt der Erkrankung der Test durchgeführt wurde. Das PCR-Verfahren weist zwar ein Stück des Erbguts des Virus nach, sagt aber nichts darüber aus, ob sich das Virus vermehren kann. Bei Rachenabstrichen kann man aber wohl von der Vermehrbarkeit ausgehen. Der Test erlaubt keine Feststellung, ob das nachgewiesene Virusfragment vom WC oder vom Einkaufswagen von einem vermehrungsfähigen Virus stammt. Das zu messen ist mühsam. Es erfordert Zellkulturen im Labor zum Anzüchten des Virus in menschlichen Lungenzellen. Das ist nicht so ungefährlich wie die PCR und nur in Speziallabors möglich.

Die Todesraten in den verschiedenen Ländern sind nicht ohne Weiteres vergleichbar, denn sie beziehen sich auf die als positiv Getesteten. Deren Zahl aber ist mit großer Unsicherheit behaftet und entsprechend unsicher sind deshalb auch die Todesraten, die sich darauf beziehen. Sie reichen von 11 % in Italien bis 0,6 % in Deutschland. Besonders die Alten zeigen die hohen Sterberaten und müssen besonders geschützt werden.

Was wir brauchen, sind nach meiner Ansicht Schnelltests, Sofort-Tests.

Dann weiß man, ob jemand nicht ansteckt – obwohl sich das ja schnell unbemerkt wieder ändern kann. Das ist jedenfalls besser als kein Test und man könnte wieder ins Flugzeug steigen oder in den Zug. Auch ließen sich damit Infektionsketten aufzeigen. Es gibt sehr schnelle Testverfahren mit Papierstreifen wie Schwangerschaftstests. Sie sind zwar oft weniger genau, doch sie sind schnell und werden gebraucht. Solche Tests zum Nachweis von Viren gibt es für Influenza und HIV. Sie haben große Wirkung auf die Ausbreitung von HIV und Aids gehabt. Man wusste so, ob man sich schützen musste vor engeren Kontakten.

Antikörper

Laufend wird über die zunehmende Zahl der Genesenen berichtet. Diese müssen Antikörper gebildet haben gegen das Virus. Es gibt jetzt Tests auf Antikörper (siehe auch Box 4.1). Erst damit kann man sofort sagen, ob einer genesen – also geheilt – ist nach überstandener Erkrankung. Es dauert etwa zwei Wochen, bis Antikörper nachweisbar sind. Man geht davon aus, dass diese Antikörper immun machen, also schützen gegen erneute Infektion. Das ist die Hoffnung…

Es wurde oft darauf hingewiesen, dass das neue CoV-2 auf eine immunologisch völlig unvorbereitete Menschheit trifft, und es deshalb so um sich greifen kann, wie wir es erleben. Die Coronaviren der normalen Wintergrippe sind jedoch dem neuen Virus nicht völlig unverwandt, und eigentlich müsste durch sie eine gewisse Immunität vorhanden sein.

Tests auf Antikörper gegen das neue CoV-2 (siehe dazu Box 6.8) erlauben noch keine eindeutige Aussage, ob die Antikörper, die man neuerdings bei etwa 15–20 % der Bevölkerung in einigen Regionen nachweisen kann, nicht auch die älteren saisonalen Coronaviren erkennen. Gibt es deshalb manche, die gar nicht krank werden, weil sie schon Antikörper haben aus früheren Zeiten? Alles offene Fragen.

Könnten die gebildeten Antikörper auch zu schwach sein oder zu kurzlebig? Es gibt auch umgekehrte Reaktionen bei einigen Viren, bei denen die Antikörper nicht schützen, sondern eine erneute Infektion steigern, die Antikörper-abhängige Verstärkung (**ADE**). Tritt diese auf und wie oft? Mit schützenden Antikörpern können die Genesenen sich wieder in die Gesellschaft integrieren, Flüge oder Züge benutzen und Kinder unterrichten etc. Die vorhandenen Antikörpertests für Influenza zeigen durch Striche auf Papierstreifen an, ob man Antikörper hat. Auch diese Streifentests sind meist nicht so genau.

In so kritischen Situationen wie der heute muss man abwägen: Wie viele „Falsch-Positive" könnte es geben? Wie groß sind die Risiken gegenüber den möglichen Vorteilen?

Von den Genesenen kann man Antikörper aus dem Blut entnehmen und damit Kranke immunisieren, eine passive **Immunisierung**, oft auch Serumbehandlung genannt. Das wird versucht, doch reicht das nicht für die ganze Welt! Hochrechnungen kommen zu dem Schluss, dass etwa 66 % der Menschen schützende Antikörper entwickeln müssten, damit die Epidemie zum Stillstand kommt. Die jungen Leute, die meist nicht so schwer erkranken, könnten dabei helfen, die Durchimmunisierung der

Bevölkerung zu steigern. Mit den sozialen Isolationsverfahren ist diese Zahl in vielen Jahren nicht erreichbar. **Dazu brauchen wir Impfungen.**

Impfung und Medikamente

Die Ausrottung von Viren ist bisher nur in einigen Fällen und mit hohem Aufwand gelungen. Dazu waren Impfungen nötig. Ein Beispiel dafür ist die Polio-Impfung, also gegen Kinderlähmung, die ein gewaltiger Erfolg war. Ein Weltimpftag wurde eingeführt, der sogar zur Unterbrechung von Kriegen aufrief. Doch auch Polio-Erkrankungen flackern manchmal auf.

Die **Pockenimpfung** war ebenfalls ein großer Erfolg; die Pocken wurden mit gewaltigem Aufwand ausgerottet. Nur die Älteren unter uns haben von der Impfung noch die zwei großen Pockennarben auf dem Oberarm. Es gibt Impfstoff gegen die Masernviren, der zur Verpflichtung werden sollte.

Impfungen stoßen oft auf Widerstand in der Bevölkerung. Auch die sogenannte Grippe-Impfung gegen Influenza wird jährlich insbesondere für Ältere und Gefährdete angeboten, aber nicht immer angenommen. Sie richtet sich gegen mehrere Influenzaviren, wobei weltweite Überwachungssysteme helfen, die richtigen Viren als Impfstoff für die nächste Saison vorauszusagen. Die Wirksamkeit der Impfung wird oft angezweifelt, denn sie trifft nicht immer die richtigen Viren der kommenden Saison. Doch sie mildert die Verläufe. Gegen HIV gibt es bis heute keine Impfung, trotz gewaltiger Anstrengungen, das Virus ändert sich zu rasch.

Es ist ein riesiger Aufwand nötig, um ausreichende Mengen an Impfstoff zu produzieren. Das dauert bei Influenza etwa ein halbes Jahr und dennoch kann es zu Lieferschwierigkeiten führen. Davor warnt einmal mehr **Bill Gates**. Man sollte sich schon längst auf eine solche Großproduktion einstellen, warnt er. Es gibt Dutzende von Start-up-Firmen, die sich für eine Impfstoffherstellung engagieren. Das Spektrum des Möglichen ist breit: Da gibt es die Impfung, die aus viralen Fragmenten besteht. Man muss die richtigen Teile des Virus injizieren als „Fertigprodukte", Subunit-Vakzine genannt.

Genetische Vakzine

Eine andere Art der Impfung sind Gene, Nucleinsäuren bestehend aus DNA oder RNA, dann stellt der Mensch erst den Impfstoff (Proteine) und dann die Antikörper selbst her.

An der Entwicklung einer DNA-Vakzine gegen HIV war ich als Mitarbeiterin einer US Biotechfirma vor 30 Jahren tätig und habe die dann zugelassene Impfung in Zürich an HIV-Infizierten getestet. Diese genetische Vakzine hat alle nötigen Vortests für die Anwendung beim Menschen überstanden.

Eine weitere genetische Impfung entwickelten wir selbst in Zürich an der Universität gegen Krebs. Dieser Ansatz ist sicher, lang anhaltend, aber nicht sehr effizient gewesen und musste öfter wiederholt werden. Einige Tumore sind dann verschwunden. Dazu analog gibt es jetzt die RNA-Vakzine von der Firma Moderna, in deren Namen schon RNA steckt. Auch die Firma BioNtech versucht diesen Ansatz. Der Weg von der RNA zum Protein ist einen Schritt kürzer als der von der DNA und somit hoffentlich effektiver. Auch gibt es Tricks, um die RNA zu vermehren zur stärkeren Impfwirkung. Es fehlen jedoch bisher Patientendaten für RNA-Impfungen. Die notwendigen Kontrolluntersuchungen laufen parallel, statt wie im Regelfall vorher.

Die Hoffnung auf einen Impfstoff ist groß, da sich Coronaviren nicht so stark ändern. Sie verfügen über große Genome mit 30 000 Basen. Damit sind sie etwa dreimal so groß wie das Erbgut von HIV. Viren wie HIV sind berüchtigt für ihre hohe Mutationsrate. Sie beruht auf der Fehlerrate des Vermehrungsenzyms, bei HIV ist das die Reverse Transkriptase.

Fehler sind nützlich für ein Virus, denn sie erlauben Veränderungen und somit ein Ausweichen oder Davonlaufen vor dem Immunsystems des Wirtes.

„Tipp-ex" bei Coronaviren

Coronaviren haben einen Korrekturmechanismus, der eigentlich einmalig ist in der Welt der Viren. Das ist eine Art Tipp-ex, dabei wird ein falscher Baustein

nicht eingebaut, sondern wieder entfernt. Darum verändern sie sich nicht so stark. Sonst wären sie längst zugrunde gegangen; zu viele Fehler bringen sie um.

Die Stabilität des neuen Coronavirus bietet also den Impfstoffentwicklern große Chancen. Auch kann man so eine der besten Eigenschaften der Viren ausnutzen: ihre **Baukastenstruktur**. Man setzt mehrere Gene aus ganz verschiedenen Viren zu neuen Viren zusammen: Auf diese Weise entstehen neue Impfviren. Selbst Viren wie uralte Pockenviren, das Modified-Vaccinia-Ankara- (MVA-)Virus, lassen sich in Impfstoffe gegen das SARS-Coronavirus umwandeln, indem man sie mit Coronavirus-spezifischen Bausteinen ergänzt, die sich auf deren Oberfläche setzen. Das sind die Spikes – oder die Zacken in der Krone! Antikörper gegen diese Spikes verhindern die Virusinfektion, auch Neutralisation genannt. Man versucht händeringend, solche neutralisierenden Antikörper herzustellen. **Solche Impfstoffe sind oft chimäre Viren; sie sind harmlos und groß genug für eine gute Immunantwort.**

Ein anderes Virus ist das **Vesicular Stomatitis Virus** (**VSV**). Es sieht im Elektronenmikroskop aus wie ein Geschoss. Auf seiner Außenseite bringt man die Oberflächenmoleküle der Coronaviren an. Dagegen sollen dann im Menschen die Antikörper entstehen, die das Virus neutralisieren, es von außen zudecken und ihm damit den Zugang zur Zelle blockieren, sodass es sich darin nicht mehr vermehren kann. Auch Adeno-assoziiertes Virus, AAV, wird so zum Impfvirus. Diese Trägerviren wurden für die Gentherapie entwickelt.

Ein anderer Ansatz wurde bei früheren Untersuchungen mit Ebolaviren durchgeführt. Sie haben gezeigt, dass man genesenen Überlebenden Blut abnehmen und daraus die Antikörper isolieren kann. Werden diese einem Kranken gespritzt, ist er höchstwahrscheinlich geschützt.

Hier tun sich Tummelwelten für Virologen, Molekularbiologen, Biochemiker, Gentechniker, Drug Designer und Bioinformatiker auf – das wird spannend.

Die Start-up Firmen sind meist extrem innovativ. Hunderte sollen sich schon an die Arbeit gemacht haben. Schließlich kommen die großen pharmazeutischen Unternehmen und kaufen die kleinen Kaderschmieden auf. Sie selbst forschen nicht mehr viel! Doch die Testverfahren und die Großproduktionen bis zur Anwendung übersteigen die kleinen, hoch innovativen Start-ups. Wir werden wohl eine Arbeitsteilung erleben – hoffentlich bald. **Nur, schnell geht das nicht. Wir brauchen eine Zwischenlösung!**

Medikamente gegen Viren?

Medikamente sind in der Vergangenheit nicht immer erfolgreich gegen Viren eingesetzt worden. Bei Influenza klappt das nicht sehr gut. Es gibt nur ein sehr enges Fenster von wenigen Stunden zu Beginn einer Infektion, in denen das Medikament Tamiflu nützt.

HIV ist da eine fantastische Ausnahme, es gibt mehr als 30 Medikamente und von ihnen sind **Dreierkombinationen, die sogenannte Triple-Therapie,** außerordentlich erfolgreich, noch immer.

Bei SARS-Coronaviren brauchen wir wohl auch mehrere Medikamente, um die Resistenzbildung zu reduzieren, aber auch hier ist die geringe Mutationsfreudigkeit von Coronaviren für die Therapieentwicklung vermutlich von Vorteil. Gegen SARS-Corona-1 wurde ein **Protease-Hemmstoff** entwickelt.

Alle Viren haben ihre eigenen Proteasen: Schneideenzyme für ihre Proteine, die getrimmt werden müssen, denn sie werden anfangs in der Regel als zu große Proteine hergestellt. Die Proteasen müssen spezifisch sein für jedes Virus. Sonst entsteht in der Zelle ein Durcheinander. Die hohe Virusspezifität ist dabei ein Vorteil, man hemmt das Virus, ohne die Zelle zu schädigen. Das ist auch bei HIV gelungen.

Schließlich gibt es noch den Versuch, die Bausteine für das Erbgut der Nachkommen der Viren durch **Analoga zu den DNA-/RNA-Bausteinen** zu beeinflussen. Sie sollen zum Kettenabbruch und zum Stillstand der Vermehrung führen. So sah schon der erste Durchbruch gegen HIV aus.

161 Medikamente sollen bereits in der Erprobung sein. Sind sie früher bereits getes-

Karin Moelling (Institut für Medizinische Virologie der Universität Zürich) ist die Grande Dame der Virologie. Sie hat eine sehr aktuelle Meinung zur Pandemie 2020.

tet worden, geht es viel schneller, sie in die Klinik zu bringen. Man darf gespannt sein.

Für jede Epidemie gilt, was wir Virologen längst wissen: „Abriegelung", heute heißt das *„social distancing"*, keine Massenansammlungen. Fußball, Pferderennen, Karneval führten zu den gigantischen Zuwachsraten. Wenn wir kleine Infektionsausbrüche sofort „löschen", können wir einen zweiten Ausbruch verhindern. Mit Mundschutz natürlich.

Die globale Bedeutung der Viren

Wie ist die Bedeutung der Viren für unsere Welt, unsere Umgebung, unsere Evolution, ihr Beitrag zu Innovation bis hinein in unser Erbgut?

Normalerweise besteht ein Gleichgewicht, eine Balance zwischen Mikroorganismen und Mensch, Tier und Pflanzen. Wir bilden eine Einheit, ein Ökosystem. Die Mikroorganismen sind um vieles länger auf unserer Erde als wir. Sie sind für unsere Existenz notwendig, so helfen sie in unserem Darm bei der Verdauung, in der Umwelt und in den Meeren. Dort führen sie zum Rezyklieren von Nahrungsketten.

Wir kamen spät auf unsere Erde und müssen immer noch lernen, mit der Welt zu kooperieren.

Die exakteste Visualisierung des Virus SARS-CoV-2 durch Ivan Konstantinov (Moskau)

Das Gleichgewicht dieses komplexen Ökosystems kann entgleisen – und die Ursachen sind oft von uns Menschen verursacht, meistens durch Kriege, oft durch Armut, Hunger, fehlende Hygiene, Rücksichtslosigkeit gegenüber unserer Welt.

Letztlich lassen sich alle diese Ereignisse auf **zwei Probleme zurückführen: auf Bevölkerungsdichten und Mobilität.** Das werden wir erst einmal nicht ändern können oder wollen.

Doch es hat seinen Preis.
Und den zahlen wir gerade.

Karin Moelling
Berlin/Zürich den 26.5.2020

(gekürzter und bearbeiteter Ausschnitt aus: *Viren – Supermacht des Lebens* mit freundlicher Genehmigung des Verlags C.H. Beck , München 2020)

BIOANALYTIK –
EINE EIGENSTÄNDIGE WISSENSCHAFT

Zur Zeittafel der Briefmarken (ab Seite 244)

Im Jahr 1975 weckten **O'Farrell** und **Klose** mit zwei Publikationen das Interesse der Biochemiker: In ihren Arbeiten zeigten sie spektakuläre Bilder von Tausenden voneinander getrennten Proteinen, die ersten **2D-Elektropherogramme**. Eine Vision entstand damals bei einigen Proteinbiochemikern: Über die Analyse dieser Proteinmuster komplexe Funktionszusammenhänge aufzuzeigen und damit letztendlich Vorgänge in der Zelle aus den Proteindaten verstehen zu können. Dazu allerdings mussten die aufgetrennten Proteine charakterisiert und analysiert werden – eine Aufgabe, mit der die Analytik damals hoffnungslos überfordert war. Erst mussten völlig neue Methoden entwickelt und bestehende drastisch verbessert, die Synergieeffekte von Proteinchemie, Molekularbiologie, Genomanalyse und Datenverarbeitung erkannt und genutzt werden, ehe wir heute mit der **Proteomanalyse** an der Schwelle zur Realisierung dieser damals so utopisch scheinenden Vision stehen.

Im Jahre 1995 entschloss sich ein internationales Konsortium (**HUGO** für *Human Genome Organisation*) mit starker Unterstützung von **Jim Watson**, das **menschliche Genom** zu sequenzieren. Wenn auch zunächst die wissenschaftliche Gemeinde geteilter Meinung über den Nutzen dieses Unterfangens war, so haben doch die Beteiligten gezeigt, dass es möglich ist, im internationalen Miteinander ein solch riesiges Unterfangen nicht nur in der beabsichtigten Zeit, sondern sogar schneller zu erledigen. Hierbei hat sicher auch der Wettstreit der kommerziellen und akademischen Teilnehmer seinen Teil beigetragen. **Craig Venter** ist vielen durch sein Auftreten und seinen Anspruch der *shotgun*-**Sequenzierung** in Erinnerung. Die wesentlichen Gruppen der Sequenzierung kamen aus USA und England, wobei Institute wie das *Sanger* in Cambridge, England, das *Whitehead* in Cambridge, Massachusetts und das *Genome Sequencing Center* in St. Louis hervorzuheben sind. Mit der Publikation in der Zeitschrift *Nature* im Oktober 2004 wurde der Goldstandard des Humangenoms fertiggestellt.

Als größte Überraschung gilt es festzuhalten, dass die tatsächliche **Zahl der Gene** deutlich niedriger als erwartet ist. Mit nur 20 000 bis 25 000 Genen liegt der Mensch nicht an der Spitze mit der Zahl der Gene, sondern wird

von der Petersilie deutlich übertroffen. Die Genauigkeit der Sequenzierung wird mit 99,999 % oder weniger als ein Fehler in 100 000 angegeben und, was noch viel bemerkenswerter ist, alle Daten sind frei in Datenbanken zugänglich. Jeder Wissenschaftler hat so freien Zugang zu dem menschlichen Genom. Damit sollte es möglich sein, alle erblichen Faktoren und Prädispositionen für Krankheiten wie Diabetes oder Brustkrebs mit hoher Verlässlichkeit zu untersuchen, und auch die Beziehungen zwischen DNA und Protein zu studieren und festzustellen, welche Genabschnitte für regulatorische Einheiten, wie kleine RNAs, zuständig sind. Dieser als **funktionelle Genomanalyse** bezeichnete Zusammenhang ist jetzt für systematische Studien offen. Mit dem erfolgreichen Abschluss des **Humangenomprojekts** ist der Grundstein gelegt für eine groß angelegte Sequenzierung weiterer Genome. Durch die fast abgeschlossene Sequenzierung des Schimpansengenoms und der Genome weiterer Vertreter des menschlichen Stammbaums ist der evolutive Zusammenhang einer genetischen Analyse zugänglich. Genome von Bakterien bis zu Säugern werden die Genomlandschaft deutlich werden lassen. Ein jetzt vorrangiges Ziel ist die Untersuchung der **Individualität**: Was unterscheidet einzelne Menschen? Hier ist eine Liste von etwa zwei Millionen **Einzelbasenpolymorphismen – SNPs** oder *single nucleotide polymorphisms* – zu nennen. Des Weiteren spielen aber auch Deletionen und Insertionen sowie Translokationen eine wichtige Rolle bei der Entstehung der Individualität.

Paradigmenwechsel in der Biochemie: von der Proteinchemie zur Systembiologie

Das Humangenomprojekt hatte einen fundamentalen Einfluss auf die gesamten Lebenswissenschaften. Dabei waren wesentliche Erkenntnisse, dass es technisch möglich ist, in der Bioanalytik vollautomatisierte Hochdurchsatzanalytik zu betreiben und die enormen Datenmengen auch datentechnisch zu verarbeiten. Vorwiegend datengetriebene, systematische Forschung kann fundamentale Aussagen zur Biologie liefern. All dies leitete einen tiefgreifenden Wandel von der klassischen, zielgerichteten und funktionsorientierten Bearbei-

tung biologischer Fragestellungen zu einer systematischen, holistisch angelegten Sichtweise ein.

Klassische Strategie

In der klassischen Strategie war (und ist) der Ausgangspunkt fast jeder biochemischen Untersuchung die Beobachtung eines biologischen Phänomens (z. B. die Veränderung eines Phänotyps, das Auftreten oder Verschwinden einer enzymatischen Aktivität, die Weiterleitung eines Signals usw.). Man versuchte nun, dieses biologische Phänomen auf eine oder wenige molekulare Strukturen – in den meisten Fällen auf **Proteine** – zurückzuführen. Hatte man ein Protein isoliert, das in dem betreffenden biologischen Kontext eine entscheidende Rolle spielt, wurde nach allen Regeln der proteinchemischen Kunst seine molekulare Struktur inklusive posttranslationaler Modifikationen aufgeklärt und das **Gen** zu diesem Protein „gefischt". So wurde das ganze Arsenal der Bioanalytik für die genaue Analyse eines wichtigen Proteins eingesetzt. Molekularbiologische Techniken erleichterten und beschleunigten enorm die Analyse und die Validierung und gaben Hinweise auf das Expressionsverhalten der gefundenen Proteine. Physikalische Methoden wie Röntgenstrukturanalyse, NMR und Elektronenmikroskopie erlaubten tiefe Einblicke in die molekularen Strukturen.

Man erkannte aber schnell, dass biologische Effekte selten durch die Wirkung eines einzelnen Proteins zu erklären sind, sondern häufig auf die Aktionsabfolge verschiedener Biomoleküle zurückzuführen sind. Daher war es ein wesentlicher Schritt bei der Aufklärung von Reaktionswegen, Interaktionspartner zu dem betrachteten Protein zu finden. Waren sie gefunden, wurde an diesen die gleiche intensive Analytik durchgeführt. Es ist leicht einzusehen, dass dieser iterative Prozess recht langwierig war und damit die Aufklärung eines biologischen Reaktionsweges in der Regel mehrere Jahre in Anspruch nahm.

Trotz dieser Langsamkeit war die klassische Vorgehensweise unglaublich erfolgreich. Praktisch all unser jetziges Wissen um biologische Vorgänge resultiert aus dieser Strategie. Sie hat aber dennoch einige prinzipielle Limitationen. So ist es äußerst schwierig, damit netzwerkartige Strukturen und transiente Interaktionen aufzuklären und einen vollständigen Einblick in komplexere Reaktionsabläufe biologischer Systeme zu erhalten. Eine weitere prinzipielle Limitation ist, dass die gewonnenen Daten in den seltensten Fällen quantitativ sind und meist eine sehr artifizielle Situation widerspiegeln. Dies liegt in der Strategie selbst begründet, bei der ja das komplexe biologische System immer weiter in Module und Untereinheiten zerlegt wird und sich damit immer weiter von der biologischen *in vivo*-Situation entfernt. Bei den vielen Trenn- und Analyseschritten treten auch unweigerlich Materialverluste auf, die unterschiedliche Proteine in unterschiedlicher und nicht vorhersagbarer Weise betreffen. Damit sind quantitative Aussagen, die aber äußerst wichtig für eine mathematische Modellierung von Reaktionsabläufen sind, praktisch nicht mehr möglich.

Holistische Strategie: die Betrachtung des Ganzen

Ermutigt vom Erfolg des Humangenomprojekts begann man konzeptionell neue Wege zur Beantwortung biologischer Fragen anzudenken. Es keimte die Idee, statt eine biologische Situation analytisch zu zerlegen und dann selektiv kleinste Einheiten genau zu analysieren, das biologische System als Ganzes (**holistisch**, griech. *holos* = ganz) zu betrachten und zu untersuchen. Diese Vorgehensweise wird sehr erfolgreich zum Beispiel in der Physik angewendet, indem man ein definiertes System gezielt stört und die Reaktion des Systems beobachtet und analysiert. Diese sogenannte **Perturbationsanalyse** (lat. *perturbare*, stören) hat den enormen Vorteil, dass die Systemantwort vorurteils- und annahmefrei beobachtet werden kann und jede beobachtete Veränderung direkt oder indirekt auf die Störung zurückzuführen sein sollte. Diese Strategie ist für sehr komplexe Systeme prädestiniert. Sie gibt auch netzwerkartige, transiente und vor allem auch unerwartete Zusammenhänge wieder, und sie ist, da sie am ganzen System ansetzt, auch sehr nahe an der realen biologischen Situation. Um die Vorteile dieser Strategie allerdings voll ausschöpfen zu können, müssen die beobachteten Veränderungen quantitativ gemessen werden, bei der Vielzahl an Komponenten in einem biologischen System eine Herausforderung an die Hochdurchsatzanalytik, die Datenverarbeitung und an eine anspruchsvolle Informatik.

Die methodischen Entwicklungen der Bioanalytik und Bioinformatik, getrieben und motiviert von der Genomanalyse, haben aber einen Stand erreicht, der diese Art von holistischer Analyse eines biologischen Systems zumindest mittelfristig machbar erscheinen lässt. Sie wird als wesentlicher Weg für die nächste große Vision der Lebenswissenschaften für die nächsten Jahrzehnte gesehen, die **Systembiologie**, die eine mathematische Beschreibung komplexer biologischer Vorgänge zur Zielsetzung hat.

Methoden begründen Fortschritt

So wie die zweidimensionale Gelelektrophorese, die DNA-Sequenzierung oder auch die Polymerase-Kettenreaktion bis dahin nicht mögliche Qualitäten der Erkenntnis über biologische Zusammenhänge eröffneten und gleichzeitig einen ungeheuren Entwicklungsdruck auf ihr Umfeld ausübten, waren es praktisch immer methodische Entwicklungen, die die wirklich signifikante Fortschritte in der Wissenschaft zur Folge hatten. Vor allem in den letzten Jahrzehnten haben sich die Biowissenschaften rasend schnell entwickelt und das Verständnis biologischer Zusammenhänge revolutioniert. Die Geschwindigkeit dieser Entwicklung, wie sie auch die Zeittafel im Vor- und Nachsatz verdeutlicht, ist eng korreliert mit der Entwicklung der Trenn- und Analysemethoden. Man versuche, sich eine moderne Biochemie vorzustellen, in der eine oder mehrere dieser fundamentalen methodischen Entwicklungen fehlten!

Zuerst wurden die **Trennmethoden** entwickelt und entscheidend in ihren Ausführungen verbessert. Beginnend mit den einfachsten Trennverfahren, den Extraktionen und Fällungen, wurden über deutlich effektivere Methoden wie Elektrophorese und Chromatografie die Voraussetzungen geschaffen, gereinigte und homogene Verbindungen zu erhalten. Mit der Darstellung reiner Stoffe war automatisch ein ungeheurer Entwicklungsdruck auf die **Analysemethoden** gegeben.

Methodische Entwicklungen

Für ihren wirklichen Durchbruch mussten die Methoden erst instrumentell umgesetzt und die Instrumente kommerziell verfügbar werden. Seit den Fünfzigerjahren des letzten Jahrhunderts sind Methoden und Geräte enorm weiterentwickelt worden; sie sind heute manchmal bis zu einem Faktor 10 000 schneller und empfindlicher als bei ihrer Einführung. Auch der Platzbedarf der Geräte ist dank modernster Mikroprozessorsteuerungen im Vergleich zu ihren Urahnen um Größenordnungen geringer und die Bedienung ist durch softwareunterstützte Benutzerführung im gleichen Maße einfacher geworden. Jedes dieser Instrumente mag zwar für sich durchaus teuer sein, der hohe Durchsatz der meisten Methoden (*high throughput*-**Analysen**) führte *de facto* jedoch zu einer ungeheuren Kostenreduktion. Die hoch dynamische Phase der Entwicklungen dauert bis in die jüngste Zeit, wie das Beispiel der Massenspektrometrie zeigt, die vollständig neue Strategien zur Beantwortung biologischer Fragen ermöglichte, wie sie etwa die Proteomanalyse stellt. Ein weiteres wichtiges Beispiel ist die gerade beginnende Erfolgsgeschichte der **Bioinformatik**, die unter anderem bei der Analyse von Gen- oder Proteindatenbanken genutzt wird und die unzweifelhaft noch ein enormes Einsatz- und Entwicklungspotenzial hat.

All dies zeigt deutlich, dass wir am Anfang einer Umbruchphase stehen, in der die **Bioanalytik** nicht nur die Aufgabe hat, als eine Hilfswissenschaft die Daten anderer zu bestätigen, sondern als eigenes, relativ komplexes Fachgebiet aus sich heraus Fragen formulieren und beantworten kann. So wandelt sich die Analytik immer mehr von einer rein retrospektiven zu einer diagnostischen und prospektiven Wissenschaft. Typisch für eine moderne Bioanalytik ist das Zusammenspiel verschiedenster Einzelverfahren, bei denen jede Methode für sich nur begrenzt fruchtbar ist, deren konzertierte Aktion aber Synergismen hervorruft, bei denen Antworten ganz erstaunlicher und neuer Qualität entstehen können.

Friedrich Lottspeich ist Leiter der Arbeitsgruppe Proteinanalytik am Max-Planck-Institut für Biochemie in Martinsried bei München.

Auf seinem Arbeitsgebiet, der Charakterisierung von Proteinen im Mikromaßstab, hat er sich weltweit einen Namen gemacht.

Joachim W. Engels (†) war Professor für Chemische Biologie an der Johann-Wolfgang-Goethe-Universität Frankfurt.

Seine Arbeitsgebiete waren die chemische und biologische Synthese von RNA, DNA und Proteinen, Oligonucleotide als Wirkstoffe, die Expression und Faltung von Proteinen sowie DNA- und RNA-Sequenzierungsmethoden und Arrayherstellung.

Buchtipp:
Lottspeich F, Engels JW (2012) *Bioanalytik.* 3. Aufl., Springer Spektrum, Berlin, Heidelberg

Bioanalytik auf Briefmarken

Die Naturwissenschaften konnten im Laufe der Zeit einen enormen **Wissenszuwachs** verzeichnen. Nach eher bescheidenen Anfängen vor der modernen Zeitrechnung kam es zu einer beträchtlichen, in den letzten Jahrzehnten fast exponentiellen Zunahme des Wissens und der Entwicklung neuer, bahnbrechender Methoden.

Bedeutende Entdeckungen verdienter Wissenschafter sind nicht nur durch die Verleihung von (Nobel-)Preisen honoriert, sondern auch weltweit immer wieder auf **Briefmarken** gewürdigt worden.

1676 – Antoni van Leeuwenhoek (1632–1723)

1800 – Allessandro Volta (1745–1827)

um 150 – Galenus von Pergamon (ca. 129 – ca. 216)

1687 – Isaac Newton (1643–1727)

um 350 v. Chr. – Aristoteles (344–322 v. Chr.)

um 400 v. Chr. – Hippokrates (ca. 460 – ca. 370 v. Chr.)

Schweizer Käse

um 600 v. Chr. – Thales (ca. 624 – ca. 546 v. Chr.)

um 500 v. Chr. – Heraklit (535–475 v. Chr.)

um 250 v. Chr. Archimedes (287–212 v. Chr.)

Bierbrauen war die erste Gärung

um 600 v. Chr.
Thales:
Naturphilosophie

um 500 v. Chr.
Heraklit: Panta rhei! (Alles fließt)

um 400 v. Chr.
Hippokrates: Heilkunde und Säftelehre

0 Beginn der modernen Zeitrechnung

1005–1024 Avicenna (ibn Sina): *Kanon der Medizin*

1452–1519 „Universalgenie" Leonardo da Vinci

1536 Paracelsus: Heilmittelkunde

500 v. Chr.   0   500   1000   1500   1600

um 250 v. Chr.
Archimedes: Archimedisches Prinzip

350 v. Chr.
Aristoteles: Physik, Zoologie, Logik

um 150
Galenus von Pergamon: Hygiene und Medizin, Säfte-Lehre

Vogelfang im Alten Ägypten

1005–1024 – Avicenna (ibn Sina; 980–1037)

Nofretete (ca. 1370 – ca. 1330 v. Chr.) war eine mächtige ägyptische Königin.

1452–1519 – Leonardo da Vinci

1927 – Linus Pauling
(1901–1994)

1859 – Charles Darwin
(1809–1882)

1928 – George
Papanicolaou
(1883–1962); Pap-Test

1901 – ABO-
Blutgruppensystem
(Karl Landsteiner)

1828 – Harnstoffsynthese
(Friedrich Wöhler)

1898 –
Marie Curie
(1867–1934)

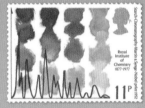

1913 – Radioisotopenmarkierung
(George de Hevesy)

1865 – Johann Gregor Mendel
(1822–1884)

Emil Fischer
(1852–1919)

1936 – Otto Warburg
(1883–1970); optischer Test

1930 – Elektrophorese
(Arne Tiselius)

1895 – Wilhelm C. Röntgen
(1845–1923)

1897 – Paul Ehrlich (1854–1915);
Begründer der Immunologie

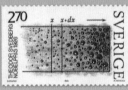

1924 – Ultrazentrifugation
(Theodor Svedberg)

1941 – Verteilungschromatografie
(Richard Synge und Archer Martin)

1950 Proteinsequenzanalyse
1951 mobile (transponierbare)
genetische Elemente

1637 Descartes:
Erkenntnistheorie und
Metaphysik
(*Discours de la méthode*)

1665 Hooke sieht
Pflanzenzellen
im Mikroskop

1676 Leeuwenhoek
entdeckt Bakterien
mit seinem Mikroskop

1687 Newton:
Philosophia naturalis

1800 Volta-Säule
1828 Harnstoffsynthese
1833 erstes Enzym

1845–1862 Humboldt:
Kosmos
1859 Darwins
Evolutionstheorie:
*Die Entstehung
der Arten*
1865 Mendelsche Gesetze
1886 elektromagnetische
Wellen
1890 Kristallisation
1894 Schlüssel-Schloss-
Modell
1895 Röntgenstrahlen
1897 Seitenkettentheorie
der Immunisation
1898 Radioaktivität

1901 ABO-Blutgruppensystem
1906 Chromatografie
1907 Peptidsynthese

1913 Radioisotopenmarkierung
1924 Ultrazentrifugation
1926 Kristallisation von Urease
1927 Quantenchemie
1928 Pap-Test
Entdeckung des Penicillins
1932 Phasenkontrastmikroskopie
1930 Elektrophorese
1936 Optischer Test
1937 Krebs-Zyklus
1937 Rasterelektronenmikroskopie
1941 Verteilungschromatografie
1946 NMR-Spektroskopie
1948 Aminosäureanalyse

1953 Gaschromatografie
1953 DNA-Doppelhelix
1959 PAGE, Polyacrylamid-
Gelelektrophorese

1600
1700
1800
1900
1950

Louis Pasteur; Vater der Modernen
Mikrobiologie, Impfung
(1822–1895)

1953 –
Struktur
der DNA

1953 – **Francis Crick** (1916–2004) und
James D. Watson (geb. 1928);
die Entdecker der DNA-Doppelhelix

1961 – **Marshall W. Nirenberg** (1927–2010); Beginn der Entschlüsselung des genetischen Codes

1966 – **Har Gobind Khorana** (1922–2010) und **Robert Holley** (1922–1993); Entschlüsselung des genetischen Codes

1970 – **Daniel Nathans** (1928–2011); Mitentdecker der Restriktionsenzyme

1970 – **Hamilton Smith** (geb. 1931) und **Werner Arber** (geb. 1929); Entdecker der Restriktionsenzyme

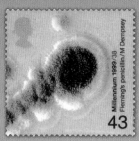

1928 – **Penicillin**

1977 – **Richard J. Roberts** (geb. 1943) und **Phillip A. Sharp** (geb. 1944); stellten fest, dass Gene diskontinuierlich aufgebaut sind.

1982 – **Transgene Tiere**; Gentechnik ermöglicht die Erzeugung transgener Tiere

1966 – **Knacken des genetischen Codes**; vollständige Entschlüsselung des genetischen Codes

1975 – **César Milstein** (1927–2002); Hybridomtechnik zur Produktion monoklonaler Antikörper

1978 – **Michael Smith** (1932–2000); ortsspezifische Mutagenese

1960 Hybridisierung von Nucleinsäure

1960 Röntgenstrukturanalyse

1961 Beginn der Entschlüsselung des genetischen Codes

1961 chemiosmotische Hypothese

1962 Festphasen-Peptidsynthese

1966 isoelektrische Fokussierung

1966 vollständige Entschlüsselung des genetischen Codes

1967 automatische Proteinsequenzanalyse

1969 Isolierung des ersten Gens (aus *E. coli*)

Frederick Sanger (1918–2013) und **Walter Gilbert** (geb. 1932), Nobelpreis 1980

1972 – **Paul Berg** (geb. 1926); DNA-Hybridisierung, Restriktionsanalyse

1970 Restriktionsenzyme

1971 Mikroprozessor

1972 Restriktionsanalyse

1972 Genklonierung

1974 HPLC von Proteinen

1981 Kapillarelektrophorese

1982 transgene Tiere

1982 Rastertunnelmikroskopie

1983 Ribozyme

1983 automatische Oligonucleotidsynthese

1983 Polymerase-Kettenreaktion

1984 ESI-Massenspektrometrie

1960

1970

1975

1980

1985

1975 Southern Blotting

1975 DNA-Sequenzanalyse

1975 2D-Elektrophorese

1975 monoklonale Antikörper

1977 Introns

1978 ortsspezifische Mutagenese

Rachel Louise Carson (1907–1964); amerikanische Meeresbiologin, die mit dem Buch *Silent Spring* über DDT die globale Umweltbewegung startete

Emmanuelle Charpentier (geb. 1968);
Pionier des Gene-Editing*

2006 – Meilenstein im
Kampf gegen Krebs; Impf-
stoff gegen
Gebärmutterhalskrebs

GENOM – Welche bedeutenden-
Entdeckungen wird die Zukunft bringen?

1997 E .coli-Genom sequenziert

2002 Name CRISPR kreiert (Jansen)

2003 Entzifferung des Humangenoms
weitgehend abgeschlossen

2004 Sequenz des Humangenoms
fast Komplett

2005 Reis-Genom entziffert

2007 Erster Beweis für adaptive
Immunität mit CRISPR

2011 Emmanuelle Charpentier
findet Schluss-Stein
zum CRISPR-Puzzle
in Umea und Wien

2020

2010

Shinya Yamanaka (geb. 1962),
Nobelpreis für Stammzellen,
John Gurdon (geb. 1933),
Nobelpreis für das Klonen von
Fröschen

2018
Andauernder
Patentstreit der
Institutionen von
CRISPR-Pionieren
verhindert deren
gemeinsamen
Nobelpreis

2004 –
Das Genom;
vollständige
Sequenzierungdes
menschlichen
Genoms

2005 –
Vergleichende
Genetik;
die Genome von
Mensch und
Schimpanse sind
zu fast 99%
identisch.

1995 Proteomanalyse

1995 Sequenz des ersten Genoms
(*Haemophilus*)

1996 Sequenz des ersten
Eukaryotengenoms (Hefe,
Saccharomyces cerevisiae)

1996 DNA-Chip

1997 Klonierung des ersten
Säugetiers (Schaf)

2000

DNA – Sequenzierung nach der
Sanger-Methode

2002– Genomsequenz des
Malariaerregers
(*Plasmodium falciparum*)
und des Überträgers
(*Anopheles*-Mücke)

1990 – Humangenomprojekt;
jeder Organismus hat seinen
eigenen genetischen Code.

1987 Erster Bericht zu CRISPR (Ishino)

1990 Start des Humangenomprojekts

1995

1990

1985

2005 – Stammzellen

2007 Neue Virusausbrüche
(Vogelgrippe, SARS)

2010 Genmodifizierter
Goldener Reis wird auf
den Philippinen erprobt.

* (CRISPR-Marke ist eine Eigenkreation von Reinhard Renneberg
und Darja Süßbier für die HKUST Hongkong.)

GLOSSAR

7TM-Rezeptoren, Sieben-Transmembran-rezeptoren, *7 TM receptors* → Rezeptoren mit sieben Transmembranhelices, die für die Übermittlung von Informationen sorgen. Die Bindung eines Liganden aus der Umgebung der Zelle führt im 7TM-Rezeptor zu einer Konformationsänderung, welche die Aktivierung eines → G-Proteins bewirkt, in dem diese mit GTP gebunden werden. Die aktivierten G-Proteine regen → Adenylat-Cyclase-Enzyme an, die dann den sekundären Botenstoff → cAMP erzeugen. Durch die Zunahme der cAMP-Konzentration entsteht die Reaktion auf das ursprüngliche Signal. Nach einer gewissen Zeit wird das GTP zu GDP und P_i versetzt. Somit fällt das G-Protein wieder in den Ausgangszustand.

A

Absorptionsspektrometer, *absorption spectrometer* Absorptionsspektrometer bestehen aus vier Bauteilen, dem Strahler, dem Monochromator (bzw. Michelson-Interferometer), der Probe und dem Detektor. Mit ihnen wird die Intensität der von einer Probe absorbierten oder emittierten Strahlung in Abhängigkeit von der Wellenlänge oder Frequenz gemessen.

Acetylcholin, *acetylcholine* Ein sowohl bei Vertebraten als auch Invertebraten vorkommender → Neurotransmitter in neuromuskulären und nervalen Synapsen. Nach der Freisetzung vom Nervenende in die Synapse bindet Acetylcholin an → Rezeptoren des postsynaptischen Neurons und löst damit eine Reaktion aus.

Acetylcholin-Esterase (AchE), *acetylcholine esterase* Baut → Acetylcholin ab, nachdem es an Rezeptoren des postsynaptischen Neurons gebunden und damit eine Reaktion ausgelöst hat.

Adenylat-Cyclasen, *adenylate cyclases* In der Plasmamembran lokalisierte Familie von Enzymen, deren aktives Zentrum auf der Cytosolseite liegt. Adenylat-Cyclasen sind ein wichtiger Bestandteil eines Signaltransduktionssystems von Hormonen, die über membrangebundene → Rezeptoren den Intermediärstoffwechsel beeinflussen, und deren Wirkung sehr häufig über → G-Proteine auf die Adenylat-Cyclase übertragen wird, wobei als zweiter Bote → cAMP entsteht.

Affinität, *affinity* Neigung von Molekülen zum Zusammenschluss, die sich z. B. in der Bindungsstärke von → Antikörpern zu einem → Epitop des → Antigens zeigt oder in der Affinität eines → Enzyms zu seinem → Substrat.

Affinitätschromatografie, *affinity chromatography* Eine chromatografische Reinigungsmethode für Biomoleküle, die auf der spezifischen und reversiblen Absorption eines Moleküls (Adsorbent) an einen individuellen, matrixgebundenen Liganden basiert.

Affinitätskonstante K, *affinity constant* Maß für die Bindefestigkeit (→ Affinität) eines → Antikörpers an ein → Antigen oder ein monovalentes → Hapten; errechnet sich nach dem Massenwirkungsgesetz.

Agar, *agar* Ein pektinähnliches gelierfähiges Polysaccharid, das aus der Zellwand von Rotalgen (Rhodophyta) gewonnen wird. Es besteht aus Agarose und Agaropektin und wird u. a. für mikrobielle Nährböden verwendet. Es schmilzt erst bei 100 °C, bei Abkühlung jedoch bleibt es bis zu einer Temperatur von 45 °C flüssig.

Agglutination, *agglutination* Durch die → Antigen-Antikörper-Reaktion (spezifische Immunantwort) bewirkte Verklumpung partikulärer → Antigene. Bei der direkten Agglutination sind die agglutinierenden Antikörper direkt gegen bakterien- oder zellgebundene Antigene gerichtet, bei der indirekten Agglutination werden lösliche Antigene an einen festen Träger gekoppelt.

Aids, *aquired immune deficiency syndrome* Durch das → humane Immundefizienz-Virus (HIV) erworbenes Immundefektsyndrom. Es ist charakterisiert durch das Auftreten von andauernden oder wiederkehrenden Krankheiten, welche auf Defekte im zellulären Immunsystem hinweisen, wobei keine anderen bekannten Ursachen dieser Immundefektsymptomatik nachzuweisen sind.

Akkommodation, *accommodation* Die Einstellung des Auges auf verschiedene Gegenstandsweiten. Dies wird durch aktive Brechkrafterhöhung des dioptrischen Apparats erreicht.

Akkumulationsindikatoren, *accumulation indicators* → Bioindikatoren. Organismen, die Schadstoffe teilweise oder vollständig metabolisieren und in ihren Geweben anreichern.

aktives Biomonitoring, *active biomonitoring* Einsatz von pflanzlichen und tierischen Organismen sowie Tests mit lebensraumeigenen Organismen zur Erfassung des Vorkommens und der Menge von Schadstoffen in Boden, Wasser, Abwasser und Luft.

aktives Zentrum, *active site* Derjenige Bereich eines → Enzyms, an dem das mithilfe des Enzyms umzusetzende Molekül (→ Substrat) gebunden und umgesetzt wird.

Aktivierungsenergie, *activation energy* Der Energiebetrag in Form von Wärme oder chemischer Energie, der notwendig ist, um eine an sich freiwillig, aber sehr langsam ablaufende chemische Reaktion in Gang zu bringen.

Aktivität, *activity* Die „wirksame" Konzentration eines gelösten Stoffes, d. h. die berechnete Konzentration minus dem Betrag der nicht reaktiven Teilchen.

Ames-Test, *Ames test* Test, der das mutagene Potenzial verschiedener Chemikalien misst.

Aminosäuresequenz, *amino acid sequence* Reihenfolge der → Aminosäuren im linearen Polypeptid eines Proteins.

Ampholyte, *ampholytes* Abkürzung für amphoterische Elektrolyte, d. h. Stoffe, die in wässriger Lösung sowohl Protonendonator als auch Protonenakzeptor sein können.

Anfangsgeschwindigkeit (v_0), *initial rate of reaction* Die Anfangsgeschwindigkeit einer enzymatischen Umsetzung ergibt sich durch die Steigung der Tangente am Ursprung.

Anti-D-Prophylaxe, *anti-D prophylaxis* Anti-D-Immunglobuline werden vorbeugend innerhalb von 72 Stunden nach der Geburt eines Rhesus-positiven Kindes oder Feten (bei Frühgeburt oder Spätabort) einer Rhesus-negativen Mutter injiziert. Damit soll eine Antikörperbildung in einer Folgeschwangerschaft verhindert werden, wenn der sich entwickelnde Fetus Rhesus-different zur Mutter ist.

Antigene, *antigens* Substanzen, die eine Immunantwort auslösen. Es handelt sich um körperfremde, natürliche oder synthetische Makromoleküle, insbesondere → Proteine und Polysaccharide, sowie Oberflächenstrukturen von Fremdpartikeln.

Antigen-Antikörper-Reaktion, *antigen-antibody reaction* Reversible, auf nichtkovalenten Wechselwirkungen beruhende Verbindung eines → Antigens mit dem spezifischen, gegen das Antigen gerichteten → Antikörper (Immunglobulin). Im Organismus dient sie der Beseitigung von Antigenen, kann aber auch Krankheitssymptome nach sich ziehen.

Antigen-Bindungsstelle, *antigen binding site* Die variablen Domänen der leichten und der schweren Kette eines → Antikörpers.

Antikörper, *antibodies* Tetramere Glykoproteine von Wirbeltieren, die spezifisch mit einem → Antigen reagieren und Teil der erworbenen Immunabwehr sind. Bei der Immunantwort treten die Antikörper mit dem betreffenden Antigen in Wechselwirkung und machen es durch die Bildung eines Antigen-Antikörper-Komplexes unschädlich.

Aptamere, *aptamers* Kurze einzelsträngige → DNA- oder → RNA-Oligonucleotide, die ein spezifisches Molekül über ihre 3D-Struktur binden können.

Assoziationsgeschwindigkeit k_a, *association rate* Geschwindigkeit der Anlagerung von zwei oder mehreren einfachen Molekülen, Atomen, Atomgruppen oder Ionen zu einem Molekül oder Molekülkomplex.

ATZ-Aminosäure, *ATZ amino acid* Entsteht bei der Sequenzierung von Peptiden und → Proteinen über → Edman-Abbau. Sie wird dann in einen Konverter überführt und durch eine wässrige Säure zum stabileren Phenylthiohydantoin (→ PHT-Aminosäure) isomerisiert. Die Analyse und Identifizierung erfolgen mit chromatografischen Methoden.

Ausschlussgrenze, *cut off* a) Definierte Trennschärfe der Molekülmassen von globulären

Molekülen, welche durch eine Membran zurückgehalten werden. b) Der kritische Wert in einem quantitativen diagnostischen Test, der zwischen zwei Testergebnissen (positiv, negativ) unterscheidet und damit einen Patienten einem der zwei untersuchten Krankheitszustände (krank oder nicht krank) zuordnet.

Autoradiografie, *autoradiography* Standardverfahren zum Nachweis radioaktiver Stoffe bzw. radioaktiv markierter Makromoleküle.

Avidin, *avidin* Basisches Glykoprotein, das im Eiweiß vieler Vogel- und Amphibieneier enthalten ist und einen stöchiometrischen, nichtkovalenten festen Komplex mit dem Vitamin →Biotin bildet.

Avidität, *avidity* Bezeichnung für die Stärke der Antigen-Antikörper-Bindung nach der Bildung des →Antigen-Antikörper-Komplexes. Sie setzt sich zusammen aus der Anzahl und der Affinität der einzelnen Bindungsstellen (Antikörpervalenz).

B

bakterielle Infektion, *bacterial infection* Durch eingedrungene Bakterien hervorgerufene Erkrankung eines Organismus. Abhängig vom Ansiedlungsort der Erreger, von deren Menge und von ihren infektiösen und pathogenen Eigenschaften, sowie von der Empfänglichkeit des Makroorganismus.

Bakteriophage, *bacteriophage* Virus, das Bakterien und Archaea infiziert und sich in diesen Wirtsorganismen vermehrt.

Bändermodell, *ribbon model* Ein auf quantenmechanischer Grundlage entstandenes Schema des Energiespektrums der Elektronen in einem Festkörper.

Basensequenz, *base sequence* Lineare Aufeinanderfolge der Nucleinsäurebasen in →DNA oder →RNA.

Beugung, *diffraction* Änderung der Ausbreitungsrichtung einer ebenen elektromagnetischen Welle (bzw. von Lichtstrahlen), die nicht durch Brechung, Reflexion oder Streuung hervorgerufen wird, sondern durch im Weg stehende Hindernisse (z. B. Blenden, Kanten) oder durch Dichteänderungen im durchlaufenen Medium.

Bioindikatoren, *biological indicators* Organismen oder Gemeinschaften von Organismen, bei denen eine Korrelation besteht zwischen dem Grad der Umweltbelastung mit bestimmten Schadstoffen und dem Ausmaß der Schadstoffeinlagerung, der physiologischen Beeinträchtigung oder gar Schädigung des Organismus.

Biokatalyse, *biocatalysis* Herabsetzung der Anregungsenergie (→Aktivierungsenergie) und somit Erhöhung der Reaktionsgeschwindigkeit biochemischer Reaktionen mithilfe von →Enzymen.

biologische Katalysatoren, *biological catalysts* Auch Biokatalysatoren genannt, Sammelbezeichnung für Wirkstoffe in lebenden Organismen, die chemische Reaktionen beschleunigen oder in anderer Weise fördern. Beispiele sind vor allem →Enzyme, aber auch Hormone, Vitamine, Spurenelemente und pflanzliche Wuchsstoffe.

Biolumineszenz, *bioluminescence* Ausstrahlung von sichtbarem Licht ohne Temperaturänderung durch lebende Organismen. Das Prinzip der Leuchtvorgänge beruht auf einer Oxidation von Luciferinen in Anwesenheit des Enzyms →Luciferase, das diese Reaktion katalysiert.

Biosensoren, *biosensors* Messelemente, in denen eine biologisch aktive Komponente (Sensor) mit einem Signalwandler sowie einem elektronischen Detektor und Verstärker eine Einheit bildet. Durch Wechselwirkung zwischen Molekülen und dem gekoppelten biologischen Sensor wird ein biochemisches oder optisches Signal hervorgerufen, das durch den Transducer angezeigt wird.

Biotin, *biotin* Schwefelhaltiges, wasserlösliches Vitamin, das als →Coenzym in vielen Carboxylierungsreaktionen fungiert.

blinder Fleck, *optic disc* Austrittsstelle des Sehnervs aus dem Augapfel, der dabei durch die Netzhaut geführt wird. Dadurch entsteht ein Bereich des Gesichtsfelds des gesunden Organismus, von dem aus keine Seheindrücke hervorgerufen werden können.

Blindwert, *blank value* Experiment, Probe oder Test, bei dem die zu untersuchende Substanz absichtlich ausgelassen wird. Das Messergebnis einer Blindprobe ist der sogenannte Blindwert, durch den der unspezifische Anteil einer Messmethode gegenüber dem spezifischen Anteil quantifiziert wird.

Blotting, *blotting* Biochemische Methode zur Übertragung von auf Agarose- oder Polyacrylamid-Gel aufgetrennten Makromolekülen auf spezielle Membranen zum Zwecke der Fixierung für weitere analytische Untersuchungen.

bovine spongiforme Encephalopathie (BSE), *bovine spongiform encephalopathy* Übertragbare Tierseuche bei Rindern, die vor allem das Zentralnervensystem befällt. Merkmal sind das Absterben von Nervenzellen sowie die schwammartige Durchlöcherung der Hirnrinde, was zu Bewegungsstörungen, Lähmungen und Blindheit führt. Auslöser sind Proteinpartikel, sogenannte →Prionen.

B-Lymphocyten, *B lymphocytes* B-Zellen, ein sich aus aktivierten B-Zellen im Knochenmark (engl. *bone marrow*) des Erwachsenen bzw. in der fetalen Leber entwickelnder Lymphocytentyp, der später →Antikörper bildet und Träger der humoralen Immunität ist.

C

Calciumkanäle, *calcium channels* Spannungsaktivierte →Ionenkanäle, die sich bei Depolarisation der Zellmembran öffnen und unter physiologischen Bedingungen selektiv für Calciumionen permeabel sind.

cAMP, *cyclic AMP* Zyklisches Adenosin-3',5'-monophosphat. Universeller Effektor zur Regulation von Enzym- und Genaktivitäten. Es wirkt als intrazellulärer chemischer Botenstoff zwischen der Plasmamembran, wo es durch →Adenylat-Cyclase aus ATP unter Abspaltung von Pyrophosphat gebildet wird, und bestimmten Enzymsystemen des Plasmas bzw. bestimmten Faktoren des Zellkerns.

Capsaicin, *capsaicin* Ein Alkaloid aus der Gruppe der aromatischen Amine; die scharf schmeckende Substanz einiger Paprika-Arten, in denen sie ausschließlich in den Früchten vorkommt.

cDNA, *copy/complementary-DNA* Bezeichnung für die einzel- bzw. doppelsträngige DNA-Kopie eines RNA-Moleküls, katalysiert durch die →Reverse Transkriptase.

Cellulose, *cellulose* Ein unverzweigtes pflanzliches Polysaccharid, das aus β-1-4-glykosidisch verbundenen Glucoseeinheiten besteht.

cGMP-spezifische Phosphodiesterase, *cGMP-specific phosphodiesterase* Ein hydrolytisches →Enzym, das cGMP zu 5'-GMP abbaut.

chemische Kommunikation, *chemical communication* Eine Form der Signalübermittlung mithilfe chemischer Verbindungen. Dazu zählen sowohl die Kommunikation zwischen Organismen und ihrer Umgebung, zwischen Individuen verschiedener Arten sowie der gleichen Art als auch die Kommunikation zwischen Zellen innerhalb eines Gewebes oder Organismus.

Chorea Huntington, *Huntington's disease* (HD) Progressiv verlaufende neurologische Erbkrankheit mit Bewegungsstörungen und Demenz.

Chromatografie, *chromatography* Sammelbegriff für physikalisch-chemische Trennverfahren zur analytischen oder präparativen Trennung eines Stoffgemischs zwischen einer stationären und einer mobilen Phase.

Chromatogramm, *chromatogram* Fixierung der mittels →Chromatografie getrennten Komponenten in der Säule oder auf der Schicht oder die grafische Darstellung des Detektorsignals der getrennten Komponenten als Konzentrationsmaß gegen die Zeit.

Chromophor, *chromophore* Molekül oder Atomgruppe mit lichtabsorbierenden Eigenschaften. Durch die Häufung von Doppelbindungen oder aufgrund von aromatischem Charakter können Chromophore UV- oder sichtbares Licht absorbieren.

Chromosomen, *chromosomes* Strukturen in den Zellkernen eukaryotischer Zellen, die der Speicherung und Weitergabe der genetischen Information dienen.

Cilien, *cilia* Härchenartige feine Plasmafortsätze ausschließlich eukaryotischer Zellen von etwa 0,2 μm Durchmesser und 10 μm Länge, die primär der Bewegungserzeugung dienen – entweder der eigenen Fortbewegung von Einzellern und Mehrzellern im Wasser oder der Erzeugung von Wasserströmungen entlang von Zellverbänden, z. B. Flimmerepithel im Atemtrakt und Eileiter von Wirbeltieren oder im Darmtrakt vieler Wirbelloser.

Circe-Effekt, *circe effect* Bezeichnung für den Effekt, bei dem ein →Enzym elektrostatische Anziehungskräfte nutzt, um das Substrat der Reaktion zur aktiven Tasche des Enzyms zu dirigieren.

Cochlea, *cochlea* Teil des Gehörorgans der Säugetiere. Wird auch als „Schnecke" bezeichnet und zählt zum Innenohr.

Codon, *codon* Sequenz von drei aufeinanderfolgenden Nucleotiden in der →DNA oder →mRNA, die die Information für den Einbau einer spezifischen Aminosäure in die wachsende Polypeptidkette oder für die Beendigung der Polypeptidsynthese beinhaltet.

Coenzyme, *coenzymes* Nichtproteinogene Cosubstrate verschiedener →Enzyme. Es handelt sich um niedermolekulare, organische Verbindungen, die unmittelbar in die chemische Umsetzung eingreifen, dabei selbst verändert und in Enzym-Folgereaktionen wieder regeneriert werden.

Cofaktoren, *cofactors* Bei einer Reihe von →Enzymen für die katalytische Wirksamkeit erforderliche Zusatzstrukturen, wie Metallionen oder niedermolekulare organische Verbindungen (→Coenzyme).

C-reaktives Protein (CRP), *C-reactive protein* Ein zu den Akute-Phase-Proteinen gehörendes Globulin. Während die normale Konzentration im Serum 1–2 µg/ml beträgt, steigt sie im Rahmen der Akute-Phase-Reaktion bei akuten Entzündungen bis auf 1 mg/ml.

Creutzfeldt-Jakob-Erkrankung, *Creutzfeldt-Jakob disease (CJD)* Sehr seltene Erkrankung des Zentralnervensystems mit schnell fortschreitendem Verlust geistiger Fähigkeiten, spastischen Lähmungen und Muskelstarre. Auslöser sind wahrscheinlich →Prionen.

Cytochrom-Oxidase, *cytochrome oxidase* →Enzym, das den letzten Schritt des Elektronentransports in der Atmungskette und den Elektronentransfer vom Cytochrom c zum molekularen Sauerstoff katalysiert.

cytosolische Rezeptoren, *cytosolic receptors* Cytosolische Rezeptoren sind die primären Angriffspunkte von Steroiden, Retinoiden und kleinen, löslichen Gasen wie Stickstoffmonoxid (NO) und Kohlenstoffmonoxid (CO), die aufgrund ihrer Lipophilie bzw. ihrer geringen Molekulgröße die Zellmembran passieren können.

D

Dehydrogenasen, *dehydrogenases* Zu den Oxidoreduktasen gehörende →Enzyme, die die Übertragung von Wasserstoff von einem Substrat auf ein anderes Substrat katalysieren.

Desoxyribonucleinsäure (DNA), *desoxyribonucleic acid* Hochpolymeres Kettenmolekül, das die Fähigkeit zur identischen Reduplikation besitzt und durch die lineare Verknüpfung von vier Grundbausteinen in nichtzufallsmäßiger Reihenfolge bei fast allen Organismen und Viren Träger der genetischen Information ist.

Detektor-Antikörper, *detection antibody* Meist enzym- oder fluoreszenzmarkierter →Antikörper, der ein →Antigen direkt oder indirekt in einem →Immunoassay (z. B. →ELISA) nachweist.

Detergenzien, *detergents* Moleküle, die sowohl hydrophobe als auch hydrophile Regionen besitzen und hydrophobe Moleküle, einschließlich Fette, Öle und Schmierstoffe, in Wasser lösen können.

deuteriertes Wasser, *heavy water* Wasser, dessen Moleküle einen merklich erhöhten Anteil an schwereren Wasserstoffisotopen (Deuterium, ^{2}H oder D; Tritium, ^{3}H oder T) aufweisen.

Diabetes mellitus, *Diabetes mellitus*, Zuckerkrankheit. Eine Krankheit, die durch das teilweise oder vollständige Fehlen von Insulin, bzw. durch eine verringerte Anzahl oder verminderte Sensitivität der zellulären Insulinrezeptoren verursacht wird.

Diagnostische Lücke, *incubation period* Der Zeitraum zwischen dem Infektionszeitpunkt und dem labordiagnostischen Nachweis einer HIV-Infektion. Das ist die Zeit, die der Körper benötigt, um nachweisbare →Antikörper zu erzeugen. Der Umschlag von negativ nach positiv wird „Serokonversion" genannt.

Dialyse, *dialysis* Methode, bei der mithilfe einer semipermeablen Membran Moleküle aufgrund ihrer Größe getrennt werden. Die Dialysemembran lässt kleine Moleküle frei diffundieren, während größere Moleküle zurückgehalten werden.

Disco-Effekt, *disco effect* Der Effekt bezeichnet periodische Reflexionen des Sonnenlichtes durch die Rotorblätter von Windenergieanlagen, die im Allgemeinen als kurzer Lichtblitz wahrgenommen werden und abhängig von der Ausrichtung der Anlage (Windrichtung) auftreten können.

Dissoziationskonstante, *dissociation constant* Die Dissoziationskonstante beschreibt das chemische Gleichgewicht von Dissoziationsreaktionen unter bestimmten Standardbedingungen.

Disulfidbrücke, *disulfide bond* chemische Bindung zwischen zwei Schwefelatomen, die bei Proteinen eine zentrale Rolle bei der Ausbildung von →Tertiärstrukturen spielt.

DNA-Gelelektrophorese, *DNA gel electrophoresis* Die Trennung unterschiedlich langer →DNA-Moleküle einer Lösung aufgrund ihrer unterschiedlichen Wanderungsgeschwindigkeit in einem Agarose-Gel in einem elektrischen Feld.

DNA-Ligase, *DNA ligase* →Enzym, das Einzelstrangbrüche doppelsträngiger →DNA verschließen kann.

DNA-Polymerasen, *DNA polymerases* →Enzyme, die den schrittweisen Aufbau von DNA-Ketten lenken. Als Substrate werden die vier 2'-Desoxyribonucleosid-5'-triphosphate dATP, dCTP, dGTP und dTTP umgesetzt, deren 2'-Desoxyribonucleosid-5'-monophosphat-Reste auf die 3'-Enden der wachsenden DNA-Kette übertragen werden, wobei Pyrophosphat freigesetzt wird.

DNA-Sonde, *DNA probe* Chemisch synthetisierter, radioaktiv oder fluoreszenzmarkierter Nucleinsäureabschnitt, der verwendet wird, um ein gesuchtes Gen durch →Wasserstoffbrückenbindung an eine komplementäre Sequenz zu finden.

Drogen, *drugs* Bezeichnung für Präparate vor allem pflanzlicher, aber auch tierischer und mineralischer Herkunft, die selbst oder in Form von Auszügen als Heilmittel, Stimulanzien oder Gewürze Verwendung finden.

Dot-Immunoassay, *dot immunoassay* Methode zum qualitativen und semiquantitativen Nachweis von Molekülen in Probengemischen. Die Methode beruht auf der einfachen Übertragung einer Probenlösung auf Membranfilter aus Nitrocellulose oder Nylon. Der Nachweis erfolgt im Falle von DNA-Proben durch Hybridisierungen und im Falle von Proteinen oder anderen Verbindungen mit spezifischen Antikörpern.

Downstream-Prozess, *downstream process* In der Bioverfahrenstechnik die Aufarbeitung eines Produkts nach seiner Herstellung.

Drug-Discovery-Prozess, *drug discovery process* In der Medizin, Biotechnologie und Pharmakologie der Prozess, bei dem das Arzneimittel entdeckt oder entwickelt werden.

Drogen, *drugs* Bezeichnung für Präparate vor allem pflanzlicher, aber auch tierischer und mineralischer Herkunft, die selbst oder in Form von Auszügen als Heilmittel, Stimulanzien oder Gewürze Verwendung finden.

Duftstoffe, *scents* Flüchtige, chemisch meist uneinheitliche Verbindungen in Gas-, Dampf- oder gelöster Form, mit spezifischem Geruch, die oft aus Duftorganen oder Duftdrüsen von Pflanzen und Tieren ausgeschieden werden, z. B. ätherische Öle und Pheromone. Die Wahrnehmung der Duftstoffe erfolgt über die →Rezeptoren der Geruchssinnesorgane.

Duftstoffrezeptoren, *odorant receptors* Besitzen sieben transmembrane Domänen und koppeln über ein →G-Protein an →Adenylat-Cyclase. Die Stimulation einer Riechzelle mit einem →Duftstoff führt daher zur Bildung des Botenstoffs →cAMP in den Cilien.

E

Echtzeit-PCR, *real-time PCR* Arbeitsverfahren, das die reverse Transkription und →Polymerase-Kettenreaktion in einem experimentellen Versuchsansatz miteinander kombiniert. Als Ausgangsmaterial dient →RNA, die zunächst durch eine →Reverse Transkriptase in →DNA „umgeschrieben" wird, die dann mittels PCR amplifiziert werden kann.

Edman-Sequenzierung, *Edman sequencing* Edman-Abbau. Sequenzierungsmethode von Peptiden und kürzeren Polypeptiden durch stufenweise Markierung des N-terminalen Aminosäurerestes, gefolgt von der Abspaltung vom verkürzten Peptid und der Identifizierung des abgespaltenen Derivats.

Einheitszelle, *primitive cell* Elementarzelle. In der Kristallografie die Grundeinheit eines Kristallgitters, das durch Translation der Elementarzelle entlang der Basisvektoren aufgebaut wird.

Einzelketten-Antikörper, *single-chain fragments variable* →Rekombinante Antikörper, bestehend aus jeweils der variablen Region der leichten (L-Ketten) und der schweren Kette (H-Ketten) eines Antikörpers, die durch ein Verbindungspeptid verknüpft stabilisiert werden.

elektrischer Impuls, *electrical pulse* Die Funktionsgrundlage von Sinnes-, Nerven- und Muskelzellen beruht auf der Erzeugung, Weiterleitung und Verarbeitung von elektrischen Impulsen, die Informationen enthalten.

Elektroimmundiffusion, *electroimmunodiffusion* Zum quantitativen Nachweis eines einzelnen →Proteins in einem Proteinemisch geeignete Methode. Hierbei wird in ein Agarosegel ein spezifischer →Antikörper einpolymerisiert. Die zu testende Probe wird neben Vergleichsproben elektrophoretisiert. Bei der →Elektrophorese tritt das gesuchte Antigen mit dem im Gel vorhandenen Antikörper in Wechselwirkung. Es kommt zu einer Immunpräzipitation von Antigen-Antikörper-Komplexen.

Elektronendichtekarte, *3D model of the density of electrons* Die Verteilung der Elektronen in der Elementarzelle eines Kristallgitters.

elektronische Nasen, *electronic noses* Technisches System zur Messung von Gerüchen. Zu diesem Zweck erzeugen mikroelektronische Gassensoren elektronische Signale.

Elektrophorese, *electrophoresis* Trenntechnik, bei der Substanzen aufgrund ihrer elektrischen Ladungen und/oder ihrer molekularen Masse aufgetrennt werden.

Elektrospray-Ionisation (ESI), *electrospray ionization* Form der Massenspektrometrie, bei der aus in Lösung befindlichen Ionen gasförmige Ionen erzeugt werden.

Elektrotransfer, *electric transfer* Eine Methode zum Transfer von, meist durch →Gelelektrophorese aufgetrennten, Molekülgemischen auf Trägermembranen mithilfe von elektrischer Spannung im Rahmen verschiedener Blotting-Techniken.

ELISA, *Enzyme-linked Immunosorbent Assay* Immunologischer, diagnostischer Test, bei dem enzymgebundene Indikatorantikörper verwendet werden.

Elution, *elution* Das Auswaschen von Stoffen oder Nucleotiden, die an einer anderen Substanz adsorbiert sind, mithilfe von geeigneten Lösungsmitteln, Salzlösungen oder Gasen.

Enzym, *enzyme* →Protein oder →RNA-Molekül, das eine chemische Reaktion katalysiert.

Enzymaktivität, *enzyme activity* Sie gibt an, wie viel aktives →Enzym sich in einer Enzympräparation befindet. Die Einheit der Enzymaktivität ist das Katal.

Enzyminhibitoren, *enzyme inhibitors* Substanzen die entweder mit dem physiologischen Substrat um die Bindung an das →Enzym konkurrieren (→kompetitive Hemmung) oder – meist über eine Konformationsänderung des Enzyms – dessen Aktivität vermindern (→nichtkompetitive Hemmung).

Enzymnomenklatur (EC-Nummer), *enzyme nomenclature* (*enzyme commission number*) Wird der Klassifikationszahl von →Enzymen vorangestellt. Enzyme tragen das Suffix -ase und sind dadurch als Enzyme zu erkennen. Jedem bekannten Enzym wurde ein „Gebrauchsname" zugeordnet, dazu ein systematischer Name, der sich nach der katalysierten Reaktion richtet, und eine Klassifikationszahl, welche die eindeutige Bestimmung eines Enzyms erlaubt.

Enzym-Substrat-Komplex (ES), *enzyme-substrate complex* Bezeichnung für einen Komplex, der sich bei einer enzymkatalysierten Reaktion vorübergehend durch Bindung des →Substrats an das →aktive Zentrum des →Enzyms ausbildet.

Epitop, *epitope* Teil eines →Antigens, der durch eine Antikörperbindungsstelle erkannt wird. Bei Proteinantigenen ist ein Epitop in der Regel fünf bis acht Aminosäuren lang. Durch eine Genfusion kann ein Epitop mit einem Protein verknüpft werden, das dadurch markiert wird.

Exon, *exon* Teilbereich eines Mosaikgens, der einen in funktioneller →RNA enthaltenen Teilbereich codiert.

Expression, *expression* Im weiteren Sinne die vollständige Ausprägung der genetischen Information zum Phänotyp eines Organismus.

Extinktion (E), *extinction* Maß für die Lichtundurchlässigkeit einer Probe. Die frequenz- bzw. stoffabhängige Schwächung der Intensität einer Strahlung durch Absorption, Streuung und Reflexion in bzw. an Materie.

extrazelluläre Stimuli, *extracellular stimuli* Der Anfangspunkt eines Signaltransduktionsprozesses, kann durch Substanzen wie Hormone oder →Neurotransmitter, oder durch Umweltstimuli ausgelöst werden.

F

β-Faltblatt, *β sheet* →Sekundärstrukturelement von →Proteinen, bei dem verschiedene Polypeptidstränge in gestreckter Form durch →Wasserstoffbrücken stabilisiert nebeneinander liegen.

Fänger-Antikörper, *catcher antibody* Der →Antikörper, der in einem →Sandwich-ELISA an eine feste Phase immobilisiert wird und mit dem das nachzuweisende →Antigen gebunden wird.

Farbsehen, *color vision* Die Fähigkeit von Tieren und Menschen, mittels eines Lichtsinnesorgans und verschiedener Typen von →Photorezeptoren Licht von unterschiedlicher spektraler Zusammensetzung auch bei gleicher Intensität als verschieden wahrzunehmen.

Fehling'sche Lösung, *Fehling's solution* Die alkalische Lösung eines Kupfer(II)-tartrat-Komplexes in Wasser. Sie dient zum Nachweis reduzierender Stoffe.

Fermentation, *fermentation* Aerobe und anaerobe Stoffwechselreaktion von Bakterien, Pilzen (überwiegend Hefen) sowie →Enzymen zur Gewinnung von Produkten, Biomasse oder zur Biotransformation.

feste Phase, *solid phase* Matrix, an der bei einer →Chromatografie Substanzgemische weiterbefördert werden. Aufgrund der Wechselwirkungen zwischen der Probe, der festen Phase und der mobilen Phase werden die einzelnen Komponenten unterschiedlich schnell weitertransportiert und können somit voneinander getrennt werden.

Fettsäure-Bindungsproteine, *fatty acid-binding proteins, FABP* Eine Familie von Trägerproteinen für Fettsäuren und andere lipophile Stoffe. Man geht davon aus, dass sie am transzellulären Transport von Fettsäuren beteiligt sind.

Filtration, *filtration* Technisches Verfahren zum Trennen von Feststoffen und Flüssigkeiten bzw. Gasen, wobei die festen Stoffe von einem Filter aufgefangen werden.

FISH, *fluorescence in situ hybridisation* Nichtradioaktives Verfahren der *in-situ*-Hybridisierung. FISH eignet sich u. a. zur physikalischen Kartierung von Genen und genomischen Markern an Metaphase-→Chromosomen.

Fließgleichgewicht, *steady state* Gleichgewichtszustand in offenen Systemen, wobei ein ständiger Strom von ausgetauschter Masse und Energie stattfindet.

Flugzeit-Massenspektrometer, *time-of-flight, TOF* Massenspektrometer, das misst, wie lange ein Ion benötigt, um von der Ionenquelle bis zum Detektor zu gelangen.

Fluoreszenz, *fluorescence* Typ der Lumineszenz, bei der durch Absorption von Licht angeregte Atome rasch unter Lichtemission in den Grundzustand zurückkehren. Das ausgestrahlte Licht hat dabei dieselbe oder eine größere Wellenlänge als das absorbierte.

Fraktionierung, *fractionation* Die Zerlegung eines Stoffgemischs durch stufenweise Abtrennung der Bestandteile unter bestimmten Temperatur-, Druck- oder Konzentrationsbedingungen.

G

gelber Fleck, *macula lutea* Areal der Netzhaut, in dem vorwiegend Zapfen als Rezeptoren so angeordnet sind, dass die Lichtstrahlen direkt auf sie auftreffen; an dieser Stelle trifft die Sehachse direkt auf die Netzhaut auf (Fovea centralis, Sehgrube), außerdem sind die anderen Netzhautschichten seitlich verschoben.

Gelelektrophorese, *gel electrophoresis* Elektrophoretische Trennung von Molekülen mithilfe eines Gels, das in der Regel aus Agarose oder Acrylamid besteht.

Gelfiltrationschromatografie, *size exclusion chromatography* Eine Variante der →Chromatografie, bei der Moleküle nach ihrer Größe und Form auf schonende Art getrennt werden, sodass diese Methode auch sehr gut für die Trennung empfindlicher Biomoleküle geeignet ist. Grundlage einer solchen Gelfiltration ist eine mit einer speziellen Gelmatrix gefüllte Säule. Große Moleküle vermögen eine solche Säule schneller zu durchwandern, da sie schlechter in die Poren der Gelmatrix eindringen können als kleinere Moleküle, welche effektiv in einem größeren Volumen verteilt sind und daher langsamer durch die Matrix gelangen.

Gen-Chip, *DNA microarray* Analysesystem mit einzelsträngigen DNA-Fragmenten von Genen, die mit einem Ende präzise lokalisierbar auf einer Matrix verankert sind. Aus dem Kern von zu testenden Zellen wird die →DNA isoliert, mittels →PCR amplifiziert und mit Fluoreszenzstoffen markiert. Die Hybridisierung von komplementären Sequenzen wird analysiert, indem durch die Rückseite des Chips ein Laserstrahl gelenkt wird und ein Detektor die davon angeregte Fluoreszenzstrahlung registriert.

Geschmacksknospe, *taste bud* Knospenartige Ansammlung von Chemorezeptoren im Epithel der Zunge von Wirbeltieren, die von sensorischen Neuronen innerviert wird.

Glucose, *glucose* Das am meisten verbreitete Monosaccharid. Im Energiestoffwechsel ist Glucose insbesondere als Endprodukt der Photosynthese sowie als Ausgangsprodukt der →Glykolyse bzw. der alkoholischen Gärung von zentraler Bedeutung.

Glykolyse, *glycolysis* Ein für alle Organismen essenzieller Stoffwechselweg im Cytoplasma für den Abbau von freier →Glucose oder von Reservepolysacchariden wie Glykogen und Stärke unter Energiegewinn in Form von ATP.
Unter anaeroben Bedingungen ist das Endprodukt der Glykolyse Lactat oder Ethanol.

G-Proteine, *G proteins* Membranproteine, die an der Signalübertragung beteiligt sind; charakterisiert durch Bindung von GDP oder GTP.

H

Haarnadelstruktur, *hairpin* Doppelsträngige sekundäre Struktur, die durch Auffaltung eines einzelnen Stranges DNA oder RNA bei Basenpaarung innerhalb des Stranges entsteht.

Haarzellen, *hair cells* Typ von Mechanorezeptoren bei Tieren. Können Schallwellen und andere Bewegungen in Wasser oder Luft wahrnehmen.

Hämoglobin, *hemoglobin* Roter Blutfarbstoff, der vorwiegend dem Sauerstofftransport dient und bei Menschen und Wirbeltieren in den Erythrocyten, bei vielen Wirbellosen frei im Hämolymphe vorkommt.

Haplotypen, *haplotypes* Kombination der Allele mehrerer gekoppelter Gene eines einzelnen →Chromosoms.

Haptene, *haptens* Sammelbezeichnung für niedermolekulare Stoffe, die allein keine adaptive Immunität auslösen, d. h. keine Bildung von →Antikörpern induzieren können, die jedoch immunogen wirken, wenn sie an makromolekulare Carrier gekoppelt sind.

Heidelberger-Kurve, *Heidelberg curve* In der Immunologie der Verlauf der →Präzipitatbildung bei Titration eines mindestens bivalenten →Antikörpers mit einem →Antigen oder umgekehrt. Sie erreicht ihr Maximum am Äquivalenzpunkt und sinkt bei Überschuss einer Komponente ab.

α-Helix, *alpha helix* →Sekundärstrukturelement von →Proteinen in Form einer langgestreckten Schraube mit normalerweise rechtsdrehendem Windungssinn.

Hexokinase, *hexokinase* →Enzym, das den ersten Schritt der →Glykolyse, die Übertragung eines Phosphatrestes von ATP auf →Glucose unter Bildung von Glucose-6-phosphat, katalysiert.

Histone, *histones* Eine Gruppe von basischen →Proteinen, die in den Nucleosomen der →Chromosomen mit der →DNA assoziiert sind.

Hepatitis-C-Virus, *hepatitis C virus* Erreger der Hepatitis C, der aufgrund seiner Genomorganisation zu den Flaviviren gehört.

hochaktive antiretrovirale Therapie (HAART), *Highly Active Anti-Retroviral Therapy* Kombinationstherapie für →HIV-Erkrankte, bei der Nucleosidanaloga zur Inhibition der →Reversen Transkriptase, nichtnucleosidische Reverse-Transkriptase-Inhibitoren und Protease-Inhibitoren in unterschiedlichen Kombinationen verabreicht werden.

Hochdurchsatz-Screening, *high-throughput-screening* Automatisierte Methode, bei der eine hohe Zahl an biochemischen, genetischen oder pharmakologischen Tests durchgeführt wird.

Hochleistungs-Flüssigkeitschromatografie (HPLC), *High Performance Liquid Chromatography* Eine Variante der Flüssigkeitschromatografie, die mit Teilchengrößen der stationären Phase von 5–10 µm und hohem Druck (bis über 10^7 Pa) arbeitet und bei der in der Regel stabile Stahlsäulen verwendet werden.

humanes Choriongonadotropin (hCG), *human chorionic gonadotropin* Glykoprotein der Placenta mit hohem →Kohlenhydratanteil, das die Produktion von Östrogen und Progesteron stimuliert und damit sekundär das Wachstum des Uterus fördert. Es wird vorwiegend während der ersten Schwangerschaftsmonate gebildet und mit dem Urin ausgeschieden. Darauf beruht die Aschheim-Zondek-Reaktion zum Schwangerschaftsnachweis.

Humanes Immundefizienzvirus HIV, *human immune deficiency virus* Das →Retrovirus, das →Aids verursacht.

Hybridomzelle, *hybridoma cell* Zelle, die durch Verschmelzung eines →Antikörper produzierenden →B-Lymphocyten mit einer →Myelomzelle entsteht. Ein Hybridom produziert →monoklonale Antikörper.

I

Immunanalytik, *immune analytics* Analytische Methoden, deren Prinzip auf →Antigen-Antikörper-Reaktionen mit markierten →Antikörpern basiert.

Immunoassay, *immuno assay* Testmethode, bei der Bestandteile des Immunsystems, meist →Antikörper, als Nachweisreagenzien dienen.

Immunkomplex, *immune complex* Makromolekularer Komplex, der durch die spezifische Bindung zwischen mindestens bivalenten →Antikörpern und ihrem spezifischen →Antigen zustande kommt.

Immunogene, *immunogenes* Vollständige →Antigene, die sowohl eine Immunantwort induzieren als auch mit den Produkten dieser Antwort reagieren können. Im Gegensatz dazu stehen als unvollständige Antigene die →Haptene.

Immunsystem, *immune system* Körpereigenes Schutzsystem bei Wirbeltieren, das körperfremde Substanzen (z. B. →Bakterien, Viren, Schadstoffe) erkennt und versucht, diese zu eliminieren oder zu neutralisieren.

induzierte Passform, *induced fit* Veränderung der Konformation eines →Enzyms durch Bindung an ein →Substrat, wodurch es katalytisch noch wirksamer wird.

Inkubation, *incubation* a) Beibehaltung kontrollierter Umgebungsbedingungen zum Zweck der Durchführung eines wissenschaftlichen Experiments *in vivo* oder *in vitro* oder der Kultivierung von Mikroorganismen oder Zellkulturen.
b) Entwicklung einer Infektion in einem Organismus vom Zeitpunkt des Eindringens des Erregers bis zu deren Manifestation.

intrazelluläre Stimuli, *intracellular stimuli* Der Anfangspunkt eines →Signaltransduktionsprozesses, kann z. B. durch Calciumionen ausgelöst werden.

Intron, *intron* Teilbereich eines Mosaikgens, der zusammen mit den →Exons als Primärtranskript transkribiert wird. Die Introns werden jedoch beim →Spleißen aus dem Transkript entfernt.

Ionenaustauschchromatografie, *ion exchange chromatography* Eine Form der Flüssig-Fest-→Chromatografie, die auf der reversiblen Ausbildung heteropolarer Bindungen zwischen den an die Matrix des Ionenaustauschers gebundenen Festionen und mobilen Gegenionen basiert. Passiert ein ionisches Gemisch eine Ionenaustauschersäule, so werden neutrale Moleküle oder Ionen eluiert, die die gleiche Ladung wie die Festionen besitzen, während die den Festionen entgegengesetzt geladenen Spezies mit den Gegenionen um die Bindungsplätze konkurrieren, wobei die Ionen mit höherer Ladung als die Gegenionen an die Festionen gebunden und zurückgehalten werden.

Ionenkanal, *ion channel* Tunnelprotein, das Ionen durch eine Membran diffundieren lassen kann. Selektive Ionenkanäle lassen nur bestimmte Ionen passieren, gesteuerte Ionenkanäle öffnen oder schließen sich als Reaktion auf die Anheftung bestimmter Moleküle (chemisch gesteuert beziehungsweise ligandengesteuert) oder auf Veränderungen des →Membranpotenzials (spannungsgesteuert).

isoelektrische Fokussierung (IEF), *isoelectric focusing* Elektrophoretische Methode zur Auftrennung von Proteinen gemäß ihrer Ladung durch einen pH-Gradienten.

isoelektrischer Punkt (pI), *isoelectric point* →pH-Wert, bei dem ein Molekül keine Nettoladung trägt.

Isoenzyme, *isozymes* Unterschiedliche Formen eines →Enzyms, die eine etwas abweichende →Aminosäuresequenz aufweisen, aber die gleichen Reaktionen katalysieren.

K

Kapillarelektrophorese, *capillary electrophoresis* Trägerfreie elektrophoretische Trennmethode, die auf dem gleichen Prinzip wie die konventionelle →Elektrophorese beruht. Die Trennung der Analyte erfolgt jedoch in Glaskapillaren aus amorphem Silica-Glas mit einem Durchmesser von 25–100 µm.

Kapillartransfer, *capillary transfer* Eine der →Blotting-Techniken zum positionsgenauen Transfer von Makromolekülen (→DNA, →RNA, →Proteine) auf Trägermembranen. Man unterscheidet eine aufwärtsgerichtete (klassische) und eine abwärtsgerichtete Kapillartransfermethode.

Karyotyp, *karyotype* Gesamtheit der cytologisch erkennbaren Chromosomeneigenschaften eines Individuums oder einer Gruppe verwandter Individuen.

Katalysator, *catalyst* Chemische Substanz, welche die Geschwindigkeit einer Reaktion beschleunigt, ohne dabei selbst verbraucht zu werden. Katalysatoren setzen die →Aktivierungsenergie einer Reaktion herab. →Enzyme sind →biologische Katalysatoren.

Kernresonanzspektroskopie, *nuclear magnetic resonance (NMR)* Spektroskopisches Verfahren zur Strukturaufklärung von organischen und metallorganischen, seltener von anorganischen Verbindungen, welche sich die Messung des Eigendrehimpulses von Atomkernen zunutze macht.

Kinetik, *kinetics* Teilgebiet der physikalischen Chemie, das quantitative Beziehungen zwischen dem zeitlichen Ablauf chemischer Reaktionen und den sie beeinflussenden Faktoren aufzeigt.

Knock-in/-out, *knock-in/out* Einführung oder Ausschalten eines neuen →Gens und damit der entsprechenden Genfunktion. Es kann prinzipiell unspezifisch durch verschiedene gentechnologische Eingriffe geschehen, oder aber gezielt mittels homologer Rekombination oder mittels *gene-trap*-Methode.

Kohlenhydrate, *carbohydrates* Organische Moleküle aus den Bestandteilen Kohlenstoff, Wasserstoff und Sauerstoff im Verhältnis 1:2:1 (das heißt mit der allgemeinen Formel $C_nH_{2n}O_n$); z. B. Zucker, Stärke und →Cellulose.

kompetitive Hemmung, *competitive inhibition* Blockierung eines →Enzyms durch Bindung eines dem eigentlichen Substrat ähnlichen Moleküls an das →aktive Zentrum. Verhindert die Bindung an das →Substrat und die Reaktion.

Konjugation, *conjugation* Die zeitweise Verbindung von →Bakterienzellen, in deren Verlauf

→DNA von einer Donorzelle mithilfe eines F-Pilus auf eine Rezeptorzelle übertragen wird.

kovalente chemische Bindungen, *covalent bond* Chemische Bindung, bei der sich zwei Atome Elektronen teilen. Gewöhnlich eine feste Bindung.

Kreatin-Kinase, *creatine kinase* **(CK)** Phosphotransferase, die in Gehirn und Muskel vorkommt. Sie katalysiert die reversible ATP-Bildung aus ADP und Kreatinphosphat in Abhängigkeit von Mg(II) und Mn(II). Die Muskelkontraktion verbraucht ATP. Während einer längeren Arbeit wird das ATP jedoch nicht aufgebraucht, weil die Kreatin-Kinase kontinuierlich die Phosphorylierung von ADP zu ATP auf Kosten der großen Mengen an gespeichertem Kreatinphosphat katalysiert.

Kreuzreaktivität, *cross reactivity* Reaktion eines →Antikörpers oder Antiserums mit einem anderen als dem zur Immunisierung verwendeten →Antigen.

Kristallisierung, *crystallization* Bildung von Kristallen aus Lösungen, Schmelzen oder der Gasphase. Die Kristallisation aus einer Lösung tritt beim Eindampfen oder Abkühlen bzw. Ausfällen ein, wenn die Sättigungskonzentration der gelösten Substanz überschritten wird.

L

Lactat-Dehydrogenase (LDH), *lactate dehydrogenase* →Enzym, das den letzten Schritt der →Glykolyse, die Bildung von Milchsäure durch Hydrierung von →Pyruvat katalysiert. LDH katalysiert auch die Umkehrreaktion. Wegen der zentralen Bedeutung kommt das Enzym im Organismus ubiquitär in hohen Aktivitäten vor.

Lactatelektrode, *lactate electrode* Enzymelektrode zur Beurteilung der körperlichen Leistungsfähigkeit durch den künstlichen Elektronenüberträger Ferricyanid.

Lambert-Beer'sches Gesetz, *Beer-Lambert law* Gesetz, das besagt, dass die →Extinktion (E) in Lösungen der Anzahl der gelösten Teilchen (c) und der durchstrahlten Schichtdicke (d) proportional ist: $E = \varepsilon \cdot c \cdot d$.

Lichtsinneszellen, *photosensitive cells* Bei Tieren und Mensch die →Photorezeptorzellen (Sehzellen) bzw. die darin geordnet vorliegenden Strukturen zur Lichtabsorption (Stäbchen und Zapfen der Netzhaut des Linsenauges von Wirbeltieren).

Limulus-Test, *Limulus amebocyte lysate* Test zum Nachweis pyrogener Stoffe. Er misst die Gerinnung eines aus Blutzellen des Pfeilschwanzkrebses gewonnenen Lysats durch →Pyrogene (Endotoxine). Die Auswertung erfolgt turbidimetrisch oder mithilfe einer Farbreaktion.

Lineweaver-Burk-Gleichung, *Lineweaver-Burk equation* Resultiert aus der algebraischen Umformung der →Michaelis-Menten-Gleichung. Durch die doppelt reziproke Darstellung der Michaelis-Menten-Gleichung kann die maximale →Anfangsgeschwindigkeit einer enzymatischen Reaktion genauer bestimmt werden als bei der einfachen Darstellung.

Luciferase, *luciferase* Enzym, welches die Oxidation der polyzyklischen aromatischen Luciferine mit molekularem Sauerstoff katalysiert und damit →Biolumineszenz erzeugt.

Lymphocyten, *lymphocytes* Teil der weißen Blutkörperchen, verschiedene Typen von Lymphocyten gehören zum Immunsystem.

M

Mancini-Test, *Mancini immuno diffusion* Technik zur quantitativen Bestimmung von Antigenkonzentrationen. In eine Agarschicht, die ein Antiserum enthält, werden in ausgestanzte Löcher definierte Antigenmengen und die zu untersuchenden Lösungen gefüllt. Durch die Diffusion des →Antigens in den →Agar kommt es zur Ausbildung von Präzipitationsringen, deren Durchmesser von der Antigenkonzentration abhängt.

Mass fingerprint, *mass fingerprint* Charakteristische Absorptionen für ein Molekül, die sich hervorragend zur Feststellung der Identität einer Substanz mit einer authentischen Probe eignen.

Massenspektrometrie, *mass spectrometry* Verfahren zur analytischen Auftrennung gasförmiger Ionen nach ihrem Masse/Ladungs-Verhältnis.

matrixunterstützte Laserdesorption/Ionisation (MALDI), *matrix-assisted laser-desorption/ ionization* Form der →Massenspektrometrie, bei der mittels eines pulsierenden Lasers aus einer festen Probe gasförmige Ionen erzeugt werden.

Maximalgeschwindigkeit (V_{max}), *maximum velocity, V_m or V_{max}* Geschwindigkeit, die erreicht wird, wenn alle →aktiven Zentren eines →Enzyms an →Substrat gebunden sind.

Membranpotenzial (Donnan-Potenzial), *membrane potential* Durch ungleiche Verteilung von Ionen in Cytoplasma und Extrazellulärflüssigkeit entstandene unterschiedliche Ladung an der Außen- und der Innenseite der Zellmembran.

Metallchelatchromatografie (MCC), *metal ion chelate chromatography* →Affinitätschromatografie, die nicht auf biospezifischen Erkennungsparametern beruht. Bei diesem Verfahren ist eine Metall-komplexierende Gruppe am Säulenmaterial immobilisiert und so gebunden, dass eine oder mehrere Koordinationsstellen für eine Wechselwirkung mit basischen Gruppierungen von Proteinen vorhanden sind.

Michaelis-Konstante K_m, *Michaelis constant K_m* Die Substratkonzentration, bei der die Reaktionsgeschwindigkeit die Hälfte ihres Maximalwertes erreicht; ist ein umgekehrtes Maß für die Affinität des Substrats zum →aktiven Zentrum.

Michaelis-Menten-Gleichung, *Michaelis-Menten equation* Darstellung der Enzymkatalyse in Abhängigkeit von der Substratkonzentration.

Mikroarray, *microarray* Sammelbezeichnung für moderne Analysesysteme, die die parallele Analyse von mehreren Tausend Einzelnachweisen in einer geringen Menge biologischen Probenmaterials erlauben.

Mikrosatelliten-DNA, *microsatellites* Di-, Trioder Tetranucleotide, die zu zehn bis 30 Kopien innerhalb einer „geclusterten" Repetitionseinheit eukaryotischer →DNA auftreten. Ihre Schwebedichte bei der Dichtegradienten-Zentrifugation weicht aufgrund hohen AT-Gehalts von der der übrigen DNA ab.

molekularer Schalter, *molecular switch* Besteht aus Molekülen, die sich reversibel in zwei stabile Zustände überführen lassen und dadurch binäre (1 oder 0) Informationen übertragen können.

Molekularsiebeffekt, *molecular sieve effect* Beschreibt die schonende Auftrennung von Molekülen nach ihrer Größe durch ein dreidimensionales Netzwerk aus polymeren organischen Verbindungen, das mit hydrophilen Poren durchsetzt ist.

monoklonaler Antikörper, *monoclonal antibody* →Antikörpermolekül, das durch einen bestimmten Klon eines Lymphocyten produziert wird und das mit einem einzigen →Epitop reagiert.

multiple Klonierungsstelle, *multiple cloning site* **(MCS)** Meist synthetisch hergestelltes →Oligonucleotid, das jeweils singuläre Schnittstellen für mehrere →Restriktionsenzyme aufweist. Es wird meist in Vektoren eingebaut, wobei die entsprechenden Schnittstellen ausschließlich in der MCS bereitgestellt werden.

mRNA (messenger-Ribonucleinsäure), *messenger ribonucleic acid* Ribonucleinsäuremoleküle, die durch den Prozess der →Transkription an →DNA als Matrize entstehen und anschließend mithilfe von →Ribosomen und →tRNA im Prozess der →Translation in die →Aminosäuresequenzen von →Proteinen übersetzt werden.

Mycoplasmen, *mycoplasma* Gruppe der Bakterien, die keine Zellwand besitzen, aber wegen der →DNA-Zusammensetzung bei den grampositiven Bakterien einzuordnen sind. Sie bilden auch keine Vorstufen des Mureins, sodass sie durch zellwandwirksame Antibiotika nicht geschädigt werden.

Myelomzellen, *myeloma cells* Entartete →Lymphocyten, die zur Ausbildung von Tumoren führen.

Myoglobin, *myoglobin* Das Sauerstoff bindende Protein des Muskels. Myoglobin zeigt strukturelle und funktionelle Homologie zu →Hämoglobin.

N

NAD⁺ (Nicotinamidadenindinucleotid), *nicotinamide adenine dinucleotide* Chemischer Speicher von Reduktionskraft, der als Akzeptor und Donor von Wasserstoffatomen fungiert.
Auch als Reduktionsäquivalent bezeichnet.

NADPH (Nicotinamidadenindinucleotidphosphat), *nicotinamide adenine dinucleotide phosphate* Eine dem →NAD⁺ ähnliche Verbindung, die eine zusätzliche Phosphatgruppe enthält. Hat ähnliche Funktionen, wird aber von anderen →Enzymen verwendet.

Neobiota, *invasive species* Nichtheimische biologische Arten, die ein Biotop infolge direkten oder indirekten menschlichen Einflusses besiedelt und sich dort etabliert haben.

Nephelometrie, *nephelometry* Methode zur Quantifizierung eines gelösten →Antigens. Hierbei wird nach Zugabe eines geeigneten →Antikörpers die durch die Immunkomplexe induzierte Lichtstreuung gemessen.

Neurotransmitter, *neurotransmitter* Der in einem Neuron (der präsynaptischen Zelle) produzierte und in den synaptischen Spalt abgegebene chemische Überträgerstoff, der die folgende (postsynaptische) Zelle anregt oder hemmt.

Netzhaut →*Retina*.

nichtkompetitive Hemmung, *noncompetitive inhibition* Blockierung eines →Enzyms durch Bindung eines Hemmstoffs außerhalb des →aktiven Zentrums. Dadurch wird die Konformation des Enzyms so verändert, dass das →Substrat nicht mehr binden kann.

NompC, *no mechanoreceptor potential* →Ionenkanal in wirbellosen Tieren, der an der Wahrnehmung von Sinneseindrücken beteiligt ist.

Normalphase, *normal phase* Chromatografie, bei der eine polare stationäre Phase genutzt wird. Die Stärke der Elutionskraft der mobilen Phase ist abhängig von der Polarität, je polarer die mobile Phase ist, desto schneller wird eine Substanz eluiert.

Northern Blot Der Transfer elektrophoretisch aufgetrennter →RNA aus einem Gel auf eine Membran. Nach Fixierung auf der Membran kann die RNA mit Hybridisierungsmethoden analog zum →Southern Blot weiter untersucht werden.

Nozirezeptoren, *nociceptors* Spezialisierte Nervenendigungen zur Aufnahme und Weitermeldung potenziell schädlicher Reize (Nozizeption, Schmerz). Die meisten Nozirezeptoren sprechen auf verschiedene Reizarten (mechanische, thermische, chemische) an. Nozirezeptoren kommen nahezu in allen Organen vor, mit größter Dichte in der Haut, nicht aber im Gehirn und in der Leber.

Nozizeption, *nociception* →Schmerzempfindung.

O

Oberflächenplasmonresonanz, *surface plasmon resonance* Ein quantenmechanisches Phänomen, das in Verbindung mit totaler interner Reflexion polarisierten Lichtes in Gegenwart einer dünnen Metallschicht oder eines Halbleiterfilms auftritt. →Biosensortechnologie beruht häufig auf dieser Technologie zur Detektion von Massenänderungen in einem evaneszenten Feld.

optische Auflösung, *optical resolution* Eigenschaft eines Auges oder eines optischen Geräts, z. B. eines Mikroskops; minimaler Abstand zwischen zwei Linien, die noch getrennt wahrgenommen werden können.

optischer Warburg-Test, *Warburg Optical Test* Methode zur Bestimmung der enzymatischen Aktivität von →NAD- bzw. →NADP-abhängigen Dehydrogenasen. Hierbei wird die Absorption bei 340 nm gemessen. Diese dient als Maß für den Reduktionsgrad von NAD⁺ oder NADP⁺.

ortsgerichtete Mutagenese, *site-directed mutagenesis* Absichtliche Veränderung einer bestimmten →DNA-Sequenz durch eine gentechnische Methode.

Ouchterlony-Test, *Ouchterlony double immuno diffusion* Agardiffusionstest zur Erfassung von →Antigen-Antikörper-Reaktionen in Agarmedien. Zur Bestimmung des Antigentiters wird die Ouchterlony-Technik genutzt, bei der beide Reaktionspartner im Agargel aufeinander zu diffundieren und an ihren Berührungsstellen Präzipitationslinien bilden.

P

p24-Antigen, *p24 antigen* Protein, das sich in der Umhüllung von →HIV-1 befindet und für HIV-→ELISA-Tests herangezogen werden.

Paratop, *paratope* Die für das Erkennen des →Epitops verantwortliche Region einer B-Zelle oder eines →Antikörpers.

passives Biomonitoring, *passive biomonitoring* Verfahren zur teilweise biotechnologischen Überwachung möglicher chemischer Verunreinigungen in Boden, Wasser, Abwasser und Luft sowie zur Kontrolle von Reinigungsprozessen, wobei lebensraumeigene Organismen untersucht werden.

Patch-clamp-Technik, *patch clamping* Methode zur Isolierung eines winzigen Membranstückes, um die Ionenbewegung durch einen einzelnen →Ionenkanal untersuchen zu können.

Pellagra, *pellagra* Multiple Vitaminmangelkrankheit, die im Wesentlichen auf einem Mangel an Vitamin B₅ (Nicotinamid, Nicotinsäure) beruht.

Penicillin, *penicillin* Beta-Lactam-Antibiotikum, das das *cross-linking* der Peptidoglykanketten in der Zellwand von Bakterien inhibiert. Es gibt eine große Zahl von Penicillinderivaten, z. B. Ampicillin.

Peroxidasen, *peroxidases* Zu den Oxidoreduktasen gehörende, Häm enthaltende →Enzyme. Sind im Tier- und Pflanzenreich weit verbreitet und katalysieren die Entgiftung von Wasserstoffperoxid unter Beteiligung von organischen Wasserstoffdonoren.

Phenylisothiocyanat (PITC), *phenylisothiocyanate* Reagens zum →Edman-Abbau bei der Sequenzanalyse von Peptiden und →Proteinen.

Pheromone, *pheromones* Sekretierte chemische Verbindungen, die das Verhalten anderer Zellen oder Organismen beeinflussen.

Phosphodiesterbindungen, *phosphodiester bonds* Bindungen, die den Zusammenhalt der einzelnen Nucleotide der →DNA bilden, wobei die α-Phosphatgruppe am 5'-Kohlenstoff eines Nucleotids mit dem 3'-Kohlenstoff eines anderen Nucleotids verestert ist. Dadurch erhalten DNA-Moleküle zwei unterschiedliche Enden und somit eine Orientierung, nämlich ein sogenanntes 5'-Ende, dessen Triphosphatgruppe nicht an einer Esterbindung beteiligt ist, und am anderen Ende das sogenannte 3'-Ende mit einer →freien Hydroxylgruppe.

Photometrie, *photometry* Messmethode, bei der Lichtgrößen mithilfe eines Photometers bestimmt werden. In der Biologie, Medizin und Chemie wird die Photometrie vor allem zur Konzentrationsbestimmung bekannter Substanzen sowie zur Messung von Enzymaktivitäten verwendet.

Photorezeptoren, *photoreceptors* a) Pigmente, die eine physiologische Reaktion auslösen, wenn sie ein Photon absorbieren.
b) →Lichtsinneszellen, die Lichtenergie wahrnehmen und darauf reagieren.

Phototaxis, *phototaxis* Durch Licht bewirkte, gerichtete ortsverändernde Bewegung freibeweglicher Organismen.

PHT-Aminosäure, *PHT amino acid* Entsteht bei der Sequenzierung von Peptiden und →Proteinen über →Edman-Abbau. Die Analyse und Identifizierung erfolgt mit chromatografischen Methoden.

pH-Wert, *pH value* Der negative dekadische Logarithmus der Protonenkonzentration; Maß für die Azidität einer Lösung. Eine Lösung mit einem pH von 7 wird als neutral bezeichnet; pH-Werte größer als 7 sind charakteristisch für basische Lösungen, während saure Lösungen einen pH-Wert kleiner als 7 aufweisen.

Plasma, *plasma* Der flüssige Anteil des Blutes, in dem Blutzellen und andere Teilchen gelöst sind.

Plasmid, *plasmid* Bei Bakterien und zum Teil bei Hefen kleine zirkuläre doppelsträngige, extrachromosomale →DNA, die meist nur wenige Gene enthält und als unabhängige genetische Einheit repliziert wird.

polyklonale Antikörper, *polyclonal antibodies* Gemisch von →Antikörpern gegen mehrere bis viele →Epitope.

Polymerase-Kettenreaktion (PCR), *polymerase chain reaction* Methode, mit der eine bestimmte Region der →DNA durch eine sich wiederholende Abfolge von Denaturierung, Anlagerung spezifischer Primer und DNA-Synthese amplifiziert werden kann. Die Konzentration des amplifizierten DNA-Fragments nimmt mit jedem Zyklus exponentiell zu.

Polymere, *polymers* Ketten aus identischen oder ähnlichen Molekülen.

posttranslationale Modifikation, *posttranslational modification* Veränderung an →Proteinen im Anschluss an die →Translation. Hierzu zählen z. B. Glykosylierungen, Acetylierungen und Methylierungen.

Präzipitation, *precipitation* Die Ausfällung eines gelösten Stoffes durch die Zugabe eines anderen, z. B. durch Bildung einer schwer löslichen Verbindung.

Primärstruktur, *primary structure* Die lineare Anordnung der Untereinheiten eines →Polymers.

Prionen, *prions* Kurzbezeichnung für *proteinaceous infectious particles*, proteinartige infektiöse Partikel, bei denen es sich um die Erreger bestimmter übertragbarer schwammartiger Hirnerkrankungen beim Menschen und bei Säugetieren handelt (→bovine spongiforme Encephalopathie, →Creutzfeld-Jakob-Erkrankung). Prionen bestehen überwiegend oder ausschließlich aus Aggregaten einer abnorm gefalteten, pathogenen Isoform eines normalen zellulären →Proteins.

Promotor, *promoter* →DNA-Bereich eines Gens, durch den der Initiationspunkt und die Initiationshäufigkeit der →Transkription festgelegt werden und an den die RNA-Polymerase bindet.

prosthetische Gruppen, *prosthetic group* Zusätzliche (oft kovalent) an ein →Protein gebundene chemische Gruppe (z. B. die Häm-Gruppe), die aber nicht in die Polypeptidkette eingebaut ist.

Proteine, *proteins* Aus einzelnen →Aminosäuren aufgebaute →Polymere; Proteine sind nicht nur Hauptbestandteil der Zellstrukturen, sondern leisten auch die meiste metabolische Arbeit in der Zelle.

Pyrogene, *pyrogenes* Hitzestabile, dialysierbare Substanzen aus apathogenen und pathogenen Bakterien, aber auch Partikel, wie Gummiabrieb von Injektionsflaschen und mikroskopische Kunststoffteilchen. Sie bewirken beim Menschen Fieber und Schüttelfrost.

Pyruvat, *pyruvic acid* Hat als Zwischenprodukt im Stoffwechsel der Zelle eine zentrale Stellung: Es entsteht z. B. bei der →Glykolyse und beim

Fettabbau, unter anaeroben Bedingungen wird es in Lactat, unter aeroben Bedingungen in Acetyl-Coenzym A umgewandelt, das in den Citratzyklus eingeht.

R

Radioimmunoassay (RIA), *radio immuno assay* Erfasst quantitativ im *in-vitro*-System eine immunologische Reaktion zwischen einer zu bestimmenden Substanz und ihrem spezifischen →Antikörper unter gleichzeitiger Verwendung von radioaktiv markiertem →Antigen als technisch messbarer Leitsubstanz.

Reaktionsindikatoren, *reaction indicators* Organismen, die durch Einwirkung von Schadstoffen in ihrer Entwicklung beeinträchtigt oder abgetötet werden.

rekombinante Antikörper, *recombinant antibodies* Werden *in vitro* hergestellt, d. h. ohne Versuchstier. Sie stammen typischerweise aus Antikörpergen-Bibliotheken, die die Herstellung von →Antikörpern in Mikroorganismen ermöglichen. Die Isolierung eines spezifisch bindenden Antikörpers erfolgt dabei nicht durch das Immunsystem eines Organismus, sondern durch einen Bindungsschritt im Reagenzglas (*Panning*). Rekombinante Antikörper können einfach genetisch modifiziert werden, da ihre Erbsubstanz bekannt ist.

Replikation, *replication* Die identische Verdopplung oder Vervielfachung von →DNA (bzw. auf RNA). Die Replikation ist die molekulare Grundlage für die Weitergabe der genetischen Information von Generation zu Generation.

Reportergen, *reporter gene* Bezeichnung für →Gene, die in der Regel einen gut zu erkennenden Phänotyp ausbilden, mit dessen Hilfe man z. B. die Aktivität und Gewebespezifität eines →Promotors oder den Erfolg einer Transformation nachweisen kann.

Restriktionsendonucleasen, *restriction endonucleases* Bakterielle →Enzyme, die spezifisch vier bis acht Basenpaare lange DNA-Sequenzen, die Restriktionsschnittstellen, erkennen und anschließend beide Stränge der →DNA schneiden.

Retina (Netzhaut), *retina* Die lichtempfindliche Zellschicht im Auge von Wirbeltieren oder Cephalopoden.

Retinal, *retinal* Licht absorbierender Anteil des Sehpigments →Rhodopsin. Leitet sich von β-Carotin ab.

Retroviren, *retroviruses* RNA-Viren, bei deren Vermehrung eine einzelsträngige Genom-RNA in einem mehrstufigen Prozess in eine doppelsträngige →DNA umgeschrieben wird. Dieser dem gewöhnlichen genetischen Informationsfluss DNA→RNA gegenläufige Prozess wird durch eine virusspezifische RNA-abhängige DNA-Polymerase (→Reverse Transkriptase) katalysiert.

Reverse Transkriptase, *reverse transcriptase* →Enzym, das die Synthese von DNA-Ketten mit →RNA als Matrize katalysiert, wobei 2'-Desoxyribonucleosid-5'-triphosphate als →Substrate umgesetzt werden.

Rezeptoren, *receptors* Die erste Komponente eines →Signaltransduktionsweges. Bestimmte Bereiche oder spezielle →Proteine (→Rezeptorproteine) auf der äußeren Oberfläche der Plasmamembran oder im Cytoplasma, an die Liganden einer anderen Zelle binden.

Rezeptorpotenzial (Generatorpotenzial), *receptor potential* Veränderung im Ruhepotenzial einer Sinneszelle, wenn diese stimuliert wird.

Rezeptorproteine, *receptor proteins* Bezeichnung für →Proteine, die mit in der Regel für sie spezifischen Substanzen nach dem →Schlüssel-Schloss-Prinzip interagieren und durch diese Interaktion bestimmte Folgereaktionen initiieren.

Rhodopsin, *rhodopsin* Am Sehprozess beteiligter Sehfarbstoff. Das Rhodopsin dient dabei als Lichtsensor, reagiert auf die einfallenden Lichtphotonen und setzt diesen Reiz in eine chemische Reaktion um. →Retinal.

RFLP-Analyse (Restriktionsfragment-Längenpolymorphismus-Analyse), *restriction fragment length polymorphism analysis* Sachverhalt, dass vererbbare, lokal auftretende Sequenzveränderungen in einer →DNA zu Veränderungen in dem ursprünglichen Muster von Restriktionsfragmenten bei Verdau dieser DNA mit →Restriktionsenzymen führen können.

Ribonucleinsäure, *ribonucleic acid* Hochpolymere Kettenmoleküle, in denen als monomere Bausteine vorwiegend die vier Standard-Ribonucleosidmonophosphate AMP, CMP, GMP und UMP in gebundener Form enthalten sind. Durch Veresterung der 5'-Phosphatgruppe jedes Grundbausteins mit der 3'-Hydroxylgruppe des jeweils benachbarten Monomers bilden sich die unverzweigten →RNA-Ketten.

Ribosomen, *ribosomes* Die größten und am kompliziertesten aufgebauten, gleichzeitig stabilsten und zahlreichsten Ribonucleoprotein-Partikel der Zelle, an denen die →Translation der genetischen Information, d. h. die Proteinsynthese, stattfindet.

Ribozyme, *ribozymes* RNA-Enzyme, also katalytisch wirksame RNA-Moleküle.

Riechzellen, *olfactory receptor neurons* Spezialisierte, bipolare, primäre Nervenzellen des Riechepithels, die hochempfindlich und zwar selektiv, jedoch relativ unspezifisch auf Geruchsstoffmoleküle reagieren und das chemische Signal in ein elektrisches Signal umwandeln.

Ringtest, *ringtest* Test zum Nachweis präzipitierender →Antikörper. Beim Ringtest wird eine →Antigen enthaltende Lösung mit der zu testenden Serumprobe überschichtet. Kommt es im Bereich der Grenzfläche zu einer Antigen-Antikörper-Reaktion, tritt eine ringförmige Trübung auf.

RNA-Welt, *RNA world* Theorie, nach der in einer frühen Ära der Evolution das Leben zum größten Teil oder vollständig auf der Funktion der RNA als →Enzym und Träger der genetischen Information beruhte und sich die →DNA und →Proteine erst in einem späteren Stadium der Evolution entwickelt haben.

Röntgenstrukturanalyse (Röntgenkristallografie), *X-ray crystallography* Ein Verfahren zur Aufklärung der Anordnung der Atome in Kristallen mithilfe von Röntgenstrahlen.

S

Sandwich-ELISA, *sandwich ELISA*, der zum Nachweis von →Antigenen auf einer Oberfläche immobilisierte →Antikörper nutzt, die ein →Epitop des gesuchten Antigens erkennen. Das auf diese Weise gebundene Antigen wird anschließend mithilfe von enzymgebundenen Antikörpern sichtbar gemacht, die ein anderes Epitop des gleichen Antigens erkennen.

Saprobien-Index, *saprobic index* System zur Beurteilung des Verschmutzungsgrades eines Gewässers anhand von Indikatororganismen.

Schlüssel-Schloss-Prinzip, *lock and key model* Modell der Enzymaktivität, bei der das →aktive Zentrum eines →Enzyms ganz präzise zum →Substrat passt.

Schmerzempfindung, *sense of pain* Sinnessystem, das sowohl potenzielle Schäden von außen als auch von innen signalisiert. Es wird auch als nozizeptives System oder Nozizeption bezeichnet. Die Aktivierung des nozizeptiven Systems führt zu Schutzreaktionen, daher ist das Schmerzsystem wegen seiner Schutz- und Vermeidungsfunktion für Mensch und Tier lebenswichtig.

Schmerzmittel, *analgetic* Zentral oder peripher in das Schmerzgeschehen eingreifende Substanzen, die den Schmerz unterdrücken oder dämpfen. Man unterscheidet hierbei Analgetika und Narkotika.

Screening, *screening* Ein Verfahren zur Selektion von Organismen mit bestimmten Phänotypen oder Genotypen.

sekundäre Botenstoffe, *second messengers* Chemische Substanzen, die nach Stimulierung membrangebundener Rezeptoren einer Zelle durch Hormone oder andere primäre Botenstoffe als Signalstoffe wirken.

Sieben-Transmembranrezeptoren →7TM-Rezeptoren.

Signaltransduktion, *signal transduction* Reihe biochemischer Schritte, wobei ein auf die Zelle treffender Reiz (z. B. ein Hormon oder ein →Neurotransmitter, die an einen →Rezeptor binden) in eine Reaktion der Zelle umgewandelt wird.

SNPs, *single nucleotide polymorphisms* Position im Genom, an der alternativ zwei verschiedene Basen auftauchen. SNPs sind stabil und ändern sich über mehrere Generationen kaum.

Solvens, *solvent* Lösungsmittel einer Lösung.

Southern Blotting Eine Methode, bei der man denaturierte →DNA von einem Gel auf eine Membran überträgt und dann eine markierte DNA-Sonde mit der durch den Blot übertragenen DNA hybridisiert.

Spektrometrie, *spectrometry* Messung von nach Wellenlängen zerlegter elektromagnetischer Strahlung.

Spleißen, *splicing* In eukaryotischen Zellen ablaufender Prozess, durch den ein primäres Transkript in eine reife →mRNA umgewandelt wird.

Stäbchen, *rod cells* Einer der beiden Typen von →Photorezeptoren in der Netzhaut (im Gegensatz zu →Zapfen).

STRs, *short tandem repeats* Wiederholung kurzer Basenpaarmuster hintereinander in einem DNA-Strang. Werden für Verwandtschaftsanalysen herangezogen.

Substrat, *substrate* Chemische Verbindung, die von einem →Enzym oder einem Organismus verwertet werden kann.

T

Tertiärstruktur, *tertiary structure* In einem →Protein das Faltungsmuster von →Sekundärstrukturen

Totalreflexion, *total reflectance* Spezialfall der Reflexion, bei dem beim Übergang von einem optisch dichteren Medium in ein optisch dünneres Medium das gesamte Licht in das optische dichtere Medium zurückreflektiert wird.

Transkription, *transcription* Erster Schritt der Genexpression, bei dem es zu einer DNA-abhängigen Synthese der Ribonucleinsäuren kommt, die durch RNA-Polymerasen katalysiert wird und zur Bildung von →mRNA, →tRNA, ribosomaler RNA und einer Reihe weiterer RNA-Spezies führt.

Translation, *translation* Der Prozess, der sich während der Genexpression von proteincodierenden Genen an die →Transkription und Prozessierung der Primärtranskripte anschließend; hierbei wird die in der →mRNA als Abfolge von Nucleotiden gespeicherte genetische Information umgesetzt.

tRNA (transfer-Ribonucleinsäure), *transfer ribonucleic acid* Eine Gruppe von ubiquitär vorkommenden, relativ kurzkettigen RNA-Molekülen, durch die bei der Proteinsynthese die einzelnen →Aminosäuren gebunden und an den →mRNA-Ribosomen-Komplex herangeführt werden, um anschließend auf die wachsenden Peptidketten transferiert zu werden.

Turbidimetrie, *turbidimetry* Methode, durch die die Konzentration eines →Proteins durch Messung der Abschwächung der Lichtintensität bestimmt werden kann.

Tyndall-Effekt, *Tyndall effect* Das Sichtbarwerden eines Lichtbündels in trüben Medien. Das senkrecht zur Einfallsrichtung gestreute Licht ist fast vollständig linear polarisiert, in allen anderen Streurichtungen teilweise polarisiert.

U

Ultrafiltration, *ultrafiltration* Verfahren zur Abtrennung von Kolloiden aus Lösungen oder Gasen oder zur Reinigung von Kolloiden von molekulardispersen Stoffen. Man verwendet dazu Filter oder Membranen, deren Porengröße kleiner als der Durchmesser der Teilchen ist.

Umkehrphasen-Chromatografie, *reversed phase chromatography* →Hochleistungs-Flüssigkeitschromatografie (HPLC), bei der die stationäre Phase – im Gegensatz zur →Normalphasen-Chromatografie – hydrophobe Eigenschaften hat. Die Elutionskraft sinkt mit steigender Polarität der mobilen Phase.

Upstream-Prozess, *upstream process* Bezeichnung für alle Grundoperationen und Verfahrensschritte zur Vorbereitung von →Fermentationsprozessen.

V

virale Infektion, *viral infection* Befall von suszeptiblen Zellen bzw. Organismen mit einem Virus, meist verbunden mit anschließender Virusvermehrung. Der Verlauf einer Virusinfektion ist abhängig von den Eigenschaften des Virus und der Wirtszelle sowie den Wechselbeziehungen zwischen beiden.

Vitamine, *vitamins* Organische Verbindungen, die Organismen nicht selbst synthetisieren können, aber dennoch in geringen Mengen für ein normales Wachstum und einen funktionierenden Stoffwechsel benötigen.

W

Wasserstoffbrücken, *hydrogen bonds* Schwache chemische Bindungen; entstehen durch die Anziehung zwischen einem positiv polarisierten, gebundenen Wasserstoffatom und einem negativ polarisierten, anderen gebundenen Atom.

Western Blotting Verfahren, mit dem →Proteine von einem Polyacrylamid-Gel auf eine Membran überführt werden, auf der sie dann mit spezifischen →Antikörpern nachgewiesen werden können.

Z

Zapfen, *cone cells* Die für die Farbwahrnehmung zuständigen →Photorezeptoren (→Lichtsinneszellen) in der Netzhaut von Wirbeltieren.

zweidimensionale Gelelektrophorese, *2-dimensional gel electrophoresis* →Gelelektrophorese, bei der insbesondere sehr komplexe Proteingemische in zwei Dimensionen nach jeweils anderen Kriterien aufgetrennt werden.

SCIENCE WISDOM CORNER

Everything should be made as simple as possible, but not simpler.

$$K = \frac{m_0 v^2}{\sqrt{1 - v^2/c^2}} - m_0 \int_0^v \frac{v\, dv}{\sqrt{1 - v^2/c^2}}$$

$$E = m \cdot c^2$$

Albert Einstein (1897-1955, Nobel 1921)

BILDNACHWEIS

Darja Süßbier (DS), Berlin: Entwurf gemeinsam mit dem Autor Reinhard Renneberg (RR) bzw. Neuzeichnung nach Vorlagen aller Grafiken und Tabellen des Buches

David S. Goodsell (DG), The Scripps Research Institute, La Jolla, USA: Molekülstrukturen

Francesco Bennardo (FB), Cosenza, Italien: Molekül-Darstellungen

Bernt Karger-Decker (AKD): Archiv alter Buch-Illustrationen

Ming Fai Chow (MFC), Hongkong: Cartoons

Manfred Bofinger (†) (MB), Berlin: Vignetten vor jedem Kapitel

Protein Data Bank (PDB): Moleküle, vor allem durch DG designed

Kurt Stueber (KS) Webseite gescannter Monographien

Nicht erwähnte Abbildungen stammen aus dem Archiv des Autors oder der Beitragsautoren. Der Verlag hat sich bemüht, sämtliche Rechteinhaber von Abbildungen zu ermitteln. In einigen Fällen ließ sich auch nach gründlicher Recherche und mehrmaliger Nachfrage das Copyright nicht klären. Sollte dem Verlag gegenüber dennoch der Nachweis der Rechtsinhaberschaft geführt werden, wird das branchenübliche Honorar gezahlt.

Vorspann und Vorwort
DS, FB, DG, MFC, AKD, RR, FW Scheller

Kapitel 1
Alle Abbildungen RR und MFC

Kapitel 2
2.2 Schwedische Post; 2.3 British Post, DS; Box 2.1: Wikipedia, FB, DS; 2.4 FMC, DS; 2.5 DS nach F Lottspeich, Bioanalytik; 2.6 DS, FMC, RR; 2.7 und 2.8 Wikipedia; 2.9 DS; 2.10 RR; 2.11 DS, RR und Internet; Box 2.2: FB, DG, DS; 2.12 AKD, Schwedische Post; 2.13 und 2.14 RR; 2.15 DS und RR; 2.16 RR; 2.17 AKD; 2.18 MFC; Box 2.3: DG, FB, H Kalisz, D Schomburg, R Schmid; 2.20 DS nach DG, Wikipedia; 2.21 F Sanger (†); 2.22 DG; 2.23 British Mail; 2.24 Schwedische Post; 2.25, 2.26 und 2.35 DS nach F Lottspeich, Bioanalytik; 2.27 F Hillenkamp (†); 2.28 Wikipedia;

2.29 DG; 2.30 und 2.31 DS; 2.32 Postministerium der DDR; 2.33 Internet; S.41 MFC, DS

Kapitel 3
3.1 und 3.2 The Nobel Foundation; 3.3 DG; 3.4 MFC; 3.5 Poste Ghana; 3.6 AKD; 3.7 MFC; Box 3.1: DG, FB, DS; 3.8 US-Mail; 3.9 DG, FB, DS; 3.10 WP Jencks; 3.11 MFC; 3.12 und 3.13 AKD; 3.14 DS, RR; 3.15 und 3.16 FB; Box 3.2: FB; 3.19 und 3.20 DG und FB; Box 3.3: AKD; Box 3.4: RR, DS und DG; Box 3.5: Deutsche Bundespost, AKD (4); Box 3.6: MFC, unbekannte Quelle Internet, DS; 3.31–3.33 AKD; 3.35 MFC; 3.36 DG, FB, unbekannte Quelle Internet; 3.38 DG, RR, KS; Box 3.7: DS, DG, FB; Box 3.8: AKD, KS; 3.40 DS, DG, FB; Box 3.10: DS, DG, FB; 3.41 MFC; Box 3.9: AKD, KS, FB; Box 3.10: DS, DG, FB; 3.43 DG, KS, DS; 3.48 DG; 3.49 DG, KS, FB; 3.50 W Trommer, Kaiserslautern; 3.51 DG

Kapitel 4
4.1 und 4.2 AKD; 4.3 MFC; Box 4.1: DG (3), DS, I Kostantinov, Moskau; 4.4 DG; 4.5 AKD Box 4.2: AKD; 4.7 DG; 4.8 AKD; Box 4.3: DS; 4.9 unbekannte Quelle Internet; 4.10 Post Österreich, Post Japan; 4.11 FB, DS, DG; 4.13 DS, DG; 4.14 AKD; 4.16 und 4.19 DS nach Lottspeich et al.; 4.18 E Southern; 4.20 DG, DS; 4.21 MFC; Box 4.4: MFC, AKD; 4.24 und 4.25 MFC; 4.26 DG; 4.27 DS, DG; 4.28 W Preiser, Kapstadt; 4.30 AKD; 4.31 und 4.34 Wikipedia, DS; Box 4.5: DG, N Newman, Michigan; W Preiser, S Korsman; 4.38 MB, J Glatz, RR; 4.40 und 4.42 DG; 4.41 DG, DS; Box 4.6: AKD, W Busch, W Schmidbauer; 4.43 und 4.44 KS, AKD; 4.45 DG, DS, FB; Box 4.7: FB, DS; 4.47 DG; 4.48, 4.49 und 4.50 C Chan, Hongkong; Box 4.8: R Aderjan, Heidelberg; Box 4.9: DS, RR, J Glatz; 4.53 AKD; S.115 MFC

Kapitel 5
5.1 und 5.2 AKD; 5.3 Postes du Mali; 5.4 Sammlung Belvedere, Wien; 5.5 Movie Poster aus dem Internet; 5.6 Internet, unbekannt; 5.7 MFC; Box 5.1: T Leinders-Zufall, College Park; W Köppele; 5.8 FB, DG; Box 5.2: DG (3), DS; 5.9 DG und DS, FB; 5.10 KS; Box 5.3: Wikipedia, FB, *www.discoverlife.org*, EO Wilson, B Hölldobler; 5.12 KS; 5.14 Wikipedia; 5.15 und

5.16 H Vogel, Lausanne; Box 5.4: J-P Hildebrandt; 5.17 MFC; 5.18 FB, KS; Box 5.5: R Nordsiek; 5.20 AKD; 5.22 K Varma; 5.23 FB, DG; 5.24 MFC; 5.25 DG, DS, FB; Box 5.6: P Burkhardt-Holm; 5.26 und 5.27 AKD, Deutsche Bundespost; 5.28 K Varma; 5.29 und 5.31 MFC; S. 142 und S. 143 KS

Kapitel 6
6.1 Post Office Palau; 6.2 DG; 6.3 FB; 6.4 AKD; 6.5 PDB; 6.6 The Nobel Foundation; Box 6.1: PDB, DS; 6.8 DG; 6.10 AKD; 6.12 PDB, DS; 6.12 S Cohen; Box 6.2: National Geographic, Washington; MFC; 6.14–6.16 AKD; 6.17 DG; Box 6.3: W Arber, Basel; MFC; DG; Post Office Palau; Box 6.4: National Geographic, Washington; Box 6.5: Sir A Jeffreys; Box 6.6: M Yang, Hongkong; 6.35 T Das, Calcutta

Kapitel 7
7.3 AKD; Box 7.1: Katrine Whiteson, MFC; Box 7.2: MFC; Box 7.3: AKD (2), Leland Clarke jr., George Guilbault (†); Masuo Aizawa, Tokio; FW Scheller, Potsdam; Box 7.5: MFC; 7.16 MFC; Box 7.6: Hermann Berg (†), MFC; 7.31 Affymetrix; 7.33 Allen Yeoh, Singapur; Box 7.8: Frank Bier, Potsdam; 7.34 Affymetrix; Box 7.9: Rita Bernhard, Saarbrücken; 7.35 Affymetrix; 7.38 Michael Yang, Hongkong

Epilog
Karin Moelling, Zürich
Friedrich Lottspeich, München
Briefmarken: Post der jeweiligen Länder angefragt

PERSONENVERZEICHNIS

SACHVERZEICHNIS

Z